直升机飞行控制律设计

卢京潮　李广文　贾秋玲　著

電子工業出版社
Publishing House of Electronics Industry
北京 · BEIJING

内 容 简 介

本书较系统、全面地介绍了在不同任务环境下直升机飞行控制系统各通道飞行控制律的全包线综合设计方法。全书分 10 章，在建立直升机系统数学模型的基础上，首先设计直升机增稳和控制增稳系统，使飞机满足品质指标要求；其次研究直升机在执行不同任务（包括导航、自动着舰、悬吊、吊放和拖曳等作业）时涉及的控制律设计问题，给出有效的参考控制方案和设计方法；最后探讨综合运用鲁棒、模糊和滑模等现代控制方法设计直升机飞行控制系统，为高性能飞行控制系统设计进行有益的探索。

本书可作为飞行控制专业本科生、研究生、相关专业的研究人员和工程技术人员的参考书。

图书在版编目（CIP）数据

直升机飞行控制律设计 / 卢京潮，李广文，贾秋玲著.—北京：电子工业出版社，2020.11
ISBN 978-7-121-39836-0

I. ①直… II. ①卢… ②李… ③贾… III. ①直升机－飞行控制系统－系统设计 IV. ①V275②V249.1

中国版本图书馆 CIP 数据核字（2020）第 205472 号

责任编辑：孟　宇
印　　刷：北京京师印务有限公司
装　　订：北京京师印务有限公司
出版发行：电子工业出版社
　　　　　北京市海淀区万寿路 173 信箱　　邮编：100036
开　　本：787×1092　1/16　印张：22.25　字数：570 千字
版　　次：2020 年 11 月第 1 版
印　　次：2020 年 11 月第 1 次印刷
定　　价：79.00 元

前　言

现代直升机品质指标越来越高，必须借助自动驾驶仪或飞行控制系统达到其性能要求，其中控制律是关键的设计之一。本书简要介绍了直升机控制系统的全包线建模方法和飞行品质规范要求，针对直升机实际飞行任务需求，系统、全面地介绍了相应控制律的设计方法，包括直升机各通道的增稳、控制增稳、导航、自动着舰、悬吊、吊放、拖曳等控制。此外，还介绍了基于滑模变结构控制方法的直升机非线性不确定控制系统设计方法。

目前国内外已经有不少关于飞行控制的教材和著作，本书的特色在于，针对包线内直升机的多种实际飞行任务及需求涉及的控制律设计问题，进行了较完整、系统的分析、设计和仿真验证，给出的方法可行、有效且实用。有机结合传统控制方法与现代非线性不确定系统控制方法，综合参数鲁棒控制、模糊控制和滑模控制等多种控制方法的优势，对控制系统设计进行了有益的探索。本书的研究结果对航空、航天、航海领域中相关的控制系统设计问题都具有实际参考价值。

本书的主要内容及材料来源于作者在飞行控制律设计及实现的科研实践中的经验积累和相关的研究成果。作者将多年的研究成果总结发表出来，抛砖引玉，供同行参考，以期促进我国飞行控制技术的进步。

本书分 10 章，其中第 5 章由李广文撰写，第 6 章由贾秋玲撰写，其余部分由卢京潮撰写。在本书撰写过程中，参考了课题组往届研究生的有关论文和同行专家的相关著作，得到了西北工业大学专著基金的资助和电子工业出版社的大力协助。在此，谨向为本书出版付出辛勤劳动的所有人员表示深深的谢意！

由于作者水平有限，书中难免出现不妥之处，恳请各位专家、同行和读者批评指正。

作　者

前言

主要符号表

符号	意义
α、β	迎角、侧滑角
χ、χ_{leg}	直升机当前航迹方位角、当前航段的方位角
μ_{M2}	被拖曳体在海水中的黏滞摩擦系数
θ、ϕ	舰船的纵摇角、横摇角
θ_{t1}、θ_{t2}、θ_{t3}	三段拖缆的纵向缆位角
ϑ、φ、ψ	俯仰角、倾斜角、航向角
φ_{Δ}、φ_{g}	期望滚转指令、期望的滚转角
γ、μ、χ	航迹倾斜角、航迹滚转角、航迹方位角
γ_{t1}、γ_{t2}、γ_{t3}	三段拖缆的侧向缆位角
ρ_1、ρ_2	空气密度、海水密度
σ_{t1}、σ_{t2}、σ_{t3}	三段拖缆的航向缆位角
σ_{w}、L_{w}	干扰强度、干扰振幅
ψ_{d}、ψ_{s}	地速、洋流的方向
ψ_0	航线航迹角
Δd	偏航距（侧偏距）
$\Delta\psi$	修正航迹偏差角
ΣX、ΣY、ΣZ	沿机体三轴的合力
ΣL、ΣM、ΣN	沿机体三轴的合力矩
Bic、Aic、δ_{rc}、θ_{c}	纵向周期变矩增量、横向周期变矩增量、尾桨桨矩增量、总距操纵输入量增量
C_{fM1}、C_{fM2}	拖曳设备分别在空气、海水中的阻力系数
d_{t}	缆绳直径
F_{f}	被拖曳体在水中的浮力
$F_{\text{M}x}$、$F_{\text{M}y}$	被拖曳体分别受海水的纵向、侧向黏滞摩擦力
F_{x1}、F_{x2}、F_{x3}	三段拖缆在空气中纵向投影的绕流阻力
F_{xm1}、F_{xm2}	被拖曳体分别在空气中、海水中纵向投影的绕流阻力
F_{y1}、F_{y2}、F_{y3}	三段拖缆在空气中侧向投影的绕流阻力
$F_{y\text{m1}}$、$F_{y\text{m2}}$	被拖曳体分别在空气中、海水中侧向投影的绕流阻力
h_{θ}、h_{ϕ}、h_{s}	纵摇、横摇和升沉引起的着舰点高度变化
$h_{\min}$	直升机悬停的最小安全高度
h_{M}	被拖曳体在海浪作用下的深沉增量
H	飞行高度，距离甲板平面的高度，系留点高度
L_{h}、η	着舰点到舰船重心的距离、夹角
l	航段距离
l_{AB}、l_{BC}、l_{CD}	三段拖缆的实际长度
l_{AB_1}、$l_{B_1C_1}$、$l_{C_1D_1}$	三段拖缆在拖缆坐标系 $X_{\text{t}}O_{\text{t}}Z_{\text{t}}$ 平面的投影长度
l_{AB_2}、$l_{B_2C_2}$、$l_{C_2D_2}$	三段拖缆在拖缆坐标系 $Y_{\text{t}}O_{\text{t}}Z_{\text{t}}$ 平面的投影长度

续表

符号	意义
l_{AB_3}、$l_{B_3C_3}$、$l_{C_3D_3}$	三段拖缆在拖缆坐标系 $X_tO_tY_t$ 平面的投影长度
l_M、m_M、n_M	被拖曳体的长、宽、高
L、λ、H	纬度、经度、高度
L_q	等量纬度
L_s	飞机距离舰船纵摇中心的水平距离
l_t	缆绳长度
m	直升机质量
m_l	缆绳单位长度密度（线密度）
m_t	悬吊物质量
n_f	被拖曳体浸于水中的深度
$OXYZ$	机体坐标系
$OX_aY_aZ_a$	速度坐标系
$O_EX_EY_EZ_E$	空间直角坐标系（北-东-地坐标系）
$O_GX_GY_GZ_G$	地面坐标系
$O_sX_sY_sZ_s$	船舶坐标系（前左上）
$O_tX_tY_tZ_t$	缆绳坐标系
p、q、r	绕 OX 轴、OY 轴和 OZ 轴的角速度
$\boldsymbol{r}$	航线方向矢量
R_L、R_M、R_N	地球半径、子午圈曲率半径、卯酉圈曲率半径
s_{Hpbx}、s_{Hpby}、s_{Hpbz}	拖缆系留点在直升机机体坐标系下的坐标位置
S	等角航线长度
S_{MC1}、S_{MC2}	被拖曳体在空气中、海水中的侧向投影面积
S_{MZ1}、S_{MZ2}	被拖曳体在空气中、海水中的纵向投影面积
T_{1x}、T_{1y}、T_{1z}	第一、二段拖缆间的作用力在各轴的分力
T_{2x}、T_{2y}、T_{2z}	第二、三段拖缆间的作用力在各轴的分力
T_{pbx}、T_{pby}、T_{pbz}	拖缆对直升机的拉力用 $\boldsymbol{T}_p$ 的三轴分量表示
u、v、w	沿 OX 轴、OY 轴和 OZ 轴的线速度
u_s	海浪的升沉
u_{t1}、v_{t1}、w_{t1}	系留点速度在机体坐标系、拖缆坐标系下的三轴分量
u_w、v_w	风速在东西、南北方向的分量
u_G、v_G	系留点处的纵向、侧向地速
U_{t1}、U_{t2}、U_{t3}、U_{tM}	三段拖缆上部端点及被拖曳体的速度在 O_tX_t 轴的投影
V、$\boldsymbol{V}$	空速、空速矢量
$\boldsymbol{V}_d$、$\boldsymbol{V}_s$、$\boldsymbol{V}_{M\_s}$	地速矢量、洋流速度矢量、被拖曳体与海水的相对速度矢量
V_d、ψ_d	地速大小、方向

续表

符号	意义
V_s、ψ_s	洋流速度大小、方向
V_{s_d}	洋流速度在地速方向的分量
V_{M_s}	被拖曳体与海水的相对速度
V_{t1}、V_{t2}、V_{t3}、V_{tM}	三段拖缆上部端点及被拖曳体的速度在 O_tY_t 轴的投影
V_w、ψ_w	风速大小、风速方向
W_{t1}、W_{t2}、W_{t3}、W_{tM}	三段拖缆上部端点及被拖曳体的速度在 O_tZ_t 轴的投影
x_M	被拖曳体在海浪作用下的纵向波动增量

目　　录

第1章　绪论……1
1.1　研究背景……1
1.2　主要设计方法……2
1.2.1　自适应控制及反演设计方法……2
1.2.2　鲁棒控制理论……3
1.2.3　变结构控制理论……4
1.2.4　神经网络和模糊控制理论……4
1.3　存在的问题及本书研究的思路……5
1.4　本书内容安排……6
参考文献……7
第2章　直升机控制系统建模……11
2.1　坐标系及运动参量……11
2.1.1　常用坐标系……11
2.1.2　直升机飞行状态参数……12
2.2　直升机全量运动方程……13
2.3　直升机小扰动线性化方程……15
2.3.1　小扰动线性化方程……15
2.3.2　直升机小扰动运动方程的建立……15
2.4　直升机开环特性分析……18
2.5　直升机控制系统模型……20
2.5.1　执行机构模型……20
2.5.2　控制系统模型……21
2.6　直升机全包线模型……22
本章小结……26
参考文献……27
第3章　增稳控制律设计……28
3.1　增稳控制系统设计要求及控制律设计方法……28
3.1.1　增稳控制系统设计要求……28
3.1.2　控制律设计方法……29
3.2　纵向系统控制律设计……31
3.2.1　纵向控制系统描述……31

3.2.2 俯仰稳定控制律设计 32
3.2.3 速度稳定控制律设计 36
3.2.4 高度稳定控制律设计 39
3.3 横侧向系统控制律设计 43
3.3.1 横侧向控制系统描述 43
3.3.2 倾斜稳定控制律设计 45
3.3.3 航向稳定控制律设计 47
3.4 协调转弯控制律设计 50
3.5 悬停控制律设计 54
3.5.1 俯仰通道控制参数设计 54
3.5.2 倾斜通道控制参数设计 56
3.5.3 航向通道控制参数设计 57
3.5.4 速度通道控制参数设计 59
3.5.5 高度通道控制参数设计 64
本章小结 66
参考文献 66
第 4 章 控制增稳系统设计 68
4.1 增稳控制系统性能检验 68
4.1.1 带宽与延迟时间 68
4.1.2 阻尼比 72
4.1.3 快捷性 75
4.1.4 操纵功效 77
4.1.5 总距操纵 80
4.1.6 轴间耦合 82
4.2 控制增稳系统设计 85
4.2.1 前馈控制器设计 85
4.2.2 解耦控制器设计 92
本章小结 96
参考文献 96
第 5 章 导航控制律设计 98
5.1 引言 98
5.1.1 直升机导航控制基本原理 98
5.1.2 直升机常用导航设备 99
5.2 导航坐标系的建立和导航参数计算 100
5.2.1 地球模型和地球坐标系 100
5.2.2 大圆航线及其导航参数的计算 102
5.2.3 等角航线及其导航参数的计算 104

5.2.4 平面直角坐标系及其导航参数的计算 …… 107
5.3 水平导航 …… 109
5.3.1 直线段水平导航控制 …… 110
5.3.2 圆弧航段的导航控制 …… 111
5.3.3 水平导航算例 …… 114
5.4 水平导航中过渡路径构建和航段的切换策略 …… 119
5.4.1 切线转弯过渡路径的构建 …… 119
5.4.2 过点转弯过渡路径的构建 …… 121
5.4.3 航段切换策略 …… 124
5.4.4 航路点切换仿真 …… 126
5.5 垂直导航 …… 127
5.5.1 垂直导航参数计算 …… 128
5.5.2 垂直导航控制律 …… 129
5.5.3 垂直引导仿真 …… 130
5.6 三维导航控制律设计 …… 131
5.6.1 直升机偏离航线后期望高度的确定 …… 131
5.6.2 三维导航控制仿真 …… 133
本章小结 …… 136
参考文献 …… 136

第 6 章 自动着舰控制律设计 …… 137
6.1 舰载直升机进舰着舰环境研究 …… 137
6.1.1 舰船海上运动模型 …… 137
6.1.2 舰船运动对着舰点高度的影响 …… 141
6.1.3 舰尾流模型 …… 142
6.2 直升机进舰过程控制 …… 147
6.2.1 定点悬停控制 …… 148
6.2.2 舰尾流扰动抑制 …… 152
6.2.3 直升机进舰过程仿真 …… 156
6.3 直升机着舰过程控制 …… 158
6.3.1 舰船运动跟踪控制 …… 158
6.3.2 着舰时机决策 …… 165
6.3.3 直升机自动着舰过程仿真 …… 168
本章小结 …… 170
参考文献 …… 170

第 7 章 悬吊控制律设计 …… 173
7.1 缆绳坐标系 …… 173
7.2 悬吊直升机建模 …… 174

7.3 缆绳-悬吊物系统建模及分析 …… 176
7.3.1 缆绳-悬吊物系统配平计算 …… 176
7.3.2 转弯飞行稳态平衡条件 …… 178
7.3.3 悬吊系统仿真分析 …… 180
7.4 直升机悬吊系统建模 …… 182
7.4.1 直升机牵连运动 …… 182
7.4.2 直升机悬吊系统模型建立 …… 183
7.4.3 直升机悬吊系统模型分析 …… 183
7.5 悬吊直升机增稳控制律设计 …… 186
7.6 缆位角稳定控制 …… 189
7.6.1 输入整形控制 …… 189
7.6.2 缆位角反馈控制 …… 193
7.6.3 缆位角振荡抑制综合仿真 …… 196
7.7 悬吊定位控制 …… 196
7.7.1 定位计算方法 …… 197
7.7.2 直升机位置控制 …… 198
7.8 综合仿真验证 …… 200
本章小结 …… 202
参考文献 …… 203
第 8 章 吊放控制律设计 …… 204
8.1 自动过渡悬停指令设计 …… 204
8.1.1 地速较大时自动过渡指令的设计 …… 205
8.1.2 高度较大时自动过渡指令的设计 …… 209
8.1.3 自动过渡悬停仿真验证 …… 212
8.2 缆位控制律设计 …… 214
8.2.1 缆位控制原理 …… 214
8.2.2 缆绳模型建立 …… 215
8.2.3 缆位控制律参数设计 …… 216
8.2.4 缆位控制律的仿真验证 …… 221
8.3 缆高控制 …… 223
8.3.1 卡尔曼滤波器设计 …… 224
8.3.2 调参滤波器设计 …… 225
8.3.3 调参滤波器检验 …… 228
8.3.4 缆高控制律的仿真验证 …… 230
本章小结 …… 231
参考文献 …… 231

第 9 章　拖曳控制律设计······233
9.1　拖曳系统模型及其特性分析······233
9.1.1　缆绳系统模型······233
9.1.2　缆绳系统的稳态响应······234
9.1.3　洋流对缆绳系统的影响及控制策略······237
9.1.4　海风对缆绳系统的影响及控制策略······241
9.2　直升机拖曳系统建模······242
9.2.1　直升机模型······242
9.2.2　直升机拖曳系统模型······242
9.3　直升机拖曳系统控制律设计······243
9.3.1　增稳控制律参数调整······243
9.3.2　缆位角反馈控制参数设计······244
9.3.3　直升机拖曳系统控制律检验······245
9.4　拖曳路径规划及实现······246
9.4.1　被拖曳体航迹控制······247
9.4.2　在洋流和定常风环境下的直航轨迹实现······248
9.4.3　在洋流和定常风环境下的搜扫航迹规划及实现······253
9.5　海浪运动及缆绳拉力的扰动抑制······257
9.5.1　海浪影响下被拖曳体的升沉运动······257
9.5.2　缆绳拉力扰动抑制······264
本章小结······269
参考文献······270

第 10 章　模糊滑模控制······272
10.1　滑模控制系统设计······272
10.1.1　滑模控制原理······272
10.1.2　滑模控制系统的抖振抑制······273
10.1.3　仿真算例······277
10.2　基于滑模观测器的控制系统设计······281
10.2.1　问题描述······282
10.2.2　滑模观测器设计······283
10.2.3　仿真算例······285
10.3　输出反馈滑模控制器设计······289
10.3.1　设计输出反馈滑模控制系统的条件······290
10.3.2　输出反馈条件下的滑模面及等效控制律设计······290
10.3.3　输出反馈条件下的趋近控制律设计······291
10.3.4　模型跟踪滑模控制律设计······291
10.4　直升机纵向系统模糊滑模控制律设计······295

10.4.1 系统描述 ······ 295

10.4.2 等效控制律设计 ······ 296

10.4.3 滑模面及趋近控制律设计 ······ 298

10.4.4 系统检验 ······ 299

10.5 直升机横侧向系统模糊滑模控制律设计 ······ 300

10.5.1 系统描述 ······ 300

10.5.2 等效控制律设计 ······ 301

10.5.3 滑模面及趋近控制律设计 ······ 304

10.5.4 仿真验证 ······ 306

本章小结 ······ 309

参考文献 ······ 310

附录 A 直升机飞行品质规范（ADS-33E）简介 ······ 311

附录 B 拖缆系统建模 ······ 319

附录 C 海浪建模及海浪滤波 ······ 333

第1章 绪论

1.1 研究背景

现代直升机的飞行包线越来越大，气动参数会随高度、速度的改变显著变化，直升机的动力学特性也会随飞行状态的改变而产生大幅度的变化，因此，飞行控制律（控制器的结构、参数）在飞行过程中要进行相应调整。飞行控制系统设计的难点在于如何找到能够适应其被控对象（飞机动力学特性）变化的控制律，以保证在整个飞行包线内，直升机的性能均能满足飞行品质要求。

在整个飞行包线内根据不同设计节点分别设计控制器参数，并利用插值或拟合来获得全包线控制律，是传统程序调参控制律的基本思想。程序调参控制律根据大气数据，如动压、静压等，按照预定的规律实时调节控制器参数，以适应飞机动力学模型的变化。

飞行控制系统本质上是一种非线性系统。目前，非线性系统尚未形成统一、完整、系统的理论体系，缺乏通用的分析和设计方法[1]。程序调参控制律实质上是一种利用成熟的线性系统理论方法解决非线性问题的有效措施。

从实际工程应用角度看，程序调参控制律是目前应用最广泛、最成功的飞行控制方式，在新一代战斗机（Su-27、Su-30 及 F-16）的飞行控制系统中得到了成功应用[2]。

然而，随着科学发展和技术进步，传统调参方案的局限性逐渐显露出来，主要反映在以下几个方面。

①程序调参控制律设计的难点在于调参曲线的确定，调参曲线即控制器参数在飞行包线内随调度参数（高度、马赫数等）的变化规律。传统飞行控制律设计本质上是一种试凑过程，对于如何获得调参曲线，因缺乏理论上的指导，所以是一个耗时、低效的过程。

②局部设计建立在线性小扰动假设的基础上，可以保证在各设计节点处系统具有要求的性能。但在参数调整的整个包线范围内，系统呈现非线性特性，很难从理论上证明系统的全局稳定性，保证各项性能指标，只能在全包线范围内通过详尽的仿真和飞行试验来验证。

③传统调参控制律设计是在不考虑未建模动态、参数摄动及外界扰动等不确定性因素的“理想”条件下进行的，因而不能在理论上保证系统的鲁棒性。

④程序调参方案的前提是调度参数缓慢变化，但这个“缓慢”的概念不好定量描述，且现代飞机参数的变化可能不再满足缓慢的假设条件。

尽管传统调参控制方案在理论上难以证明其具有卓越的控制性能，但在实际应用上已趋于成熟。相对其他控制设计方案而言，这种方案在飞行控制领域得到更广泛应用。然而这并不意味着程序调参技术的缺陷是无关紧要的。随着飞机飞行包线的不断扩大和机动性能的不断提高，对飞行控制器也会提出越来越高的要求，传统程序调参技术必然会越来越难以胜任，这就要求探索新的方法，在理论的高度上进行更深层次的研究，以适应现代飞行控制器设计的要求。

非线性和不确定性是自然界中的普遍规律。飞行控制系统是具有典型非线性和不确定性的一类动态系统，其非线性和不确定性主要表现在以下几个方面：

①系统参数在飞行包线内随飞行条件（高度、马赫数、重量等）非线性变化；

②飞行器在机动飞行时，会产生非常复杂的非线性气动效应，系统特性在大扰动条件下随系统状态（速度、姿态角、姿态角速度等）呈现出明显的非线性特性；

③系统内部受实际条件限制（机械限幅，电气饱和、死区等）或因控制需要（姿态限制、噪声抑制等）所设定的非线性环节的影响；

④飞行器有不同的操纵面，根据任务需要（悬挂、吊放等）往往可以改变外形，而且系统各通道交联影响比较严重，这些因素很难用模型准确描述，这必然导致不确定的未建模动态；

⑤系统参数摄动引起的不确定性；

⑥外界干扰（随机风）引起的不确定性。

因此，将飞行控制系统放在一般性的不确定非线性系统的理论层面进行研究是必要的。不确定非线性系统在实际工程中广泛存在，研究不确定非线性系统的控制器设计问题具有重要的理论和实际意义。

1.2 主要设计方法

目前用于不确定非线性控制系统分析和设计的方法有：自适应控制及反演设计方法、鲁棒控制理论、变结构控制理论、神经网络和模糊控制理论等。

1.2.1 自适应控制及反演设计方法

自适应控制理论是非线性系统研究的经典成果之一。自适应系统的结构在本质上是非线性反馈的，即求估计参数的在线修正规律使得闭环系统满足理想要求，等价于对适当定义的系统求非线性反馈控制律。

自适应控制可用于对象具有一定程度不确定性的系统。自适应控制器能够修正自己的特性以适应对象和扰动的动态变化[3-12]。目前成熟的自适应控制有两类：①模型参考自适应控制（MRAC）（包括近几年发展起来的 L1 自适应控制技术）以模型和对象的输出误差作为反馈信号，通过动态调整控制律使得输出误差收敛到零；②自校正控制（STC），根据对象的输入/输出信息，在线辨识对象参数，然后根据当前模型的参数实时调整控制律。当系统参数变化时，可以采用参数自适应调整来保证非线性项的渐近对消。

传统自适应控制的局限性如下：

①要求系统参数变化速率远低于控制器参数的适配过程，理论上只能分析参数慢时变的过程；

②在应用对象上，线性系统的自适应控制取得了较大进展，但直接应用于实际系统仍有一定的难度。

微分几何理论，尤其是反馈线性化等方法的出现，给自适应控制带来了便利。20 世纪 90 年代初，P. V. Kokotovic 领导的研究组首次对一类参数严格反馈型和参数纯反馈型非线性系统提出自适应控制及反演设计方法，如今该方法已发展为一种强有力的控制策略。其通过递推自适应设计使系统 Lyapunov 函数和控制器的设计过程系统化、结构化；能处理非匹配条件下的不确定性，从理论上保证闭环系统的全局稳定性和参数收敛性。此方法的缺点如下：

①仅适用于满足特定结构的非线性系统；

②对非参数不确定性和外界扰动鲁棒性较差。

1.2.2 鲁棒控制理论

鲁棒性的概念：设被控系统的数学模型属于集合 D，如果系统的某些特性对于集合 D 中的每一个对象都保持不变，则称系统对此特性是鲁棒的。

鲁棒控制方法之一是参数鲁棒设计法。该方法将要求的系统性能指标作为约束集合，通过映像找出参数空间的对应集合。当系统运行状态改变，参数发生变化时，在参数空间的交集中进行设计，保证非线性系统整体性能满足要求[13–14]。参数空间设计法可以利用成熟的线性系统理论直接针对给定的系统性能进行设计，在各种鲁棒控制方法中，具有较小的保守性。但当参数变化范围大，对应交集为空时，通过参数空间设计法得不出设计结果。

H_∞鲁棒控制理论是在 H_∞空间，用 H_∞范数作为目标函数的变量进行优化设计[15–16]的。H_∞范数是稳定（在右半复平面上解析）有理函数的最大奇异值，其物理意义是系统获得的最大能量增益。如果使系统干扰至误差的传递函数的 H_∞范数最小，那么具有有限功率谱的干扰对系统误差的影响将会降到最低限度，这就是 H_∞最优控制的基本思想。

H_∞鲁棒控制理论的不足在于：由于 H_∞范数是稳定有理函数的最大奇异值，在原则上只能有效地处理非结构不确定性问题，对于结构不确定性问题，可能产生较大的保守性。为了克服这种保守性，Doyle 在 1982 年首次提出了结构奇异值（μ）的概念，与 H_∞鲁棒控制理论结合，形成了系统设计和分析的结构奇异值分析及结构奇异值综合理论。在结构奇异值分析理论框架下，不确定性通过系统重构变成块对角有界摄动来描述。由于结构奇异值充分考虑了系统的结构特性，因此它不仅在理论上可以无保守地进行鲁棒度量，而且可以用统一的框架处理更一般的鲁棒分析与鲁棒综合问题。

运用结构奇异值，设计者不用考虑如何进行控制器增益插值，系统的鲁棒性和性能指标可以从理论上得到保证。但这种方法在实际应用中存在以下限制。

①设计者必须在鲁棒性和性能指标两方面进行权衡。

②对于非线性时变系统，采用小扰动线性化模型设计出的线性定常控制器只有在被控对象参数变化缓慢时才能保证稳定性和性能指标。

③一般基于 Lyapunov 函数的鲁棒控制器设计方法，有下列几项关键假设：系统的状态是完全可测量的；系统的不确定项满足匹配条件；不确定项的未知元素属于一个已知的紧集，即关于不确定性的上界函数（或 Euclidean 范数）是已知的；不确定非线性系统的标称模型

是稳定的。这些假设条件在实际工程问题中很难得到满足，因而制约了该方法的应用。

④设计出的控制器比较复杂，阶数往往比被控对象高出许多，因而不易为工程技术人员所接受。

定量反馈理论作为一种频域鲁棒设计方法，成为鲁棒控制理论中新的分支。定量反馈理论综合考虑对象的不确定性范围和对系统的性能指标要求，在频域中确定满足指标相应的鲁棒边界，以系统开环频率特性满足边界条件为目标，用定量方式在 Nichols 图上进行设计与综合，从而保证设计结果具有稳定鲁棒性和性能鲁棒性。

定量反馈理论设计的是固定结构和参数的控制器，在系统参数不确定范围较大而设计指标相对严格的条件下，可能得不出结果。

鲁棒控制理论的研究和应用是近年来非线性控制领域中的热点，相应飞行控制方面的研究课题也比较广泛，在固定翼飞机、无人机[16-19]、直升机[20, 21]、鱼雷[22]和导弹制导[23]等控制问题的研究中，各种鲁棒控制方法都有关于应用方面的探讨。

1.2.3 变结构控制理论

变结构控制理论的思想是，根据要求的性能指标在系统的状态空间中确定一个对应的子空间（滑动模态面，简称滑模面），设计控制律不断切换反馈控制作用，使系统趋近滑模面并保持在其上进行滑动运动，从而达到预定的控制指标。

变结构控制系统设计的关键在于选取合适的滑模面函数，使系统在滑模面上的滑动模态具有良好的品质，以及确定不连续的切换控制保证所有状态轨迹均向滑模面趋近并于有限时间内到达滑模面。

变结构控制理论的突出优点是可以实现滑动模态与摄动完全无关，一旦进入滑动运动，系统对满足匹配条件的摄动和外部干扰具有完全的自适应性和不变性。可用来设计复杂对象的控制律，赋予系统良好的性能与品质。这正是该理论被人们广泛重视的主要原因[24, 25]。

迄今为止，经历了近数十年的发展，变结构控制理论已经成为一种有效的控制系统设计方法。它适用于线性与非线性系统、连续与离散系统、确定性与不确定性系统、集中参数与分布参数系统、同步与时滞系统、集中控制与分散控制系统；适用的控制任务有镇定、运动跟踪、模型跟踪等；在飞机[26, 27]、空间飞行器[28, 29]、导弹[30]等飞行控制系统设计中也是有效的工具。

变结构控制存在的主要问题是，由于实际系统都存在惯性，变结构系统在不同的控制逻辑之间来回切换，可能导致切换点发生在滑模面上的不确定性，容易引起系统的抖振。另外，变结构控制对满足匹配条件的摄动具有完全的鲁棒性，而不满足匹配条件的不确定非线性系统是大量存在的。因此，研究突破匹配条件局限的变结构控制，是一个具有重要意义的课题[31-33]。

1.2.4 神经网络和模糊控制理论

神经网络是用来模拟脑神经的结构、思维、判断等功能的信息处理系统。它有很强的自学习能力、分布式信息存储能力和容错能力。理论上已经证明，通过适当设置网络的结构和隐藏层神经元数量，神经网络可以以任意精度逼近任意连续的非线性函数。神经网络的这些优点使其成为解决非线性问题的有效工具。

随着人工神经网络被引入控制领域，人们针对线性或非线性被控系统，提出了许多不同类型和结构的神经网络控制器。神经网络控制器的优点在于不过分依赖于被控对象的精确模型和参数。这有利于突破基于小扰动线性化模型的传统控制系统分析设计方法，在较大范围内研究非线性问题。神经网络在拟合静态非线性特性方面具有优势，但用于描述动态系统则有一定的局限性，人们常将它与其他方法结合起来解决实际中的问题[34–39]。

模糊控制器利用模糊集合理论将专家知识和操作人员的经验形成语言规则，并转化为控制策略（通常是模糊控制查询表），便于工程实现。另外，模糊控制器的设计不依赖于对象的精确数学模型，而是利用语言知识模型设计和修正控制算法，因而具有天然的鲁棒性，适合对具有高度非线性、时变、不确定、强耦合等特性的复杂系统进行有效控制。然而模糊控制理论不像现代控制理论那样完善和系统化，缺少对系统稳定性和鲁棒性进行严格理论分析的通用方法；当输入语言变量增加时，完备规则库中的规则数会随之成指数规律增长，这限制了该方法在复杂大系统中的应用[40–46]。

模糊系统和神经网络间具有很强的互补性。模糊系统的知识表达方式直接、明了，非常接近人类的思维，而且计算非常简单，但它必须依赖于已有的知识和规律才能工作。神经网络具有自学能力，其结构决定了其大规模并行机制，擅长通过大量复杂的数据进行分类和发现规律，具有容错能力。但神经网络所包含的信息是隐含的，知识表达不如模糊系统直观。模糊系统和神经网络相结合可以实现优势互补：神经网络向模糊系统提供连接式结构（具有容错、并行运算和分布式表示的性质）和学习能力；模糊系统向神经网络提供具有高级模糊思维和推理的结构框架[47–54]。

神经网络和模糊系统在飞机、导弹和卫星等飞行控制系统设计研究方面也发挥着重要作用[55–65]。

1.3 存在的问题及本书研究的思路

综合各种非线性控制理论的特点，结合飞行控制系统设计的实践，发现在运用控制理论进行飞行控制系统设计的实践中存在如下问题：

①理论的应用条件有时在实际中得不到满足，如精确反馈线性化要求系统必须充分光滑，线性二次型调节器（LQR）要求全状态反馈，等等。

②理论所确定的代价函数往往不能贴切地反映实际工程规定的指标要求，如鲁棒控制的设计目标是扰动到输出的最大能量增益达到最小，LQR 的设计目标是状态与控制的二次指标函数（可视为广义能量）达到最小，它们与飞行品质规范中对于系统机动性的要求并不完全一致，与系统动态指标（超调量、调节时间等）强调的重点有所不同。理论分析中习惯将系统的稳定性作为系统设计的必要条件进行分析，而飞行品质规范中允许飞机的某些极点（如长周期极点）位于虚轴右边，只要对应模态的倍幅时间足够长，仍然是可以允许的。这些因素在一定程度上限制了先进的非线性控制理论在飞行控制系统设计中的具体应用。

③理论导出的结论有时过于复杂，不易实现。例如，用鲁棒控制理论分析（特征结构配置）方法得到的控制器阶数通常比被控对象高出很多，这很难被工程技术人员接受。

④控制理论通常研究信号的传递，而不探讨环节之间能量的转移。不同控制方法的应用受实际系统功率和内部结构强度等客观条件约束。例如，最优线性二次型设计方法得出的反馈矩阵中的增益可以达到数千甚至上万，在实际中难以实现。

⑤比较注重一种控制方法和理论的完整性论述，而综合运用控制理论相对完整地解决一个实际问题则显得欠缺。

⑥对于不满足匹配条件的不确定性，还缺乏有效的措施。

很明显，在目前条件下，完全抛弃传统设计方法，只依靠某一种非线性控制理论解决实际飞行控制系统的设计问题是不现实的，从系统设计的实际要求出发，将传统设计方法与现有的不确定非线性控制理论结合起来，集多种先进理论和方法的优势综合进行设计，无疑是解决问题的合理途径。

基于小扰动假设的传统线性飞行控制系统设计有成熟的分析方法、设计思路和经验可以借鉴。综合包线内各设计节点传统线性理论设计的结果可以在某种程度上揭示非线性控制律的整体信息，为包线内非线性控制律的研究工作奠定基础。另外，线性模型是非线性模型的特例，非线性模型在平衡点附近应与线性模型兼容。传统方法的设计结果可以用来验证非线性控制律（至少在设计节点附近）的正确性。

飞行控制系统的指标体系（飞行品质规范）与传统控制方法密切联系。许多非线性控制方法的设计指标是以指标函数的形式规定的，而实际系统控制指标往往是确定的允许范围；飞行品质规范与一些非线性控制系统设计理论中的二次型性能、鲁棒性等指标并不完全一致。虽然飞行品质规范的编写受传统飞行控制系统设计理论和方法的影响，许多指标是按传统理论的术语和概念定量描述的，但一套完整规范毕竟是经长期实践总结出来的，被飞行员、同行专家和工程技术人员广泛承认并参考的，具有普遍性和权威性的标准，是任何一种非线性控制理论的设计指标体系很难包容和准确反映的。控制系统设计方法的选择不仅直接受指标体系的制约，而且也受工程技术人员是否理解接受这一因素的影响。目前，将实际系统的性能指标融入现有的非线性控制理论进行系统分析与设计，已成为广大学者们的共识。

现在虽然非线性系统尚未形成统一、完整、系统的理论体系，缺少通用的分析和设计方法，但现有的各种非线性控制理论可以从不同的侧面为我们揭示非线性系统的部分本质。客观地说，各种非线性方法都有其优势，又都有其局限性。单一的非线性控制理论和方法很难用于实际飞行控制系统的设计并满足飞行品质要求。综合多种控制理论各自的优点，结合具体非线性系统的特点进行研究，是各国学者形成的共识和研究的主要思路[66, 67]。基于这样的思想，以传统方法设计结果为不确定非线性飞行控制系统控制律的设计提供信息和条件，集成模糊控制、神经网络、鲁棒控制和变结构控制等方法，实现其优势互补，发挥不确定非线性控制理论在实际飞行控制系统设计中的有效作用，将传统飞行控制系统设计方法在理论上进行深化和提高，无疑会为飞行控制系统设计提供新的思路和方法。

1.4 本书内容安排

本书针对直升机在不同任务条件下所涉及的飞行控制律设计问题进行了比较系统的探讨。综合利用控制理论方法，给出了可行、有效的控制律设计方法。

本书分为 10 章。第 1 章，阐述飞行控制系统设计研究的背景和设计方法，提出了存在的问题及本书研究的思路。第 2 章，以设计节点处的小扰动线性模型为基础，分析样例直升机的特性，利用模糊推理规则建立飞行包线内直升机系统的 T-S 模糊模型。第 3 章，探讨增稳控制系统控制律设计问题。第 4 章，依据飞行品质规范要求，探讨控制增稳系统控制律设计问题。第 5 章，研究直升机自动导航控制中的相关控制律设计问题。第 6 章，探讨直升机自动着舰控制律方案，以及相应的控制律设计问题。第 7 章，讨论直升机在执行外挂运输任务过程中缆绳的稳定和悬吊物的定点控制问题。第 8 章，研究直升机向水中吊放设备时涉及的过渡悬停控制、缆位和缆高控制律设计问题。第 9 章，研究执行拖曳作业时，直升机拖曳系统的建模、缆位角反馈控制、区域搜索过程中的航迹控制问题。第 10 章，综合模糊控制和变结构控制思想，给出了基于平行分布补偿原理的全包线鲁棒控制律设计方案。

参考文献

[1] 曹建福．非线性系统理论及应用[M]．西安：西安交通大学出版社，2001，1-15.

[2] 董新民．苏三零飞机飞行控制系统[M]．西安：空军工程学院，2002，35-38，98-130.

[3] D H Zhou，P M Frank．Nonlinear Adaptive Observer Based Component Fault Diagnosis of Nonlinear System in closed loops[C]．Proc. of 14th World Congress of IFAC, 1999，25-30.

[4] M Krstic，I Kanellakopoulos，P V Kokotovic．Nonlinear and Adaptive Control Design[M]．New York: John Wiley & Sons，1995.

[5] Z P Jiang，D Hill J，A L Fradkov．A Passification Approach to Adaptive Nonlinear Stabilization[J]．Systems and Control Letters，1996，28（2）：73-84.

[6] Y Orlov．Discontinuous Model Reference Adaptive Control of Distributed Parameter System[C]．Proc. of 14th World Congress of IFAC，1999，487-492.

[7] S S Ge，C C Hang，T Zhang．A Direct Adaptive Controller for Dynamic Systems with A Class of Nonlinear Parameterizations[C]．Proc. of 14th World Congress of IFAC，1999，349-354.

[8] Z T Ding，T C Yang．Nonlinear Adaptive Control with Unknown High Frequency Gains[C]．Proc. of 14th World Congress of IFAC，1999，355-360.

[9] W T Chen，S T Yan，S S Zhou, et al. Adaptive Control of Parametric-Strict-Feedback Systems with Reduced Control Effort[C]．Proc. of 14th World Congress of IFAC，1999，361-366.

[10] X D Ye．Universal Adaptive Control for A Class of Nonlinear Systems[C]．Proc. of 14th World Congress of IFAC，1999，373-378.

[11] 黄卫，柴干．非线性自修复控制方法及仿真研究[J]．合肥工业大学学报（自然科学版），2001，24（1）：17-22.

[12] 离晓理，王书宁．基于分片线性化方法的非线性系统多模型自适应控制[J]．控制与决策，2002，17（1）：45-52.

[13] J Ackermann．Parameter Space Design of Robust Control Systems[J]．IEEE Trans，on Automatic Control，1980.

[14] J Ackermann．Design of Robust Control Systems[M]．Berlin: Springer，1983.

[15] S G Wang．Robust Pole Clustering in A Good Ride Quality Region of Aircraft for Structured Uncertain Matrices[C]．Proc. of 14th World Congress of IFAC，1999，277-282.

[16] S S Hu，B C Chang，H H Yeh，et al．Nonlinear Robust Controller Design Based on H∞ I/O Linearization and Synthesis[C]．Proc. of 14th World Congress of IFAC，1999，423-428.

[17] 段富海，陈钢，韩崇昭．先进飞机非线性 H∞控制系统设计研究[J]．飞行力学，2002，20（4）：36-38.

[18] X.P Shi，J Zhao．Novel Adaptive Robust Control for A Class of Uncertain Nonlinear System[C]．IEEE. Conf on Control and Automation，2007，31-36.

[19] D Seto，E Ferreira，T F Marz．Case study，Development of A Baseline Controller for Automatic Landing of An F-16 Aircraft Using Linear Matrix Inequalities[R]，CMU/SEI-99-TR-020，2000.5.

[20] J Chen，R J Patton，Z Chen．Linear Matrix Inequality Formulation of Fault-Tolerant Control Systems Design[C]．Proc. of 14th World Congress of IFAC，1999，13-18.

[21] 韦巍，吴树范，沈勇璋．定量反馈理论在鲁棒与容错飞行控制系统中的应用[J]．南京航空航天大学学报，2001，33（2）：130-134.

[22] 穆向阳．H∞控制系统理论与应用研究[D]．西安：西北工业大学，2001.3.

[23] H Y Chen，C D Yang．Three-Dimensions Nonlinear H∞ Guidance Law with Maneuvering Targets[C]．Proc. of 14th World Congress of IFAC，1999，417-422.

[24] H X Wen，B T Cui，Y X Shen．Design of Sliding Mode Controller for Uncertain Distributed Parameter Systems with Delays[C]，1th IEEE Conference on Industrial Electronics and Applications，2006，434-439.

[25] J F Guo，C C Gao，D Y Meng．Approximation Theory of Real Sliding Mode in Variable Structure Control of Time-Delay Singular System[C]．Proc. of 6th World Congress on Intelligent Control and Automation，2006，1952-1956.

[26] J K Hedrick，S Gopalslwamy．Nonlinear Flight Control Design Via Sliding Methods．Journal of Guidance[J]．Control and Dynamics，1990，13（5）：850-858.

[27] 马克茂，王子才．基于滑模控制的一类非线性多变量系统跟踪控制器设计及应用[J]．航天控制，2000（3）：32-36.

[28] 朱民雄，宋屹，宋潮清．非线性空间飞行器系统的解耦滑模控制[J]．北京航空航天大学学报，2000，26（15）：509-512.

[29] 丁世宏，李世华．空间飞行器姿态的有限时间跟踪控制方法[C]．航空学报，2007,28（03）：628-633.

[30] X T Tong，H C Zhao，G H Feng．Adaptive Global Terminal Sliding Mode Control for Anti-Warship Missiles[C]．Proc. of 6th World Congress on Intelligent Control and Automation，2006，1962-1966.

[31] Y Pan，K Furuta．VS Control of Nonlinear System Using Sliding Sector[C]．Proc. of 14th World Congress of IFAC，1999，25-30.

[32] J Wang，Y Zheng，X Liu. Robust Output Tracking of Constrained Nonlinear Systems[C]．Proc. of 14th World Congress of IFAC，1999，37-41.

[33] J Li，D M Xu，Z Ren．Backstepping Variable Structure Control of Nonlinear Systems with Unmatched Uncertainties[C]．Proc. of 14th World Congress of IFAC，1999，67-71.

[34] C W Chan，K C Cheung，Y Wang. Neural Network Based Observers for Nonlinear Systems with Unknown Nonlinearities[C]．Proc. of 14th World Congress of IFAC, 1999，329-334.

[35] E R Tisdale．Artificial Neural Control for Nonlinear System[J]，2002.

[36] 何丹，戴先中，王勤．神经网络广义逆系统控制[J]．控制理论与应用，2002.2，19（1）：35-40.

[37] 陈谋，姜长生，吴庆宪，等．基于 RBF 神经网络的一类不确定非线性系统自适应 H∞控制[J]．控制理论与应用，2003，20（1）：27-31.

[38] 孙健，申瑞民，韩鹏. 一种新颖的径向基函数（RBF）网络学习算法[J]. 计算机学报，2003，26（11）：1562-1566.

[39] 吴成茂，范九伦. 确定 RBF 神经网络隐层节点数的最大矩阵元法[J]. 计算机工程与应用，2004，(20)：77-79.

[40] S Kovs. Interpolate Fuzzy Reasoning Based Fault Classification and System Reconfiguration[C]．Proc. of 14th World Congress of IFAC, 1999，103-108.

[41] Y Huo，C z Hou，S X Liu．Fault Diagnosis Based on Fuzzy Relation Matrix and Recognition[C]．Proc. of 14th World Congress of IFAC，1999，163-167.

[42] S Y Yasin．Systematic Methods for The Design of A Class of Fuzzy Logic Controllers[J]，2002.

[43] A Amin，H Ali．Structure Analysis of Mamdani Fuzzy Controllers with Nonlinear Fuzzy Sets[J]，2002.

[44] L H Keung．Robustness of Uncertain Nonlinear System Based on a Fuzzy Logic Approach[J]，2000.

[45] R S Starsman．Fuzzy System Identification Based Upon A Novel Approach to Nonlinear Optimization[J]，2003.

[46] 佟绍成，王艳平，王涛．基于状态观测器的一类非线性系统的模糊鲁棒控制[J]．控制与决策，2001，16（1）：62-68.

[47] J Moghaddas．A Fuzzy Neural Network Approach for Power System Evaluations[D]．New Mexico: New Mexico State University，2001.

[48] O Kuljaca. Intelligent Neural Network and Fuzzy Logic Control of Industrial and Power Systems[J], 2003.

[49] A Rybalov．Aggregation in Fuzzy System and Simulation of Neural Networks[J]，1995.

[50] Y Q Zhang．Compensatory Genetic Fuzzy Neural Networks and Their Applications[J]，1997.

[51] Y C Hsu．Intelligent System Modeling and Control：An Integrated Neuro-Fuzzy Approach[J]．1998.

[52] Ai Wu，Hierarchical Fuzzy Neural Networks for Nonlinear Dynamic System[J]，2001.

[53] K Hemsathapat．Data Mining Through Neuro-Fuzzy-Genetic Architecture[J]，2001.

[54] 李战明，王君，康爱红．基于 T-S 模糊模型的 RBF 网络的自适应学习算法[J]．兰州理工大学学报，2004.4，30（2）：82-85.

[55] A Fujimori，P N Nikiforuk. Fuzzy Gain-Scheduling Control and Its Application to Flight Control[C]. Proc. of 14th World Congress of IFAC，1999，283-288.

[56] K Nho．Fuzzy Logic Based Flight Control System Design[J]. 2000.7.

[57] E Mooij．Direct Model Reference Adaptive Control of a Winged Re-entry Vehicle[C]．AIAA 9th International Space Planes and Hypersonic System and Technologies Conference，1999.

[58] 杨向忠，章卫国．模糊控制方法及其在飞控中的应用[M]．飞行力学，1998.12，16（4）：42-46.

[59] 贝超，李芸，林维菘．一种基于神经网络的飞行控制律设计方法[J]．现代防御技术，1998，26（5）：26-29.

[60] 李奉，王衍洋，金长江．人工神经网络在飞行控制领域中的应用及发展[J]．飞行力学，2002，20（4）：1-5.

[61] 陈欣，苏丙未，曹云峰，等．一种基于神经网络的非线性飞行控制系统设计方案研究[J]．数据采集与处理，2002，17（3）：328-332.

[62] 景韶光，陈新海．非线性神经网络自适应控制及其在导弹中的应用[J]．西北工业大学学报，1997，15（4）：63-66.

[63] 杨婷．基于 T-S 模糊模型的无人机模糊调参自动驾驶仪设计[J]．弹箭与制导学报，2004，24（4）：10-21.

[64] 姜长生，郭树军，王丕宏，等．先进武装直升机一种新型组合智能飞控系统和火飞综合系统的设计与仿真[J]．航空学报，1998，19（6）：719-725.

[65] 王王宏，杨克明，孙隆和，等．先进武装直升机一种新型智能组合飞行控制系统的设计与仿真[J]．电光与控制，1998（1）：35-42.

[66] P Guan，X H Liu，X J Liu. Adaptive Fuzzy Control for Satellite. Proc. of 6th World Congress on Intelligent Control and Automation[J]，2006，124-128.

[67] Zhonghua Wu，Jingchao Lu，Qing Zhou，et al. Modified adaptive neural dynamic surface control for morphing aircraft with input and output constraints. Nonlinear Dynamics[J]，2017，87（4）：2367-2383.

第2章 直升机控制系统建模

2.1 坐标系及运动参量

在忽略弹性振动和形变的情况下，直升机在空中的运动可以看作6自由度的刚体运动，包含绕三轴的转动（滚转、俯仰、偏航）和重心沿三个轴的线运动。因此，可依据飞行力学建立飞机的动力学模型。选择合适的坐标系可简化运动方程的形式，从而便于对问题分析和求解。本节介绍几种建立直升机动力学方程常用坐标系和直升机飞行状态参数。

2.1.1 常用坐标系

1. 机体坐标系 $OXYZ$

机体坐标系与机体固连，如图 2.1 所示。坐标原点O设在直升机重心处，纵轴OX在直升机对称面内，通过重心，与机身纵轴一致，沿机头方向为正。竖轴OZ通过重心，在直升机对称面内，与桨毂轴平行，向下为正。横轴OY通过重心，垂直于机身对称面，向右为正。

2. 速度坐标系 $OX_aY_aZ_a$

速度坐标系的原点O设在直升机重心处，如图 2.2 所示。OX_a轴与空速矢量$\boldsymbol{V}$一致，前飞为正。OZ_a轴在机身对称面内，垂直于OX_a轴，向下为正。OY_a轴垂直于X_aOZ_a平面，向右为正。

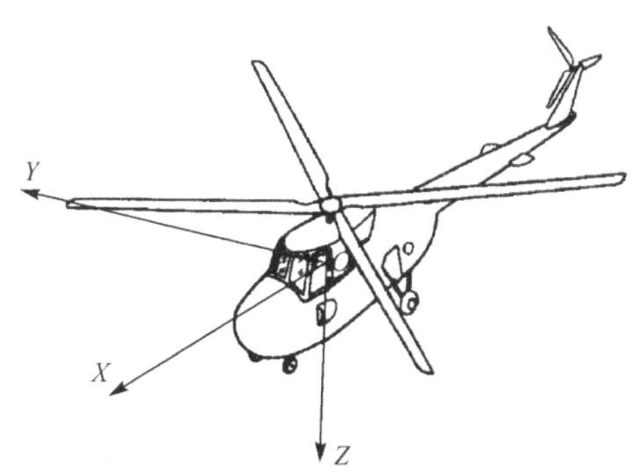

图 2.1　机体坐标系

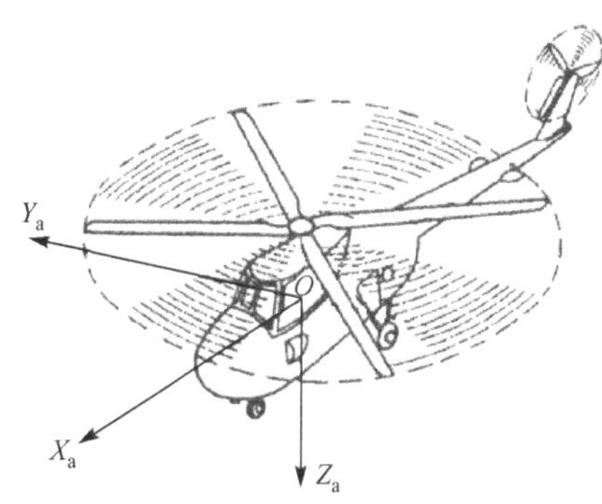

图 2.2　速度坐标系

3. 地面坐标系 $O_G X_G Y_G Z_G$

地面坐标系相对于地球表面不动，如图 2.3 所示。原点 O_G 设在地面或海平面上某点处(一般取起飞点)，纵轴 $O_G X_G$ 指北或应飞航向。竖轴 $O_G Z_G$ 沿垂线，向下为正。横轴 $O_G Y_G$ 与 $X_G O_G Z_G$ 平面相垂直，指应飞航线的右方为正。

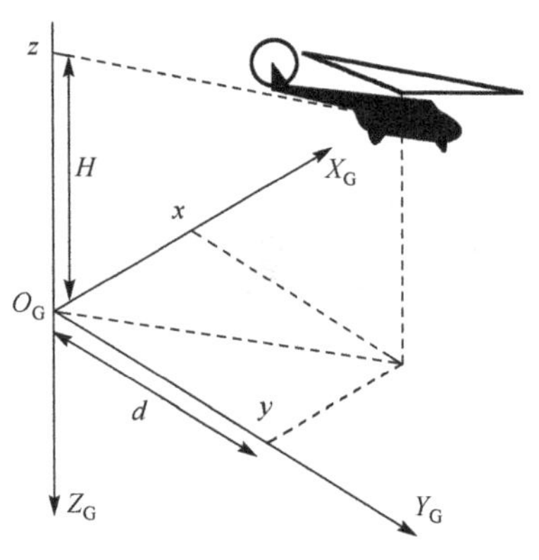

图 2.3 地面坐标系

2.1.2 直升机飞行状态参数

为了准确描述直升机的姿态及位置，需要定义其飞行状态参数。直升机飞行状态的参数有俯仰角、倾斜角、航向角、迎角、侧滑角、航迹倾斜角、航迹方位角和航迹滚转角。这些角度反映了以上三种坐标系在空间的相对位置关系。

1. 俯仰角 ϑ

俯仰角 ϑ 是直升机纵轴 OX 与水平面之间的夹角，上仰时 ϑ 为正，如图 2.4 所示。

2. 倾斜角 φ

倾斜角又称为滚转角，是直升机对称面（XOZ 平面）与铅垂面之间的夹角，飞机向右倾斜时 φ 为正，如图 2.5 所示。

3. 航向角 ψ

航向角 ψ 是直升机纵轴 OX 在水平面上的投影与应飞航向之间的夹角，右偏航时 ψ 为正，如图 2. 4 所示。

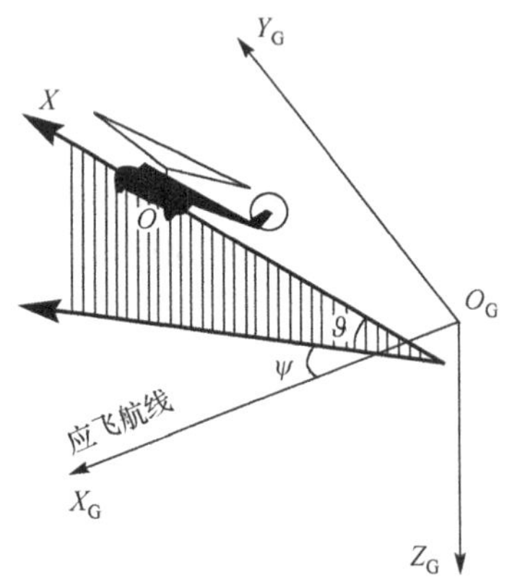

图 2.4 俯仰角与航向角

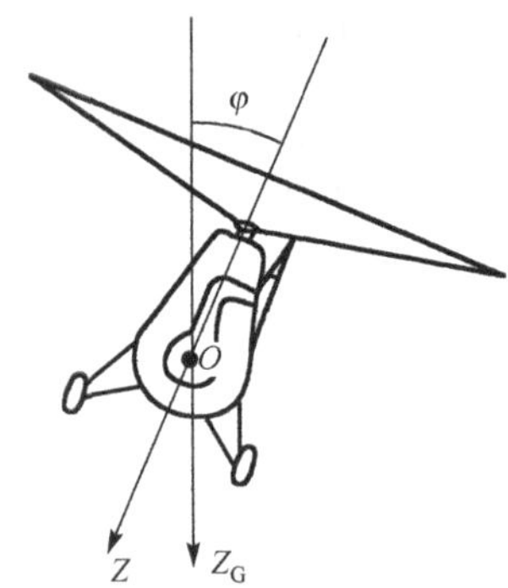

图 2.5 倾斜角

4. 迎角 α

迎角也称攻角，是空速矢量 $\boldsymbol{V}$ 在直升机对称面上的投影 OX_b 与纵轴 OX 的夹角，纵轴在上为正，如图 2.6 所示。

5．侧滑角 β

侧滑角 β 是空速矢量 $\boldsymbol{V}$ 与直升机对称面的夹角，当 $\boldsymbol{V}$ 处于对称面之右时 β 为正，如图 2.6 所示。

6．航迹倾斜角 γ

航迹倾斜角 γ 是飞行速度矢量 $\boldsymbol{V}$ 与水平面间的夹角，飞机向上飞时为正，如图 2.7 所示。

7．航迹方位角 χ

航迹方位角 χ 是空速矢量 $\boldsymbol{V}$ 在水平面内的投影 $\boldsymbol{V}'$ 与 O_GX_G 轴的夹角，$\boldsymbol{V}$ 在 O_GX_G 右边时 χ 为正，如图 2.7 所示。

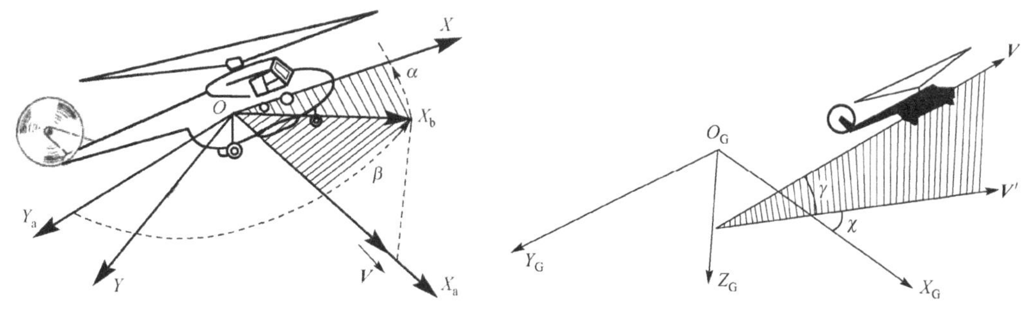

图 2.6　迎角与侧滑角　　　　图 2.7　航迹倾斜角与航迹方位角

8．航迹滚转角 μ

航迹滚转角 μ 是速度轴 OZ_a 与包含速度轴 OX_a 的铅垂面间的夹角，飞机右倾斜时为正。

以上八个角度中的倾斜角、俯仰角和航向角反映了机体坐标系与地面坐标系的相对位置关系；迎角、侧滑角反映了机体坐标系与速度坐标系的关系；航迹倾斜角、航迹滚转角和航迹方位角反映了速度坐标系与地面坐标系的关系。

2.2　直升机全量运动方程

假定直升机为一刚体，忽略地球自转与公转的影响，将地面坐标系视为惯性坐标系，忽略地平面曲率。如果重力加速度不随飞行高度变化，则认为直升机机体坐标系的 XOZ 平面是对称平面。

当沿直升机机体三轴的合力及绕三轴的合力矩均为零时，直升机做匀速直线运动，或绕某轴匀速转动。否则，将产生加速度运动或角加速度运动。当其线运动和角运动同时存在时，还将产生与角速度及线速度相应的牵连加速度。

直升机线运动方程为

$$\begin{cases} m\left(\dfrac{\mathrm{d}u}{\mathrm{d}t}+wq-vr\right)=\sum X \\ m\left(\dfrac{\mathrm{d}v}{\mathrm{d}t}+ur-wp\right)=\sum Y \\ m\left(\dfrac{\mathrm{d}w}{\mathrm{d}t}+vp-uq\right)=\sum Z \end{cases} \tag{2.1}$$

式中，m 为直升机质量，u、v、w 分别为沿 OX 轴、OY 轴和 OZ 轴的线速度；p、q、r 分别为绕 OX 轴、OY 轴和 OZ 轴的角速度；ΣX、ΣY、ΣZ 分别为作用于机体 OX 轴、OY 轴和 OZ 轴上的合力。

直升机角运动方程为

$$\begin{cases} I_x \dfrac{\mathrm{d}p}{\mathrm{d}t} + (I_z - I_y)qr - I_{xz}\left(pq + \dfrac{\mathrm{d}r}{\mathrm{d}t}\right) = \sum L \\ I_y \dfrac{\mathrm{d}q}{\mathrm{d}t} + (I_x - I_z)rp - I_{xz}(p^2 + r^2) = \sum M \\ I_z \dfrac{\mathrm{d}r}{\mathrm{d}t} + (I_y - I_x)pq - I_{xz}\left(\dfrac{\mathrm{d}p}{\mathrm{d}t} - qr\right) = \sum N \end{cases} \tag{2.2}$$

式中，I_x、I_y、I_z 分别为直升机对 OX 轴、OY 轴、OZ 轴的转动惯量；I_{xz} 为直升机对 OX 轴和 OZ 轴的惯性积；ΣL、ΣM、ΣN 分别为绕机体 OX 轴、OY 轴、OZ 轴的合力矩。

为了描述直升机相对于地面的运动，需要由三个欧拉角（航向角 ψ、俯仰角 ϑ 和倾斜角 φ）来描述直升机相对于地面坐标系的姿态，由线位移（前向位移 x、侧向位移 y、高度 h）表示直升机相对于地面坐标系的位置；因此还需要建立机体坐标系中三轴角速度 p、q、r 与欧拉角角速度 $\dot{\varphi}$、$\dot{\vartheta}$、$\dot{\psi}$ 之间的关系，以及机体坐标系中三轴线速度 u、v、w 与地面坐标系中三轴线速度 $\dot{x}$、$\dot{y}$、$\dot{h}$ 之间的关系。

机体三轴角速度与欧拉角角速度之间的关系为

$$\begin{cases} \dfrac{\mathrm{d}\dot{\varphi}}{\mathrm{d}t} = p + (r\cos\varphi + q\sin\varphi)\tan\vartheta \\ \dfrac{\mathrm{d}\dot{\vartheta}}{\mathrm{d}t} = q\cos\varphi - r\sin\varphi \\ \dfrac{\mathrm{d}\dot{\psi}}{\mathrm{d}t} = \dfrac{r\cos\varphi + q\sin\varphi}{\cos\vartheta} \end{cases} \tag{2.3}$$

由机体坐标系和地面坐标系之间的转换关系，可以得到机体三轴线速度 u、v、w 与地面坐标系中的前向位移变化率 $\dot{x}$、侧向位移变化率 $\dot{y}$ 及高度变化率 $\dot{h}$ 之间的关系。

$$\begin{cases} \dfrac{\mathrm{d}\dot{x}}{\mathrm{d}t} = u\cos\psi\cos\vartheta - w(\sin\psi\sin\varphi - \cos\psi\sin\vartheta\cos\varphi) + v(\cos\psi\sin\vartheta\sin\varphi + \sin\psi\cos\varphi) \\ \dfrac{\mathrm{d}\dot{y}}{\mathrm{d}t} = -u\sin\psi\cos\vartheta - w(\sin\psi\sin\vartheta\cos\varphi - \cos\vartheta\sin\varphi) + v(\cos\psi\cos\varphi + \sin\psi\sin\vartheta\sin\varphi) \\ \dfrac{\mathrm{d}\dot{h}}{\mathrm{d}t} = u\sin\vartheta - w\cos\vartheta\cos\varphi - v\cos\vartheta\sin\varphi \end{cases} \tag{2.4}$$

式（2.1）～式（2.4）构成了封闭的 12 阶非线性时变参数的微分方程，称为飞机的全量运动微分方程。

式（2.1）和式（2.2）右端包含的各合力和合力矩中，除飞机重力、旋翼拉力和尾桨推力及其产生的相应力矩之外，还有作用在飞机上的气动力（力矩）。这些气动力（力矩）一般是飞行姿态和操纵量的复杂非线性函数。要建立准确的气动力（力矩）模型十分困难，所以实际应用飞机的全量运动微分方程并不方便。

为了分析直升机的操纵性和稳定性，常用的方法是在小扰动假设下对飞机运动学方程进行线性化处理，从而研究直升机在基准运动基础上的增量运动。在小扰动假设下，直升机上各主要气动参数的变化大都与扰动量呈线性关系。应用小扰动线性化方程研究直升机的性能，可以在平衡点的相应邻域范围内获得良好的效果和满意的精度。

2.3　直升机小扰动线性化方程

2.3.1　小扰动线性化方程

设某全量非线性运动方程为

$$f(x_1, x_2, \cdots, x_n) = 0 \tag{2.5}$$

式中，变量 x_n（$n = 1, 2, \cdots, n$）为运动状态量或其导数，且可表示成基准运动状态量 x_{i0} 和增量 Δx_n 之和 $x_n = x_{n0} + \Delta x_n$，无论什么运动，下面两个式子总是成立的：

$$f(x_{10}, x_{20}, \cdots, x_{n0}) = 0 \tag{2.6}$$

$$f(x_{10} + \Delta x_1, x_{20} + \Delta x_2, \cdots, x_{n0} + \Delta x_n) = 0 \tag{2.7}$$

由于 Δx_n 是增量，故可将式（2.7）展开成泰勒级数。忽略其二阶及以上的高阶项，可得

$$f(x_{10}, x_{20}, \cdots, x_{n0}) + \left(\frac{\partial f}{\partial x_1}\right)_0 \Delta x_1 + \left(\frac{\partial f}{\partial x_2}\right)_0 \Delta x_2 + \cdots + \left(\frac{\partial f}{\partial x_n}\right)_0 \Delta x_n = 0 \tag{2.8}$$

由于式（2.8）中第一项为零，故可得线性化小扰动方程为

$$\left(\frac{\partial f}{\partial x_1}\right)_0 \Delta x_1 + \left(\frac{\partial f}{\partial x_2}\right)_0 \Delta x_2 + \cdots + \left(\frac{\partial f}{\partial x_n}\right)_0 \Delta x_n = 0 \tag{2.9}$$

式中，系数 $\left(\frac{\partial f}{\partial x_1}\right)_0$、$\left(\frac{\partial f}{\partial x_2}\right)_0$、…、$\left(\frac{\partial f}{\partial x_n}\right)_0$ 是相对基准运动点的偏导数，可以通过试验获得。

2.3.2　直升机小扰动运动方程的建立

运用上述方法，对直升机全量运动微分方程进行线性化处理，可建立直升机的 6 自由度小扰动线性化方程。将直升机的三轴速度增量 Δu、Δv、Δw，三轴角度增量 $\Delta\vartheta$、$\Delta\varphi$、$\Delta\psi$ 及三轴角速度 $\dot{\vartheta}$、$\dot{\varphi}$、$\dot{\psi}$ 作为状态量，以旋翼纵向周期变距增量 ΔBic、横向周期变距增量 ΔAic、尾桨桨距增量 $\Delta\delta_{\rm rc}$ 及旋翼总距增量 $\Delta\theta_{\rm c}$ 作为操纵量。利用小扰动假设，以给定高度 H_0、速度 V_0 下水平直线飞行状态为飞机的基准状态，在基准状态下满足的关系式：

$$\begin{cases} \dot{\vartheta}_0 = \dot{\varphi}_0 = \dot{\psi}_0 = v_0 = 0 \\ u_0 = V_0 \\ w_0 = V_0 \vartheta_0 \end{cases}$$

可得到直升机的线性小扰动增量方程（为方便计算，省去增量标记“Δ”）。

三轴力矩平衡方程：

$$\begin{cases} -m\dot{u}+X_u u+X_v v+X_w w+(X_{\dot{\vartheta}}-mV_0\vartheta_0)\dot{\vartheta}-mg\vartheta+X_{\dot{\gamma}}\dot{\varphi}+X_{\dot{\psi}}\dot{\psi} \\ =-X_{\text{Bic}}\text{Bic}-X_{\text{Aic}}\text{Aic}-X_{\delta_{\text{rc}}}\delta_{\text{rc}}-X_{\theta_c}\theta_c \\ -m\dot{v}+Y_u u+Y_v v+Y_w w+mg\varphi+Y_{\dot{\vartheta}}\dot{\vartheta}+(Y_{\dot{\varphi}}-mV_0\vartheta_0)\dot{\varphi}+(Y_{\dot{\psi}}-mV_0)\dot{\psi} \\ =-Y_{\text{Bic}}\text{Bic}-Y_{\text{Aic}}\text{Aic}-Y_{\delta_{\text{rc}}}\delta_{\text{rc}}-Y_{\theta_c}\theta_c \\ (Z_{\dot{w}}-m)\dot{w}+Z_u u+Z_v v+Z_w w+(Z_{\dot{\vartheta}}+mV_0)\dot{\vartheta}+Z_{\dot{\gamma}}\dot{\varphi}+Z_{\dot{\psi}}\dot{\psi} \\ =-Z_{\text{Bic}}\text{Bic}-Z_{\text{Aic}}\text{Aic}-Z_{\delta_{\text{rc}}}\delta_{\text{rc}}-Z_{\theta_c}\theta_c \end{cases} \tag{2.10}$$

式中，g 为重力加速度。三轴力矩平衡方程：

$$\begin{cases} M_{\dot{w}}\dot{w}+M_u u+M_v v+M_w w-I_y\ddot{\vartheta}+M_{\dot{\vartheta}}\dot{\vartheta}+M_{\dot{\gamma}}\dot{\varphi}+M_{\dot{\psi}}\dot{\psi} \\ =-M_{\text{Bic}}\text{Bic}-M_{\text{Aic}}\text{Aic}-M_{\delta_{\text{rc}}}\delta_{\text{rc}}-M_{\theta_c}\theta_c \\ L_u u+L_v v+L_w w-I_x\ddot{\varphi}+L_{\dot{\vartheta}}\dot{\vartheta}+L_{\dot{\gamma}}\dot{\varphi}+L_{\dot{\psi}}\dot{\psi}=-L_{\text{Bic}}\text{Bic}-L_{\text{Aic}}\text{Aic}-L_{\delta_{\text{rc}}}\delta_{\text{rc}}-L_{\theta_c}\theta_c \\ N_u u+N_v v+N_w w-I_z\ddot{\psi}+N_{\dot{\vartheta}}\dot{\vartheta}+N_{\dot{\gamma}}\dot{\varphi}+N_{\dot{\psi}}\dot{\psi}=-N_{\text{Bic}}\text{Bic}-N_{\text{Aic}}\text{Aic}-N_{\delta_{\text{rc}}}\delta_{\text{rc}}-N_{\theta_c}\theta_c \end{cases} \tag{2.11}$$

直升机的合成速度 V、迎角 α 和侧滑角 β 可分别通过以下公式求出：

$$V=\sqrt{u^2+v^2+w^2}\text{，}\quad \alpha=\arctan(w/V)\text{，}\quad \beta=\arctan(v/V)$$

由式（2.10）和式（2.11）可写出飞机矩阵方程：

$$\boldsymbol{P}\dot{\boldsymbol{x}}=\boldsymbol{Q}\boldsymbol{x}+\boldsymbol{W}\boldsymbol{u} \tag{2.12}$$

式中

$$\boldsymbol{x}=[u\quad v\quad w\quad \vartheta\quad \varphi\quad \psi\quad \dot{\vartheta}\quad \dot{\varphi}\quad \dot{\psi}]^{\text{T}}$$

$$\boldsymbol{u}=[\text{Bic}\quad \text{Aic}\quad \delta_{\text{rc}}\quad \theta_c]^{\text{T}}$$

$$\boldsymbol{P}=\begin{bmatrix} m & 0 & 0 & 0 & 0 & 0 & 0 & 0 & 0 \\ 0 & m & 0 & 0 & 0 & 0 & 0 & 0 & 0 \\ 0 & 0 & m-Z_{\dot{w}} & 0 & 0 & 0 & 0 & 0 & 0 \\ 0 & 0 & 0 & 1 & 0 & 0 & 0 & 0 & 0 \\ 0 & 0 & 0 & 0 & 1 & 0 & 0 & 0 & 0 \\ 0 & 0 & 0 & 0 & 0 & 1 & 0 & 0 & 0 \\ 0 & 0 & -M_{\dot{w}} & 0 & 0 & 0 & I_y & 0 & 0 \\ 0 & 0 & 0 & 0 & 0 & 0 & 0 & I_x & 0 \\ 0 & 0 & 0 & 0 & 0 & 0 & 0 & 0 & I_z \end{bmatrix}$$

$$\boldsymbol{Q}=\begin{bmatrix} X_u & X_v & X_w & -mg & 0 & 0 & X_{\dot{\vartheta}}-mV_0\vartheta_0 & X_{\dot{\varphi}} & X_{\dot{\psi}} \\ Y_u & Y_v & Y_w & 0 & mg & 0 & Y_{\dot{\vartheta}} & Y_{\dot{\varphi}}-mV_0\vartheta_0 & Y_{\dot{\psi}}-mV_0 \\ Z_u & Z_v & Z_w & 0 & 0 & 0 & Z_{\dot{\vartheta}}+mV_0 & Z_{\dot{\varphi}} & Z_{\dot{\psi}} \\ 0 & 0 & 0 & 0 & 0 & 0 & 1 & 0 & 0 \\ 0 & 0 & 0 & 0 & 0 & 0 & 0 & 1 & 0 \\ 0 & 0 & 0 & 0 & 0 & 0 & 0 & 0 & 1 \\ M_u & M_v & M_w & 0 & 0 & 0 & M_{\dot{\vartheta}} & M_{\dot{\varphi}} & M_{\dot{\psi}} \\ L_u & L_v & L_w & 0 & 0 & 0 & L_{\dot{\vartheta}} & L_{\dot{\varphi}} & L_{\dot{\psi}} \\ N_u & N_v & N_w & 0 & 0 & 0 & N_{\dot{\vartheta}} & N_{\dot{\varphi}} & N_{\dot{\psi}} \end{bmatrix}$$

$$
\boldsymbol{W}=\begin{bmatrix}
X_{\text{Bic}} & X_{\text{Aic}} & X_{\delta_{\text{rc}}} & X_{\vartheta_{\text{c}}} \\
Y_{\text{Bic}} & Y_{\text{Aic}} & Y_{\delta_{\text{rc}}} & Y_{\vartheta_{\text{c}}} \\
Z_{\text{Bic}} & Z_{\text{Aic}} & Z_{\delta_{\text{rc}}} & Z_{\vartheta_{\text{c}}} \\
0 & 0 & 0 & 0 \\
0 & 0 & 0 & 0 \\
0 & 0 & 0 & 0 \\
M_{\text{Bic}} & M_{\text{Aic}} & M_{\delta_{\text{rc}}} & M_{\vartheta_{\text{c}}} \\
L_{\text{Bic}} & L_{\text{Aic}} & L_{\delta_{\text{rc}}} & L_{\vartheta_{\text{c}}} \\
N_{\text{Bic}} & N_{\text{Aic}} & N_{\delta_{\text{rc}}} & N_{\vartheta_{\text{c}}}
\end{bmatrix}
$$

式中，X_u、X_v、X_w、…、N_{θ_c} 分别为直升机各气动导数，其量纲如表 2.1 所示。

表 2.1　直升机矩阵方程中各气动导数及其量纲

参数	量纲	参数	量纲	参数	量纲	参数	量纲	参数	量纲	参数	量纲
X_u	kg/s	Y_u	kg/s	Z_u	kg/s	L_u	kg • m/s	M_u	kg • m/s	N_u	kg • m/s
X_v	kg/s	Y_v	kg/s	Z_v	kg/s	L_v	kg • m/s	M_v	kg • m/s	N_v	kg • m/s
X_w	kg/s	Y_w	kg/s	Z_w	kg/s	L_w	kg • m/s	M_w	kg • m/s	N_w	kg • m/s
/		/		$Z_{\dot{w}}$	kg	/		$M_{\dot{w}}$	kg • m	/	
$X_{\dot{\vartheta}}$	kg • m/rad • s	$Y_{\dot{\vartheta}}$	kg • m/rad • s	$Z_{\dot{\vartheta}}$	kg • m/rad • s	$L_{\dot{\vartheta}}$	kg • m^2 /rad • s	$M_{\dot{\vartheta}}$	kg • m^2 /rad • s	$N_{\dot{\vartheta}}$	kg • m^2 /rad • s
$X_{\dot{\varphi}}$	kg • m/rad • s	$Y_{\dot{\varphi}}$	kg • m/rad • s	$Z_{\dot{\varphi}}$	kg • m/rad • s	$L_{\dot{\varphi}}$	kg • m^2 /rad • s	$M_{\dot{\varphi}}$	kg • m^2 /rad • s	$N_{\dot{\varphi}}$	kg • m^2 /rad • s
$X_{\dot{\psi}}$	kg • m/rad • s	$Y_{\dot{\psi}}$	kg • m/rad • s	$Z_{\dot{\psi}}$	kg • m/rad • s	$L_{\dot{\psi}}$	kg • m^2 /rad • s	$M_{\dot{\psi}}$	kg • m^2 /rad • s	$N_{\dot{\psi}}$	kg • m^2 /rad • s
X_{Bic}	kg • m /s^2 • cm	Y_{Bic}	kg • m /s^2 • cm	Z_{Bic}	kg • m /s^2 • cm	L_{Bic}	kg • m^2 /s^2 • cm	M_{Bic}	kg • m^2 /s^2 • cm	N_{Bic}	kg • m^2 /s^2 • cm
X_{Aic}	kg • m /s^2 • cm	Y_{Aic}	kg • m /s^2 • cm	Z_{Aic}	kg • m /s^2 • cm	L_{Aic}	kg • m^2 /s^2 • cm	M_{Aic}	kg • m^2 /s^2 • cm	N_{Aic}	kg • m^2 /s^2 • cm
$X_{\delta_{\text{rc}}}$	kg • m /s^2 • cm	$Y_{\delta_{\text{rc}}}$	kg • m /s^2 • cm	$Z_{\delta_{\text{rc}}}$	kg • m /s^2 • cm	$L_{\delta_{\text{rc}}}$	kg • m^2 /s^2 • cm	$M_{\delta_{\text{rc}}}$	kg • m^2 /s^2 • cm	$N_{\delta_{\text{rc}}}$	kg • m^2 /s^2 • cm
$X_{\theta_{\text{c}}}$	kg • m /s^2 • cm	$Y_{\theta_{\text{c}}}$	kg • m /s^2 • cm	$Z_{\theta_{\text{c}}}$	kg • m /s^2 • cm	$L_{\theta_{\text{c}}}$	kg • m^2 /s^2 • cm	$M_{\theta_{\text{c}}}$	kg • m^2 /s^2 • cm	$N_{\theta_{\text{c}}}$	kg • m^2 /s^2 • cm

将式（2.12）两边同乘以 $\boldsymbol{P}^{-1}$，并令

$$\boldsymbol{A}=\boldsymbol{P}^{-1}\boldsymbol{Q},\quad \boldsymbol{B}=\boldsymbol{P}^{-1}\boldsymbol{W},\quad \boldsymbol{C}=\boldsymbol{I}_{9\times 9}$$

可得到直升机的 6 自由度 9 阶小扰动系统状态方程：

$$\begin{cases}\dot{\boldsymbol{x}}=\boldsymbol{A}\boldsymbol{x}+\boldsymbol{B}\boldsymbol{u}\\ \boldsymbol{y}=\boldsymbol{C}\boldsymbol{x}\end{cases} \tag{2.13}$$

在小扰动条件下，为了简化问题，方便控制律的设计，常把飞机的运动近似分解为较低阶相互独立的纵向运动和横侧向运动来考虑。

纵向运动状态方程为

$$\begin{cases}\dot{\boldsymbol{x}}=\boldsymbol{A}_{\text{z}}\boldsymbol{x}+\boldsymbol{B}_{\text{z}}\boldsymbol{u}\\ \boldsymbol{y}=\boldsymbol{C}_{\text{z}}\boldsymbol{x}\end{cases} \tag{2.14}$$

式中

$$\boldsymbol{x}=[u\quad w\quad \vartheta\quad \dot{\vartheta}]^{\text{T}}\qquad \boldsymbol{u}=[\text{Bic}\quad \theta_{\text{c}}]^{\text{T}}$$

$$A_z=\begin{bmatrix} A_{1,1} & A_{1,3} & A_{1,4} & A_{1,7} \\ A_{3,1} & A_{3,3} & A_{3,4} & A_{3,7} \\ A_{4,1} & A_{4,3} & A_{4,4} & A_{4,7} \\ A_{7,1} & A_{7,3} & A_{7,4} & A_{7,7} \end{bmatrix}$$

$$B_z=\begin{bmatrix} B_{1,1} & B_{3,1} & B_{4,1} & B_{7,1} \\ B_{1,4} & B_{3,4} & B_{4,4} & B_{7,4} \end{bmatrix}^{\mathrm{T}}$$

$$C_z=I_{4\times4}$$

横侧向运动状态方程为

$$\begin{cases} \dot{x}=A_c x+B_c u \\ y=C_c x \end{cases} \tag{2.15}$$

式中

$$x=[v \quad \varphi \quad \psi \quad \dot{\varphi} \quad \dot{\psi}]^{\mathrm{T}}$$

$$u=\left[\mathrm{Aic} \quad \delta_{\mathrm{rc}}\right]^{\mathrm{T}}$$

$$A_c=\begin{bmatrix} A_{2,2} & A_{2,5} & A_{2,6} & A_{2,8} & A_{2,9} \\ A_{5,2} & A_{5,5} & A_{5,6} & A_{5,8} & A_{5,9} \\ A_{6,2} & A_{6,5} & A_{6,6} & A_{6,8} & A_{6,9} \\ A_{8,2} & A_{8,5} & A_{8,6} & A_{8,8} & A_{8,9} \\ A_{9,2} & A_{9,5} & A_{9,6} & A_{9,8} & A_{9,9} \end{bmatrix}$$

$$B_c=\begin{bmatrix} B_{2,2} & B_{5,2} & B_{6,2} & B_{8,2} & B_{9,2} \\ B_{2,3} & B_{5,3} & B_{6,3} & B_{8,3} & B_{9,3} \end{bmatrix}^{\mathrm{T}}$$

$$C_c=I_{5\times5}$$

式中，$A_{i,j}$、$B_{i,j}$ 分别表示式（2.13）中 $\boldsymbol{A}$、$\boldsymbol{B}$ 矩阵的第 i 行第 j 列元素。

2.4 直升机开环特性分析

本节以样例直升机为例，在飞行高度 H=1000m，速度 V=73.5m/s 的设计节点下，式（2.13）状态方程中的 $\boldsymbol{A}$、$\boldsymbol{B}$ 矩阵分别为

$$A=\begin{bmatrix} -0.0655 & 0.0074 & 0.0411 & -9.7661 & 0.0304 & -0.3687 & 7.0621 & -0.4775 & -0.1219 \\ 0.0096 & -0.1408 & -0.0142 & -0.0000 & 9.7996 & -0.8081 & -0.4623 & -6.9932 & -72.9192 \\ 0.1010 & -0.0045 & -0.6746 & 0.8085 & 0.3676 & 0.0 & 73.0459 & -0.0328 & 0.0336 \\ 0.0 & 0.0 & 0.0 & 0.0 & 0.0 & 0.0 & 1.0 & 0.0 & 0.0 \\ 0.0 & 0.0 & 0.0 & 0.0 & 0.0 & 0.0 & 0.0 & 1.0 & 0.0 \\ 0.0 & 0.0 & 0.0 & 0.0 & 0.0 & 0.0 & 0.0 & 0.0 & 1.0 \\ 0.0134 & -0.0048 & -0.0157 & 0.0004 & 0.0002 & 0.0 & -0.5790 & 0.1776 & 0.0761 \\ 0.0244 & -0.1081 & -0.0077 & 0.0003 & 0.0001 & 0.0 & -0.9109 & -2.1719 & 0.4069 \\ 0.0008 & 0.0336 & 0.0129 & 0.0 & 0.0 & 0.0 & 0.6364 & -0.3101 & -0.7099 \end{bmatrix}$$

$$
\boldsymbol{B}=\begin{bmatrix}
0.1136 & -0.0003 & 0.0522 & 0.0002 \\
0.0200 & 0.1269 & -0.3107 & -0.0105 \\
0.7056 & -0.0037 & -0.0146 & -1.2151 \\
0.0 & 0.0 & 0.0 & 0.0 \\
0.0 & 0.0 & 0.0 & 0.0 \\
0.0 & 0.0 & 0.0 & 0.0 \\
-0.0573 & -0.0015 & -0.0261 & 0.0101 \\
-0.0046 & 0.2930 & -0.2404 & 0.0698 \\
-0.0138 & 0.0194 & 0.3805 & 0.1242
\end{bmatrix}
$$

直升机状态方程反映其 6 自由度小扰动运动的自然属性，系统矩阵 $\boldsymbol{A}$ 的 9 个特征根分别对应不同的典型模态。例如，在 H=1000m，V=73.5m/s 的条件下，直升机的特征根为

$$
\begin{cases}
s_{1,2}=-0.5095\pm \mathrm{j}0.8488 \\
s_{3,4}=-0.0313\pm \mathrm{j}0.2784 \\
s_5=-2.7295 \\
s_6=-0.0798 \\
s_{7,8}=-0.2254\pm \mathrm{j}1.7927 \\
s_9=0
\end{cases}
$$

1. 纵向短周期模态

纵向短周期模态是运动方程中一对模值较大的复根代表的运动模态。在以上对应 $s_{1,2}=-0.5095\pm \mathrm{j}0.8488$，主要反映飞机俯仰角呈现短周期振荡衰减的运动特性。

2. 纵向长周期模态

纵向长周期模态是运动方程中一对模值较小的复根代表的运动模态，对应 $s_{3,4}=-0.0313\pm \mathrm{j}0.2784$，主要反映飞行速度呈现缓慢的长周期变化的过程，而且往往呈现出不稳定的状态。从驾驶员可控的角度，要求发散周期及倍幅时间足够长。

3. 侧向滚转模态

侧向滚转模态是运动方程中一个大实根代表的运动模态，对应 $s_5=-2.7295$，主要反映飞机倾斜角呈现快速收敛的非周期运动。

4. 螺旋模态

螺旋模态是运动方程中一个小实根代表的运动模态，对应 $s_6=-0.0798$，主要反映飞机缓慢的非周期滚转偏航运动，具有螺旋运动特性。

5. 荷兰滚模态

荷兰滚模态是运动方程中一对复根代表的运动模态，对应 $s_{7,8}=-0.2254\pm \mathrm{j}1.7927$，主要反映飞机滚转角、航向角呈现频率较高的周期性振荡特性。

6. 航向随遇平衡模态

航向随遇平衡模态是零根代表的运动模态，对应 $s_9=0$，主要反映航向随遇平衡的特性。

将 6 自由度状态方程分解为纵、侧向状态方程后，纵向运动方程中的系统矩阵 $\boldsymbol{A}_z$ 和输入矩阵 $\boldsymbol{B}_z$ 分别为

$$\boldsymbol{A}_z = \begin{bmatrix} -0.0655 & 0.0411 & -9.7661 & 7.0621 \\ 0.1010 & -0.6746 & 0.8085 & 73.0459 \\ 0.0 & 0.0 & 0.0 & 1.0 \\ 0.0134 & -0.0157 & 0.0004 & -0.5790 \end{bmatrix}$$

$$\boldsymbol{B}_z = \begin{bmatrix} 0.1136 & 0.0002 \\ 0.7056 & -1.2151 \\ 0.0 & 0.0 \\ -0.0573 & 0.0101 \end{bmatrix}$$

纵向短周期模态的特征根为$-0.6300\pm j0.9975$，纵向长周期模态的特征根为$-0.0295\pm j0.2277$。

横侧向运动状态方程中的系统矩阵 $\boldsymbol{A}_c$ 和输入矩阵 $\boldsymbol{B}_c$ 分别为

$$\boldsymbol{A}_c = \begin{bmatrix} -0.1408 & 9.7996 & -0.8081 & -6.9932 & -72.9192 \\ 0.0 & 0.0 & 0.0 & 1.0 & 0.0 \\ 0.0 & 0.0 & 0.0 & 0.0 & 1.0 \\ -0.1081 & 0.0001 & 0.0 & -2.1719 & 0.4069 \\ 0.0336 & 0.0 & 0.0 & -0.3101 & -0.7099 \end{bmatrix}$$

$$\boldsymbol{B}_c = \begin{bmatrix} 0.1269 & -0.3107 & -0.0105 \\ 0.0 & 0.0 & 0.0 \\ 0.0 & 0.0 & 0.0 \\ 0.2930 & -0.2404 & 0.0698 \\ 0.0194 & 0.3805 & 0.1242 \end{bmatrix}$$

侧向滚转模态的特征根为-2.7593，螺旋模态的特征根为-0.0843，荷兰滚模态的特征根为$-0.0895\pm j1.7377$。

将 6 自由度状态方程分解为纵、侧向状态方程后，忽略了飞机纵、侧向运动间的交联影响，各个模态的特征根与 6 自由度运动的特征根相比，会有一些差异，但降阶使问题得以简化，在分别进行各通道控制系统设计时会比较方便。

2.5 直升机控制系统模型

本节以样例直升机为例，在分别给出俯仰、倾斜、航向和高度通道执行机构数学描述的基础上，结合直升机状态方程，建立直升机控制系统模型。

2.5.1 执行机构模型

1. 俯仰通道执行机构

直升机俯仰通道执行机构结构图如图 2.8 所示。舵机和助力器是执行机构中的重要组

成部分，为了方便设计，在小扰动条件下对其进行简化处理，舵机特性用传递函数 $G_B(s)$ 描述，助力器用惯性环节表示。图 2.8 中各比例环节表示相关支路的传动比。

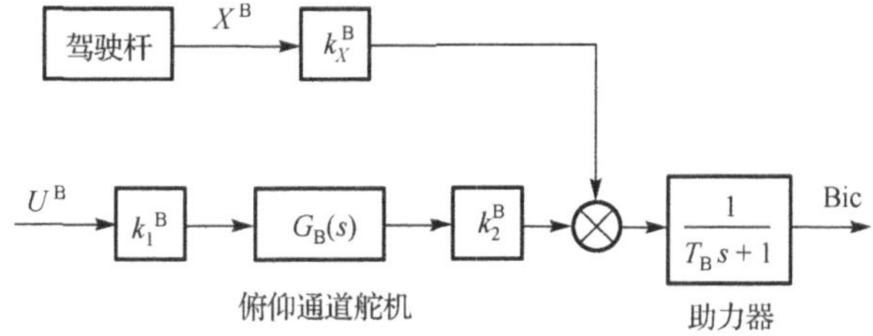

图 2.8　直升机俯仰通道执行机构结构图

2. 倾斜通道执行机构

倾斜通道执行机构与俯仰通道执行机构类似，倾斜通道执行机构结构图如图 2.9 所示。舵机传递函数为 $G_A(s)$ 。

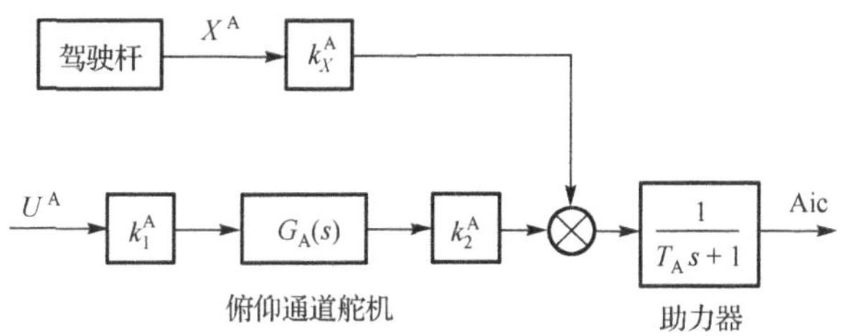

图 2.9　倾斜通道执行机构结构图

3. 航向通道执行机构

航向通道执行机构结构图如图 2.10 所示。舵机传递函数为 $G_\delta(s)$ 。

4. 高度通道执行机构

高度通道执行机构结构图如图 2.11 所示。舵机传递函数为 $G_h(s)$ 。

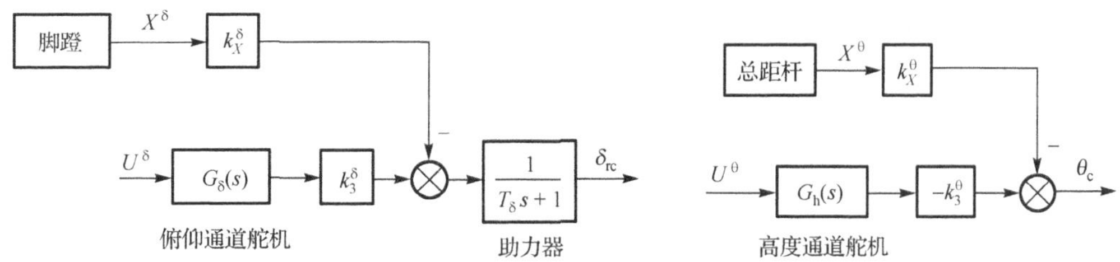

图 2.10　航向通道执行机构结构图　　图 2.11　高度通道执行机构结构图

2.5.2　控制系统模型

将各通道的控制器、执行机构与飞机模型连接起来，可以得到直升机控制系统结构图，如图 2.12 所示。

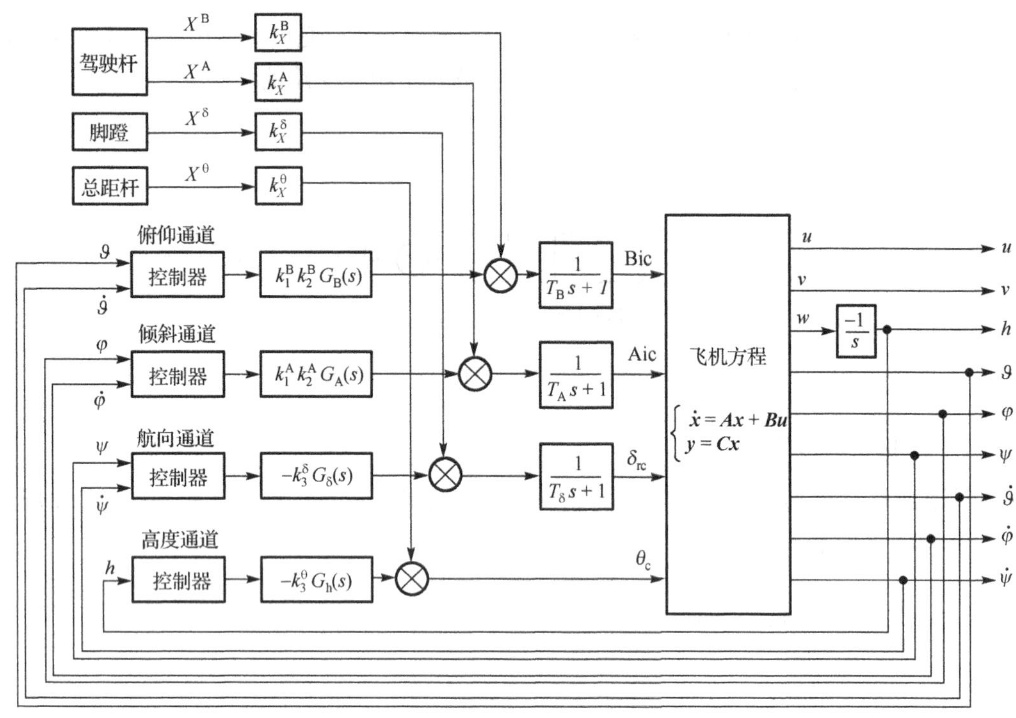

图 2.12 直升机控制系统结构图

2.6 直升机全包线模型

线性化模型仅适用于描述直升机在平衡点附近的小扰动特性。在此基础上建立能准确描述整个飞行包线内系统特性的直升机模型，是设计合理的全包线飞行控制律的先决条件。

选择给定重量下的 21 个节点进行讨论（见表 2.2）。其中，节点 1、2、3 对应悬停状态，节点 4、10、16 对应低速飞行状态，其余节点对应前飞状态。各节点对应的飞行高度、速度不同，气动特性不同，飞机状态方程中的 $\boldsymbol{A}$、$\boldsymbol{B}$ 矩阵也不同。

表 2.2 设计节点表

节 点 序 号	高度 H/m	速度 V/（m/s）
1	0	0.0
2	1000	0.0
3	2000	0.0
4	0	20.5
5	0	31.7
6	0	41.0
7	0	52. 5
8	0	63. 0
9	0	73. 5
10	1000	20.5

续表

节 点 序 号	高度 H/m	速度 V/（m/s）
11	1000	31.7
12	1000	41.0
13	1000	52. 5
14	1000	63. 0
15	1000	73. 5
16	2000	20.5
17	2000	31.7
18	2000	41.0
19	2000	52. 5
20	2000	63. 0
21	2000	73. 5

综合各设计节点飞机气动特性的局部信息，利用 T-S 模糊模型的通用逼近特性拟合飞机气动特性随飞行条件（高度 H 、速度 V ）的变化规律，无疑是可行而且有意义的。

T-S 模糊模型适合建立局部线性而全局非线性的模型。直升机的小扰动线性化模型正好符合这一要求。选取高度 $\tilde{H}$ 和速度 $\tilde{V}$ 为输入语言变量，按照设计节点在飞行包线中的分布，将高度划分成 3 个模糊集（见图 2.13），速度划分为 6 个模糊集（见图 2.14），用以描述包线内（除悬停状态之外）的直升机动态特性。

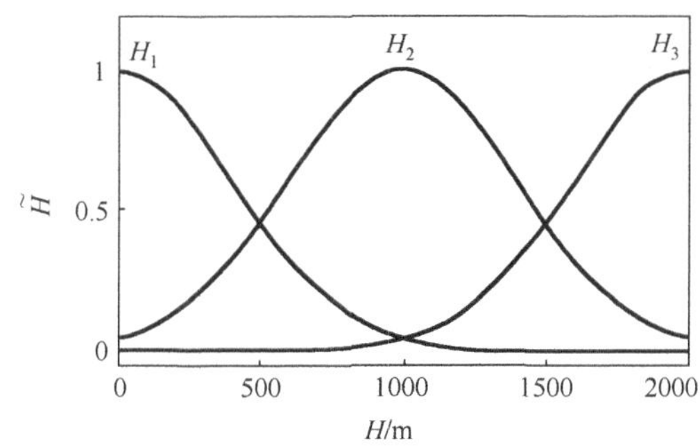

图 2.13　高度 $\tilde{H}$ 的语言值及其分布

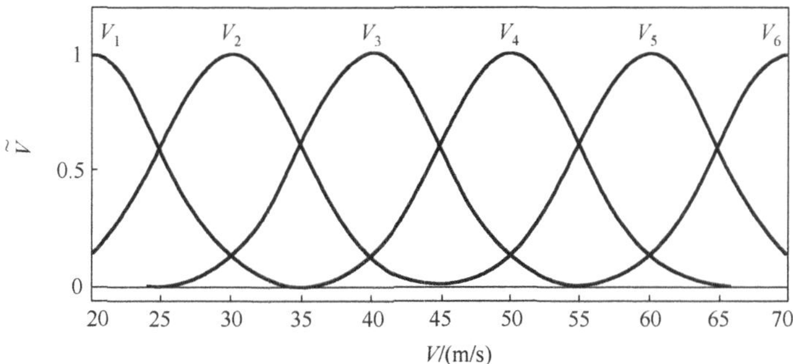

图 2.14　速度 $\tilde{V}$ 的语言值及其分布

高斯函数适合描述现实中许多模糊量的分布特性，具有较好的覆盖能力。故将高斯函数作为描述模糊集合（语言值）的隶属函数。

$$\begin{cases} F_{H_i}(\tilde{H}) = \exp\left[\dfrac{-(\tilde{H}-\bar{H}_i)^2}{2\sigma_H^2}\right] \\ F_{V_j}(\tilde{V}) = \exp\left[\dfrac{-(\tilde{V}-\bar{V}_j)^2}{2\sigma_V^2}\right] \end{cases} \tag{2.16}$$

式中，$\bar{H}_i$、$\bar{V}_j$ 和 σ_H^2、σ_V^2 分别是语言值 H_i、V_j 的核和宽度系数。

模型输出为相应高度 H 和速度 V 下的状态方程，则直升机的 T-S 模糊模型可以描述为

规则 l：如果 $\tilde{H}$ 是 H_i 并且 $\tilde{V}$ 是 V_j，则

$$\begin{cases} \dot{\boldsymbol{x}} = \boldsymbol{A}_l\boldsymbol{x} + \boldsymbol{B}_l\boldsymbol{u} \\ \boldsymbol{y} = \boldsymbol{C}\boldsymbol{x} \end{cases} \tag{2.17}$$

式中，$l = 6(i-1)+j = 1, 2, \cdots, 18$；$i = 1,2,3$；$j = 1,2,\cdots,6$。

模型的输出（状态方程）可表示为

$$\dot{\boldsymbol{x}}(t) = \frac{\sum_{l=1}^{18}\alpha_l(\tilde{H},\tilde{V})[\boldsymbol{A}_l\boldsymbol{x}(t)+\boldsymbol{B}_l\boldsymbol{u}(t)]}{\sum_{l=1}^{18}\alpha_l(\tilde{H},\tilde{V})} = \sum_{l=1}^{18}\mu_l(\tilde{H},\tilde{V})[\boldsymbol{A}_l\boldsymbol{x}(t)+\boldsymbol{B}_l\boldsymbol{u}(t)] \tag{2.18}$$

式中，$\alpha_l(\tilde{H},\tilde{V}) = F_{H_i}(\tilde{H})\cdot F_{V_j}(\tilde{V})$；$\mu_l(\tilde{H},\tilde{V}) = \dfrac{\alpha_l(\tilde{H},\tilde{V})}{\sum_{l=1}^{18}\alpha_l(\tilde{H},\tilde{V})}$；$i = 1,2,3$；$j = 1,2,\cdots,6$；$l = 6(i-1)+j$。

$\alpha_l(\tilde{H},\tilde{V})$ 满足

$$\alpha_l(\tilde{H},\tilde{V}) \geqslant 0, \qquad \sum_{l=1}^{18}\alpha_l(\tilde{H},\tilde{V}) > 0, \qquad l = 1,2,\cdots,18$$

而且有

$$\mu_l(\tilde{H},\tilde{V}) \geqslant 0, \qquad \sum_{l=1}^{18}\mu_l(\tilde{H},\tilde{V}) = 1, \qquad l = 1,2,\cdots,18$$

将 $\mu_l(\tilde{H},\tilde{V})$ 简写为 μ_l，表示第 l 条规则的适应度。这样，飞机的 T-S 模糊模型可以写成

$$\begin{cases} \dot{\boldsymbol{x}} = \sum_{l=1}^{18}\mu_l[\boldsymbol{A}_l\boldsymbol{x}+\boldsymbol{B}_l\boldsymbol{u}] = \left(\sum_{l=1}^{18}\mu_l\boldsymbol{A}_l\right)\boldsymbol{x} + \left(\sum_{l=1}^{18}\mu_l\boldsymbol{B}_l\right)\boldsymbol{u} \\ \boldsymbol{y} = \boldsymbol{C}\boldsymbol{x}(t) \end{cases} \tag{2.19}$$

很明显，式（2.19）实质上是在飞行包线范围内（除悬停状态之外），以设计节点处的小扰动线性模型为基础的非线性插值表达式。

为检验 T-S 模糊模型的正确性，将 $\boldsymbol{A}$、$\boldsymbol{B}$ 矩阵中的元素在整个包线范围中的拟合曲面绘制出来。图 2.15 是纵向加速度对纵向速度的偏导数随高度、速度的变化规律，从图中可

以看出，该项导数为负值，这表明飞机纵向速度自身是稳定的，且随速度增加，稳定性增强。这与实际样例飞机特性吻合。图 2.16 是纵向加速度对俯仰角速度的偏导数随高度、速度的变化规律，在包线内为正值，说明飞机纵向加速度会随俯仰角速度的增加而增加，由图 2.1.6 可以看出，随速度增加，这种效应增强。

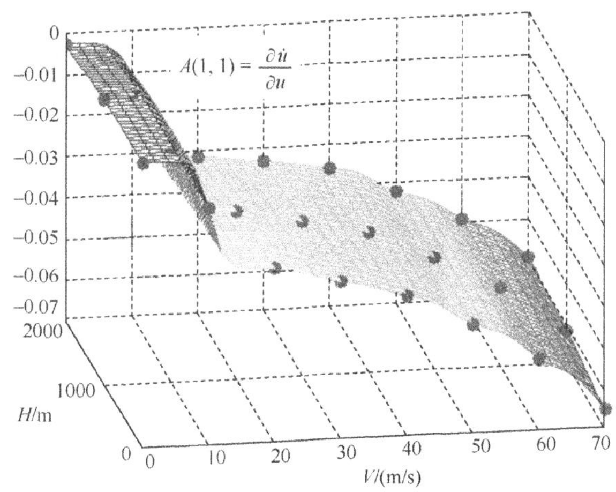

图 2.15 纵向加速度对纵向速度的偏导数随高度、速度的变化规律

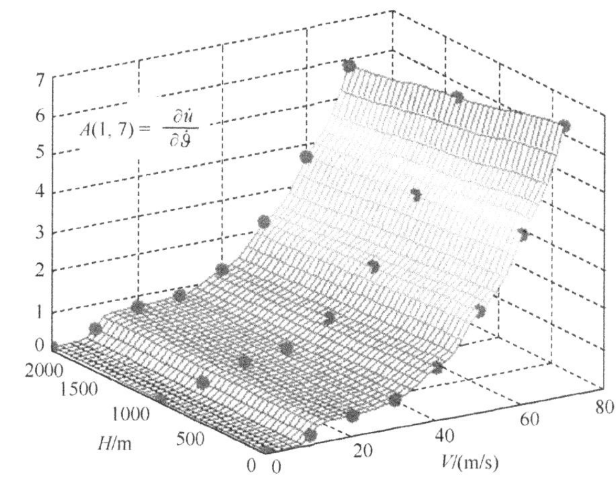

图 2.16 纵向加速度对俯仰角速度的偏导数随高度、速度的变化规律

航向角加速度对航向角速度的偏导数 $\partial\ddot{\psi}/\partial\dot{\psi}$ 反映了飞机航向通道自身的稳定性，图 2.17 中的曲面表明，飞机在小速度下航向通道稳定度很小，当速度增大时航向稳定性增强，这符合样例直升机的实际特性。

倾斜角加速度对脚蹬输入的偏导数 $\partial\ddot{\varphi}/\partial\delta$ 反映了脚蹬输入交联到倾斜通道的影响效果。图 2.18 的曲面表明该项导数为负值，这种影响是有利的，倾斜通道对脚蹬输入具有交联稳定性，且速度增大时交联稳定性增强，这是合理的。

综合图 2.15～图 2.18 可以看出，飞机的特性随飞行速度变化比较显著，而随高度变化的影响则较小，这些均客观地反映了样例飞机的实际特性。图 2.15～图 2.18 还反映出，悬停状态的气动特性与前飞时的气动特性有较大的差异，所以悬停状态的特性需要单独分析。

此外，拟合出的模型参数曲面光滑连续，设计节点处的参数值与模型参数之间的相对拟合误差在 0.1%以内，证明所建立的 T-S 模糊模型能够准确描述飞机在包线内的特性。

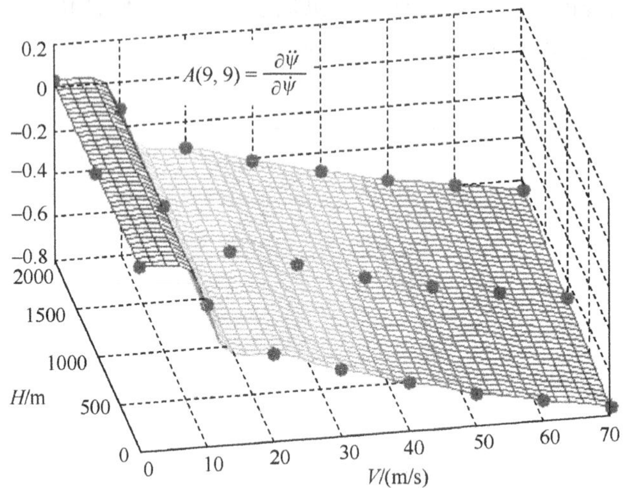

图 2.17 航向角加速度对航向角速度的偏导数随高度、速度的变化规律

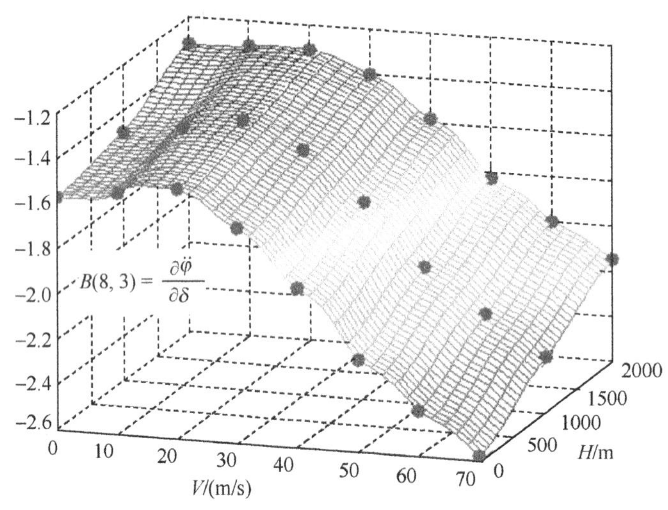

图 2.18 倾斜角加速度对脚蹬输入的偏导数随高度、速度的变化规律

T-S 模糊模型利用设计节点局部的信息，光滑地“拼”出了飞机在整个包线内的非线性模型（基于小扰动假设条件，不能描述大机动飞行时的情况），而且当飞机某时刻的高度和速度确定后，T-S 模糊模型保持线性定常状态方程的形式，这为我们借用线性系统理论分析解决全包线范围内的飞行控制律设计问题创造了条件。

本 章 小 结

本章建立样例直升机系统的数学模型，给出了直升机 6 自由度和纵、侧向运动状态方程，分析飞机的响应模态，确定了飞行包线中的设计节点，给出描述直升机全包线特性的 T-S 模糊模型，为后续控制系统的设计奠定了基础。

参 考 文 献

[1] 高正，陈仁良. 直升机飞行动力学[M]. 北京：科学出版社，2003.4.

[2] 吴森堂，费玉华. 飞行控制系统[M]. 北京：北京航空航天大学出版社，2005.9.

[3] 王昆玉等. 直升机飞行控制器及其使用[M]. 北京：海洋出版社，1986.

[4] 孙增圻等. 智能控制理论与技术[M]. 北京：清华大学出版社，广西科学技术出版社，2007.

[5] 卢京潮，陈伟，詹漫漫. 直升机纵向系统鲁棒滑模控制律设计[J]. 西北工业大学学报，2012，30（2）：269-273.

第3章 增稳控制律设计

直升机自身稳定性较差，仅靠飞行员操纵来完成复杂、精确的飞行任务是非常困难的。因此需要设计增稳控制律，借助于增稳控制系统，改善飞机的稳定性，提高相应的飞行品质。

3.1 增稳控制系统设计要求及控制律设计方法

3.1.1 增稳控制系统设计要求

直升机增稳控制系统的设计指标一般由飞行品质规范来确定。目前国内外直升机飞行品质规范有不同的版本，如我国的有人驾驶《军用直升机品质规范》GJB-902A—2001。国际上内容最新且较完善的是美国陆军的航空设计标准《军用旋翼飞行器驾驶品质要求》ADS-33E，本书附录A中对其进行了简要介绍。

直升机飞行品质规范规定了合适的直升机在飞行中应当具备的特性，以及在飞行品质各方面应当达到的具体指标和要求。飞行品质规范的作用是保证直升机具有完成任务的性能，同时保证直升机适合驾驶员的体力和精力，使之能够有效地执行飞行任务，并保证飞行安全。

直升机的飞行品质比固定翼飞机差，原因在于以下几点。

①直升机各主轴响应不纯，如其姿态和速度总是交联在一起，而且从悬停至高速飞行的很大范围内这种交联关系变化很大。

②在飞行包线附近的响应品质降低，且缺乏固有的自动处置功能。例如，在靠近失速限制的空速边界时，失速引起直升机后仰，若驾驶员本能地以推杆来纠正，则会加剧失速。

③直升机的稳定性由各种模态决定，在不同飞行高度、速度下，直升机的气动特性不相同，这使得稳定性问题复杂化；且对稳定性有利的措施（如大平尾，减少挥舞铰偏置量）会损害其操纵性。

④旋翼作为操纵面有其固有的缺点，会使系统反应比较迟钝，对于大增益来说，旋翼阻尼过低；对于高频操纵来说，又有滤波器的作用。

直升机的固有特点使其自身飞行品质较差，而直升机的使用任务却要求它具有良好的飞行品质。例如，军用直升机的空战机动、贴地隐蔽飞行；民用机的抢险救生、海上平台降落、外吊挂飞行等，加上气象条件影响，这使得飞行员工作负荷往往很大。因而飞行品质具有更重要意义。良好的飞行品质不仅是高质量完成任务的基本保证，而且对飞行安全也有重要作用。

在本章中，各通道控制律根据给定的标准来设计，它们与飞行品质规范中的有关要求是相通的。具体设计要求如下。

①俯仰通道：操作驾驶杆，使直升机产生±5°的俯仰角变化后松杆，直升机回到原平衡状态的调节时间 $t_s \leqslant 5s$，超调量 $\sigma\% \leqslant 20\%$。

②倾斜通道：操作驾驶杆，使直升机产生±10°的倾斜角变化后松杆，直升机回到原平衡状态的调节时间 $t_s \leqslant 5s$，超调量 $\sigma\% \leqslant 10\%$。

③航向通道：给定±4°的航向阶跃指令，直升机稳定在新航向上的调节时间 $t_s \leqslant 5s$，超调量 $\sigma\% \leqslant 25\%$。

④高度通道：给定±10m 的高度阶跃指令，高度响应的调节时间 $t_s \leqslant 25s$，超调量 $\sigma\% \leqslant 10\%$，高度误差不超过 0.5m。

⑤飞行速度的稳定与控制：给定±10m/s 的速度阶跃指令，速度响应的调节时间 $t_s \leqslant 40s$，超调量 $\sigma\% \leqslant 10\%$，速度误差不超过 0.5m/s。

⑥自动协调转弯：在协调转弯过程中，侧向过载不超过 $0.4m/s^2$。

⑦自动悬停：在悬停时对于俯仰角、倾斜角和航向角的稳定要求参照①、②和③，对高度的稳定要求参照④，纵、侧向稳态速度不超过±2.5m/s。

为说明在飞行包线范围中控制律的设计过程，选择给定重量下的 21 个节点进行讨论，（见表 2-2）。

3.1.2 控制律设计方法

对于线性系统而言，系统的极点决定系统的稳定性，影响系统的动态指标（超调量和超调时间）。因此，线性控制系统可以利用可测状态（输出）反馈来配置相应闭环极点的位置，使其落在满足品质规范要求的复平面区域内，并且距边界留出适当距离，这样即便受到扰动（如参数摄动、环境变化等）影响，系统也有相当的抵御能力，从而保证性能满足指标要求。这一方法称为参数鲁棒设计法。

设线性系统的状态空间模型具有如下形式（简称系统 $(\boldsymbol{A},\boldsymbol{B})$）

$$\begin{cases}\dot{\boldsymbol{x}} = \boldsymbol{A}\boldsymbol{x} + \boldsymbol{B}\boldsymbol{u} \\ \boldsymbol{y} = \boldsymbol{C}\boldsymbol{x} + \boldsymbol{D}\boldsymbol{u}\end{cases} \tag{3.1}$$

设 $\boldsymbol{r}(t)$ 是系统的参考输入，在状态反馈 $\boldsymbol{u} = \boldsymbol{r} - \boldsymbol{K}\boldsymbol{x}$ 的作用下的闭环系统为

$$\begin{cases}\dot{\boldsymbol{x}} = (\boldsymbol{A} - \boldsymbol{B}\boldsymbol{K})\boldsymbol{x} + \boldsymbol{B}\boldsymbol{r} \\ \boldsymbol{y} = \boldsymbol{C}\boldsymbol{x} + \boldsymbol{D}\boldsymbol{u}\end{cases} \tag{3.2}$$

式中，$\boldsymbol{K}$ 是反馈增益阵。

定理 3.1 状态反馈不影响系统的可控性，即系统 $(\boldsymbol{A},\boldsymbol{B})$ 可控等价于系统 $(\boldsymbol{A}-\boldsymbol{B}\boldsymbol{K},\boldsymbol{B})$ 可控。

定理 3.2 系统 $(\boldsymbol{A},\boldsymbol{B})$ 通过状态反馈能任意配置极点的充分必要条件是系统 $(\boldsymbol{A},\boldsymbol{B})$ 可控。

定理 3.3 假定系统 $(\boldsymbol{A},\boldsymbol{B})$ 是单输入多输出系统且系统可控，即可控性矩阵 $\boldsymbol{P}_c$ 满秩，给定闭环特征多项式 $\boldsymbol{P}(s) = [\boldsymbol{P}^{\mathrm{T}} \quad 1]\boldsymbol{\varLambda}$，则满足式 $\det[s\boldsymbol{I} - (\boldsymbol{A} - \boldsymbol{B}\boldsymbol{K}_E)] = [\boldsymbol{P}^{\mathrm{T}} \quad 1]\boldsymbol{\varLambda}$ 的唯一解为

$$\boldsymbol{K}_{E}=[\boldsymbol{P}^{\mathrm{T}} \quad 1]\boldsymbol{E} \tag{3.3}$$

式中，$\boldsymbol{P}=[p_0 \quad p_1 \quad \cdots \quad p_{n-1}]^{\mathrm{T}}, \boldsymbol{\Lambda}=[1 \quad s \quad s^2 \quad \cdots \quad s^n]^{\mathrm{T}}$，$\boldsymbol{E}=\begin{bmatrix}\boldsymbol{e}^{\mathrm{T}}\\ \boldsymbol{e}^{\mathrm{T}}\boldsymbol{A}\\ \vdots \\ \boldsymbol{e}^{\mathrm{T}}\boldsymbol{A}^n\end{bmatrix}$，$\boldsymbol{e}^{\mathrm{T}}$ 是 $\boldsymbol{P}_{\mathrm{c}}^{-1}$ 的最后一行。

证明：

令 $\boldsymbol{F}=\boldsymbol{A}-\boldsymbol{B}\boldsymbol{K}_E$，则有

$$\begin{aligned}
&\boldsymbol{F}^0=\boldsymbol{I}\\
&\boldsymbol{F}=\boldsymbol{A}-\boldsymbol{B}\boldsymbol{K}_E\\
&\boldsymbol{F}^2=\boldsymbol{A}^2-\boldsymbol{A}\boldsymbol{B}\boldsymbol{K}_E-\boldsymbol{B}\boldsymbol{K}_E\boldsymbol{F}\\
&\quad\vdots\\
&\boldsymbol{F}^n=\boldsymbol{A}^n-\boldsymbol{A}^{n-1}\boldsymbol{B}\boldsymbol{K}_E-\boldsymbol{A}^{n-2}\boldsymbol{B}\boldsymbol{K}_E\boldsymbol{F}-\cdots-\boldsymbol{B}\boldsymbol{K}_E\boldsymbol{F}^{n-1}
\end{aligned}$$

将以上各式分别乘以 p_0、p_1、p_2、…、p_{n-1}、1，并将等号左右分别相加，得

$$\boldsymbol{P}(\boldsymbol{F})=\boldsymbol{P}(\boldsymbol{A})-[\boldsymbol{B} \quad \boldsymbol{A}\boldsymbol{B} \quad \cdots \quad \boldsymbol{A}^{n-1}\boldsymbol{B}]\begin{bmatrix}p_1\boldsymbol{K}_E+p_2\boldsymbol{K}_E\boldsymbol{F}+\cdots+p_{n-1}\boldsymbol{K}_E\boldsymbol{F}^{n-2}+\boldsymbol{K}_E\boldsymbol{F}^{n-1}\\ \vdots \\ \boldsymbol{K}_E\end{bmatrix}$$

式中

$$\begin{aligned}
\boldsymbol{P}(\boldsymbol{F})&=p_0\boldsymbol{F}^0+p_1\boldsymbol{F}^1+\cdots+p_{n-1}\boldsymbol{F}^{n-1}+\boldsymbol{F}^n\\
\boldsymbol{P}(\boldsymbol{A})&=p_0\boldsymbol{A}^0+p_1\boldsymbol{A}^1+\cdots+p_{n-1}\boldsymbol{A}^{n-1}+\boldsymbol{A}^n
\end{aligned}$$

由 Cayley-hamilton 定理可得，$\boldsymbol{P}(\boldsymbol{F})=0$，于是有

$$\begin{bmatrix}p_1\boldsymbol{K}_E+p_2\boldsymbol{K}_E\boldsymbol{F}+\cdots+p_{n-1}\boldsymbol{K}_E\boldsymbol{F}^{n-2}+\boldsymbol{K}_E\boldsymbol{F}^{n-1}\\ \vdots \\ \boldsymbol{K}_E\end{bmatrix}=\boldsymbol{P}_{\mathrm{c}}^{-1}\boldsymbol{P}(\boldsymbol{A})=\begin{bmatrix}\vdots\\ \boldsymbol{e}^{\mathrm{T}}\end{bmatrix}\boldsymbol{P}(\boldsymbol{A})$$

式中，$\boldsymbol{e}^{\mathrm{T}}$ 为 $\boldsymbol{P}_{\mathrm{c}}^{-1}$ 最后一行。取上式最后一行：

$$\begin{aligned}
\boldsymbol{K}_E&=\boldsymbol{e}^{\mathrm{T}}\boldsymbol{P}(\boldsymbol{A})=\boldsymbol{e}^{\mathrm{T}}[p_0+p_1\boldsymbol{A}+\cdots+p_{n-1}\boldsymbol{A}^{n-1}+\boldsymbol{A}^n]\\
&=[p_0\boldsymbol{e}^{\mathrm{T}}+p_1\boldsymbol{e}^{\mathrm{T}}\boldsymbol{A}+p_2\boldsymbol{e}^{\mathrm{T}}\boldsymbol{A}^2+\cdots+p_{n-1}\boldsymbol{e}^{\mathrm{T}}\boldsymbol{A}^{n-1}+\boldsymbol{e}^{\mathrm{T}}\boldsymbol{A}^n]=[p_0 \quad p_1 \quad \cdots \quad p_{n-1} \quad 1]\begin{bmatrix}\boldsymbol{e}^{\mathrm{T}}\\ \vdots\\ \boldsymbol{e}^{\mathrm{T}}\boldsymbol{A}^n\end{bmatrix}=[\boldsymbol{P}^{\mathrm{T}} \quad 1]\boldsymbol{E}
\end{aligned}$$

证毕。

定理 3.4 假定系统 $(\boldsymbol{A},\boldsymbol{B})$ 是单输入多输出系统且系统可控，设 $\boldsymbol{K}_E=[\boldsymbol{K}_{\mathrm{a}} \quad \boldsymbol{K}_{\mathrm{b}}]$ 是状态反馈增益（n 维行向量），式中，$\boldsymbol{K}_{\mathrm{a}}$ 是待求的 $n-g$ 维反馈增益向量，$\boldsymbol{K}_{\mathrm{b}}$ 是给定的 g 维反馈增益向量，令闭环特征多项式 $P(s)=R(s)\cdot Q(s)$，其中

$$\begin{aligned}
R(s)&=r_0+r_1s+\cdots+r_{g-1}s^{g-1}+s^g\\
Q(s)&=q_0+q_1s+\cdots+q_{n-g-1}s^{n-g-1}+s^{n-g}
\end{aligned}$$

则有

$$[\boldsymbol{P}^{\mathrm{T}} \quad 1]=[r_0 \quad r_1 \quad \cdots \quad r_{g-1} \quad 1]\begin{bmatrix} q_0 & q_1 & \cdots & q_{n-g-1} & 1 & \cdots & 0 \\ 0 & q_0 & q_1 & \cdots & q_{n-g-1} & 1 & \vdots \\ \vdots & \vdots & & & & & 0 \\ 0 & 0 & \cdots & q_0 & \cdots & q_{n-g-1} & 1 \end{bmatrix}=[\boldsymbol{r}^{\mathrm{T}} \quad 1]\begin{bmatrix} \boldsymbol{S} \\ \boldsymbol{t}^{\mathrm{T}} \end{bmatrix}$$

式中，$\boldsymbol{S}\in \mathrm{R}_{g\times(n+1)}$，$\boldsymbol{t}^{\mathrm{T}}\in \mathrm{R}_{1\times(n+1)}$。令

$$\boldsymbol{E}=\begin{bmatrix} \boldsymbol{e}^{\mathrm{T}} \\ \boldsymbol{e}^{\mathrm{T}}\boldsymbol{A} \\ \vdots \\ \boldsymbol{e}^{\mathrm{T}}\boldsymbol{A}^{n} \end{bmatrix}=[\boldsymbol{E}_{\mathrm{a}} \quad \boldsymbol{E}_{\mathrm{b}}]$$

式中，$\boldsymbol{E}_{\mathrm{a}}\in \mathrm{R}_{(n+1)\times(n-g)}$，$\boldsymbol{E}_{\mathrm{b}}\in \mathrm{R}_{(n+1)\times g}$。若 $\boldsymbol{SE}_{\mathrm{b}}$ 可逆，则

$$\begin{cases} \boldsymbol{r}^{\mathrm{T}}=(\boldsymbol{K}_{\mathrm{b}}-\boldsymbol{t}^{\mathrm{T}}\boldsymbol{E}_{\mathrm{b}})(\boldsymbol{SE}_{\mathrm{b}})^{-1} \\ \boldsymbol{K}_{\mathrm{a}}=[\boldsymbol{P}^{\mathrm{T}} \quad 1]\boldsymbol{E}_{\mathrm{a}}=(\boldsymbol{r}^{\mathrm{T}}\boldsymbol{S}+\boldsymbol{t}^{\mathrm{T}})\boldsymbol{E}_{\mathrm{a}} \end{cases} \tag{3.4}$$

证明：

$$\because \boldsymbol{K}_{\boldsymbol{E}}=[\boldsymbol{K}_{\mathrm{a}} \quad \boldsymbol{K}_{\mathrm{b}}]=[\boldsymbol{P}^{\mathrm{T}} \quad 1][\boldsymbol{E}_{\mathrm{a}} \quad \boldsymbol{E}_{\mathrm{b}}]=[\boldsymbol{r}^{\mathrm{T}} \quad 1]\begin{bmatrix} \boldsymbol{S} \\ \boldsymbol{t}^{\mathrm{T}} \end{bmatrix}[\boldsymbol{E}_{\mathrm{a}} \quad \boldsymbol{E}_{\mathrm{b}}]$$

$$\therefore \boldsymbol{K}_{\mathrm{a}}=[\boldsymbol{r}^{\mathrm{T}} \quad 1]\begin{bmatrix} \boldsymbol{S} \\ \boldsymbol{t}^{\mathrm{T}} \end{bmatrix}\boldsymbol{E}_{\mathrm{a}}=(\boldsymbol{r}^{\mathrm{T}}\boldsymbol{S}+\boldsymbol{t}^{\mathrm{T}})\boldsymbol{E}_{\mathrm{a}}$$

而

$$\boldsymbol{K}_{\mathrm{b}}=[\boldsymbol{r}^{\mathrm{T}} \quad 1]\begin{bmatrix} \boldsymbol{S} \\ \boldsymbol{t}^{\mathrm{T}} \end{bmatrix}\boldsymbol{E}_{\mathrm{b}}=(\boldsymbol{r}^{\mathrm{T}}\boldsymbol{S}+\boldsymbol{t}^{\mathrm{T}})\boldsymbol{E}_{\mathrm{b}}=\boldsymbol{r}^{\mathrm{T}}\boldsymbol{SE}_{\mathrm{b}}+\boldsymbol{t}^{\mathrm{T}}\boldsymbol{E}_{\mathrm{b}}$$

$$\therefore \boldsymbol{r}^{\mathrm{T}}\boldsymbol{SE}_{\mathrm{b}}=\boldsymbol{K}_{\mathrm{b}}-\boldsymbol{t}^{\mathrm{T}}\boldsymbol{E}_{\mathrm{b}}$$

$$\therefore \boldsymbol{r}^{\mathrm{T}}=(\boldsymbol{K}_{\mathrm{b}}-\boldsymbol{t}^{\mathrm{T}}\boldsymbol{E}_{\mathrm{b}})(\boldsymbol{SE}_{\mathrm{b}})^{-1}$$

证毕。

利用上述定理，可以对线性系统进行极点配置。若系统要求用全状态反馈实现极点任意配置，则可利用式（3.3）确定相应的反馈增益矩阵 $\boldsymbol{K}_{\boldsymbol{E}}$。然而，在实际系统设计过程中，往往是先设计子系统，然后进行全局调整。这时，并不需要将所有状态都反馈到输入端，而是把那些需要调节的状态变量或对系统性能有较大影响的状态变量反馈回去。另外，当一部分状态无法测量时，只能利用可测状态进行反馈。若此时仍把系统看作全状态反馈的系统，则只能将不可测量状态的反馈增益设为零。此时，可利用式（3.4）求解待定的反馈增益矩阵 $\boldsymbol{K}_{\mathrm{a}}$。由于待定的反馈参数减少了，因此能够配置的极点数目也相应减少。

3.2　纵向系统控制律设计

3.2.1　纵向控制系统描述

纵向控制系统中，俯仰控制律采用比例加测速反馈形式。根据直升机控制系统结构图

（见图 2.12）适当进行简化（将俯仰舵机视为比例环节），可以得到直升机俯仰控制系统结构图，如图 3.1 所示。

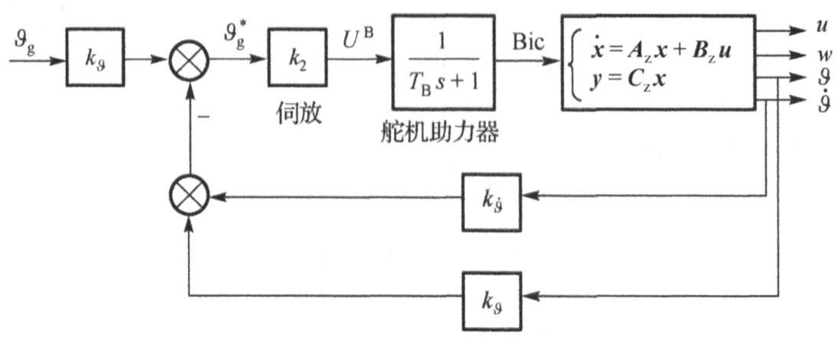

图 3.1　俯仰控制系统结构图

飞机俯仰运动中的可测量状态是ϑ、$\dot{\vartheta}$，利用ϑ、$\dot{\vartheta}$反馈使飞机俯仰运动满足动态指标要求，需要设计反馈参数k_ϑ及$k_{\dot{\vartheta}}$。

由图 3.1 可写出舵机助力器的微分方程：

$$\dot{\text{Bic}}=-\frac{1}{T_B}\text{Bic}+\frac{k_2}{T_B}\vartheta_g^*$$

为方便计算，将飞机纵向运动方程中的状态变量按反馈信号和非反馈信号重新排列，并视 Bic 为新状态，把舵机助力器方程与飞机方程合并，可得到俯仰通道开环状态方程：

$$\begin{cases}\dot{\boldsymbol{x}}=\boldsymbol{A}_{\text{z1k}}\boldsymbol{x}+\boldsymbol{B}_{\text{z1k}}\boldsymbol{u}\\ \boldsymbol{y}=\boldsymbol{C}_{\text{z1k}}\boldsymbol{x}\end{cases} \tag{3.5}$$

式中

$$\boldsymbol{x}=[\vartheta\quad\dot{\vartheta}\quad u\quad w\quad \text{Bic}]^{\text{T}}\quad \boldsymbol{u}=[\vartheta_g^*]$$

$$\boldsymbol{A}_{\text{z1k}}=\begin{bmatrix}A_{4,4}&A_{4,7}&A_{4,1}&A_{4,3}&B_{4,1}\\A_{7,4}&A_{7,7}&A_{7,1}&A_{7,3}&B_{7,1}\\A_{1,4}&A_{1,7}&A_{1,1}&A_{1,3}&B_{1,1}\\A_{3,4}&A_{3,7}&A_{3,1}&A_{3,3}&B_{3,1}\\0&0&0&0&-1/T_B\end{bmatrix}$$

$$\boldsymbol{B}_{\text{z1k}}=[0\quad 0\quad 0\quad 0\quad k_2/T_B]^{\text{T}}$$

$$\boldsymbol{C}_{\text{z1k}}=\begin{bmatrix}1&0&0&0&0\\0&1&0&0&0\end{bmatrix}$$

3.2.2　俯仰稳定控制律设计

在 3.1.1 节中，规定了俯仰通道的动态响应要求：超调量$\sigma\%\leqslant 20\%$，调节时间$t_s\leqslant 5\text{s}$。由此可以确定满足要求的飞机纵向短周期极点$s_{1,2}=-\xi_d\omega_{nd}\pm \text{j}\sqrt{1-\xi_d^2}\,\omega_{nd}$的分布范围为

$$\begin{cases}\xi_d\geqslant 0.456=\xi_{\min}\quad(\beta_d\leqslant 62.87^\circ)\\ \omega_{nd}\geqslant 1.535=\omega_{\min}\end{cases} \tag{3.6}$$

这在 s 平面确定了一个扇形区域Γ，如图 3.2 所示。设定合适的短周期无阻尼自然频率上限 $\omega_{\max}$ 是受控制回路功率的限制，同时是为了照顾俯仰通道操纵功效的要求。

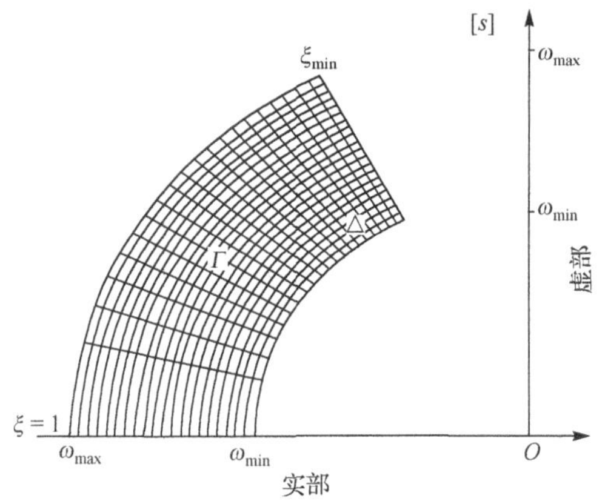

图 3.2 满足品质要求的短周期极点区域Γ示意图

在俯仰通道状态向量 $\boldsymbol{x}=[\vartheta \quad \dot{\vartheta} \quad u \quad w \quad \mathrm{Bic}]^{\mathrm{T}}$ 中，法向速度 w 与纵向周期变距 Bic 没有相应的传感器进行检测，因此系统不具备极点完全配置的条件。为便于确定俯仰控制参数，在可测状态中选择 ϑ、$\dot{\vartheta}$ 进行反馈。依据定理 3.4，将状态反馈矩阵划分为

$$\boldsymbol{K}_E=[\boldsymbol{K}_{\mathrm{a}} \quad \boldsymbol{K}_{\mathrm{b}}] \tag{3.7}$$

式中，$\boldsymbol{K}_{\mathrm{a}}=[k_\vartheta \quad k_{\dot{\vartheta}}]$ 为待定参数，取 $\boldsymbol{K}_{\mathrm{b}}=[k_u \quad k_w \quad k_{\mathrm{Bic}}]=[0 \quad 0 \quad 0]$。

根据设计要求，让短周期极点置于区域Γ中的某一位置，则这两个极点可以确定 $n-g=5-3=2$ 阶多项式 $Q(s)$ 的系数，进而可以确定矩阵 $\boldsymbol{S}$ 和 $\boldsymbol{t}^{\mathrm{T}}$；利用定理 3.4 可以确定矩阵 $\boldsymbol{E}=[\boldsymbol{E}_{\mathrm{a}} \ \boldsymbol{E}_{\mathrm{b}}]$；在此基础上利用式（3.4），便可求出另外 $g=3$ 个极点对应的子多项式系数向量 $\boldsymbol{r}^{\mathrm{T}}$ 和反馈参数向量 $\boldsymbol{K}_{\mathrm{a}}$。

如此，可以写出俯仰通道闭环状态方程：

$$\begin{cases}\dot{\boldsymbol{x}}=\boldsymbol{A}_{\mathrm{z1b}}\boldsymbol{x}+\boldsymbol{B}_{\mathrm{z1b}}\boldsymbol{u}\\ \boldsymbol{y}=\boldsymbol{C}_{\mathrm{z1b}}\boldsymbol{x}\end{cases} \tag{3.8}$$

式中

$$\boldsymbol{x}=[\vartheta \quad \dot{\vartheta} \quad u \quad w \quad \mathrm{Bic}]^{\mathrm{T}} \qquad \boldsymbol{u}=[\vartheta_{\mathrm{g}}]$$

$$\boldsymbol{A}_{\mathrm{z1b}}=\boldsymbol{A}_{\mathrm{z1k}}-\boldsymbol{B}_{\mathrm{z1k}}\boldsymbol{K}_E=\begin{bmatrix} A_{4,4} & A_{4,7} & A_{4,1} & A_{4,3} & B_{4,1}\\ A_{7,4} & A_{7,7} & A_{7,1} & A_{7,3} & B_{7,1}\\ A_{1,4} & A_{1,7} & A_{1,1} & A_{1,3} & B_{1,1}\\ A_{3,4} & A_{3,7} & A_{3,1} & A_{3,3} & B_{3,1}\\ -k_2k_\vartheta/T_{\mathrm{B}} & -k_2k_{\dot{\vartheta}}/T_{\mathrm{B}} & 0 & 0 & -1/T_{\mathrm{B}}\end{bmatrix}$$

$$\boldsymbol{B}_{\mathrm{z1b}}=[0 \quad 0 \quad 0 \quad 0 \quad k_2k_\vartheta/T_{\mathrm{B}}], \quad \boldsymbol{C}_{\mathrm{z1b}}=\boldsymbol{C}_{\mathrm{z1k}}$$

在图 3.2 中，令短周期极点沿着区域Γ的边界移动，就可以在反馈参数空间 $(k_\vartheta, k_{\dot{\vartheta}})$ 中得出相应映射区域 K_Γ 的边界，如图 3.3 所示。这样就建立了反馈参数与短周期极点位置之间的一一对应关系，为进一步设计全包线控制律参数提供了有利的条件。

应当注意，在选择 $\boldsymbol{K}_a$ 确定短周期极点的同时，由 $\boldsymbol{r}^T$ 解出的另外 g=3 个极点并不受约束，在设计中要使其限制在规定的范围（如左半 s 平面）内，这样也就相应限制了短周期极点在扇形区域 Γ 中的可选范围，如图 3.4 中深色区域所示（对应节点15）。因而实际可用的反馈参数是 K_Γ 中的一个子集，如图 3.5 中深色区域所示。

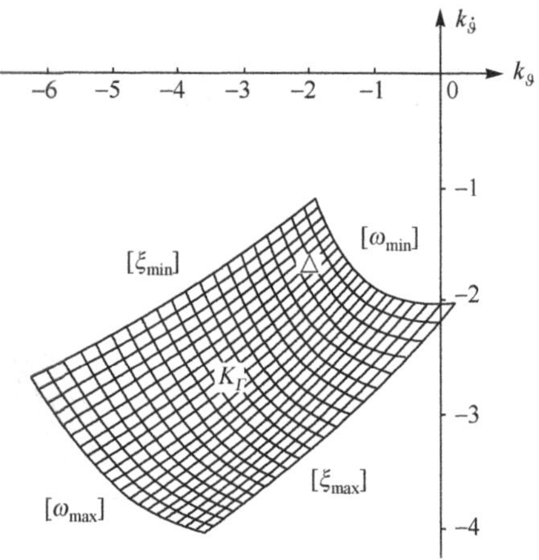

图 3.3　对应的反馈增益参数区域 K_Γ

在飞行包线中所有设计节点处均进行相应的映射，并将其可用的参数集合分别描绘在参数空间内（见图 3.6）。如果存在公共交集，则可以在其中适当选择参数，构成固定参数的控制器，使飞机在包线范围内的俯仰动态响应均满足规定的要求。若不存在公共交集，则必须采用其他控制方式（如调参控制等）才能达到设计要求。显然，各设计节点的可用参数集合在参数空间中的分布规律可以为合理确定调参规律提供参考信息。

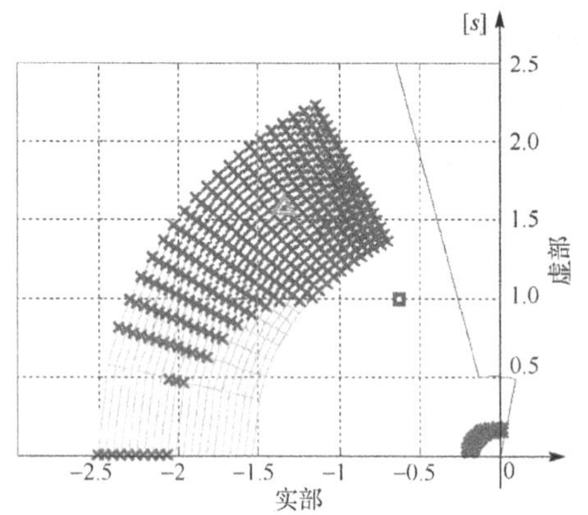

图 3.4　短周期极点可配置区域示意图

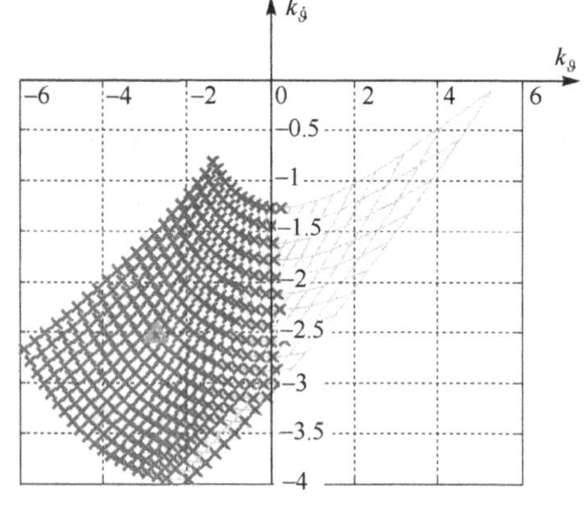

图 3.5　可用的反馈增益参数区域示意图

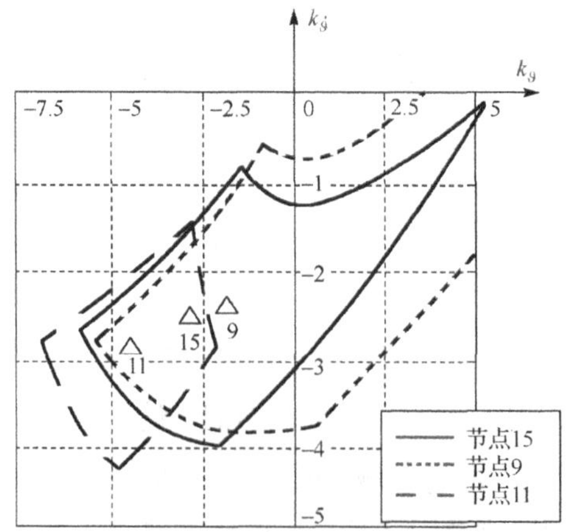

图 3.6　不同设计节点的反馈增益参数区域示意图

18 个前飞状态设计节点的俯仰通道可选参数集合分布情况显示，存在很小的可用公共参数交集，虽然可以在其中确定一个固定参数的控制器，但对有些节点而言并不能达到满意的性能，故选择调参控制方案，使系统的俯仰特性在包线内均具有满意的品质。

以节点 15（H =1000m，V =73.5m/s）为例，开环短周期极点位于 $s_{1,2} = -0.63 \pm \mathrm{j}0.9975$（图 3.4 中“□”），显然不在满足指标要求的区域Γ内。根据设计要求，配置短周期极点于 $s_{1,2} = -1.3354 \pm \mathrm{j}1.5763$，如图 3.4 中“△”所示，映射到参数空间，对应的控制参数位于 $(-2.7244, -2.5282)$，如图 3.5 中“△”所示。

将各设计节点对应的控制参数一一显示出来，图 3.7 给出各节点控制参数 $(k_\vartheta, k_{\dot\vartheta})$ 在参数空间中的分布情况。

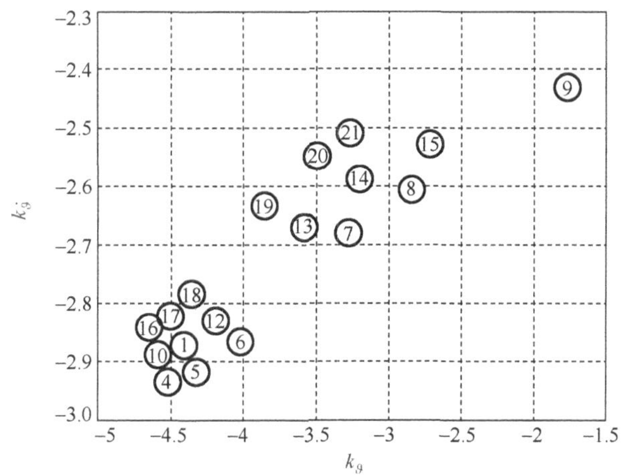

图 3.7　控制参数在参数平面的分布情况

图 3.8 给出了各节点控制参数 $(k_\vartheta, k_{\dot\vartheta})$ 在包线中的分布规律。将其作为样本，通过拟合可以确定俯仰通道包线内调参控制律。

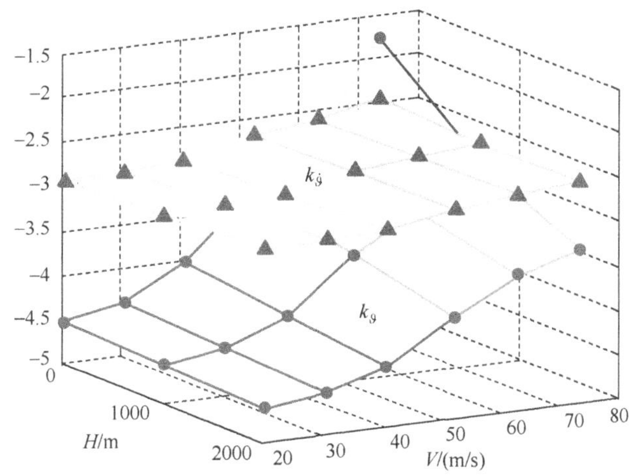

图 3.8　俯仰控制参数在包线中的分布情况

在节点 15 下进行仿真，给定初始俯仰角为 5°，观察飞机的稳定过程。图 3.9 给出了开环（虚线）、闭环（实线）系统动态响应曲线的对比图。可以确定在闭环下飞机的俯仰角动态性能指标，超调量$\sigma\%=3.6\%$，调节时间$t_s=4\text{s}$，满足设计要求。可见，采用增稳控制后，俯仰通道性能得到了显著改善。

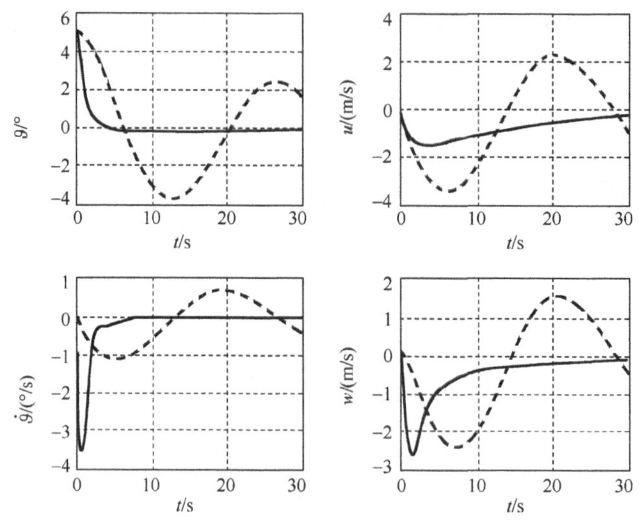

图 3.9 俯仰角动态响应曲线

3.2.3 速度稳定控制律设计

速度稳定控制系统是在俯仰控制回路的基础上构造的。为了满足速度跟踪控制的需要，速度稳定控制系统采用 PI 控制方式，结构图如图 3.10（a）所示，为便于分析，将其等效为如图 3.10（b）所示形式。

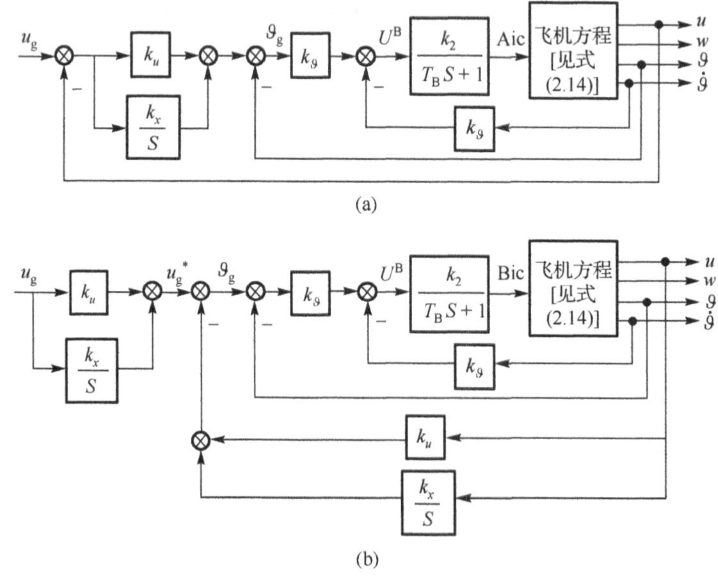

图 3.10 速度稳定控制系统结构图

在俯仰通道闭环状态方程式（3.8）的基础上，将前向位置$x=\int u\mathrm{d}t$扩充到状态向量中，

暂不考虑速度 u 的反馈，根据图 3.10（b）可以写出速度控制系统的开环状态方程：

$$\begin{cases}\dot{\boldsymbol{x}}=\boldsymbol{A}_{\text{z2k}}\boldsymbol{x}+\boldsymbol{B}_{\text{z2k}}\boldsymbol{u}\\ \boldsymbol{y}=\boldsymbol{C}_{\text{z2k}}\boldsymbol{x}\end{cases} \tag{3.9}$$

式中

$$\boldsymbol{x}=[x \quad u \quad w \quad \vartheta \quad \dot{\vartheta} \quad \text{Bic}]^{\text{T}} \quad \boldsymbol{u}=[\vartheta_{\text{g}}]$$

$$\boldsymbol{A}_{\text{z2k}}=\begin{bmatrix}0 & 1 & 0 & 0 & 0 & 0\\ 0 & A_{1,1} & A_{1,3} & A_{1,4} & A_{1,7} & B_{1,1}\\ 0 & A_{3,1} & A_{3,3} & A_{3,4} & A_{3,7} & B_{3,1}\\ 0 & A_{4,1} & A_{4,3} & A_{4,4} & A_{4,7} & B_{4,1}\\ 0 & A_{7,1} & A_{7,3} & A_{7,4} & A_{7,7} & B_{7,1}\\ 0 & 0 & 0 & -\dfrac{k_2k_\vartheta}{T_{\text{B}}} & -\dfrac{k_2k_{\dot{\vartheta}}}{T_{\text{B}}} & -\dfrac{1}{T_{\text{B}}}\end{bmatrix} \quad \boldsymbol{B}_{\text{z2k}}=\begin{bmatrix}0\\0\\0\\0\\0\\ \dfrac{k_2k_\vartheta}{T_B}\end{bmatrix}$$

$$\boldsymbol{C}_{\text{z2k}}=\begin{bmatrix}1 & 0 & 0 & 0 & 0 & 0\\ 0 & 1 & 0 & 0 & 0 & 0\end{bmatrix}$$

采用图 3.10（b）中的输出反馈。利用定理 3.4，将状态反馈矩阵划分为

$$\boldsymbol{K}_E=[\boldsymbol{K}_{\text{a}} \;\; \boldsymbol{K}_{\text{b}}] \tag{3.10}$$

式中，$\boldsymbol{K}_{\text{a}}=[k_x \quad k_u]$ 为待定参数向量，取 $\boldsymbol{K}_{\text{b}}=[k_w \quad k_\vartheta \quad k_{\dot{\vartheta}} \quad k_{\text{Bic}}]=[0 \quad 0 \quad 0 \quad 0]$。

以节点 15（H=1000m，V=73.5m/s）为例进行计算。此时纵向速度开环系统的长周期极点是两个小的单实根（–0.0900，–0.4067），速度响应是缓慢的单调过程。根据 3.1.1 节中对速度响应的动态要求，将对应的长周期极点设置为 s 平面扇形区域 $\varGamma$（$\omega_{\min}=0.1$，$\omega_{\max}=0.2$，$0.69<\xi<1$）中的一对共轭复极点 $s_{1,2}=-0.1368\pm\text{j}0.0830$（见图 3.11 中“△”），利用式（3.4）可求出另外 g=4 个极点对应的子多项式系数向量 $\boldsymbol{r}^{\text{T}}$ 和反馈参数向量 $\boldsymbol{K}_{\text{a}}$=[0.0013　0.0112]。

由图 3.10（b）可得

$$\vartheta_g=-k_u u-k_x\int u\text{d}t+u_g^*$$

$$u_g^*=k_u u_g+k_x\int u_g\text{d}t$$

如此，可以写出速度控制系统闭环状态方程：

$$\begin{cases}\dot{\boldsymbol{x}}=\boldsymbol{A}_{\text{z2b}}\boldsymbol{x}+\boldsymbol{B}_{\text{z2b}}\boldsymbol{u}\\ \boldsymbol{y}=\boldsymbol{C}_{\text{z2b}}\boldsymbol{x}\end{cases} \tag{3.11}$$

式中

$$\boldsymbol{x}=[x \quad u \quad w \quad \vartheta \quad \dot{\vartheta} \quad \text{Bic}]^{\text{T}} \quad \boldsymbol{u}=[u_{\text{g}}^*]=\left[k_u u_{\text{g}}+k_{\dot{u}}\int u_{\text{g}}\text{d}t\right]$$

$$\boldsymbol{A}_{\text{z2b}}=\boldsymbol{A}_{\text{z2k}}-\boldsymbol{B}_{\text{z2k}}\boldsymbol{K}_E=\begin{bmatrix}0 & 1 & 0 & 0 & 0 & 0\\ 0 & A_{1,1} & A_{1,3} & A_{1,4} & A_{1,7} & B_{1,1}\\ 0 & A_{3,1} & A_{3,3} & A_{3,4} & A_{3,7} & B_{3,1}\\ 0 & A_{4,1} & A_{4,3} & A_{4,4} & A_{4,7} & B_{4,1}\\ 0 & A_{7,1} & A_{7,3} & A_{7,4} & A_{7,7} & B_{7,1}\\ -\dfrac{k_2k_\vartheta k_x}{T_{\text{B}}} & -\dfrac{k_2k_\vartheta k_u}{T_{\text{B}}} & 0 & -\dfrac{k_2k_\vartheta}{T_{\text{B}}} & -\dfrac{k_2k_{\dot{\vartheta}}}{T_{\text{B}}} & -\dfrac{1}{T_{\text{B}}}\end{bmatrix}$$

$$\boldsymbol{B}_{z2b}=\boldsymbol{B}_{z2k}=\begin{bmatrix}0 & 0 & 0 & 0 & 0 & \dfrac{k_2k_9}{T_B}\end{bmatrix}^{T}$$

$$\boldsymbol{C}_{z2b}=\boldsymbol{C}_{z2k}=\begin{bmatrix}1 & 0 & 0 & 0 & 0 & 0\\0 & 1 & 0 & 0 & 0 & 0\end{bmatrix}$$

在图 3.11 中，令长周期极点沿着扇形区域Γ网格点移动，反馈参数空间(k_u, k_x)中的相应映射区域K_Γ，如图 3.12 所示。图 3.13 给出了将长周期极点配置在$s_{1,2}=-0.1368\pm \mathrm{j}0.0830$时，18 个设计节点的速度控制参数在参数平面$(k_u, k_x)$的分布情况。图 3.14 是速度控制参数在包线内的分布图，可以作为速度控制参数在包线中调参的样本。

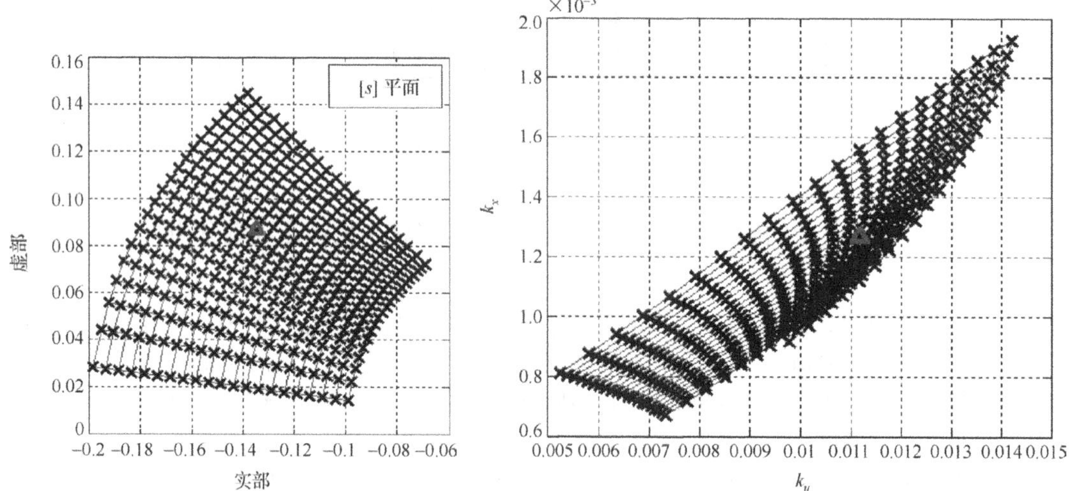

图 3.11 长周期极点分布区域示意图

图 3.12 参数空间映射区域示意图

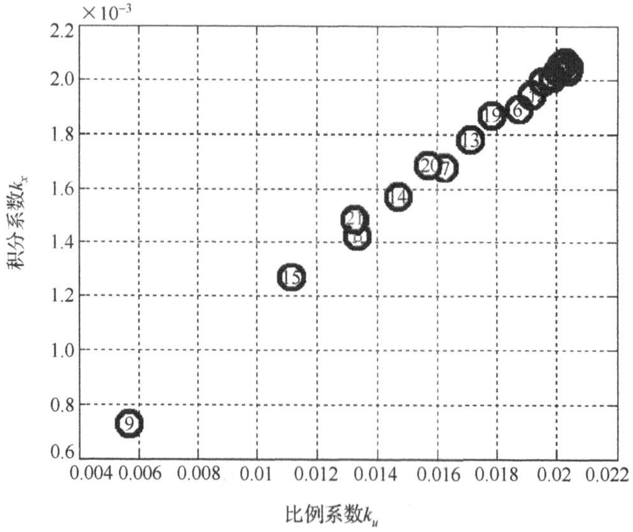

图 3.13 速度控制参数在参数(k_u, k_x)平面的分布

在节点 15 下进行仿真，给定速度阶跃指令u_g=10m/s，不限制飞行高度，看飞机纵向

速度的跟踪过程。图 3.15 给出了 u_g=10m/s 时速度控制系统的动态响应曲线。可以看出，闭环系统保持速度的条件是飞机低头（$\vartheta=-2.2°$）下滑，下降速度为 3m/s。飞机速度响应的超调量 $\sigma\%=8.1\%$，调节时间 $t_s=25.6s$，满足设计要求。

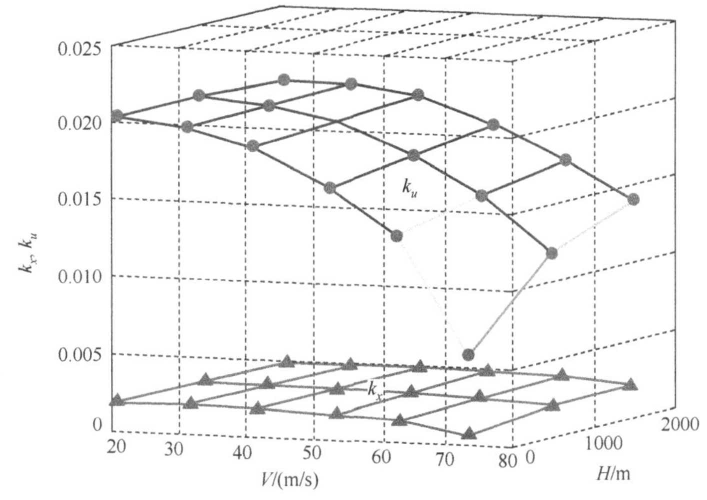

图 3.14 速度控制参数在包线内的分布图

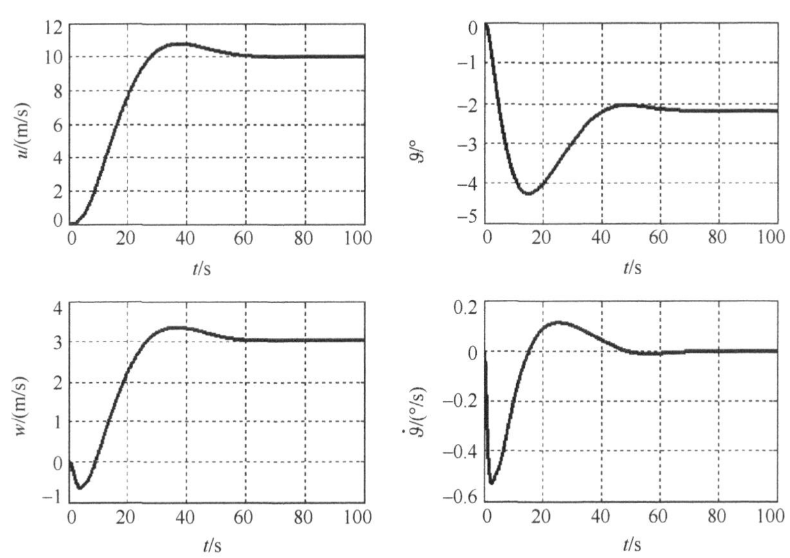

图 3.15 $u_g=10$m/s 时速度控制系统的动态响应曲线

3.2.4 高度稳定控制律设计

高度稳定控制系统是在总距通道基础上构成的，为满足高度跟踪控制的需要，采用了测速反馈加 PI（减小或消除跟踪误差）控制方式，高度稳定控制系统结构图如图 3.16 所示。

在俯仰通道状态方程式（3.8）的基础上，将与总距 θ_c 相关的、高度偏差经过 PI 控制器处理后的信号 h_g^* 作为控制量，将高度 h 及高度积分 $\int h\mathrm{d}t$ 作为状态变量扩充到状态向量中，并将状态变量顺序进行调整，暂不考虑与高度相关的状态反馈，根据图 3.16 可以写出高度控制系统的开环状态方程：

$$\begin{cases}\dot{\boldsymbol{x}} = \boldsymbol{A}_{\text{z3k}}\boldsymbol{x} + \boldsymbol{B}_{\text{z3k}}\boldsymbol{u} \\ \boldsymbol{y} = \boldsymbol{C}_{\text{z3k}}\boldsymbol{x}\end{cases} \tag{3.12}$$

式中

$$\boldsymbol{x} = \left[\int h\mathrm{d}t \quad h \quad w \quad u \quad \theta \quad \dot{\theta} \quad \text{Bic}\right]^{\text{T}} \qquad \boldsymbol{u}=[h_{\text{g}}^{*}]$$

$$\boldsymbol{A}_{\text{z3k}} = \begin{bmatrix} 0 & 1 & 0 & 0 & 0 & 0 & 0 \\ 0 & 0 & -1 & 0 & 0 & 0 & 0 \\ 0 & 0 & A_{3,3} & A_{3,1} & A_{3,4} & A_{3,7} & B_{3,1} \\ 0 & 0 & A_{1,3} & A_{1,1} & A_{1,4} & A_{1,7} & B_{1,1} \\ 0 & 0 & A_{4,3} & A_{4,1} & A_{4,4} & A_{4,7} & B_{4,1} \\ 0 & 0 & A_{7,3} & A_{7,1} & A_{7,4} & A_{7,7} & B_{7,1} \\ 0 & 0 & 0 & 0 & -\dfrac{k_2 k_\theta}{T_{\text{B}}} & -\dfrac{k_2 k_{\dot{\theta}}}{T_{\text{B}}} & -\dfrac{1}{T_{\text{B}}} \end{bmatrix} \qquad \boldsymbol{B}_{\text{z3k}} = \begin{bmatrix} 0 \\ 0 \\ -B_{3,4}k_3^{\theta} \\ -B_{1,4}k_3^{\theta} \\ -B_{4,4}k_3^{\theta} \\ -B_{7,4}k_3^{\theta} \\ 0 \end{bmatrix}$$

$$\boldsymbol{C}_{\text{z3k}} = \begin{bmatrix} 1 & 0 & 0 & 0 & 0 & 0 & 0 \\ 0 & 1 & 0 & 0 & 0 & 0 & 0 \\ 0 & 0 & 1 & 0 & 0 & 0 & 0 \end{bmatrix}$$

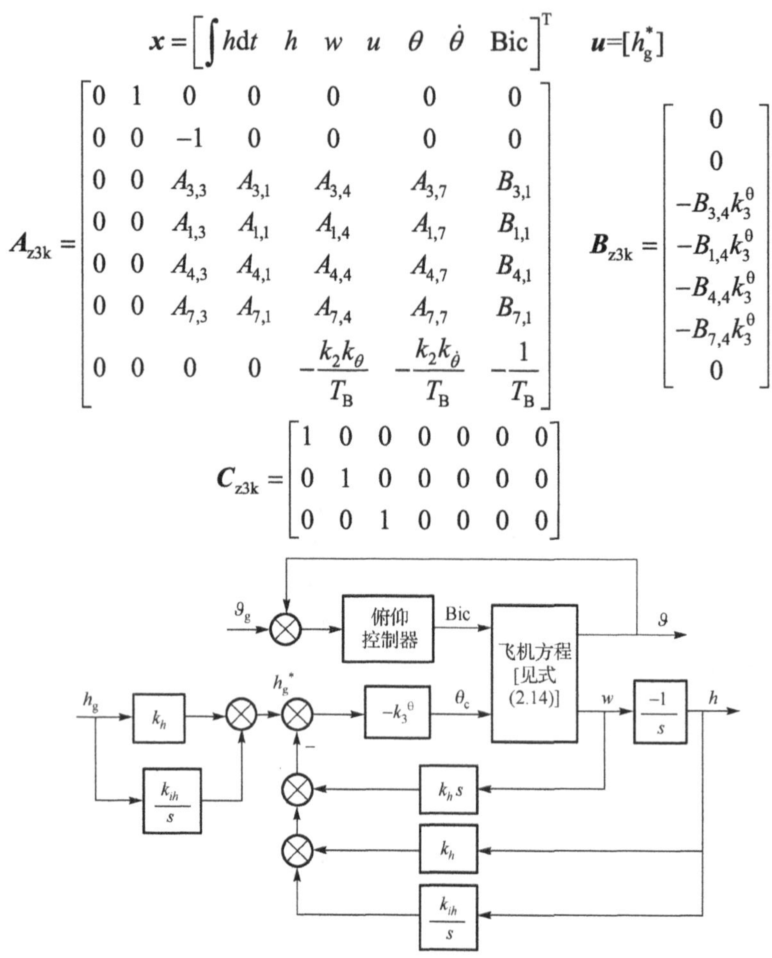

图 3.16 高度稳定控制系统结构图

以节点 15 为例进行计算，在高度开环时，系统的高度极点位于原点，高度模态处于随遇平衡状态。根据 3.1.1 节对高度通道的设计要求，取高度闭环响应的超调量 $\sigma\%=5\%$，调节时间 $t_{\text{s}}=25\text{s}$。相应闭环高度模态复极点在 s 平面扇形区域$\varGamma$的边界参数设定为（$\omega_{\min}=0.2$, $\omega_{\max}=0.35$, $0.7<\xi<0.96$），将复极点配置在 $s_{1,2}=-0.1896\pm \mathrm{j}0.1013$（见图 3.17 中“△”），将另一个实极点配置在 $s_3=-0.003$ 处，利用式（3.4），可以得到在参数空间的相应映射区域 $K_\varGamma$，以及与配置极点所对应的参数（$k_{ih}=0.0022$, $k_h=0.7440$, $k_{\dot{h}}=0.9075$），如图 3.18 所示。图 3.19 给出了 18 个设计节点高度控制参数在参数$(k_h, k_{\dot{h}})$平面上的分布情况。图 3.20 是参数 k_{ih}、k_h、$k_{\dot{h}}$ 随飞行高度、速度的变化规律，也是高度控制参数在包线中调参的样本。

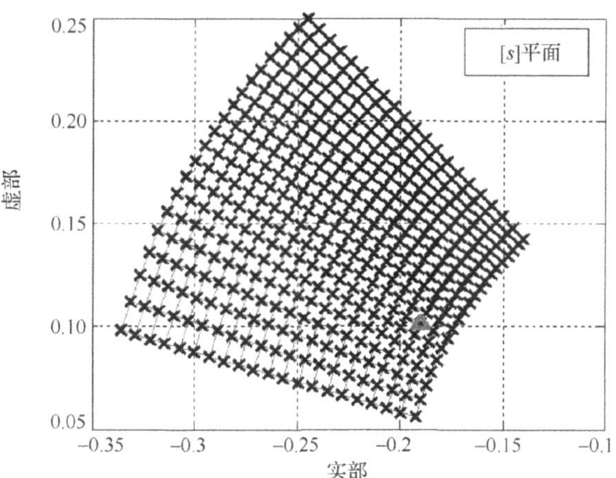

图 3.17　高度复极点分布区域示意图

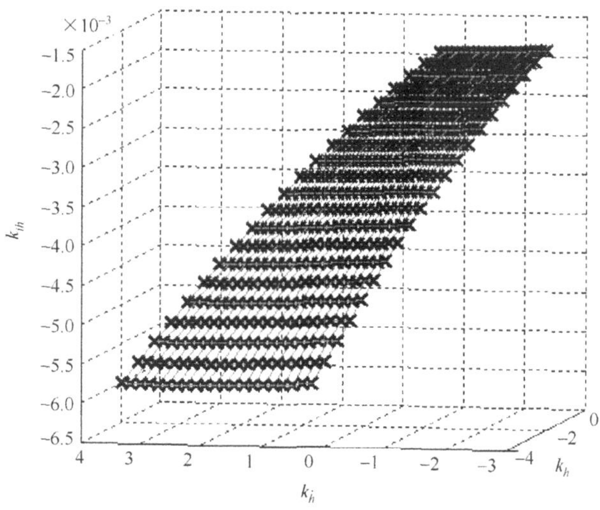

图 3.18　参数空间映射区域示意图

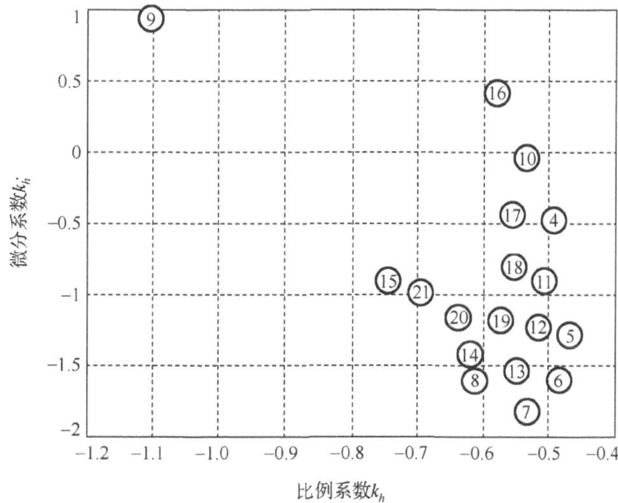

图 3.19　高度控制参数在参数 $(k_h,\ k_{\dot{h}})$ 平面上的分布

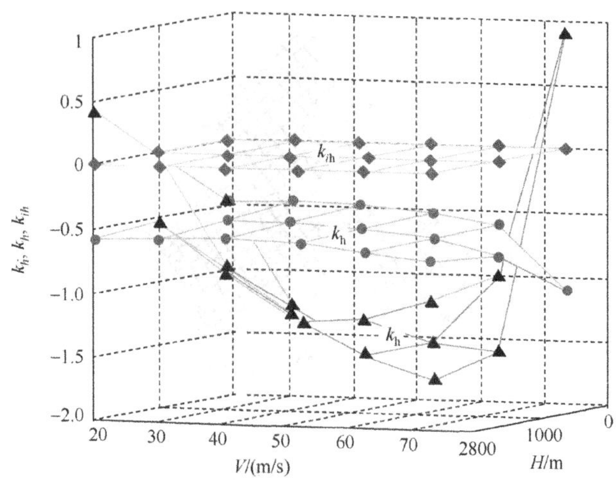

图 3.20　高度控制参数在包线内的分布情况

由图 3.16 可得

$$\theta_c = -k_{\dot{h}} k_3^{\theta} w + k_h k_3^{\theta} h + k_{ih} k_3^{\theta} \int h \mathrm{d}t - k_h k_3^{\theta} h_g - k_{ih} k_3^{\theta} \int h_g \mathrm{d}t \tag{3.13}$$

高度控制系统闭环状态方程为

$$\begin{cases} \dot{\boldsymbol{x}} = \boldsymbol{A}_{z3b}\boldsymbol{x} + \boldsymbol{B}_{z3b}\boldsymbol{u} \\ \boldsymbol{y} = \boldsymbol{C}_{z3b}\boldsymbol{x} \end{cases} \tag{3.14}$$

式中

$$\boldsymbol{x} = \left[\int h \mathrm{d}t \quad h \quad w \quad u \quad \theta \quad \dot{\theta} \quad \mathrm{Bic}\right]^{\mathrm{T}} \qquad \boldsymbol{u}=[h_g^*]=\left[k_h h_g + \int k_h h_g \mathrm{d}t\right]$$

$$\boldsymbol{A}_{z3k} - \boldsymbol{B}_{z3k}\boldsymbol{K} = \boldsymbol{A}_{z3k} - \begin{bmatrix} 0 \\ 0 \\ -B_{3,4}k_3^{\theta} \\ -B_{1,4}k_3^{\theta} \\ -B_{4,4}k_3^{\theta} \\ -B_{7,4}k_3^{\theta} \\ 0 \end{bmatrix} [k_{ih} \quad k_h \quad -k_{\dot{h}} \quad 0 \quad 0 \quad 0 \quad 0]$$

$$= \begin{bmatrix} 0 & 1 & 0 & 0 & 0 & 0 & 0 \\ 0 & 0 & -1 & 0 & 0 & 0 & 0 \\ B(3,4)k_{ih}k_3^{\theta} & B_{3,4}k_h k_3^{\theta} & A_{3,3} - B_{3,4}k_{\dot{h}}k_3^{\theta} & A_{3,1} & A_{3,4} & A_{3,7} & B_{3,1} \\ B(1,4)k_{ih}k_3^{\theta} & B_{1,4}k_h k_3^{\theta} & A_{1,3} - B_{1,4}k_{\dot{h}}k_3^{\theta} & A_{1,1} & A_{1,4} & A_{1,7} & B_{1,1} \\ B(4,4)k_{ih}k_3^{\theta} & B_{4,4}k_h k_3^{\theta} & A_{4,3} - B_{4,4}k_{\dot{h}}k_3^{\theta} & A_{4,1} & A_{4,4} & A_{4,7} & B_{4,1} \\ B(7,4)k_{ih}k_3^{\theta} & B_{7,4}k_h k_3^{\theta} & A_{7,3} - B_{7,4}k_{\dot{h}}k_3^{\theta} & A_{7,1} & A_{7,4} & A_{7,7} & B_{7,1} \\ 0 & 0 & 0 & 0 & -\dfrac{k_2 k_{\theta}}{T_B} & -\dfrac{k_2 k_{\dot{\theta}}}{T_B} & -\dfrac{1}{T_B} \end{bmatrix}$$

$$\boldsymbol{B}_{z3b} = \boldsymbol{B}_{z3k} \qquad \boldsymbol{C}_{z3b} = \boldsymbol{C}_{z3k}$$

在节点 15 下进行仿真，给定高度阶跃指令 $h_g = 10\,\text{m}$，图 3.21 给出了 $h_g = 10\,\text{m}$ 时高度控制系统的动态响应。可以看出，飞机高度跟踪过程在 21.25s 内进入稳态，响应超调量 $\sigma\%=8.023\%$，稳态误差为 0，性能满足设计要求。

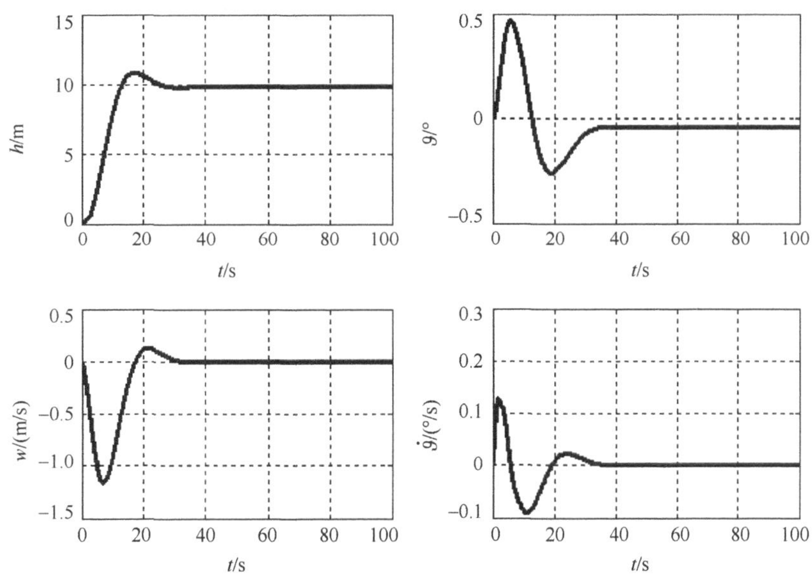

图 3.21　$h_g = 10\text{m}$ 时高度控制系统的动态响应

3.3　横侧向系统控制律设计

3.3.1　横侧向控制系统描述

考虑倾斜、航向两通道舵机、助力器的影响，根据直升机控制系统结构图（见图 2.12）进行适当简化，可以得到横侧向通道结构图，如图 3.22 所示。

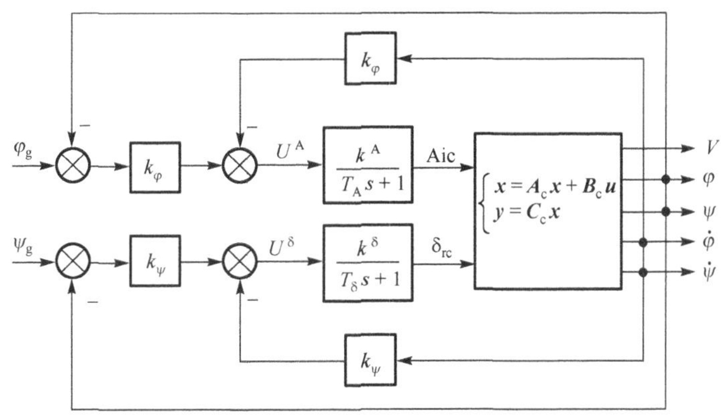

图 3.22　横侧向通道结构图

由图 3.22 可以分别得到倾斜通道和航向通道助力器的微分方程：

$$\dot{\mathrm{Aic}}=-\frac{k^{\mathrm{A}}k_{\varphi}}{T_{\mathrm{A}}}\varphi-\frac{k^{\mathrm{A}}k_{\dot{\varphi}}}{T_{\mathrm{A}}}\dot{\varphi}-\frac{1}{T_{\mathrm{A}}}\mathrm{Aic}+\frac{k^{\mathrm{A}}k_{\varphi}}{T_{\mathrm{A}}}\varphi_{\mathrm{g}} \tag{3.15}$$

$$\dot{\delta}_{\mathrm{rc}}=-\frac{k^{\delta}k_{\psi}}{T_{\delta}}\psi-\frac{k^{\delta}k_{\dot{\psi}}}{T_{\delta}}\dot{\psi}-\frac{1}{T_{\delta}}\delta_{\mathrm{rc}}+\frac{k^{\delta}k_{\psi}}{T_{\delta}}\psi_{\mathrm{g}} \tag{3.16}$$

调整飞机横侧向方程式（2.15）中状态变量的顺序，将横向周期变距Aic和尾桨桨距δ_{rc}扩充到状态向量中，按可测状态（倾斜角φ、倾斜角速度$\dot{\varphi}$、航向角ψ、航向角速度$\dot{\psi}$）和不可测状态（侧向速度v、横向周期变距Aic和尾桨桨距δ_{rc}）重新排列，将可测量的4个状态作为输出$\boldsymbol{y}=[\varphi\quad\dot{\varphi}\quad\psi\quad\dot{\psi}]^{\mathrm{T}}$，可以得到横侧向系统闭环状态方程：

$$\begin{cases}\dot{\boldsymbol{x}}=\boldsymbol{A}_{\mathrm{cb}}\boldsymbol{x}+\boldsymbol{B}_{\mathrm{cb}}\boldsymbol{u}\\ \boldsymbol{y}=\boldsymbol{C}_{\mathrm{cb}}\boldsymbol{x}\end{cases} \tag{3.17}$$

式中

$$\boldsymbol{x}=[\varphi\quad\dot{\varphi}\quad\psi\quad\dot{\psi}\quad v\quad \mathrm{Aic}\quad\delta_{\mathrm{rc}}]^{\mathrm{T}}\qquad \boldsymbol{u}=[\varphi_{\mathrm{g}}\ \ \psi_{\mathrm{g}}]^{\mathrm{T}}$$

$$\boldsymbol{A}_{\mathrm{cb}}=\begin{bmatrix}A_{5,5}&A_{5,8}&A_{5,6}&A_{5,9}&A_{5,2}&B_{5,2}&B_{5,3}\\A_{8,5}&A_{8,8}&A_{8,6}&A_{8,9}&A_{8,2}&B_{8,2}&B_{8,3}\\A_{6,5}&A_{6,8}&A_{6,6}&A_{6,9}&A_{6,2}&B_{6,2}&B_{6,3}\\A_{9,5}&A_{9,8}&A_{9,6}&A_{9,9}&A_{9,2}&B_{9,2}&B_{9,3}\\A_{2,5}&A_{2,8}&A_{2,6}&A_{2,9}&A_{2,2}&B_{2,2}&B_{2,3}\\-\dfrac{k^{\mathrm{A}}k_{\varphi}}{T_{\mathrm{A}}}&-\dfrac{k^{\mathrm{A}}k_{\dot{\varphi}}}{T_{\mathrm{A}}}&0&0&0&-\dfrac{1}{T_{\mathrm{A}}}&0\\0&0&-\dfrac{k^{\delta}k_{\psi}}{T_{\delta}}&-\dfrac{k^{\delta}k_{\dot{\psi}}}{T_{\delta}}&0&0&-\dfrac{1}{T_{\delta}}\end{bmatrix}$$

$$\boldsymbol{B}_{\mathrm{cb}}=\begin{bmatrix}0&0&0&0&0&k^{\mathrm{A}}k_{\varphi}/T_{\mathrm{A}}&0\\0&0&0&0&0&0&k^{\delta}k_{\psi}/T_{\delta}\end{bmatrix}^{\mathrm{T}}$$

$$\boldsymbol{C}_{\mathrm{cb}}=\begin{bmatrix}1&0&0&0&0&0&0\\0&1&0&0&0&0&0\\0&0&1&0&0&0&0\\0&0&0&1&0&0&0\end{bmatrix}$$

根据3.1.1节对横侧向系统动态性能的要求如下。

倾斜通道：超调量$\sigma\%\leqslant 10\%$，调节时间$t_{\mathrm{s}}\leqslant 5\mathrm{s}$

航向通道：超调量$\sigma\%\leqslant 25\%$，调节时间$t_{\mathrm{s}}\leqslant 5\mathrm{s}$

可以分别确定相应通道满足要求的系统闭环极点的分布范围。

倾斜通道：

$$\begin{cases}\xi_{\varphi}\geqslant 0.591\quad(\beta_{\varphi}\leqslant 53.8^{\circ})\\ \omega_{\mathrm{n}\varphi}\geqslant 1.184\end{cases} \tag{3.18}$$

航向通道：

$$\begin{cases}\xi_{\psi} \geqslant 0.404 \quad (\beta_{\psi} \leqslant 66.17^{\circ}) \\ \omega_{n\psi} \geqslant 1.734\end{cases} \tag{3.19}$$

3.3.2 倾斜稳定控制律设计

暂不考虑航向通道输入 ψ_g 的影响，将问题化为倾斜通道 φ_g 单输入的情况来考虑。类似俯仰通道的处理方法，对倾斜通道进行参数鲁棒设计，确定反馈参数 k_φ 和 $k_{\dot{\varphi}}$。

将式（3.17）在倾斜通道处于开环（没有 φ、$\dot{\varphi}$ 反馈）时的状态方程写出来，有

$$\begin{cases}\dot{\boldsymbol{x}} = \boldsymbol{A}_{\mathrm{ck1}}\boldsymbol{x} + \boldsymbol{B}_{\mathrm{ck1}}\boldsymbol{u} \\ \boldsymbol{y} = \boldsymbol{C}_{\mathrm{ck1}}\boldsymbol{x}\end{cases} \tag{3.20}$$

式中

$$\boldsymbol{x} = [\varphi \quad \dot{\varphi} \quad \psi \quad \dot{\psi} \quad v \quad \delta_{\mathrm{rc}} \quad \mathrm{Aic}]^{\mathrm{T}} \qquad \boldsymbol{u} = [\varphi_{\mathrm{g}}]$$

$$\boldsymbol{A}_{\mathrm{ck1}} = \begin{bmatrix} A_{5,5} & A_{5,8} & A_{5,6} & A_{5,9} & A_{5,2} & B_{5,3} & B_{5,2} \\ A_{8,5} & A_{8,8} & A_{8,6} & A_{8,9} & A_{8,2} & B_{8,3} & B_{8,2} \\ A_{6,5} & A_{6,8} & A_{6,6} & A_{6,9} & A_{6,2} & B_{6,3} & B_{6,2} \\ A_{9,5} & A_{9,8} & A_{9,6} & A_{9,9} & A_{9,2} & B_{9,3} & B_{9,2} \\ A_{2,5} & A_{2,8} & A_{2,6} & A_{2,9} & A_{2,2} & B_{2,3} & B_{2,2} \\ 0 & 0 & -\dfrac{k^{\delta}k_{\psi}}{T_{\delta}} & -\dfrac{k^{\delta}k_{\dot{\psi}}}{T_{\delta}} & 0 & -\dfrac{1}{T_{\delta}} & 0 \\ 0 & 0 & 0 & 0 & 0 & 0 & -\dfrac{1}{T_{\mathrm{A}}} \end{bmatrix}$$

$$\boldsymbol{B}_{\mathrm{ck1}} = [0 \quad 0 \quad 0 \quad 0 \quad 0 \quad 0 \quad k^{\mathrm{A}}k_{\varphi}/T_{\mathrm{A}}]^{\mathrm{T}}$$

$$\boldsymbol{C}_{\mathrm{ck1}} = \begin{bmatrix} 1 & 0 & 0 & 0 & 0 & 0 & 0 \\ 0 & 1 & 0 & 0 & 0 & 0 & 0 \end{bmatrix}$$

由式（3.18）确定倾斜通道在 s 平面与动态指标相对应的极点分布扇形区域，如图 3.23 所示。给定航向通道标称控制参数 k_{ψ}^{0}、$k_{\dot{\psi}}^{0}$，对倾斜通道控制参数进行设计。利用 3.1.2 节定理 3.4，将状态反馈矩阵划分为

$$\boldsymbol{K}_{\boldsymbol{E}} = [\boldsymbol{K}_{\mathrm{a}} \ \boldsymbol{K}_{\mathrm{b}}] \tag{3.21}$$

式中，$\boldsymbol{K}_{\mathrm{a}} = [k_{\varphi} \quad k_{\dot{\varphi}}]$ 为待定参数，取 $\boldsymbol{K}_{\mathrm{b}} = [0 \quad 0 \quad 0 \quad 0 \quad 0]$。

将倾斜通道的两个极点配置于图 3.23 扇形区域中的某一位置，利用式（3.4）可以确定相应的反馈参数向量 $\boldsymbol{K}_{\mathrm{a}}$ 和另外 5 个闭环极点位置。

以节点 15 为例，在航向通道（用标称参数值 k_{ψ}^{0}、$k_{\dot{\psi}}^{0}$）反馈而倾斜通道开环时，倾斜通道极点位于 $s_{1,2}^{o} = 0.0348 \pm \mathrm{j}0.4356$，此时倾斜响应不稳定。配置倾斜通道极点于 $s_{1,2} = -1.0728 \pm \mathrm{j}1.1149$（见图 3.23 中的“△”），相应参数平面中的映射点为 $k_{\varphi} = 0.6441$，$k_{\dot{\varphi}} = -0.0823$（见图 3.24 中的“△”，参数映射区域中深色“×”的部分是可用参数集合）。

分别对 18 个前飞节点进行映射，可以得到倾斜通道控制参数在参数平面的分布情况，如图 3.25 所示。

图 3.26 显示了倾斜参数在包线中的分布规律，将其当作样本，通过拟合可以得到全包线倾斜通道调参控制律。

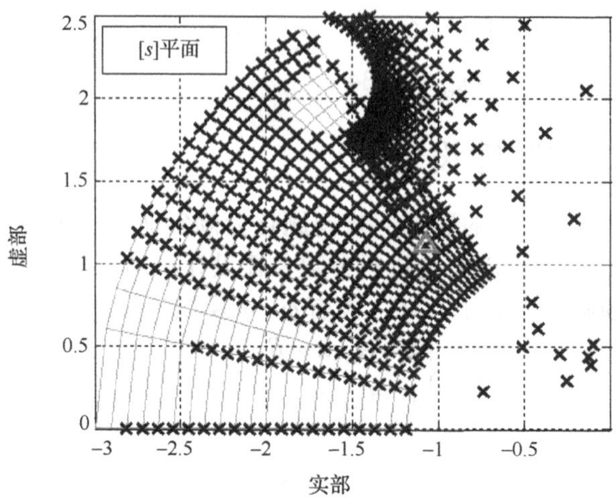

图 3.23 倾斜通道极点配置区域图

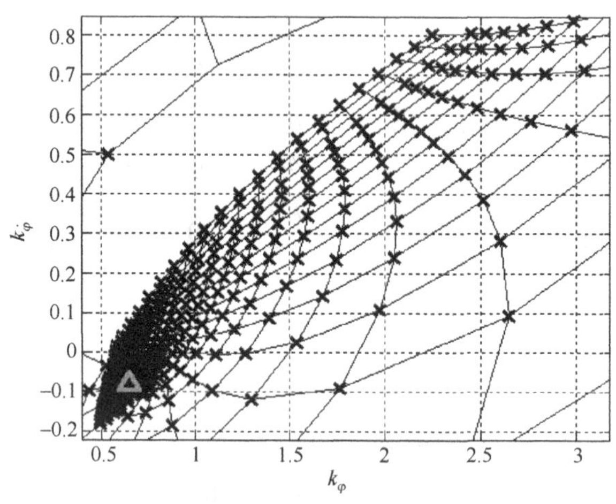

图 3.24 倾斜通道控制参数映像区域图

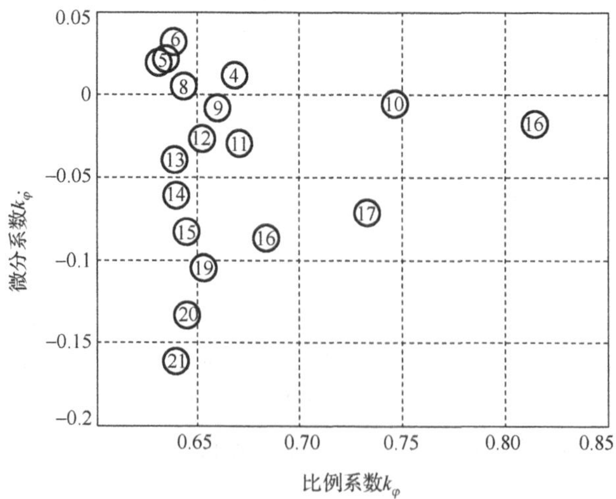

图 3.25 倾斜通道控制参数在参数平面的分布情况

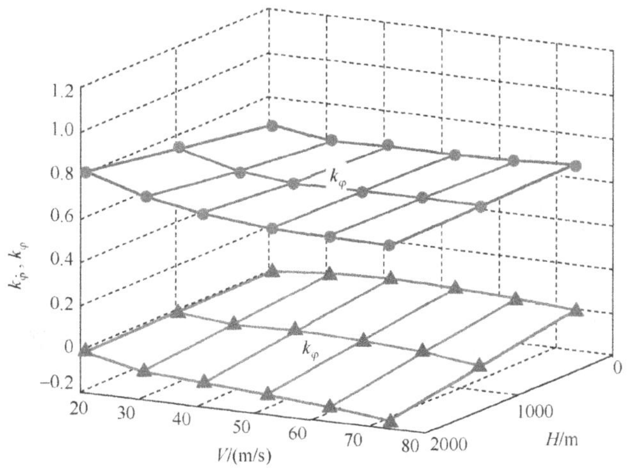

图 3.26　倾斜参数在包线中的分布规律

3.3.3　航向稳定控制律设计

与倾斜通道处理方法相同，将式（3.17）在航向通道处于开环（没有 ψ、$\dot{\psi}$ 反馈）时的状态方程写出来，有

$$\begin{cases}\dot{\boldsymbol{x}}=\boldsymbol{A}_{\mathrm{ck2}}\boldsymbol{x}+\boldsymbol{B}_{\mathrm{ck2}}\boldsymbol{u}\\ \boldsymbol{y}=\boldsymbol{C}_{\mathrm{ck2}}\boldsymbol{x}\end{cases}\tag{3.22}$$

式中

$$\boldsymbol{x}=[\psi\quad\dot{\psi}\quad\varphi\quad\dot{\varphi}\quad v\quad \mathrm{Aic}\quad\delta_{\mathrm{rc}}]^{\mathrm{T}}\qquad \boldsymbol{u}=[\psi_{\mathrm{g}}]$$

$$\boldsymbol{A}_{\mathrm{ck2}}=\begin{bmatrix}A_{6,6}&A_{6,9}&A_{6,5}&A_{6,8}&A_{6,2}&B_{6,2}&B_{6,3}\\A_{9,6}&A_{9,9}&A_{9,5}&A_{9,8}&A_{9,2}&B_{9,2}&B_{9,3}\\A_{5,6}&A_{5,9}&A_{5,5}&A_{5,8}&A_{5,2}&B_{5,2}&B_{5,3}\\A_{8,6}&A_{8,9}&A_{8,5}&A_{8,8}&A_{8,2}&B_{8,2}&B_{8,3}\\A_{2,6}&A_{2,9}&A_{2,5}&A_{2,8}&A_{2,2}&B_{2,2}&B_{2,3}\\-\dfrac{k^{\mathrm{A}}k_{\varphi}}{T_{\mathrm{A}}}&-\dfrac{k^{\mathrm{A}}k_{\dot{\varphi}}}{T_{\mathrm{A}}}&0&0&0&-\dfrac{1}{T_{\mathrm{A}}}&0\\0&0&0&0&0&0&-\dfrac{1}{T_{\delta}}\end{bmatrix}$$

$$\boldsymbol{B}_{\mathrm{ck2}}=[0\quad0\quad0\quad0\quad0\quad0\quad k^{\mathrm{A}}k_{\psi}/T_{\delta}]^{\mathrm{T}}$$

$$\boldsymbol{C}_{\mathrm{ck2}}=\begin{bmatrix}1&0&0&0&0&0&0\\0&1&0&0&0&0&0\end{bmatrix}$$

根据式（3.19）确定的设计要求，可以确定航向通道对应极点在 s 平面与动态指标相应的扇形区域，如图 3.27 所示。将在 3.3.2 节中设计好的倾斜通道控制参数 k_{φ}、$k_{\dot{\varphi}}$ 代入式（3.22），倾斜通道反馈连通而航向通道开环时，航向开环极点位于−0.0048±j1.8562，显然不在指标要求的扇形区域内。将航向通道极点配置在 $s_{1,2}=-1.3084\pm\mathrm{j}\,1.9725$（见图 3.27 中的

"△"），节点 15 相应参数平面中的映射点为 $k_{\psi}=2.1106$, $k_{\dot{\psi}}=1.2935$（见图 3.28 中的"△"）。

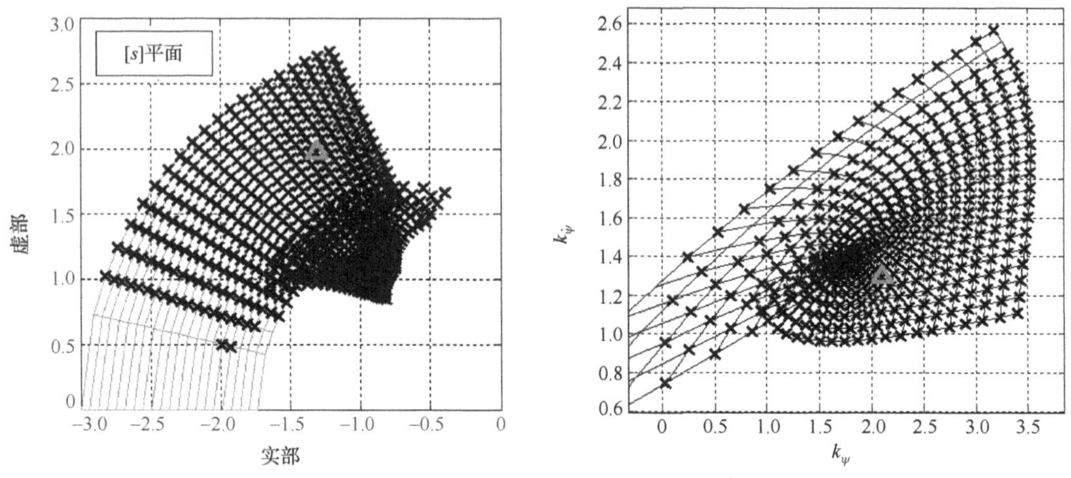

图 3.27 航向通道极点配置区域图

图 3.28 航向通道控制参数映像区域图

分别对 18 个前飞设计节点进行映射，可以得到各节点航向通道控制参数在参数空间中的分布图（见图 3.29）。

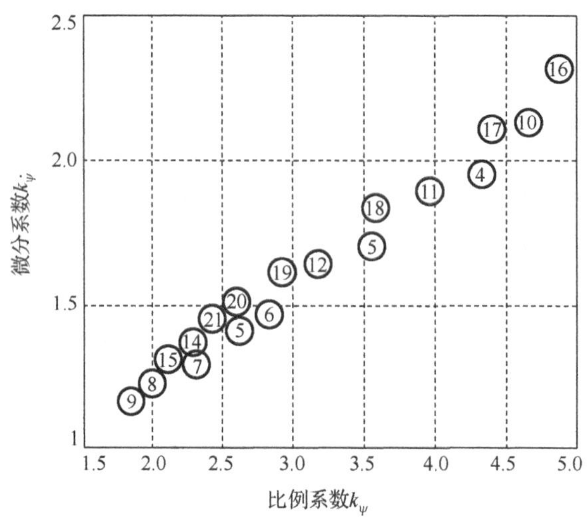

图 3.29 航向通道控制参数的分布情况

图 3.30 显示了航向控制参数在包线中的分布规律，可以作为全包线航向通道调参控制律的样本。

图 3.31 是倾斜角初始值 10° 时动态响应曲线；图 3.32 是给定 4° 航向角指令时的动态响应曲线。可以看出，系统的倾斜角、航向角各自都要达到稳定，相互之间存在交联影响。倾斜角动态响应的超调量为 37.4%，调节时间为 7.56s；航向角阶跃响应没有超调量，调节时间为 9.46s。

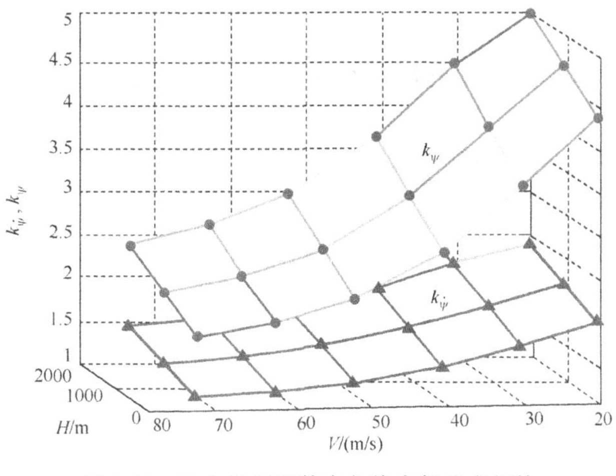

图 3.30　航向控制参数在包线中的分布规律

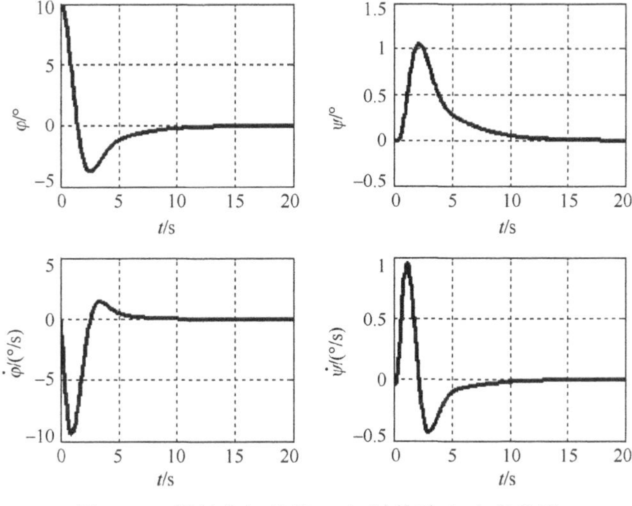

图 3.31　倾斜角初始值 10° 时的动态响应曲线

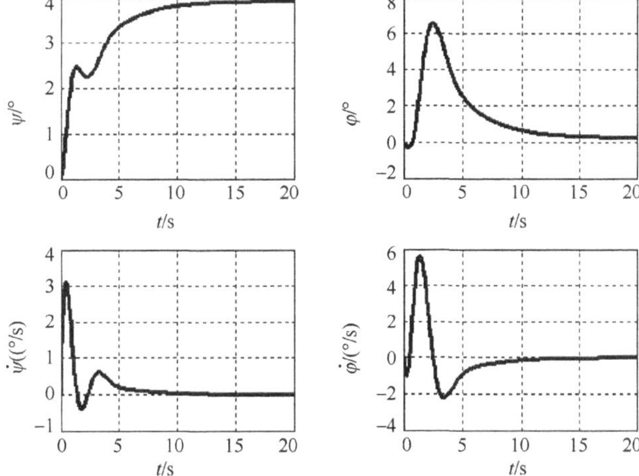

图 3.32　给定 4° 航向角指令时的动态响应曲线

3.4 协调转弯控制律设计

协调转弯是直升机自动驾驶仪必备的功能之一。直升机在进行转弯机动或导航飞行时，如果不能实现协调转弯，便会出现侧滑，从而使飞行阻力增大，乘坐品质变差。因此，合理设计相应的控制律实现协调转弯功能，具有重要的实际意义。

直升机的协调转弯功能是在飞机三轴姿态稳定基础上，利用航向和倾斜通道的协调配合来实现的。直升机协调转弯控制系统框图如图 3.33 所示；协调转弯控制律结构如图 3.33 中虚线框所示，其中 $\dot{v}$ 为侧向过载，k_{φ}^{δ}、$k_{\varphi p}^{\delta}$、$k_{\dot{v}}^{\delta}$、k_{v}^{δ} 为待定的协调转弯控制律参数。

在协调转弯过程中，驾驶员首先横向压杆，使飞机产生倾斜角，通过倾斜到航向交联通道的控制信号作用，使飞机产生匹配的航向角速度，实现协调转弯功能。

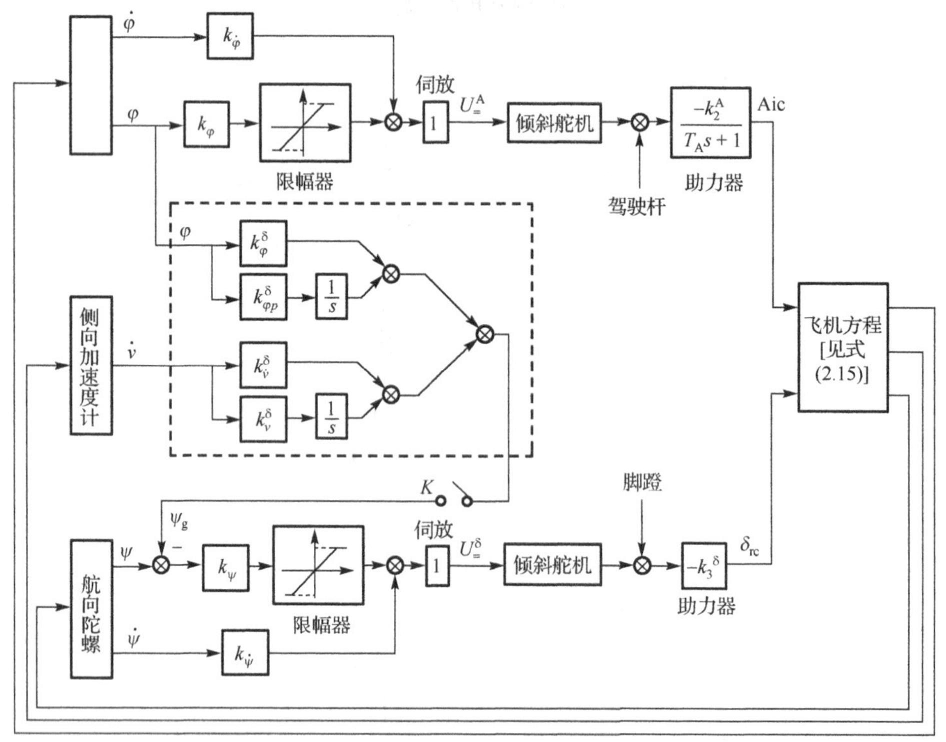

图 3.33 直升机协调转弯控制系统框图

设飞机在某一高度进行稳定的转弯飞行，转弯半径为 R，飞行速度为 V，相应的航向角速度（转弯角速度）为 $\dot{\psi}$（见图 3.34）。协调转弯要求飞机不出现侧向过载，即飞机上的物体本身的重力 mg 与其随飞机转弯产生的离心力 F_0 所构成的合力必须和机舱面垂直，如图 3.35 所示。

此时有

$$\tan\varphi = \frac{F_0}{mg} = \frac{m\dot{\psi}^2 R}{mg} = \frac{\dot{\psi}V}{g} \tag{3.23}$$

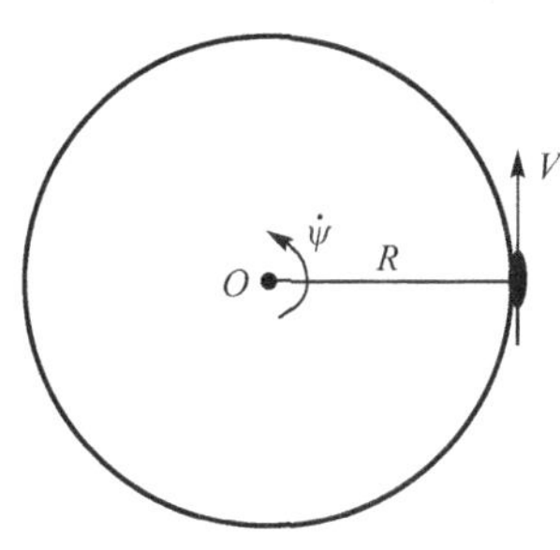

图 3.34 飞机转弯示意图

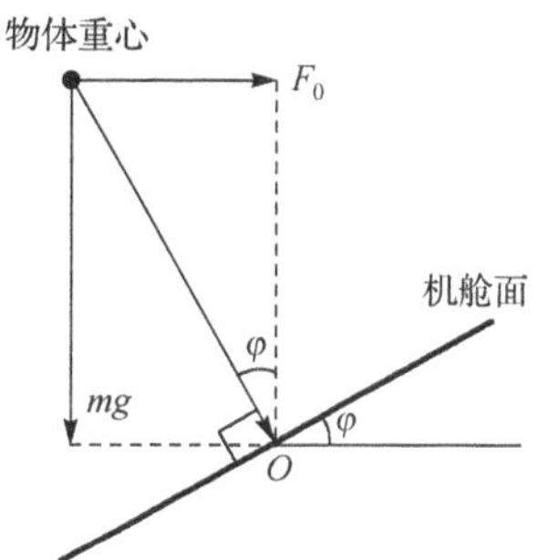

图 3.35 协调转弯时物体受力分析图

由于样例直升机为运输机，飞机转弯时的倾斜角限制在 25°范围内，因而近似有 $\tan\varphi \approx \varphi$，故可得出倾斜角到航向角的传递关系：

$$k_{\varphi}^{\delta} = \frac{\dot{\psi}}{\varphi} = \frac{g}{V} \tag{3.24}$$

式（3.24）就是飞机在稳定的协调转弯飞行过程中航向角速度与倾斜角应当满足的匹配关系。实际飞行中，当飞机从航向稳定状态进入转弯时，倾斜角是由飞行员通过压杆实现的，倾斜角大小要根据任务需要来控制，因此，航向角速度也要随之及时调整。直升机沿纵轴的转动惯量较小，因而倾斜运动比较迅速；沿法向轴的转动惯量大，所以飞机航向改变比较迟缓。这样就导致飞行员压杆后，飞机倾斜角反应较快，而航向角速度不能及时匹配，产生滞后现象，从而造成飞机内侧滑，达不到满意的协调效果。

为使飞机航向角速度能及时随变化中的倾斜角变化，达到及时协调转弯的目的，在协调转弯控制律中设计了 $k_{\varphi p}^{\delta} = \psi/\varphi$ 通道（见图 3.33），相当于引入了航向角速度的微分信号，起到了提前控制的作用，提高了航向角速度动态跟随倾斜角的能力。由此，可以在不同飞行状态下分别调整 $k_{\varphi p}^{\delta}$ 参数，使航向角速度对航向角阶跃输入（相当于转弯时的倾斜角）的响应尽量满意。

以节点 15 为例进行说明。在图 3.33 中，断开侧向加速度反馈通道，得到倾斜角 φ 到航向角速度 $\dot{\psi}$ 的仿真框图，如图 3.36 所示。

设定 $k_{\varphi}^{\delta} = g/V$，给定 φ 阶跃信号，调节 $k_{\varphi p}^{\delta}$ 参数，使航向角速度 $\dot{\psi}$ 有比较满意的动态响应过程，由此确定 $k_{\varphi p}^{\delta}$=0.14，相应的响应曲线如图 3.37 中的实线所示。相比 $k_{\varphi p}^{\delta} = 0$ 时的响应曲线（虚线），前者的航向角速度响应更迅速，有利于协调转弯功能的实现。

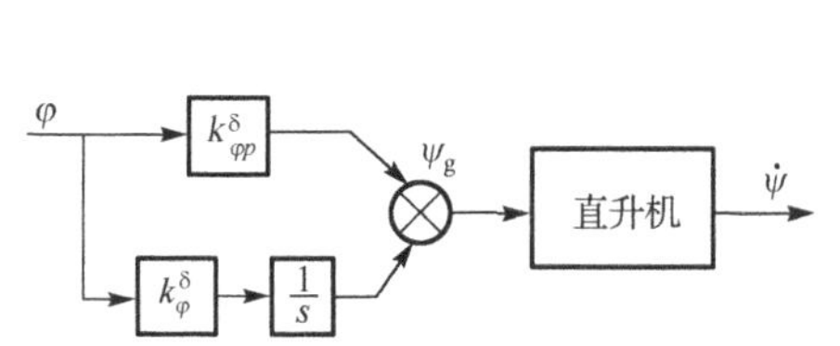

图 3.36 倾斜角 φ 到航向角速度 $\dot{\psi}$ 的仿真框图

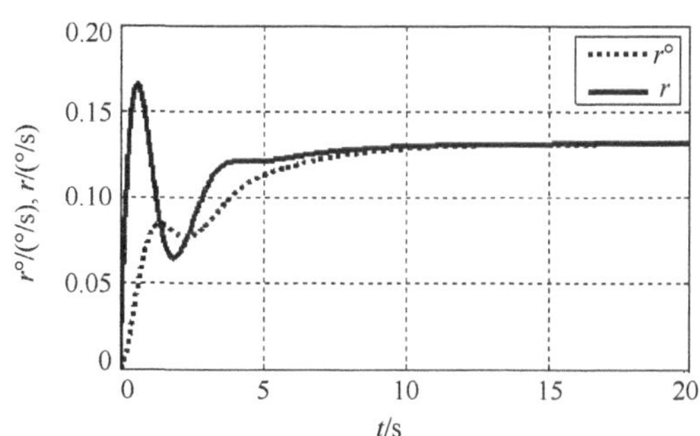

图 3.37 参数 $k_{\varphi p}^{\delta}$ 作用前后航向角速度的阶跃响应对比

同理可以确定不同节点下的 $k_{\varphi p}^{\delta}$ 参数。图 3.38 给出参数 $k_{\varphi p}^{\delta}$ 在包线中的分布情况。可以看出，随飞行速度减小，$k_{\varphi p}^{\delta}$ 的值相应增加。因为当速度减小时，相应匹配的航向角速度增大，需要航向通道响应更迅速一些。

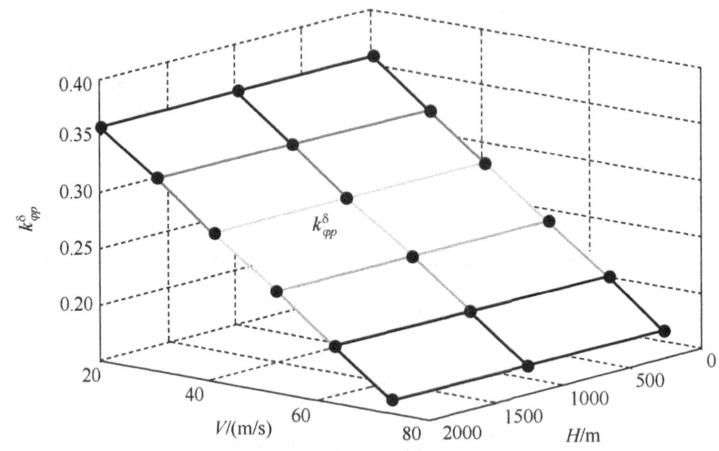

图 3.38 参数 $k_{\varphi p}^{\delta}$ 在包线中的分布情况

协调转弯要求在转弯时尽量减小（最好消除）侧向过载，在飞机机动飞行中，要让航向角速度在任何情况下都能随倾斜角及时变化是不现实的，出现侧向过载是情理之中的事。为了更有效地提高协调转弯控制的效果，将侧向加速度计输出信号引回来进行反馈，并采用比例— 积分控制，以抑制、消除机动飞行过程中实际产生的侧向过载，确定了协调转弯的控制律结构（见图 3.33 中虚线框内的部分）。

$$\psi_{\mathrm{g}} = k_{\varphi p}^{\delta}\varphi + k_{\varphi}^{\delta}\int \varphi \mathrm{d}t + k_{\dot{v}}^{\delta}\dot{v} + k_{v}^{\delta}\int \dot{v}\mathrm{d}t \tag{3.25}$$

由于协调转弯没有类似于纵向短周期运动的动态指标要求，不便直接利用参数空间映像方法进行参数设计。这里采用经典控制理论中的根轨迹校正方法确定式（3.25）中的比例系数 $k_{\dot{v}}^{\delta}$ 和积分系数 k_{v}^{δ}。

以节点 15 为例进行说明。根据图 3.33 中的直升机协调转弯控制系统框图，在倾斜角到航向角输入口的比例积分反馈通道接通的条件下，推出航向角输入口到航向角速度输出的传递函数：

$$G(s) = \frac{0.0649s(s+84.42)(s+1.211)(s+0.0110)(s^2+12.11s+64.68)}{(s+0.06381)(s+1.121)(s-0.01363)(s^2+4.57s+9.11)(s^2+11.77s+52.81)}$$

绘制纯积分控制时参数的根轨迹作为比较[见图 3.39（a）]。采用比例— 积分控制时，调整控制器引入的开环零点位置到 –2.22 处，使根轨迹有较好的性状。图 3.39（b）给出了侧向加速度反馈后参数的根轨迹图。

从根轨迹看，增大开环增益并不影响系统的稳定性，却有利于抑制侧向过载，所以适当加大增益是有利的。综合考虑各方面的约束，得到相应控制器的传递函数为

$$G_{\mathrm{c}}(s) = \frac{64.29(0.4545s+1)}{s}$$

由此确定出 $k_{\dot{v}}^{\delta} = 29.2$， $k_{v}^{\delta} = 64.29$。

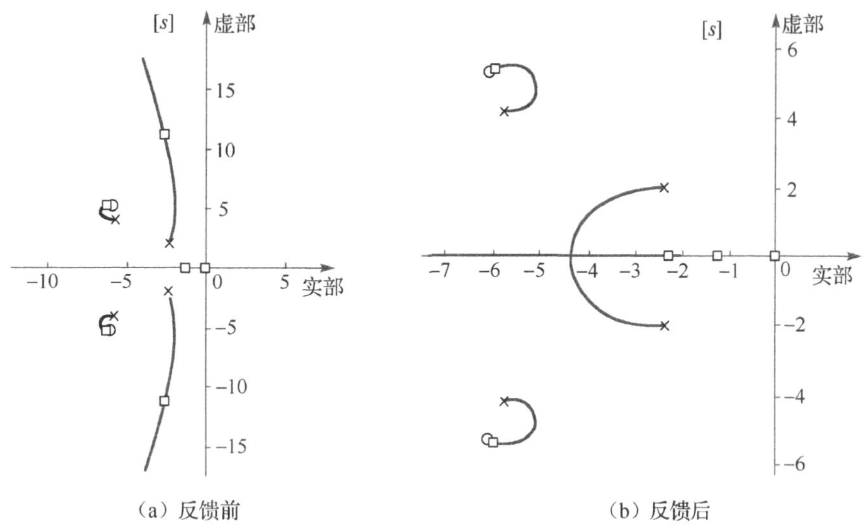

（a）反馈前　　（b）反馈后

图 3.39　确定侧向加速度反馈参数的根轨迹

图 3.40 给出了协调转弯过程中相关变量的动态响应曲线。由图 3.40 可以看出，飞机倾斜角在响应±20° 方波指令过程中，航向角速度能够及时跟随倾斜角的变化，相应的侧向过载始终没有超出 0.1m/s²，满足设计要求。

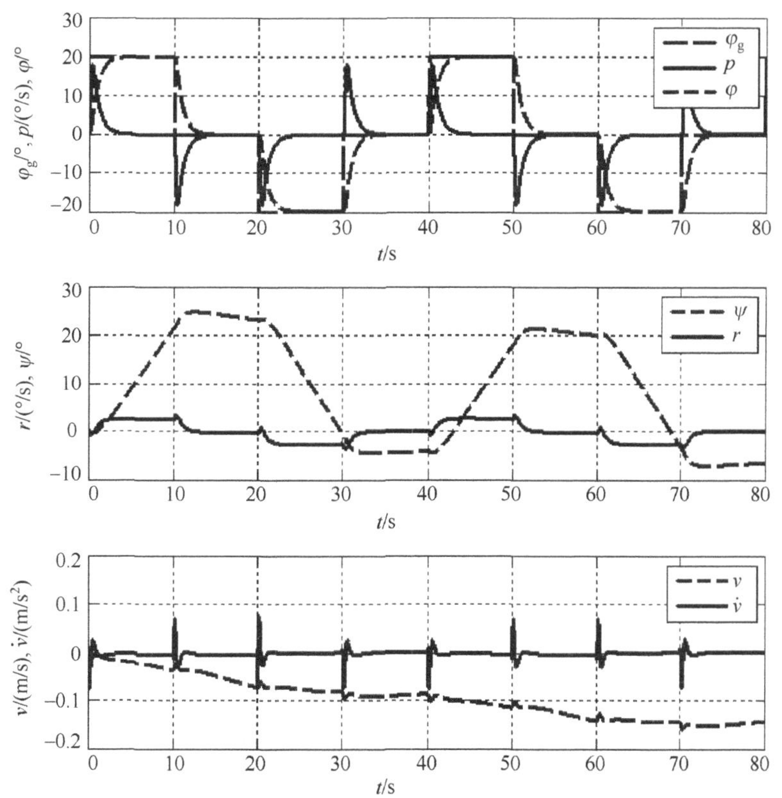

图 3.40　协调转弯过程中相关变量的动态响应曲线

同理，可以设计其他节点下协调转弯控制律中的 $k_{\dot{v}}^{\delta}$、k_{v}^{δ} 参数。图 3.41 给出了参数 $k_{\dot{v}}^{\delta}$、k_{v}^{δ} 在包线中的分布情况。

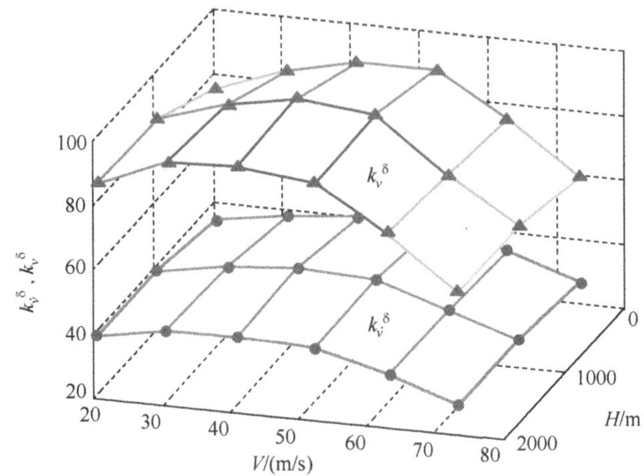

图 3.41　参数 $k_{\dot{v}}^{\delta}$、k_{v}^{δ} 在包线中的分布情况

应当注意，在式（3.24）中，当飞行速度 V 很小时，k_{φ}^{δ} 值会很大。受飞机最大航向角速度的限制，应当限定进入协调转弯模式的最小飞行速度（如 V>20m/s）。

3.5　悬停控制律设计

悬停是直升机的一种特殊飞行模式，具有重要的使用价值（如吊装、救援、投放、速降等）。悬停状态下，直升机纵向、横侧向耦合严重，自然稳定性很差，需要借助驾驶仪改善其稳定性和操纵性。

3.5.1　俯仰通道控制参数设计

悬停状态下的俯仰通道结构图及相应的状态方程与前飞状态下的相同，可以直接利用 3.2.2 节的方法进行参数设计。以节点 1（H=0m，V=0m/s）为例进行计算，此时系统状态方程式（2.13）中的系统矩阵 $\boldsymbol{A}$、输入矩阵 $\boldsymbol{B}$ 分别为

$$\boldsymbol{A}=\begin{bmatrix} -0.0007 & 0.0036 & 0.0025 & -9.7850 & -0.0154 & -0.5986 & 0.0330 & -0.2334 & -0.0422 \\ 0.0074 & 0.0106 & -0.0013 & 0.0000 & 9.7882 & 0.2525 & -0.2581 & -0.0076 & -0.1234 \\ 0.0001 & -0.0010 & -0.0950 & -0.2524 & 0.5983 & 0.0 & -0.0124 & -0.0121 & -0.0006 \\ 0.0 & 0.0 & 0.0 & 0.0 & 0.0 & 0.0 & 1.0 & 0.0 & 0.0 \\ 0.0 & 0.0 & 0.0 & 0.0 & 0.0 & 0.0 & 0.0 & 1.0 & 0.0 \\ 0.0 & 0.0 & 0.0 & 0.0 & 0.0 & 0.0 & 0.0 & 0.0 & 1.0 \\ 0.0041 & 0.0032 & -0.0015 & 0.0001 & -0.0001 & 0.0 & -0.1703 & 0.1413 & 0.0079 \\ 0.0169 & -0.0143 & -0.0017 & -0.0000 & 0.0001 & 0.0 & -0.8479 & -0.9621 & -0.1257 \\ 0.0010 & -0.0136 & 0.0036 & -0.0000 & 0.0000 & 0.0 & -0.0548 & -0.0925 & 0.0550 \end{bmatrix}$$

$$
\boldsymbol{B}=\begin{bmatrix}
-0.0000 & 0.0000 & 0.0000 & 0.0345 \\
0.0000 & 0.1249 & -0.2007 & -0.0189 \\
0.0015 & -0.0018 & 0.0000 & -1.3364 \\
0.0 & 0.0 & 0.0 & 0.0 \\
0.0 & 0.0 & 0.0 & 0.0 \\
0.0 & 0.0 & 0.0 & 0.0 \\
-0.0301 & -0.0010 & -0.0046 & -0.0174 \\
-0.0036 & 0.2900 & -0.1575 & -0.0097 \\
-0.0122 & 0.0186 & 0.2337 & 0.0937
\end{bmatrix}
$$

纵向运动状态方程式（2.14）中的系统矩阵 $\boldsymbol{A}_z$ 和输入矩阵 $\boldsymbol{B}_z$ 分别为

$$
\boldsymbol{A}_z=\begin{bmatrix}
-0.0007 & 0.0025 & -9.7850 & 0.0330 \\
0.0001 & -0.0950 & -0.2524 & -0.0124 \\
0.0 & 0.0 & 0.0 & 1.0 \\
0.0041 & -0.0015 & 0.0001 & -0.1703
\end{bmatrix}
$$

$$
\boldsymbol{B}_z=\begin{bmatrix}
-0.0000 & 0.0345 \\
0.0015 & -1.3364 \\
0.0 & 0.0 \\
-0.0301 & -0.0174
\end{bmatrix}
$$

开环时飞机的短周期极点 $s_{1,2}=0.1195\ \pm \mathrm{j}\,0.2887$，俯仰通道不稳定。

参照前飞状态下俯仰控制通道的设计要求，用参数映像方法确定俯仰通道控制参数。图 3.42 和图 3.43 分别给出了短周期极点区域Γ及反馈参数区域 k。显然开环短周期极点不在要求的范围之内。将悬停状态下的短周期极点配置在 $s_{1,2}=-0.9032\pm \mathrm{j}1.4166$，对应的俯仰控制参数为 $k_{\vartheta}=-6.9073, k_{\dot{\vartheta}}=-4.6677$。图 3.44 是不同高度的三个悬停节点下俯仰参数的分布情况。与前飞状态下的参数相比，悬停状态下的参数幅值更大，因此悬停状态需要较强的反馈来保证俯仰通道的稳定性及相应的性能。

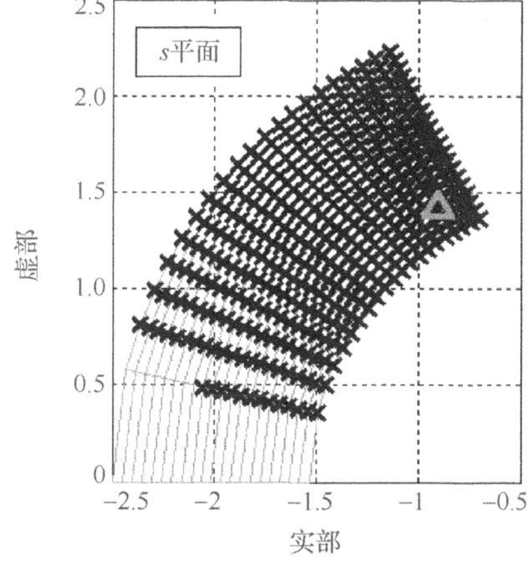

图 3.42　短周期极点区域Γ

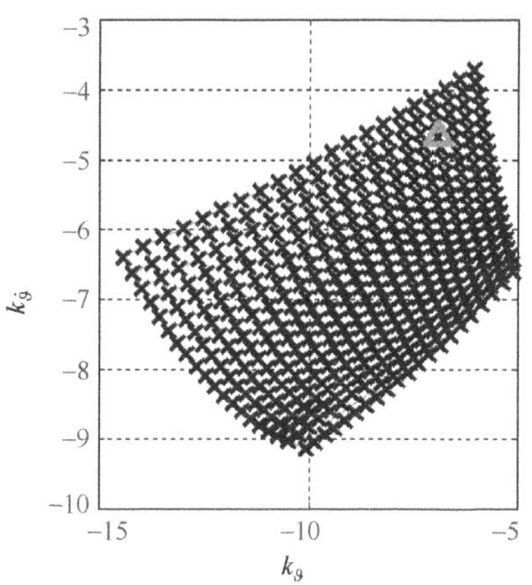

图 3.43　反馈参数区域 K

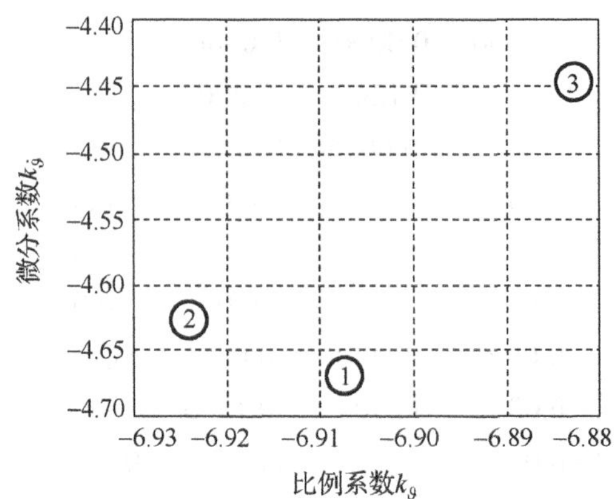

图 3.44　不同高度的三个悬停节点下俯仰参数的分布情况

图 3.45 是悬停状态下的俯仰角及有关变量动态响应曲线。由图 3.45 可以看出，系统开环响应是发散的；闭环系统俯仰角响应的超调量为 4.2%，调节时间为 1.5s，满足设计要求。

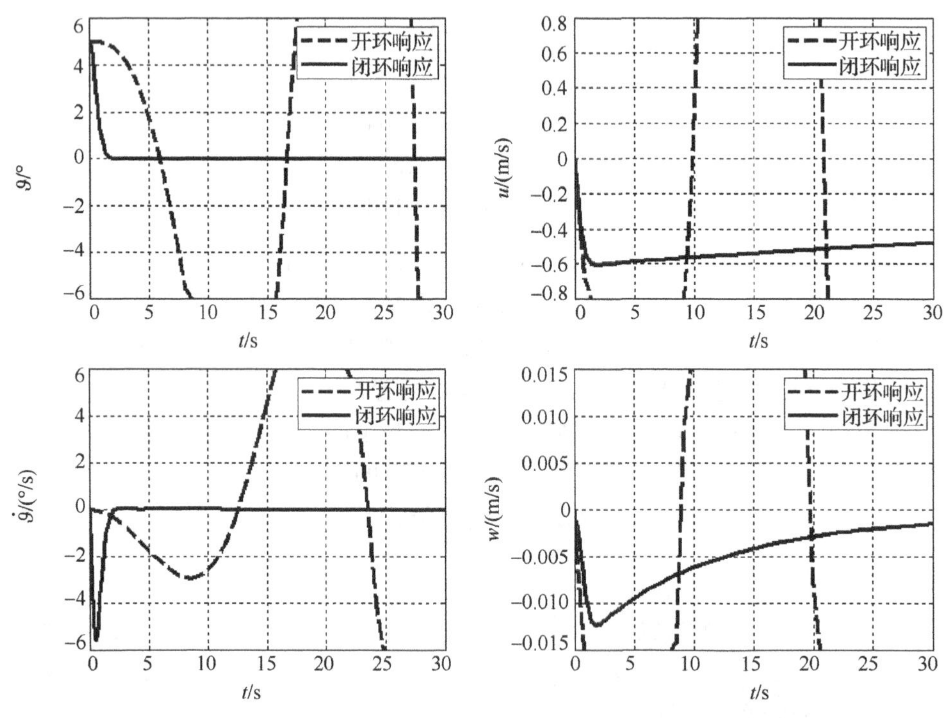

图 3.45　悬停状态下的俯仰角及有关变量动态响应曲线

3.5.2　倾斜通道控制参数设计

悬停状态下的横侧向通道结构图与前飞状态下的横侧向通道结构图相同（见图 3.22），状态方程形式同式（3.17），可利用 3.3.2 节的方法设计倾斜通道的控制参数。取节点 1 进行计算，此时横侧向系统状态方程的系统矩阵 $\boldsymbol{A}_{\mathrm{c}}$ 和输入矩阵 $\boldsymbol{B}_{\mathrm{c}}$ 分别为

$$
\boldsymbol{A}_{\mathrm{c}}=\begin{bmatrix} 0.0106 & 9.7882 & 0.2525 & -0.0076 & -0.1234 \\ 0.0 & 0.0 & 0.0 & 1.0 & 0.0 \\ 0.0 & 0.0 & 0.0 & 0.0 & 1.0 \\ -0.0143 & 0.0001 & 0.0 & -0.9621 & -0.1257 \\ -0.0136 & 0.0000 & 0.0 & -0.0925 & 0.0550 \end{bmatrix}
$$

$$
\boldsymbol{B}_{\mathrm{c}}=\begin{bmatrix} 0.1249 & -0.2007 \\ 0.0 & 0.0 \\ 0.0 & 0.0 \\ 0.2900 & -0.1575 \\ 0.0186 & 0.2337 \end{bmatrix}
$$

当倾斜通道开环时，航向通道用标称参数反馈，倾斜通道极点位于 $s_{1,2}=0.0866\pm \mathrm{j}0.4345$，系统不稳定。

用参数空间映射方法确定倾斜通道的控制参数。图 3.46 和图 3.47 分别给出了倾斜通道极点配置区域Γ及反馈参数映射区域 K_Γ。将极点配置在 $s_{1,2}=-1.6643\pm \mathrm{j}1.2674$，对应的参数为 $k_\varphi=1.1798$、$k_{\dot\varphi}=0.6549$。图 3.48 是不同高度的三个悬停状态下倾斜参数的分布情况。与前飞状态下的参数相比，悬停节点下的倾斜阻尼系数值要大许多，这在情理之中。

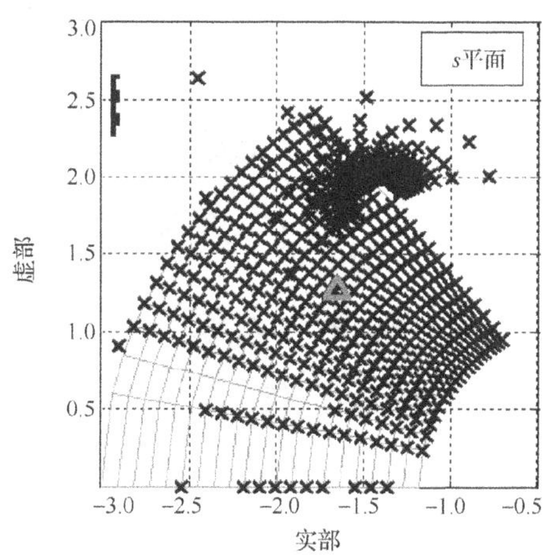

图 3.46 倾斜通道极点配置区域Γ

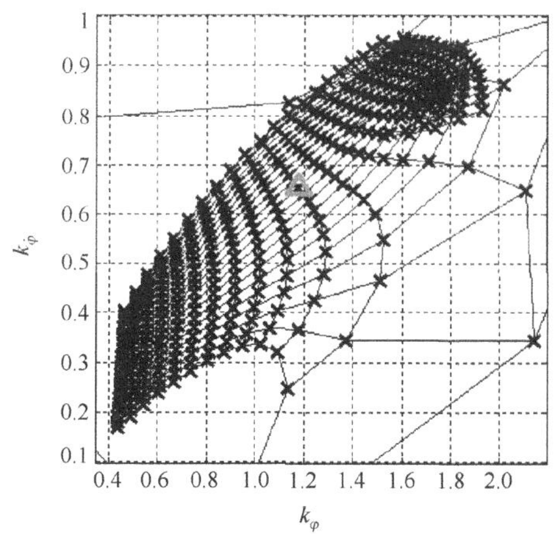

图 3.47 反馈参数映射区域 K_Γ

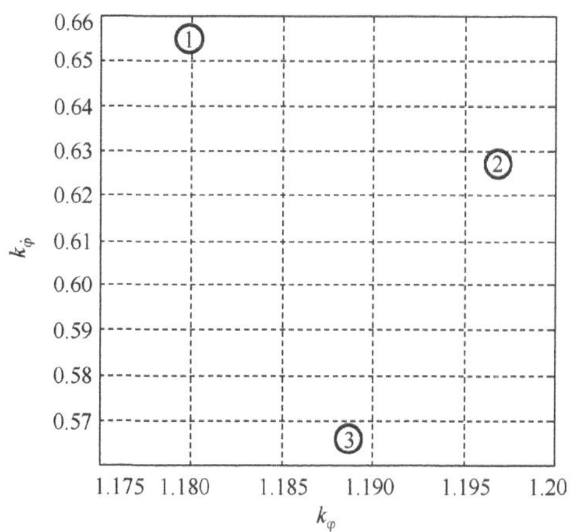

图 3.48 不同高度的三个悬停状态下倾斜参数的分布情况

3.5.3 航向通道控制参数设计

在悬停状态下，航向通道状态方程可以参考式（3.22），也可以参照 3.3.3 节的方法进行航向控制参数设计。

仍以节点 1 为例，倾斜通道用 3.5.2 节确定的参数 $k_{\varphi}=1.1798$、$k_{\dot{\varphi}}=0.6549$ 进行反馈，航向通道开环，此时航向极点位于 $s_{3,4}=0.0726\pm \mathrm{j}0.1059$，航向开环不稳定。

参照前飞时航向通道的设计要求，确定控制参数 k_{ψ}、$k_{\dot{\psi}}$。图 3.49 和图 3.50 分别给出了航向通道极点配置区域Γ及反馈参数映射区域K_{Γ}。将极点配置在 $s_{1,2}=-1.3084\ \pm \mathrm{j}\ 1.9725$，对应的参数为 $k_{\psi}=3.6904$、$k_{\dot{\psi}}=2.0555$。图 3.51 是不同高度的三个悬停节点下航向参数的分布情况。与前飞状态下的参数相比，悬停状态下的控制参数绝对值要更大些。

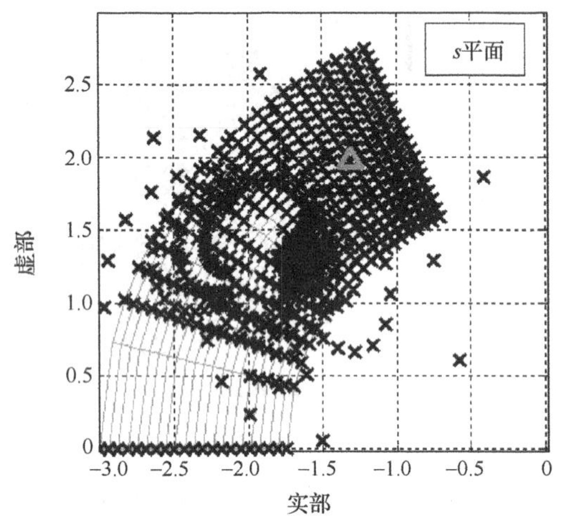

图 3.49　航向极点配置区域Γ

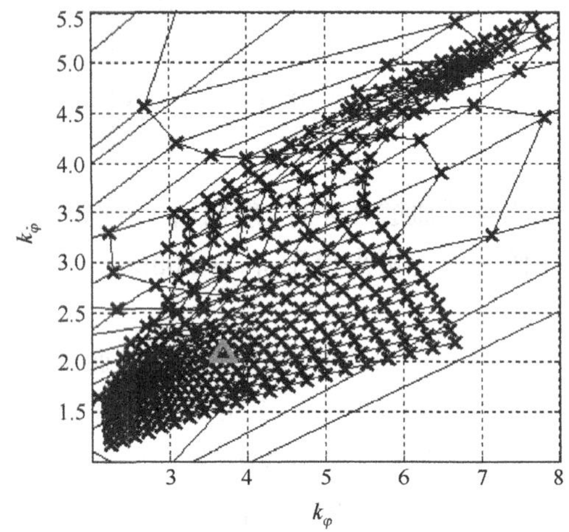

图 3.50　反馈参数映射区域 K_{Γ}

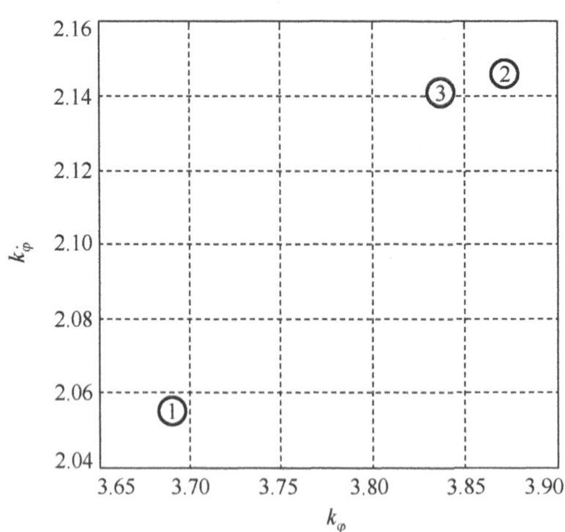

图 3.51　不同高度的三个悬停节点下航向参数的分布情况

图 3.52 是悬停状态下倾斜角及有关变量动态响应。由图 3.52 可以确定，倾斜角响应的超调量为 5%，调节时间为 2.4s。

图 3.53 是悬停状态下航向角及有关变量动态响应。由图 3.53 可以确定，航向角响应的超调量为 11.75%，调节时间为 2.42s，满足设计要求。

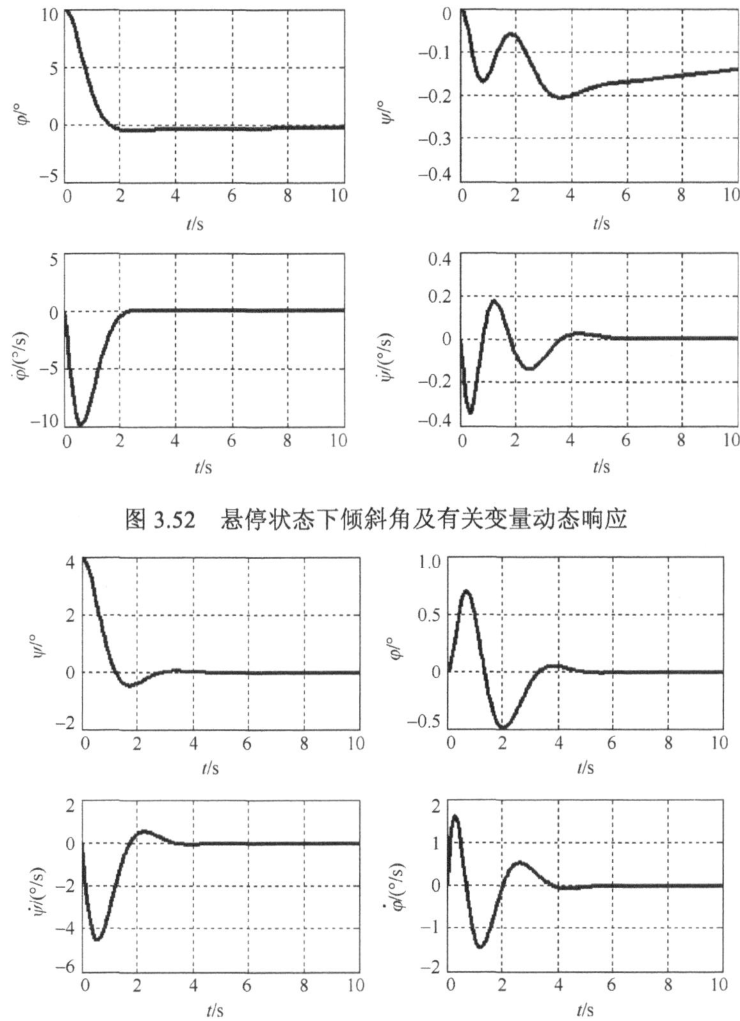

图 3.52　悬停状态下倾斜角及有关变量动态响应

图 3.53　悬停状态下航向角及有关变量动态响应

3.5.4　速度通道控制参数设计

悬停状态下的速度控制回路与前飞状态下的速度控制回路相同，控制律及参数的设计思路也类似，只是此时的控制目的在于利用多普勒地速信号使飞机定位于地面某一位置。悬停时的速度控制通道分为纵向地速和侧向地速两路，以下分别叙述纵向地速控制律参数设计和侧向地速控制律参数设计。

1. 纵向地速控制律参数设计

纵向地速控制回路在俯仰控制回路基础上构造。为了满足悬停的需要，纵向地速控制系统采用 PI（减小、消除跟踪误差）控制方式，与前飞状态下的结构相同（见图 3.10）。将变量（纵向位移）$x=\int u\mathrm{d}t$ 扩充到状态向量中，直接利用前飞状态下速度控制系统开环状态方程式（3.9）的形式进行设计。

以节点 1 为例进行计算。当速度开环时，长周期极点是两个小的单实根（$s_3=-0.0451$, $s_4=-0.0943$），相应模态是缓慢的单调收敛过程。

参照前飞状态下的速度响应设计要求，将长周期极点配置成 s 平面扇形区域Γ（$\omega_{\min}=0.1,\ \omega_{\max}=0.2,\ 0.69<\xi<1$）中的一对共轭复极点 $s_{3,4}=-0.1368\ \pm$ j0.0830（见图 3.54 中的"△"）。利用定理 3.4，确定相应的反馈控制参数 k_x=0.0021、k_u=0.0227（见图 3.55 中的"△"）。图 3.56 是不同高度悬停节点下纵向地速参数的分布情况。

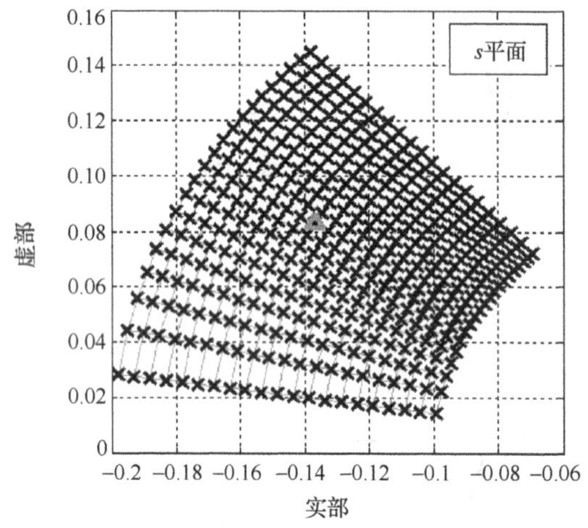

图 3.54　纵向地速极点配置区域Γ

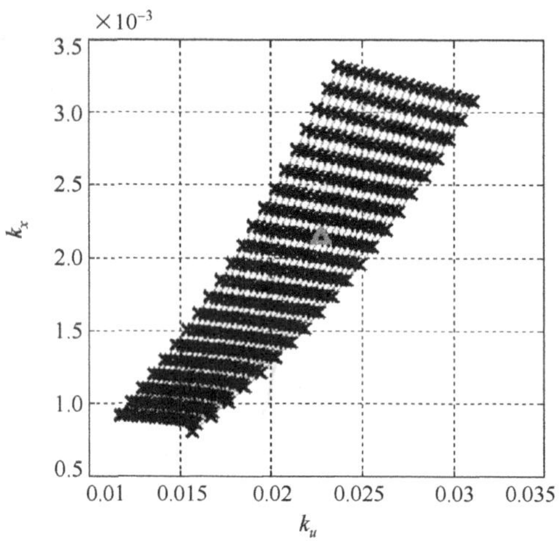

图 3.55　纵向地速参数映射区域 K_Γ

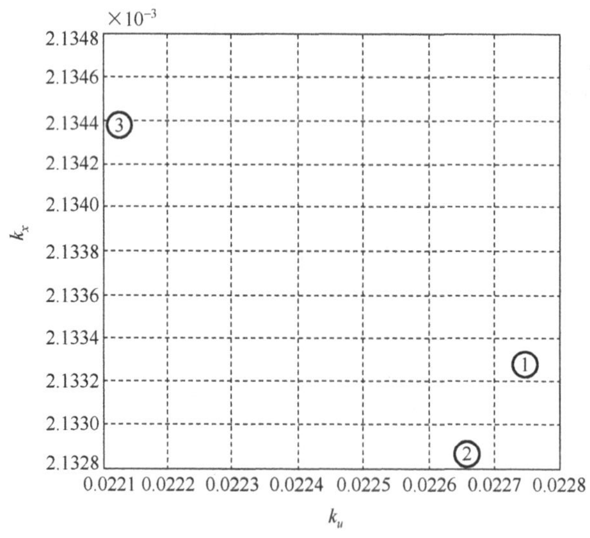

图 3.56　不同高度悬停节点下纵向地速参数的分布情况

给定初始纵向地速 5m/s，看飞机的自由响应。图 3.57 给出了悬停状态下的纵向地速的响应曲线，可以看出，当响应开始时，受初始纵向速度影响，飞机开始向前移动，6.68s 时达到最大偏离位置 15.8m 处，之后向回修正，40s 时基本回到起始位置。纵向地速调节时间为 28.86s，超调量为 25.1%，进入稳态后速度偏差为 0，满足设计要求（速度误差小于

2.5m/s）。图 3.57 中还给出了相应俯仰角和俯仰角速度的动态响应曲线，可见，随纵向地速的稳定，飞机俯仰角也回到了平衡位置。

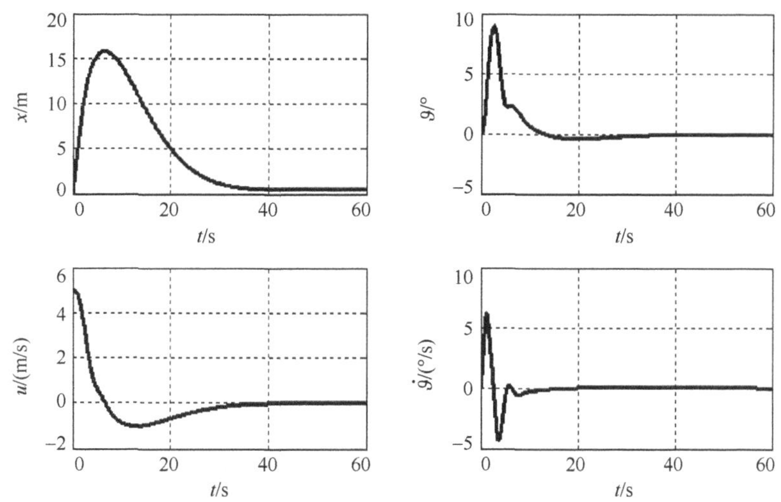

图 3.57　悬停状态下的纵向地速的响应曲线

2. 侧向地速控制律参数设计

侧向地速控制系统在横侧向控制回路基础上构造。与纵向地速控制系统类似，采用 PI 控制方式，侧向地速控制系统结构图如图 3.58 所示。

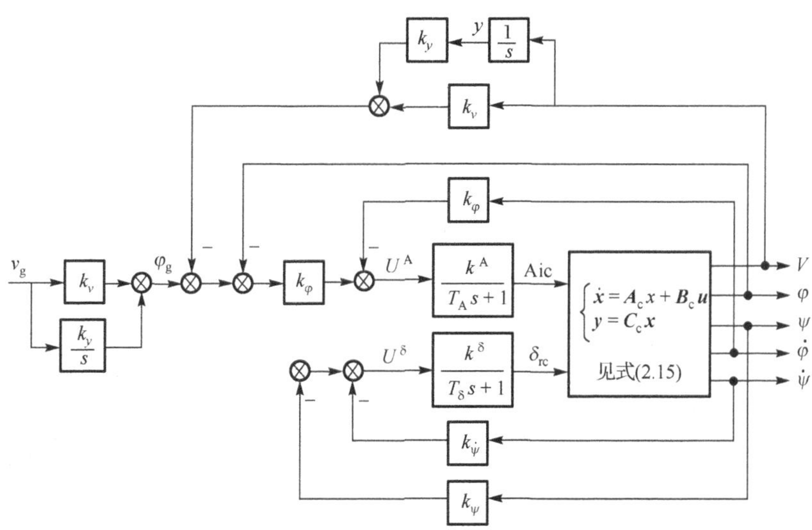

图 3.58　侧向地速控制系统结构图

将侧向位移 $y=\int v\mathrm{d}t$ 扩充到状态向量中，根据图 3.58 可以导出侧向地速控制系统的开环状态方程式：

$$\begin{cases}\dot{\boldsymbol{x}}=\boldsymbol{A}_{\mathrm{ck3}}\boldsymbol{x}+\boldsymbol{B}_{\mathrm{ck3}}\boldsymbol{u}\\ \boldsymbol{y}=\boldsymbol{C}_{\mathrm{ck3}}\boldsymbol{x}\end{cases}\tag{3.26}$$

式中

$$\boldsymbol{x}=[y \quad v \quad \varphi \quad \psi \quad \dot{\varphi} \quad \dot{\psi} \quad \delta_{\mathrm{rc}} \quad \mathrm{Aic}]^{\mathrm{T}} \qquad \boldsymbol{u}=[v_{\mathrm{g}}]=[\varphi_{\mathrm{g}}]=0$$

$$\boldsymbol{A}_{\mathrm{ck3}}=\begin{bmatrix} 0 & 1 & 0 & 0 & 0 & 0 & 0 & 0 \\ 0 & A_{2,2} & A_{2,5} & A_{2,6} & A_{2,8} & A_{2,9} & B_{2,3} & B_{2,2} \\ 0 & A_{5,2} & A_{5,5} & A_{5,6} & A_{5,8} & A_{5,9} & B_{5,3} & B_{5,2} \\ 0 & A_{6,2} & A_{6,5} & A_{6,6} & A_{6,8} & A_{6,9} & B_{6,3} & B_{6,2} \\ 0 & A_{8,2} & A_{8,5} & A_{8,6} & A_{8,8} & A_{8,9} & B_{8,3} & B_{8,2} \\ 0 & A_{9,2} & A_{9,5} & A_{9,6} & A_{9,8} & A_{9,9} & B_{9,3} & B_{9,2} \\ 0 & 0 & 0 & -\dfrac{k^{\delta}k_{\psi}}{T_{\delta}} & 0 & -\dfrac{k^{\delta}k_{\dot{\psi}}}{T_{\delta}} & -\dfrac{1}{T_{\delta}} & 0 \\ 0 & 0 & -\dfrac{k^{\mathrm{A}}k_{\varphi}}{T_{\mathrm{A}}} & 0 & -\dfrac{k^{\mathrm{A}}k_{\dot{\varphi}}}{T_{\mathrm{A}}} & 0 & 0 & -\dfrac{1}{T_{\mathrm{A}}} \end{bmatrix}$$

$$\boldsymbol{B}_{\mathrm{ck3}}=[0 \quad 0 \quad 0 \quad 0 \quad 0 \quad 0 \quad 0 \quad k^{\mathrm{A}}k_{\varphi}/T_{\mathrm{A}}]^{\mathrm{T}}$$

$$\boldsymbol{C}_{\mathrm{ck3}}=\begin{bmatrix} 1 & 0 & 0 & 0 & 0 & 0 & 0 & 0 \\ 0 & 1 & 0 & 0 & 0 & 0 & 0 & 0 \end{bmatrix}$$

侧向通道开环时，飞机的侧向速度极点位于 $s_3=-0.1150$，侧向位移处于随遇平衡状态。

参照前飞状态下速度响应的设计要求，侧向地速极点配置区域$\varGamma$如图 3.59 所示。将侧向地速相应的两个极点置于图 3.59 扇形区域中的合适位置，利用定理 3.4 可以确定反馈参数向量 $\boldsymbol{K}_{\mathrm{a}}=[k_y \quad k_v]$ 和系统另外 6 个闭环极点。

以节点 1（H=0m，V=0m/s）为例进行计算。将侧向地速相应的两个极点配置于 $s_{1,2}=-0.0790\pm \mathrm{j}0.0729$（见图 3.59 中的“△”），相应参数平面中的映射点为 $k_y=0.00104$，$k_v=0.01048$（见图 3.60 中的“△”）。

分别在 3 个悬停设计节点下进行映射，可以得到各节点侧向地速控制参数在参数空间中的分布情况，如图 3.61 所示。

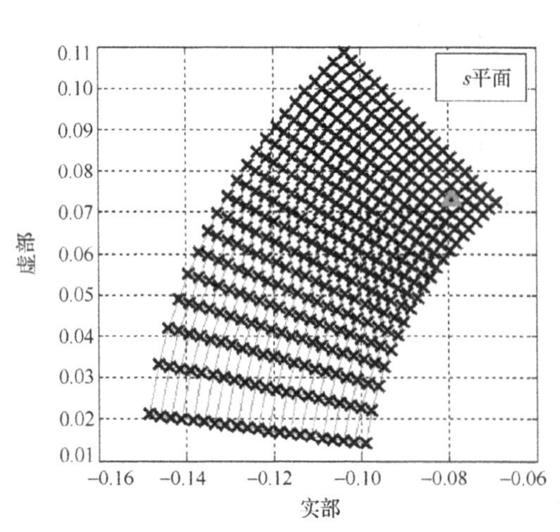

图 3.59　侧向地速极点配置区域$\varGamma$

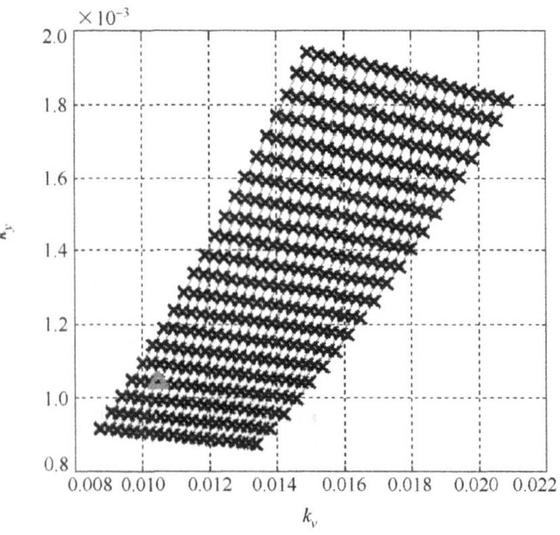

图 3.60　侧向地速控制参数映射区域

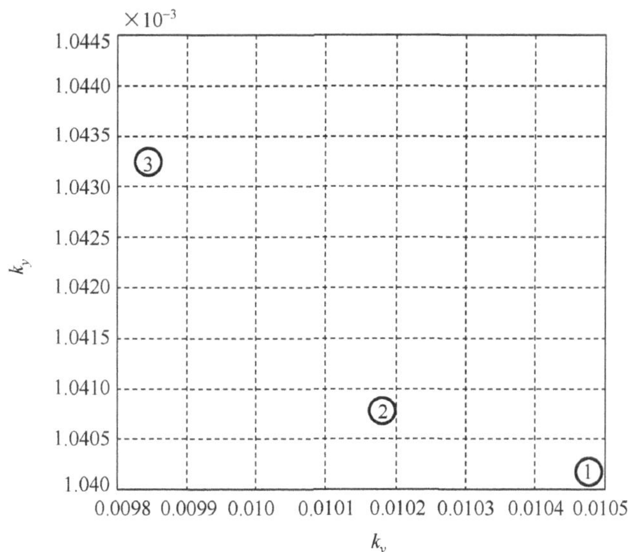

图 3.61　侧向地速控制参数分布情况

给定初始侧向地速 5m/s，看飞机的自由响应。图 3.62 给出了悬停状态下的侧向速度响应曲线，可以看出，当响应开始时，受初始侧向速度影响，飞机开始向右偏离，10.4s 时达到最大偏离位置 23.55m 处，之后向回修正，41s 时基本回到起始位置。侧向地速调节时间为 41.3s，超调量为 22.56%，进入稳态后速度偏差为 0，满足设计要求（速度误差小于 2.5m/s）。

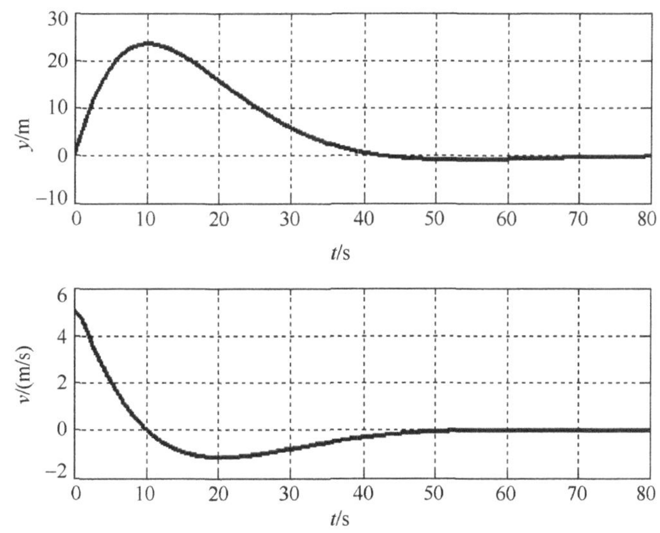

图 3.62　悬停状态下的侧向速度响应曲线

图 3.63 是相应的倾斜角、倾斜角速度和航向角、航向角速度动态响应曲线，可见，侧向速度响应结束后，飞机的倾斜角和航向角均回到了平衡位置。

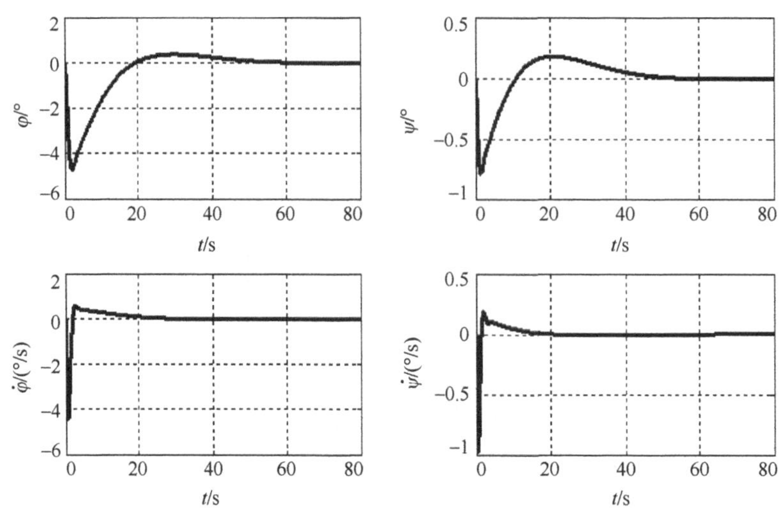

图 3.63 相应的倾斜角、倾斜角速度和航向角、航向角速度动态响应曲线

3.5.5 高度通道控制参数设计

悬停时的高度控制系统结构图与前飞时的高度控制系统结构图一致，可直接利用 3.2.4 节前飞状态下高度控制系统的状态方程和设计方法确定悬停时的高度稳定控制参数。

以节点 1 为例进行计算。当高度通道开环时，飞机高度处于随遇平衡状态。

根据高度通道设计要求，取高度响应的超调量 $\sigma\%=5\%$，调节时间 $t_s=25\text{s}$。相应高度模态复极点在 s 平面扇形区域 Γ 的边界参数设定为 $\omega_{\min}=0.2$, $\omega_{\max}=0.35$, $0.7<\xi<0.96$，将复极点配置在 $s_{1,2}=-0.1896\pm \mathrm{j}0.1013$（见图 3.64 中的“△”），将另一个实极点配置在 $s_3=-0.003$ 处，利用式（3.4）可以得到在参数空间的相应映射区域 K_Γ，以及与所配置极点对应的参数（$k_{ih}=-0.00875$, $k_h=-0.29875$, $k_{\dot{h}}=1.8125$），如图 3.65 中的“△”所示。图 3.66 给出了高度控制参数的分布情况。

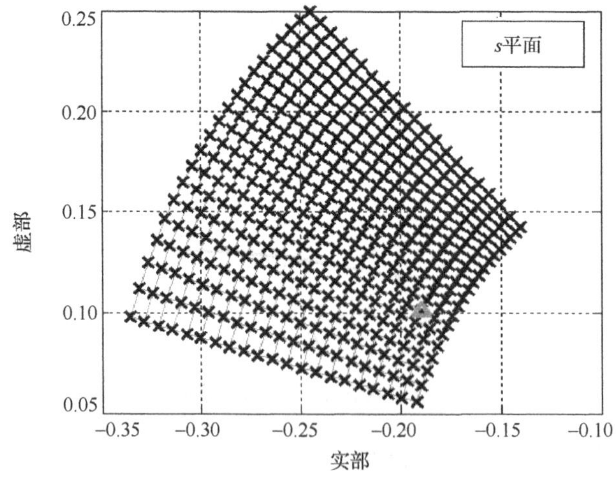

图 3.64 高度复极点配置区域

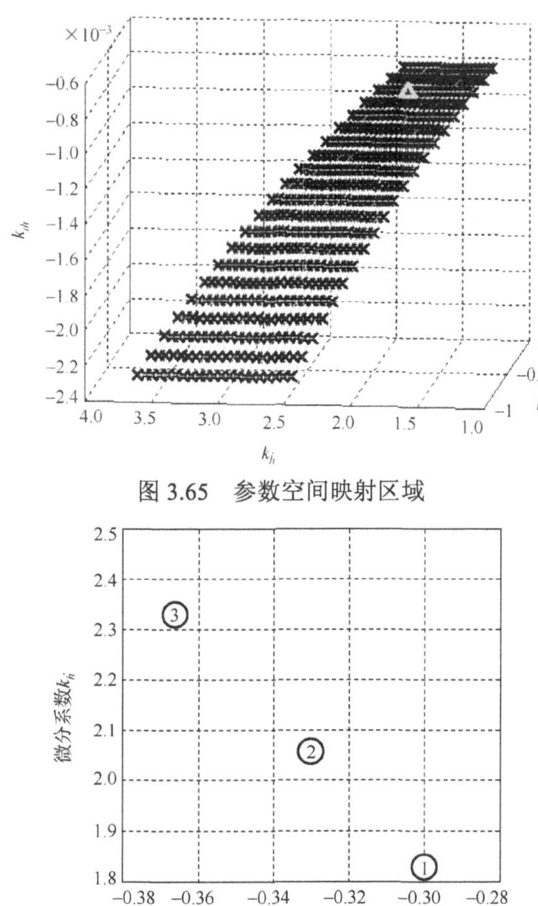

图 3.65　参数空间映射区域

图 3.66　高度控制参数的分布情况

在节点 1 下进行仿真，给定高度指令 $h_g=10\text{m}$，图 3.67 给出了 $h_g=10\text{m}$ 时的高度及有关变量的动态响应曲线。高度响应的超调量为 2.27%，调节时间为 23.66s，误差小于 0.8m；在高度稳定时，俯仰角同时回到平衡位置，满足设计要求。

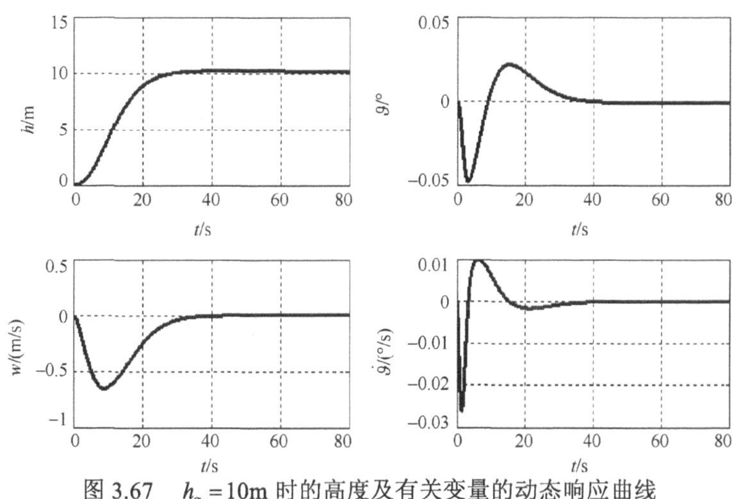

图 3.67　$h_g=10\text{m}$ 时的高度及有关变量的动态响应曲线

给定初始法向速度 $w_0=5\text{m/s}$，图 3.68 给出了 $w_0=5\text{m/s}$ 时的高度及有关变量的动态响应曲线。受初始法向速度影响，飞机高度开始向下偏离，在 3.52s 时达到最大偏离(−8.37m)，之后向上调节，经过一次波动，25s 时基本回到平衡位置，俯仰角随之逐渐回零。

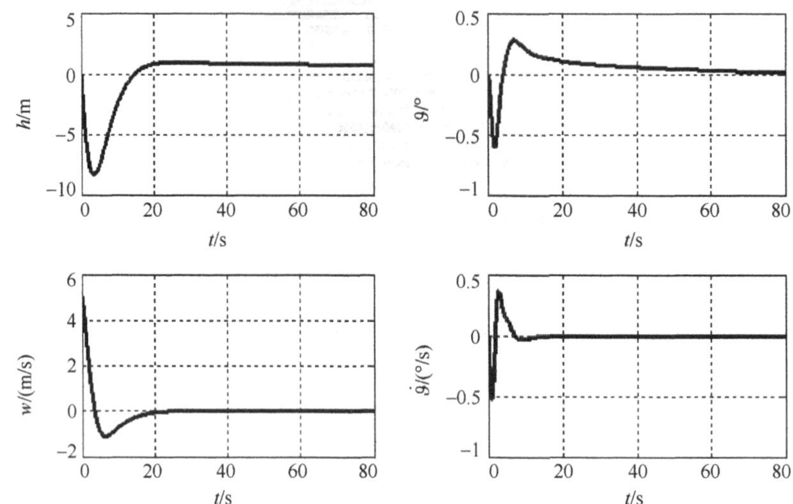

图 3.68 $w_0=5\text{m/s}$ 时的高度及有关变量的动态响应曲线

本 章 小 结

本章运用参数鲁棒设计方法设计了直升机控制系统的增稳控制律。在给定控制系统设计要求的基础上，分别设计纵向、横侧向各子系统的控制器。根据指标要求进行参数空间映射，确定控制参数的可用集合，以各节点控制参数作为包线内的调参样本。在此过程中，设计者可以根据具体情况在可用参数集合中进行设计，保证系统的稳定性，确定希望的动态品质。另外，本章还基于协调转弯机理分析，设计了协调转弯控制律。

参 考 文 献

[1] J Ackermann. Parameter Space Design of Robust Control Systems[J]. IEEE Trans，on Automatic Control，1980.

[2] J Ackermann. Design of Robust Control Systems[M]. Berlin: Springer，1983.

[3] S G Wang. Robust Pole Clustering in A Good Ride Quality Region of Aircraft for Structured Uncertain Matrices[C]. Proc. of 14th World Congress of IFAC，1999，277-282.

[4] 张家明. 直升机变结构控制律设计及仿真[D]. 西安，西北工业大学，2009.

[5] 卢京潮，陈伟，詹漫漫. 直升机纵向系统鲁棒滑模控制律设计[J]. 西北工业大学学报，2012，(2)：269-273.

[6] 张庆灵，朱宝彦等. T-S 模糊广义系统的分析与控制[M]. 北京：国防工业出版社出版，2011.

[7] 吴森堂，费玉华. 飞行控制系统[M]. 北京：北京航空航天大学出版社，2005.

[8] 栗英杰，赵丁选，赵颖. 直升机飞行动力学建模及仿真[J].吉林大学学报（工学版），2011,（S2）：241-245.

[9] 孙传伟. 直升机飞行动力学模型与飞行品质评估[D]. 南京，南京航空航天大学，2001.

[10] 凌琼. 直升机控制律设计[D]. 西安，西北工业大学，2008.

[11] Zhao PengXuan, Lu JingChao, Zhang JiaMing. Output feedback sliding mode control based on T-S model and application[C], 2009 4th IEEE Conference on Industrial Electronics and Applications, 2009:925-929.

[12] 蔡华. 直升机控制律设计及仿真研究[D]. 西安，西北工业大学，2007.

[13] 郭朕凯. 直升机控制软件实现及半物理仿真验证[D]. 西安，西北工业大学，2008.

[14] 邱岳恒. 直升机半物理仿真及视景系统实现[D]. 西安，西北工业大学，2010.

[15] 陈伟. 直升机仿真模拟训练软件系统设计实现[D]. 西安，西北工业大学，2011.

第 4 章

控制增稳系统设计

第 3 章中设计了直升机控制系统的增稳控制律。增稳控制系统在改善飞机稳定性能的同时，常会导致操纵性能下降。为了解决增稳控制带来的问题，通常加装杆量传感器，将杆量信号通过前馈通道引入控制系统，达到提高飞机操纵性能的目的，这就是控制增稳。控制增稳系统能够在兼顾直升机稳定性的同时补偿由于增稳导致的操纵功效降低，提高系统的机动性能。此外，通过控制增稳系统实现交联解耦，可以有效抑制各通道之间耦合影响，提高直升机的操纵品质。所以，探讨直升机控制增稳系统的设计与实现问题具有重要意义。

本章依据直升机飞行品质规范 ADS-33E 的要求（参考附录 A），在第 3 章增稳控制的基础上，采用控制增稳方案，增强操纵功效、抑制轴间耦合，改善系统的操纵性，使飞机具备期望的操纵性能。

4.1 增稳控制系统性能检验

第 3 章中设计增稳控制律，从内回路到外回路依次展开，分别设计各个通道。在设计外回路时，会对已经设计好的内回路特性有所影响。另外，直升机各个通道之间有交联影响。所以，整个系统的响应特性会与各子系统设计时单独检验的结果有一定差异。

在增稳控制系统基础上，按照第 2 章的图 2.12 中的直升机控制系统模型，分别对 21 个设计节点（见表 2-2），依据直升机飞行品质规范 ADS-33E 检验直升机控制系统各项品质指标所能达到的等级，以便进一步有针对性地改善与操纵性相关的品质指标。

4.1.1 带宽与延迟时间

首先根据图 2.12 分别求出在 21 个节点下，驾驶杆纵向位移量到俯仰角、驾驶杆横向位移量到倾斜角和脚蹬位移量到航向角的传递函数；绘制系统的对数频率特性曲线，根据直升机飞行品质规范 ADS-33E 中的相关定义，考察直升机俯仰、倾斜和航向通道的带宽与延迟时间所能达到的品质等级。

以设计节点 15 下的俯仰控制系统为例具体说明。求出驾驶杆纵向输入、俯仰角输出的传递函数

$$G(s)=\frac{0.0938\,M(s)}{N(s)} \tag{4.1}$$

式中，$M(s)$、$N(s)$ 是复变量 s 的多项式，分别为

$$M(s)=(s+60.34)(s+57.8)(s+47.01)(s-37.06)(s+9.714)(s+3.094)\cdot$$
$$(s+2.475)(s+0.3814)(s-0.1353)(s-0.0457)(s^2+2.349s+3.712)$$

$$N(s)=(s+60.16)(s+55.23)(s+47.44)(s+11.67)(s+8.631)(s+0.4058)(s+0.358)\cdot (s+0.08909)(s^2+1.696s+1.909)(s^2+2.933s+4.488)(s^2+2.696s+6.176)$$

俯仰通道对数频率特性曲线如图 4.1 所示。

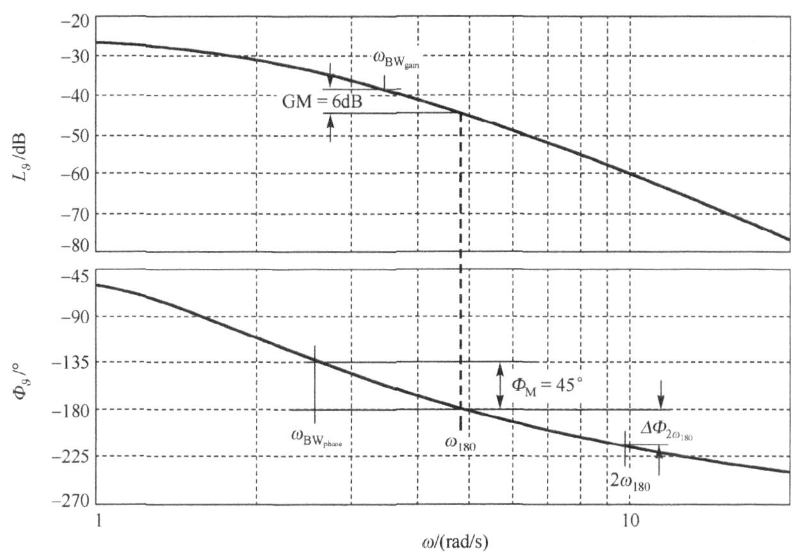

图 4.1　俯仰通道对数频率特性曲线

按照附录 A 中图 FA.1 的定义确定相关的参数，计算带宽与延迟时间，结果如下：

相角交界频率　$\omega_{180}=4.82\ \text{rad/s}$

增益带宽　$\omega_{BW_{gain}}=3.52\ \text{rad/s}$

相位带宽　$\omega_{BW_{phase}}=2.61\ \text{rad/s}$

系统带宽　$\omega_{BW}=\min\{\omega_{BW_{phase}},\omega_{BW_{gain}}\}=2.61\ \text{rad/s}$

延迟时间　$\tau_p=\dfrac{34.57°}{57.3\times 9.64}=0.0626$

节点 15 下俯仰通道带宽与延迟时间检验结果如图 4.2 所示。可见节点 15 下俯仰通道的带宽与延迟时间满足等级 1 的要求。

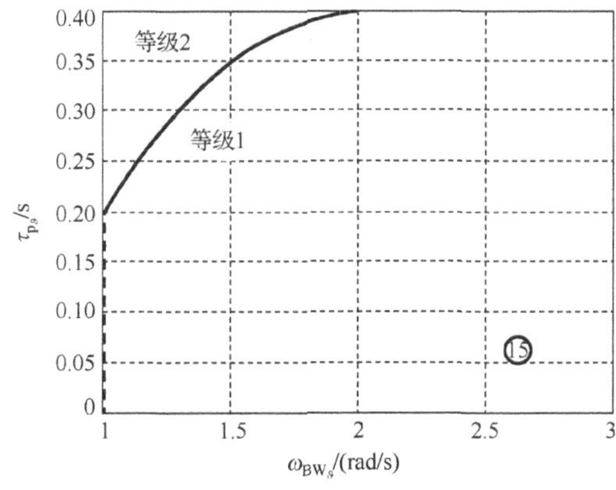

图 4.2　节点 15 下俯仰通道带宽与延迟时间检验结果

同理可以对全部悬停/低速及前飞设计节点的俯仰、倾斜和航向通道分别进行检验，图 4.3 给出了带宽与延迟时间的品质等级，表 4.1 和表 4.2 分别列出了俯仰、倾斜通道的带宽与延迟时间，以及航向通道的带宽与延迟时间。

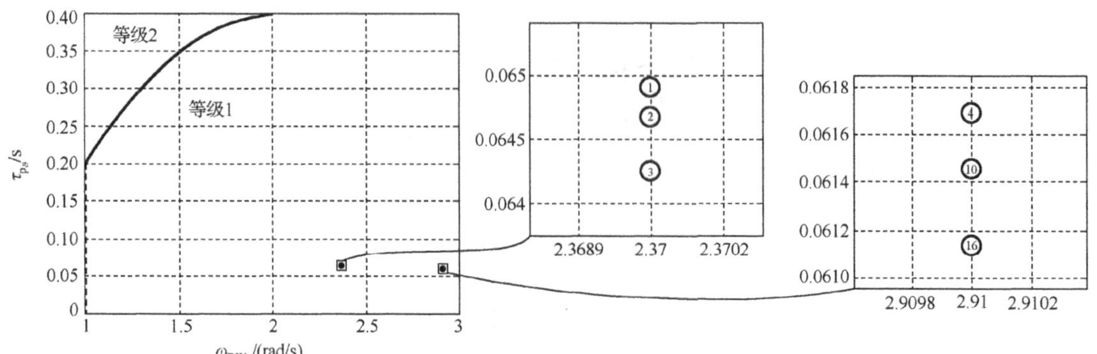

（a）俯仰通道检验结果（悬停/低速）

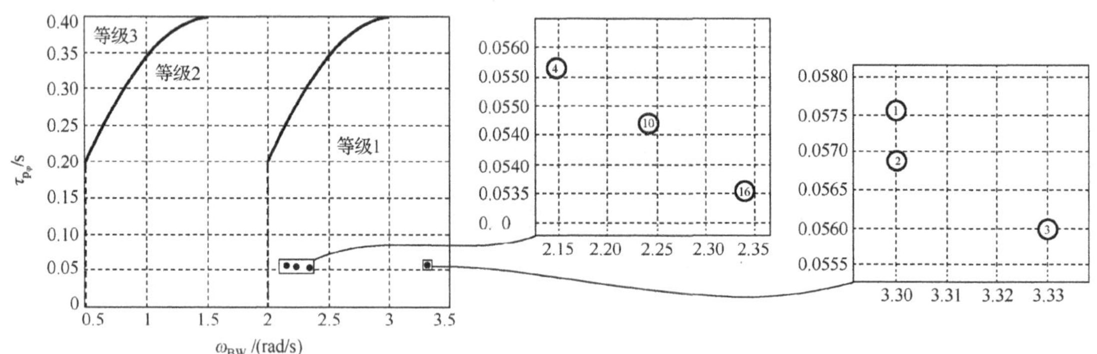

（b）倾斜通道检验结果（悬停/低速）

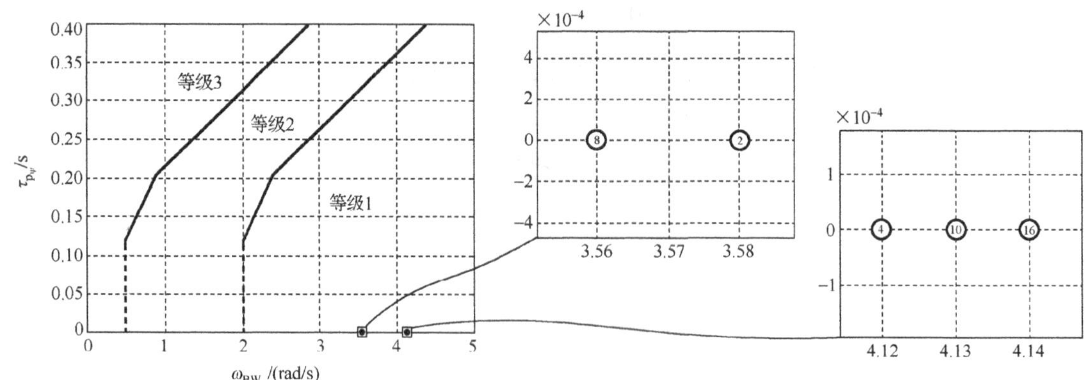

（c）航向通道检验结果（悬停/低速）

图 4.3　带宽与延迟时间的品质等级

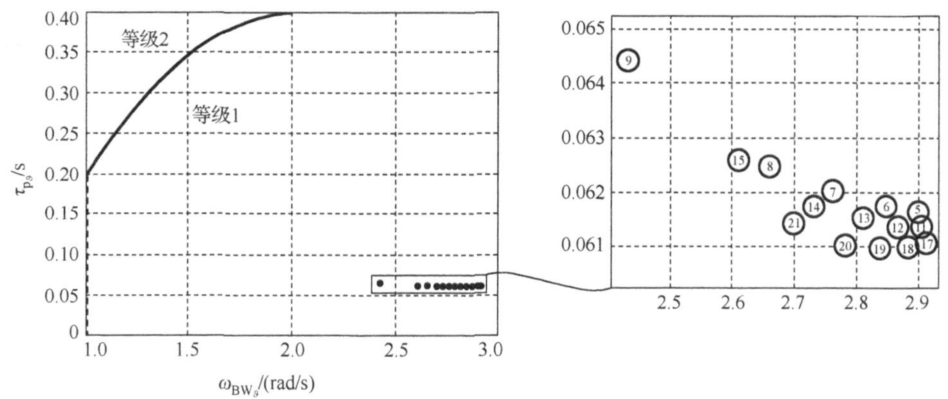

（d） 俯仰通道检验结果（前飞）

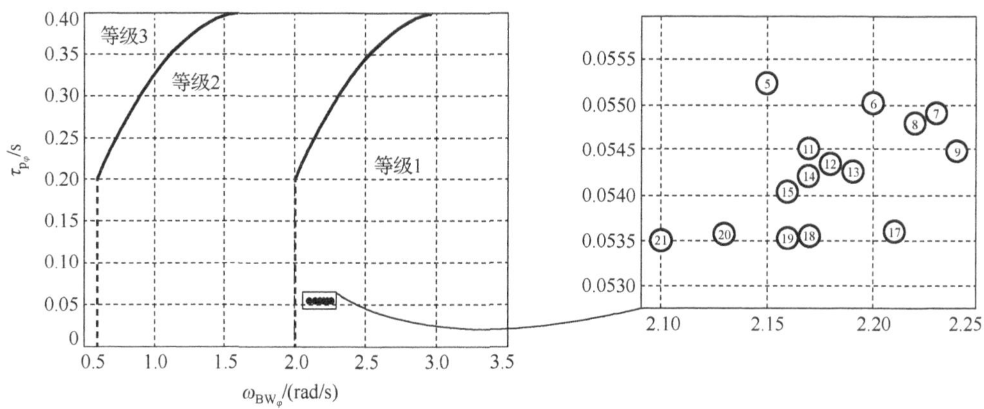

（e） 倾斜通道检验结果（前飞）

图 4.3 带宽与延迟时间的品质等级（续）

表 4.1 俯仰、倾斜通道的带宽与延迟时间

飞行状态	设计节点	俯仰			倾斜		
		ω_{BW_ϑ} /（rad/s）	τ_{p_ϑ} /s	品质等级	ω_{BW_φ} /（rad/s）	τ_{p_φ} /s	品质等级
悬停与低速	1	2.37	0.064 90	1	3.30	0.057 55	1
	2	2.37	0.064 68	1	3.30	0.056 87	1
	3	2.37	0.064 26	1	3.33	0.055 99	1
	4	2.91	0.061 69	1	2.15	0.055 63	1
	10	2.91	0.061 45	1	2.24	0.054 69	1
	16	2.91	0.061 14	1	2.34	0.053 57	1
前飞	5	2.90	0.061 63	1	2.15	0.055 24	1
	6	2.85	0.061 72	1	2.20	0.055 02	1
	7	2.76	0.062 03	1	2.23	0.054 90	1
	8	2.66	0.062 49	1	2.22	0.054 80	1
	9	2.43	0.064 40	1	2.24	0.054 50	1
	11	2.90	0.061 35	1	2.17	0.054 51	1

续表

飞行状态	设计节点	俯仰			倾斜		
		ω_{BW_θ} /(rad/s)	τ_{p_θ} /s	品质等级	ω_{BW_φ} /(rad/s)	τ_{p_φ} /s	品质等级
前飞	12	2.87	0.061 36	1	2.17	0.054 34	1
	13	2.81	0.061 49	1	2.19	0.054 27	1
	14	2.73	0.061 72	1	2.17	0.054 24	1
	15	2.61	0.062 60	1	2.16	0.054 06	1
	17	2.91	0.061 07	1	2.21	0.053 61	1
	18	2.89	0.061 00	1	2.17	0.053 54	1
	19	2.84	0.060 99	1	2.16	0.053 53	1
	20	2.78	0.061 05	1	2.13	0.053 57	1
	21	2.70	0.061 44	1	2.10	0.053 51	1

表 4.2　航向通道的带宽与延迟时间

飞行状态	设计节点	ω_{BW_ψ} /(rad/s)	τ_{p_ψ} /s	品质等级
悬停与低速	1	3.56	0	1
	2	3.58	0	1
	3	3.56	0	1
	4	4.12	0	1
	10	4.13	0	1
	16	4.14	0	1

由图 4.3、表 4.1 和表 4.2 可以看出，飞机俯仰、倾斜和航向三通道的带宽与延迟时间均达到 1 级品质等级的要求。也说明第 3 章中给出的动态设计要求比直升机飞行品质规范 ADS-33E 的带宽与延迟时间要求更严格一些。

4.1.2 阻尼比

在第 3 章增稳控制律设计过程中，各通道的极点位置是按设计要求配置的（见表 4.3），对应的阻尼比在 1 级品质等级要求的范围之内。

表 4.3　增稳系统各姿态通道的极点配置及阻尼比

飞行状态	俯仰通道		倾斜通道		航向通道	
	极点配置	阻尼比	极点配置	阻尼比	极点配置	阻尼比
悬停	$-0.9032\pm j1.4166$	0.5376	$-1.6643\pm j1.2674$	0.7956	$-1.3084\pm j1.9725$	0.5528
前飞	$-1.3354\pm j1.5763$	0.6464	$-1.0728\pm j1.1149$	0.6934	$-1.3084\pm j1.9725$	0.5528

但由于内外回路的相互作用和各通道之间的交联影响，整体系统的实际特性会有所变化。本节以整体系统姿态角自由响应回零过程的实际峰值时间 t_p、超调量 $\sigma\%$ 和调节时间 t_s 为准，折算成等效二阶系统，按下列公式确定相应的阻尼比和等效二阶系统极点，并作为检验的依据。

$$\begin{cases} \xi = \dfrac{|\ln\sigma|}{\sqrt{(\ln\sigma)^2+\pi^2}} \\ s_{1,2} = -\dfrac{3.5}{t_s} \pm \mathrm{j}\dfrac{\pi}{t_p} \end{cases} \tag{4.2}$$

以节点 15 下的纵向通道为例具体说明。搭建直升机控制仿真系统（见图 2.12），给定初始俯仰角 5°，俯仰角响应曲线如图 4.4 所示。可以确定相应的峰值时间 $t_p = 9.66\text{s}$、超调量 $\sigma = 2.6\%$ 和调节时间 $t_s = 4.40\text{s}$。按式（4.2）可以求出系统的等效阻尼比 $\xi = 0.7577$ 和等效二阶系统的极点 $s_{1,2} = -0.7955 \pm \mathrm{j}0.3252$（见图 4.5 中"×"）。按 ADS-33E 的标准进行检验，满足 1 级品质等级的要求。

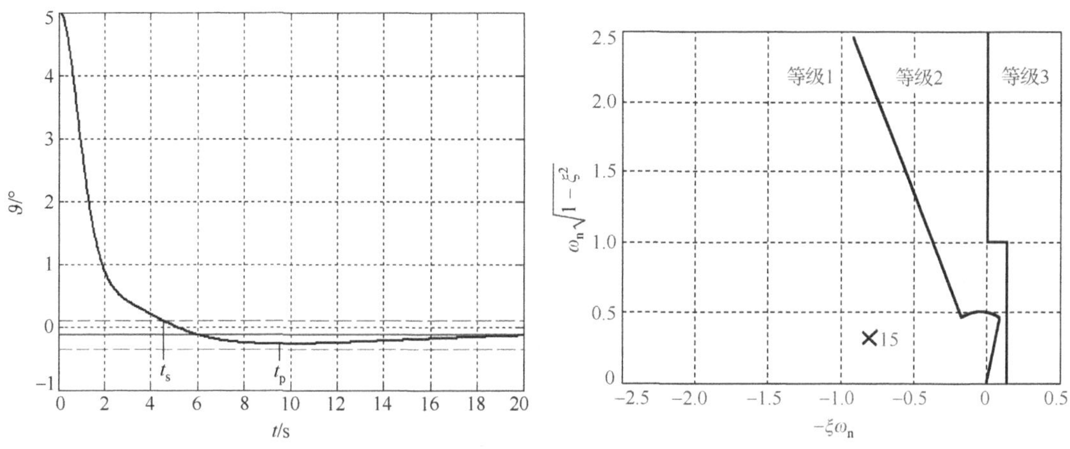

图 4.4　俯仰角响应曲线　　　　图 4.5　节点 15 下俯仰通道阻尼比检验结果

同理，依次设定初始状态（俯仰角 5°，倾斜角 10°，航向角 4°），分别对各个设计节点的俯仰、倾斜和航向通道进行阻尼比检验。图 4.6 给出了阻尼比检验结果，显示了飞机俯仰、倾斜和航向通道极点在复平面上的位置，表 4.4 列出了各通道阻尼比检验结果。

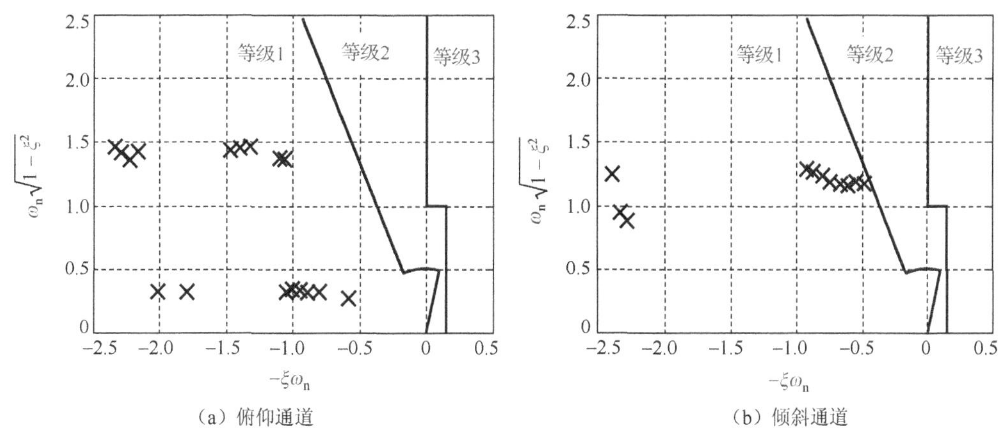

（a）俯仰通道　　　　（b）倾斜通道

图 4.6　阻尼比检验结果

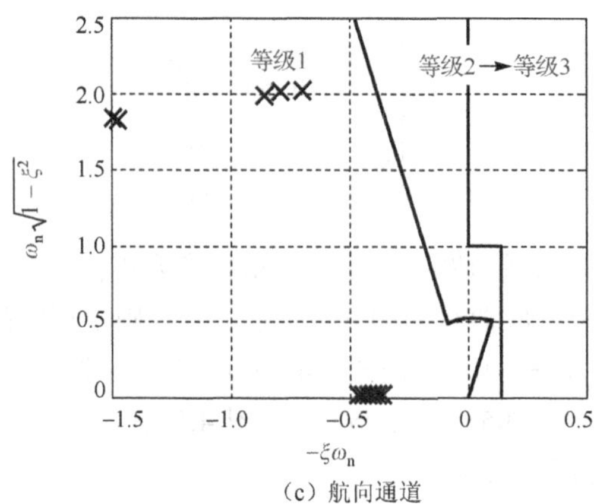

（c）航向通道

图 4.6 阻尼比检验结果（续）

由图 4.6 可以看出，在所有飞行状态下，三个通道的等效二阶极点全部落在 1 级品质等级要求的区域内。表明采用第 3 章所设计的增稳控制律后，系统具有满意的阻尼特性。

表 4.4 各通道阻尼比检验结果

设计节点	俯仰通道		倾斜通道		航向通道	
	阻尼比	品质等级	阻尼比	品质等级	阻尼比	品质等级
1	0.5385	1	0.7475	1	0.5637	1
2	0.5367	1	0.7422	1	0.5648	1
3	0.5305	1	0.7393	1	0.5682	1
4	0.6798	1	0.4619	1	0.7625	1
5	0.7719	1	0.4367	1	1.0	1
6	0.8589	1	0.4264	1	1.0	1
7	0.8345	1	0.4005	1	1.0	1
8	0.7954	1	0.3518	1	1.0	1
9	0.7216	1	0.2919	1	1.0	1
10	0.6631	1	0.4746	1	0.7242	1
11	0.7330	1	0.4323	1	1.0	1
12	0.8611	1	0.4203	1	1.0	1
13	0.8420	1	0.3944	1	1.0	1
14	0.8100	1	0.3484	1	1.0	1
15	0.7577	1	0.2906	1	1.0	1
16	0.6417	1	0.4991	1	0.6977	1
17	0.7010	1	0.4351	1	1.0	1
18	0.8098	1	0.4153	1	1.0	1
19	0.8465	1	0.3870	1	1.0	1
20	0.8205	1	0.3430	1	1.0	1
21	0.7789	1	0.2848	1	1.0	1

4.1.3　快捷性

依照直升机飞行品质规范 ADS-33E 关于快捷性的要求，分别以设计节点 1（悬停/低速状态）的俯仰、倾斜和航向通道，以及设计节点 15（前飞状态）的倾斜通道为例，说明快捷性检验的方法。

给直升机的俯仰和倾斜通道分别加入幅值为 30 的阶跃杆输入信号，给航向通道加入幅值为 15、宽度为 2 的脚蹬方波输入信号。俯仰通道响应（悬停/低速）、倾斜通道响应（悬停/低速）和航向通道响应（悬停/低速）分别如图 4.7 中（a）、（b）、（c）所示；倾斜通道响应（前飞）如图 4.7 中（d）所示。根据直升机各通道角速度、角度响应的峰值之比，可以确定三个通道的快捷性所能达到的品质等级。

同理，对 6 个悬停/低速设计节点的俯仰、倾斜和航向通道分别进行快捷性检验，对 15 个前飞设计节点的倾斜通道进行快捷性检验，图 4.8 给出了直升机快捷性品质等级的检验结果，表 4.5 和表 4.6 分别列出了俯仰、倾斜和航向通道的快捷性（悬停/低速）、倾斜通道的快捷性（前飞）。

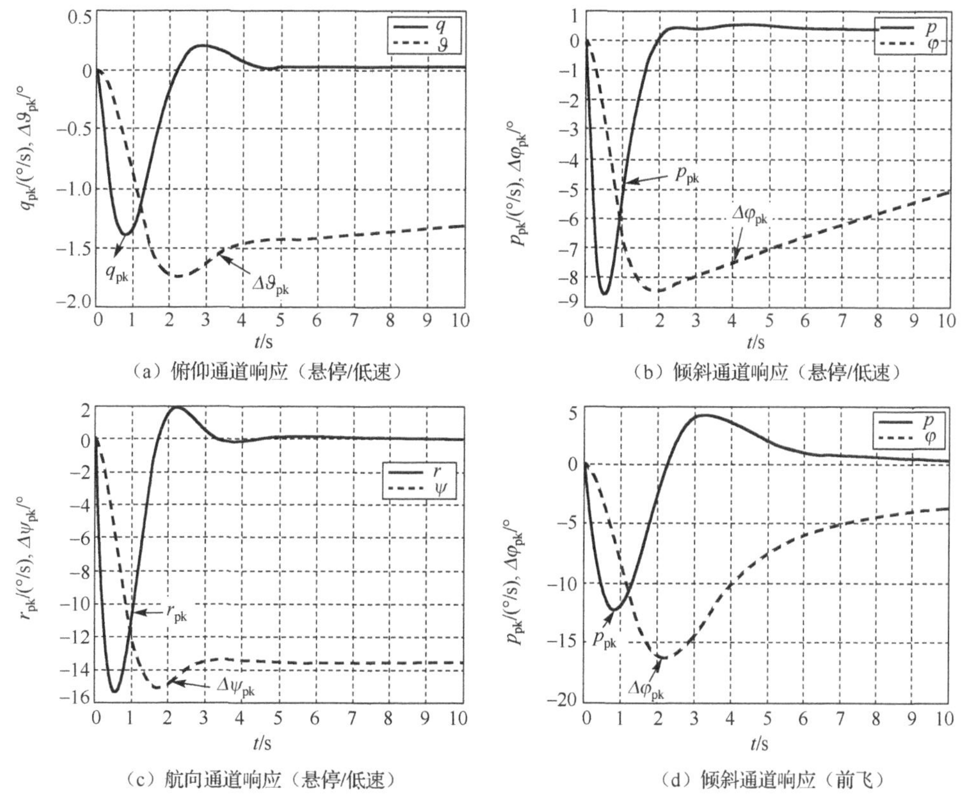

（a）俯仰通道响应（悬停/低速）　（b）倾斜通道响应（悬停/低速）

（c）航向通道响应（悬停/低速）　（d）倾斜通道响应（前飞）

图 4.7　姿态角动态响应曲线

由图 4.8、表 4.5 和表 4.6 可以看出，除俯仰通道 3 个悬停状态满足快捷性 1 级品质等级要求外，在其他设计节点下的快捷性均位于 2 级品质等级范围内。由此可以看出，增稳控制下飞行控制系统的快捷性有待改进，有必要通过控制增稳手段，加快飞机的响应速率。

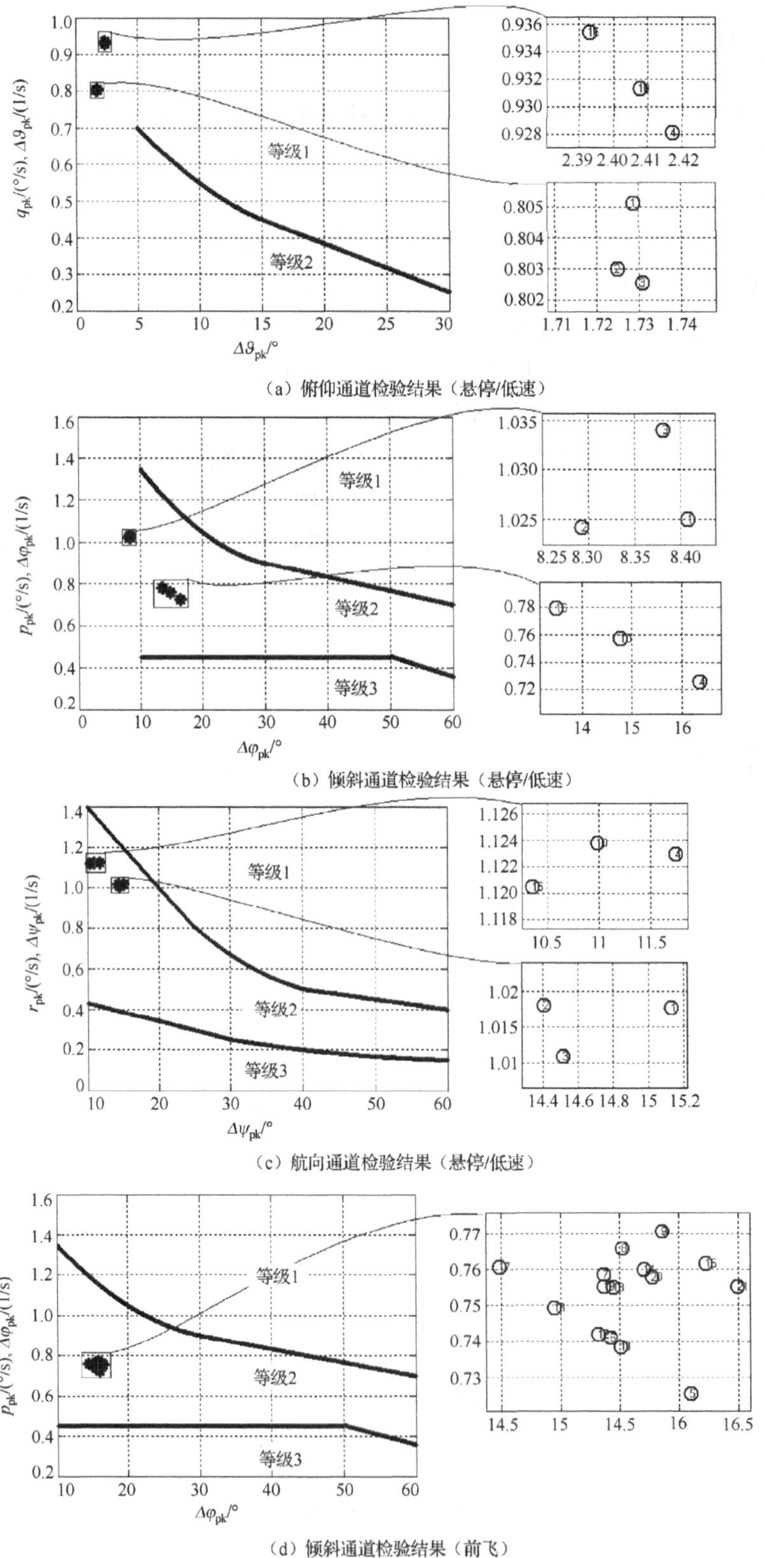

(a) 俯仰通道检验结果（悬停/低速）

(b) 倾斜通道检验结果（悬停/低速）

(c) 航向通道检验结果（悬停/低速）

(d) 倾斜通道检验结果（前飞）

图 4.8 直升机快捷性品质等级的检验结果

表 4.5 俯仰、倾斜和航向通道的快捷性（悬停/低速）

飞行状态	设计节点	俯仰通道			倾斜通道			航向通道		
		$\frac{q_{pk}}{\Delta\vartheta_{pk}}$ /（1/s）	$\Delta\vartheta_{min}$ /°	品质等级	$\frac{p_{pk}}{\Delta\varphi_{pk}}$ /（1/s）	$\Delta\varphi_{min}$ /°	品质等级	$\frac{r_{pk}}{\Delta\psi_{pk}}$ /（1/s）	$\Delta\psi_{min}$ /°	品质等级
悬停与低速	1	0.8051	1.7287	2	1.0250	8.4079	2	1.0178	15.1287	2
	2	0.8030	1.7248	2	1.0243	8.2932	2	1.0181	14.4080	2
	3	0.8026	1.7308	2	1.0341	8.3817	2	1.0109	14.5140	2
	4	0.9282	2.4173	1	0.7254	16.3596	2	1.1230	11.7479	2
	10	0.9314	2.4078	1	0.7571	14.7742	2	1.1238	10.9797	2
	16	0.9355	2.3931	1	0.7790	13.4793	2	1.1205	10.3488	2

表 4.6 倾斜通道的快捷性（前飞）

飞行状态	设计节点	$\frac{p_{pk}}{\Delta\varphi_{pk}}$ /（1/s）	$\Delta\varphi_{min}$ /°	品质等级
前飞	5	0.7255	16.0928	2
	6	0.7411	15.4203	2
	7	0.7585	15.3627	2
	8	0.7658	15.5184	2
	9	0.7707	15.8582	2
	11	0.7385	15.5054	2
	12	0.7421	15.3140	2
	13	0.7550	15.4413	2
	14	0.7600	15.7041	2
	15	0.7616	16.2229	2
	17	0.7607	14.4824	2
	18	0.7495	14.9418	2
	19	0.7552	15.3677	2
	20	0.7579	15.7695	2
	21	0.7554	16.4907	2

4.1.4 操纵功效

直升机飞行品质规范 ADS-33E 对不同飞行状态、响应类型直升机俯仰、倾斜和航向通道的操纵功效分别给出了明确的规定。本书涉及的样例直升机，俯仰、倾斜通道为姿态指令响应类型，航向通道为速率指令响应类型，机动类型为有限机动。由附录 A 中表 FA.1 和表 FA.2 可知，1 级品质等级的要求：在飞机悬停与低速飞行时，俯仰角和倾斜角的操纵响应至少应达到 ±15°，航向角速度的操纵响应至少应达到 ±9.5°/s；在前飞时，倾斜角操纵响应至少达到 ±25°，对俯仰角和航向角速度则不要求。

以节点 1 为例，分别给直升机的俯仰和倾斜通道加入幅值为 20 的阶跃输入，给航向通道加入幅值为 10 的阶跃输入，图 4.9（a）、（b）、（c）分别给出了俯仰角、倾斜角和航向角速度的阶跃响应曲线。根据直升机的最大俯仰角 ϑ_{max} 、最大倾斜角 φ_{max} 和最大航向角速度 r_{max} ，确定相应通道的操纵功效等级。

对全部悬停/低速节点下各通道的操纵功效进行检验，操纵功效检验结果（悬停/低速）如图 4.10 所示，相应数据列于表 4.7 中。

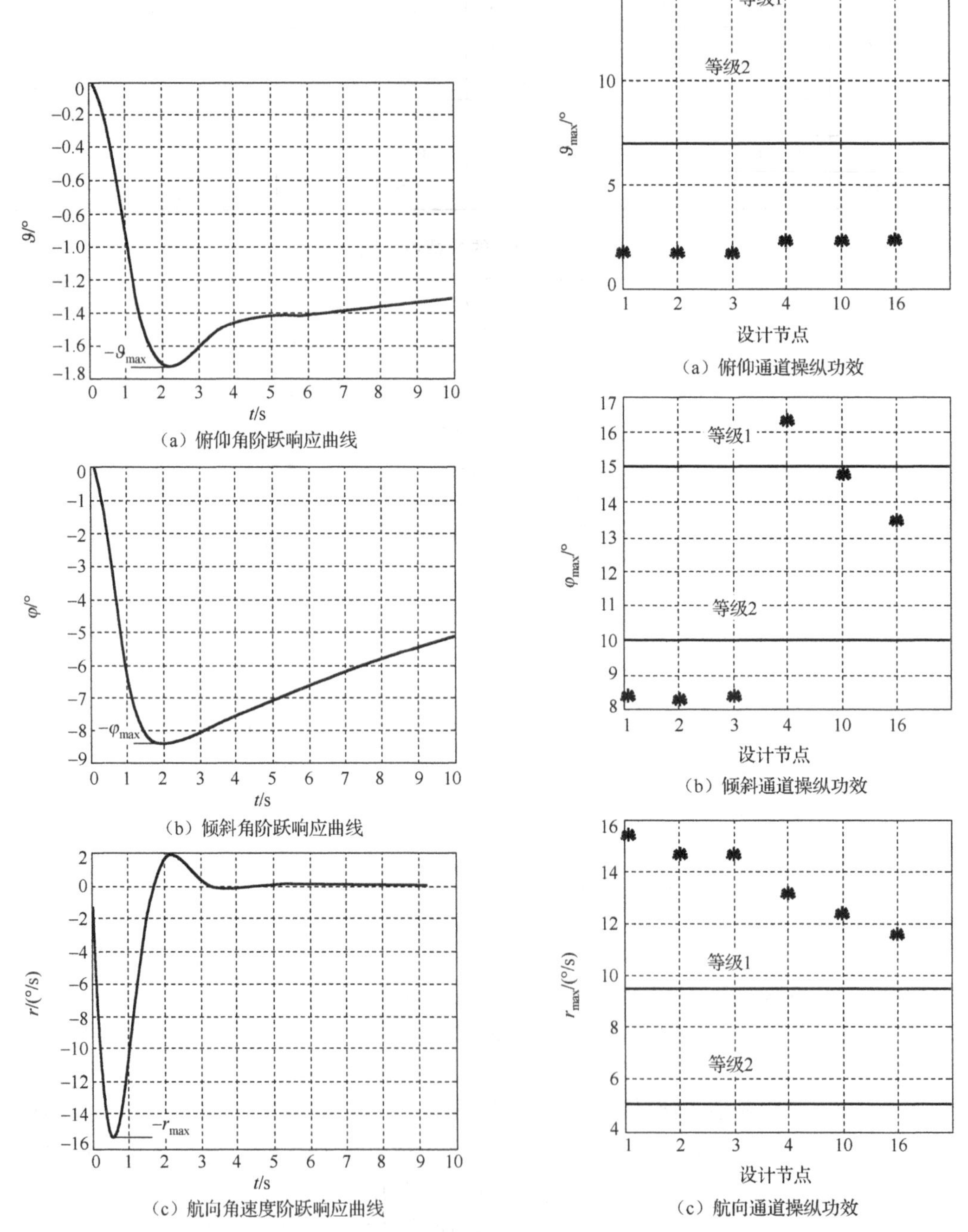

图 4.9　节点 1（悬停）条件下姿态角的阶跃响应曲线

图 4.10　操纵功效检验结果（悬停/低速）

表 4.7 悬停/低速状态下俯仰、倾斜、航向通道的操纵功效

飞行状态	设计节点	俯仰通道		倾斜通道		航向通道	
		ϑ_{max} /°	品质等级	φ_{max} /°	品质等级	r_{max} /（° /s）	品质等级
悬停与低速	1	1.7287	3	8.4079	3	15.3983	1
	2	1.7248	3	8.2932	3	14.6688	1
	3	1.7308	3	8.3817	3	14.6722	1
	4	2.4173	3	16.3596	1	13.1925	1
	10	2.4078	3	14.7742	2	12.3395	1
	16	2.3931	3	13.4793	2	11.5958	1

同样可以对前飞节点下的倾斜通道进行检验。图 4.11 给出了节点 15（前飞）下倾斜角的阶跃响应曲线。倾斜通道操纵功效检验结果（前飞）如图 4.12 所示，相应数据列在表 4.8 中。

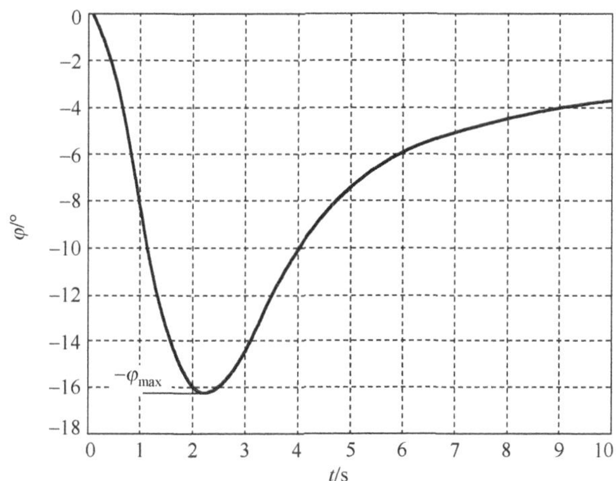

图 4.11 节点 15（前飞）下倾斜角的阶跃响应曲线

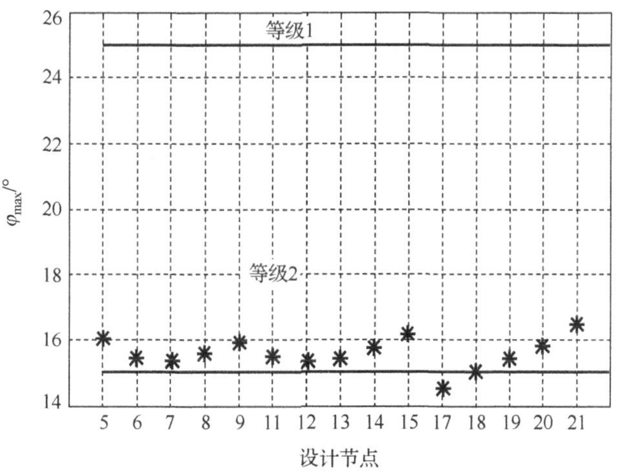

图 4.12 倾斜通道操纵功效检验结果（前飞）

表 4.8 前飞状态下倾斜通道的操纵功效

飞行状态	设计节点	φ_{max} /°	品质等级
前飞	5	16.0928	2
	6	15.4203	2
	7	15.3627	2
	8	15.5184	2
	9	15.8582	2
	11	15.5054	2
	12	15.3140	2
	13	15.4413	2
	14	15.7041	2
	15	16.2229	2
	17	14.4824	3
	18	14.9418	3
	19	15.3677	2
	20	15.7695	2
	21	16.4907	2

从表 4.8 中可以看出，在增稳控制条件下，俯仰通道的操纵功效只能达到 3 级，距离 2 级品质等级还有一定的差距。航向通道悬停/低速时的操纵功效全部达到 1 级品质等级的要求。倾斜通道悬停状态和前飞 17、18 节点下的操纵功效差，达不到 2 级品质等级的要求，其余节点除节点 4 达到 1 级品质等级的要求外，均只能达到 2 级品质等级的要求。可见，有必要提高俯仰、倾斜通道的操纵功效，以改善直升机的整体操纵性能。

4.1.5 总距操纵

相比于俯仰、倾斜和航向通道来说，直升机飞行品质规范 ADS-33E 对高度通道响应的要求较为简单，只规定了时域响应的要求：驾驶员对总距杆施加阶跃操纵后的5s之内，法向速度响应应具有大致一阶的形状，并且在1.5s 内，直升机的法向速度达到0.81m/s（等级 1）、0.28m/s（等级 2）和0.20m/s（等级 3）。分别对 6 个悬停/低速节点和 15 个前飞节点进行总距操纵检验，给直升机的高度通道加入幅值为 20 的总距杆阶跃输入信号，法向速度响应曲线如图 4.13 所示，大致符合一阶响应的形状。根据直升机在 1.5s 末的法向速度，考察总距操纵功效，总距操纵功效检验结果如图 4.14 所示，数据列于表 4.9 中。

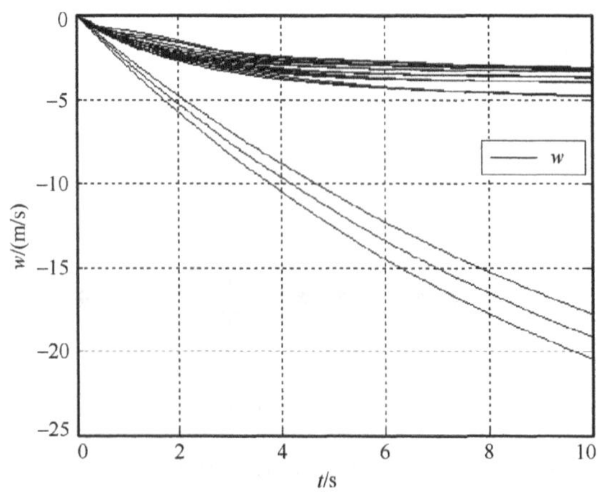

图 4.13 法向速度响应曲线

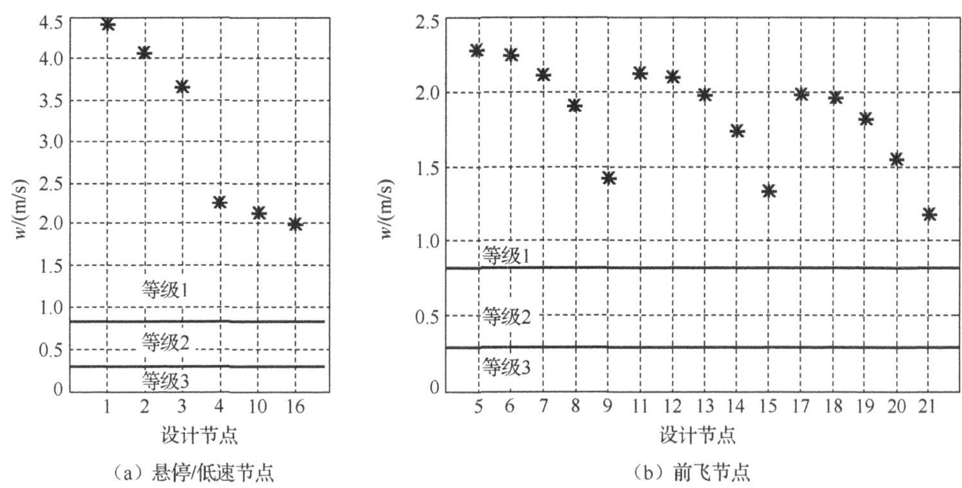

（a）悬停/低速节点　　（b）前飞节点

图 4.14 总距操纵功效检验结果

表 4.9 总距操纵功效检验结果的数据

飞 行 状 态	状 态 点	1.5s 内的最大法向速度绝对值/（m/s）	品 质 等 级
悬停与低速	1	4.4307	1
	2	4.0418	1
	3	3.6658	1
	4	2.2732	1
	10	2.1421	1
	16	1.9909	1
前飞	5	2.2732	1
	6	2.2478	1
	7	2.1174	1
	8	1.9099	1
	9	1.4240	1
	11	2.1264	1
	12	2.1031	1
	13	1.9691	1
	14	1.7298	1
	15	1.3307	1
	17	1.9807	1
	18	1.9539	1
	19	1.8189	1
	20	1.5524	1
	21	1.1812	1

由图 4.14 和表 4.9 可以看出，不论在悬停/低速状态还是前飞状态下，总距操纵功效均

可以达到 1 级品质等级的要求。呈现出来的规律是，随飞行速度和高度的增加，总距操纵响应品质降低。在高速飞行时，旋翼的拉力部分较多地用于提供前飞动力，故飞行员上提总距杆后，直升机的法向速度改变较小；当高度增加时，大气密度减小，总距功效相应会降低。

4.1.6 轴间耦合

根据 ADS-33E 的要求，在总距操纵输入时，航向角速度的响应不得超过图 FA.6 规定的界限；对于俯仰和倾斜之间的耦合效应来说，如果轴外响应的峰值与期望得到的响应之比不超过±0.25，即达到 1 级品质等级的要求。

以节点 15 为例，给直升机的高度通道、俯仰通道和倾斜通道分别加入幅值为 20 的阶跃输入，相关的阶跃响应曲线如图 4.15（a）、（b）、（c）所示。根据 ADS-33E 的要求，可以确定总距-航向、俯仰-倾斜和倾斜-俯仰轴间耦合的品质等级。

同理，对全部 21 个设计节点分别进行检验，检验结果分别如图 4.16 中（a）、（b）和（c）所示，相应数据分别列在表 4.10 和表 4.11 中。

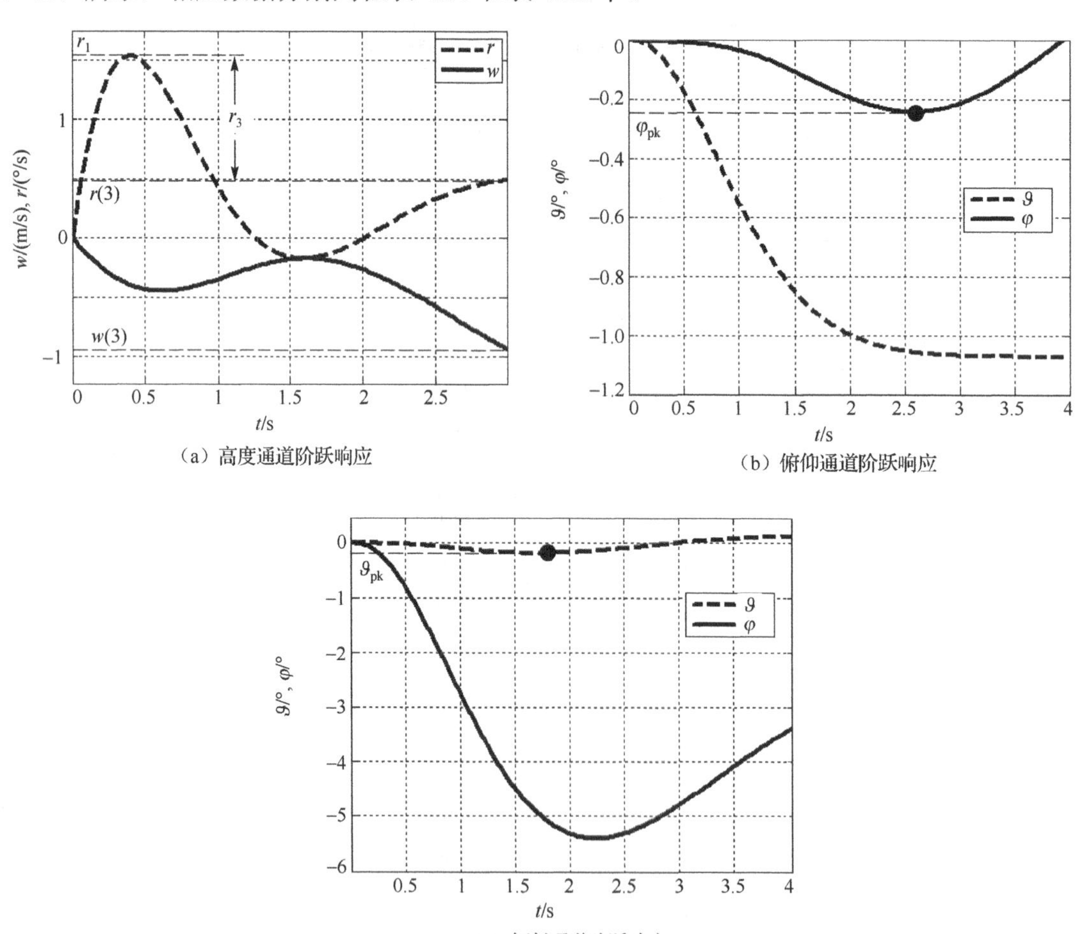

（a）高度通道阶跃响应

（b）俯仰通道阶跃响应

（c）倾斜通道阶跃响应

图 4.15 阶跃响应曲线

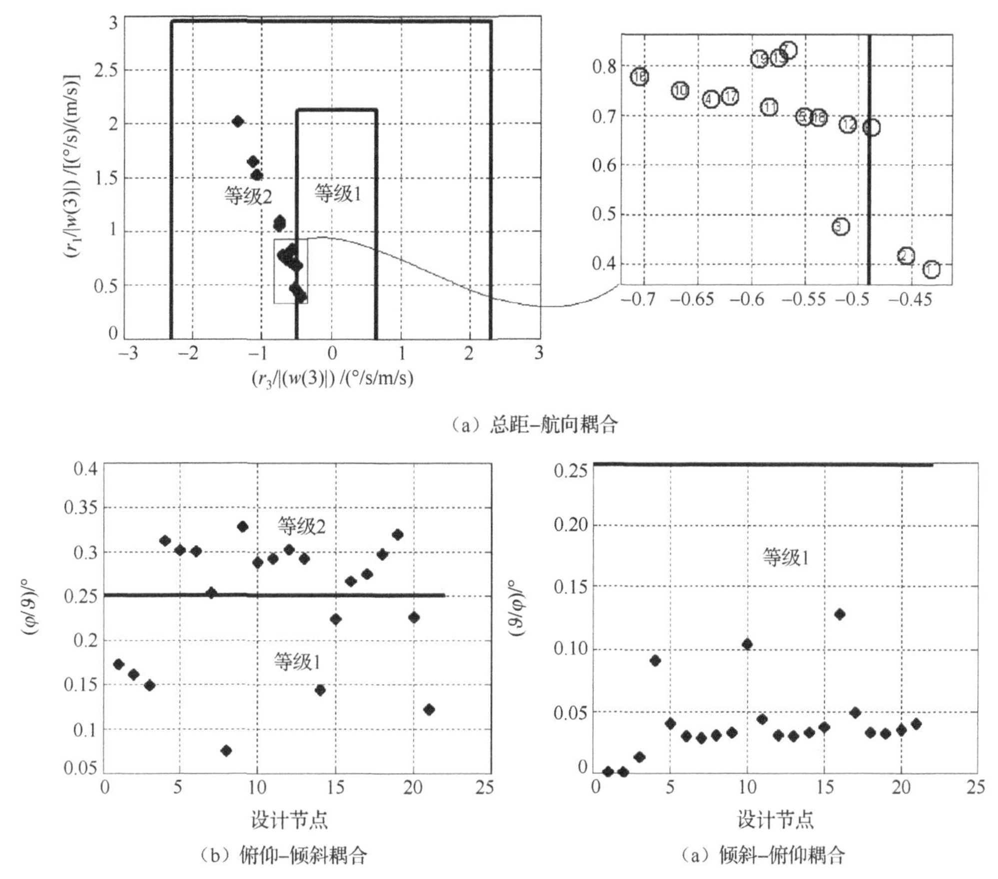

图 4.16 轴间耦合指标检验结果

表 4.10 总距–航向耦合

飞行状态	设计节点	$\|r_1/w(3)\|$ /（°/s / m/s）	（$r_3/\|w(3)\|$）/（°/s / m/s）	品质等级
悬停与低速	1	0.4313	0.3908	1
	2	−0.4554	0.4185	1
	3	−0.5163	0.4777	2
	4	−0.6379	0.7348	2
	10	−0.6674	0.7523	2
	16	−0.7044	0.7791	2
前飞	5	−0.5507	0.6982	2
	6	−0.4883	0.6778	1
	7	−0.5664	0.8317	2
	8	−0.7385	1.1002	2
	9	−1.3439	2.0163	2
	11	−0.5836	0.7178	2
	12	−0.5100	0.6836	2
	13	−0.5752	0.8175	2

续表

飞行状态	设计节点	$\lvert r_1/w(3)\rvert$ /（°/s / m/s）	（$r_3/\lvert w(3)\rvert$）/（°/s / m/s）	品质等级
	14	−0.7360	1.0652	2
	15	−1.1283	1.6530	2
	17	−0.6198	0.7407	2
	18	−0.5379	0.6967	2
	19	−0.5924	0.8140	2
	20	−0.7467	1.0496	2
	21	−1.0675	1.5242	2

表 4.11 俯仰-倾斜耦合和倾斜-俯仰耦合

飞行状态	设计节点	俯仰-倾斜		倾斜-俯仰	
		（φ_{pk}/ϑ）/°	品质等级	（ϑ_{pk}/φ）/°	品质等级
悬停与低速	1	0.1735	1	0.0000	1
	2	0.1620	1	0.0000	1
	3	0.1491	1	0.0130	1
	4	0.3131	2	0.0907	1
	10	0.2885	2	0.1039	1
	16	0.2672	2	0.1284	1
前飞	5	0.3014	2	0.0399	1
	6	0.3011	2	0.0297	1
	7	0.2531	2	0.0285	1
	8	0.0750	1	0.0307	1
	9	0.3288	2	0.0325	1
	11	0.2926	2	0.0437	1
	12	0.3032	2	0.0307	1
	13	0.2927	2	0.0296	1
	14	0.1440	1	0.0324	1
	15	0.2249	1	0.0369	1
	17	0.2753	2	0.0486	1
	18	0.2978	2	0.0329	1
	19	0.3201	2	0.0319	1
	20	0.2266	1	0.0350	1
	21	0.1229	1	0.0403	1

由图 4.16（a）和表 4.10 可以看出，总距-航向耦合效应比较严重，除 1、2、6 设计节点能达到 1 级品质等级要求外，其他节点只能达到 2 级品质等级的要求。由图 4.16（b）、（c）和表 4.11 可以看出，1、3、4、8、14、15、20、21 设计节点的倾斜角峰值与俯仰角的比值小于 0.25，达到了 1 级品质等级要求，其他 13 个设计节点下俯仰到倾斜的轴间耦合只能达到 2 级品质等级的要求。在全部设计节点下，俯仰角峰值与倾斜角的比值都不超过 0.06，倾斜-俯仰耦合品质达到了 1 级品质等级的要求。

通过对检验结果的分析可知，有必要在三轴增稳控制律基础上设计高度到航向通道、俯仰到倾斜通道的解耦控制器，抑制总距到航向通道、俯仰到倾斜通道的耦合效应。

4.2 控制增稳系统设计

由 4.1 节中的检验及分析可知，在增稳控制条件下，飞机的带宽与延迟时间、阻尼比和总距操纵品质指标都达到或接近 1 级品质等级的要求；快捷性、操纵功效和轴间耦合这些与操纵有关的品质指标有待提高。本节采用控制增稳手段，在俯仰、倾斜和航向通道中分别加入杆量信号的前馈通道，设计前馈控制器，提高飞机的快捷性、改善飞机的操纵功效。采用按扰动补偿的前馈校正方法，设计总距到航向、纵向杆到倾斜通道的解耦控制器，抑制轴间耦合效应。

4.2.1 前馈控制器设计

直升机的快捷性、操纵功效没有达到 1 级品质等级的要求，故设计前馈控制器提高飞机的快捷性和操纵功效。其工作原理：驾驶员的操纵信号通过机械通道进入系统的同时，经由杆量传感器输出的电信号也经过前馈通道，通过校正装置 $G_c(s)$ 形成满足操纵要求的控制信号，与增稳回路的反馈信号综合后，驱动舵机，调整主桨桨距或尾桨桨距，改变飞机的响应特性。因此可以通过调整前馈控制器的结构和参数来达到设计的目的。

1．前馈控制器的结构

根据 ADS-33E 对直升机操纵特性的要求，前馈通道的传递函数 $G_c(s)$ 可以采用惯性环节形式：

俯仰前馈通道
$$G_1(s)=\frac{k_{M1}}{T_{M1}s+1} \tag{4.3}$$

倾斜前馈通道
$$G_2(s)=\frac{k_{M2}}{T_{M2}s+1} \tag{4.4}$$

航向前馈通道
$$G_3(s)=\frac{k_{M3}}{T_{M3}s+1} \tag{4.5}$$

惯性环节具有低频幅值保持、高频幅值衰减的特性，符合驾驶员在大幅、低频操纵时，飞机具备较大操纵功效的要求。

前馈控制器增益 $k_{Mi}(i=1,2,3)$ 的值既影响到飞机的快捷性，又影响到操纵功效，所以，应根据飞行品质规范中这两个品质指标的要求，选取合理的数值，使飞机的快捷性和操纵功效尽可能达到 1 级品质等级的要求。以下以节点 1 条件下的俯仰通道为例，具体说明设计方法。

2．参数 T_{Mi} 的设计

传递函数 $G_i(s)$（$i=1,2,3$）中，T_{Mi} 的值不仅影响系统响应的快慢，还会对飞机的带宽产生影响。这是因为在增益为 K_0 的前向通道中并联一个惯性环节 $G_i(s)$ 后，相应传递函数

$G_0(s)$ 为

$$G_0(s) = K_0 + G_i(s) = K_0 + \frac{K_i}{T_i s + 1} = (K_0 + K_i) \cdot \frac{\dfrac{K_0 T_i}{K_0 + K_i} s + 1}{T_i s + 1} \tag{4.6}$$

式中，K_0、K_i 和 T_i 均为正数。由于 $\dfrac{K_0 T_i}{K_0 + K_i} < T_i$，$G_0(s)$ 具有迟后环节特性。因此，加入前馈通道后，相角滞后，系统的频域指标有所降低，故 T_{Mi} 不宜取得过大；但 T_{Mi} 过小又不利于抑制高频噪声的干扰。综合考虑上述因素，设定控制器传递函数 $G_i(s)$ 的带宽比飞机自身带宽略大一些为好。由表 4.1 可知，不同飞行状态下飞机的带宽大致相同，分别为 $\omega_{BW_\vartheta} \approx 3$，$\omega_{BW_\varphi} \approx 4$，$\omega_{BW_\psi} \approx 4$，由此可以设定 $T_{M1} = 0.25$，$T_{M2} = 0.125$，$T_{M3} = 0.25$。

3．参数 k_{Mi} 的设计

（1）根据快捷性要求设计 k_{Mi}。

快捷性品质等级的区域分布如附录 A 中图 FA.5 所示。为了方便设计，把图 FA.5 中区分等级 1 和等级 2 的界线用折线近似，如图 4.17 中虚线所示。

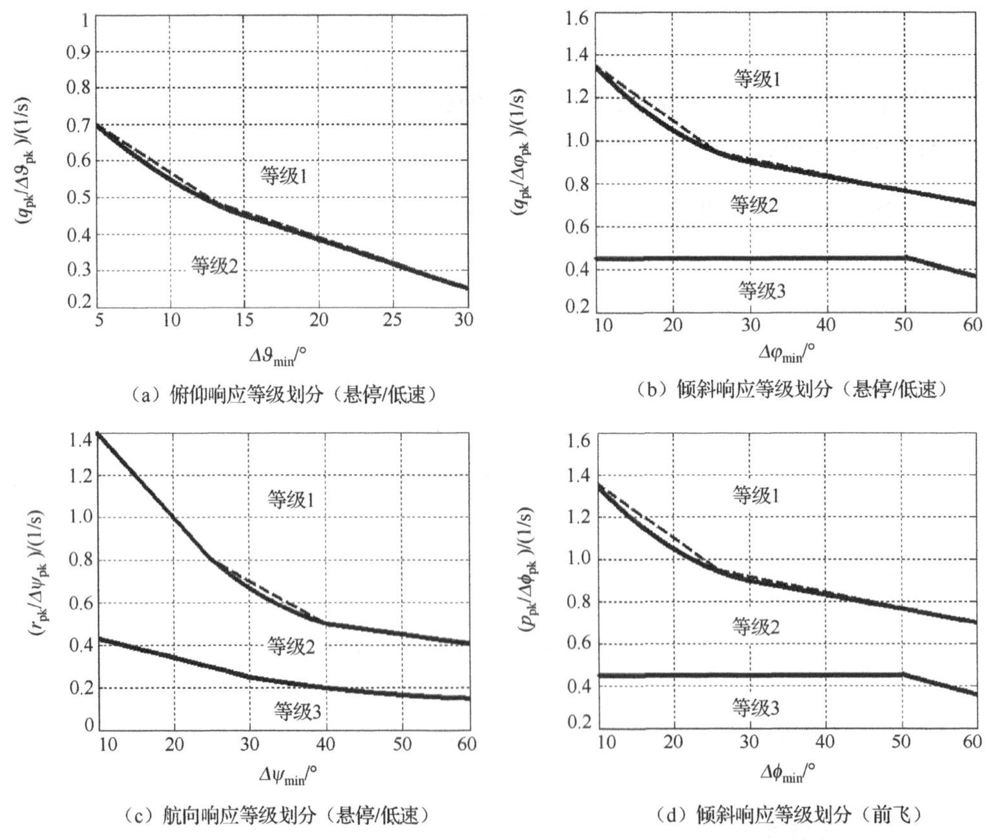

（a）俯仰响应等级划分（悬停/低速）

（b）倾斜响应等级划分（悬停/低速）

（c）航向响应等级划分（悬停/低速）

（d）倾斜响应等级划分（前飞）

图 4.17　快捷性要求近似线（除空战外的 MTE）

图 4.17（a）、（b）和（c）中的折线方程分别为式（4.7）、式（4.8）和式（4.9），

图 4.17（d）中的折线方程同式（4.8）。

$$y_\vartheta=\begin{cases}-0.0265x_\vartheta+0.833 & 5\leqslant x_\vartheta\leqslant 13\\ -0.0140x_\vartheta+0.670 & 13<x_\vartheta<30\end{cases}\tag{4.7}$$

式中，x_ϑ、y_ϑ 分别代表俯仰角最小变化量 $\Delta\vartheta_{\min}$、俯仰角速度峰值与俯仰角峰值的比 $q_{\mathrm{pk}}/\Delta\vartheta_{\mathrm{pk}}$。

$$y_\varphi=\begin{cases}-0.0262x_\varphi+1.612 & 10\leqslant x_\varphi<25\\ -0.00733x_\varphi+1.1399 & 25\leqslant x_\varphi<60\end{cases}\tag{4.8}$$

式中，x_φ、y_φ 分别代表倾斜角最小变化量 $\Delta\varphi_{\min}$、倾斜角速度峰值与倾斜角峰值的比 $p_{\mathrm{pk}}/\Delta\varphi_{\mathrm{pk}}$。倾斜通道前飞与悬停的快捷性等级区域边界线相同。

$$y_\psi=\begin{cases}-0.04x_\psi+1.8 & 10\leqslant x_\psi<25\\ -0.02x_\psi+1.3 & 25\leqslant x_\psi<40\\ -0.005x_\psi+0.7 & 40\leqslant x_\psi<60\end{cases}\tag{4.9}$$

式中，x_ψ、y_ψ 分别代表航向角最小变化量 $\Delta\psi_{\min}$、航向角速度峰值与航向角峰值的比 $r_{\mathrm{pk}}/\Delta\psi_{\mathrm{pk}}$。

以设计节点 1 下的俯仰通道为例，设计前馈通道控制器参数。给直升机的俯仰通道加入幅值为 20 的阶跃杆量输入，通过机械通道作用于飞机，相应的俯仰角阶跃响应曲线如图 4.18 中实线所示。

记俯仰角响应的最大值为 ϑ_{pk1}、最小值为 $\vartheta_{\min 1}$ 和最大俯仰角速度为 q_{pk1}；相应的杆量传感器信号经增益为 1 的前馈通道作用于飞机，相应的俯仰角 $\vartheta_2(t)$ 响应曲线如图 4.18 中短虚线所示。

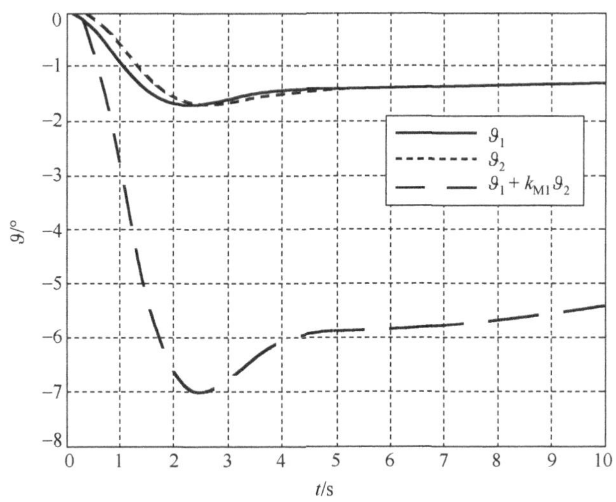

图 4.18　俯仰角阶跃响应曲线

记俯仰角的最大值为 ϑ_{pk2}、最小值为 $\vartheta_{\min 2}$ 和最大俯仰角速度为 q_{pk2}。根据线性系统的叠加原理，如果前馈增益为 k_{M1}，俯仰角为机械通道输出量和前馈通道输出量之和，即

$\vartheta_{pk}=\vartheta_{pk1}+k_{M1}\vartheta_{pk2}$，$q_{pk}=q_{pk1}+k_{M1}q_{pk2}$，$\vartheta_{min}=\vartheta_{min1}+k_{M1}\vartheta_{min2}$，如果点（$\vartheta_{min},q_{pk}/\vartheta_{pk2}$）位于式（4.7）折线的上方，即可达到 1 级品质等级的要求。即

$$q_{pk}/\vartheta_{pk} \geqslant -0.0265\vartheta_{min}+0.833 \tag{4.10}$$

由此可得

$$\frac{q_{pk1}+k_{M1}q_{pk2}}{\vartheta_{pk1}+k_{M1}\vartheta_{pk2}} \geqslant -0.0265(\vartheta_{min1}+k_{M1}\vartheta_{min2})+0.833 \tag{4.11}$$

由于俯仰角响应未出现如附录 A 中图 FA.4 所示的局部极小点，此处计算取 $\vartheta_{min}=\vartheta_{pk}$。代入数值 $\vartheta_{pk1}=1.7287$，$q_{pk1}=1.3919$，$q_{pk2}=1.2680$ 到式（4.10）中，可以解出 $k_{M1}\geqslant -0.3918$。这表明之前的系统在节点 1 处已满足快捷性 1 级品质等级的要求。

（2）根据操纵功效要求设计 k_{Mi}。

操纵功效 2 级品质等级要求俯仰角操纵响应至少要达到 $\vartheta_m=7°$，则加入增益为 k_{M1} 的增控通道后，俯仰角的最大输出量 ϑ_{pk} 应满足 $\vartheta_{pk}>\vartheta_m$，即

$$\vartheta_{pk1}+k_{M1}\vartheta_{pk2}>\vartheta_m \tag{4.12}$$

整理，得

$$k_{M1}>\frac{\vartheta_m-\vartheta_{pk1}}{\vartheta_{pk2}} \tag{4.13}$$

仍以节点 1 下的俯仰通道为例。计算俯仰角阶跃响应（见图 4.18），取 2 级品质等级 $\vartheta_m=7$，将数据 $\vartheta_{pk1}=1.7287$、$\vartheta_{pk2}=1.7033$ 代入到式（4.13），可得 $k_{M1}=3.0948$。

同理，可以得出其他节点处的 k_{M1} 值。

类似地，可以对倾斜通道、航向通道的前馈增益进行设计。由于飞行品质规范 ADS-33E 没有规定前飞状态下纵向、航向通道的快捷性和操纵功效，所以，参考悬停与低速状态来设计参数 $k_{Mi}(i=1,3)$。计算结果列于表 4.12 中。

表 4.12　前馈通道增益 k_{Mi} 的值

飞行状态	设计节点	快捷性要求			操纵功效要求		
		k_{M1}	k_{M2}	k_{M3}	k_{M1}（2 级）	k_{M2}	k_{M3}
悬停与低速	1	−0.3918	0.7679	0.2925	3.0948	0.7869	−0.4386
	2	−0.3439	0.8051	0.3567	3.1040	0.8119	−0.4036
	3	−0.3361	0.6262	0.3592	3.0896	0.7929	−0.4033
	4	−2.4854	2.4071	0.4407	1.9194	−0.0835	−0.3283
	10	−2.5415	2.4804	0.5396	1.9323	0.0154	−0.2700
	16	−2.6157	2.5929	0.6415	1.9525	0.1134	−0.2120
前飞	5	−2.2612	2.4631	0.3412	1.9097	−0.0683	−0.4082
	6	−1.6976	2.4762	0.2181	1.7933	−0.0274	−0.5011
	7	−0.4906	2.3345	0.0834	1.4061	−0.0237	−0.5829
	8	0.2806	2.2371	0.0156	1.1732	−0.0336	−0.6236
	9	1.3829	2.1257	−0.0289	0.5513	−0.0545	−0.6548

续表

飞行状态	设计节点	快捷性要求			操纵功效要求		
		k_{M1}	k_{M2}	k_{M3}	k_{M1}（2 级）	k_{M2}	k_{M3}
	11	−2.3994	2.4798	0.4458	1.9350	−0.0328	−0.3394
	12	−2.0160	2.4910	0.3249	1.8609	−0.0206	−0.4372
	13	−1.2841	2.3488	0.1835	1.6065	−0.0288	−0.5264
	14	−0.5393	2.2487	0.1106	1.9540	−0.0451	−0.5707
	15	0.1988	2.1317	0.0575	1.1637	−0.0759	−0.6053
	17	−2.5065	2.5162	0.5592	1.9540	−0.0759	−0.2631
	18	−2.2508	2.5106	0.4417	1.9058	0.0039	−0.3651
	19	−1.7384	2.3626	0.2937	1.7092	−0.0241	−0.4626
	20	−1.2069	2.2535	0.2163	1.5587	−0.0491	−0.5115
	21	−0.7753	2.1322	0.1566	1.4427	−0.0910	−0.5494

综合考虑全部设计节点下快捷性、操纵功效的要求，兼顾方案便于实现，取 $k_{M1}=2$，$k_{M2}=2.8$，$k_{M3}=1$。

对采用前馈控制后系统俯仰、倾斜和航向各通道的快捷性检验结果显示，全部节点均满足 1 级品质等级的要求（见图 4.19、表 4.13 和表 4.14）。操纵功效的检验结果表明，俯仰通道除 3 个悬停状态不满足 2 级品质等级要求外，低速节点均达到 2 级品质等级要求，而前飞节点全部满足 1 级品质等级要求；倾斜通道的操纵功效全部达到 1 级品质等级要求（见图 4.20、表 4.15 和表 4.16）；航向通道操纵功效本已满足 1 级品质等级的要求，不需要采取其他措施。

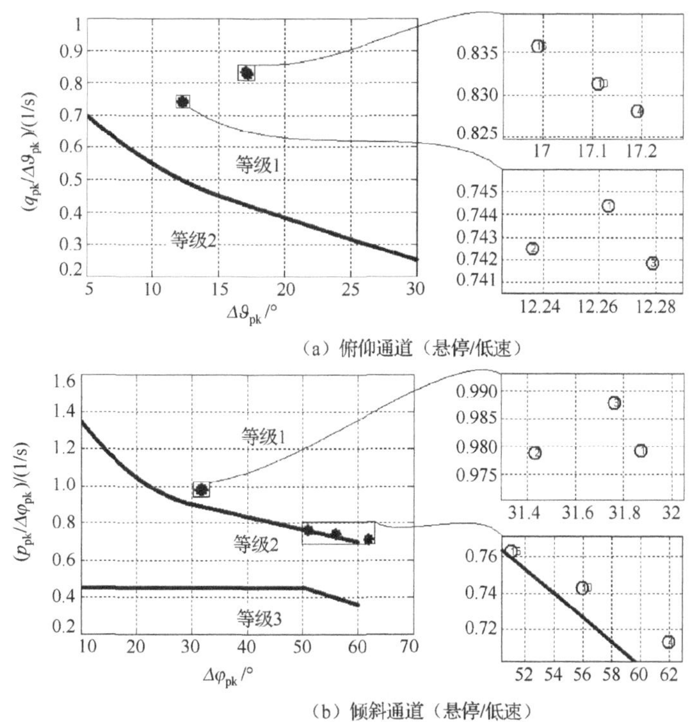

图 4.19　控制增稳系统的快捷性检验

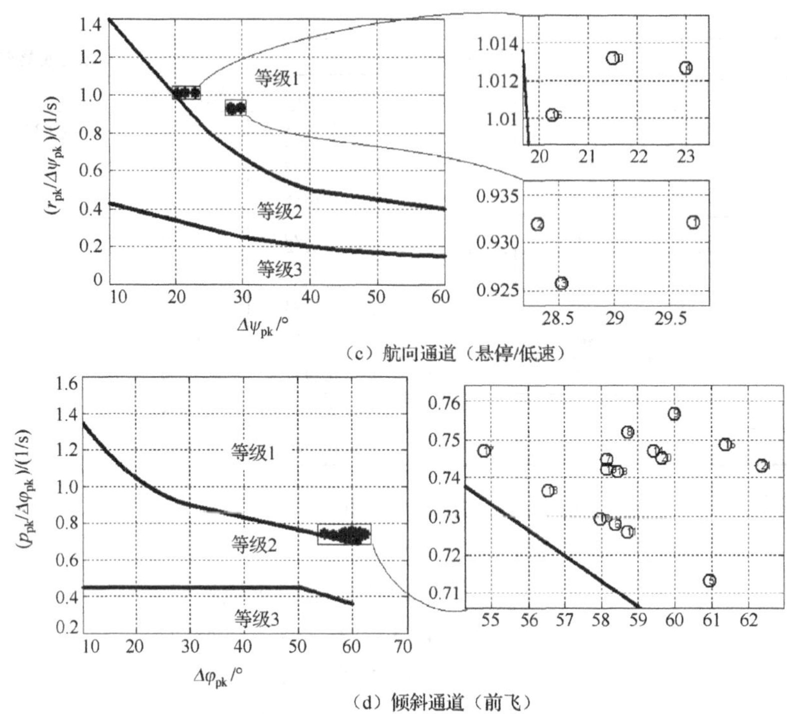

图 4.19 控制增稳系统的快捷性检验(续)

表 4.13 俯仰、倾斜和航向通道的快捷性(悬停/低速)(控制增稳后)

飞行状态	设计节点	俯仰通道			倾斜通道			航向通道		
		$\frac{q_{pk}}{\Delta\vartheta_{pk}}$ /(1/s)	$\Delta\vartheta_{min}$ /°	品质等级	$\frac{p_{pk}}{\Delta\varphi_{pk}}$ /(1/s)	$\Delta\varphi_{min}$ /°	品质等级	$\frac{r_{pk}}{\Delta\psi_{pk}}$ /(1/s)	$\Delta\psi_{min}$ /°	品质等级
悬停与低速	1	0.7444	12.2632	1	0.9794	31.8722	1	0.9322	29.7170	1
	2	0.7425	12.2361	1	0.9788	31.4328	1	0.9321	28.3067	1
	3	0.7419	12.2790	1	0.9880	31.7627	1	0.9258	28.5270	1
	4	0.8282	17.1900	1	0.7132	61.9542	1	1.0127	23.0059	1
	10	0.8313	17.1107	1	0.7430	55.9378	1	1.0132	21.5019	1
	16	0.8358	16.9880	1	0.7631	51.0372	1	1.0102	20.2705	1

表 4.14 倾斜通道的快捷性(前飞)(控制增稳后)

飞行状态	设计节点	$\frac{p_{pk}}{\Delta\varphi_{pk}}$ /(1/s)	$\Delta\varphi_{min}$ /°	品质等级
前飞	5	0.7132	60.9363	1
	6	0.7280	58.3826	1
	7	0.7448	58.1489	1
	8	0.7520	58.7213	1
	9	0.7568	60.0012	1
	11	0.7259	58.6989	1
	12	0.7293	57.9711	1
	13	0.7417	58.4392	1
	14	0.7470	59.4171	1

续表

飞行状态	设计节点	$\frac{p_{pk}}{\Delta\varphi_{pk}}$ /（1/s）	$\Delta\varphi_{min}$ /°	品质等级
	15	0.7486	61.3721	1
	17	0.7471	54.8103	1
	18	0.7366	56.5501	1
	19	0.7424	58.1489	1
	20	0.7453	59.6538	1
	21	0.7433	62.3720	1

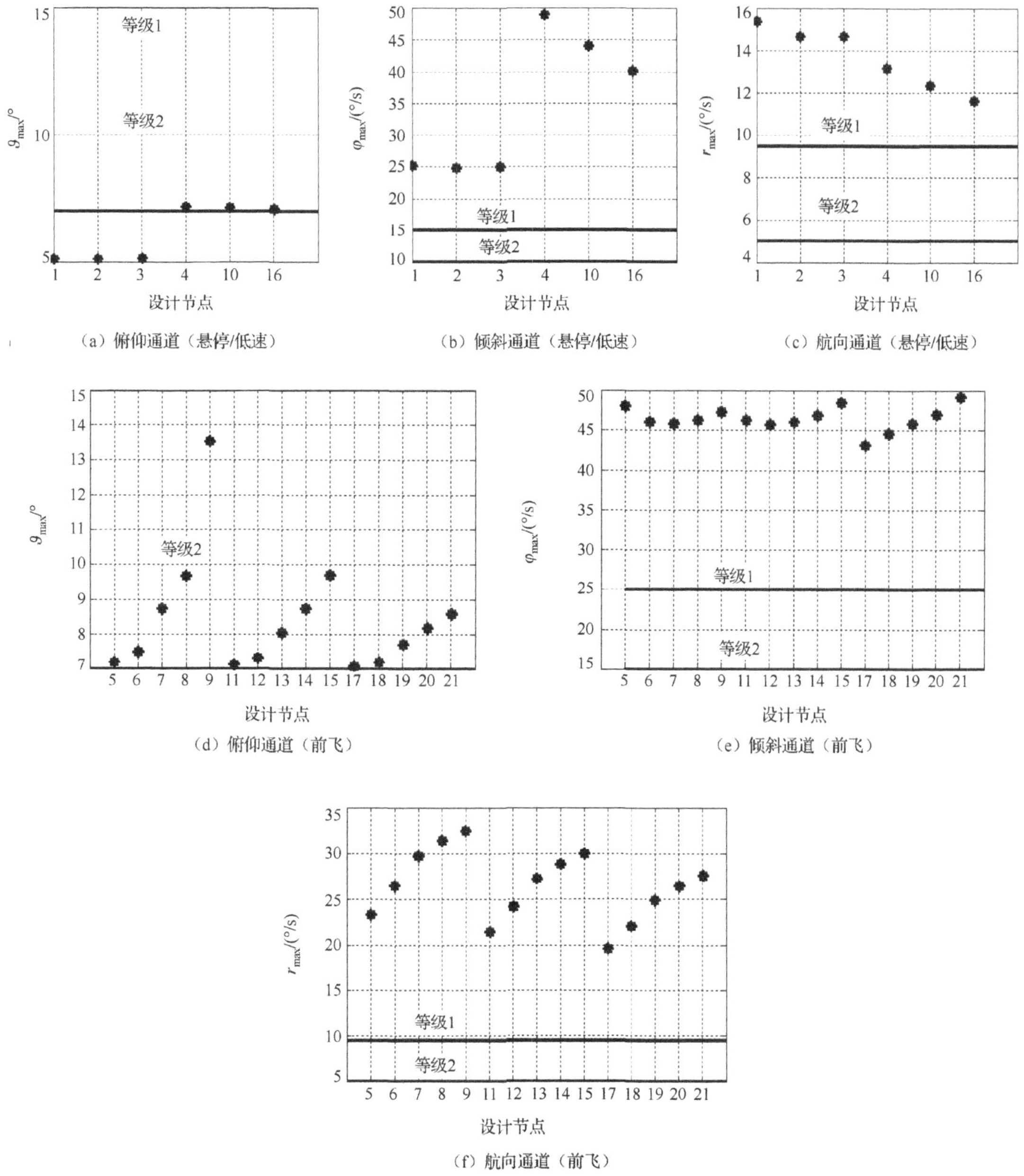

（a）俯仰通道（悬停/低速）

（b）倾斜通道（悬停/低速）

（c）航向通道（悬停/低速）

（d）俯仰通道（前飞）

（e）倾斜通道（前飞）

（f）航向通道（前飞）

图 4.20 控制增稳系统的操纵功效检验

表 4.15 悬停/低速状态下俯仰、倾斜、航向通道的操纵功效（控制增稳后）

飞行状态	设计节点	俯仰通道		倾斜通道		航向通道（保持）	
		ϑ_{max} /°	品质等级	φ_{max} /°	品质等级	r_{max} /（°/s）	品质等级
悬停与低速	1	5.1097	2	24.9665	1	15.3983	1
	2	5.0984	2	24.6224	1	14.6688	1
	3	5.1162	2	24.8808	1	14.6722	1
	4	7.1625	1	48.5308	1	13.1925	1
	10	7.1295	1	43.8179	1	12.3395	1
	16	7.0783	1	39.9791	1	11.5958	1

表 4.16 前飞状态下倾斜通道的操纵功效（控制增稳后）

飞行状态	设计节点	俯仰通道		倾斜通道		航向通道	
		ϑ_{max} /°	品质等级	φ_{max} /°	品质等级	r_{max} /（°/s）	品质等级
前飞	5	7.1896	1	47.7335	1	23.1173	1
	6	7.4977	1	45.7330	1	26.1866	1
	7	8.7260	1	45.5500	1	29.4515	1
	8	9.6612	1	45.9984	1	31.0577	1
	9	13.5330	1	47.0010	1	32.1075	1
	11	7.1250	1	45.9808	1	21.2166	1
	12	7.3150	1	45.4107	1	23.9452	1
	13	8.0399	1	45.7773	1	26.9923	1
	14	8.7408	1	46.5434	1	28.5686	1
	15	9.7044	1	48.0748	1	29.6963	1
	17	7.0770	1	42.9347	1	19.4405	1
	18	7.1978	1	44.2976	1	21.8325	1
	19	7.7255	1	45.5499	1	24.6501	1
	20	8.1858	1	46.7288	1	26.1593	1
	21	8.5739	1	48.8581	1	27.3014	1

4.2.2 解耦控制器设计

解耦控制系统的工作原理是，当驾驶员操纵飞机引起期望之外的响应时，可以把操纵量看作期望外响应的干扰输入，设计该操纵量到期望外响应的前馈交联通道控制器，用来抵消该操纵量引起的期望之外的响应。

以总距到航向通道的解耦控制器设计为例，说明解耦控制器的设计方法。相对于航向角速度输出 $r=\dot{\psi}$，总距输入量 X^{θ} 可视为干扰。当飞行员上提总距杆时，总距增加，主旋翼升力加大，直升机开始上升；同时桨毂扭矩相应增加，会导致直升机的航向发生变化。设计前馈控制器 $G_{43}(s)$，在总距输入的同时，对航向通道进行前馈补偿，调整尾桨桨距，可以保持飞机航向稳定。图 4.21 给出了前馈交联解耦控制方案的结构示意图。

其中，$G_{o1}(s)=\dfrac{r(s)}{X^{\theta}(s)}$，$G_{o2}(s)=\dfrac{r(s)}{X^{\delta}(s)}$。

显然，要达到解耦的目的，应有

$$G_{43}(s)\cdot G_{o2}(s)=G_{o1}(s) \tag{4.14}$$

$$G_{43}(s)=G_{o1}(s)/G_{o2}(s) \tag{4.15}$$

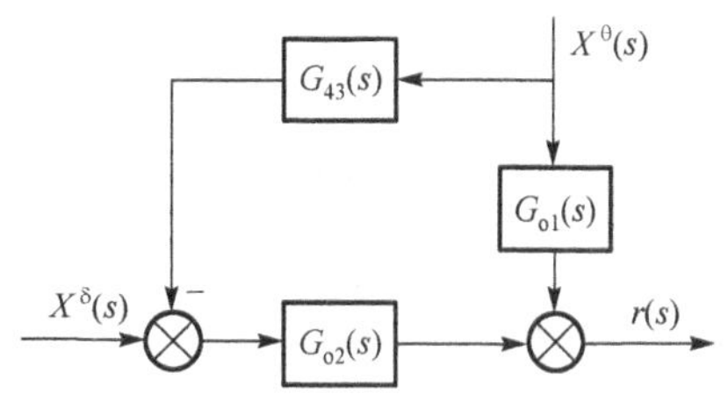

图 4.21 前馈交联解耦控制方案的结构示意图

以节点 15 为例进行具体计算。根据系统结构图 2.12，求出总距 X^{θ} 到航向角速度 r 的传递函数：

$$G_{o1}(s)=\frac{r(s)}{X^{\theta}(s)}=\frac{M_{o1}(s)}{N_{o}(s)} \tag{4.16}$$

式中，$M_{o1}(s)=0.017434s(s+60.34)(s+57.8)(s+47.01)(s-37.06)(s+9.714)(s+3.094)\cdot$
$(s+2.475)(s+0.3814)(s-0.1353)(s-0.0457)(s^2+2.349s+3.712)$

$N_{o}(s)=(s+60.16)(s+55.23)(s+47.44)(s+11.67)(s+8.631)(s+0.4058)(s+0.358)\cdot$
$(s+0.08909)(s^2+1.696s+1.909)(s^2+2.933s+4.488)(s^2+2.696s+6.176)$

求出脚蹬 $X^{\delta}(s)$ 到航向角速度 $r(s)$ 的传递函数：

$$G_{o2}(s)=\frac{r(s)}{X^{\delta}(s)}=\frac{M_{o2}(s)}{N_{o}(s)} \tag{4.17}$$

式中，$M_{o2}(s)=-3.2439s(s+60.16)(s+57.8)(s+47.45)(s+11.72)(s+8.577)(s+0.9484)(s+0.416)\cdot$
$(s+0.08781)(s^2+0.837s+0.9528)(s^2+2.718s+4.699)$

由式（4.16）适当简化后，可得出总距到航向通道解耦控制器的传递函数 $G_{43}(s)$ 为

$$\begin{aligned}G_{43}(s)=&[-0.0053(s-37.06)(s+9.714)(s+3.094)(s+2.475)(s+0.3814)\cdot\\&(s-0.1353)(s-0.0457)(s^2+2.349+3.712)]/[(s+11.72)(s+8.577)(s+0.9484)\cdot\\&(s+0.416)(s+0.08781)(s^2+0.837s+0.9528.6888)(s^2+2.718s+4.699)]\end{aligned} \tag{4.18}$$

在总距通道给定幅值为 30 的阶跃输入，分别绘制加入解耦控制器前后航向角速度 r 和航向角 ψ 的动态响应曲线，如图 4.22 所示。

由图 4.22 可以看出，加入解耦控制器 $G_{43}(s)$ 后，当飞行员总距杆阶跃输入时，航向角速度 r 的峰值从 $0.4589°/\mathrm{s}$ 减小到 $0.003442°/\mathrm{s}$。可见，所设计的控制器有效抑制了总距到航向通道的交联耦合效应。

同理，可以设计纵向杆到倾斜通道的交联解耦控制器传递函数 $G_{12}(s)$。

$$\begin{aligned}G_{12}(s)=&[0.0025(s+10.99)(s+0.3463)(s-0.3723)(s+0.04595)(s^2+3.516s+7.975)\\&(s^2-3.185s+19.73)]/[(s+8.621)(s+0.4204)(s+0.0906)(s+0.04695)\\&(s^2+2.607s+4.24)(s^2+3.569s+7.888)]\end{aligned}$$

图 4.23 给出了加入解耦控制器 $G_{12}(s)$ 前后 p、φ 的动态响应曲线。倾斜角速度 p 的峰值从解耦控制前的 $0.8122°/\mathrm{s}$ 减小到 $0.0184°/\mathrm{s}$，解耦效果明显。

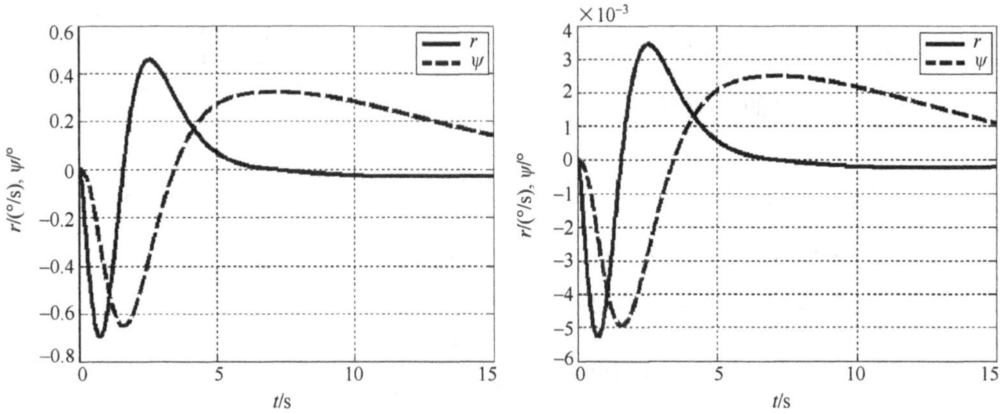

（a）解耦控制前

（b）解耦控制后

图 4.22　加入解耦控制器 $G_{43}(s)$ 前后 r, ψ 的响应曲线

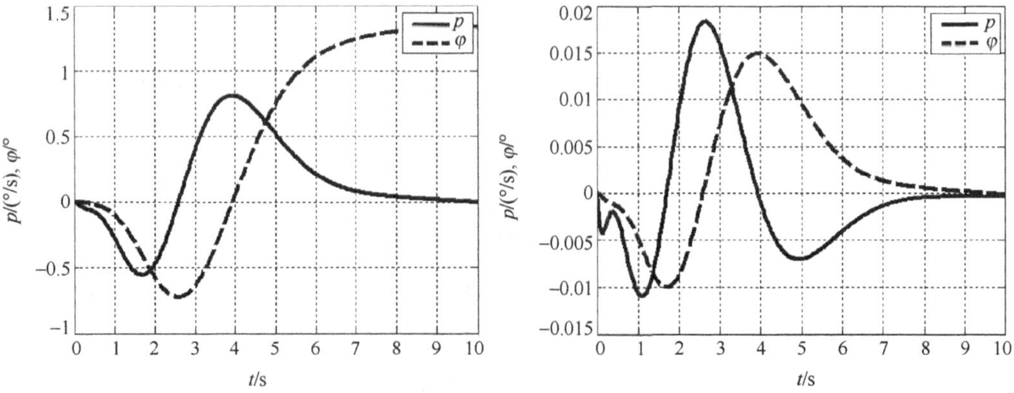

（a）解耦控制前

（b）解耦控制后

图 4.23　加入解耦控制器 $G_{12}(s)$ 前后 p, φ 的动态响应曲线

分别针对 21 个节点，设计总距-航向通道、俯仰-倾斜通道的解耦控制器，通过仿真计算解耦控制前后阶跃输入下的轴外响应峰值，进行品质检验，结果分别如图 4.24、图 4.25 所示。数据分别列在表 4.17 和表 4.18 中。

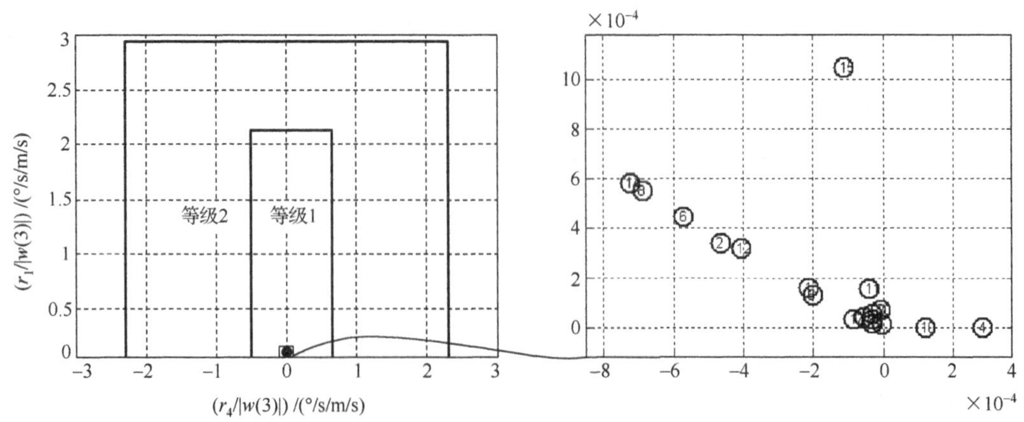

图 4.24　解耦控制后的总距-航向耦合检验结果

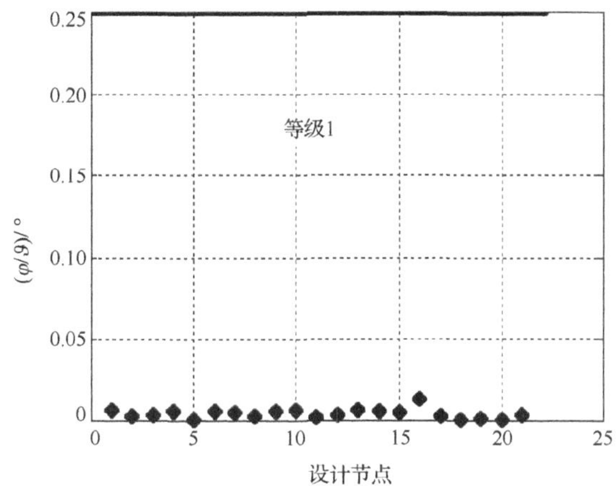

图 4.25 解耦控制后的俯仰-倾斜耦合检验结果

表 4.17 总距-航向耦合检验结果

飞行状态	设计节点	加入解耦控制器之前			加入解耦控制器之后		
		w_{pk} /（m/s）	r_{pk} /（° /s）	等级	w_{pk} /（m/s）	r_{pk} /（° /s）	等级
悬停与低速	1	0.4313	0.3908	1	−0.000 005 2	0.000 011 3	1
	2	−0.4554	0.4185	1	−0.000 466 9	0.000 340 3	1
	3	−0.5163	0.4777	2	−0.025 491 7	0.026 179 0	1
	4	−0.6379	0.7348	2	0.000 286 5	0	1
	10	−0.6674	0.7523	2	0.000 119 1	0	1
	16	−0.7044	0.7791	2	−0.000 030 4	0.000 053 9	1
前飞	5	−0.5507	0.6982	2	−0.000 202 4	0.000 129 0	1
	6	−0.4883	0.6778	1	−0.000 571 3	0.000 445 2	1
	7	−0.5664	0.8317	2	−0.002 689 6	0.002 251 3	1
	8	−0.7385	1.1002	2	−0.000 688 9	0.000 551 4	1
	9	−1.3439	2.0163	2	−0.000 031 8	0.000 030 5	1
	11	−0.5836	0.7178	2	−0.000 040 8	0.000 156 4	1
	12	−0.5100	0.6836	2	−0.000 407 1	0.000 317 6	1
	13	−0.5752	0.8175	2	−0.000 212 1	0.000 160 1	1
	14	−0.7360	1.0652	2	−0.000 724 8	0.000 581 6	1
	15	−1.1283	1.6530	2	−0.000 110 8	0.001 049 4	1
	17	−0.6198	0.7407	2	−0.000 084 9	0.000 032 6	1
	18	−0.5379	0.6967	2	−0.000 055 3	0.000 041 0	1
	19	-0.5924	0.8140	2	−0.000 030 3	0.000 015 5	1
	20	−0.7467	1.0496	2	−0.000 007 9	0.000 071 0	1
	21	−1.0675	1.5242	2	−0.003 651 6	0.002 675 8	1

表 4.18 俯仰-倾斜耦合检验结果

飞行状态	设计节点	加入解耦控制器之前		加入解耦控制器之后	
		φ_{pk} /°	等 级	φ_{pk} /°	等 级
悬停与低速	1	0.1735	1	0.006 280	1
	2	0.1620	1	0.002 912	1

续表

飞行状态	设计节点	加入解耦控制器之前		加入解耦控制器之后	
		φ_{pk} /°	等 级	φ_{pk} /°	等 级
悬停与低速	3	0.1491	1	0.003 463	1
	4	0.3131	2	0.005 766	1
	10	0.2885	2	0.006 018	1
	16	0.2672	2	0.012 715	1
前飞	5	0.3014	2	0.000 612	1
	6	0.3011	2	0.005 378	1
	7	0.2531	2	0.004 958	1
	8	0.0750	1	0.002 226	1
	9	0.3288	2	0.005 187	1
	11	0.2926	2	0.001 491	1
	12	0.3032	2	0.003 222	1
	13	0.2927	2	0.005 932	1
	14	0.1440	1	0.005 321	1
	15	0.2249	1	0.004 604	1
	17	0.2753	2	0.002 934	1
	18	0.2978	2	0.000 505	1
	19	0.3201	2	0.001 219	1
	20	0.2266	1	0.000 210	1
	21	0.1229	1	0.003 640	1

结果显示，经过总距-航向交联解耦控制后，在总距阶跃输入下，法向速度峰值基本不变，航向角速度的交联影响明显减小。所有节点下的总距-航向耦合检验均达到 1 级品质等级要求（见图 4.24）。加入纵向杆到倾斜通道的解耦控制之后，纵向杆阶跃输入引起的倾斜角速度响应峰值显著减小，所有节点下的俯仰-倾斜耦合检验均满足 1 级品质等级要求（见图 4.25）。采用控制增稳方案，并利用交联前馈，能够有效抑制轴间耦合。

本 章 小 结

本章设计控制增稳系统，用于提高系统的操纵品质。依据直升机飞行品质规范 ADS-33E 的相关要求，检验增稳系统的品质等级，采用控制增稳方案来设计相应通道的前馈控制器，并改善系统的操纵性；设计相应的交联解耦控制器，抑制轴间耦合，满足期望的品质等级要求。

参 考 文 献

[1] GJB-902A. 军用直升机飞行品质规范[S]. 北京：中华人民共和国国家军用标准，1990.

[2] Anonymous.Aeronautical design standard performance specification handling qualities requirements for

military rotorcraft[S], United States Army Aviation and Missile Command, ADS-33E, 2000.

[3] 陈仁良，高正. 基于 ADS-33E 的直升机俯仰操纵响应研究[J]. 南京航空航天大学学报，2003，35：231-236.

[4] 荣彔录. 直升机飞行品质设计方法研究[D]. 南京：南京航空航天大学，2007.

[5] 孙传伟. 直升机飞行动力学模型与飞行品质评估[D]. 南京：南京航空航天大学, 2009.

[6] Lu JingChao, Zhang JiaMing. Control law design for helicopter based on radial basis function neural network[C], IEEE International Conference on Control and Automation, ICCA, 2007, 867-872.

[7] Kumeresan A. Danapalasingam and Morten Bisgaard, Robust Helicopter Stabilization in the Face of Wind Disturbance[C],IEEE Conference on Decision and Control December, 2010: 15-17.

[8] John J. Burken, Edwards, Ping Lu, Zhenglu Wu. Reconfigurable flight control designs with application to the X-33 vehicle[R], AIAA2009, 41（43）：951-965.

[9] S. Elshafel. Parametric Models for Helicopter Identification Using ANN[J], IEEE Trans on AES, 2000, 36（4）.

[10] Wu W, Chen R L. Identification method for helicopter fully coupled flight dynamics model in hover condition[J], Acta Aeronouticaet Astronautica, 2011, 32（2）: 202-211.

[11] Ivana Palunko. Small Helicopter Control Design Based on Model Reduction and Decoupling[J], Journal of Intelligent and Robotic Systems, 2008,54（1）: 201-228.

[12] T.Poggio and F.Girosi, Networks for Approximation and Learning[R], Pro ceding of the IEEE. 1990，78: 1481-1497.

[13] 刘宇亮. 直升机显模型跟随控制律设计及品质指标评价[D]. 西安：西北工业大学，2014.

第5章 导航控制律设计

5.1 引　　言

直升机在执行长距离飞行任务时，由于飞行强度高，飞行员心理压力大，很容易疲劳，因此需要借助导航系统，使直升机自动按照规划的航线飞行，帮助飞行员完成特定的任务（如反潜、巡逻、侦察等）。

传统的导航控制系统是三维导航控制系统，通常可以分为水平导航（Lateral Navigation，LNAV）、垂直导航（Vertical Navigation，VNAV）两项功能。三维导航控制系统可以控制飞机在三维空间内精确地沿预定航迹飞行。

本章阐述导航坐标系的建立、不同类型航线的表述方式、导航参数计算方法、航段切换逻辑和三维导航控制策略。

5.1.1 直升机导航控制基本原理

直升机导航控制系统框图如图 5.1 所示，整个系统可以分成导航参数计算、引导指令生成和自动驾驶仪三个模块。导航参数计算模块主要完成飞行计划（航路点位置、高度和动作要求等）构建和解析，航路切换判断、水平导航参数（侧偏距、方位角偏差）和垂直导航参数（高度差、速度差）的计算；引导指令生成模块根据水平和垂直导航参数完成期望滚转角、期望高度或期望速度的计算；自动驾驶仪是导航计算模块的执行机构，根据引导指令和直升机当前姿态、速度、位置等生成控制指令，驱动相应舵机，改变直升机的姿态、速度或位置，使直升机按照预定航线飞行，从而完成自动导航任务。

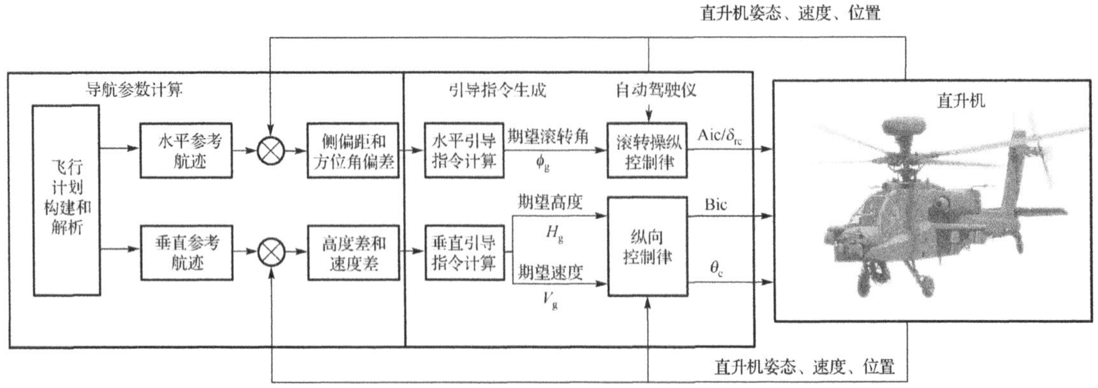

图 5.1　直升机导航控制系统框图

5.1.2 直升机常用导航设备

导航控制要建立合适的空间和地理中的参考坐标系，通过导航设备感知直升机当前所处的位置和目标位置之间的关系，进而规划合适的航路，实现飞行引导和航迹控制。导航控制系统离不开必要的导航设备，直升机常用的导航设备按照是否需要外界设备支持可以分为两大类：（1）自主式或自备式导航，该类设备不需要外界设备的支持，只依靠载体自身所搭载的设备感知或测量导航信息，常用的有惯性导航系统（Inertial Navigation System，INS）、多普勒导航系统（Doppler Navigation System，DNS）等。（2）非自主式导航，该类设备依赖外界设备的支持，必须具有发射和接收信息的装置，与外界有信息交换，常用设备有陆基无线电导航系统、全球卫星导航系统（Global Navigation System，GNSS）等。

惯性导航系统使用陀螺仪、加速度计等惯性敏感组件测量载体在惯性空间的线运动和角运动，再利用牛顿力学原理进行自主推算，实时解算载体的位置、速度、航向与姿态等信息。惯性导航系统不需要与外界有任何信息交换，是一种完全自主的、全天候且信息完备的导航系统，正因如此，惯性导航系统是应用最为广泛的核心导航设备。惯性导航系统分为平台式惯性导航系统和捷联式惯性导航系统。平台式惯性导航系统具有由陀螺仪及其伺服机构组成的惯性平台，用于跟踪指定的坐标系，为加速度计提供测量基准。捷联式惯性导航系统省略了复杂的伺服机构，陀螺仪和加速度计直接与载体固连，通过对惯性传感器输出信号的采样、解算获得包含载体航向、姿态信息的姿态矩阵，由此建立类似物理平台功能的数字平台。由于惯性导航的导航信息是经过积分产生的，所以惯性导航系统的定位误差会随时间增大，长期精度变差，而且使用前需要经较长时间的初始对准。

多普勒导航系统是由多普勒雷达与机载航向设备、导航计算机等组成的自主式航位推算系统。多普勒导航系统的核心设备是利用多普勒效应来测定飞机运动速度的机载导航雷达，其工作原理：由多普勒雷达测量飞机的地速和偏流角，导航计算机根据地速对时间积分得到已飞距离，再根据来自罗盘的航向信息和初始位置推算得到飞机当前的位置。多普勒导航系统的优点：不需要外部设备配合工作，不受地区和气候条件限制，地速和偏流角测量精度高；缺点：飞机姿态在超出限制时，多普勒雷达可能因接收不到回波而无法工作，定位误差随时间推移而增加等。

无线电导航系统是利用无线电波、几何定位原理来定位和导航的系统。无线电导航系统通过无线电波的接收、发射和处理导航台发射信号的时间、相位、幅度、频率参量，进而测量出载体相对于导航台的方向、距离、速度等信息，确定飞机与导航台之间的相对位置关系，据此实现对飞机的定位和导航。无线电导航系统根据导航台的位置可以分为星基导航系统和陆基导航系统，按照其几何定位方式可组成测角-测角（如伏尔 VOR 导航系统）、测距-测距（如 DME 导航系统）、测角-测距（如塔康 TACAN 系统）、测距差（如 LORAN-C 导航系统）等多种形式。

全球卫星导航系统（GNSS）是以卫星为基础的星基无线电导航系统，GNSS 能在全球范围内或近地空间的任何地点为用户提供全天候高精度三维位置、速度和时间基准信息，具有静态定位、动态导航和精密授时功能。目前有四大全球卫星定位系统：美国的 GPS 系统、中国北斗系统、俄罗斯 GLONASS 系统和欧盟的伽利略卫星导航系统。GNSS 利用到达时间测距原理确定用户的位置，需要知道测量信号从位置已知的信号源（卫星）发出到用户接收机所经历的时间。用户接收机通过测量多个位置已知卫星的信号传播时间来解算出自身的位置信息。全球卫星导航系统的优点：定位精度高，可全球使用；缺点：受天气和位置影响较大，容易被干扰。

在实际中，由于单一导航设备往往存在一些缺点，为了保证飞行安全和导航系统可靠性，飞机上往往装备两类或更多的导航设备，构成组合导航系统或多裕度导航系统，如GPS/INS 组合系统、多普勒/GPS 组合导航系统等。

5.2 导航坐标系的建立和导航参数计算

将直升机安全准确地沿预定航路从起始点引导到目的地的过程称为导航。导航需要的基本信息有实时位置、速度、航向、姿态、时间等，由这些基本信息可以计算出直升机相对预定航路的导航参数，如侧偏距、航迹偏差角、偏流角、待飞时间、待飞距离等，再由这些信息计算出直升机操纵指令，控制直升机准确地飞向目的地。

直升机在进行导航时，首先要确定其位置和航线的描述方法，再根据导航方法计算出导航参数。在工程实践中，常用两种导航定位方法，一是平面直角定位法，即选择地面某点作为坐标原点和与之相关的右手坐标系建立平面直角坐标系，再计算直升机相对该点的位置（坐标），这种方法适用于短距导航（数十千米范围）、起飞和降落等某些特殊场合；二是采用与地球固连的坐标系作为参考的定位方法，此类坐标系以地球中心为原点，常用的坐标系有地球空间直角坐标系和地球球面坐标系。地球空间直角坐标系常在某些长距离无线电导航系统和卫星导航系统中使用，地球球面坐标系用经度、纬度和高度表示直升机位置，应用更为广泛。

不论采用哪种导航定位方法，导航系统都要给出直升机和航路点的位置表示，都需要计算出侧偏距和应飞航向等导航参数。本节将介绍在不同导航坐标系中直升机坐标的描述和导航参数的计算方法。

5.2.1 地球模型和地球坐标系

地球的形状为东西方向长，南北方向短的梨形，通过地轴的平面在地球表面的切痕为椭圆，因此地球的数学模型可以表述为椭圆绕地轴的旋转椭球。旋转椭球一般用赤道长半径、极轴短半径及扁率等 3 个指标描述。截至目前，全球采用的旋转椭球共计 10 余种，表 5.1 为地球参考旋转椭球参数。根据体积相等的原则，各种椭球模型均一化以后，可将地球模型简化为球体，其平均半径约为 6371km。

国际民航组织 ICAO 规定，国际民航于 1998 年 1 月 1 日开始统一采用 WGS-84（World Geography System-84）坐标系统。我国 1975 年以前采用从苏联引进的克拉索夫斯基椭球，建立了北京-54 坐标系；1975 年以后公布的测绘资料采用 IAG-75（International Association Geodesy-75）椭球，建立了西安-80 坐标系。

远距导航常采用以地球为中心的坐标系，主要有两种坐标系，一种是以地球中心为坐标原点的地球直角坐标系；另一种是地球球面坐标系，又称为地理坐标系，常用地理坐标系表示方式(L,λ,H)（纬度，经度，高度）。这两种坐标系都和直升机位置具有一一对应关系。

表 5.1　地球参考旋转椭球参数

椭球体名称	长轴 R_e /m	短轴 R_ρ /m	扁率 $e=\frac{R_e-R_\rho}{R_e}$	使用国家或地区
克拉索夫斯基	6 378 245	6 356 863	0.003 352	苏联及中国
IAG- 75	6 378 140	6 356 755	0.003 353	中国
贝塞尔	6 377 397	6 356 079	0.003 343	日本及中国台湾
克拉克	6 378 206	6 356 583	0.003 390	北美
海福特	6 378 388	6 356 912	0.003 367	欧洲及中东
WGS-84	6 378 137	6 356 752	0.003 353	全球

地球直角坐标系如图 5.2 所示，其坐标原点在旋转椭球体的中心，Z_E 轴和地球自转轴重合，正向沿地球自转方向，X_E 轴和 Y_E 轴在赤道平面内，X_E 轴穿过本初子午线，Y_E 轴穿过东经 90° 子午线。

若已知直升机的纬度 L 和经度 λ，飞机飞行高度为 H，在考虑地球是球体的前提下，由图 5.2 可知，直升机在地球直角坐标系中的坐标为

$$\begin{cases} x=(R_L+H)\cos L\cos\lambda \\ y=(R_L+H)\cos L\sin\lambda \\ z=(R_L+H)\sin L \end{cases} \tag{5.1}$$

式中，R_L 是将地球看作正球体时的半径，为 6 371 393m。但是由于地球实际上是椭球体，为了更好地描述直升机在椭球体上的位置，通常采用以下公式描述地理坐标系和地球直角坐标系的关系。

$$\begin{cases} x=(R_N+H)\cos L\cos\lambda \\ y=(R_N+H)\cos L\sin\lambda \\ z=[R_N(1-e)^2+H]\sin L \end{cases} \tag{5.2}$$

式中，e 为扁率，R_N 为卯酉圈曲率半径，子午圈和卯酉圈的定义如图 5.3 所示。

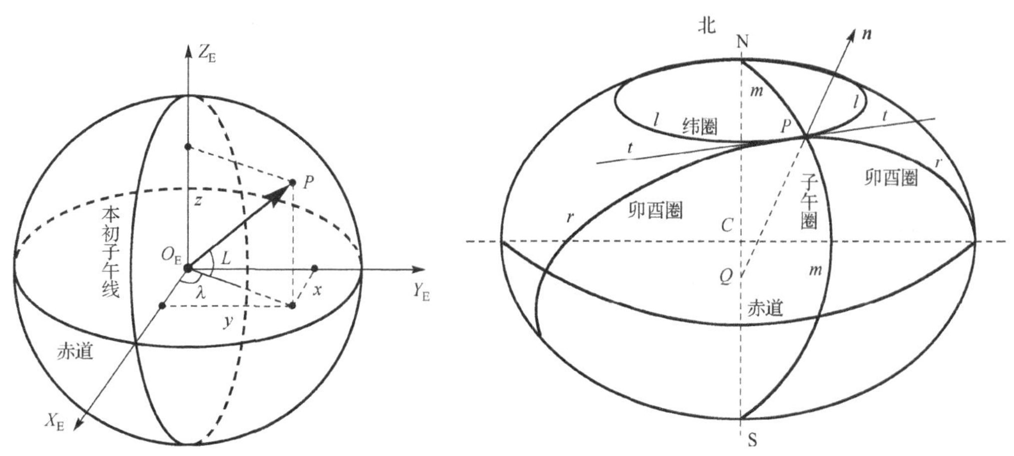

图 5.2　地球直角坐标系　　　　图 5.3　子午圈和卯酉圈的定义

若 P 点为地球椭球面上一点，$\boldsymbol{n}$ 为 P 点处椭球面的法线，NS 为椭球面的对称轴，过 P 点作 NS 的垂直平面，截椭球面所得的平面曲线 lPl 为 P 点处的纬圈，过 P 点和直线 NS 作平面截椭球面所得的平面曲线 mPm 为 P 点处的子午圈（经圈）；过 P 点作纬圈 lPl 的切线 tPt，用 tPt 和法线 $\boldsymbol{n}$ 形成的平面截椭球面所得到的平面曲线 rPr 称为 P 点处的卯酉圈。P 点处沿子午圈的曲率半径 R_{M} 和沿卯酉圈的曲率半径 R_{N} 称为旋转椭球面在 P 点处的主曲率半径。R_{M} 和 R_{N} 的计算公式为

$$R_{\mathrm{M}} = R_e(1-2e+3e\sin^2 L) \tag{5.3}$$

$$R_{\mathrm{N}} = R_e(1+e\sin^2 L) \tag{5.4}$$

5.2.2 大圆航线及其导航参数的计算

从地心到地球球面上一点可以引出一个矢量，该矢量称为地垂线，可以唯一确定球面上一点，所以地球上任意一点还可以用其地垂线向量表示。若地球上一点 P 的经纬度坐标为 (L,λ,H)，则 P 点的地垂线矢量为

$$\boldsymbol{u}_P = \begin{bmatrix} \cos L\cos\lambda \\ \cos L\sin\lambda \\ \sin L \end{bmatrix} \tag{5.5}$$

大圆是过球心的平面和球面相交所得的曲线，根据空间几何知识可知，大圆航线是球面上的最短航线，所以飞行器在远距飞行时，常用大圆航线。定义了地垂线矢量后，大圆航线可以用大圆航线起点 $P_1(L_1,\lambda_1,H)$ 和终点 $P_2(L_2,\lambda_2,H)$ 的地垂线矢量的叉乘表示，如图 5.4 所示。显然，这个叉乘也是大圆航线所在平面的法向量。

$$\begin{aligned}\boldsymbol{u}_{P_1P_2} = \boldsymbol{u}_{P_1}\times\boldsymbol{u}_{P_2} &= \begin{bmatrix} \cos L_1\cos\lambda_1 \\ \cos L_1\sin\lambda_1 \\ \sin L_1 \end{bmatrix}\times\begin{bmatrix} \cos L_2\cos\lambda_2 \\ \cos L_2\sin\lambda_2 \\ \sin L_2 \end{bmatrix} \\ &= \begin{bmatrix} -\sin L_1\cos L_2\sin\lambda_2 + \cos L_1\sin\lambda_1\sin L_2 \\ \sin L_1\cos L_2\cos\lambda_2 - \cos L_1\cos\lambda_1\sin L_2 \\ -\cos L_1\sin\lambda_1\cos L_2\cos\lambda_2 + \cos L_1\cos\lambda_1\cos L_2\sin\lambda_2 \end{bmatrix}\end{aligned} \tag{5.6}$$

在定义了大圆航线后，大圆航线上的导航参数简述如下。

1. 大圆航线应飞航向（真航向）

大圆航线起点 $P_1(L_1,\lambda_1,H)$ 和终点 $P_2(L_2,\lambda_2,H)$ 所在的大圆面与过起点 P_1 的子午面的夹角称为大圆航向，以正北为 0°，顺时针方向为正。显然，大圆航向是大圆航线所在大圆面的法线 $\boldsymbol{u}_{P_1P_2}$ 和过起点 P_1 的子午面的法线 $\boldsymbol{u}_e$ 间的夹角，其计算公式为

$$\psi_{\mathrm{gct}} = \arccos\left(\frac{\boldsymbol{u}_{P_1P_2}}{\left|\boldsymbol{u}_{P_1}\right|}\cdot\frac{\boldsymbol{u}_e}{\left|\boldsymbol{u}_e\right|}\right) \tag{5.7}$$

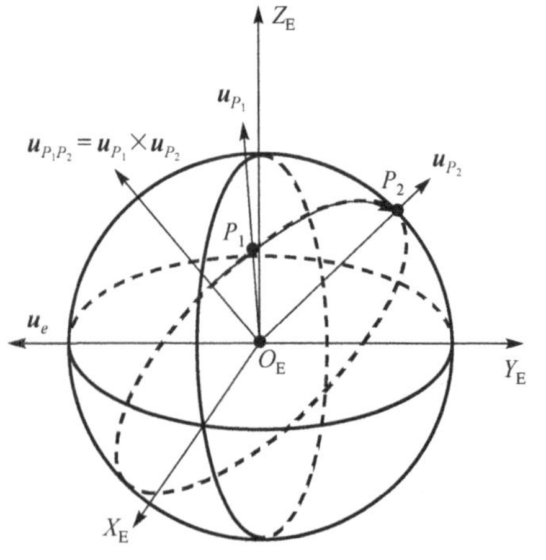

图 5.4 地垂线矢量和大圆航线

式中

$$\boldsymbol{u}_{P_1P_2}=\begin{bmatrix}-\sin L_1\cos L_2\sin\lambda_2+\cos L_1\sin\lambda_1\sin L_2\\ \sin L_1\cos L_2\cos\lambda_2-\cos L_1\cos\lambda_1\sin L_2\\ -\cos L_1\sin\lambda_1\cos L_2\cos\lambda_2+\cos L_1\cos\lambda_1\cos L_2\sin\lambda_2\end{bmatrix}$$

$$\boldsymbol{u}_e=\begin{bmatrix}\cos L_1\sin\lambda_1\\ -\cos L_1\cos\lambda_1\\ 0\end{bmatrix}$$

2. 大圆侧偏距计算

大圆侧偏距计算如图 5.5 所示。设飞机从航路点 $P_1(L_1,\lambda_1,H)$ 飞向 $P_2(L_2,\lambda_2,H)$，飞机的瞬时位置为 P，则 PM 大圆弧长即侧偏距，其中 M 是 P 到 P_1P_2 大圆弧的最短弧长所确定的点。显然过 M 点的大圆弧 PM 切线垂直于 $\boldsymbol{u}_{P_1}$ 和 $\boldsymbol{u}_{P_2}$ 所确定的平面。设沿切线的单位向量为 $\boldsymbol{u}_{P_1P_2}$，P_1 点和 P_2 点的地垂线单位向量为 $\boldsymbol{u}_{P_1}$ 和 $\boldsymbol{u}_{P_2}$，则 $\boldsymbol{u}_{P_1P_2}=\dfrac{\boldsymbol{u}_{P_1}\times\boldsymbol{u}_{P_2}}{|\boldsymbol{u}_{P_1}\times\boldsymbol{u}_{P_2}|}$。

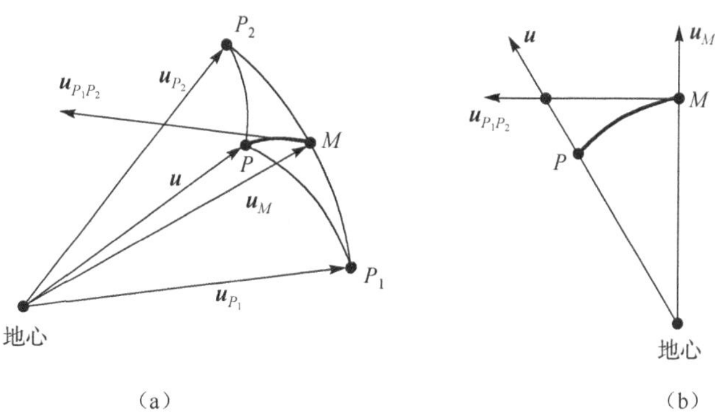

图 5.5　大圆侧偏距计算

用 $\angle\boldsymbol{u}\boldsymbol{u}_M$ 表示向量 $\boldsymbol{u}$ 和 $\boldsymbol{u}_M$ 的夹角，由图 5.5（b）可知 $\angle\boldsymbol{u}\boldsymbol{u}_M=\dfrac{\pi}{2}-\angle\boldsymbol{u}\boldsymbol{u}_{P_1P_2}$，所以 $\sin\angle\boldsymbol{u}\boldsymbol{u}_M=\cos\angle\boldsymbol{u}\boldsymbol{u}_{P_1P_2}=\boldsymbol{u}\cdot\boldsymbol{u}_{P_1P_2}$，故 $\angle\boldsymbol{u}\boldsymbol{u}_M=\arcsin(\boldsymbol{u}\cdot\boldsymbol{u}_{P_1P_2})$。这样，大圆侧偏距计算公式可写为

$$\Delta D_{\text{gct}}=(R_L+H)\arcsin(\boldsymbol{u}\cdot\boldsymbol{u}_{P_1P_2})\tag{5.8}$$

式中

$$\boldsymbol{u}=\begin{bmatrix}\cos L\cos\lambda\\ \cos L\sin\lambda\\ \sin L\end{bmatrix}\quad \boldsymbol{u}_{P_1P_2}=\frac{\boldsymbol{u}_{P_1}\times\boldsymbol{u}_{P_2}}{|\boldsymbol{u}_{P_1}\times\boldsymbol{u}_{P_2}|}$$

$$\boldsymbol{u}_{P_1}\times\boldsymbol{u}_{P_2}=\begin{bmatrix}-\sin L_1\cos L_2\sin\lambda_2+\cos L_1\sin\lambda_1\sin L_2\\ \sin L_1\cos L_2\cos\lambda_2-\cos L_1\cos\lambda_1\sin L_2\\ -\cos L_1\sin\lambda_1\cos L_2\cos\lambda_2+\cos L_1\cos\lambda_1\cos L_2\sin\lambda_2\end{bmatrix}$$

3. 大圆航程计算

若在飞机大圆航线上两点的经纬度坐标分别为 $P_1(L_1,\lambda_1,H)$ 和 $P_2(L_2,\lambda_2,H)$，则 P_1 到 P_2 的大圆航程为

$$D_{\text{gct}}=(R_L+H)\arccos(\cos L_1\cos\lambda_1\cos L_2\cos\lambda_2+\cos L_1\sin\lambda_1\cos L_2\sin\lambda_2+\sin L_1\sin L_2)$$

5.2.3 等角航线及其导航参数的计算

等角航线也称为恒向航线，航线上任意两点之间的连线和地理经线的夹角相等。椭球体面上等角航线如图 5.6 所示，图中 P_1P_2 表示一条起点为 P_1 点，终点为 P_2 点，航向为 χ_{rh} 的等角航线。该航线满足下面的微分方程。

$$\begin{cases}\cos\chi_{\text{rh}}\mathrm{d}S=R_{\text{M}}\mathrm{d}L\\ \sin\chi_{\text{rh}}\mathrm{d}S=R_{\text{N}}\cos L\mathrm{d}\lambda\\ \dfrac{\mathrm{d}\chi_{\text{rh}}}{\mathrm{d}S}=0\end{cases}\tag{5.9}$$

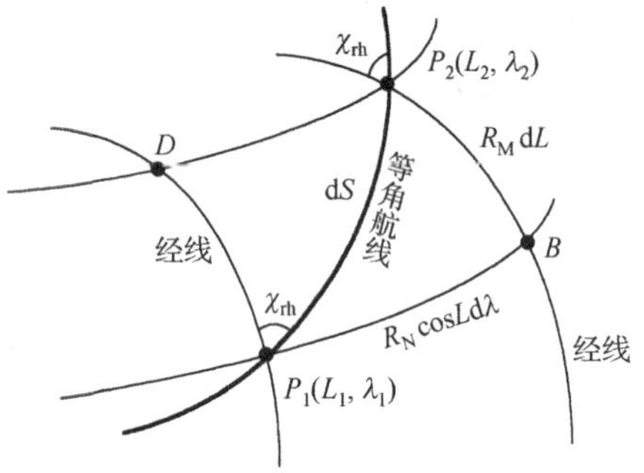

式中，S 为等角航线长度。由微分方程可得

$$\mathrm{d}\lambda=\tan\chi_{\text{rh}}\frac{R_{\text{M}}}{R_{\text{N}}\cos L}\mathrm{d}L\tag{5.10}$$

图 5.6 椭球体面上等角航线

显然，等角航线可以由起点经纬度 $P_1(L_1,\lambda_1)$ 和航向 χ_{rh} 表示，也可以由等角航线起点 $P_1(L_1,\lambda_1)$ 和终点 $P_2(L_2,\lambda_2)$ 表示。

由地图投影理论可得

$$\mathrm{d}L_{\text{q}}=\frac{R_{\text{M}}}{R_{\text{N}}\cos L}\mathrm{d}L\tag{5.11}$$

式中，L_{q} 为等量纬度，将式（5.11）两边积分得

$$\lambda_2-\lambda_1=\tan\chi_{\text{rh}}(L_{\text{q2}}-L_{\text{q1}})\tag{5.12}$$

式中

$$\begin{cases}L_{\text{q1}}=\arctan H(\sin L_1)-e\arctan H(e\sin L_2)\\ L_{\text{q2}}=\arctan H(\sin L_2)-e\arctan H(e\sin L_2)\end{cases}\tag{5.13}$$

1. 等角航线的正解

若已知等角航线起点坐标为 $P_1(L_1,\lambda_1)$，起点和终点之间航线的长度为 S、航向角为 χ_{rh}，求得终点坐标为 $P_2(L_2,\lambda_2)$，称为等角航线的正解。

显然由等角航线微分方程式（5.9）的第一式积分可得

$$S=\frac{\Delta X}{\cos\chi_{\text{rh}}}\tag{5.14}$$

式中，ΔX 为起点和终点之间的子午线弧长。

在等角航线计算时，首先要计算两点之间的纬度差和经度差，其计算公式为

纬度差 $\Delta L = L_2 - L_1$

$$\text{经度差}\begin{cases}\Delta\lambda = \lambda_2 - \lambda_1 & -180^\circ < \Delta\lambda < 180^\circ \\ \Delta\lambda = \lambda_2 - \lambda_1 - 360^\circ & \Delta\lambda > 180^\circ \\ \Delta\lambda = \lambda_2 - \lambda_1 + 360^\circ & \Delta\lambda < -180^\circ\end{cases}$$

等角航线上任意一点 $A(L,\lambda)$ 所在纬线到赤道的子午线弧长为

$$X(L) = R_e(1-e^2)(K_1 L + K_2\sin 2L + K_3\sin 4L + K_4\sin 6L + K_5\sin 8L) \tag{5.15}$$

式中，R_e 为参考椭球体的长轴。

$$K_1 = 1 + \frac{3}{4}e^2 + \frac{45}{64}e^4 + \frac{175}{256}e^6 + \frac{11025}{16384}e^8$$

$$K_2 = -\frac{3}{4}e^2 - \frac{15}{32}e^4 - \frac{525}{1024}e^6 - \frac{2205}{4096}e^8$$

$$K_3 = \frac{15}{256}e^4 + \frac{105}{1024}e^6 + \frac{2205}{16384}e^8$$

$$K_4 = -\frac{35}{3072}e^6 - \frac{105}{4096}e^8$$

$$K_5 = \frac{315}{131072}e^8$$

要计算终点坐标，由式（5.15）计算从赤道到起点 $P_1(L_1,\lambda_1)$ 处的子午线弧长 $X(L_1)$，由式（5.14）得到赤道到终点 $P_2(L_2,\lambda_2)$ 处的子午线弧长 $X(L_2)$，则有

$$X(L_2) = X(L_1) + \Delta X = X(L_1) + S\cos\chi_{\text{rh}} \tag{5.16}$$

由子午线弧长反解公式，可得 $P_2(L_2,\lambda_2)$ 的纬度：

$$L_2 = \varsigma + a_2\sin 2\varsigma + a_4\sin 4\varsigma + a_6\sin 6\varsigma + a_8\sin 8\varsigma \tag{5.17}$$

式中

$$\varsigma = \frac{X(L_2)}{R_e(1-e^2)\left(1 + \frac{3}{4}e^2 + \frac{45}{64}e^4 + \frac{175}{256}e^6 + \frac{11025}{16384}e^8\right)}$$

$$a_2 = \frac{3}{8}e^2 + \frac{3}{16}e^4 + \frac{213}{2048}e^6 + \frac{255}{4096}e^8$$

$$a_4 = \frac{21}{256}e^4 + \frac{21}{256}e^6 + \frac{533}{8192}e^8$$

$$a_6 = \frac{151}{6144}e^6 + \frac{151}{4096}e^8$$

$$a_8 = \frac{1097}{131082}e^8$$

求出 L_2 后，由式（5.13）求出 L_{q1} 和 L_{q2}，再将其代入式（5.12）得 λ_2。

当 $\chi_{\text{rh}} = \dfrac{\pi}{2}$ 或 $\dfrac{3\pi}{2}$ 时，$\tan\chi_{\text{rh}}$ 为无穷，此时无法利用式（5.12）求出 λ_2，等角航线长即起点所在纬线圈的弧长，所以有

$$S = N_1 \cos L_1 (L_2 - L_1) \tag{5.18}$$

式中，$N_1 = \dfrac{R_e}{(1-e^2 \sin^2 L_1)^{\frac{1}{2}}}$。所以有正解计算公式：

$$\begin{cases} L_2 = L_1 \\ \lambda_2 = \dfrac{S(1-e^2\sin^2 L_1)^{\frac{1}{2}}}{R_e \cos L_1} + \lambda_1 \end{cases} \tag{5.19}$$

2. 等角航线的反解

反解问题是由已知等角航线起点坐标 $P_1(L_1,\lambda_1)$ 和终点坐标 $P_2(L_2,\lambda_2)$，求两点之间航线的长度 S 和航向角 χ_{rh}，由式（5.12）可得航向角的计算公式：

$$\chi_{\mathrm{rh}} = \arctan\left(\frac{\lambda_2 - \lambda_1}{L_{\mathrm{q2}} - L_{\mathrm{q1}}}\right)$$

航向角 χ_{rh} 所在的象限如表 5.2 所示。

表 5.2 航向角 χ_{rh} 所在的象限

航向角 χ_{rh}	判断条件
$\dfrac{\pi}{2}$	$L_1 = L_2$ 且 $\lambda_2 > \lambda_1$
$\dfrac{3\pi}{2}$	$L_1 = L_2$ 且 $\lambda_2 < \lambda_1$
$\arctan\left(\dfrac{\lambda_2 - \lambda_1}{L_{\mathrm{q2}} - L_{\mathrm{q1}}}\right)$	$L_2 > L_1$ 且 $\lambda_2 \geqslant \lambda_1$
$\arctan\left(\dfrac{\lambda_2 - \lambda_1}{L_{\mathrm{q2}} - L_{\mathrm{q1}}}\right) + \pi$	$L_2 < L_1$ 且 $\lambda_2 \geqslant \lambda_1$
$\arctan\left(\dfrac{\lambda_2 - \lambda_1}{L_{\mathrm{q2}} - L_{\mathrm{q1}}}\right) + 2\pi$	$L_2 > L_1$ 且 $\lambda_2 \leqslant \lambda_1$
$\arctan\left(\dfrac{\lambda_2 - \lambda_1}{L_{\mathrm{q2}} - L_{\mathrm{q1}}}\right) + \pi$	$L_2 < L_1$ 且 $\lambda_2 \leqslant \lambda_1$

航线长度计算由式（5.14）可得。其中 $\Delta X = X(L_2) - X(L_1)$，$X(L_1)$ 和 $X(L_2)$ 由式（5.15）计算得到。

当航向角 χ_{rh} 为 $\dfrac{\pi}{2}$ 和 $\dfrac{3\pi}{2}$ 时，根据下式计算航线长度：

$$S = \frac{R_e \cos L_1 (L_2 - L_1)}{(1-e^2\sin^2 L_1)^{\frac{1}{2}}} \tag{5.20}$$

3. 等角航线侧偏距的计算

设等角航线上一个起点 $P_0(L_0,\lambda_0)$，航线的航向为 χ_{rh}，飞机当前位置为 $P(L,\lambda)$，求飞机距当前等角航线的偏航距。首先在航线上找到一点 $P_1(L,\lambda_1)$，使其纬度和 P 点相同。当

$\tan\chi_{\text{rh}}$ 存在时，则有

$$\lambda_1 = \lambda_0 + \tan\chi_{\text{rh}} \ln\frac{\cos L_0(1+\sin L)}{\cos L(1+\sin L_0)} \tag{5.21}$$

由此可以求出 P_1 点和 P 点的距离：

$$|PP_1| = (\lambda - \lambda_1)R_{\text{L}}\cos L \tag{5.22}$$

飞机距当前等角航线的偏航距：

$$\Delta d_{\text{rh}} = |PP_1|\cos\chi_{\text{rh}} = (\lambda - \lambda_1)R_{\text{L}}\cos L\cos\chi_{\text{rh}} \tag{5.23}$$

当 $\chi_{\text{rh}} = \dfrac{\pi}{2}$ 或 $\dfrac{3\pi}{2}$ 时，$\tan\chi_{\text{rh}}$ 不存在，此时可以直接利用纬度差计算偏航距：

$$\Delta d_{\text{rh}} = (L - L_0)R_{\text{L}} \tag{5.24}$$

5.2.4　平面直角坐标系及其导航参数的计算

在近距导航过程中，平面直角坐标系由于其直观简洁的特点，较为常用。在工程实践中，可以选择地平面上任意一点作为平面直角坐标系的原点 O_{G}，选择地理经线北向作为 $O_{\text{G}}X_{\text{G}}$ 轴方向，$O_{\text{G}}Z_{\text{G}}$ 轴垂直于地平面指向下方，$O_{\text{G}}Y_{\text{G}}$ 轴在地平面内垂直于 $O_{\text{G}}X_{\text{G}}$ 轴指向右侧。这样建立的坐标系通常称为北-东-地坐标系（North-East-Down，NED）。

平面直角坐标系中的直线航段有两种表示方式：一是沿航线方向给出航线上任意两点坐标 $P_1(x_1,y_1)$ 和 $P_2(x_2,y_2)$；二是给出航线上一点坐标 $P_0(x_0,y_0)$ 和航线方位角 χ_{leg} 或方向矢量 $\boldsymbol{r}=(r_1,r_2)$。显然，这两种航线表示方法是等价的。

若沿航线方向给出航线上任意两点坐标 $P_1(x_1,y_1)$ 和 $P_2(x_2,y_2)$，则可以按式（5.25）计算出航线的方位角 χ_{leg}，或用式（5.26）计算出航线方向矢量 $\boldsymbol{r}=(r_1,r_2)$。

$$\chi_{\text{leg}} = \begin{cases} \arctan\left(\dfrac{y_2-y_1}{x_2-x_1}\right) & x_2-x_1 \geqslant 0 \text{且} y_2-y_1 \geqslant 0 \\ \arctan\left(\dfrac{y_2-y_1}{x_2-x_1}\right)+\pi & x_2-x_1<0 \\ \arctan\left(\dfrac{y_2-y_1}{x_2-x_1}\right)+2\pi & x_2-x_1>0 \text{且} y_2-y_1<0 \end{cases} \tag{5.25}$$

$$\boldsymbol{r} = (r_1,r_2) = (x_2-x_1, y_2-y_1) \tag{5.26}$$

若给出航线起点坐标 $P_0(x_0,y_0)$ 和航线方位角 χ_{leg} 或方向矢量 $\boldsymbol{r}=(r_1,r_2)$，也给定一个航段距离 l 后，根据以下公式可以很方便地计算出航线上的另外一点 $P(x,y)$ 的坐标。

$$x = \begin{cases} x_0 - l\cos\chi_{\text{leg}} & \dfrac{\pi}{2} < \chi_{\text{leg}} < \dfrac{3\pi}{2} \\ x_0 + l\cos\chi_{\text{leg}} & \text{其他} \end{cases} \tag{5.27}$$

$$y = \begin{cases} y_0 - l\sin\chi_{\text{leg}} & \dfrac{\pi}{2} < \chi_{\text{leg}} < \dfrac{3\pi}{2} \\ y_0 + l\sin\chi_{\text{leg}} & \text{其他} \end{cases} \tag{5.28}$$

1．经纬度方程

在建立了北-东-地平面直角坐标系后，还可以根据经纬度方程建立起北-东-地平面直角坐标系和球面地理坐标系之间的联系。若直升机在北-东-地平面直角坐标系中瞬时北向速度为V_{N}，东向速度为V_{E}，直升机经纬度坐标为(L,λ,H)，则其经、纬度变化率方程为

纬度变化率：

$$\dot{L}=\frac{V_{\mathrm{N}}}{R_{\mathrm{M}}} \tag{5.29}$$

经度变化率：

$$\dot{\lambda}=\frac{V_{\mathrm{E}}}{R_{\mathrm{N}}\cos L} \tag{5.30}$$

2．平面直角坐标系中点的经纬度推算

在导航中，经常会遇到这样的问题，即已知两点之间的距离和两点连线的航向及其中一点的经纬度坐标，求另外一点的经纬度坐标，这就涉及平面直角坐标系和地理坐标系的转换问题。对于这个问题，可以采取两种方式解决：一是采用等角航线的正解公式，二是借助地理坐标系和球面坐标系的关系加以处理。

对于第二种方式，可以先将两点间距离分解到沿地理经线（北向）和垂直于地理经线（东向）上。再利用经纬度方程计算出两点间的经度和纬度差，进而得到待求点的经纬度。平面直角坐标系中的点经纬度推算如图 5.7 所示。

平面直角坐标系中点的经纬度推算可以表述：若已知当前 NED 平面直角坐标原点P_0的经纬度和P点在当前平面直角系中的坐标(x,y)，求P点的经纬度坐标。

由图 5.7 可得

$$|P_0P|=S=\sqrt{x^2+y^2}$$

由经纬度方程积分可以得到

纬度差：

$$\Delta L=\int\dot{L}\mathrm{d}t=\int\frac{V_{\mathrm{N}}}{R_{\mathrm{M}}}\mathrm{d}t=\frac{x}{R_{\mathrm{M}}} \tag{5.31}$$

经度差：

$$\Delta\lambda=\int\dot{\lambda}\mathrm{d}t=\int\frac{V_{\mathrm{E}}}{R_{\mathrm{N}}\cos L}\mathrm{d}t=\frac{y}{R_{\mathrm{N}}\cos L} \tag{5.32}$$

进而得到$L=L_0+\Delta L$，$\lambda=\lambda_0+\Delta\lambda$。

3．平面直角坐标系中的侧偏距计算

图 5.8 中起点$P_1(x_1,y_1)$和$P_2(x_2,y_2)$两点确定空间直角坐标系中的一条应飞直线航线，$P(x,y)$为当前直升机的位置，是应飞航线外一点，P_1、P_2和P点坐标均为已知，则从P点到应飞直线航线P_1P_2的距离由式（5.33）计算。

$$\Delta d = \frac{\left|\boldsymbol{u}_{PP_2} \times \boldsymbol{u}_{P_1P_2}\right|}{\left|\boldsymbol{u}_{P_1P_2}\right|} = \frac{|(y_2 - y_1)x - (x_2 - x_1)y + y_1x_2 - y_2x_1|}{\sqrt{(y_2 - y_1)^2 + (x_2 - x_1)^2}} \tag{5.33}$$

式中，$\boldsymbol{u}_{PP_2}$ 和 $\boldsymbol{u}_{P_1P_2}$ 为由 P_1、P_2 和 P 点坐标构成的向量，其表达式为

$$\boldsymbol{u}_{PP_2} = (x_2 - x, y_2 - y, 0) \tag{5.34}$$

$$\boldsymbol{u}_{P_1P_2} = (x_2 - x_1, y_2 - y_1, 0) \tag{5.35}$$

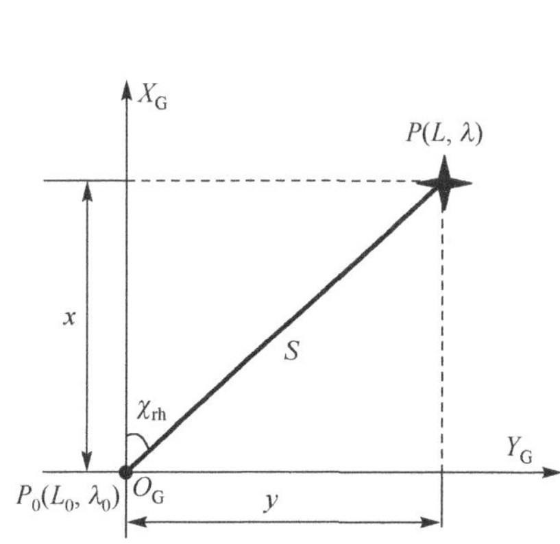

图 5.7 平面直角坐标中的点经纬度推算

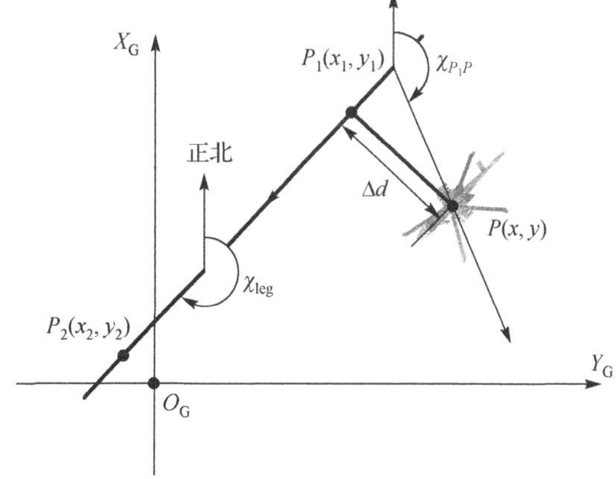

图 5.8 点到直线和点到平面的距离

4. 侧偏距距离符号的判断

在导航计算时，需要根据直升机相对应飞航线的位置来决定直升机滚转操纵信号的符号，前面使用式（5.8）计算得到的大圆航线侧偏距以直升机在应飞航线左侧为正，利用式（5.23）计算得到的等角航线侧偏距也以直升机在应飞航线左侧为正，为保证表述的一致性，本章规定直升机在应飞航线左侧时侧偏距为正（也可规定右偏为正，但要注意在根据侧偏距计算滚转操纵信号时要改变符号）。注意到式（5.33）计算得到的侧偏距没有符号，所以在完成侧偏计算后，仍需要判断其侧偏距的正负。点到直线和点到平面的距离如图 5.8 所示，侧偏距的正负可以根据应飞航线的方位角 χ_{leg} 和从 P_1 点到 P 点所引出矢量的方位角 χ_{P_1P} 大小关系来判断。显然，在已知 P_1 点和 P 点坐标的情况下，χ_{P_1P} 可由式(5.25)计算得到，侧偏距符号的判断方法如下。

若 $\chi_{leg} \geqslant \pi$，当 $\chi_{leg} - \pi < \chi_{P_1P} < \chi_{leg}$ 时，直升机在应飞航线左侧，侧偏距为正；否则直升机在应飞航线右侧，侧偏距为负。

若 $0 \leqslant \chi_{leg} < \pi$，当 $\chi_{leg} < \chi_{P_1P} < \chi_{leg} + \pi$ 时，直升机在应飞航线右侧，侧偏距为负；否则直升机在应飞航线左侧，侧偏距为正。

5.3 水平导航

飞行引导就是通过一系列的引导指令控制飞行器沿预定的航迹飞行。为方便分析问题，可将直升机的导航运动分解为水平导航（Lateral Navigation，LNAV）和垂直导航（Vertical

Navigation，VNAV）两种模式。水平导航是建立在飞行计划已经经过解析且生成了一系列可飞航段（leg）基础上的。航路点和航段的定义如下。

定义 1 航路点，指航迹上位置、航向等属性发生显著变化的点，如图 5.9 中的 P_1、P_2、P_3、P_4 所示。

定义 2 航段，两个相邻航路点之间的航迹。在飞行引导过程中，为了便于计算航程和描述航迹，减少不确定性，将航段分为直线航段和圆弧航段两种类型，如图 5.9 所示。

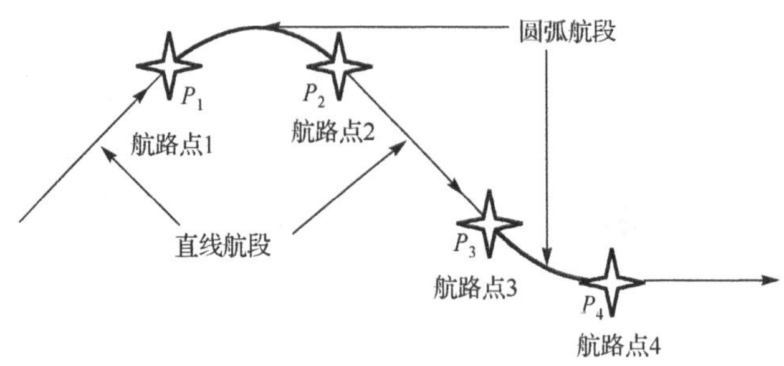

图 5.9 航段及航段类型

航段的起点、终点、方位角和过点方式决定了水平导航指令生成的时机、大小和方向。本节主要阐述水平导航控制律的组成和在计算不同类型航段的引导指令时需要注意的事项。

5.3.1 直线段水平导航控制

水平导航控制律的设计思路是，依据导航传感器（如 GPS 或北斗系统）测量的导航信息计算引导指令，调节直升机的倾斜角 φ，使直升机能够跟踪预定航线。根据航段类型的不同和直升机所配置传感器的情况，水平导航控制律可以有不同的设计形式。

从 5.2 节中关于导航参数的介绍可以看出，直线航段水平导航涉及的导航参数主要有侧偏距 Δd 和方位角偏差 $\Delta\chi$ 两个量。因此，水平导航控制律也主要表现为 Δd 和 $\Delta\chi$ 的组合，其常见形式有

$$\varphi_{\mathrm{g}} = k_1\Delta d + k_2(\chi_{\mathrm{leg}} - \chi) \tag{5.35}$$

$$\varphi_{\mathrm{g}} = k_1\Delta d + k_2\int \Delta d\mathrm{d}t + k_3(\chi_{\mathrm{leg}} - \chi) \tag{5.36}$$

$$\varphi_{\mathrm{g}} = k_1\Delta d + k_2\Delta\dot{d} + k_3(\chi_{\mathrm{leg}} - \chi) \tag{5.37}$$

式中，φ_{g} 为水平导航控制指令，k_1、k_2 和 k_3 为相应的系数，Δd 为侧偏距，χ_{leg} 为当前航段的方位角，χ 为直升机当前航迹方位角。显然，式（5.35）相当于侧偏距 Δd 的比例微分控制律，根据自动控制原理的知识可知，采用式（5.35）作为水平导航控制律，在航迹进入稳态后，侧偏距会有静差存在。

式（5.36）是在式（5.35）基础上增加了 Δd 的积分项而生成的，显然采用式（5.36）作为水平导航控制律可以消除侧偏距的静差，使直升机精确跟踪航迹，但积分式水平导航控制律可能会产生积分饱和现象，所以实际采用式（5.36）作为水平导航控制律时，需要给积分环节加上饱和限制，在航段切换时要进行积分清零处理，消除积分带来的不利影响。也正是

因为积分环节处理较为麻烦，因此在实际中，较少采用如式（5.36）所示的水平导航控制律。

式（5.37）是在式（5.35）基础上引入了 Δd 的微分项，由自动控制原理的知识可知，式（5.37）可以提高航迹控制响应的快速性。与式（5.37）类似的还有一种直线航段水平导航控制律，其形式为

$$\varphi_{\mathrm{g}} = k_1 \Delta d + k_2 (\chi_{\mathrm{leg}} - \chi) V \tag{5.38}$$

式中，k_1、k_2 为相应的比例系数。

直升机偏航距 Δd 和航迹偏差角 $\Delta\chi$ 示意图如图 5.10 所示。

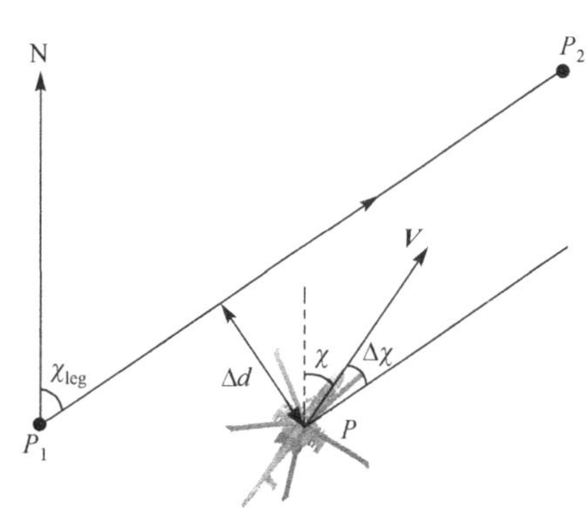

图 5.10 直升机偏航距 Δd 和航迹偏差角 $\Delta\chi$ 示意图

图 5.10 中，P_1、P_2 分别是某一直线航段的起点和终点，P 代表直升机的当前位置。由该图可得直升机相对航线 P_1P_2 的侧向偏移速率 $\Delta\dot{d}(t)$ 为

$$\Delta\dot{d}(t) = V\sin(\Delta\chi(t)) \tag{5.39}$$

当航迹偏差角较小时，式（5.39）可以近似线性化为

$$\Delta\dot{d}(t) = V\Delta\chi(t)\frac{\pi}{180} = V\frac{\Delta\chi(t)}{57.3} \tag{5.40}$$

对式(5.40)进行拉普拉斯变换，可以得到 Δd 与 $\Delta\chi$ 的关系为

$$\Delta\dot{d}(s) = \frac{V}{57.3s}\Delta\chi(s) \tag{5.41}$$

结合式（5.38）和式（5.41）可得

$$\varphi_{\mathrm{g}}(s) = k_1\Delta d + k_2\Delta\chi V = V\left(k_1\frac{1}{57.3s} + k_2\right)\Delta\chi(s) = Vk_2 \cdot \frac{s + \dfrac{k_1}{57.3k_2}}{s}\Delta\chi(s) \tag{5.42}$$

式（5.42）表明，式（5.38）的水平导航控制规律为基于航迹偏差角的比例积分（PI）控制，PI 控制由于引入了积分项，可以有效改善航迹偏差角的稳态精度。

5.3.2 圆弧航段的导航控制

飞行器的水平航迹通常由直线航段和圆弧航段组成，直线航段的航迹方位角是固定的，而圆弧航段的航迹方位角则处处不同，所以圆弧航段的水平导航控制律中，不能包括航迹方位角。

当飞行器以固定的倾斜角进行定常盘旋时，其水平航迹就是圆弧，所以，若已知圆弧航段的半径，只要能够计算出圆弧航段对应的直升机定常盘旋时的倾斜角，以此作为水平引导信号，就可以完成圆弧航段的水平导航，所以圆弧航段最简单的水平导航控制律为

$$\varphi_{\mathrm{g}} = \arctan\left(\frac{V^2}{gR_{\mathrm{arc}}}\right) \tag{5.43}$$

式中，V为直升机当前速度，g为重力加速度，R_{arc}为圆弧航段半径。

式（5.43）并不包含侧偏距、航迹方位角等航迹信息，所以以式（5.43）作为圆弧航段的水平导航控制律时，不能反映直升机偏离圆弧航段的情况，在有风的情况下，可能会出现较大的偏差。为克服这种情况，引入了另外一种圆弧航段水平导航控制律：

$$\varphi_g^* = k_1 \cdot \varphi_g + k_2 \cdot \Delta \dot{d} \tag{5.44}$$

要计算圆弧航段的侧偏距，首先要计算圆弧航段的圆心坐标，而计算圆心坐标的前提是已知圆弧航段前后直线航段的方位角χ_i和χ_f、圆弧航段起点、终点坐标及圆弧半径。考虑到航段起点和终点坐标有经纬度和平面直角两种常见形式，这里给出经纬度坐标和平面直角坐标两种情况下的圆心坐标求解方法。

1．地理坐标系中圆弧航段的圆心坐标和侧偏距的计算

圆弧航段圆心坐标的计算如图 5.11 所示，已知圆弧航段起点$P_1(L_1,\lambda_1)$和终点$P_2(L_2,\lambda_2)$，且圆弧航段前后两直线航段的方位角也已知，分别为χ_i和χ_f，现在需要求出圆心P_0的坐标。求解方法简述如下。

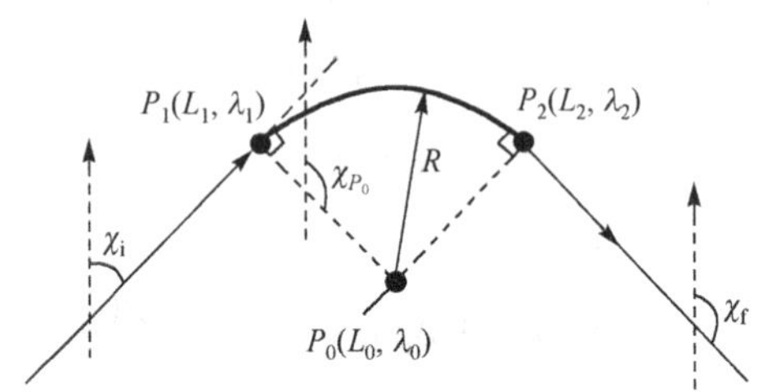

图 5.11　圆弧航段圆心坐标的计算

首先根据前后两个直线航段的方位角判断圆弧航段的转弯方向，其判断方法如下：

①当$0<\chi_i<\frac{\pi}{2}$时，如果$0<\chi_f-\chi_i<\pi$，则圆弧右弯；如果$-\frac{\pi}{2}<\chi_f-\chi_i<0$或$\pi<\chi_f-\chi_i<2\pi$，则圆弧左弯。

②当$\pi<\chi_i<\frac{3\pi}{2}$时，如果$0<\chi_f-\chi_i<\pi$或$-\frac{3\pi}{2}<\chi_f-\chi_i<-\pi$，则圆弧右弯；如果$-\pi<\chi_f-\chi_i<0$，则圆弧左弯。

③当$\frac{\pi}{2}<\chi_i<\pi$时，如果$-\pi<\chi_f-\chi_i<0$或$\frac{\pi}{2}<\chi_f-\chi_i<\pi$，则圆弧右弯；如果$0<\chi_f-\chi_i<\pi$，则圆弧左弯。

④当$\frac{3\pi}{2}<\chi_i<2\pi$时，如果$-\pi<\chi_f-\chi_i<0$，则圆弧右弯；如果$0<\chi_f-\chi_i<\frac{\pi}{2}$或$-2\pi<\chi_f-\chi_i<-\pi$，则圆弧左弯。

其次，计算从转弯起始点P_1点到圆弧的中心P_0点连线的航迹方位角χ_{P_0}：

$$\text{当}\ 0<\chi_i<\frac{\pi}{2}\ \text{时，}\ \chi_{P_0}=\begin{cases}\chi_i+\dfrac{\pi}{2} & \text{右转}\\[2mm] \chi_i+\dfrac{3\pi}{2} & \text{左转}\end{cases}$$

$$\text{当}\ \frac{\pi}{2}<\chi_i<\frac{3\pi}{2}\ \text{时，}\ \chi_{P_0}=\begin{cases}\chi_i+\dfrac{\pi}{2} & \text{右转}\\[2mm] \chi_i-\dfrac{\pi}{2} & \text{左转}\end{cases}$$

当 $\frac{3\pi}{2} < \chi_{\text{i}} < 2\pi$ 时，$\chi_{P_0} = \begin{cases} \chi_{\text{i}} - \frac{3\pi}{2} & 右转 \\ \chi_{\text{i}} - \frac{\pi}{2} & 左转 \end{cases}$

由于圆弧航段起始点 P_1 点到圆弧的中心 P_0 点的距离为 R 已知，根据 5.2.3 节所述等角航线正解算法可以求出圆弧航段圆心 P_0 点的坐标。

求出圆弧航段圆心 P_0 点的坐标后，就可以求解圆弧航段的侧偏距，方法如下。

将圆弧航段的起点和终点坐标相连，根据 5.2.3 节所述等角航线反解算法可以求出圆弧圆心 P_0 到圆弧航段的起点和终点所确定等角航线的侧偏距 D_{c}。当圆弧航段前后两直线航段的方位角差 $|\chi_{\text{f}} - \chi_{\text{i}}| < \pi$ 时，图 5.12 中 P 点为直升机当前位置，P_1 点为圆弧航段起始点。如果 $D_{\text{c}} < 0$，则说明圆弧圆心在该圆弧航段的起点和终点所确定等角航线的右侧。当 $D_l - R > 0$ 时，则说明直升机在圆弧的外侧，$\Delta d = D_l - R > 0$；当 $D_l - R < 0$ 时，则说明直升机在圆弧的右侧；如果 $D_{\text{c}} > 0$，则说明圆弧圆心在该圆弧航段的起点和终点所确定等角航线的左侧；当 $D_l - R > 0$ 时，则说明直升机在圆弧的外侧，也就是在应飞圆弧的右侧，所以有 $\Delta d = -(D_l - R) < 0$；当 $D_l - R < 0$ 时，则说明直升机在圆弧左侧，$\Delta d = -(D_l - R) > 0$。所以有

$$\Delta d = \begin{cases} D_l - R & D_{\text{c}} < 0 \text{且} |\chi_{\text{f}} - \chi_{\text{i}}| < \pi \\ R - D_l & D_{\text{c}} > 0 \text{且} |\chi_{\text{f}} - \chi_{\text{i}}| < \pi \end{cases} \tag{5.45}$$

当圆弧航段前后两直线航段的方位角差为 $|\chi_{\text{f}} - \chi_{\text{i}}| < \pi$ 时，如图 5.13 所示，其侧偏距为

$$\Delta d = \begin{cases} D_l - R & D_{\text{c}} > 0 \text{且} |\chi_{\text{f}} - \chi_{\text{i}}| > \pi \\ R - D_l & D_{\text{c}} < 0 \text{且} |\chi_{\text{f}} - \chi_{\text{i}}| > \pi \end{cases} \tag{5.46}$$

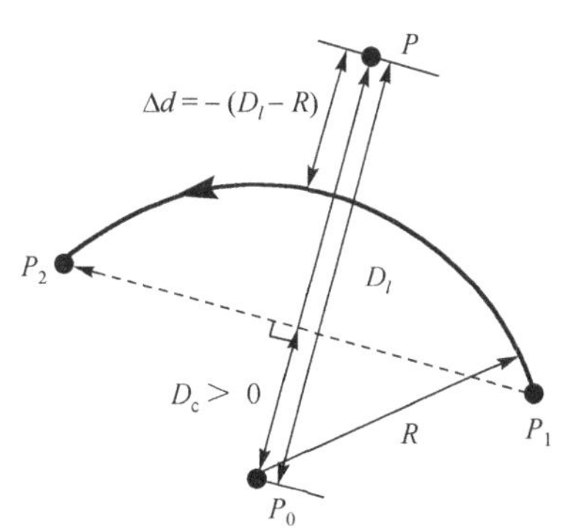

图 5.12　圆弧航段侧偏距的计算（情况一）

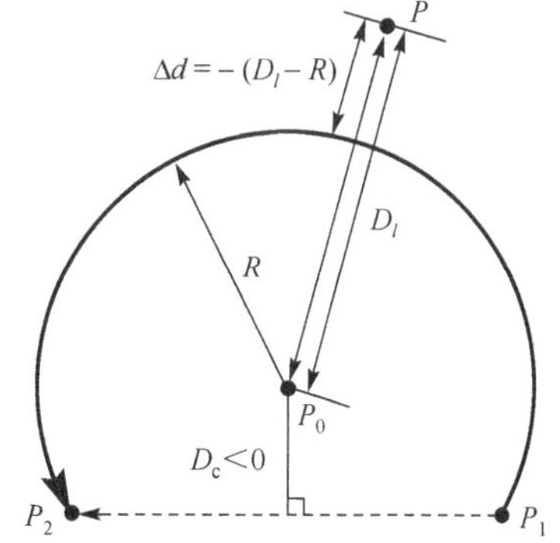

图 5.13　圆弧航段侧偏距的计算（情况二）

2. 平面直角坐标系下圆弧航段的圆心坐标和侧偏距的计算

平面直角坐标系中圆弧航段圆心坐标的计算和地理坐标系下的求解方式类似，如图 5.14 所示。

首先判断圆弧航段的转弯方向，计算出从航段起点到圆心连线的方位角 χ_{P_0}，已知圆弧航段起点 $P_1(x_1, y_1)$、终点坐标 $P_2(x_2, y_2)$，以及圆弧半径 R，则有

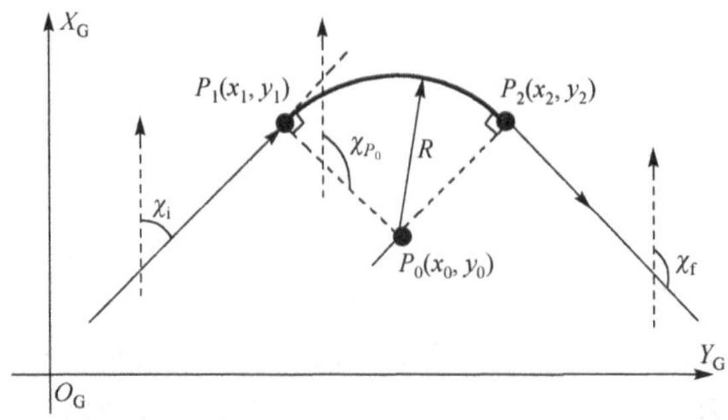

图 5.14 平面直角坐标系中圆弧航段圆心坐标的计算

$$\begin{cases}(x_1-x_0)^2+(y_1-y_0)^2=R^2\\(x_2-x_0)^2+(y_2-y_0)^2=R^2\end{cases} \tag{5.47}$$

整理可得

$$2(x_1-x_2)x_0+2(y_1-y_2)y_0=x_1^2-x_2^2+y_1^2-y_2^2 \tag{5.48}$$

此外，还可以根据式（5.25）得到另一组方程，即

$$\frac{y_0-y_1}{x_0-x_1}=\tan\chi_{P_0} \tag{5.49}$$

将式（5.48）和式（5.49）联立，可以求得圆弧航段圆心坐标 $P_0(x_0,y_0)$。

侧偏距计算与地理坐标系中圆弧侧偏距的计算类似，侧偏距的符号按照 5.2.4 节第 4 部分所述方法判断，计算从圆弧航段起点到终点直线的方位角 χ_{leg}，以及从起点 P_1 到直升机当前位置 P 点所引出矢量的方位角 χ_{P_1P}。

若 $\chi_{\text{leg}} \geqslant \pi$，当 $\chi_{\text{leg}}-\pi<\chi_{P_1P}<\chi_{\text{leg}}$ 时，直升机在应飞航线左侧，侧偏距为正；否则直升机在应飞航线右侧，侧偏距为负。

若 $0 \leqslant \chi_{\text{leg}}<\pi$，当 $\chi_{\text{leg}}<\chi_{P_1P}<\chi_{\text{leg}}+\pi$ 时，直升机在应飞航线右侧，侧偏距为负；否则直升机在应飞航线左侧，侧偏距为正。

5.3.3 水平导航算例

本节采用频域法设计导航控制律参数。在小扰动范围内，只考虑直升机的横侧向运动。水平导航控制系统框图如图 5.15 所示，直升机改变航向主要是通过调节倾斜角，然后借助协调转弯功能来改变直升机航向，从而实现水平导航控制的。

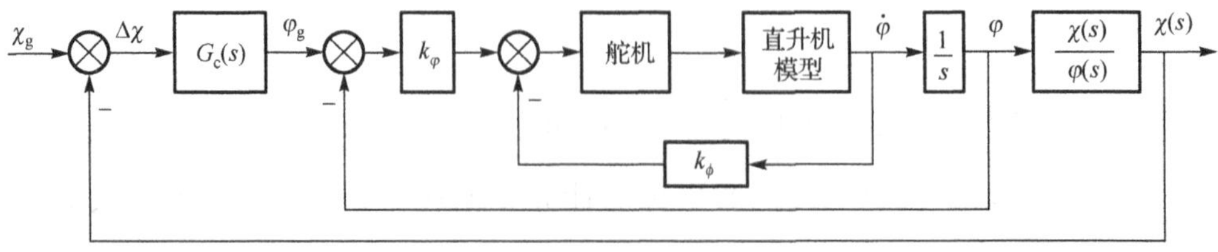

图 5.15 水平导航控制系统框图

在图 5.15 中，采用式（5.38）形式的控制律，利用式（5.42），有 $G_c(s)=Vk_2\cdot\dfrac{s+\dfrac{k_1}{57.3k_2}}{s}$。

1．水平导航控制律参数设计

当直升机模型和舵机模型确定后，传递函数 $\dfrac{\chi(s)}{\varphi_g(s)}$ 就相应确定，系统特性仅与导航控制参数 k_1、k_2 有关，因此设计导航控制律的关键在于设计这两个参数。

根据直升机的性能要求，使校正后系统满足如下频域指标。

（1）开环系统截止频率 ω_c^* 满足：$0.1\text{rad/s}\leqslant\omega_c^*\leqslant0.4\text{rad/s}$。

（2）相角裕度 γ^* 满足：$\gamma^*\geqslant70°$。

以节点 17（H=2000m、V=31.7m/s）为例，具体说明控制参数的设计方法。首先求出以导航控制指令 φ_g 为输入，以方位角 χ（相当于无侧滑条件下的航向角 ψ）为输出的传递函数：

$$\frac{\chi(s)}{\varphi_g(s)}=\frac{1.776e-015s^5+0.3593s^4+1.069s^3+13.18s^2+24.19s+0.2481}{s^6+7.308s^5+40.83s^4+119.6s^3+100.7s^2+1.213s+0.001865} \tag{5.50}$$

校正前系统的开环对数频率特性曲线如图 5.16 所示。

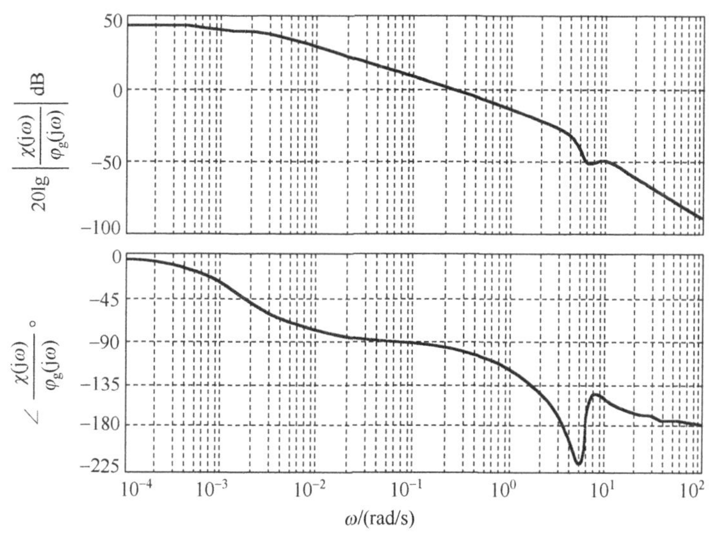

图 5.16 校正前系统的开环对数频率特性曲线

为了保证系统有较满意的动态性能，希望幅频响应曲线 $L(\omega)$ 以 −20dB/dec 的斜率穿越 0dB 线，并保持较宽的频段，使截止频率处具有较大的相角储备，故选择控制器幅频特性曲线的转折频率为 0.1，即式（5.42）中 $\dfrac{k_1}{57.3k_2}=0.1$，再通过调节控制器的增益确定截止频率 ω_c=0.4rad/s，可得 $k_1=0.2658$，$k_2=0.0464$。校正后系统的开环对数频率特性曲线如图 5.17 所示。

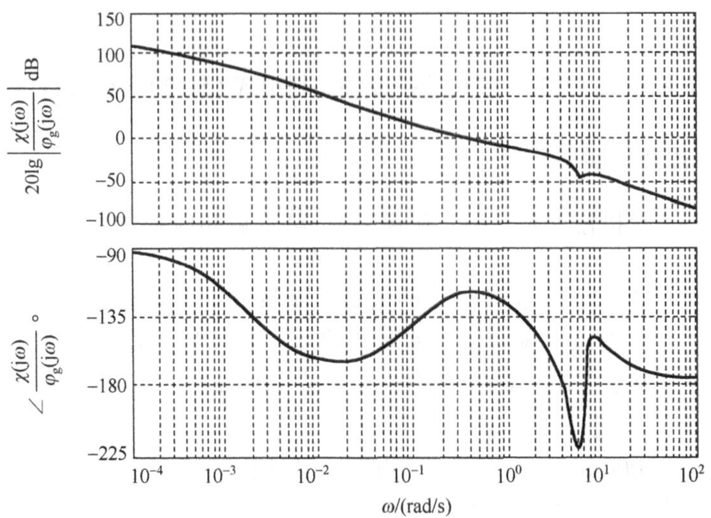

图 5.17 校正后系统的开环对数频率特性曲线

由图 5.17 可以确定，校正后系统的截止频率为 0.4rad/s，相角裕度为 75.7°，满足直升机性能指标要求。由此可确定水平导航控制律为

$$\varphi_g = k_1\Delta d + k_2\Delta\chi\cdot V = 0.2658\Delta d + 0.0464\Delta\chi\cdot V \tag{5.51}$$

2. 直线段水平导航仿真验证

建立平面直角坐标系。直升机初始位置为(0,0)，航路点坐标为[(0,0)，(0,5000)]，单位为 m；直升机初始航向为正北方向，即 $\chi_0=0$；根据 5.2 节式（5.25），可以求得 $\chi_{leg}=\pi/2$，选择式（5.51）的水平导航控制律，进行仿真，仿真结果如图 5.18～图 5.20 所示。

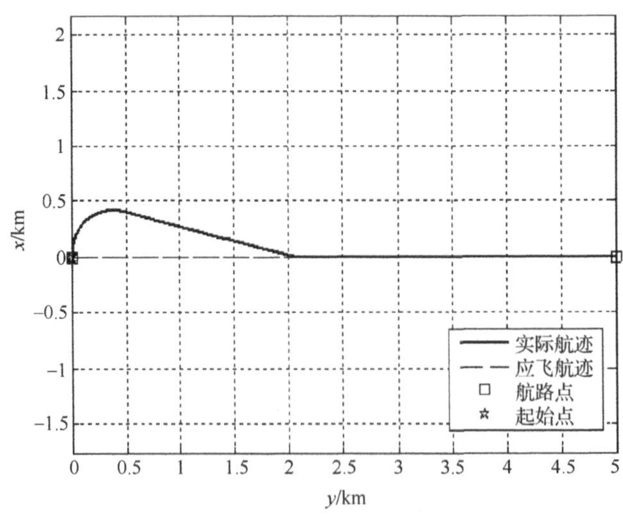

图 5.18 直线段水平导航航迹

由图 5.18～图 5.20 可以看出，式（5.51）所给出的水平导航控制律能够准确控制直升机的水平航迹。

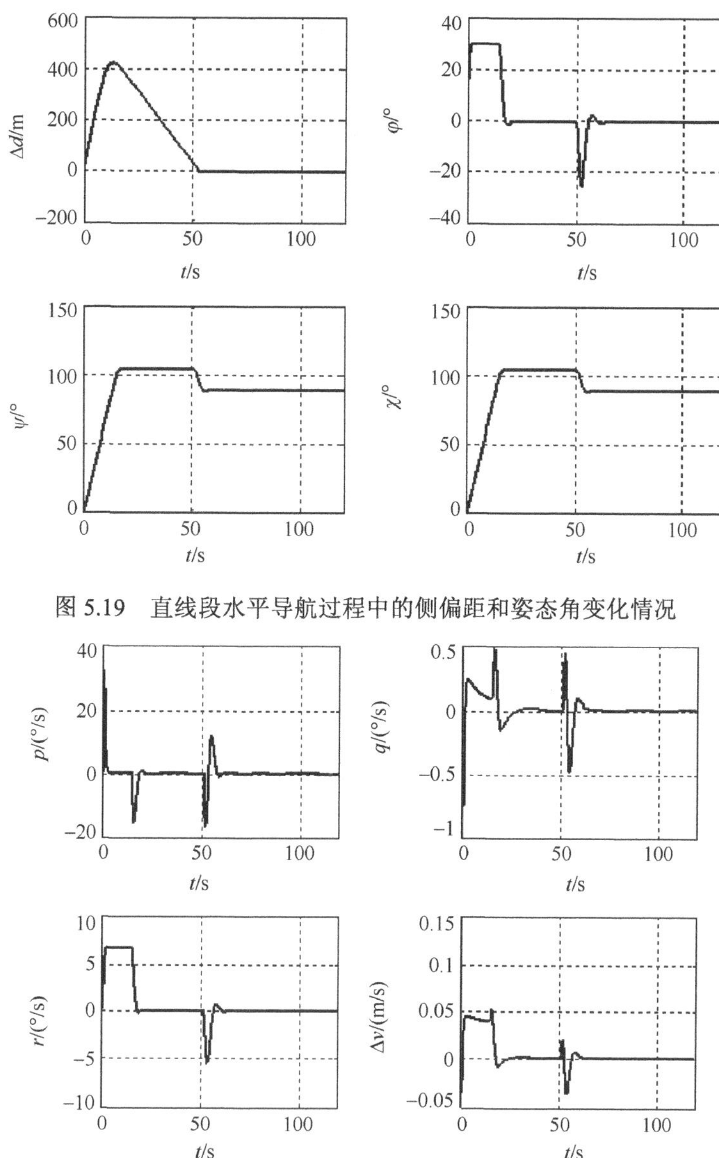

图 5.19　直线段水平导航过程中的侧偏距和姿态角变化情况

图 5.20　直线段水平导航过程中的三轴角速率和侧向速度变化情况

3. 圆弧段水平导航仿真验证

选择平面直角坐标系，测试条件如下：直升机飞行速度为 35.6m/s，起始点位置为(0,0)，直升机初始航向 $\chi_0=\pi/2$；直升机圆弧段与两条直线段相切，两条直线段起点坐标分别为(0,0)、(0,2000)，终点坐标分别为(0,2000)、(3000,1500)；圆弧段半径为 2000m，圆弧段起点坐标为(0，1171.6)，终点坐标为(885.79，2585.8)。选择式（5.44）的水平导航控制律，其中 $k_1=1$，$k_2=0.01$，按式（5.46）计算侧偏距。圆弧段导航的仿真结果如图 5.21～图 5.23 所示，由仿真结果可以看出，5.3.2 节给出的圆弧航段导航控制算法是有效的。

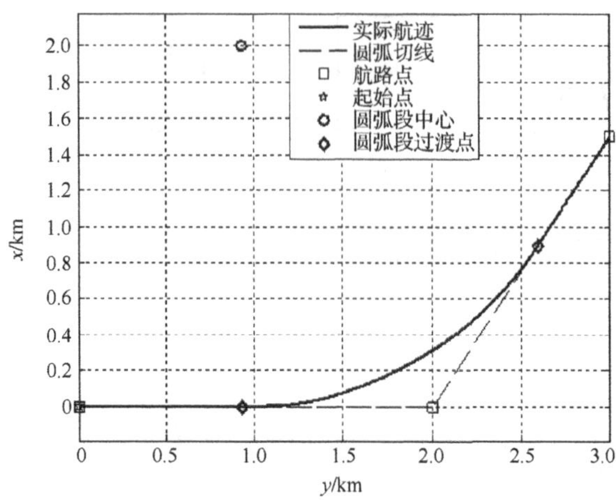

图 5.21 圆弧段水平导航航迹

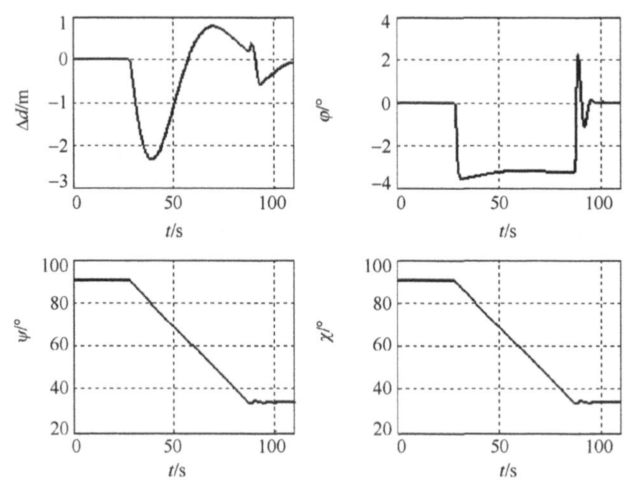

图 5.22 圆弧段水平导航过程中的侧偏距和姿态角变化情况

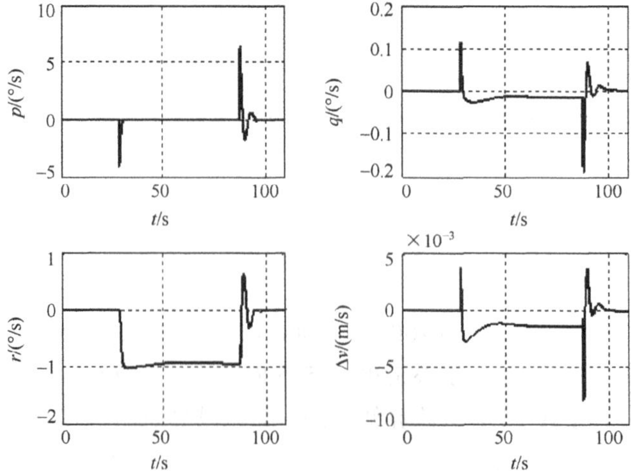

图 5.23 圆弧段水平导航过程中的三轴角速率和侧向速度变化情况

5.4　水平导航中过渡路径构建和航段的切换策略

直升机的飞行计划航路由一系列航路点组成，航路点之间的航迹称为航段（leg），图 5.24 给出了一条典型的飞行计划航路的水平航迹，图中 P_1、P_2、P_3、P_4 是四个计划航路点。在直升机完成某个航段飞行并开始新航段时，除悬停转向外，必须要进行转弯飞行。直升机转弯飞过航路点时有两种过点方式，一种称为切线转弯（Fly By，见图 5.24 中 P_2 航路点），另一种称为过点转弯（Fly Over，见图 5.24 中 P_3 航路点）。切线转弯时，直升机在未到达航路点时就提前转弯，沿一个弧线过渡到下一航段。过点转弯时，直升机在飞越航路点后开始转弯，待航向与下一航段方位偏差小于某个阈值或侧偏距小于某个阈值后，再以侧偏修正的方式过渡到下一直线航段。因此，实际飞行航迹是在计划航路的基础上，根据计划航路的信息和要求计算出若干过渡点，构建过渡路径，从而生成实际可飞的航路，为自动导航奠定基础。

当可飞航路构建完成后，直升机要根据当前航段的方位、空间位置等信息计算侧偏距、方位角偏差等导航参数，再根据导航参数计算引导指令，才能控制直升机精确地跟踪计划航路。所以当飞完某一航段时，直升机导航系统必须进行航段的切换，更新航段信息，进而实现自动导航功能。

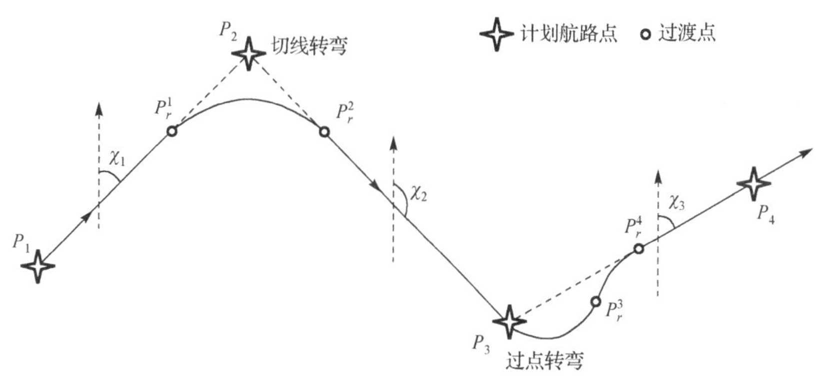

图 5.24　一条典型的飞行计划航路的水平航迹

由上面的讨论可知，要实现直升机的自动导航功能，在飞行计划航路确定后，还必须解决过渡路径构建和航路点切换策略两个关键问题。本节将阐述切换转弯过渡路径的构建、过点转弯过渡路径的构建、航段切换策略及航路点切换仿真。

5.4.1　切线转弯过渡路径的构建

切线转弯过渡路径构建如图 5.25 所示。图 5.25 中，P_{fix} 为直升机待飞的航路点，P_1 为圆弧过渡路径的起点，P_2 为圆弧过渡路径的终点，P_0 为过渡圆弧的圆心。切线转弯过渡路径构建的任务就是求解 P_1 点和 P_2 点的坐标，航段切换的任务就是给出切换判断的条件和触发逻辑。

切线过渡路径求解的已知条件：①固定点 P_{fix} 的坐标，②前一航段的方位角 χ_i，下一航段的方位角 χ_f 。

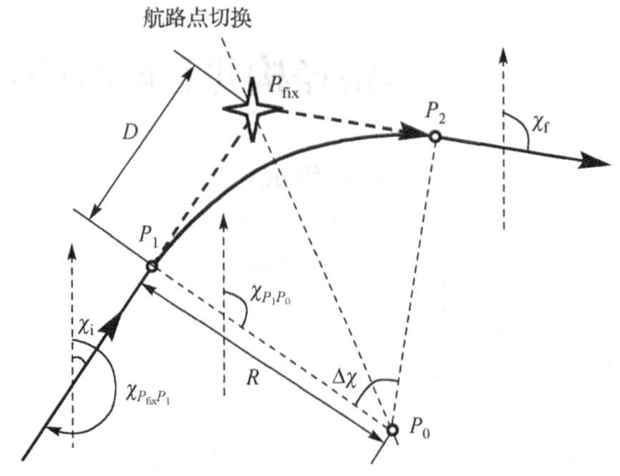

图 5.25 切线转弯过渡路径构建

切线转弯过渡路径的求解过程如下。

（1）计算圆弧转弯半径。

一般情况下圆弧转弯半径 R 可以直接给出，但需要判断该半径所决定的直升机滚转角 φ_{tr} 是否大于直升机最大允许滚转角 φ_{max}，根据协调转弯公式，直升机在进行定常盘旋时，滚转角和圆弧转弯半径间的关系为

$$\varphi_{tr} = \arctan\left(\frac{V^2}{g \cdot R}\right) \tag{5.52}$$

式中，V 为直升机速度，g 为重力加速度，R 为给定的圆弧转弯半径。

若由式（5.52）计算得到的 $\varphi_{tr} > \varphi_{max}$，则圆弧转弯半径 R 由式（5.53）给出，即

$$R = \arctan\left(\frac{V^2}{g \cdot \varphi_{max}}\right) \tag{5.53}$$

（2）判断飞机的转弯方向。

根据前后两个航段的方位角大小判断：

①当 $0 < \chi_i < \frac{\pi}{2}$ 时，如果 $0 < \chi_f - \chi_i < \pi$，则飞机右转；如果 $-\frac{\pi}{2} < \chi_f - \chi_i < 0$ 或 $\pi < \chi_f - \chi_i < 2\pi$，则飞机左转；

②当 $\pi < \chi_i < \frac{3\pi}{2}$ 时，如果 $0 < \chi_f - \chi_i < \pi$ 或 $-\frac{3\pi}{2} < \chi_f - \chi_i < -\pi$，则飞机右转；如果 $-\pi < \chi_f - \chi_i < 0$，则飞机左转；

③当 $\frac{\pi}{2} < \chi_i < \pi$ 时，如果 $-\pi < \chi_f - \chi_i < 0$ 或 $\frac{\pi}{2} < \chi_f - \chi_i < \pi$，则飞机左转；如果 $0 < \chi_f - \chi_i < \pi$，则飞机右转。

④当 $\frac{3\pi}{2} < \chi_i < 2\pi$ 时，如果 $-\pi < \chi_f - \chi_i < 0$，则飞机左转；如果 $0 < \chi_f - \chi_i < \frac{\pi}{2}$ 或 $-2\pi < \chi_f - \chi_i < -\pi$，则飞机右转。

（3）计算过渡圆弧对应的圆心角 $\Delta\chi$。

$$\Delta\chi=\begin{cases}|\chi_f-\chi_i| & |\chi_f-\chi_i|<\pi\\ 2\pi-|\chi_f-\chi_i| & |\chi_f-\chi_i|>\pi\end{cases} \tag{5.54}$$

（4）计算圆弧转弯起始点 P_1 点坐标。

由图 5.25 可以看出，固定点 P_{fix} 到转弯起始点 P_1 的距离为 $D=R\tan(\Delta\chi/2)$，固定点 P_{fix} 到转弯起始点 P_1 的距离航向角为 $\chi_{P_{fix}P_1}$，显然 $\chi_{P_{fix}P_1}$ 满足式（5.55）。

$$\chi_{P_{fix}P_1}=\begin{cases}\pi+\chi_i & \chi_i<\pi\\ \chi_i-\pi & \chi_i>\pi\end{cases} \tag{5.55}$$

因此，圆弧转弯起始点 P_1 点坐标的求解满足等角航线正解条件，由 5.2.3 节所述的等角航线正解公式可以求圆弧转弯过渡路径起始点 P_1 的坐标。

（5）计算转弯终止点 P_2 点坐标。

与过渡路径的起始点 P_1 的坐标求解方法类似，由图 5.25 可以看出，固定点 P_{fix} 到转弯终止点 P_2 的距离为 $D=R\tan(\Delta\chi/2)$，固定点 P_{fix} 到转弯终止点 P_2 的航向角为 χ_f，因此，由 5.2.3 节所述的等角航线正解公式可以求得起始点 P_2 的坐标。

若航路点采用平面直角坐标系，在已知固定点 P_{fix} 坐标、转弯起始点 P_1 到 P_{fix} 点的距离和转弯终止点 P_2 到 P_{fix} 点的距离 $D=R\tan(\Delta\chi/2)$ 的条件下，利用式（5.27）和式（5.28）可以求出起始点 P_1 和终止点 P_2 的坐标。

（6）计算圆弧的中心 P_0 点坐标。

从转弯起始点 P_1 到圆弧的中心 P_0 点坐标的航向角 $\chi_{P_1P_0}$：

当 $0<\chi_i<\dfrac{\pi}{2}$ 时，$\chi_{P_1P_0}=\begin{cases}\dfrac{\pi}{2}+\chi_i & \text{右转}\\ \dfrac{3\pi}{2}+\chi_i & \text{左转}\end{cases}$

当 $\dfrac{\pi}{2}<\chi_i<\pi$ 时，$\chi_{P_1P_0}=\begin{cases}\dfrac{\pi}{2}+\chi_i & \text{右转}\\ \chi_i-\dfrac{\pi}{2} & \text{左转}\end{cases}$

当 $\pi<\chi_i<\dfrac{3\pi}{2}$ 时，$\chi_{P_1P_0}=\begin{cases}\chi_i-\dfrac{\pi}{2} & \text{右转}\\ \chi_i+\dfrac{\pi}{2} & \text{左转}\end{cases}$

当 $\dfrac{3\pi}{2}<\chi_i<2\pi$ 时，$\chi_{P_1P_0}=\begin{cases}\chi_i-\dfrac{3\pi}{2} & \text{右转}\\ \chi_i-\dfrac{\pi}{2} & \text{左转}\end{cases}$

由于转弯起始点 P_1 到圆弧的中心 P_0 点的距离为 R 已知，根据等角航线正解公式可以求出圆弧的中心 P_0 点的坐标。

5.4.2　过点转弯过渡路径的构建

过点转弯过渡路径的构建如图 5.26 所示。图 5.26 中，P_1 和 P_2 是计划航路点，其中 P_1 是过点转弯点，转弯前后两个直线航段的方位角已知，分别为 χ_i 和 χ_f。过点转弯过渡路径由三个航段组成：一个起点为 P_1 点、终点为 P_3 点的圆弧段，一个起点为 P_3 点、终点为 P_4 点且与线段 P_1P_2 成 45° 角的直线段，一个起点为 P_4 点、终点为 P_5 点的圆弧段。构建过点转弯过渡路径就是要计算出 P_3 点、P_4 点、P_5 点坐标和 O_1、O_2 两个圆弧中心点的坐标。

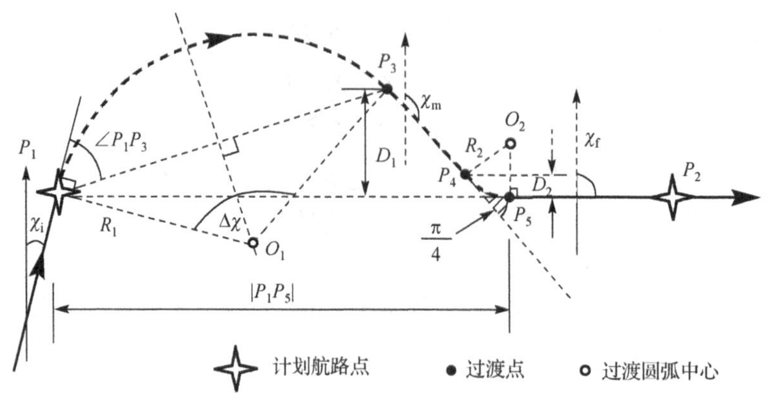

图 5.26 过点转弯过渡路径的构建

过点转弯过渡路径的求解过程如下：

（1）计算圆弧转弯半径 R_1。

圆弧转弯半径 R_1 的计算方法与 5.4.1 节切线转弯过渡路径的转弯半径计算方法相同，此处不再赘述。

（2）判断直升机的转弯方向。

判断方法与 5.4.1 节切线转弯过渡路径的转弯方向判断方法相同，此处不再赘述。

（3）按下列方法计算过渡直线段的方位角 χ_m。

当 $0<\chi_f\leqslant\frac{\pi}{4}$ 时，$\chi_m=\begin{cases}\chi_f+\frac{\pi}{4} & 右转\\ \chi_f+\frac{7\pi}{4} & 左转\end{cases}$

当 $\frac{\pi}{4}<\chi_f\leqslant\frac{7\pi}{4}$ 时，$\chi_m=\begin{cases}\chi_f+\frac{\pi}{4} & 右转\\ \chi_f-\frac{\pi}{4} & 左转\end{cases}$

当 $\frac{7\pi}{4}<\chi_f<2\pi$ 时，$\chi_m=\begin{cases}\chi_f-\frac{7\pi}{4} & 右转\\ \chi_f-\frac{\pi}{4} & 左转\end{cases}$

（4）用式（5.56）计算过渡圆弧对应的圆心角 $\Delta\chi$。

$$\Delta\chi=\begin{cases}|\chi_m-\chi_i| & |\chi_m-\chi_i|<\pi\\ 2\pi-|\chi_m-\chi_i| & |\chi_m-\chi_i|>\pi\end{cases} \tag{5.56}$$

（5）计算 P_3 点的坐标。

由图 5.26 可以看出，过渡圆弧过 P_1 点的切线与直线 P_1P_3 构成的夹角 $\angle P_1P_3$ 等于 $\frac{\Delta\chi}{2}$，所以可以按下列方法求出从 P_1 点到 P_3 点的直线的方位角 $\chi_{P_1P_3}$。

$$\text{当 } 0<\chi_\text{i}\leqslant\frac{\Delta\chi}{2} \text{ 时，}\ \chi_{P_1P_3}=\begin{cases}\chi_\text{i}+\dfrac{\Delta\chi}{2} & \text{右转}\\ \chi_\text{i}-\dfrac{\Delta\chi}{2}+2\pi & \text{左转}\end{cases}$$

$$\text{当 } \frac{\Delta\chi}{2}<\chi_\text{i}\leqslant 2\pi-\frac{\Delta\chi}{2} \text{ 时，}\ \chi_{P_1P_3}=\begin{cases}\chi_\text{i}+\dfrac{\Delta\chi}{2} & \text{右转}\\ \chi_\text{i}-\dfrac{\Delta\chi}{2} & \text{左转}\end{cases}$$

$$\text{当 } 2\pi-\frac{\Delta\chi}{2}<\chi_\text{i}<2\pi \text{ 时，}\ \chi_{P_1P_3}=\begin{cases}\chi_\text{i}+\dfrac{\Delta\chi}{2}-2\pi & \text{右转}\\ \chi_\text{i}-\dfrac{\Delta\chi}{2} & \text{左转}\end{cases}$$

从 P_1 点到 P_3 点的距离显然满足 $|P_1P_3|=2R_1\sin\left(\frac{\Delta\chi}{2}\right)$

这样，就求出了从 P_1 点到 P_3 点的直线的方位角 $\chi_{P_1P_3}$ 和从 P_1 点到 P_3 点的距离，而 P_1 点的坐标也已知，根据由 5.2.3 节所述的等角航线正解公式可以求圆弧转弯过渡路径起始点 P_3 的坐标。

若航路点采用平面直角坐标系，在已知固定点 P_1 坐标、P_1 点到 P_3 点的距离、从 P_1 点到 P_3 点的直线的方位角 $\chi_{P_1P_3}$ 的条件下，利用式（5.27）和式（5.28）可以求出起始点 P_1 和终止点 P_2 的坐标，此处不再赘述。

（6）计算 P_4 点的坐标。

P_4 点的位置是可以沿直线 P_1 P_3 点移动的，其位置取决于起点为 P_4 点的过渡圆弧的半径 R_2，R_2 的确定方式与 R_1 相同。在确定了 R_2 后，由图 5.26 可知，P_4 点到直线 P_1 P_2 的距离为 $D_2=(1-\sqrt{1/2})R_2$。

在已知 P_3 点坐标、直线 P_1 P_2 起点和航向的情况下，根据 5.2.3 节所述的等角航线侧偏距计算方法可以求得 P_3 点到直线 P_1 P_2 的距离 D_1。

显然，从 P_3 点到 P_4 点的距离满足 $|P_3P_4|=\sqrt{2}(D_1-D_2)$，在已知 P_3 点坐标，P_3P_4 直线段的方位角 χ_m 也已知的条件下，根据 5.2.3 节所述的等角航线正解方法求得 P_4 点的坐标。

（7）计算 O_1 点的坐标。

O_1 点坐标的计算过程与 5.4.1 节中切线转弯过渡路径中圆弧中心 P_0 点坐标计算过程类似，利用 P_1 点坐标、半径 R_1、方位角 χ_i 和转弯方向计算，此处不再赘述。

（8）计算 O_2 点的坐标。

O_2 点坐标的计算过程与 O_1 点坐标的计算过程类似，利用 P_4 点坐标、半径 R_2、方位角 χ_m 和转弯方向计算。

（9）计算 P_5 点的坐标。

由图 5.26 可知，从 P_1 点到 P_5 点的距离为 $|P_1P_5|$，满足式（5.57）。

$$|P_1P_5| = \sqrt{4R_1^2 \sin^2\left(\frac{\Delta\chi}{2}\right) - D_1^2} + D_1 + D_2 \tag{5.57}$$

从 P_1 点到 P_5 点的方位角为 χ_f，由等角航线正解公式可以求出 P_5 点的坐标。至此，过点转弯过渡路径构建完毕。

显然，上述过点转弯过渡路径构建过程非常烦琐，尽管由此可以获取到比较精确的过渡路径，避免了过渡过程中航迹的不确定性，但是计算量较大。在工程实践中，除非需要进行高精度的飞行引导和到达时间估计，其他都不需要进行如此复杂的过点转弯过渡路径构建，而是将过点转弯处理成直线段导航，按照 5.3.1 节所给出的直线导航控制律完成过点转弯。

5.4.3 航段切换策略

从前面的叙述可以看出，在完成计划航路解析和过渡路径构建后，直升机的水平航迹可以划分成一系列直线航段和圆弧航段的组合。由 5.3 节可知，直线航段和圆弧航段的水平导航控制律和导航参数计算方法是不同的，所以在直升机以自动导航的方式执行飞行计划时，需要根据直升机相对航路点或过渡点的位置和航段信息（航段类型、方位、起始点等）适时进行航段切换，才能精确地跟踪计划航迹。

最简单的切换方式就是按直升机到航路点或过渡点的距离进行切换，即设定一个切换距离阈值 D_s，当直升机到达当前航段终点的距离小于该阈值 D_s 时，自动导航系统会自动切换为按下一航段信息计算导航参数并切换水平导航控制律。

这种以计算直升机到航路点的距离的方式来决定航路切换时机是比较简单的做法（见图 5.27），但是由于传感器误差、风干扰等，直升机实际上并不能保证极其精确地沿预定航迹飞行，航迹误差是不可避免的，当航迹误差较大时，上述切换策略就无法起作用。

图 5.27 中 P_1、P_2 和 P_3 是 3 个航路点，P_2 是第一航段终点。依照按距离切换的策略，当直升机进入到距 P_2 航路点半径为 D_s 的圆内时，就应触发切换，但是如果直升机的航迹控制误差较大，$\Delta D > D_s$，那么直升机将不会进入距 P_2 航路点半径为 D_s 的圆内，切换条件就无法触发。为了避免这种情况，一种解决方法就是设定较大的距离阈值 D_s，但这种方法会导致过早地进入航段切换，产生较大的航迹误差或航迹摆动；另一种解决方法就是改变切换条件，改为按过平面（过 P_0C 的垂直平面）切换，如图 5.28 所示。

直升机过平面切换的关键有两点：一是计算出两航段的切换平面 P_0C，二是计算直升机相对切换平面的位置。

在图 5.28 中，已知待飞航路点 P_0 坐标、前后两个航段的方位角 χ_i 和 χ_f（若两航段中有圆弧航段，则按照圆弧航段起点和终点连线的方位角），直升机过平面切换策略简述如下。

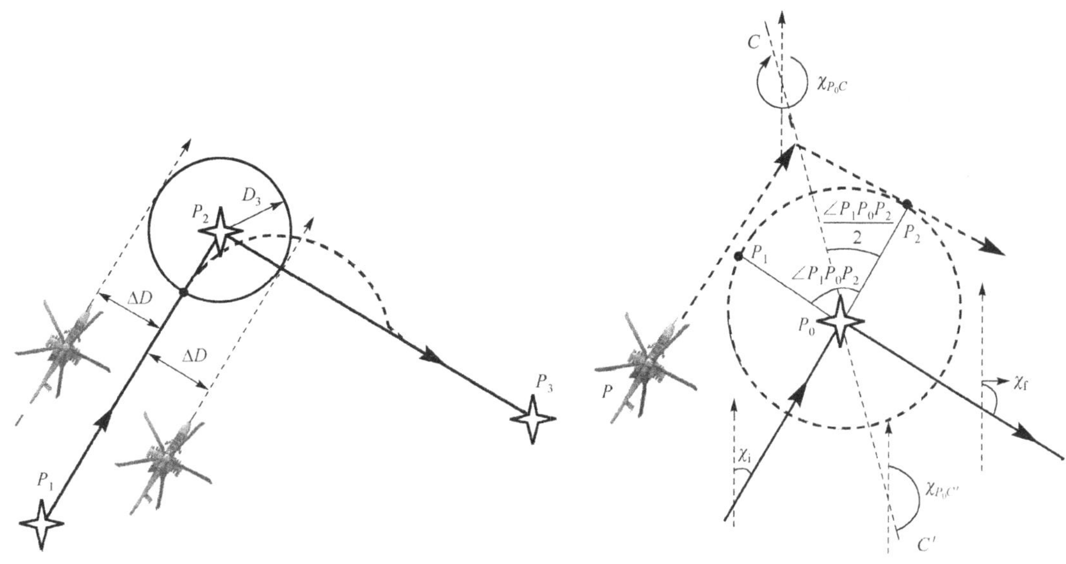

图 5.27　按距离进行航段切换示意图　　图 5.28　过平面切换

（1）判断直升机的转弯方向。

判断方法与 5.4.1 节切线转弯过渡路径的转弯方向判断方法相同，此处不再赘述。

（2）计算航段夹角。

将前后两航段延长，假设延长线和以 P_0 为圆心的虚拟圆相交于 P_1 和 P_2，显然 $\angle P_1P_0P_2$ 满足：

$$\angle P_1P_0P_2=\begin{cases}\pi-|\chi_f-\chi_i| & |\chi_f-\chi_i|<\pi \\ |\chi_f-\chi_i|-\pi & |\chi_f-\chi_i|>\pi\end{cases} \tag{5.58}$$

（3）计算切换平面与地平面交线的方位角 χ_{P_0C} 或 $\chi_{P_0C'}$。

显然，P_0 在切换平面与地平面的交线上，若以 P_0 为起点，该交线可以有两个方位角 χ_{P_0C} 或 $\chi_{P_0C'}$，二者相差 π。此处只阐述 χ_{P_0C} 的计算方法。切换平面与地平面的交线 P_0C 与前一航段构成的夹角等于 $\dfrac{\angle P_1P_0P_2}{2}$，故可按下列方法求出 P_0C 直线的方位角 χ_{P_0C}。

令 $\Delta\chi=\dfrac{\angle P_1P_0P_2}{2}$，则有

当 $0<\chi_i\leqslant\Delta\chi$ 时，$\chi_{P_0C}=\begin{cases}\chi_i+\Delta\chi & \text{左转}\\ \chi_i-\Delta\chi+2\pi & \text{右转}\end{cases}$

当 $\Delta\chi<\chi_i\leqslant 2\pi-\Delta\chi$ 时，$\chi_{P_0C}=\begin{cases}\chi_i+\Delta\chi & \text{左转}\\ \chi_i-\Delta\chi & \text{右转}\end{cases}$

当 $2\pi-\Delta\chi<\chi_i<2\pi$ 时，$\chi_{P_0C}=\begin{cases}\chi_i+\Delta\chi-2\pi & \text{左转}\\ \chi_i-\Delta\chi & \text{右转}\end{cases}$

在确定了 χ_{P_0C} 后，显然有

$$\chi_{P_0C'}=\begin{cases}\chi_{P_0C}+\pi & \chi_{P_0C}<\pi\\ \chi_{P_0C}-\pi & \chi_{P_0C}>\pi\end{cases}$$

（4）切入下一航段。

切换平面确定后，可以根据 5.2.3 节所述等角航线侧偏距求解方法，计算出直升机到切换平面的距离，记录前后两拍距离，当侧偏距符号发生变化时，即可判断飞机飞过了切换平面，切入下一航段。

5.4.4 航路点切换仿真

选择平面直角坐标系。设直升机初始位置为（0，0），直升机初始航向为正北方向，即 $\chi_0=0$；定义 4 个航路点，计划航路和过渡要求如表 5.3 所示。切线转弯过渡圆弧半径为 1000m。直升机速度为 160km/h。水平导航控制律与 5.3.3 节仿真算例相同。按 5.4.1 节和 5.4.2 节所述方法分别构建切线转弯和过点转弯的过渡路径，仿真结果如图 5.29～图 5.31 所示。由图 5.30 可以看出，切线转弯过渡的侧偏距和滚转角远小于过点转弯过渡时的情况。

表 5.3　计划航路和过渡要求

序　　号	航路点坐标	转 弯 方 式
航路点 1	[0,0]	过点转弯
航路点 2	[0,5000]	切线转弯
航路点 3	[5000,5000]	切线转弯
航路点 4	[5000,0]	过点转弯
航路点 5	[0,0]	过点转弯

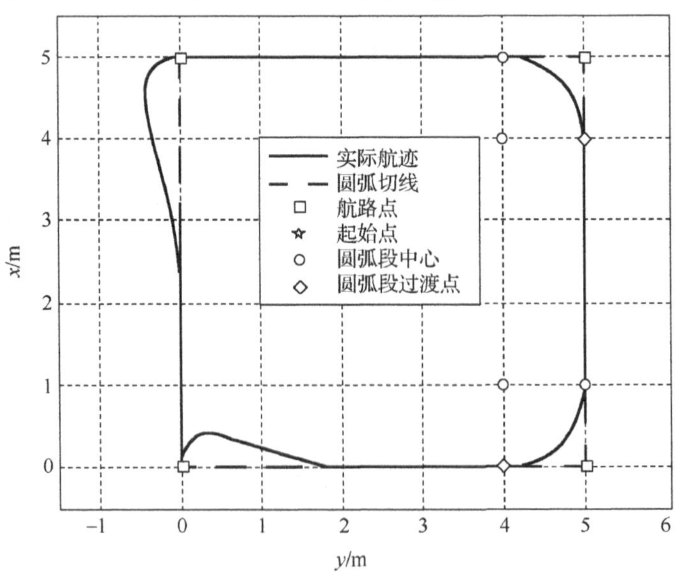

图 5.29　水平导航航路切换仿真航迹

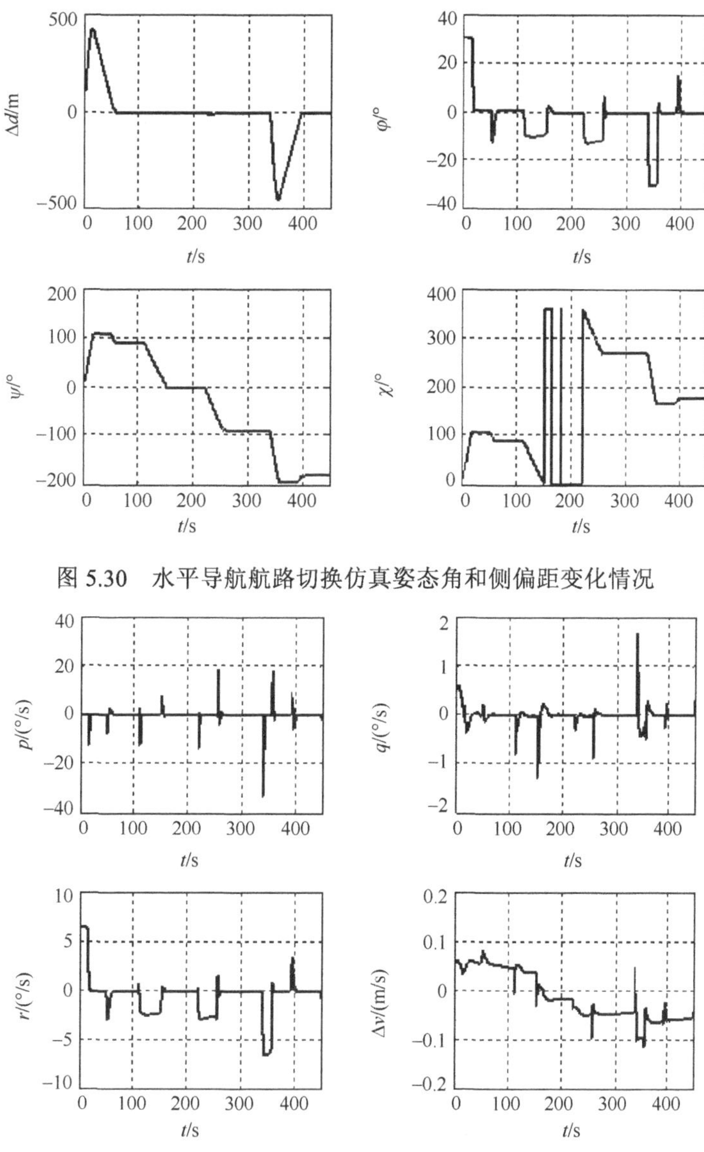

图 5.30　水平导航航路切换仿真姿态角和侧偏距变化情况

图 5.31　水平导航航路切换仿真三轴角速度和侧向速度变化情况

5.5 垂直导航

垂直导航是直升机自动导航系统的另一个主要功能，通过垂直导航系统，直升机能够进行垂直剖面内航迹偏差和垂直速度的控制，实现直升机按照预定航迹的爬升或下降。其主要工作模式包括引导直升机爬升或下降到给定的目标点和目标区域（过渡悬停）、定高巡航、垂直速率控制，以及直升机的返航/进场等的下滑控制等。本节主要介绍垂直导航参数计算、垂直导航控制律及垂直引导仿真。

5.5.1 垂直导航参数计算

直升机垂直导航控制系统的参数主要有航迹倾斜角γ、垂直速率$\dot{H}$、前向速度u和飞行高度H。垂直导航控制律主要完成从计划航路垂直剖面信息到垂直引导指令的构建过程。一般情况下，计划航路垂直剖面信息主要包括高度差ΔH、航路点间水平距离$D_{\rm leg}$等。垂直导航控制律就是这些垂直剖面信息的函数。

若已知两航路点P_1和P_2的位置信息为$P_1(L_1,\lambda_1,H_1)$或$P_1(x_1,y_1,H_1)$、$P_2(L_2,\lambda_2,H_2)$或$P_2(x_2,y_2,H_2)$。则有

$$\Delta H = H_2 - H_1 \tag{5.59}$$

根据航段类型计算航段长度的函数为

$$D_{\rm leg} = f_1(x_1,y_1,x_2,y_2,T_{\rm leg}) \tag{5.60}$$

或

$$D_{\rm leg} = f_2(L_1,\lambda_1,L_2,\lambda_2,T_{\rm leg}) \tag{5.61}$$

式中，$T_{\rm leg}$表示航路点P_1和P_2所构成的航段类型，可分为直线和圆弧两种。

航段梯度定义为

$$K_{\rm slope} = \frac{\Delta H}{D_{\rm leg}} \tag{5.62}$$

期望航迹倾斜角$\gamma_{\rm g}$：

$$\gamma_{\rm g} = \arctan\left(\frac{\Delta H}{D_{\rm leg}}\right) = \arctan(K_{\rm slope}) \tag{5.63}$$

期望垂直速率$\dot{H}_{\rm g}$：

$$\dot{H}_{\rm g} = V_{\rm d}\tan\gamma_{\rm g} = V_{\rm d}\left(\frac{\Delta H}{D_{\rm leg}}\right) = V_{\rm d}K_{\rm slope} \tag{5.64}$$

式中，$V_{\rm d}$为直升机地速。

从式（5.62）～式（5.64）可以看出，航段梯度是垂直导航指令计算中的关键参数，而确定航段梯度的关键在于计算航路点间水平距离$D_{\rm leg}$，下面给出不同航段类型和坐标形式下$D_{\rm leg}$的计算方法。

1．平面直角坐标系下航路点间水平距离的计算

已知两航路点P_1和P_2的位置信息为$P_1(x_1,y_1,H_1)$、$P_2(x_2,y_2,H_2)$。

当P_1和P_2构成的航段为直线航段时，显然有

$$D_{\rm leg} = \sqrt{(x_1-x_2)^2+(y_1-y_2)^2} \tag{5.65}$$

当P_1和P_2构成的航段为圆弧航段时，要计算航路点间水平距离，还必须知道圆弧中心点坐标$P_0(x_0,y_0)$。由此可得圆弧半径：

$$R_{\rm leg} = \sqrt{(x_1-x_0)^2+(y_1-y_0)^2} = \sqrt{(x_2-x_0)^2+(y_2-y_0)^2} \tag{5.66}$$

由式（5.25）可以分别求得从圆弧中心点 P_0 到起点 P_1 连线的方位角 $\chi_{P_0P_1}$ 和从圆弧中心点 P_0 到终点 P_2 连线的方位角 $\chi_{P_0P_2}$，则由式（5.67）可得航路点 P_1 和 P_2 的水平距离为

$$D_{\text{leg}} = R_{\text{leg}}\left|\chi_{P_0P_2} - \chi_{P_0P_1}\right| \tag{5.67}$$

2．经纬度坐标系下航路点间水平距离的计算

已知两航路点 P_1 和 P_2 的位置信息 $P_1(L_1,\lambda_1,H_1)$、$P_2(L_2,\lambda_2,H_2)$，求航路点间水平距离 D_{leg}。

当 P_1 和 P_2 构成的航段为直线航段时，可由式（5.68）计算。

$$D_{\text{leg}} = (R_L + H)\arccos(\cos L_1\cos\lambda_1\cos L_2\cos\lambda_2 + \cos L_1\sin\lambda_1\cos L_2\sin\lambda_2 + \sin L_1\sin L_2) \tag{5.68}$$

或由 5.2.3 节所述的等角航线反解算法求解。式（5.68）中 R_L 是将地球看作正球体时的半径，为 6 371 393m。

当 P_1 和 P_2 构成的航段为圆弧航段时，还必须知道圆弧中心点坐标 $P_0(L_0,\lambda_0)$，显然，利用该圆心坐标和起点或终点坐标，由 5.2.3 节所述的等角航线反解算法可求该圆弧航段的半径 R_{leg}。

利用等角航线反解算法可以求得从圆弧中心点 P_0 到起点 P_1 连线的方位角 $\chi_{P_0P_1}$ 和从 P_0 到终点 P_2 连线的方位角 $\chi_{P_0P_2}$，利用式（5.67）可以求得 P_1 和 P_2 构成的圆弧航段长度。

5.5.2　垂直导航控制律

飞机在垂直剖面的飞行过程中主要是按一定的垂直速率截获并跟踪给定高度的。常用的垂直引导指令有期望高度 H_{g} 和期望垂直速率 $\dot{H}_{\text{g}}$，其计算方法简述如下。

若已知当前航段梯度为 K_{slope}，则直升机当前位置到航段起点 P_1 的航程 D_{cur} 可根据 5.5.1 节中介绍的航路点间水平距离计算方法，通过直升机当前位置、航段类型和起点坐标计算。若航段起点高度为 H_1，则由式（5.62）可知，直升机的当前期望高度可由式（5.69）计算。

$$H_{\text{g}} = H_1 + K_{\text{slope}}D_{\text{cur}} \tag{5.69}$$

在得到期望高度后，垂直导航控制就变成了一个高度控制问题，利用以下高度控制律可以将直升机控制在期望航迹上。

$$\begin{cases}\theta_{\text{c}} = k_1\cdot(H - H_{\text{g}}) + k_2\cdot\int(H - H_{\text{g}})\text{d}t + k_3\cdot\dot{H} \\ \text{Bic} = k_3\vartheta + k_4 q\end{cases} \tag{5.70}$$

此外，在得到期望高度后，还可以将高度差转化为垂直速率，通过垂直速率控制高度，控制律为

$$\begin{cases}\theta_{\text{c}} = k_{\text{Hd}}\cdot(\dot{H} - \dot{H}_{\text{gH}}) + k_{\text{Hd}}\cdot\int(\dot{H} - \dot{H}_{\text{gH}})\text{d}t \\ \text{Bic} = k_3\vartheta + k_4 q\end{cases} \tag{5.71}$$

式中，$\dot{H}_{\text{gH}}$ 为由高度差生成的垂直速率，其计算式为

$$\dot{H}_{\text{gH}} = k_{\Delta H}(H - H_{\text{g}}) \tag{5.72}$$

5.5.3 垂直引导仿真

为验证本节所提出的垂直导航参数计算方法和垂直导航控制律的有效性，选择三个航路点进行仿真测试。垂直引导仿真航路点如表 5.4 所示。直升机初始位置为[0,0]，初始航向为 0°，飞行速度为 120km/h。

表 5.4 垂直引导仿真航路点

序　号	航路点坐标	高度/m
航路点 1	[0,0]	100
航路点 2	[0,3000]	400
航路点 3	[0,5000]	400

采用式（5.71）的垂直导航控制律，仿真结果如图 5.32～5.34 所示。由仿真结果可以看出，本节所提出的垂直导航参数计算方法和垂直导航控制律能够实现高精度的垂直航迹控制。

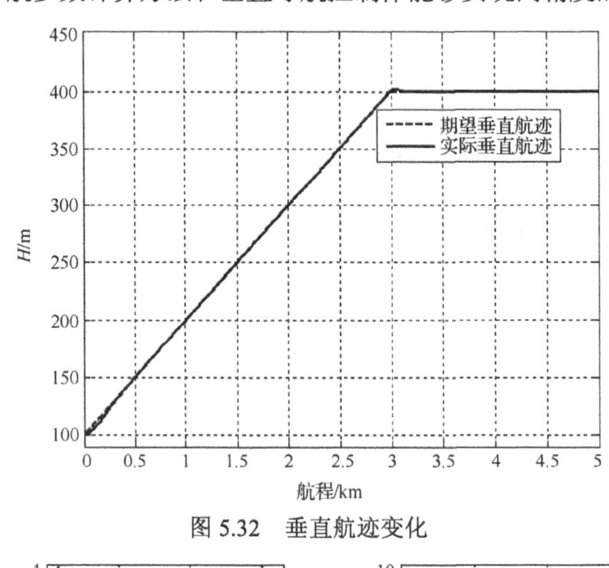

图 5.32 垂直航迹变化

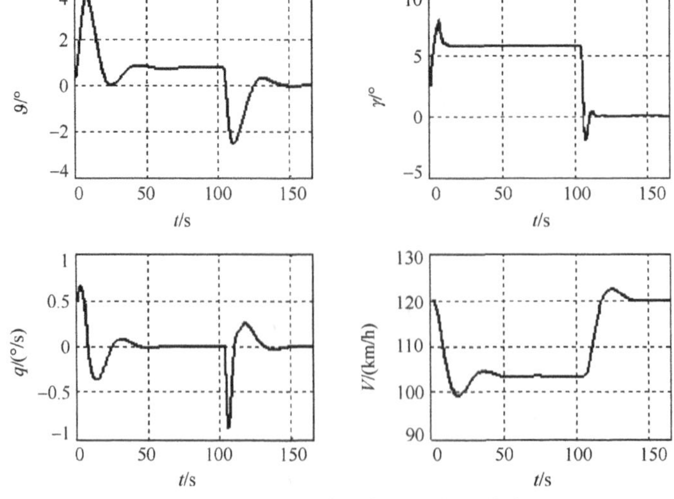

图 5.33 垂直引导过程中的纵向参数变化

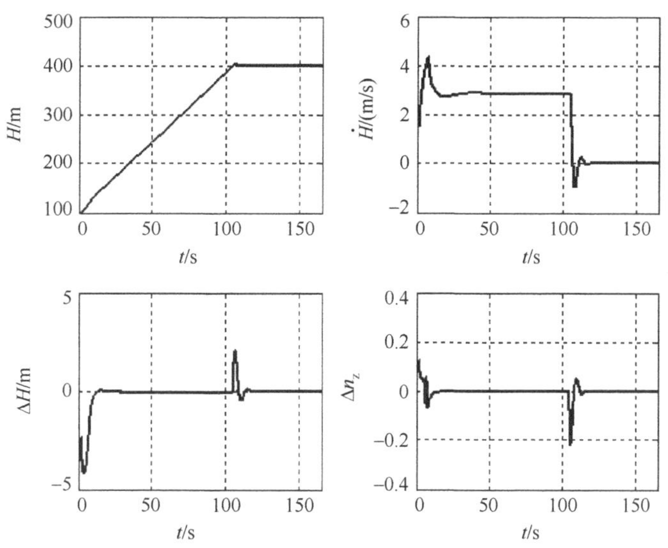

图 5.34　垂直引导过程中的纵向参数变化

5.6　三维导航控制律设计

为了使直升机能更有效地执行飞行任务，研究三维导航控制律十分必要。垂直导航和水平导航的综合就是三维导航系统。三维导航系统在计划航路信息的作用下生成水平导引指令和垂直导引指令，使直升机按照预定三维航迹飞行。由于计划航路只能提供航路点处的高度信息，需要三维导航系统计算航段中间的高度信息，此外，由于风干扰和航迹控制误差等因素，直升机很难精确地沿计划航路飞行，当直升机偏离了航线后，如何确定直升机每一时刻应达到的期望高度 H_g 是三维导航系统需要解决的关键问题。鉴于 5.3 节和 5.5 节已对水平导航和垂直导航的参数计算及导引指令计算进行了详细的介绍，本节主要讨论直升机偏离航线后期望高度的确定及三维导航控制仿真。

5.6.1　直升机偏离航线后期望高度的确定

直升机偏离航线后的高度计算按照当前航段的类型可以分两种情况考虑。

1．直线航段期望高度的确定

直线航段期望高度计算示意图如图 5.35 所示，直线 *AB* 为直升机应飞三维航线，*CD* 为该航线在地平面内的投影，假设直升机当前所在位置为 *E* 点，该点在 *XOY* 平面上的投影为 *F* 点，从 *F* 点向 *CD* 直线作垂线，与 *CD* 相交于 *G* 点，在航线 *AB* 所在的铅锤面内过 *G* 点作垂直于 *CD* 的垂线，与 *AB* 相交于 *M* 点，显然 *M* 点到 *CD* 直线的距离就是直升机的期望高度。

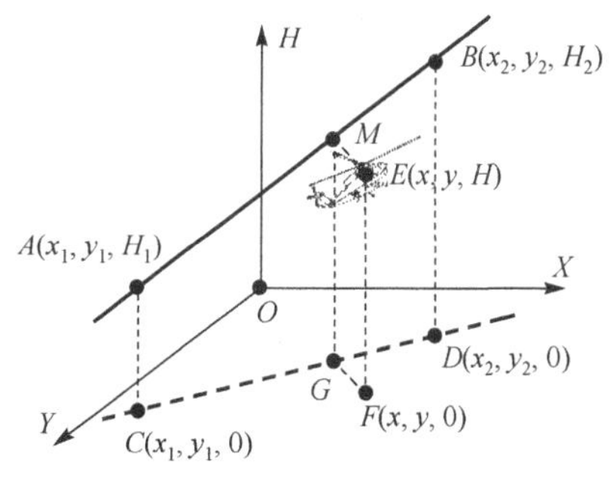

图 5.35　直线航段期望高度计算示意图

若已知 A 点、B 点、E 点坐标分别为 $A(x_1,y_1,H_1)$、$B(x_2,y_2,H_2)$、$E(x,y,H)$，则 C 点、F 点、D 点坐标分别可以确定为 $C(x_1,y_1,0)$、$F(x,y,0)$、$\mathrm{D}(x_2,y_2,0)$。下面介绍 M 点高度的计算方法。

由 5.5.1 节所述方法，可以求得直线航段 AB 的航段梯度 K_{slope}。利用式（5.33），可以求得从 F 点到 CD 直线的距离：

$$D_{FG}=\frac{|(y_2-y_1)x-(x_2-x_1)y+y_1x_2-y_2x_1|}{\sqrt{(y_2-y_1)^2+(x_2-x_1)^2}} \tag{5.73}$$

FC 两点的距离：

$$D_{FC}=\sqrt{(x_1-x)^2+(y_1-y)^2} \tag{5.74}$$

FD 两点的距离：

$$D_{FD}=\sqrt{(x_2-x)^2+(y_2-y)^2} \tag{5.75}$$

由图 5.35 可知，CG 两点的距离为

$$D_{CG}=\sqrt{D_{FC}^2-D_{FG}^2} \tag{5.76}$$

则 M 点的期望高度为

$$H_{\text{g}}=H_1+K_{\text{slope}}D_{CG} \tag{5.77}$$

2. 圆弧段的高度计算

圆弧段期望高度的计算如图 5.36 所示，圆弧 AB 为直升机应飞三维航线，CD 弧为该航线在地平面内的投影，假设直升机当前所在位置为 E 点，该点在 XOY 平面上的投影为 F 点，O 点为该圆弧航段圆心在地平面内的投影，OF 两点连线的延长线与 CD 弧相交于 G 点，过 G 点作垂直于地平面的垂线，与 AB 弧相交于 M 点，显然 M 点到 CD 弧的距离就是直升机的期望高度。

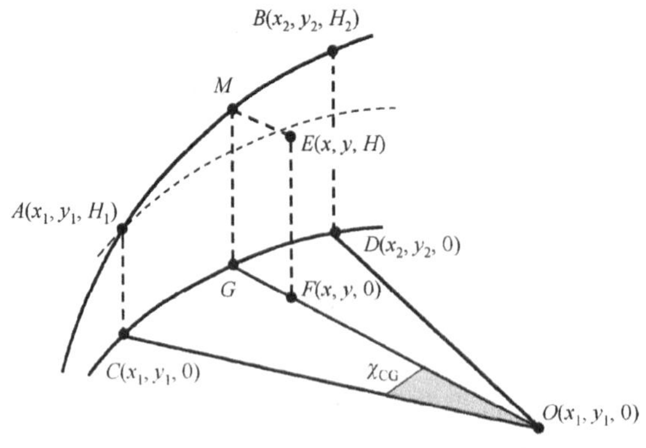

图 5.36 圆弧段期望高度的计算

若已知 A 点、B 点、E 点坐标分别为 $A(x_1,y_1,H_1)$、$B(x_2,y_2,H_2)$、$E(x,y,H)$，则 C 点、F 点、D 点坐标分别可以确定为 $C(x_1,y_1,0)$、$F(x,y,0)$、$D(x_2,y_2,0)$，圆弧航段期望高度的求解方法如下。

根据 5.5.1 节所述方法，可以求得该圆弧航段的航段梯度 K_{slope}。

圆弧半径：

$$R_{\text{leg}} = \sqrt{(x_1 - x_0)^2 + (y_1 - y_0)^2} = \sqrt{(x_2 - x_0)^2 + (y_2 - y_0)^2} \tag{5.78}$$

在已知 O 点、C 点和 D 点坐标的情况下，根据式(5.25)可以求得 OC 连线的方位角 χ_{OC} 和 OF 连线的方位角 χ_{OF}，则 CG 弧所对应的圆心角为 χ_{CG}，有

$$\chi_{CG} = \left|\chi_{OC} - \chi_{OF}\right| \tag{5.79}$$

显然，M 点的期望高度为

$$H_{\text{g}} = H_1 + K_{\text{slope}}\chi_{CG}R_{\text{leg}} \tag{5.80}$$

5.6.2　三维导航控制仿真

选择平面直角坐标系。设直升机初始位置为（0,0），直升机初始航向为正北方向，即 $\chi_0 = 0$；定义 6 个航路点，三维导航计划航路和过点要求如表 5.5 所示。切线转弯过渡圆弧半径为 1000m。直升机速度为 160km/h。水平导航控制律与 5.3.3 节仿真算例相同。按 5.4.1 节和 5.4.2 节所述方法分别构建切线转弯和过点转弯的过渡路径，仿真结果如图 5.37～图 5.42 所示。由图 5.41 可以看出，切线转弯过渡的侧偏距和滚转角远小于过点转弯过渡的情况。

表 5.5　三维导航计划航路和过点要求

序　　号	航路点坐标	航路点高度/m	转 弯 方 式
航路点 1	[0,0]	100	过点转弯
航路点 2	[2000,5000]	600	切线转弯
航路点 3	[5000,7000]	600	切线转弯
航路点 4	[8000,6000]	400	过点转弯
航路点 5	[6000，2000]	400	过点转弯
航路点 6	[0,0]	100	过点但不转弯

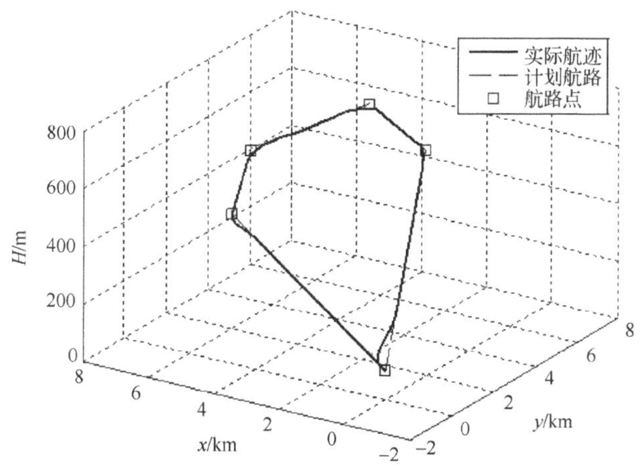

图 5.37　三维导航航迹

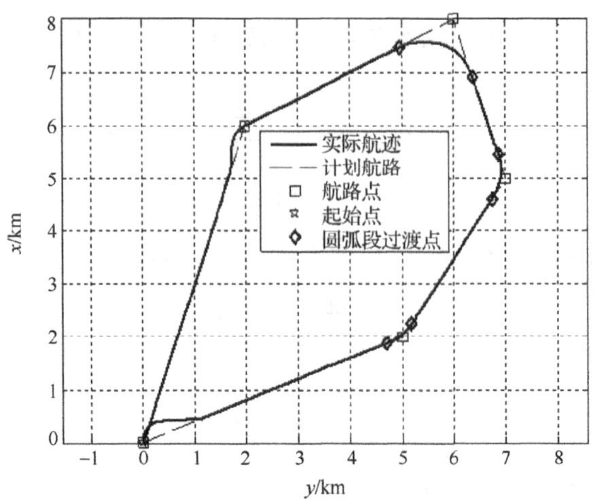

图 5.38　三维导航水平航迹

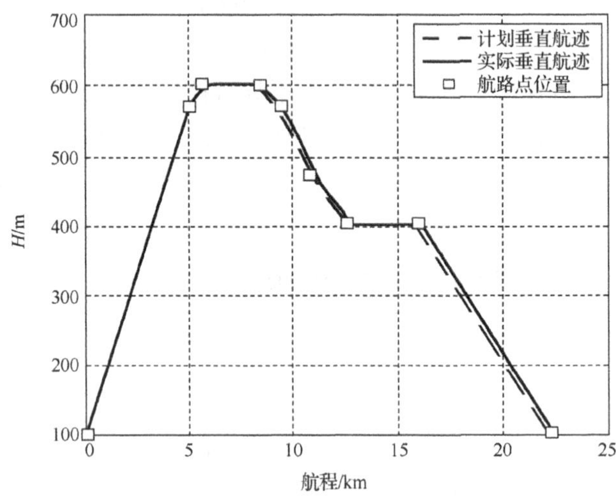

图 5.39　三维导航垂直航迹

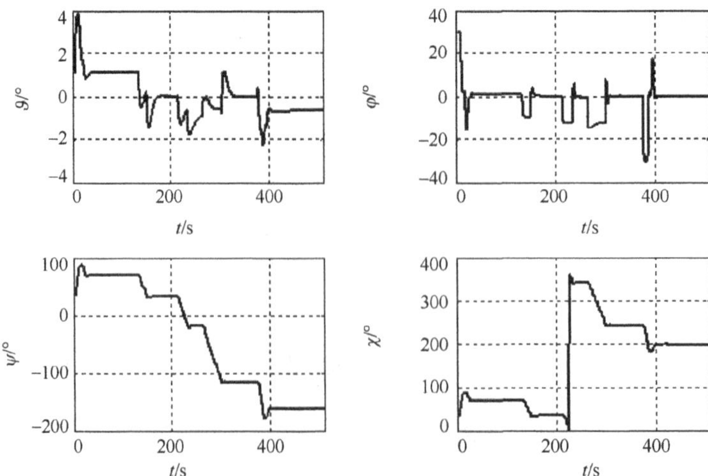

图 5.40　三维导航过程中姿态变化

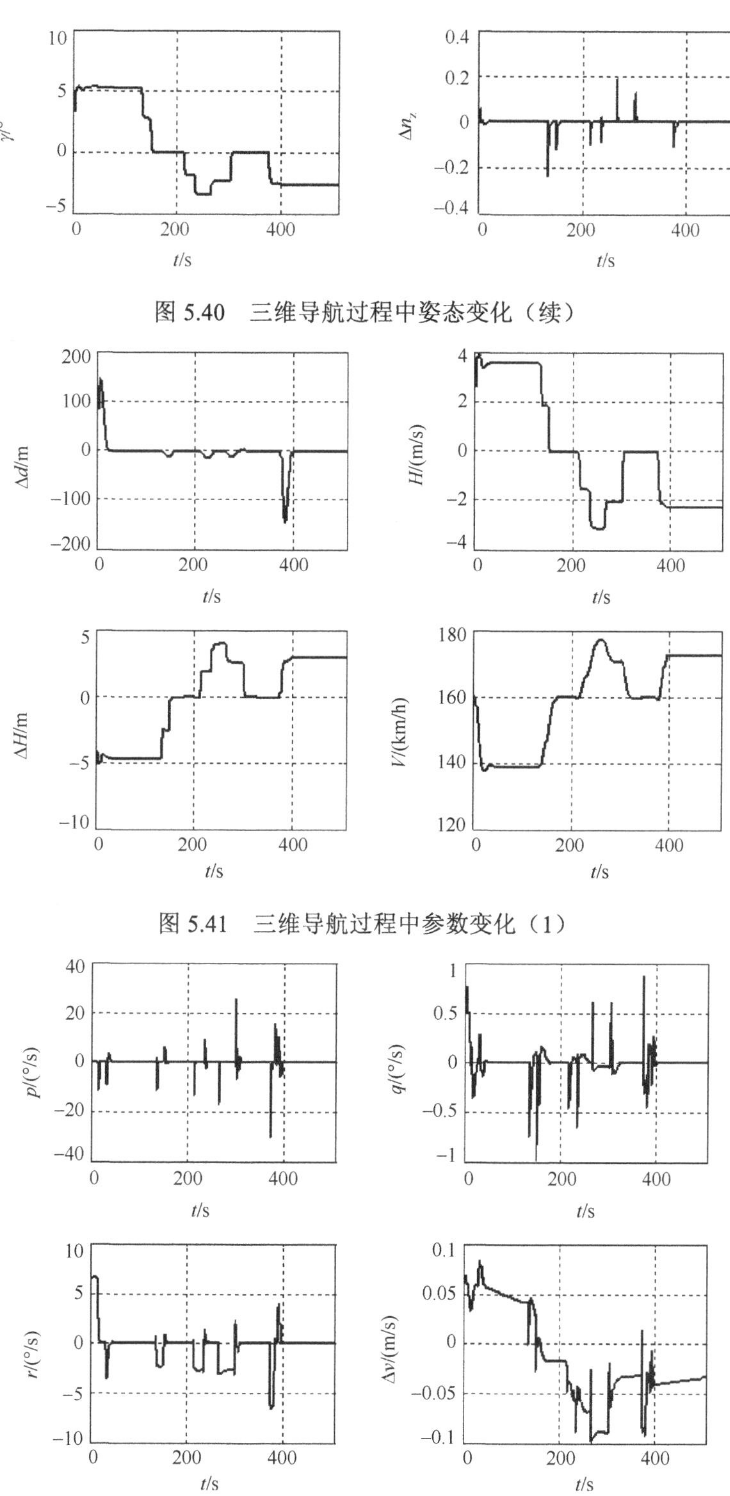

图 5.40　三维导航过程中姿态变化（续）

图 5.41　三维导航过程中参数变化（1）

图 5.42　三维导航过程中参数变化（2）

本章小结

本章围绕直升机导航系统设计这个主题，介绍了两种常用导航坐标系（地理坐标系、平面直角坐标系）的定义和导航参数的计算方法，详细讨论了直线段和圆弧段两种常见航段导航控制律的构成及引导指令的计算，给出了切线转弯和过点转弯两种常见转弯方式过渡路径的构建方法和航段切换策略，研究了垂直导航控制参数的确定及垂直引导指令生成的方法；在讨论了水平导航和垂直导航的主要技术问题后，解决了直升机偏离航线后高度确定三维导航的关键问题。对本章所提出的各类导航控制律和指令生成方法进行了仿真，结果表明所给出的导航控制律和指令生成方法的有效性。

参考文献

[1] 秦永元. 惯性导航原理[M]. 科学出版社，2005.

[2] BIAN S F, CHEN Y B.著《Solving an inverse problem of ameridian arc in terms of computer algebra system[J]. Journal of Surveying Engineering, 2006, 132（1）: 7-10.

[3] 李厚朴，边少锋，等. 角航线正反解算得符号表达式[J]. 大连海事大学学报，2008，34（2）: 15-18.

[4] X Prats, F Bussink, R Verhoeven et al. Marsman Evaluation of in-flight trajectory optimisation with time constraints in a moving base flight simulator[J], in Proceedings of the 34th Digital Avionics Systems Conference (DASC), IEEE, 2015.

[5] Michael R. C. Jackson, Brian E. O'Laughlin, Airborne Required Time of Arrival Control and Integrationwith ATM[C], 7th AIAA Aviation Technology, Integration and Operations Conference (ATIO), Northern Ireland，2007.

[6] Reynolds T, Glina Y, Troxel S, et al. Wind Information Requirements for NextGen Applications Phase 1: 4D-Trajectory Based Operations (4D-TBO)[R]. Lincoln Laboratory, Massachusetts Institute of Technology 2013.

[7] 丁佳波. 关于地球椭圆体面上等角航线解算的实用公式[J]. 中国航海，2005(1): 74-76.

[8] 张逊逊. 直升机导航控制系统设计与仿真[D]. 西安，西北工业大学，2012.

第6章 自动着舰控制律设计

舰载直升机进舰着舰环境与航母的运动及海上大气紊流扰动等复杂因素有关。航空母舰是一个面积有限的海上浮动平台，甲板会随海浪运动而起伏、摇摆，甲板上方的紊流会导致飞机姿态和重心的波动，从而加大了飞行员掌握安全着舰时机的困难。着舰速度过大会导致飞机撞击甲板，引起机身和起落架的结构安全问题，甚至会使桨叶根部折断。进舰着舰过程是舰载直升机使用中事故发生率最高的阶段。研究直升机自动进舰着舰问题，实现进舰着舰过程自动化，最大程度减小环境和人为因素的影响，对于确保舰载直升机的安全是十分必要的。

本章针对直升机在自动进舰着舰过程中的舰尾流扰动环境下的相对定点悬停、高度跟踪、预测降落时机等关键问题进行探讨，给出直升机自动进舰着舰的参考方案。

6.1 舰载直升机进舰着舰环境研究

航空母舰的甲板运动和舰尾流扰动是影响直升机着舰安全的主要因素。对航空母舰海上运动和舰尾流进行分析和建模，明确着舰点起伏和舰尾流的变化规律，是正确设计自动进舰着舰控制律的前提条件。

6.1.1 舰船海上运动模型

常用船体坐标系及舰船运动如图 6.1 所示。以航母的重心 O_s 为原点，X_s 轴位于海面平静时的水平舰面内，与航母中轴线平行，以舰首方向为正；Y_s 轴与 X_s 轴在同一平面内且垂直于 X_s 轴，指向左舷为正；Z_s 轴垂直于舰面，向上为正。

根据船舶运动的有关理论，海浪是舰船在海上进行复杂摇荡运动的主要原因，海浪作用于船体，使得船体在 6 自由度上运动：纵摇、首摇、横摇、升沉、横荡和纵荡（见图 6.1）。

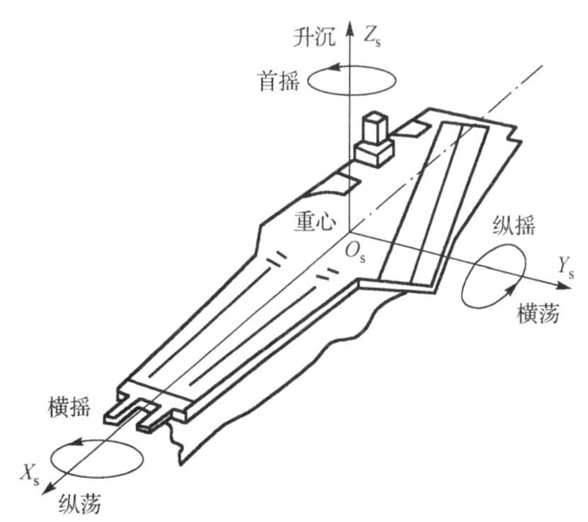

图 6.1 船体坐标系及舰船运动

在舰载直升机着舰过程中，影响着舰安全的关键因素是甲板上着舰点的高度变化，因为纵荡、横荡和首摇对着舰点的高度变化影响较小，因此在研究航母的运动时主要关心纵摇、横摇和升沉。

影响舰船运动特性的因素包括海况（海面风速和海浪的性质等）和舰船本身的状态（质量分布、几何构型、运动速度，以及相对风和海浪的运动方位等）。在工程实践中，描述舰船海上运动普遍采用统计分析方法。大量的理论分析和实验研究表明，舰船在海上的扰动运动可以用各态历经的零均值平稳随机过程来描述。

对舰船的海上运动频谱模型的研究最早始于 20 世纪 60 年代。通过实际测量和数据拟合，得到了一些航空母舰在特定情况下的运动频谱。研究者给出了一组美国 ESSEX 级航母的海上运动频谱，并将这组频谱通过拟合以传递函数形式表现出来（见表 6.1）。

表 6.1　舰船运动对白噪声的传递函数

舰船和环境条件	ESSEX 速度：8kn 航向：左舷 60°浪高：5.68m
纵摇 θ	$G_\theta(s)=\dfrac{0.334095s^2}{s^4+0.604s^3+0.79658s^2+0.206272s+0.123904}$
横摇 ϕ	$G_\phi(s)=\dfrac{0.238s^2}{s^4+0.2088s^3+0.3976s^2+0.03863s+0.03422}$
升沉 h_s	$G_{h_s}(s)=\dfrac{0.353568s^2+0.01414s}{s^4+0.38s^3+0.4977s^2+0.0836s+0.0484}$

功率谱密度与传递函数是一一对应的，ESSEX 级航母运动功率谱密度如图 6.2 所示。

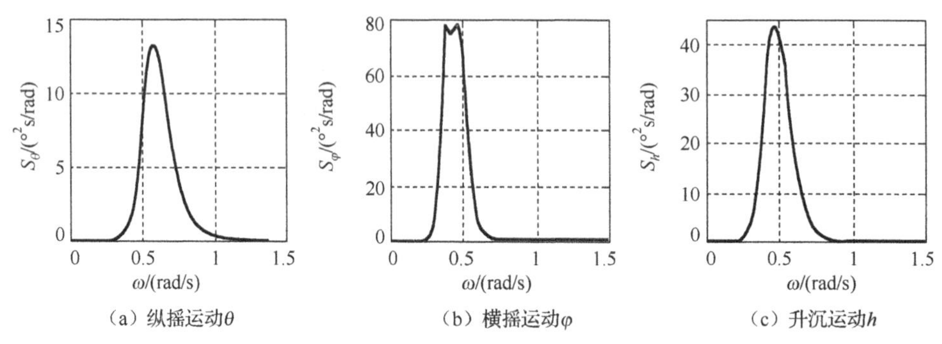

（a）纵摇运动θ　（b）横摇运动φ　（c）升沉运动h

图 6.2　ESSEX 级航母运动功率谱密度

从图 6.2 中的三种频谱模型可以看出，无论是纵摇运动、横摇运动，还是升沉运动，该级别航母的运动频谱都表现出明显的窄带特性，主要的频段集中在 0.2～1rad/s。

美国军用标准 MIL-F-8785C 中给出了 CVA-59 型航母升沉运动的功率谱曲线（见图 6.3 中的点线）。本节基于此功率谱，以升沉运动为例，探讨舰船运动建模方法。

由图 6.3 可以看出，该航空母舰升沉运动的频谱主要集中在 0.4～1.2rad/s，带宽（按半功率带宽定义功率为峰值功率一半的两个频率之差）很小，不超过 0.8rad/s。得到频谱曲线后，便可以根据海浪有理谱建模的方法建立包含海浪因素的升沉运动有理谱模型。

首先用最小二乘法将升沉功率谱近似为有理谱形式。参考附录 C 中式（FC.22），海浪成型滤波器分母、分子阶次分别为 4 和 2，在实际中采用二阶振荡环节近似描述舰船的动态特性是合理的，故将含有海浪因素的舰船成型滤波器模型的分母阶次选为 6，分子阶次选为 2。通过辨识，得到升沉运动的有理谱模型为

$$S_{wh}(\omega)=\frac{0.0006\omega^4-0.0001\omega^2+0.0003858}{\omega^{12}-7.15\omega^{10}+22.23\omega^8-31.20\omega^6+21.94\omega^4-7.62\omega^2+1.05} \tag{6.1}$$

绘制出辨识升沉有理谱的频谱曲线如图 6.3 中实线所示。

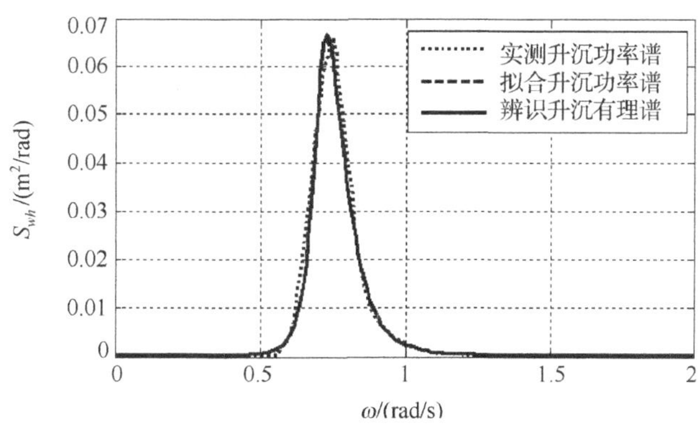

图 6.3　实测升沉功率谱、拟合升沉功率谱及辨识升沉有理谱的对比曲线

由升沉运动的有理谱模型，便可求得舰船升沉的成型滤波器模型为

$$G_{wh}(s)=\frac{0.0775(s^2+1.3306s+0.802)}{s^6+6.34s^5+16.52s^4+22.4s^3+16.66s^2+6.462s+1.02} \tag{6.2}$$

式（6.2）只能反映舰船在当时测试海况条件下的运动规律。为了描述舰船在不同海况下的运动特性，需要将建立的舰船运动模型中关于海浪的因素分离出来，并获取描述舰船固有特性的模型。图 6.4 为舰船运动仿真框图。

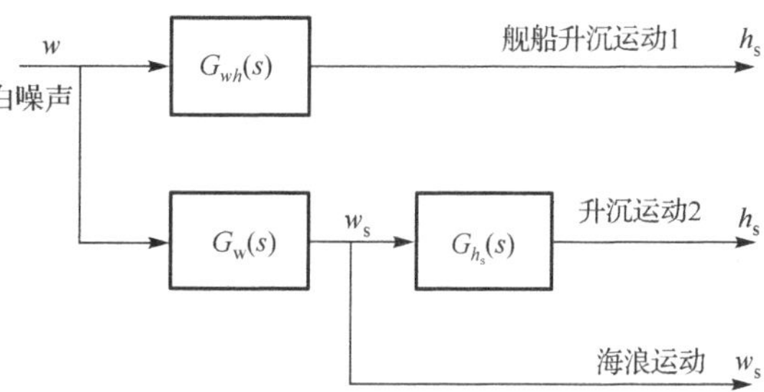

图 6.4　舰船运动仿真框图

舰船在海浪驱动下运动，保持海况条件不变，采用附录 C 中的海浪建模方法，可以求出海浪成型滤波器模型，用传递函数形式描述为 $G_w(s)$，再结合式（6.2）给出的舰船升沉的成型滤波器模型，就可以得到升沉运动的固有模型。

可以近似将舰船视为一个浮于海面上的质量块，在以下设计中用二阶振荡环节近似描述。

在白噪声作用下，分别对海浪和舰船升沉运动成型滤波器模型进行仿真，得到海浪运动和舰船升沉运动数据。将海浪运动数据作为输入数据、舰船升沉运动数据作为输出数据，通过辨识可以得到航母 CVA-59 的升沉运动传递函数为

$$G_{h_s}(s)=\frac{0.015}{1.414s^2+0.0963s+1} \tag{6.3}$$

对式（6.3）进行检验，输入功率为 1 的白噪声，采样时间为 0.02s，风速为 12m/s，对舰船升沉运动进行仿真，图 6.5 给出了升沉运动仿真结果对比图。

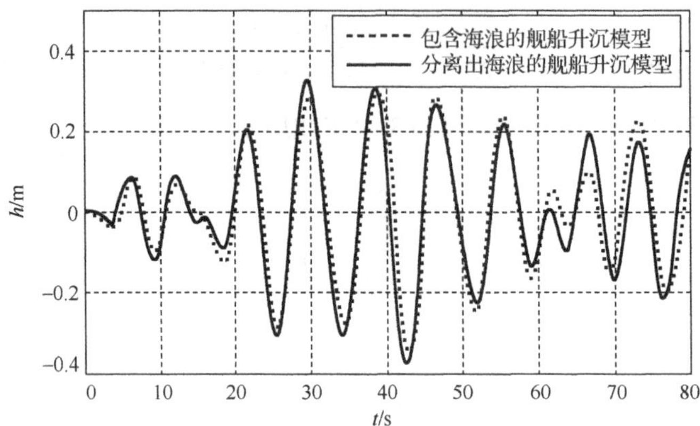

图 6.5　升沉运动仿真结果对比图

从图 6.5 中可以看出，不包含海浪的舰船二阶升沉运动模型在海浪驱动下的升沉运动响应与由实测运动频谱得到的舰船升沉运动曲线相比，在幅值上略有偏差，响应频率吻合，总体趋势符合度较好。表明辨识得到的二阶舰船升沉模型是合理可用的。

采用同样的方法，可得到分离出海浪因素的二阶舰船横摇运动模型和舰船纵摇运动模型，其表达式分别为

$$G_{\phi}(s)=\frac{0.0086}{1.8s^2+0.1534s+1} \tag{6.4}$$

$$G_{\theta}(s)=\frac{-0.0074}{1.67s^2+0.2882s+1} \tag{6.5}$$

给出舰船横摇运动和纵摇运动的仿真对比结果，分别如图 6.6 和图 6.7 所示。可以看出，辨识得到的二阶舰船横摇运动和纵摇运动模型是合理可用的。

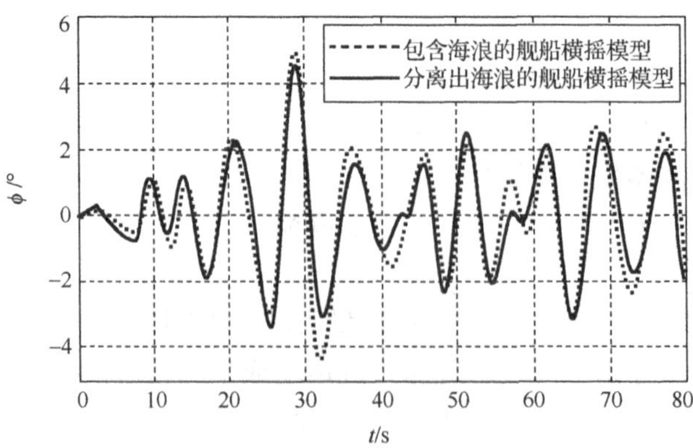

图 6.6　舰船横摇运动仿真结果对比

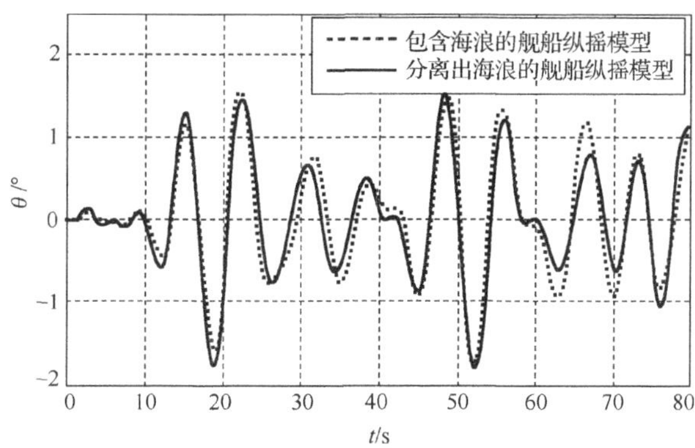

图 6.7　舰船纵摇运动仿真结果对比

6.1.2　舰船运动对着舰点高度的影响

舰船的升沉运动、横摇运动和纵摇运动对舰载机着舰点高度影响比较大，可以将着舰点的高度变化近似表示为

$$\Delta h = h_s + h_\theta + h_\phi \tag{6.6}$$

式中，h_s、h_θ、h_ϕ 分别表示升沉运动、纵摇运动和横摇运动引起的着舰点高度变化分量。

图 6.8 为着舰点与舰船重心几何位置示意图。

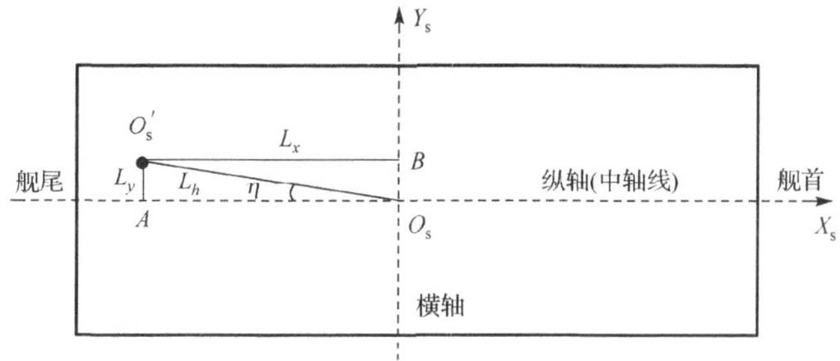

图 6.8　着舰点与舰船重心几何位置示意图

图 6.8 中，O_s 为舰船重心，O_s' 为直升机着舰点，L_h 为着舰点到舰船重心的距离，η 为着舰点与舰船重心的连线和航母中轴线的夹角。L_x、L_y 分别表示着舰点到舰船重心的纵向距离和侧向距离，有

$$\begin{aligned} L_x &= L_h \cos\eta \\ L_y &= L_h \sin\eta \end{aligned} \tag{6.7}$$

纵摇运动引起的着舰点处高度变化示意图如图 6.9 所示，当舰船有纵摇角 θ 时，所引起的着舰点高度变化为

$$h_\theta = L_x \sin\theta = L_h \cos\eta \sin\theta \tag{6.8}$$

同理，横摇运动引起的着舰点处高度变化示意图如图 6.10 所示，当舰船有横摇角 ϕ 时，所引起的着舰点高度变化为

$$h_\phi = L_y \sin\phi = L_h \sin\eta \sin\phi \tag{6.9}$$

由式（6.8）和式（6.9）可以看出，h_θ 和 h_ϕ 均与着舰点到舰船重心的距离 L_h 和夹角 η 有关，故着舰点的位置不同，舰船运动引起的高度变化不同。取 $L_h = 30\text{m}$ ，$\eta = \pi/20$ ，风速

$V_w = 12\text{m/s}$，对舰船运动进行仿真，图 6.11 给出了舰船纵摇运动、横摇运动和升沉运动对着舰点处高度的影响。

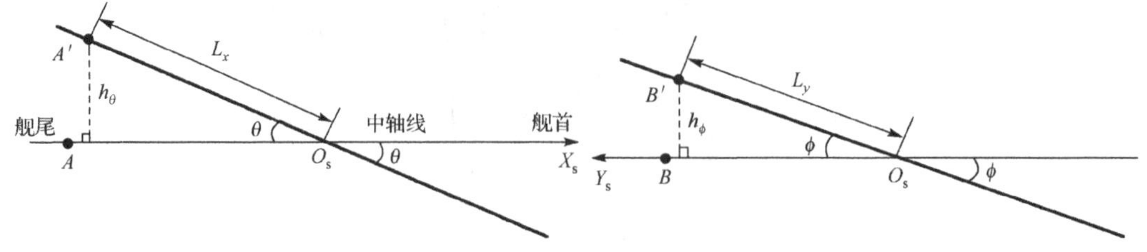

图 6.9　纵摇运动引起的着舰点处高度变化示意图　　图 6.10　横摇运动引起的着舰点处高度变化示意图

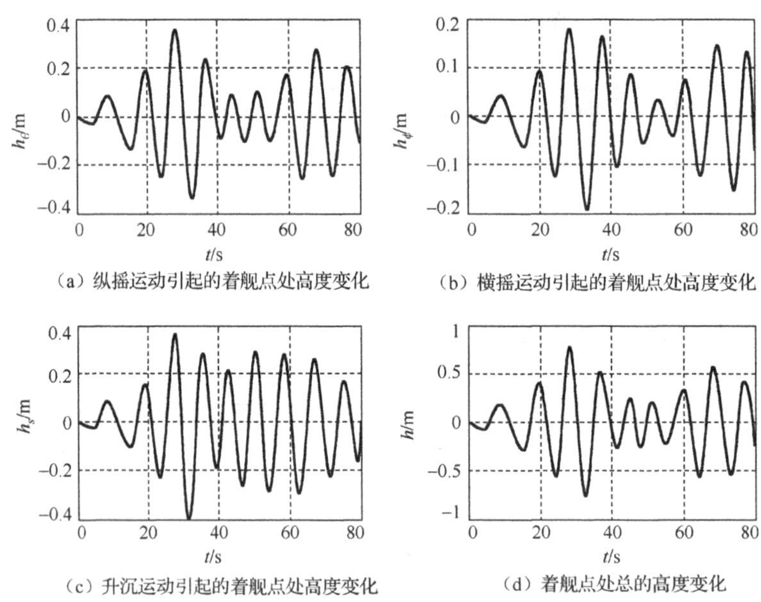

（a）纵摇运动引起的着舰点处高度变化　　（b）横摇运动引起的着舰点处高度变化

（c）升沉运动引起的着舰点处高度变化　　（d）着舰点处总的高度变化

图 6.11　舰船纵摇运动、横摇运动和升沉运动对着舰点处高度的影响

由图 6.11 可以看出，舰船运动引起的着舰点处总的高度变化比较剧烈，着舰时必须加以考虑，以防直升机与甲板发生碰撞。

6.1.3　舰尾流模型

直升机进舰过程中会受到舰尾流的干扰，影响飞机姿态的稳定。如果不对舰尾流扰动加以抑制，舰载机可能会偏离着舰点，影响着舰安全。因此，建立舰尾流模型，分析舰尾流对直升机着舰的影响，给出有效的抑制方法十分必要。

长期以来，为了理解舰尾流的成因和机理，国内外学者投入了大量人力和物力，对各种船只运动时的尾流进行实际测量、风洞试验、水洞试验等各种形式的研究，发现舰尾流可分解成多种形式，进而分别进行研究。例如，舰船的航行运动引起的扰动即静态扰动，其大小取决于舰船的航向、速度等，当舰船运动状态不变时，舰船下游的扰动也是确定的。受海风海浪影响，舰船的相对运动——横摇、纵摇、升沉等造成的扰动为动态扰动。舰船的相对运动会在舰船后方形成涡，涡的大小和舰船的相对运动有关。此外，还会受甲板风的影响，通常在距离舰尾比较近的地方动压变化比较剧烈。

建立舰尾流模型的常用方法：数据库法、CFD 法、频域方法和工程化方法。工程化方法是目前常用的方法，它运用频域分析等信号分析技术寻求尽可能简单、又能反映舰尾流物理特性的模型。1978—1979 年，波音公司提供的有关技术报告指出，1976 年发展的用于描述美国 CVA 型航母的舰尾流模型在实际应用中取得了比较好的效果。在这个模型中，航母的舰尾流被分为 4 个部分，与航母运动无关的海面自由大气紊流、稳态的舰船尾流、航母纵摇诱导的周期性尾流和与航母有关的随机紊流。该模型与美国军用标准 MIL-F-8785C 中推荐使用的航母舰尾流模型基本一致。

目前，关于舰尾流对舰载机的影响分析大都是针对固定翼舰载机的，本节参考美国军用标准 MIL-F-8785C 中的舰尾流模型，针对直升机特性进行适当的调整。

舰尾流对舰载机的影响主要是其对舰载机空速产生的扰动，因此可以将舰尾流模型视为一个扰动模型。美国军用标准中规定了舰载机着舰时的大气扰动模型，这个扰动模型的总扰动速度组成如下：与风速相关的大气紊流 u_1、v_1、w_1；航母航行产生的尾流分量 u_2、w_2；纵摇运动引起的扰动分量 u_3、w_3；与航母相关的随机紊流扰动 u_4、w_4。总的舰尾流扰动量 u_{j}、v_{j}、w_{j} 可按下式计算：

$$\begin{cases} u_{\mathrm{j}} = u_1 + u_2 + u_3 + u_4 \\ v_{\mathrm{j}} = v_1 \\ w_{\mathrm{j}} = w_1 + w_2 + w_3 + w_4 \end{cases} \tag{6.10}$$

以下对各种扰动分量分别进行讨论。

1. 大气紊流分量

自由大气紊流是由海面风速造成的低空紊流，与舰船无关。美国军用标准中给出的基于冯卡曼模型的大气紊流干扰的成型滤波器传递函数形式为

$$G_{\mathrm{sf}}(s) = \frac{4\sigma_{\mathrm{w}}\sqrt{\dfrac{L_{\mathrm{w}}}{V_{\mathrm{w}}}}\left(1 + b_1\dfrac{L_{\mathrm{w}}}{V_{\mathrm{w}}}s + b_2\left(\dfrac{L_{\mathrm{w}}}{V_{\mathrm{w}}}s\right)^2\right)}{1 + a_1\dfrac{L_{\mathrm{w}}}{V_{\mathrm{w}}}s + a_2\left(\dfrac{L_{\mathrm{w}}}{V_{\mathrm{w}}}s\right)^2 + a_3\left(\dfrac{L_{\mathrm{w}}}{V_{\mathrm{w}}}s\right)^3} \tag{6.11}$$

式中，σ_{w} 为干扰强度，L_{w} 为干扰振幅，V_{w} 为风速。

利用非线性最小二乘拟合方法，调整式（6.11）中系数 $a_n(n=1,2,3)$ 、$b_m(m=1,2)$，以描述直升机着舰区的紊流干扰特性。

在风速为 10m/s，$L_{\mathrm{w}} = 3.83$ ，$\sigma_{\mathrm{w}} = 4.94$ 时，求得纵向、侧向和法向大气紊流分量的成型滤波器传递函数分别为

$$\begin{cases} G_{\mathrm{sf}u}(s) = \dfrac{0.1042s^2 + 2.3588s + 19.1603}{0.1075s^3 + 0.1741s^2 + 2.5696s + 1} \\ G_{\mathrm{sf}v}(s) = \dfrac{0.0838s^2 + 0.5626s + 12.9292}{0.0402s^3 + 0.2108s^2 + 1.2048s + 1} \\ G_{\mathrm{sf}w}(s) = \dfrac{0.2475s^2 + 4.4454s + 31.9292}{0.1494s^3 + 0.4718s^2 + 2.7311s + 1} \end{cases} \tag{6.12}$$

自由大气紊流随时间变化的分量仿真结果如图 6.12 所示。

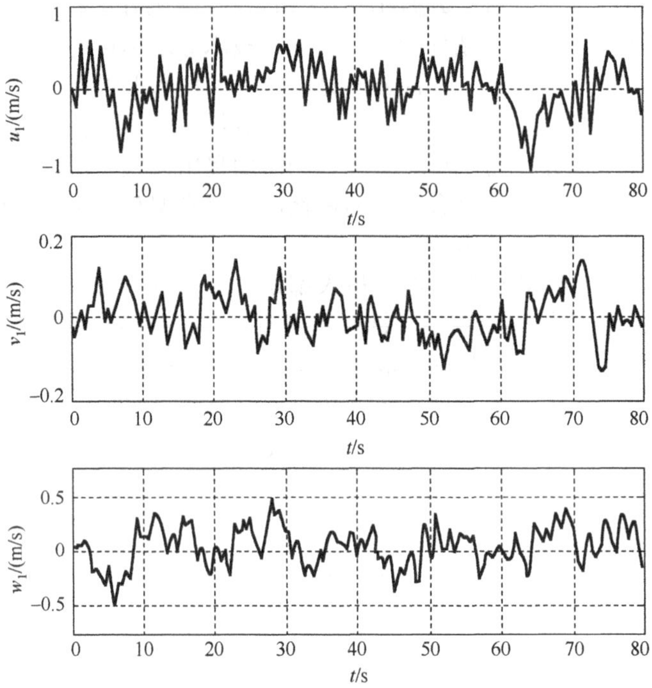

图 6.12 自由大气紊流随时间变化的分量仿真结果

2. 舰尾流稳态分量

舰尾流稳态分量是由航母迎风航行，空气流经甲板，从舰尾流出造成的，它由一个减小的稳态风和一个占主导地位的舰尾洗流风组成。图 6.13 是美国军用标准 MIL-F-8785C 中给出的 CVA-59 航母的舰尾流稳态分量变化图。图 6.13 中 L_s 表示飞机距离舰船纵摇中心的水平距离，向舰首方向 L_s 为正值。V_w 为甲板风速，u_2/V_w 和 w_2/V_w 分别表示稳态分量 u_2、w_2 与风速的比值。舰尾流稳态分量的强度与 L_s 相关，影响区域位于舰尾（距离纵摇中心负向 76m 时，开始存在稳态分量）及舰船后方，由于在直升机进舰过程中，飞行高度较高，着舰点距离尾流区相对较远，受其影响相对较小。

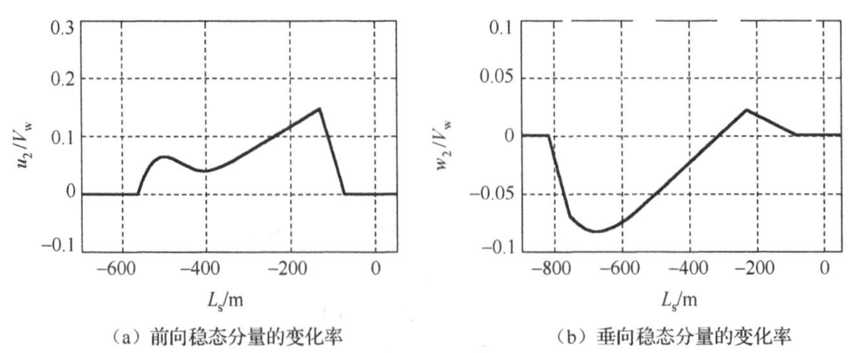

（a）前向稳态分量的变化率　　（b）垂向稳态分量的变化率

图 6.13 CVA-59 航母的舰尾流稳态分量变化图

3. 舰尾流周期性分量

舰尾流周期性分量是航母周期性纵摇运动和升沉运动诱导造成的，随航空母舰的纵摇频率、纵摇幅值、甲板风及舰载机到航空母舰的距离的变化而变化。根据美国军用标准 MIL-F-8785C，周期性分量可以按下式计算。

$$\begin{aligned} u_3 &= \theta V_{\mathrm{w}}\left(2.22+0.00295L\right)K_{\mathrm{C}} \\ w_3 &= \theta V_{\mathrm{w}}\left(4.98+0.0059L\right)K_{\mathrm{C}} \\ K_{\mathrm{C}} &= \cos\left\{\dot{\theta}\left[t\left(1+\frac{\left|V-V_{\mathrm{w}}\right|}{0.85V_{\mathrm{w}}}\right)+\frac{L_{\mathrm{s}}}{0.85V_{\mathrm{w}}}\right]+\theta_0\right\} \end{aligned} \tag{6.13}$$

式中，θ 为舰船纵摇角（弧度），V 为直升机空速。

设定纵摇角初值 $\theta_0=2.5^\circ$，纵摇角速度 $\dot{\theta}=1.52°/\mathrm{s}$，甲板风速 $V_{\mathrm{w}}=16\mathrm{m/s}$，对直升机着舰点处（距离纵摇中心负向 $L_{\mathrm{s}}=30\mathrm{m}$）的舰尾流进行模拟，图 6.14 给出了舰尾流周期性分量随时间变化的曲线。

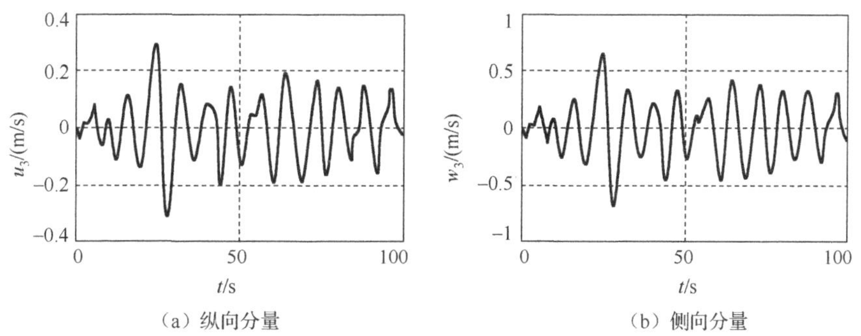

图 6.14 舰尾流周期性分量随时间变化的曲线

4. 舰尾流随机紊流分量

舰尾流随机紊流分量是由于航母的存在造成的，需要在航行中实际测量。图 6.15 为随机紊流分量模拟方法。白噪声经滤波器后滤除低频信号，再经过正弦波信号调整，得到期望频率范围的随机紊流信号。随机紊流垂向分量与风速 V_{w} 相关，前向分量中 σ 表示均方根，τ 为时间常数，它们与舰载机距离舰船纵摇中心的距离 L_{s} 相关（见图 6.16）。

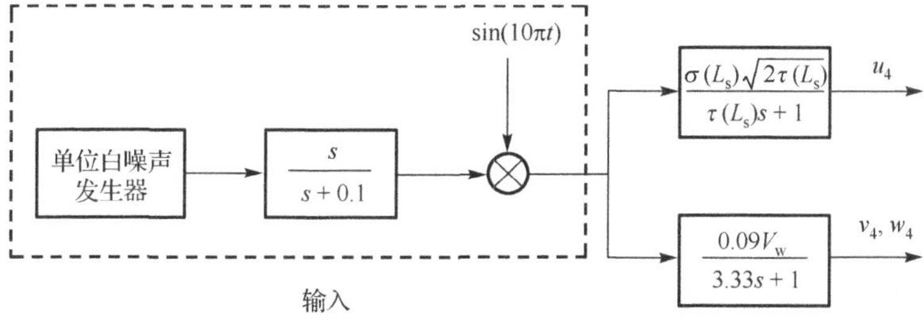

图 6.15 随机紊流分量模拟方法

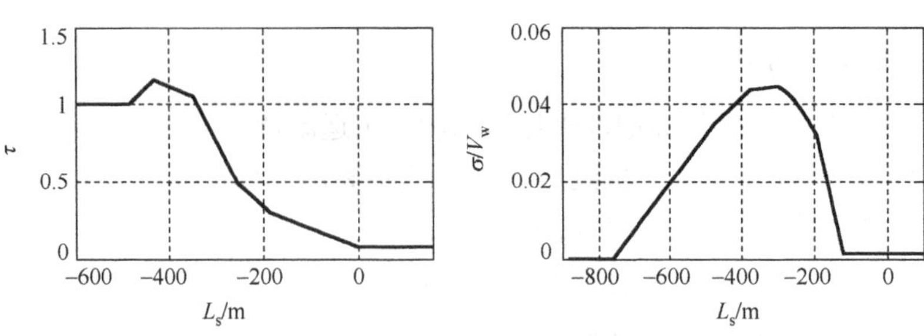

图 6.16 τ 和 σ 的变化曲线

由图 6.16 可知，在着舰点（距离纵摇中心负向 30m ）处，σ 为零，随机紊流前向分量为零。随机紊流垂向分量（见图 6.17）幅值较小且变化快。

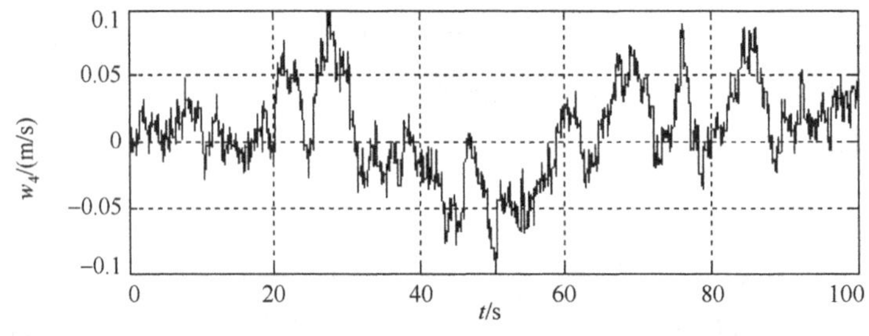

图 6.17 随机紊流垂向分量

综上分析，自由大气紊流及舰船纵摇运动引起的周期性分量对直升机进舰过程影响较大，但对直升机着舰过程影响较小；与航母相关的随机紊流幅值较小且变化快，对直升机作用不明显。

5. 舰尾流随高度的变化规律

直升机进舰过程中，从某一高度通过过渡悬停到达着舰点上方，高度变化大，所需要的时间较长。因此，不仅要考虑舰尾流扰动在甲板平面内的变化，还要考虑舰尾流扰动随着高度的变化。

假设在甲板平面内的舰尾流扰动只随到舰船纵摇中心的距离变化，为了模拟舰尾流在不同高度上的变化，给出了一个舰尾流扰动分量随高度的加权函数：

$$\delta(H)=\frac{H}{1.46}(\mathrm{e}^{-0.25H}-\mathrm{e}^{-3.95H}) \tag{6.14}$$

式中，H 为距离甲板平面的高度。

$\delta(H)$ 随高度 H 的变化曲线如图 6.18 所示。表明直升机距甲板高度小于 30m 时开始受到舰尾流扰动影响，随直升机飞行高度下降，舰尾流影响加剧，在 4m 处幅值达到峰值，然后开始减小至零。

在风速为 16m/s 时，针对直升机进舰过程，对舰尾流仿真，直升机高度变化曲线如图 6.19 所示，舰尾流随时间变化过程如图 6.20 所示。

结合图 6.18、图 6.19 和图 6.20 可以看出，直升机刚开始所在高度 30m，此时加权值 $\delta(H)$ 为零，舰尾流扰动为零。当高度下降时，直升机开始受到舰尾流扰动影响并随着高度的降低

逐渐增大，在 17s 时高度为 4m，舰尾流扰动强度达到峰值，然后逐渐减小趋于零。

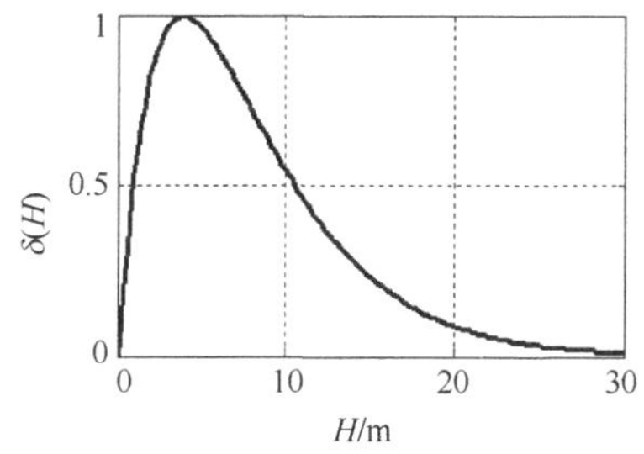

图 6.18　$\delta(H)$ 随高度 H 的变化曲线

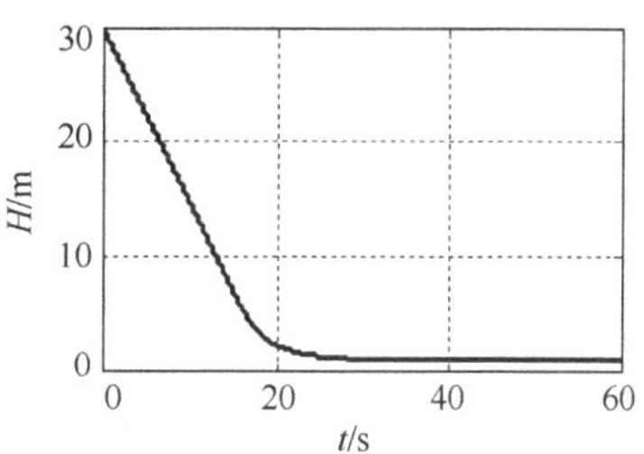

图 6.19　直升机高度变化曲线

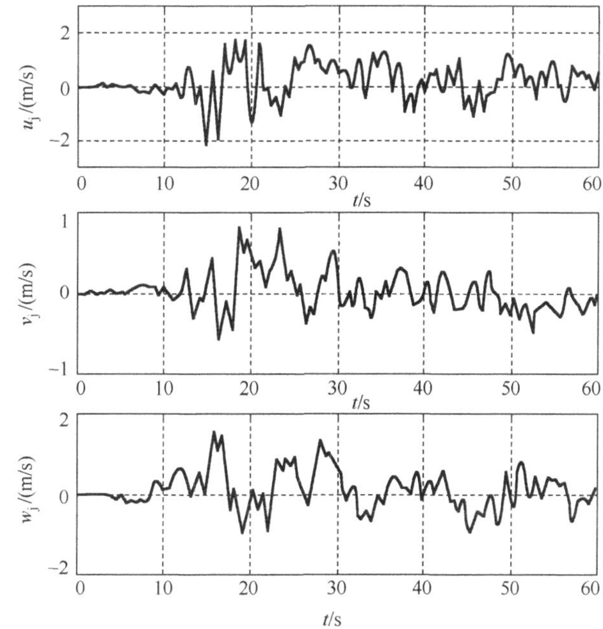

图 6.20　舰尾流随时间变化过程

本节建立的舰船运动模型和舰尾流模型，为直升机进舰着舰过程的分析和控制创造了条件。

6.2　直升机进舰过程控制

直升机自动着舰过程分为两个阶段。

第一个阶段为进舰过程。当直升机飞到相距舰船一定距离时，减速下降至舰船着舰点附近，启动自动着舰控制程序，进入定点悬停控制，调整位置，使直升机与舰船保持同速同向飞行，相对悬停于着舰点上方安全的位置。在此阶段，抑制舰尾流的影响，稳定直升机悬停位置和安全高度是控制系统的主要任务。

第二个阶段为寻机着舰过程。直升机对舰船运动进行实时预报，估计着舰点高度的变化规律，同时进行高度跟踪，寻找安全着舰时机。当满足安全着舰条件时，直升机垂直下降着舰。在此阶段，着舰时机的选择是关键。

本节讨论进舰过程中涉及的控制问题。

6.2.1 定点悬停控制

定点悬停高度的选择和定位精度是影响直升机安全着舰的重要因素，下面讨论悬停高度下限确定、定点悬停控制器设计和定点悬停控制仿真验证。

1. 悬停高度下限确定

受到海浪扰动影响，舰船相对海平面的高度不断变化。必须考虑直升机定点悬停的安全高度，以避免直升机和舰船发生碰撞。

利用附录 C 中的方法建立海浪模型，采用 6.1.1 节建立的舰船模型。选取风速为 $8\text{m/s} \leqslant V_w \leqslant 18\text{m/s}$，间隔 2m/s 选点，分别进行计算，统计在海浪作用下舰船着舰点处高度的最大变化幅度，不同风速下着舰点高度的变化幅度如表 6.2 所示。

表 6.2 不同风速下着舰点高度的变化幅度

风速 V_w /（m/s）	8	10	12	14	16	18
高度幅度 Δh /m	0.144	0.3347	0.5749	0.7648	0.8889	0.9549

从表 6.2 中可以看出，随着风速的增大，舰船着舰点高度变化幅度增加。为防止直升机与舰船发生碰撞，直升机悬停的最小安全高度 h_{min} 应为表 6.2 中高度幅度的两倍。最小安全悬停高度随风速变化的拟合曲线如图 6.21 所示。

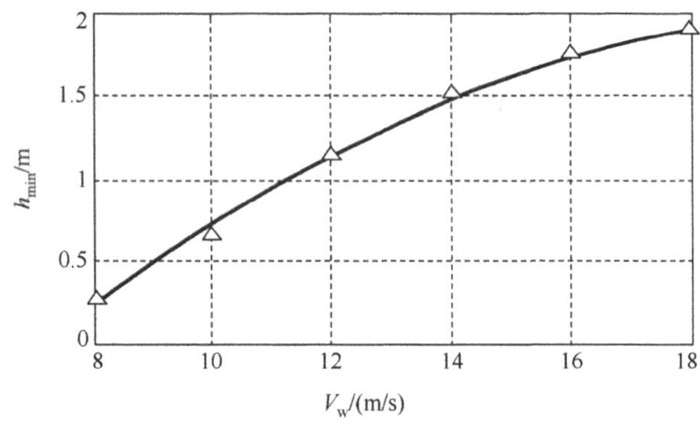

图 6.21 最小安全悬停高度随风速变化的拟合曲线

采用二次函数拟合悬停的最小安全高度 h_{min} 随风速 V_w 的变化规律，有

$$h_{min} = -0.0097V_w^2 + 0.42V_w - 2.5 \tag{6.15}$$

由此可以确定与甲板最接近而不发生碰撞的安全高度，并为安全着舰提供信息。

2. 定点悬停控制器设计

直升机定点悬停控制回路是在速度控制系统（见 3.5 节内容）的基础上实现的。图 6.22 为直升机定点控制系统方框图。以纵向位置控制器设计为例具体说明设计方法。

位置控制指标要求：纵、侧向位置阶跃响应的调节时间 $t_s \leqslant 20\,\text{s}$，超调量 $\sigma\% \leqslant 5\%$，位置偏差 $e_{ss} \leqslant 0.1$。

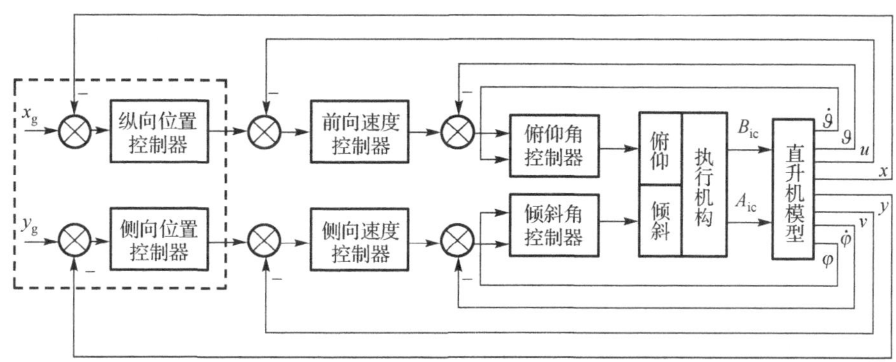

图 6.22 直升机定点控制系统方框图

利用根轨迹法设计控制参数。先导出图 6.22 纵向速度输入、纵向位置输出的开环传递函数：

$$G_x(s)=\frac{0.1188s^6+0.07163s^5+0.5352s^4+0.2281s^3+0.2001s^2+0.0044s+0.0001}{s^8+2.933s^7+3.315s^6+2.551s^5+0.9809s^4+0.2532s^3+0.004627s^2+0.0001s} \quad (6.16)$$

采用比例（P）控制时系统的根轨迹如图 6.23 中虚线所示。此时系统有两条根轨迹分支更多地分布在虚轴的右侧，系统稳定性差，可供调节的增益范围较小。

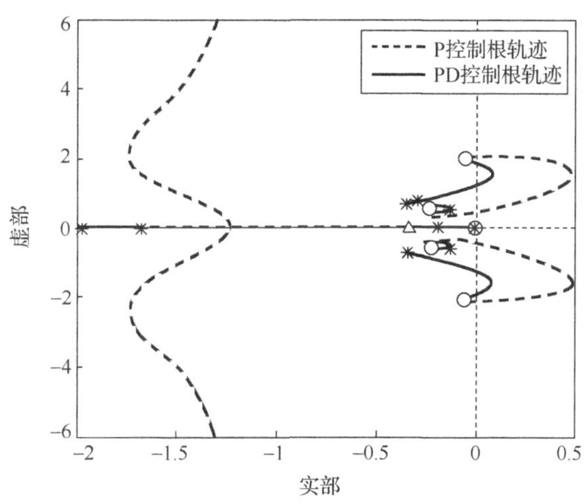

图 6.23 纵向位置控制系统 P、PD 控制下的根轨迹对比

采用比例+微分（PD）控制，在 s 平面负实轴上设置一个实零点 z_0。

$$G_{cx}(s)=k_{px}+k_{dx}s=k_{dx}(s+z_0) \quad (6.17)$$

式中，$z_0=-k_{dx}/k_{px}$，可将 PD 控制根轨迹向左移（见图 6.23 中实线），有利于系统性能改善。调整该零点的位置（见图 6.23 中“△”），使所绘制的系统根轨迹具有较好的性状；调整增益 k_{dx} 值，使闭环极点位于较理想的位置（见图 6.23 中“*”），保证闭环系统的阶跃响应具有满意的动态性能。记录此时的 k_{dx} 值（$k_{dx}=1.06$）和所添加零点的位置 $z_0=-0.35$，可以确定比例和微分控制参数 $k_{px}=0.37$，$k_{dx}=1.06$。

绘制 P 控制和 PD 控制下系统的阶跃响应，分别如图 6.24 中虚、实线所示。可以看出，相同增益下比例控制系统不稳定；采用 PD 控制时，阶跃响应令人满意。调节时间 $t_s=15s$，$\sigma\%=3\%$，$e_{ss}=0.04$，满足设计要求。

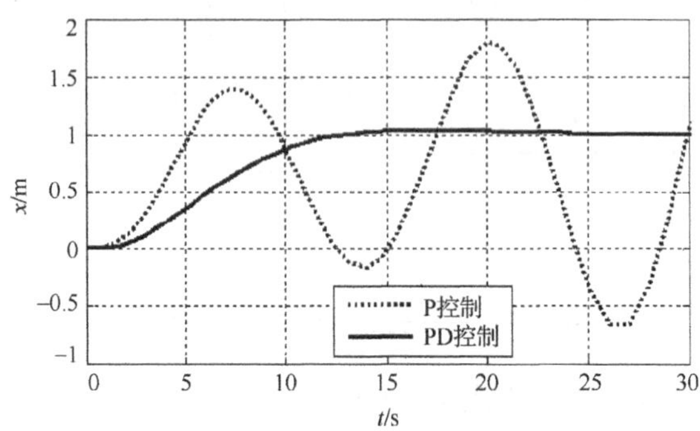

图 6.24 纵向位置控制系统的单位阶跃响应

类似地，可以设计侧向位置控制器。侧向位置回路的开环传递函数为

$$G_y(s)=\frac{0.04735s^5+0.01387s^4+1.157s^3+2.962s^2+3.212s+0.0999}{s^7+8.458s^6+24.95s^5+38.23s^4+25.24s^3+4.106s^2+0.0999s} \tag{6.18}$$

加 P、PD 控制器时，系统的根轨迹分别如图 6.25 中虚、实线所示。可以确定 PD 控制的参数 $k_{py}=0.33$，$k_{dy}=1.04$。

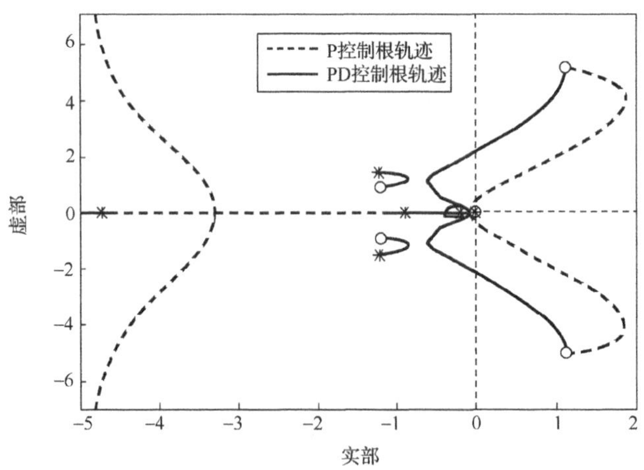

图 6.25 侧向位置控制系统 P、PD 控制下的根轨迹对比

加 P、PD 控制器后，侧向位置控制系统的单位阶跃响应分别如图 6.26 中虚、实线所示。相同增益下 P 控制系统超调量大，调节时间很长；加 PD 控制器后，系统调节时间 $t_s=15s$，$\sigma\%=3\%$，$e_{ss}=0.05$，满足设计要求。

3. 定点悬停控制仿真验证

定点悬停稳态时，要求水平前向位置偏差小于 $1m$，水平侧向位置偏差小于 $1m$，前向速度 $|u|\leqslant 0.5m/s$，侧向速度 $|v|\leqslant 0.5m/s$。

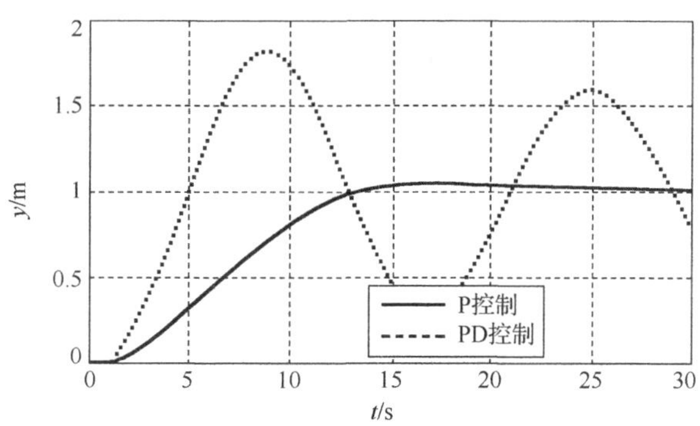

图 6.26　侧向位置控制系统的单位阶跃响应

设定初始条件：直升机起点位置坐标为 (0,0)，悬停点坐标为 (20,10)，初始高度为 5m，初始速度为 2m/s，舰船航行速度为零，风速为 122m/s，航母迎风行驶。直升机相对甲板悬停高度为 1.2m。对直升机定点悬停过程进行仿真，直升机有关状态的动态响应如图 6.27～图 6.29 所示。

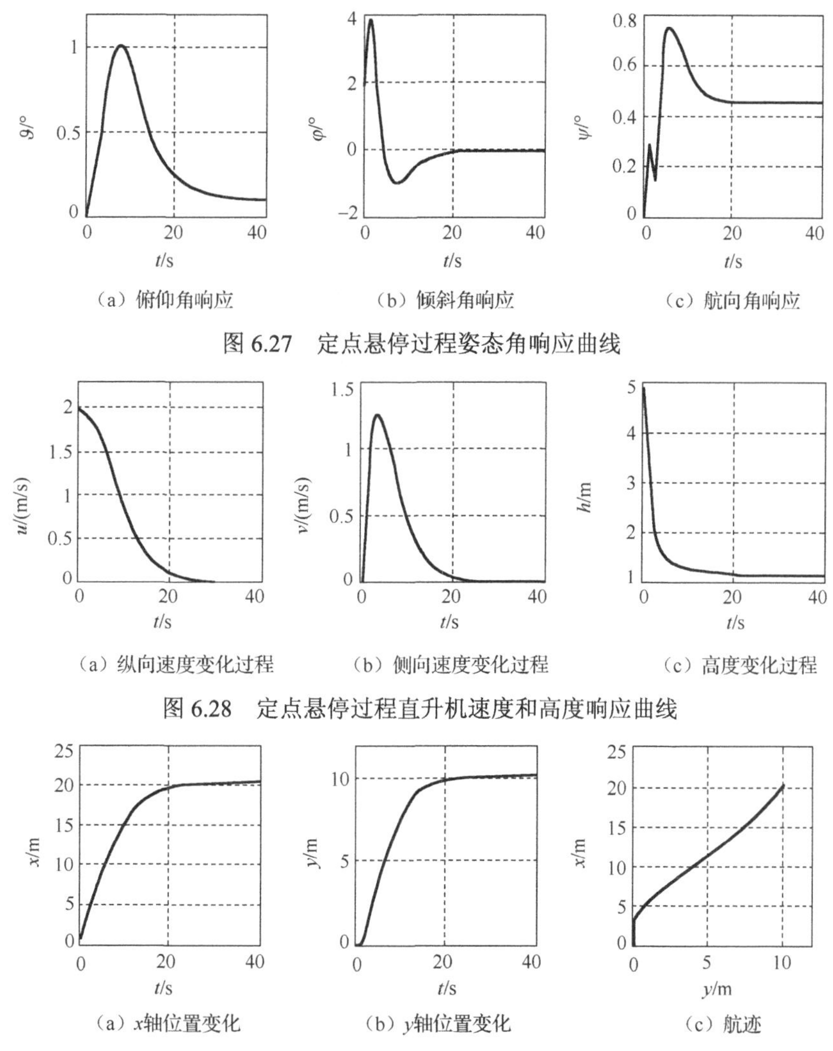

（a）俯仰角响应　（b）倾斜角响应　（c）航向角响应

图 6.27　定点悬停过程姿态角响应曲线

（a）纵向速度变化过程　（b）侧向速度变化过程　（c）高度变化过程

图 6.28　定点悬停过程直升机速度和高度响应曲线

（a）x轴位置变化　（b）y轴位置变化　（c）航迹

图 6.29　定点悬停过程直升机位置变化曲线

分析直升机纵向位置响应过程，由图 6.29 可以看出，直升机从 (0,0) 点向悬停点 (20,10) 调整过程中，随着纵向位置偏差减小，直升机抬头减速，高度下降，最终稳定在 1.15m 处。

由图 6.27 可以看出，直升机初始侧向位置偏差较大，引起倾斜角增大；随着侧向位置偏差减小，倾斜角减小并稳定在 0 处。

由图 6.28、图 6.29 可以看出，在时间 30s 时，直升机达到稳定状态，最终悬停在点 (20.28,10.098) 处，悬停高度为 1.15m。直升机悬停点与目标点之间，纵向位置偏差 0.28m，侧向位置偏差 0.098m，水平距离偏差 0.3m，高度偏差 0.05m，满足定点悬停的精度要求。

6.2.2 舰尾流扰动抑制

直升机自动进舰过程中，当与舰船接近到一定距离时，会受到舰尾流的影响，其扰动大小与直升机相对舰船的高度和位置有关。在定点悬停过程中受到舰尾流的扰动影响较大。保持 6.2.1 节中的仿真条件不变，利用 6.1.3 节中舰尾流的计算结果，分别不加和加入舰尾流扰动，进行定点悬停仿真，并进行比较。仿真结果如图 6.30～图 6.32 所示。由图 6.30～图 6.32 可以看出，舰尾流对直升机悬停过程中的速度和高度影响较大，且稳态时处于波动状态，增加了直升机着舰的风险。因此，有必要对舰尾流扰动进行补偿，抑制其对直升机的干扰影响。下面给出采用前馈控制器抑制舰尾流扰动的方法。

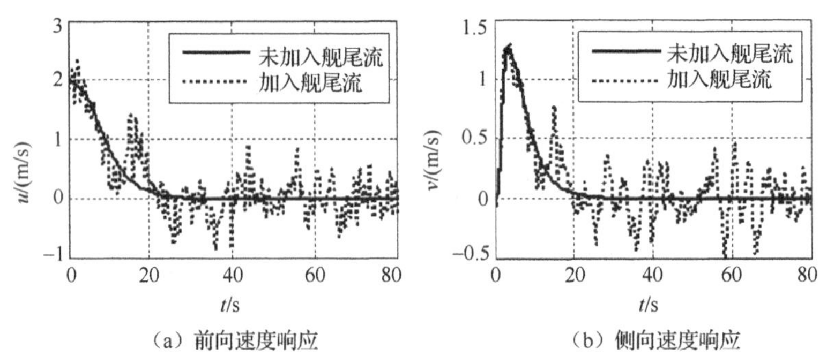

（a）前向速度响应　　（b）侧向速度响应

图 6.30　定点悬停过程速度响应

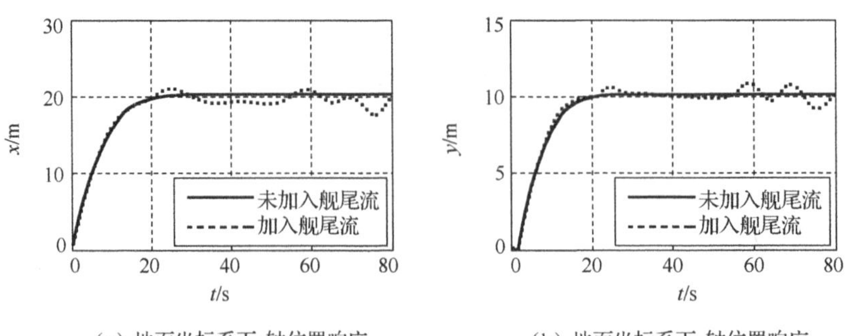

（a）地面坐标系下x轴位置响应　　（b）地面坐标系下y轴位置响应

图 6.31　定点悬停过程，直升机在地面坐标系下的位置响应

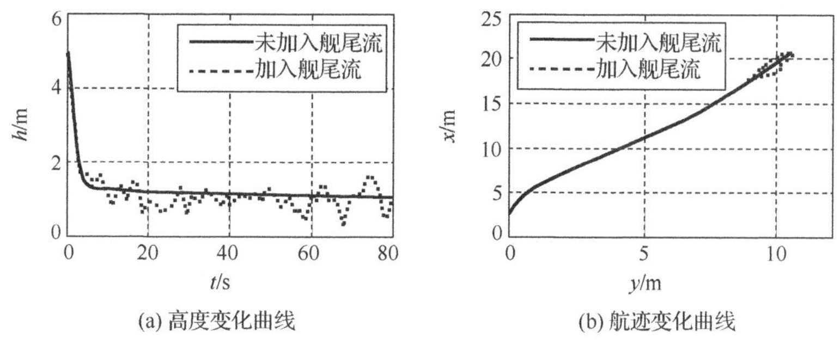

(a) 高度变化曲线 (b) 航迹变化曲线

图 6.32 定点悬停的高度变化曲线和航迹变化曲线

1. 前馈控制原理

按干扰补偿的前馈控制原理图如图 6.33 所示。图 6.33 中 $G(s)$、$G_{\mathrm{n}}(s)$、$G_{\mathrm{c}}(s)$ 分别对应前向通道、扰动通道和前馈通道的传递函数。为消除干扰 $n(t)$ 对系统输出 $y(t)$ 的影响，设计 $G_{\mathrm{c}}(s)$ 使得

$$\frac{Y(s)}{N(s)}=-G_{\mathrm{c}}(s)G(s)+G_{\mathrm{n}}(s)=0 \tag{6.19}$$

有

$$G_{\mathrm{c}}(s)=\frac{G_{\mathrm{n}}(s)}{G(s)} \tag{6.20}$$

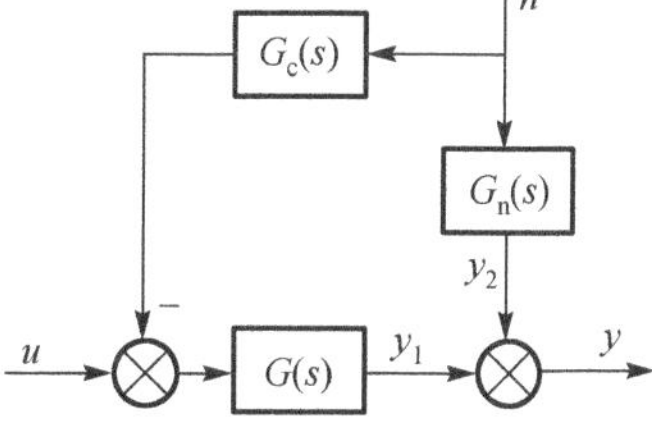

图 6.33 按干扰补偿的前馈控制原理图

2. 舰尾流扰动抑制

以纵向舰尾流扰动抑制为例，说明前馈控制器的设计方法。

对直升机系统状态方程式（2.13）进行相应修改，把舰尾流三轴分量$[u_{\mathrm{j}}\ v_{\mathrm{j}}\ w_{\mathrm{j}}]^{\mathrm{T}}$视为直升机的扰动输入，扩展到输入向量中，成为 $\tilde{\boldsymbol{u}}=[\mathrm{Bic\ Aic}\ \delta_{\mathrm{rc}}\ \theta_{\mathrm{c}}\ u_{\mathrm{j}}\ v_{\mathrm{j}}\ w_{\mathrm{j}}]^{\mathrm{T}}$。

舰尾流以气流扰动的形式作用于直升机，根据系统矩阵 $\boldsymbol{A}$ 中各元素的物理意义，可以给出新的输入矩阵 $\tilde{\boldsymbol{B}}$ 为

$$\tilde{\boldsymbol{B}}=\begin{bmatrix} B_{1,1} & B_{1,2} & B_{1,3} & B_{1,4} & A_{1,1} & A_{1,2} & A_{1,3} \\ B_{2,1} & B_{2,2} & B_{2,3} & B_{2,4} & A_{2,1} & A_{2,2} & A_{2,3} \\ B_{3,1} & B_{3,2} & B_{3,3} & B_{3,4} & A_{3,1} & A_{3,2} & A_{3,3} \\ B_{4,1} & B_{4,2} & B_{4,3} & B_{4,4} & 0 & 0 & 0 \\ B_{5,1} & B_{5,2} & B_{5,3} & B_{5,4} & 0 & 0 & 0 \\ B_{6,1} & B_{6,2} & B_{6,3} & B_{6,4} & 0 & 0 & 0 \\ B_{7,1} & B_{7,2} & B_{7,3} & B_{7,4} & A_{7,1} & A_{7,2} & A_{7,3} \\ B_{8,1} & B_{8,2} & B_{8,3} & B_{8,4} & A_{8,1} & A_{8,2} & A_{8,3} \\ B_{9,1} & B_{9,2} & B_{9,3} & B_{9,4} & A_{9,1} & A_{9,2} & A_{9,3} \end{bmatrix} \tag{6.21}$$

式中，$A_{i,j}$，$B_{i,j}$ 分别对应式（2.13）中 $\boldsymbol{A}$、$\boldsymbol{B}$ 矩阵的第 i 行、第 j 列的元素。系统矩阵 $\boldsymbol{A}$ 和输出矩阵 $\boldsymbol{C}$ 保持不变。仅考虑直升机的纵向控制系统，加入舰尾流扰动后，直升机纵向控制系统方框图如图 6.34 所示。

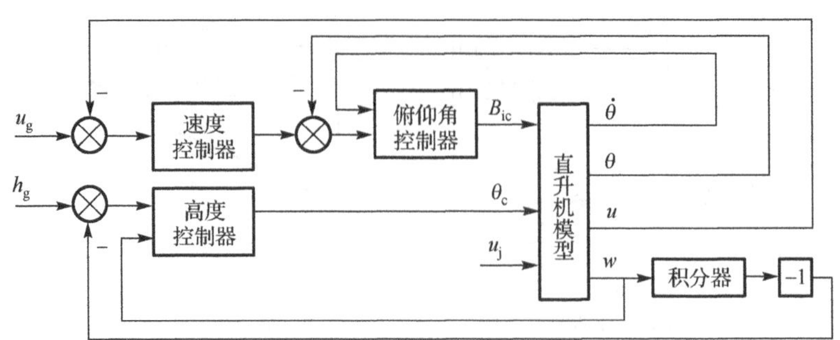

图 6.34　直升机纵向控制系统方框图

令系统输入 u_g、h_g 为零，看舰尾流 u_j 扰动下前向速度 u 的响应。图 6.35 是风速16m/s 时舰尾流纵向分量 u_j 的变化过程，图 6.36 中虚线给出了补偿前纵向速度的响应。

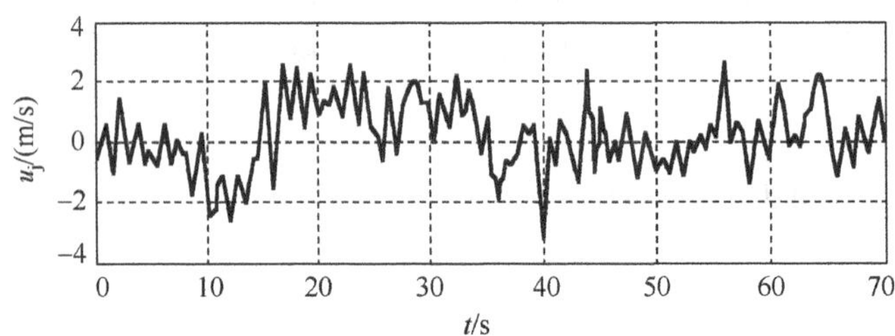

图 6.35　舰尾流纵向分量随时间的变化

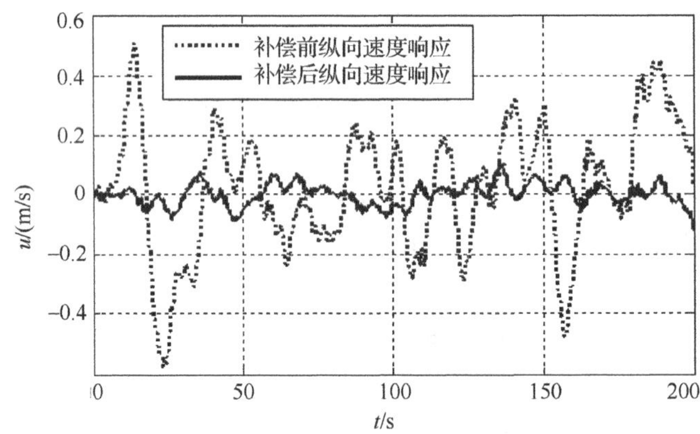

图 6.36　纵向舰尾流扰动下前向速度响应

由图 6.36 可以看出，舰尾流对前向速度的扰动影响比较大。采用前馈控制方法，由直升机纵向控制系统方框图推导出纵向速度 u_g 输入、纵向速度 u 输出的传递函数为

$$G_u(s)=\frac{61.69(s+1.52)(s+0.3188)(s+0.01879)(s+0.003852)}{(s+7.702)(s+0.1861)(s+0.0203)(s+0.003852)(s^2+3.33s+2.89)}\cdot\frac{(s+45.46)(s^2+0.3391s+0.3962)(s^2+0.143s+4.019)}{(s+45.46)(s+47.57)(s^2+0.401s+0.3126)(s^2+0.9728s+0.7154)}\tag{6.22}$$

求得舰尾流纵向分量 u_j 输入、纵向速度 u 输出的传递函数为

$$G_{un}(s)=\frac{0.027364s(s+45.46)(s+7.988)(s+1.66)(s+0.1866)(s+0.003851)}{(s+7.702)(s+0.1861)(s+0.0203)(s+0.003852)(s^2+3.33s+2.89)}\cdot \frac{(s+47.53)(s^2+0.348s+0.6088)(s^2+2.469s+2.287)}{(s+47.57)(s+45.46)(s^2+0.401s+0.3126)(s^2+0.9728s+0.7154)} \tag{6.23}$$

根据式（6.20）得到前馈控制器的传递函数为

$$G_{uc}(s)=(s^2+2.469s+2.287)\cdot\frac{0.027s(s+0.1866)(s+1.66)}{61.69(s+0.01879)(s+0.3188)}\cdot \frac{(s+7.988)(s+47.53)(s^2+0.348s+0.6088)}{(s+1.52)(s^2+0.3391s+0.3962)(s^2+0.143s+4.019)} \tag{6.24}$$

$G_{uc}(s)$ 阶次高，比较复杂，工程上不易实现。通过频谱分析，舰尾流频谱主要集中在 $0\sim4\,\text{rad/s}$。因此，可以对 $G_{uc}(s)$ 进行简化处理，忽略其中绝对值大于 4 的零点、极点及偶极子，同时保持增益不变。简化后为

$$G_{uc}(s)=\frac{0.42s(s+0.1866)(s^2+0.348s+0.6088)}{(s+0.01879)(s+0.3188)(s^2+0.3391s+0.3962)(s^2+0.143s+4.019)} \tag{6.25}$$

加入前馈控制器后，针对纵向舰尾流扰动进行仿真，结果如图 6.36 中实线所示。可见，舰尾流扰动影响被有效抑制。

采用同样方法分别设计侧向和法向前馈控制器 $G_{vc}(s)$、$G_{wc}(s)$，可得

$$G_{vc}(s)=\frac{0.1456(s+1.342)}{(0.01s+1)(s+0.01429)} \tag{6.26}$$

$$G_{wc}(s)=\frac{0.1642(s+0.2075)(s+1.429)(s^2+1.1s+0.5489)}{(s+0.1858)(s+4.242)(s^2+0.7379s+0.3699)} \tag{6.27}$$

图 6.37 是风速为 16m/s 时舰尾流侧向分量 v_j 和法向分量 w_j 的变化过程，图 6.38、图 6.39 分别给出了舰尾流扰动下侧向速度响应和舰尾流扰动下法向速度响应。

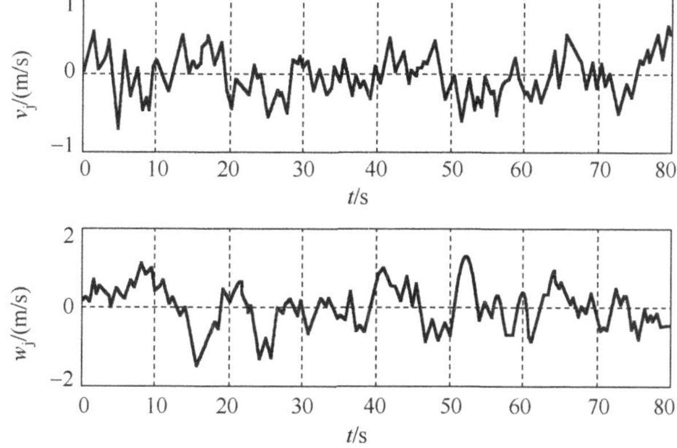

图 6.37　风速为 16m/s 时舰尾流侧向分量 v_j 和法向分量 w_j 的变化过程

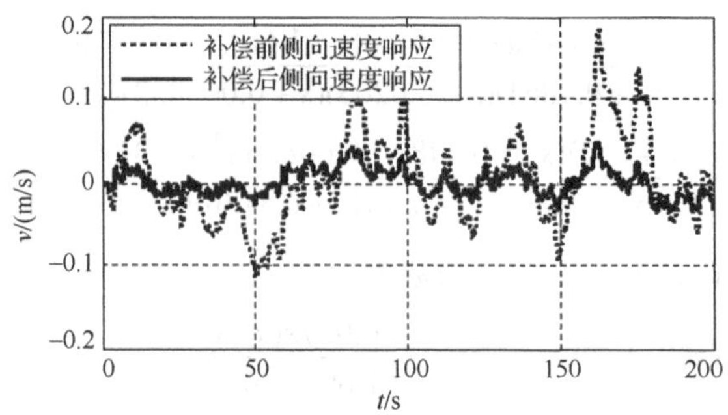

图 6.38 舰尾流扰动下侧向速度响应

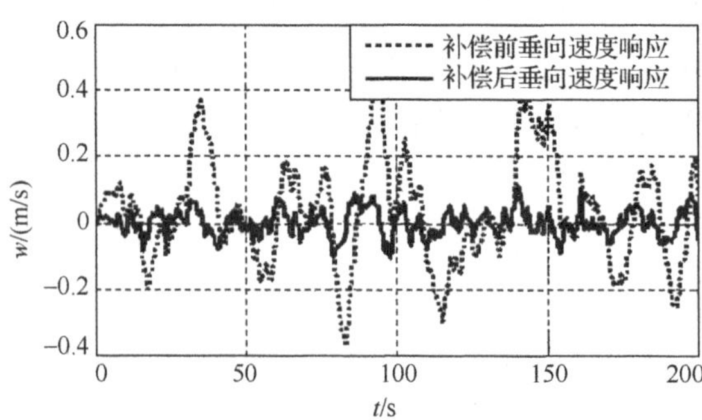

图 6.39 舰尾流扰动下法向速度响应

由图 6.38、图 6.39 可以看出，加入前馈控制器之后，有效抑制了舰尾流对直升机悬停时的速度干扰，纵向速度波动幅度由之前的 0.58m/s 减小到 0.1m/s，侧向速度波动幅度由 0.18m/s 减小到 0.05m/s，法向速度波动幅值由 0.48m/s 减小到 0.1m/s。

6.2.3 直升机进舰过程仿真

直升机进舰过程包括航向调整、速度保持、过渡、相对着舰点悬停几个阶段。

直升机从舰船后方进入，调整直升机航向与舰船同向航行。当直升机与舰船间的距离满足自动过渡的条件时，启动自动过渡指令。自动过渡结束时，直升机距离着舰点会有一定的水平差距，此时通过定点悬停控制，调整直升机的位置，使直升机相对悬停在着舰点正上方。

设定初始条件：直升机起点在地面坐标系 (0,0) 处，初始航向角 $\psi(0)=0^\circ$，高度为 100m，速度为 30m/s；舰船初始位置在地面坐标系 (1500,1500) 处，以 3m/s 的速度朝东北方向航行；风速为 12m/s，直升机悬停的安全高度为 1.2m。

直升机自动进舰过程中的飞行航迹和有关状态变量的动态过程如图 6.40～图 6.42 所示。

由图 6.40 可以看出，初始时刻直升机机头朝北，与舰船航行方向不同，驾驶员通过协调转弯调整航向，直升机航向角增大，调整并稳定在 45°，倾斜角经调整稳定至零，如图 6.42 所示。直升机调整好航行后保持匀速前行，在 50s 时，直升机距离舰船 865.4m，启动过渡过程。

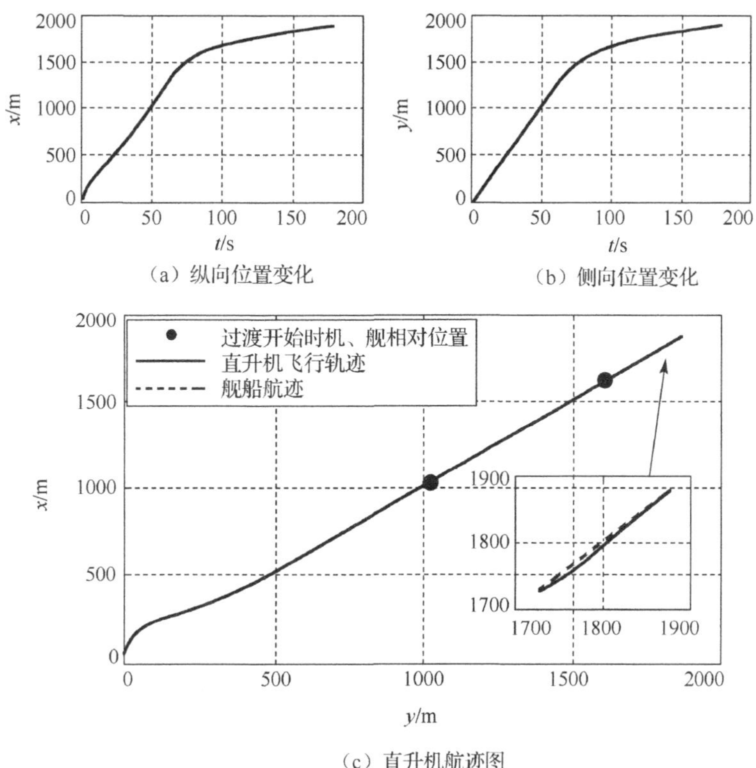

（a）纵向位置变化　　（b）侧向位置变化

（c）直升机航迹图

图 6.40　直升机自动进舰过程中直升机的位置响应

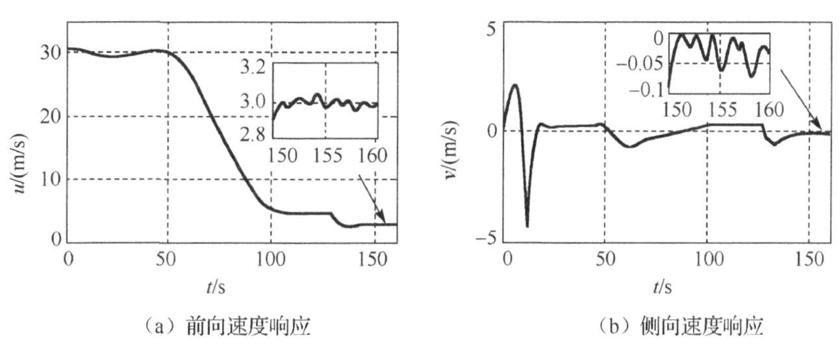

（a）前向速度响应　　（b）侧向速度响应

图 6.41　直升机自动进舰过程中速度响应

由图 6.41、图 6.42 可以看出，过渡过程开始时，直升机抬头减速，俯仰角先增大后减小，倾斜角和航向角基本保持不变，速度和高度过渡过程平滑。过渡过程结束时直升机保持高度在 5m 处，速度为 5m/s，与舰船同向飞行，此时舰船速度为 3m/s，直升机与舰船距离进一步缩小，当满足要求时，开始定点悬停控制。

悬停达到稳态时，前向速度在 3m/s 处上下波动 0.05m/s，侧向速度在 0 处波动 0.05m/s，俯仰角在 0.2° 处上下波动小于 0.2°，倾斜角在−0.7° 处上下波动小于 0.1°，航向角波动幅值小于 0.2°，高度在 (1.1m,1.24m) 波动，纵向位置偏差最大为 0.85m，侧向位置偏差最大为 0.48m，满足 6.2.1 节中给出的定点悬停指标要求。

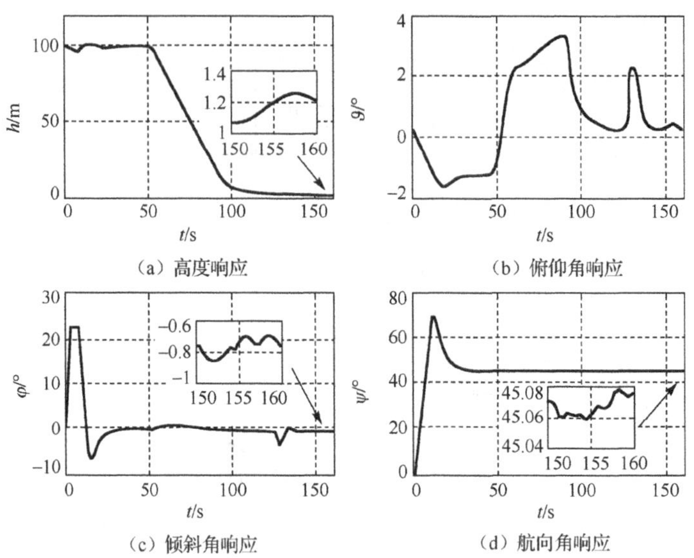

图 6.42　直升机自动进舰过程中高度和姿态响应

6.3　直升机着舰过程控制

寻机着舰是直升机完成着舰的关键步骤，此时要启动实时预报程序，预测着舰点的高度变化，同时进行跟踪，寻找安全着舰时机。当满足安全着舰条件时，垂直下降着舰。

6.3.1　舰船运动跟踪控制

舰船扰动运动是直升机寻机着舰阶段的主要决策因素，舰船的升沉、横摇和纵摇均会引起着舰点高度变化，为实现直升机安全着舰，需要将舰船运动信号引入直升机的高度通道，使直升机跟踪舰船甲板高度的变化，与舰船同步运动，保证安全着舰。

直升机自身存在惯性，使得直升机无法及时跟踪舰船运动，容易造成较大的跟踪误差。图 6.43 中，在风速 12m/s，且不采取任何补偿措施的情况下，直升机跟踪舰船运动存在较大的滞后，跟踪效果很差。

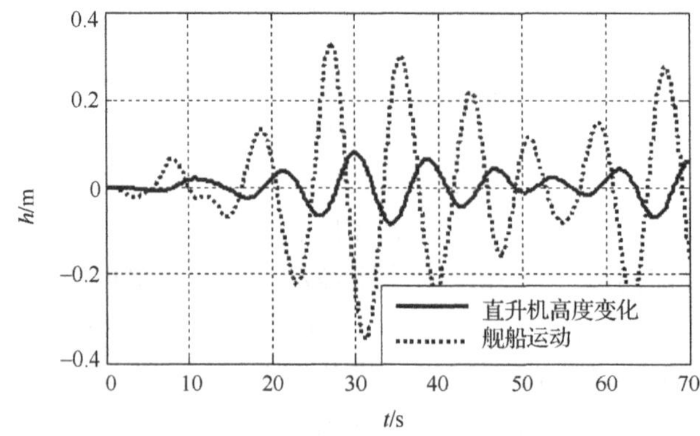

图 6.43　未加入补偿器时，直升机跟踪舰船运动效果

目前用来提升直升机跟踪舰船运动能力的途径主要有两种：一种是设计高度通道控制器（如采用超前校正），提高直升机自身的响应能力；另一种是设计甲板高度预估器，将预测信息引入高度控制通道，使直升机具备提前响应的能力。

本节综合两种方法，设计超前网络补偿器改善系统的频率特性，提高系统工作频段内的响应能力，同时设计甲板高度预估器改善系统跟踪效果。

1．超前网络补偿器设计

高度控制系统框图如图 6.44 所示。

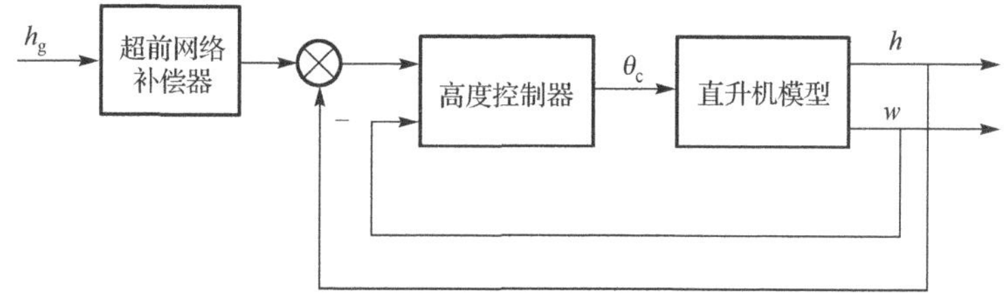

图 6.44 高度控制系统框图

未加入补偿器时，推导图 6.44 中高度指令 h_g 为输入、高度 h 为输出时的系统传递函数，适当化简后为

$$G_h(s)=\frac{6.1109(s+0.7191)(s+0.07189)(s+0.06393)(s^2+2.918s+4.445)}{(s+7.843)(s+1.282)(s^2+0.1358s+0.004623)(s^2+0.5053s+0.1068)}\cdot \frac{(s+1.296)(s^2+8.902s+20.36)(s^2+11.03s+49.71)}{(s+45.39)(s^2+2.602s+3.713)(s^2+3.351s+2.944)(s^2+10.63s+47.94)} \tag{6.28}$$

未加入补偿器系统 bode 图如图 6.45 中虚线所示。由 6.1 节的讨论已知，舰船运动特征频段为 0.4～1.2rad/s 。在此频段中，系统幅频特性下降，相角滞后比较严重，不满足高度跟踪的要求。

设计校正环节 $G_c(s)$ ，在理想条件下， $G_c(s)$ 应满足：

$$G_c(\mathrm{j}\omega)*G_h(\mathrm{j}\omega)|_{(\omega=0.4\sim1.2\mathrm{rad/s})}=1 \tag{6.29}$$

$G_h(s)$ 阶次较高，若直接取其倒数作为补偿器的传递函数，仅能在理论上满足设计要求，而实际无法实现。为此，在求解 $G_c(s)$ 时，进行适当的简化处理，尽可能使 $G_c(\mathrm{s})\cdot G_h(\mathrm{s})$ 在 0.4～1.2rad/s 频段增益为 1，相角滞后较小，具有较好的高度跟踪能力。

图 6.45 中， $G_h(s)$ 的对数幅频特性从 0.3rad/s 开始下降，且相角滞后也比较严重，在 1rad/s 处滞后 130°。为达到设计目的，采用两级超前校正网络：

$$G_c(s)=\frac{(3.2s+1)(1.7s+1)}{(0.4s+1)(0.2s+1)} \tag{6.30}$$

加入补偿器系统 bode 图如图 6.45 中实线所示。补偿后，在 0.4～1.2rad/s 频段系统增益基本保持为 1，相角滞后显著减小。

为了检验超前校正的效果，在风速 12m/s 条件下进行直升机跟踪舰船运动的仿真计算，效果如图 6.46 所示。可以看出，系统基本实现对舰船运动的幅值跟踪，但存在一定的滞后，有必要引入舰船高度预估器，进一步提高高度跟踪的效果。

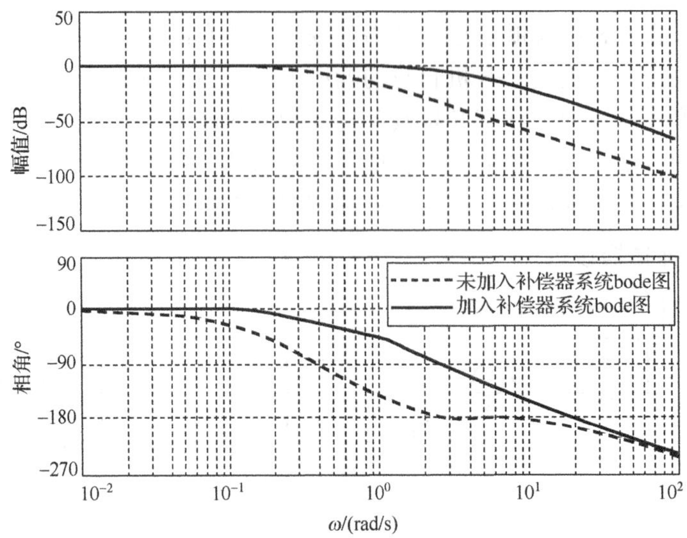

图 6.45　校正前后系统 bode 图对比

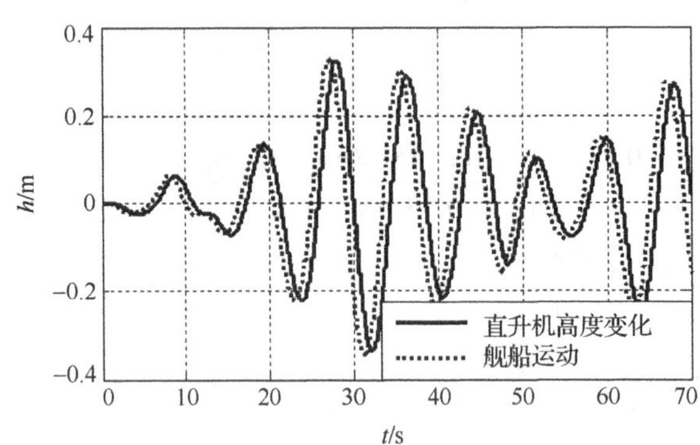

图 6.46　加入超前校正网络后，直升机跟踪舰船运动效果

2. 舰船运动预估器设计

采用基于时间序列的自回归（AR）预报模型，该模型只需要依据着舰点高度变化的历史数据来预报舰船未来高度的变化信息，易于工程实现。

AR 模型的一般形式为

$$x(k)=a_1x(k-1)+a_2x(k-2)+\cdots+a_px(k-p)+o(k) \tag{6.31}$$

式中，$\{x(k),k=1,2,\cdots,N\}$ 为测量数据，$\{a_j\ ,\ j=1,2,\cdots,p\}$ 为模型参数，$\{o(k),k=1,2,\cdots,N\}$ 为测量误差，N 为数据点数，p 为模型的阶数，k 为当前时刻，则未来第 m 步的预报值为

$$x(k+m)=\sum_{j=1}^{p}a_jx(k+m-j) \tag{6.32}$$

AR 模型的一般形式为最小二乘格式，这里选用带遗忘因子的递推最小二乘算法，在线估计模型参数。算法公式为

$$\begin{aligned}\hat{\boldsymbol{a}}(k)&=\hat{\boldsymbol{a}}(k-1)+\boldsymbol{K}(k)[x(k)-\boldsymbol{h}^{\mathrm{T}}(k)\hat{\boldsymbol{a}}(k-1)]\\ \boldsymbol{K}(k)&=\boldsymbol{P}(k-1)\boldsymbol{h}(k)[\boldsymbol{h}^{\mathrm{T}}(k)\boldsymbol{P}(k-1)\boldsymbol{h}(k)+\zeta]^{-1}\\ \boldsymbol{P}(k)&=\frac{1}{\zeta}[\boldsymbol{I}-\boldsymbol{K}(k)\boldsymbol{h}^{\mathrm{T}}(k)]\boldsymbol{P}(k-1)\end{aligned} \tag{6.33}$$

式中，$\hat{\boldsymbol{a}}=[\hat{a}_1,\ \hat{a}_2,\cdots,\hat{a}_p]^{\mathrm{T}}$ 为模型参数估计值，$\boldsymbol{h}(k)=[x(k-p),\ \ x(k-p+1),\ \ \cdots,\ \ x(k-1)]^{\mathrm{T}}$，$\zeta$ 为遗忘因子。

舰船运动周期一般在10s左右，故取遗忘因子 $\zeta=0.99$（保留一个周期的数据）。选择AIC 准则确定 AR 模型的阶次。

采用判定系数 R^2 和估计标准误差SEE 两个统计量评价回归模型的准确性：

$$R^2=1-\frac{\sum_{i=1}^{N}(x(i)-\hat{x}(i))^2}{\sum_{i=1}^{N}(x(i)-\overline{x})^2} \tag{6.34}$$

$$\mathrm{SEE}=\sqrt{\frac{\sum_{i=1}^{N}(x(i)-\hat{x}(i))^2}{N-2}} \tag{6.35}$$

式中，$\hat{x}$ 为样本估计值，$\overline{x}$ 为样本均值。

判定系数 R^2 越趋近于 1，表示预报曲线与原始曲线吻合程度越好；估计标准误差SEE的值越小，表明误差分布越集中，估计效果也就越好。

以着舰点高度预估为例，检验预估器预估效果。选择采样时间为 0.1s，风速为 12m/s，设计预估器预估着舰点高度，预报时间为 2s 时，预估器预估高度曲线如图 6.47 所示，预估误差曲线如图 6.48 所示。

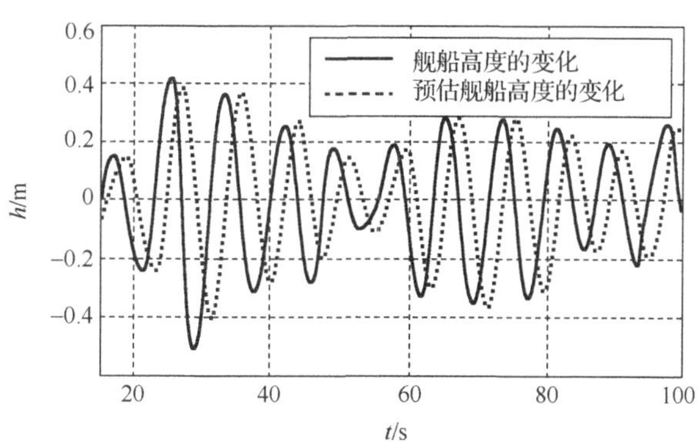

图 6.47　预估时间为 2s 时，预估器预估高度曲线

根据式（6.34）、式（6.35）分别求得判定系数 $R^2=0.9768$，估计标准误差 $\mathrm{SEE}=0.0447$，表明预估效果较好。

分别取预报步数 $k=2,\ 4,\ 6,\ \cdots,\ 40$ 步，以风速 12m/s 为例，对着舰点高度进行预估，分析预估精度随预报步数 k 的变换规律，不同预报步数下着舰点高度的预估精度统计表如表 6.3 所示。

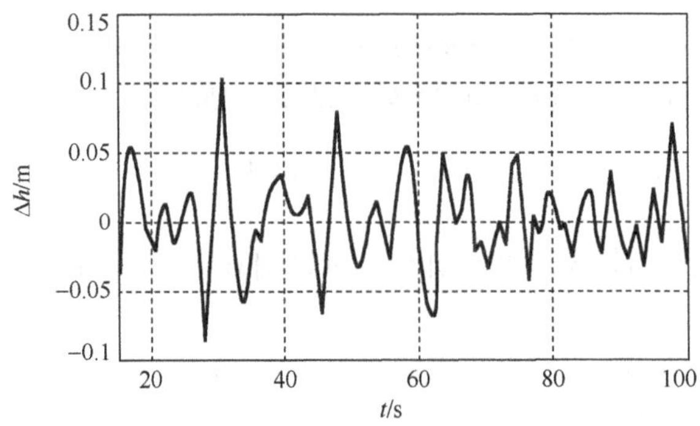

图 6.48　预估误差曲线

表 6.3　不同预报步数下着舰点高度的预估精度统计表

预报步数 k	判定系数 R^2	估计标准误差 SEE	预报步数 k	判定系数 R^2	估计标准误差 SEE
2	0.9999	0.0009	22	0.9660	0.0553
4	0.9994	0.0019	24	0.9559	0.0630
6	0.9990	0.0032	26	0.9422	0.0721
8	0.9983	0.0093	28	0.9265	0.0813
10	0.9976	0.0146	30	0.9094	0.0903
12	0.9952	0.0193	32	0.8915	0.0988
14	0.9950	0.0252	34	0.8818	0.1031
16	0.9914	0.0279	36	0.8685	0.1088
18	0.9855	0.0361	38	0.8568	0.1135
20	0.9772	0.0453	40	0.8473	0.1172

分别绘制出判定系数 R^2 、估计标准误差 SEE 随预报步数 k 的变化曲线，如图 6.49 和图 6.50 所示。

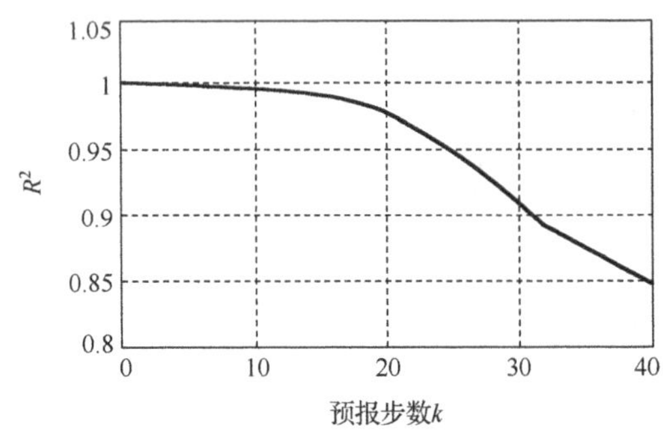

图 6.49　R^2 随 k 的变化规律

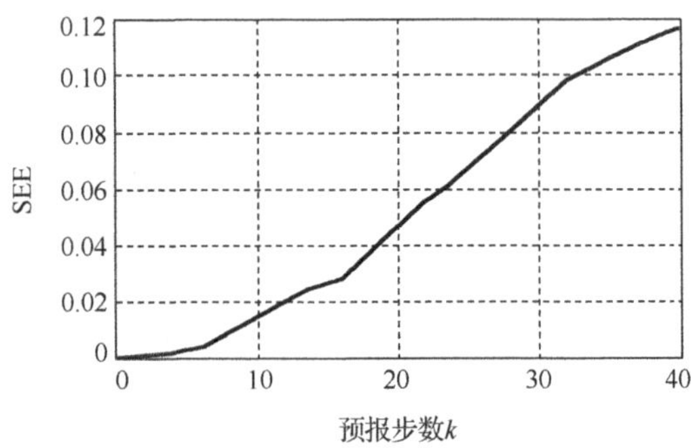

图 6.50　SEE 随 k 的变化规律

由图 6.49、图 6.50 可以看出，随着预报步数的增加，R^2 逐渐减小，SEE 逐渐增大，说明随着预报步数的增加，预估误差增大，预估精度降低。取判定系数 $R^2 \geqslant 0.9$ 为准，预报步数应不大于 32 步，即预估时间在 3s 以内时，效果较好。

3．预估时间与跟踪高度

为防止与舰船发生碰撞，直升机在跟踪舰船运动过程中，必须与舰船甲板保持适当的高度。然而高度过大，会使直升机着舰所需要的时间增加，有效着舰时间窗口变小。因此有必要确定直升机与舰船之间的最小安全高度，尽量缩短着舰时间。

直升机与舰船间的最小安全高度与预估器的预估时间及风速有关。预估误差会随预估时间增大而增大，选择合理的预估时间是必要的。舰船在不同风速驱动下的海浪运动不同，直升机与舰船间的最小安全高度也会不同。

首先保持风速不变，分析预估时间对最小安全高度的影响。以风速 12m/s 为例进行讨论，参考表 6.2，在没有高度预估信息的条件下，此时悬停高度应不小于 1.2m。有高度预估信息时，直升机可以提前响应，使安全高度进一步降低。以预报步数 2 步为例，经过仿真统计，直升机与舰船不发生碰撞的安全高度为 0.2992m，直升机跟踪着舰点高度变化过程如图 6.51 所示。

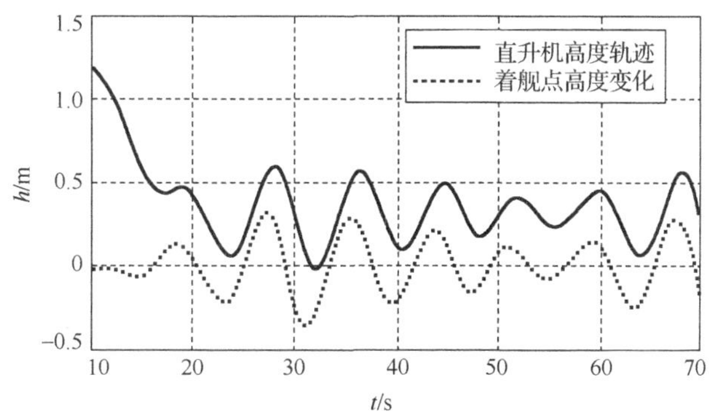

图 6.51　直升机跟踪着舰点高度变化过程

不同预报步数时，直升机与舰船间的最小安全高度如表 6.4 所示。

表 6.4　不同预报步数时，直升机与舰船间的最小安全高度

预报步数 k	0	2	4	6	8	10	12	14	16	18	20
最小安全高度/m	0.37	0.29	0.23	0.18	0.16	0.15	0.18	0.21	0.29	0.36	0.44

绘制最小安全高度随预报步数的变化规律，如图 6.52 中“△”所示。采用多项式拟合方法，得到最小安全高度与预报步数之间的关系式为

$$h_{\min} = 0.0025k^2 - 0.046k + 0.37 \tag{6.36}$$

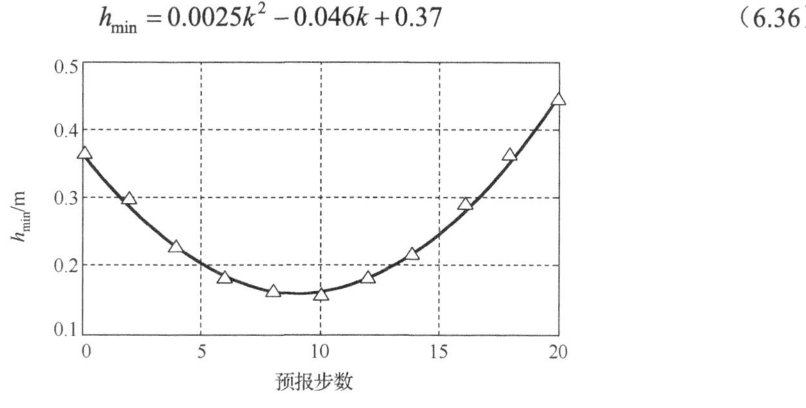

图 6.52　直升机与舰船间最小安全高度随预报步数的变化规律

由图 6.52 可以看出，预报步数为 10 步时，h_{min} 取得最小值 h^*_{min} =0.16m。此时直升机跟踪着舰点高度变化过程如图 6.53 所示。

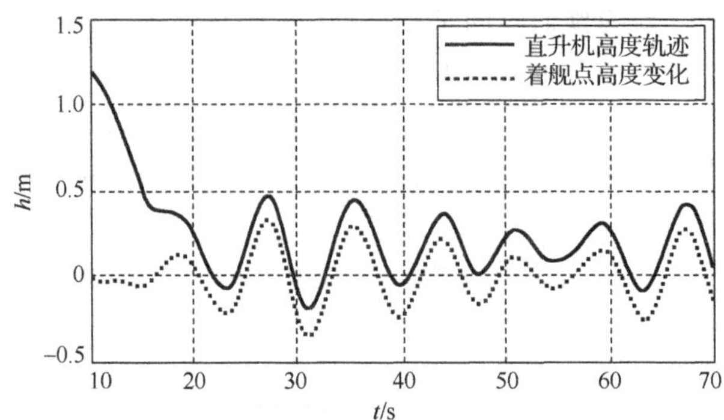

图 6.53　直升机跟踪着舰点高度变化过程

采用同样的设计方法，分别计算风速为 8m/s、10m/s、12m/s、14m/s、16m/s、18m/s 时，不同预报步数下直升机与舰船之间的最小安全高度，所得数据列于表 6.5 中。

表 6.5　直升机与舰船之间最小安全高度随风速、预报步数的变化规律

V_w/(m/s) \ h_{min}/(m) \ k	0	2	4	6	8	10	12	14	16	18	20
8	0.16	0.14	0.12	0.10	0.09	0.08	0.09	0.11	0.17	0.20	0.23
10	0.24	0.19	0.17	0.12	0.11	0.10	0.12	0.15	0.20	0.27	0.34
12	0.37	0.29	0.23	0.18	0.16	0.15	0.18	0.21	0.29	0.36	0.44
14	0.46	0.40	0.30	0.26	0.24	0.21	0.25	0.29	0.36	0.42	0.51
16	0.53	0.47	0.37	0.33	0.30	0.28	0.30	0.37	0.42	0.48	0.56
18	0.62	0.57	0.46	0.42	0.36	0.34	0.37	0.40	0.48	0.53	0.64

绘制直升机、舰船之间的最小安全高度 h_{min} 随风速 V_w、预报步数 k 的关系曲线，如图 6.54 所示。用多项式拟合方法得到 h_{min} 与 k、V_w 的关系式

$$h_{min} = -0.10 - 0.038k + 0.039V_w + 0.002k^2 - 0.00015kV_w \tag{6.37}$$

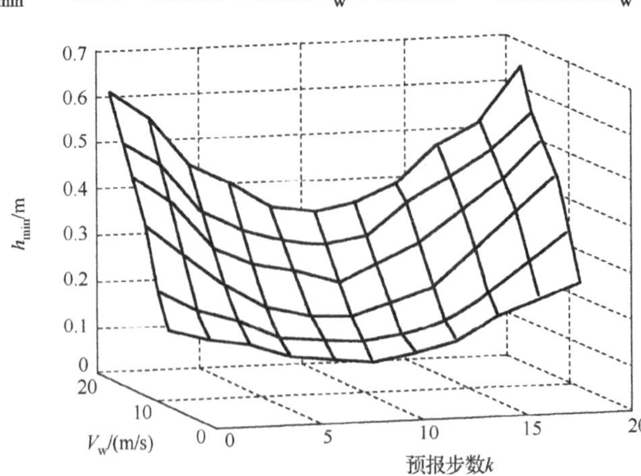

图 6.54　直升机、舰船间最小安全高度随风速及预报步数的关系曲线

由图 6.54 可以看出，不同风速 V_W 下 h_{min} 取得最小值时对应的预报步数 $k=10$。拟合 $k=10$ 条件下最小安全高度 h_{min}^* 随风速 V_W 的变化规律，如图 6.55 所示。h_{min}^* 与 V_W 的拟合关系式为

$$h_{min}^* = 0.0013V_w^2 - 0.0054V_w + 0.029 \quad (6.38)$$

利用式（6.38），可以根据实际风速决定直升机相对甲板着舰点的最小安全高度，尽可能减小着舰时间，获得尽量宽的安全着舰时间窗口。

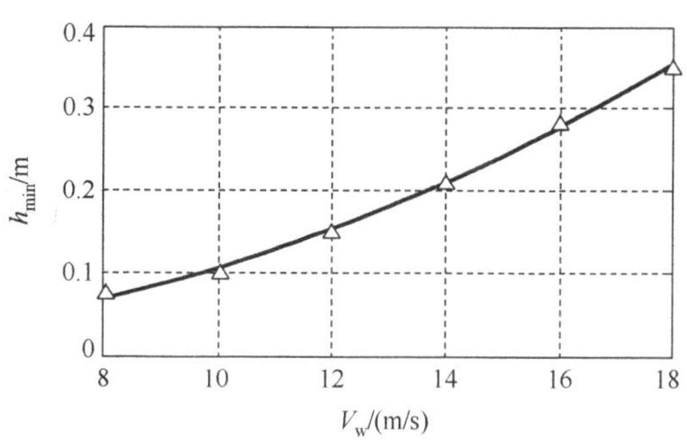

图 6.55　k=10 时，h_{min} 随风速 V_W 的变化规律

6.3.2　着舰时机决策

选择着舰时机是在利用预估器对舰船运动（包括纵摇、横摇和升沉）进行预估的基础上，根据直升机安全着舰的指标要求，寻找可以安全着舰的时间点，当满足着舰条件时，即刻垂直降落，保证直升机软着舰。

1. 着舰指标要求

根据我国军用直升机飞行品质规范的相关要求，舰载直升机安全降落时，舰船横摇和纵摇运动应满足的安全阈值如表 6.6 所示。

表 6.6　舰载直升机安全降落时，舰船横摇和纵摇运动应满足的安全阈值

类　别	横摇角/°	纵摇角/°	横摇角速率/（°/s）	纵摇角速率/（°/s）
I 型	±2	±1	±2	±1
II 型	±5	±3	±5	±3

表 6.6 中 I 型、II 型分别是指风速小于 20m/s、25m/s 时，舰船横摇和纵摇运动应满足的条件。另外，给定直升机着舰的安全高度 $|h| \leqslant 0.35\text{m}$，安全着舰速度 $0 \leqslant V_h \leqslant 2\text{m/s}$。

2. 着舰时机确定

为确定着舰时机，首先需要借助预估器对舰船运动（横摇、纵摇及着舰点高度变化）进行预估，预估器预估时间应不小于直升机垂直降落着舰所需要的时间。由图 6.55 可知，风速为 18m/s 时，最小安全着舰高度不超过 0.4m，直升机垂直降落所需要的时间为 0.283s。考虑到驾驶员反应时间和直升机响应时间，着舰过程所需要的时间将近 2s，故预估器预估时间应当不小于 2s。

采用 6.3.1 节中预估舰点高度的预估器设计方法，可以预估横摇运动、纵摇运动的变化规律。

以风速 16m/s、预估横摇角运动 20 步为例，说明安全着舰时间段的确定方法。图 6.56 为横摇运动着舰时机预估效果图。

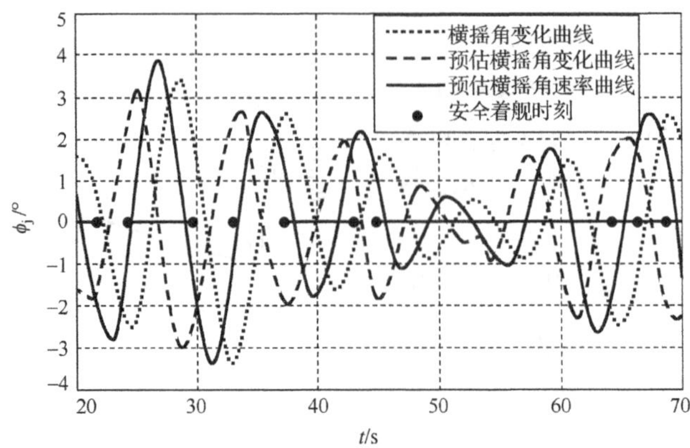

图 6.56 横摇运动着舰时机预估效果图

分析图 6.56 可以看出，选择预估器预报步数为 20 步时，对舰船横摇运动连续预估，预估效果较好。采用表 6.6 中的指标要求，将满足着舰条件的时间段在时间轴上用粗实线表示出来，作为可选的着舰时机。在只考虑舰船的横摇运动时，可供选择的着舰时机较多。选择时间段[43s, 61s]着舰，成功率更大。

类似的，选择预估器预报步数为 20 步，在风速 16m/s 时，分别对舰船纵摇运动及着舰点处的高度变化连续预估，可选的着舰时机分别如图 6.57 和图 6.58 中时间轴上粗实线所示。

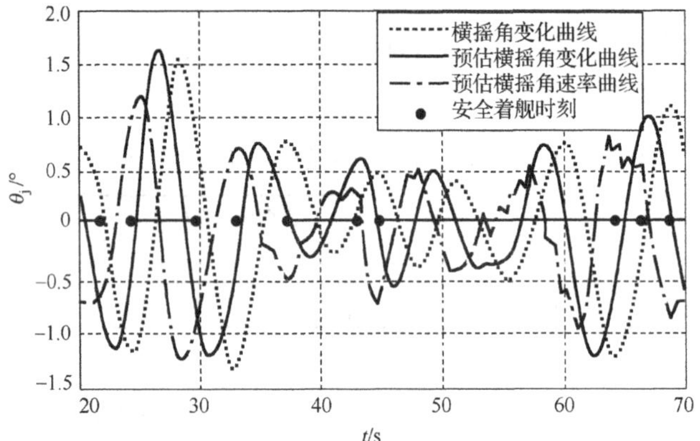

图 6.57 舰船纵摇运动着舰时机预估

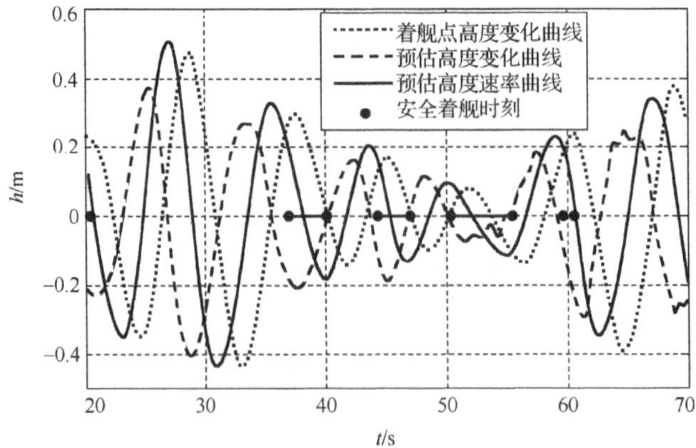

图 6.58 着舰点处的高度变化连续预估

实际中，舰船各种扰动运动同时存在，应选择同时满足所有指标要求的时间交集作为安全着舰时间。

图 6.59 给出了综合考虑舰船的横摇、纵摇及着舰点高度变化时着舰时机预报，图中以风速 16m/s 为例，在时间段[38s, 40s]和[44s, 47s]，直升机可以安全着舰。

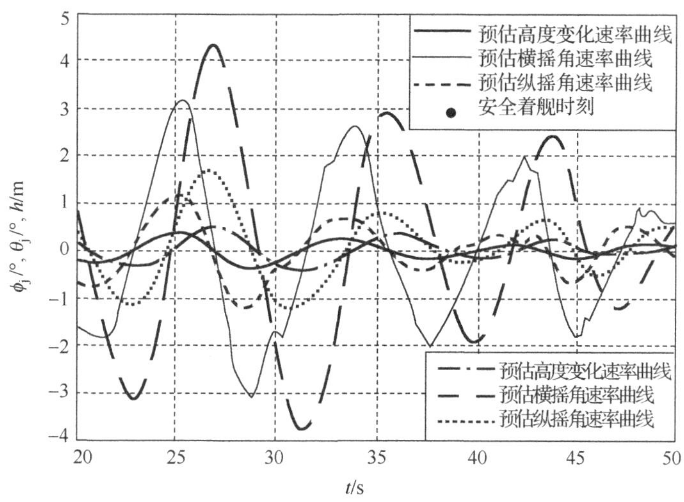

图 6.59 综合考虑舰船横摇、纵摇及着舰点高度变化时着舰时机预报

需要说明，实际预估的安全着舰时间段的分布及长短与预估器的精度和预估时间密切相关。本节采用的预估器预估时间在 3s 以内，精度较高，而直升机垂直降落时间在 2s 以内，故所提出的预估器设计方法具有可行性。

采用同样的方法，在风速 10m/s 时，分别对舰船的横摇运动、纵摇运动，以及着舰点高度变化进行连续预估（见图 6.60），并根据直升机安全着舰指标要求，解算得到的安全着舰时间。

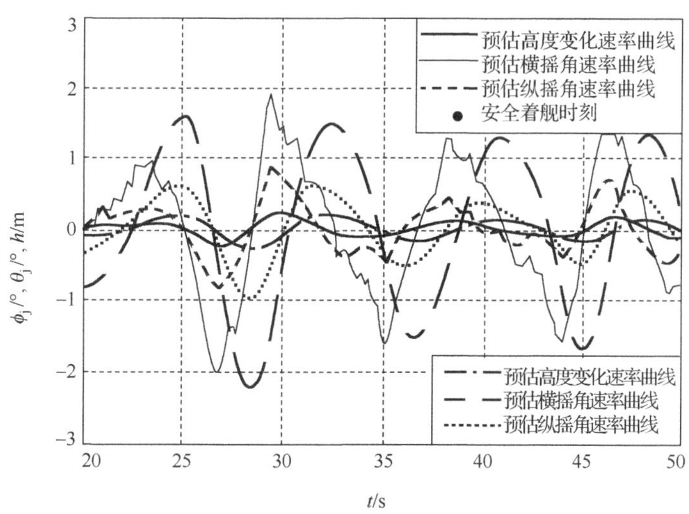

图 6.60 综合考虑舰船横摇、纵摇及着舰点高度变化时着舰时机预估

由图 6.60 可以看出，直升机可安全着舰的时间段为[25s, 27.5s]、[32.5s, 36.5s]和[40.5s, 45s]。对比图 6.59 可以看出，随风速减小，舰船的扰动趋于缓和，直升机安全着舰的时机点会更多些。

6.3.3 直升机自动着舰过程仿真

直升机自动着舰过程包括直升机进舰和寻机着舰两个阶段。根据每个阶段的特点，直升机着舰过程可细分为以下几个步骤：航向调整、速度保持、自动过渡、相对定点悬停、着舰点高度跟踪、着舰时机预估和安全着舰。其中前四个过程为直升机进舰阶段要完成的任务，后三个过程为直升机寻机着舰阶段要完成的任务。

本节进行直升机自动着舰过程的仿真，检验进舰着舰设计方案的可行性。

设定初始条件：直升机初始位置在地面坐标系(0,0)处，飞行速度为 30m/s，飞行高度为 100m，风速为 12m/s，由表 6.2 得到直升机定点安全高度不小于 1.14m，选择悬停高度 1.2m，舰船在地面坐标(1500,1500)处保持静止。为减小舰尾流对着舰的影响，采用前馈控制，对进舰着舰过程进行仿真。进舰过程仿真可参考 6.2.3 节的讨论，着舰过程中直升机的位置和速度响应如图 6.61 所示。

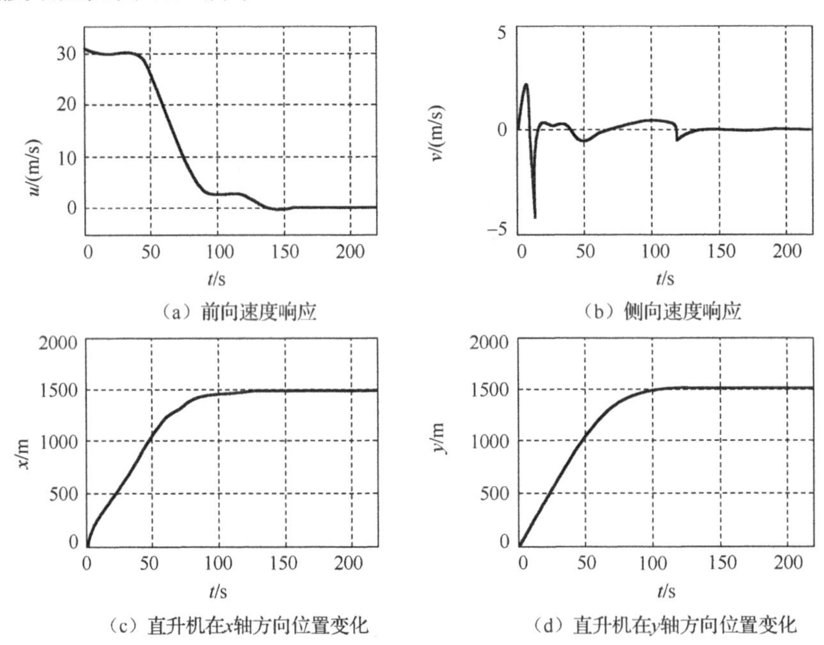

图 6.61 着舰过程中直升机的位置和速度响应

由图 6.61 可以看出，直升机初始速度为 30m/s，朝正北方向飞行，此时偏离航向，通过协调转弯调整航向，沿航线匀速飞行。

自动着舰过程，直升机高度和俯仰角响应，以及直升机倾斜角和航向角响应分别如图 6.62 和图 6.63 所示。初始时刻，直升机调整航向匀速航行，此时倾斜角回零，航向角稳定在 40°，高度稳定在 100m。40s 时，直升机距离舰船 865.4m，转入自动过渡，俯仰角增大，直升机抬头减速，高度逐渐下降到 1.2m，俯仰角回到稳态值。整个过渡过程中直升机倾斜角和航向角基本不变。

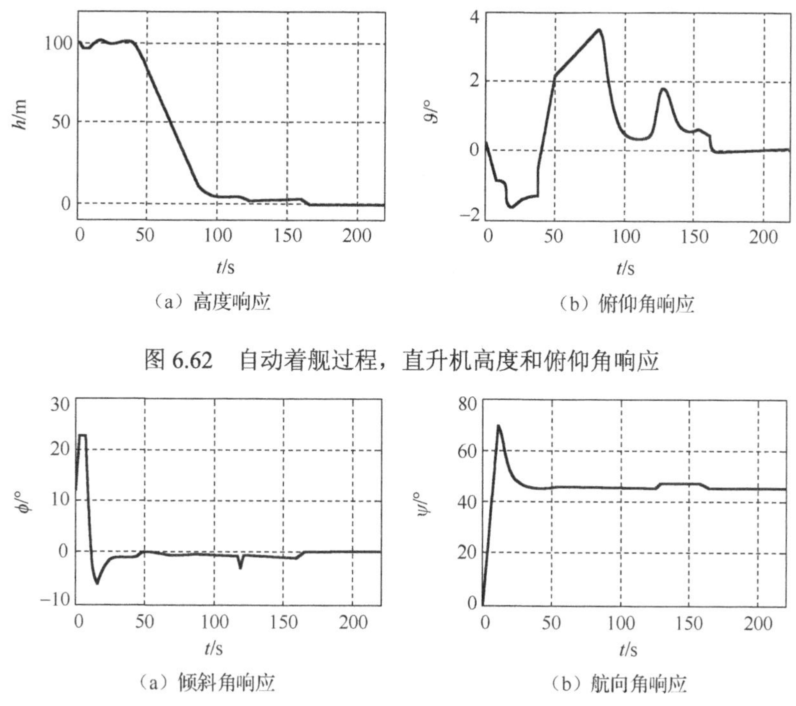

（a）高度响应　　（b）俯仰角响应

图 6.62　自动着舰过程，直升机高度和俯仰角响应

（a）倾斜角响应　　（b）航向角响应

图 6.63　自动着舰过程，直升机倾斜角和航向角响应

140s 时，过渡过程结束，直升机通过定点悬停调整位置，图 6.64 给出了直升机速度、位置的动态响应曲线。由于舰尾流影响，前向速度略微有波动，在跟踪舰船运动时，速度波动较小，稳态时在±0.02m/s 变化。定点悬停过程中，由于舰尾流影响，直升机纵向位置偏差最大 0.55m，侧向偏差最大 0.7m，满足定位精度要求。

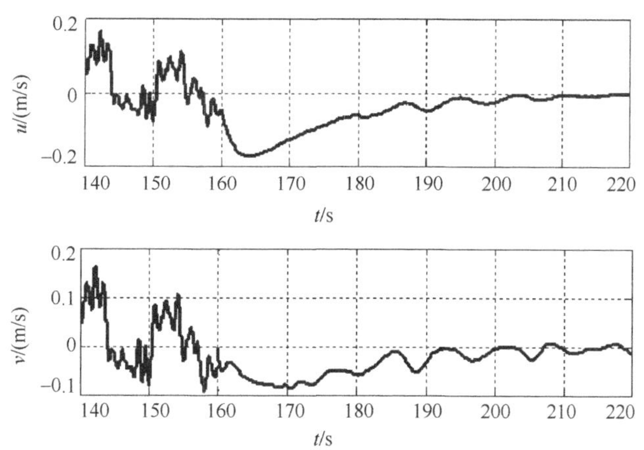

图 6.64　直升机速度、位置的动态响应曲线

160s 时，直升机开始跟踪着舰点高度变化，进入着舰阶段。从 1.2m 悬停高度下降至最小安全高度，直升机相对着舰点高度的动态响应如图 6.65 所示。受舰尾流影响，直升机悬停高度有所波动，存在 0.1m 的偏差。直升机高度滞后小，跟踪效果满意。

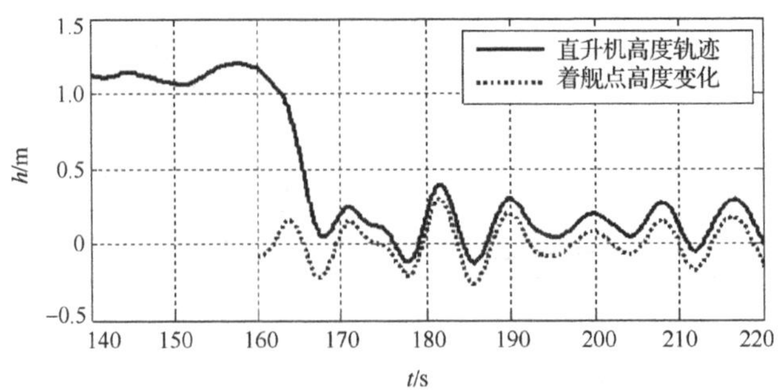

图 6.65　直升机相对着舰点高度的动态响应

在直升机跟踪着舰点高度变化的同时，利用预估器对舰船横摇、纵摇及着舰点高度进行着航时机预估，如图 6.66 所示。从图 6.66 中可以看出，直升机有多次着舰机会，时间段[162.8s,165s]，[168.7s,172.2s]，[173.2s,175.1s]，[180.8s,183.4s]，[187.8s,191.5s]，[198.8s,203.1s]，[206.8s,210.2s]，[213.6s,219.7s]均为直升机安全着舰时间。

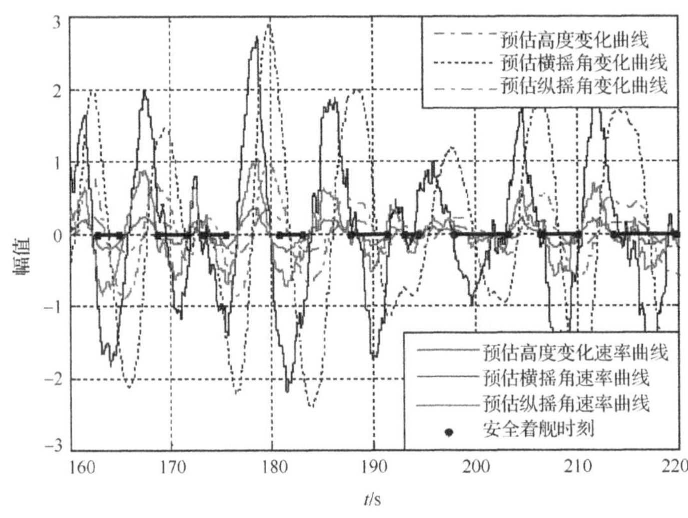

图 6.66　综合考虑舰船横摇、纵摇及着舰点高度变化时着舰时机预估

本 章 小 结

本章在建立舰船运动和舰尾流模型的基础上，探讨了直升机自动进舰着舰过程中的控制问题。设计了定点悬停控制律，针对舰尾流扰动设计了前馈控制器；给出了综合利用超前补偿和着舰点高度预估的方法，有效提高了直升机对舰船运动的跟踪能力；分析确定了预估器的最佳预估时间和直升机着舰的最小安全距离；给出了确定安全着舰时机的方法。通过仿真计算，验证了所提出的自动着舰控制方案的有效性。

参 考 文 献

[1]　田正东. 21 世纪初的航母与舰载机. 现代军事[J]，2000（08）：13-15.

[2] 赵秀丽. 国外舰载直升机. 现代舰船[J]，1995（12）：18-22.

[3] 姜兵. 舰载机自动着舰控制律设计[D]. 成都，电子科技大学，2009.

[4] 李卉. 舰载机自动着舰控制系统研究与设计[D]. 哈尔滨，哈尔滨工程大学，2009.

[5] 宋连龙. 基于舰船运动预报的舰载机着舰指导系统研究[D]. 哈尔滨，哈尔滨工程大学，2005.

[6] 冀明. 直升机自动着舰控制律设计及仿真[D]. 西安，西北工业大学，2013.

[7] 韩梦丽. 直升机自动进舰着舰控制律设计与仿真[D]. 西安，西北工业大学，2014.

[8] 牛彬. 直升机自动着舰过程控制与仿真[D]. 西安，西北工业大学，2017.

[9] 赖水清，严峰，王青林. 无人直升机自动着舰导引控制设计与验证[J]. 直升机技术，2014（2）：29-35.

[10] 吴文晓，徐明. 直升机着舰飞行控制仿真研究初探[J]. 直升机技术，1999（1）：31-37.

[11] 马强，朱旭程. 舰载直升机起飞着舰事故模式影响及危害性分析[J]. 海军航空工程学院学报，2012（02）：209-214.

[12] 史青海. 舰载机着舰控制技术研究[D]. 哈尔滨，哈尔滨工程大学，2007.

[13] Crassidis J，Mook D. Robust control design of an automatic carrier landing system[J]. AIAA-92-4619, 1992, 1471-1481.

[14] Yang X. Automatic Landing of a Rotary-wing UAV in Rough Seas[M]. University of New South Wales，Australian Defence Force Academy，School of Engineering and Information Technology，2011.

[15] Steinberg M. A fuzzy logic based F/A-18 automatic carrier landing system[C]. Guidance，Navigation and Control Conference，1992.

[16] Lee S，He C，Kang H. Autopilot model for a rotary wing aircraft under ship airwake and turbulence[C]. AIAA Modeling and Simulation Technologies Conference and Exhibit，Monterey，CA. 2002.

[17] 杨一栋，袁锁中，王夷. 无人直升机着舰制导与控制[M]. 国防工业出版社，2013.

[18] 王立鹏. 舰载机着舰指挥官指挥策略研究[D]. 哈尔滨，哈尔滨工程大学，2012.

[19] Li C，Jiang W，Cheng J，et al. Comparisons of DES and LES Turbulent Model for Simulation of Surface Ship Airwake[C].ASME 2016 35th International Conference on Ocean，Offshore and Arctic Engineering. American Society of Mechanical Engineers，2016：V007T06A043-V007T06A043.

[20] Ngo T D，Sultan C. Model Predictive Control for Helicopter Shipboard Operations in the Ship Airwakes[J]. Journal of Guidance，Control，and Dynamics，2015，38（12）：574-589.

[21] Forsythe J R，Lynch C E，Polsky S，et al. Coupled Flight Simulator and CFD Calculations of Ship Airwake Using HPCMP CREATE-AV Kestrel[J]. AIAA paper，2015，556.

[22] Coutard L，Chaumette F，Pflimlin J M. Automatic landing on aircraft carrier by visual servoing[C]. 2011 IEEE/RSJ International Conference on Intelligent Robots and Systems. IEEE，2011: 2843-2848.

[23] Geder J，Ramamurti R，Sandberg W C. Ship airwake correlation analysis for the San Antonio Class Transport dock Vessel[R]. NAVAL RESEARCH LAB WASHINGTON DC，2008.

[24] 韩梦丽，冀明，卢京潮. 基于预报—跟踪的直升机自动着舰控制律设计与仿真[J]. 计算机测量与控制，2014, 22（4）: 1096-1098.

[25] 贾新强，林鹏，王敏文. 舰载机着舰甲板运动误差及其补偿仿真研究[J]. 航空计算技术，2010（01）：114-118.

[26] Lee D. Simulation and control of a helicopter operating in a ship airwake[D]. Pennsylvania: The

Pennsylvania State University，2005.

[27] 李友毅，张志春，熊壮. 舰载直升机着舰碰撞建模方法[J]. 系统工程与电子技术，2015（07）：1691-1696.

[28] 周鑫，彭荣鲲，袁锁中. 舰载机理想着舰点垂直运动的预估与补偿[J]. 航空学报，2013（07）：1663-1669.

[29] 张永花，周鑫. 舰载机着舰点垂直运动补偿技术仿真研究[J]. 系统仿真学报，2013（04）：826-830.

[30] Schafer S A. Flight Test Measurement of Ship Airwake Disturbances Using Small-scale Rotorcraft[J]. Pennsylvania: The Pennsylvania State University，2015.

[31] Brownell C，Luznik L，Snyder M，et al. Velocity measurements in the near wake of a ship superstructure[J]. Journal of Aircraft，2015, 49（5）.

[32] Brownell C，Luznik L，Snyder M，et al. Velocity Measurements in A Ship AirwakeWith Crosswind[C] AIAA-2012-2851, 2012.

[33] Muijden J V，Boelens O，Vorst J V D，et al. Computational ship airwake determination to support helicopter-ship dynamic interface assessment[C]. AIAA-2013-3078, 2013.

[34] Bogstad M，Aitaliyahia D，Metcalfe L，et al. CFD ship airwake analysis for helicopter flight simulators[C]. AIAA-99-0996, 1999.

[35] 贾忠湖，郭卫刚. 直升机着舰过程模拟[J]. 海军航空工程学院学报，2001，16（2）：259-261.

第7章 悬吊控制律设计

直升机的许多功能需要借助外部悬吊的方式来实现。采用这种方式可以运输体积较大的物体，完成救援、投放等任务。在某些特定场合，借助外部悬吊是完成任务的唯一可选方案。在现代化战争中，采用直升机悬吊的运输方式，能够更快捷、高效地为部队补给物资。在民用领域，直升机悬吊运输在许多场合都展现了其独有的优势，发挥了巨大的作用。因此研究直升机悬吊系统的建模和控制问题具有重要的实际应用价值。

本章主要讨论直升机悬吊系统的建模及增稳控制、缆绳摆动抑制和悬吊物定位控制问题。

7.1 缆绳坐标系

缆绳坐标系定义可参考附录 B 中 FB.1 节。缆绳坐标系与系留点的关系如图 7.1 所示，缆绳坐标原点 O_t 位于缆绳系留点，即直升机与缆绳之间的连接点，在本章讨论中将之确定在直升机右侧舱门上方的绞车处。纵轴 O_tX_t 与机体 OX 轴在水平面上的投影平行；竖轴 O_tZ_t 沿铅垂线方向，向下为正；横轴 O_tY_t 垂直于铅垂面，向右为正。

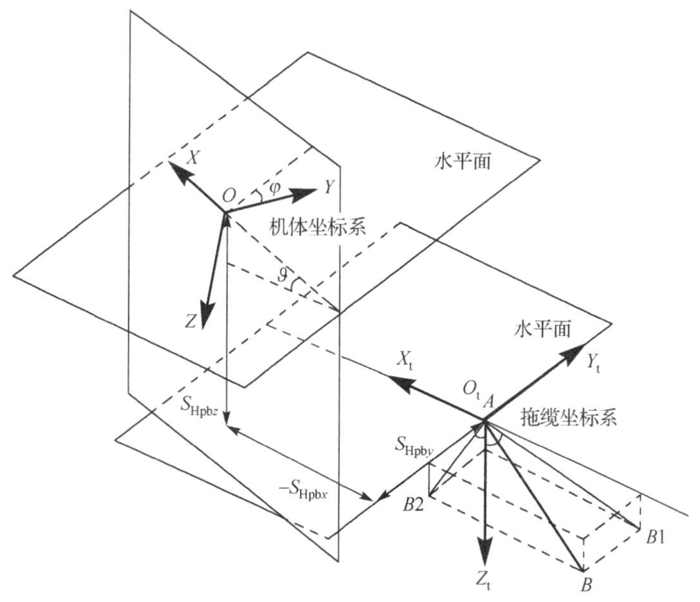

图 7.1 缆绳坐标系与系留点的关系

当直升机稳定直线平飞时，缆绳坐标系三轴与机体坐标系三轴平行。图 7.1 表示了飞机重心与缆绳系留点的几何关系，缆绳坐标系原点在机体坐标系中的坐标为 $\boldsymbol{s}_{\rm Hpb}=[s_{{\rm Hpb}x}\quad s_{{\rm Hpb}y}\quad s_{{\rm Hpb}z}]^{\rm T}$，缆绳在平面 $O_{\rm t}X_{\rm t}Z_{\rm t}$ 和 $O_{\rm t}Y_{\rm t}Z_{\rm t}$ 上的投影与竖轴的夹角，分别就是纵向缆位角 $\theta_{\rm t}$ 和侧向缆位角 $\gamma_{\rm t}$。

根据缆绳坐标系定义，缆绳坐标系纵轴 $O_{\rm t}X_{\rm t}$ 与机体坐标系纵轴在水平面上的投影平行，因此缆绳坐标系到机体坐标系的转换矩阵可由俯仰角 ϑ 和倾斜角 φ 来表示，表达式为

$$S_{\rm bt}=\begin{bmatrix}\cos\vartheta & \sin\vartheta\sin\varphi & \sin\vartheta\cos\varphi\\ 0 & \cos\varphi & -\sin\varphi\\ -\sin\vartheta & \cos\vartheta\sin\varphi & \cos\vartheta\cos\varphi\end{bmatrix} \tag{7.1}$$

7.2 悬吊直升机建模

在悬吊作业中，直升机受到缆绳拉力的影响，其模型需要在原直升机模型的基础上进行修改。

用矢量 $\boldsymbol{T}_{\rm p}$ 来表示直升机受到的缆绳拉力，如图 7.2 所示。拉力在缆绳坐标系中 $O_{\rm t}X_{\rm t}Z_{\rm t}$ 和 $O_{\rm t}Y_{\rm t}Z_{\rm t}$ 平面上的投影分别是 $\boldsymbol{T}_{\rm p1}$、$\boldsymbol{T}_{\rm p2}$。

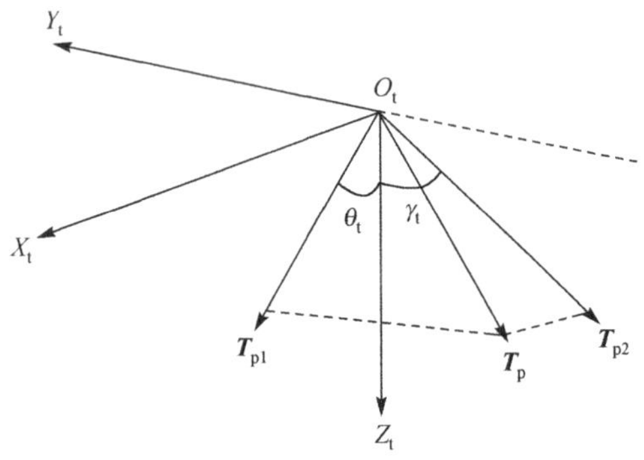

图 7.2 拉力分解图

根据图 7.2 中缆绳拉力及其在各平面的投影之间的关系可得

$$\begin{cases}\boldsymbol{T}_{\rm p1}^2\sin^2\theta_{\rm t}+\boldsymbol{T}_{\rm p2}^2=\boldsymbol{T}_{\rm p}^2\\ \boldsymbol{T}_{\rm p1}\cos\theta_{\rm t}=\boldsymbol{T}_{\rm p2}\cos\gamma_{\rm t}\end{cases} \tag{7.2}$$

解得拉力投影与缆位角的关系：

$$\begin{cases}\boldsymbol{T}_{\rm p1}=\dfrac{\cos\gamma_{\rm t}\boldsymbol{T}_{\rm p}}{\sqrt{\cos^2\gamma_{\rm t}\sin^2\theta_{\rm t}+\cos^2\theta_{\rm t}}}\\ \boldsymbol{T}_{\rm p2}=\dfrac{\cos\theta_{\rm t}\boldsymbol{T}_{\rm p}}{\sqrt{\cos^2\gamma_{\rm t}\sin^2\theta_{\rm t}+\cos^2\theta_{\rm t}}}\end{cases} \tag{7.3}$$

直升机稳态水平直飞时，缆绳坐标系与机体坐标系平行，令 $\varepsilon=1\Big/\sqrt{\cos^2\gamma_{\rm t}\sin^2\theta_{\rm t}+\cos^2\theta_{\rm t}}$，则 $\boldsymbol{T}_{\rm p}$ 在机体坐标系中可表示为

$$\boldsymbol{T}_{\rm p}=\begin{bmatrix}T_{{\rm pb}x}\\ T_{{\rm pb}y}\\ T_{{\rm pb}z}\end{bmatrix}=\begin{bmatrix}\varepsilon\boldsymbol{T}_{\rm p}\cos\gamma_{\rm t}\sin\theta_{\rm t}\\ -\varepsilon\boldsymbol{T}_{\rm p}\cos\theta_{\rm t}\sin\gamma_{\rm t}\\ \varepsilon\boldsymbol{T}_{\rm p}\cos\theta_{\rm t}\cos\gamma_{\rm t}\end{bmatrix} \tag{7.4}$$

缆绳系留点在机体坐标系中的坐标为 $[s_{{\rm Hpb}x}\quad s_{{\rm Hpb}y}\quad s_{{\rm Hpb}z}]^{\rm T}$，则根据力矩公式，缆绳拉力对直升机的三轴力矩可以表示为

$$\boldsymbol{M}_{\rm p}=\boldsymbol{s}_{\rm Hpb}\times\boldsymbol{T}_{\rm p}=\begin{bmatrix}s_{{\rm Hpb}x}\\ s_{{\rm Hpb}y}\\ s_{{\rm Hpb}z}\end{bmatrix}\times\begin{bmatrix}T_{{\rm pb}x}\\ T_{{\rm pb}y}\\ T_{{\rm pb}z}\end{bmatrix}=\begin{bmatrix}-T_{{\rm pb}y}\cdot s_{{\rm Hpb}z}+T_{{\rm pb}z}\cdot s_{{\rm Hpb}y}\\ T_{{\rm pb}x}\cdot s_{{\rm Hpb}z}-T_{{\rm pb}z}\cdot s_{{\rm Hpb}x}\\ T_{{\rm pb}y}\cdot s_{{\rm Hpb}x}-T_{{\rm pb}x}\cdot s_{{\rm Hpb}y}\end{bmatrix} \tag{7.5}$$

直升机的转动惯量为

$$\boldsymbol{I}=\begin{bmatrix} I_{xx} & 0 & -I_{xz} \\ 0 & I_{yy} & 0 \\ -I_{zx} & 0 & I_{zz} \end{bmatrix} \tag{7.6}$$

设 $\boldsymbol{I}^{-1}=\begin{bmatrix} I_{11} & I_{12} & I_{13} \\ I_{21} & I_{22} & I_{23} \\ I_{31} & I_{32} & I_{33} \end{bmatrix}$，根据动量矩定理 $\boldsymbol{M}_{\mathrm{p}}=\boldsymbol{I}\cdot\boldsymbol{\alpha}$，得

$$\boldsymbol{\alpha}=\begin{bmatrix} \dot{p}_{\mathrm{T}} \\ \dot{q}_{\mathrm{T}} \\ \dot{r}_{\mathrm{T}} \end{bmatrix}=\boldsymbol{I}^{-1}\boldsymbol{M}_{\mathrm{p}}=\boldsymbol{S}_{\boldsymbol{I}^{-1}}\begin{bmatrix} T_{\mathrm{pbx}} \\ T_{\mathrm{pby}} \\ T_{\mathrm{pbz}} \end{bmatrix} \tag{7.7}$$

式中，$[\dot{p}_{\mathrm{T}} \quad \dot{q}_{\mathrm{T}} \quad \dot{r}_{\mathrm{T}}]^{\mathrm{T}}$ 为缆绳拉力引起的直升机角加速度沿机体三轴的分量表达式：

$$\boldsymbol{S}_{\boldsymbol{I}^{-1}}=\begin{bmatrix} s_{\mathrm{Hpbz}}\cdot I_{12}-s_{\mathrm{Hpby}}\cdot I_{13} & s_{\mathrm{Hpbx}}\cdot I_{13}-s_{\mathrm{Hpbz}}\cdot I_{12} & s_{\mathrm{Hpby}}\cdot I_{11}-s_{\mathrm{Hpbx}}\cdot I_{12} \\ s_{\mathrm{Hpbz}}\cdot I_{22}-s_{\mathrm{Hpby}}\cdot I_{23} & s_{\mathrm{Hpbx}}\cdot I_{23}-s_{\mathrm{Hpbz}}\cdot I_{22} & s_{\mathrm{Hpby}}\cdot I_{21}-s_{\mathrm{Hpbx}}\cdot I_{22} \\ s_{\mathrm{Hpbz}}\cdot I_{32}-s_{\mathrm{Hpby}}\cdot I_{33} & s_{\mathrm{Hpbx}}\cdot I_{33}-s_{\mathrm{Hpbz}}\cdot I_{32} & s_{\mathrm{Hpby}}\cdot I_{31}-s_{\mathrm{Hpbx}}\cdot I_{32} \end{bmatrix}$$

在原直升机数学模型[见式（2.13）]基础上，将缆绳拉力分解到机体三轴，将其视为直升机的干扰输入，由关系式（7.7）可知，悬吊直升机系统的状态向量和输入向量分别为

$$\boldsymbol{x}=[u \quad v \quad w \quad \vartheta \quad \varphi \quad \psi \quad \dot{\vartheta} \quad \dot{\varphi} \quad \dot{\psi}]^{\mathrm{T}},$$

$$\boldsymbol{u}=[\mathrm{Bic} \quad \mathrm{Aic} \quad \delta_{\mathrm{rc}} \quad \theta_{\mathrm{c}} \quad T_{\mathrm{pbx}} \quad T_{\mathrm{pby}} \quad T_{\mathrm{pbz}}]^{\mathrm{T}}$$

缆绳拉力影响下的直升机状态方程为

$$\dot{\boldsymbol{x}}=\boldsymbol{A}\boldsymbol{x}+\boldsymbol{B}\boldsymbol{u}_1+\boldsymbol{B}_2\boldsymbol{u}_2=\boldsymbol{A}\boldsymbol{x}+[\boldsymbol{B} \quad \boldsymbol{B}_2]\begin{bmatrix} \boldsymbol{u}_1 \\ \boldsymbol{u}_2 \end{bmatrix}=\boldsymbol{A}\boldsymbol{x}+\boldsymbol{B}_{\mathrm{ft}}\boldsymbol{u} \tag{7.8}$$

式中

$$\boldsymbol{B}_{\mathrm{ft}}=[\boldsymbol{B} \quad \boldsymbol{B}_2]=\begin{bmatrix} & 1/m & 0 & 0 \\ & 0 & 1/m & 0 \\ & 0 & 0 & 1/m \\ & 0 & 0 & 0 \\ \boldsymbol{B}_{9\times4} & 0 & 0 & 0 \\ & 0 & 0 & 0 \\ & M_{T_{\mathrm{Pbx}}}^{\dot{q}} & M_{T_{\mathrm{Pby}}}^{\dot{q}} & M_{T_{\mathrm{Pbz}}}^{\dot{q}} \\ & L_{T_{\mathrm{Pbx}}}^{\dot{p}} & L_{T_{\mathrm{Pby}}}^{\dot{p}} & L_{T_{\mathrm{Pbz}}}^{\dot{p}} \\ & N_{T_{\mathrm{Pbx}}}^{\dot{r}} & N_{T_{\mathrm{Pby}}}^{\dot{r}} & N_{T_{\mathrm{Pbz}}}^{\dot{r}} \end{bmatrix}_{9\times7}$$

式中，m 为直升机质量，$\boldsymbol{B}_{\mathrm{ft}}$ 矩阵是考虑缆绳拉力影响后的输入矩阵，其中前四列是原系统输入矩阵 $\boldsymbol{B}$ 中的元素，后三列体现缆绳拉力对直升机系统的影响，其中各元素表达式如下：$M_{T_{\mathrm{Pbx}}}^{\dot{q}}=s_{\mathrm{Hpbz}}/I_y$，$M_{T_{\mathrm{Pby}}}^{\dot{q}}=0$，$M_{T_{\mathrm{Pbz}}}^{\dot{q}}=-s_{\mathrm{Hpbx}}/I_y$，$L_{T_{\mathrm{Pbx}}}^{\dot{p}}=-I_{xz}s_{\mathrm{Hpby}}/(I_zI_x-I_{xz}^2)$，$L_{T_{\mathrm{Pby}}}^{\dot{p}}=$

$I_z s_{\mathrm{Hpbz}} / (I_z I_x - I_{xz}^2) - I_{xz} s_{\mathrm{Hpbx}} / (I_z I_x - I_{xz}^2)$，$L_{T_{\mathrm{Pbz}}}^{\dot{p}} = I_z s_{\mathrm{Hpby}} \big/ (I_z I_x - I_{xz}^2)$，$N_{T_{\mathrm{Pbx}}}^{\dot{r}} = -I_x s_{\mathrm{Hpby}} / (I_x I_z - I_{xz}^2)$
$N_{T_{\mathrm{Pbz}}}^{\dot{r}} = I_{xz} s_{\mathrm{Hpby}} \big/ (I_z I_x - I_{xz}^2)$，$N_{T_{\mathrm{Pby}}}^{\dot{r}} = -I_x s_{\mathrm{Hpbx}} / (I_x I_z - I_{xz}^2) - I_{xz} s_{\mathrm{Hpbz}} / (I_x I_z - I_{xz}^2)$。

将直升机方程分解为纵向和侧向独立的状态方程，以便对直升机分别进行纵向和侧向分析，设计相应的控制律。

纵向运动方程：

$$\dot{\boldsymbol{x}}_{\mathrm{z}} = \boldsymbol{A}_{\mathrm{z}} \boldsymbol{x}_{\mathrm{z}} + \boldsymbol{B}_{\mathrm{z}} \boldsymbol{u}_{\mathrm{z}} \tag{7.9}$$

式中，与纵向相关的状态变量 $\boldsymbol{x}_{\mathrm{z}} = [u \quad w \quad \vartheta \quad \dot{\vartheta}]^{\mathrm{T}}$，输入变量 $\boldsymbol{u}_{\mathrm{z}} = [\mathrm{Bic} \quad \theta_{\mathrm{c}} \quad T_{\mathrm{pbx}} \quad T_{\mathrm{pbz}}]^{\mathrm{T}}$，状态矩阵与输入矩阵为

$$\boldsymbol{A}_{\mathrm{z}} = \begin{bmatrix} A_{1,1} & A_{1,3} & A_{1,4} & A_{1,7} \\ A_{3,1} & A_{3,3} & A_{3,4} & A_{3,7} \\ A_{4,1} & A_{4,3} & A_{4,4} & A_{4,7} \\ A_{7,1} & A_{7,3} & A_{7,4} & A_{7,7} \end{bmatrix}, \quad \boldsymbol{B}_{\mathrm{z}} = \begin{bmatrix} B_{1,1} & B_{1,4} & X_{T_{\mathrm{pbx}}}^{\dot{u}} & X_{T_{\mathrm{pbz}}}^{\dot{u}} \\ B_{3,1} & B_{3,4} & Z_{T_{\mathrm{pbx}}}^{\dot{w}} & Z_{T_{\mathrm{pbz}}}^{\dot{w}} \\ B_{4,1} & B_{4,4} & 0 & 0 \\ B_{7,1} & B_{7,4} & M_{T_{\mathrm{pbx}}}^{\dot{q}} & M_{T_{\mathrm{pbz}}}^{\dot{q}} \end{bmatrix}$$

横侧向运动方程：

$$\dot{\boldsymbol{x}}_{\mathrm{c}} = \boldsymbol{A}_{\mathrm{c}} \boldsymbol{x}_{\mathrm{c}} + \boldsymbol{B}_{\mathrm{c}} \boldsymbol{u}_{\mathrm{c}} \tag{7.10}$$

式中，与横侧向相关的状态变量 $\boldsymbol{x}_{\mathrm{c}} = [v \quad \varphi \quad \psi \quad \dot{\varphi} \quad \dot{\psi}]^{\mathrm{T}}$，输入变量 $\boldsymbol{u}_{\mathrm{c}} = [\mathrm{Aic} \quad \delta_{\mathrm{rc}} \quad T_{\mathrm{pby}}]^{\mathrm{T}}$，状态矩阵与输入矩阵为

$$\boldsymbol{A}_{\mathrm{c}} = \begin{bmatrix} A_{2,2} & A_{2,5} & A_{2,6} & A_{2,8} & A_{2,9} \\ A_{5,2} & A_{5,5} & A_{5,6} & A_{5,8} & A_{5,9} \\ A_{6,2} & A_{6,5} & A_{6,6} & A_{6,8} & A_{6,9} \\ A_{8,2} & A_{8,5} & A_{8,6} & A_{8,8} & A_{8,9} \\ A_{9,2} & A_{9,5} & A_{9,6} & A_{9,8} & A_{9,9} \end{bmatrix}, \quad \boldsymbol{B}_{\mathrm{c}} = \begin{bmatrix} B_{2,2} & B_{2,3} & Y_{T_{\mathrm{pby}}}^{\dot{v}} \\ B_{5,2} & B_{5,3} & 0 \\ B_{6,2} & B_{6,3} & 0 \\ B_{8,2} & B_{8,3} & L_{T_{\mathrm{pby}}}^{\dot{p}} \\ B_{9,2} & B_{9,3} & N_{T_{\mathrm{pby}}}^{\dot{r}} \end{bmatrix}$$

7.3 缆绳-悬吊物系统建模及分析

缆绳-悬吊物系统建模过程可参见附录 B，此处的情形是其三段缆绳和被拖曳物体均在空中时的特例，缆绳-悬吊物系统模型形式与式（FB.56）相同。

7.3.1 缆绳-悬吊物系统配平计算

缆绳拉力和缆绳缆位角都是直升机悬吊系统的重要参数，对直升机动态特性有直接影响。本小节中，在不同的缆绳长度 l_{t}、悬吊物质量 M_{t} 和飞行速度 V 条件下，根据附录 B 中的稳态平衡方程计算缆绳的稳态拉力和三段缆绳的稳态缆位角，为在相应平衡条件下确定缆绳悬吊系统状态方程提供依据。表 7.1 给出了缆绳计算参数表。

表 7.1　缆绳计算参数表

参 数 变 量	参　数　值
空气密度 ρ	1.29 kg/m^3
重力加速度 g	9.8 m/s^2
缆绳直径 d_t	0.02 m
缆绳单位长度密度（线密度）m_l	0.1571 kg/m
缆绳阻力系数 C_f	1
悬吊物阻力系数 C_M	1

在悬吊作业时，已知缆绳长度 l_t、物体质量 M_t、飞行速度 V 和航向角速度 $\dot{\psi}$，利用附录 B 中式（FB.52）、式（FB.53）和式（FB.54），可以解出三段缆绳的纵向、侧向和航向缆位角稳态值 θ_{t1e}，θ_{t2e}，θ_{t3e}，γ_{t1e}，γ_{t2e}，γ_{t3e}，σ_{t1e}，σ_{t2e}，σ_{t3e}，同时解出各段缆绳所受拉力的三轴分量稳态值 T_{pbxe}，T_{pbye}，T_{pbze}。当缆绳长度 l_t、悬吊物质量 M_t 和飞行速度 V 不同时，悬吊系统稳态解也不同。

当飞机水平直飞达到稳态时，侧向缆位角 $\gamma_{t1e}=0°$，$\gamma_{t2e}=0°$，$\gamma_{t3e}=0°$，侧向拉力 $T_{pby}=0\,\text{N}$。水平直飞时悬吊物中不同状态下的稳态解列表如表 7.2 所示。

表 7.2　水平直飞时悬吊物中不同状态下的稳态解列表

参数变量 V / (m/s), M_t / kg, l_t / m		三段缆绳的纵向缆位角 $\theta_{t1},\theta_{t2},\theta_{t3}$ /deg	纵向拉力 T_{pbxe} / N
$l_t=40$ $M_t=250$	V=0	0　0　0	0
	V=5	−0.6273　−0.5333　−0.4256	29.0245
	V=10	−2.5070　−2.1318　−1.7019	116.0652
	V=15	−5.6204　−4.7845　−3.8240	260.8308
	V=20	−9.8964　−8.4490　−6.7727	462.2190
V=10 $M_t=250$	$l_t=10$	−1.7621　−1.6657　−1.5568	77.3946
	$l_t=40$	−2.5070　−2.1318　−1.7019	116.0652
	$l_t=70$	−3.2270　−2.5882　−1.8461	154.7102
	$l_t=100$	−3.9230　−3.0350　−1.9894	193.3232
V=10 $l_t=40$	$M_t=50$	−11.3354　−9.9822　−8.3039	115.3427
	$M_t=150$	−4.1130　−3.5177　−2.8270	116.0054
	$M_t=250$	−2.5070　−2.1318　−1.7019	116.0652
	$M_t=350$	−1.8026　−1.5291　−1.2173	116.0821
	$M_t=450$	−1.4071　−1.1920　−0.9475	116.0891

由表 7.2 可以看出，当缆绳长度和悬吊物质量不变时，纵向缆位角和缆绳纵向拉力随前飞速度的增加而增加；当速度和悬吊物质量不变时，纵向缆位角和纵向拉力随缆绳长度的增加而增加；当飞行速度和缆绳长度不变时，纵向缆位角随悬吊物质量的增加而减小，纵向拉力略有增加。质量 M_t 增加会使缆绳系垂向拉力增加，而扰流阻力基本不变，所以三段缆绳的纵向缆位角依次减小，纵向拉力基本不变。

7.3.2 转弯飞行稳态平衡条件

直升机稳定水平转弯飞行时，缆绳-悬吊物系统满足三个条件：

①缆绳纵向和垂向线加速度、角速度、角加速度均为零，即 $\dot{u}_{t1}=\dot{w}_{t1}=0$，$\dot{\theta}_{t1}=\dot{\theta}_{t2}=\dot{\theta}_{t3}=0$，$\ddot{\theta}_{t1}=\ddot{\theta}_{t2}=\ddot{\theta}_{t3}=0$，$\dot{\gamma}_{t1}=\dot{\gamma}_{t2}=\dot{\gamma}_{t3}=0$，$\ddot{\gamma}_{t1}=\ddot{\gamma}_{t2}=\ddot{\gamma}_{t3}=0$。

②直升机、三段缆绳及悬吊物的转弯角速率相等，即 $\dot{\psi}_{t1}=\dot{\psi}_{t2}=\dot{\psi}_{t3}=\dot{\psi}$。

③直升机、三段缆绳及悬吊物的侧向加速度只是改变速度的方向，而不改变速度的大小。

直升机左转弯时三段缆绳在水平面上的投影关系如图 7.3 所示，第一段缆绳的几何关系如图 7.4 所示。

在图 7.3 中，设系留点 A、铰接点 B、C、D 的转弯半径分别为 R、R_1、R_2 和 R_3，相应的切向速度分别为 V_{t1}、V_{t2}、V_{t3} 和 V_{tM}，侧向加速度分别为 $\dot{v}_{t1}$、$\dot{v}_{t2}$、$\dot{v}_{t3}$ 和 $\dot{v}_{tM}$，各段缆绳的航向缆位角分别为 σ_{t1}、σ_{t2} 和 σ_{t3}。

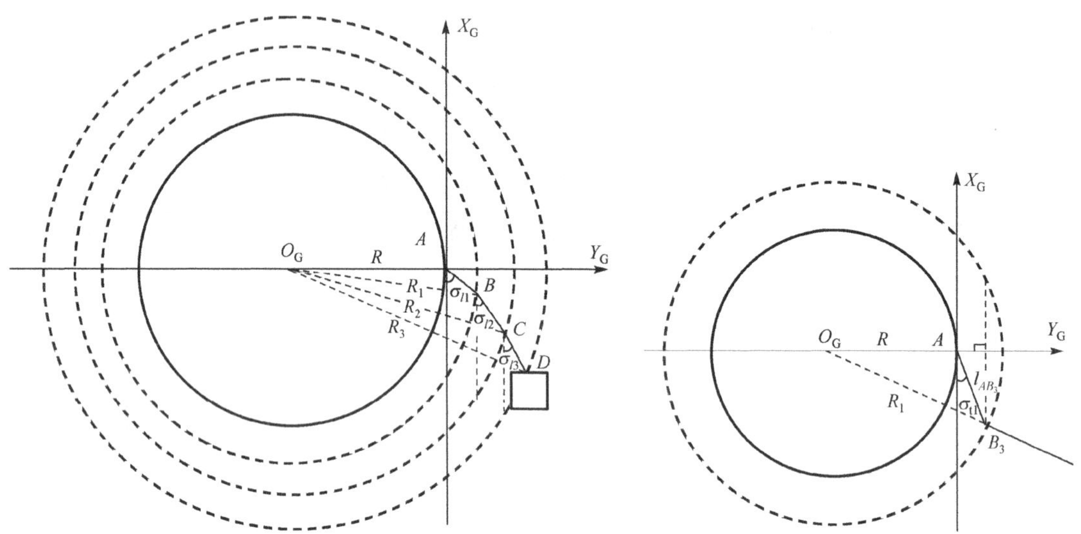

图 7.3 直升机在转弯时三段缆绳在水平面上的投影关系

图 7.4 第一段缆绳的几何关系

根据转弯时飞机的飞行速度 V 和航向角速率 $\dot{\psi}$，可确定系留点处转弯半径 $R=V/\dot{\psi}$。根据图 7.4，可以导出第一段缆绳末端点 B 的半径公式：

$$R_1=\sqrt{(R+l_{AB_3}|\sin\sigma_{t1}|)^2+(l_{AB_3}\cos\sigma_{t1})^2} \tag{7.11}$$

同理，可以求解第二段和第三段缆绳的末端点 C、D 点的转弯半径：

$$R_2=\sqrt{(R+l_{AB_3}|\sin\sigma_{t1}|+l_{B_3C_3}|\sin\sigma_{t2}|)^2+(l_{AB_3}\cos\sigma_{t1}+l_{B_3C_3}\cos\sigma_{t2})^2} \tag{7.12}$$

$$R_3=\sqrt{\begin{aligned}&(R+l_{AB_3}|\sin\sigma_{t1}|+l_{B_3C_3}|\sin\sigma_{t2}|+l_{C_3D_3}|\sin\sigma_{t3}|)^2+\\&(l_{AB_3}\cos\sigma_{t1}+l_{B_3C_3}\cos\sigma_{t2}+l_{C_3D_3}\cos\sigma_{t3})^2\end{aligned}} \tag{7.13}$$

悬吊系统在稳态转弯时，三段缆绳和悬吊物的转弯角速率与直升机的转弯角速率 $\dot{\psi}$ 一致，故系留点 A、铰接点 B、C、D 处的侧向加速度：

$$\begin{cases}\dot{v}_{t1}=\dot{\psi}_{t1}^{2}R=\dot{\psi}^{2}R\\ \dot{v}_{t2}=\dot{\psi}_{t2}^{2}R_1=\dot{\psi}^{2}R_1\\ \dot{v}_{t3}=\dot{\psi}_{t3}^{2}R_2=\dot{\psi}^{2}R_2\\ \dot{v}_{tM}=\dot{\psi}_{tM}^{2}R_3=\dot{\psi}^{2}R_3\end{cases} \tag{7.14}$$

根据三段缆绳各端点的转弯半径表达式，可以得到与之对应的线速度关系：

$$\begin{cases}V_{t2}=R_1V_{t1}/R\\ V_{t3}=R_2V_{t2}/R_1\\ V_{tM}=R_3V_{t3}/R_2\end{cases} \tag{7.15}$$

将上述稳态转弯条件代入缆绳-悬吊物系统的动力学方程组中[见附录B中式(FB.17)、式（FB.27）、式（FB.38）和式（FB.51）]，可以导出转弯模式下的稳态平衡方程，形式上与水平直飞平衡条件下的平衡方程类似，此处不再详细列出。

在缆绳长度$l_t=40\text{m}$、悬吊物质量$M_t=250\text{kg}$条件下，在不同前飞速度时，给定航向角速率$\dot{\psi}\in\{1,2,3,4,5\}$时，利用转弯稳态平衡条件求出稳态解，将相应的侧向缆位角和侧向拉力的稳态值列在表7.3中。

表7.3 转弯飞行时悬吊物中不同状态下的稳态解列表

速度 V/(m/s)	角速率 $\dot{\psi}$/(deg/s)	三段侧向缆位角 $\gamma_{t1},\gamma_{t2},\gamma_{t3}$/deg	侧向拉力 T_{pbye}/N
V=5	1	0.510 818　0.510 82　0.510 823	22.390 66
	2	1.025 332　1.025 366　1.025 389	44.946 38
	3	1.547 318　1.547 438　1.547 524	67.836 23
	4	2.080 735　2.081 015　2.081 233	91.237 39
	5	2.629 806　2.630 362　2.630 792	115.339 8
V=10	1	1.021 550　1.021 562　1.021 567	44.781 31
	2	2.049 999　2.050 068　2.050 119 5	89.892 57
	3	3.092 345　3.092 578　3.092 762	135.670 85
	4	4.155 828　4.156 399　4.156 828	182.467 67
	5	5.248 055　5.249 167　5.250 015	230.656 8
V=15	1	1.532 122　1.532 139　1.532 145	67.171 82
	2	3.073 321　3.073 429　3.073 509	134.837 26
	3	4.632 730　4.633 077　4.633 347	203.498 51
	4	6.219 554　6.220 390 6　6.221 026 6	273.674 91
	5	7.843 132　7.844 765　7.846 014 5	345.911 33
V=20	1	2.042 435 6　2.042 453　2.042 470	89.561 78
	2	4.094 578　4.094 715　4.094 818	179.777 04
	3	6.165 990　6.166 454　6.166 81	271.306 92
	4	8.265 972　8.267 066 4　8.267 91	364.827 18
	5	10.403 331　10.405 451　10.407 073	461.034 11

转弯时，悬吊物的惯性作用产生离心力，侧向缆位角会发生变化。观察表7.3中侧向

缆位角的变化规律，可以看出侧向缆位角和侧向拉力随航向角速率、速度的增加而增大。由于缆绳系留点不在机体对称平面内，为防止缆绳与机体其他部位碰触，将侧向缆位角约束在±10°范围以内。在缆绳长度 l_t=40m 、悬吊物质量 $M_t=250$kg 条件下，为保证飞行安全，直升机转弯时，速度应限制在 0～20m/s，航向角速率应限制在 ±5°/s 范围内。

当飞机前飞速度、缆绳长度和悬吊物重量给定时，以相应的平衡条件为准，对缆绳-悬吊物系统动力学方程进行小扰动线性化处理，即可确定该平衡点处的悬吊系统状态方程，形式上同式（FB.56）。

7.3.3 悬吊系统仿真分析

直升机悬吊作业时，缆绳拉力会对直升机产生干扰。为了验证缆绳-悬吊物系统模型的合理性，需要结合系统模型的稳态解来研究模型的动态特性。

依据表 7.1 中的参数，设悬吊物是长、宽、高均为 1m 的立方体，质量 $M_t=250\,\text{kg}$，缆绳长度 $l_t=40\,\text{m}$，三段缆绳的长度比例 $l_{AB}:l_{BC}:l_{CD}=3:5:4$，飞机水平直线飞行速度 $V=10\,\text{m/s}$。计算得出三段缆绳的缆位角稳态解分别为 $\theta_{t1e}=-2.5070°$，$\theta_{t2e}=-2.1318°$，$\theta_{t3e}=-1.7019°$，$\gamma_{t1e}=\gamma_{t2e}=\gamma_{t3e}=0°$，系留点处拉力稳态解：$T_{pbxe}=116.06519\,\text{N}$，$T_{pbye}=0\,\text{N}$，$T_{pbze}=2511.57522\,\text{N}$。在此条件下，通过仿真分析系统在平衡点附近的动态特性。

1．纵向特性分析

给纵向拉力输入阶跃增量 $T_{pbx}=10\text{N}$，进行仿真计算。图 7.5 是三段缆绳纵向缆位角的响应曲线，图 7.6 是三段缆绳侧向缆位角的响应曲线，图 7.7 是缆绳系留点 A 的前向速度 u_t 的响应曲线。

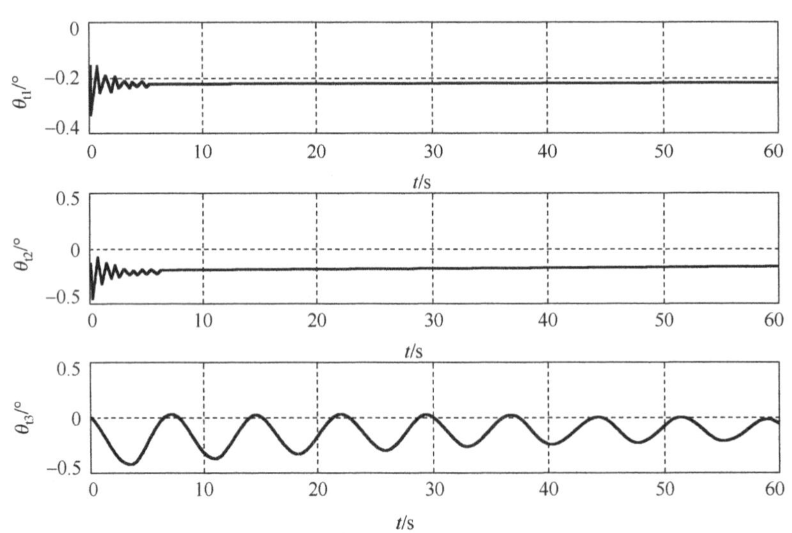

图 7.5 三段缆绳纵向缆位角的响应曲线

由图 7.5 可以看出，第一段缆绳纵向缆位角 θ_{t1} 是两个振荡信号的叠加，初始振荡周期是 0.8s，9s 之后以 7.775s 的周期振荡快速收敛到−0.2199°；第二段缆绳纵向缆位角 θ_{t2} 开始以 0.82s 的周期信号波动，9s 之后该信号幅值收敛，θ_{t2} 以 7.2s 的周期信号振荡，幅值快速收敛到–0.1778°；第三段缆绳纵向缆位角 θ_{t3} 振荡周期是 7.5s，幅值最后收敛到–0.1335°。三段缆绳纵向缆位角幅值逐渐减小，则说明三段缆位角波动逐渐收敛。这些信号的振荡规律近似符合阻尼单摆振荡运动，验证了模型的合理性。由图 7.6 可以看出，三段缆绳侧向缆位角响应幅值数量级很小，近似可以忽略。

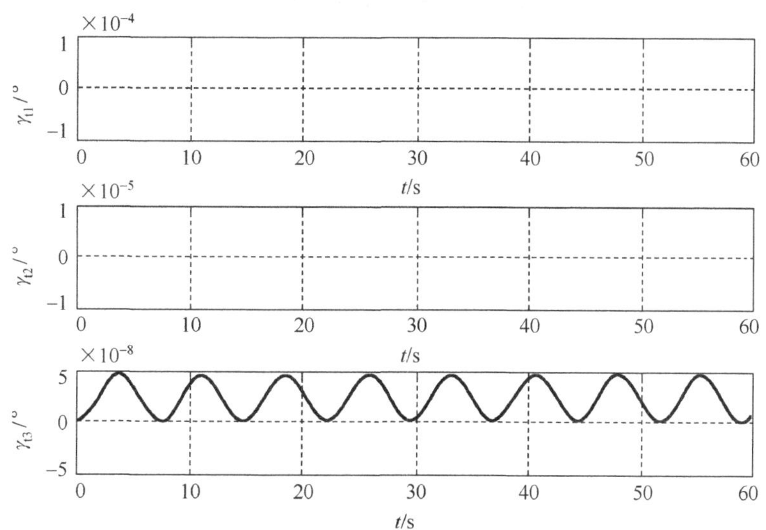

图 7.6　三段缆绳侧向缆位角的响应曲线

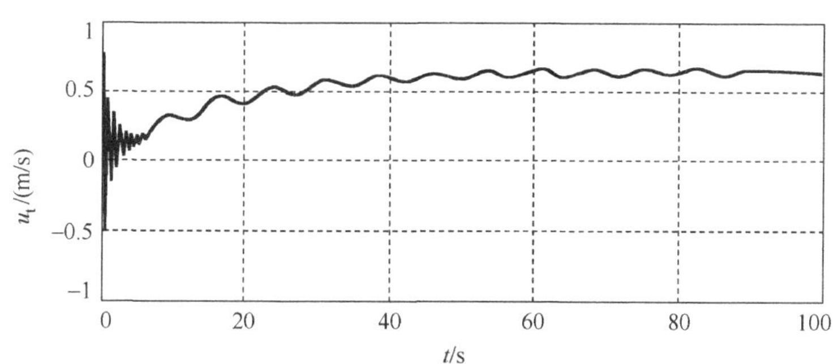

图 7.7　缆绳系留点 A 的前向速度 u_t 的响应曲线

由图 7.7 可以看出，系留点前向速度 u_t 可以看作周期为 0.83s 和 7.52s 的两种信号的叠加，与第一段纵向缆位角的振荡周期相符，并且小周期信号快速振荡衰减，40s 之后前向速度 u_t 逐渐收敛到 0.6465m/s。

2. 横侧向特性分析

给侧向拉力输入阶跃增量 $T_{pby}=10\text{N}$，进行数字仿真。图 7.8 是三段缆绳侧向缆位角的响应曲线，图 7.9 是系留点 A 的侧向速度 v_t 的响应曲线。

由图 7.8 可以看出，第一段缆绳侧向缆位角 γ_{t1} 是 7.9s、0.65s 和 0.2s 三种周期信号的叠加，幅值基本不变，均值为 0.2268°；第二段缆绳侧向缆位角 γ_{t2} 是 7.5s 和 0.8s 两种周期信号的叠加，幅值基本不变，均值为 0.2265°；第三段缆绳侧向缆位角 γ_{t3} 的振荡周期是 7.44s，幅值基本不变，均值为 0.2236°。水平直飞时，直升机侧向速度基本为零，缆绳侧向扰流阻力很小，所以侧向缆位角近似等幅振荡，振荡周期符合单摆运动规律。

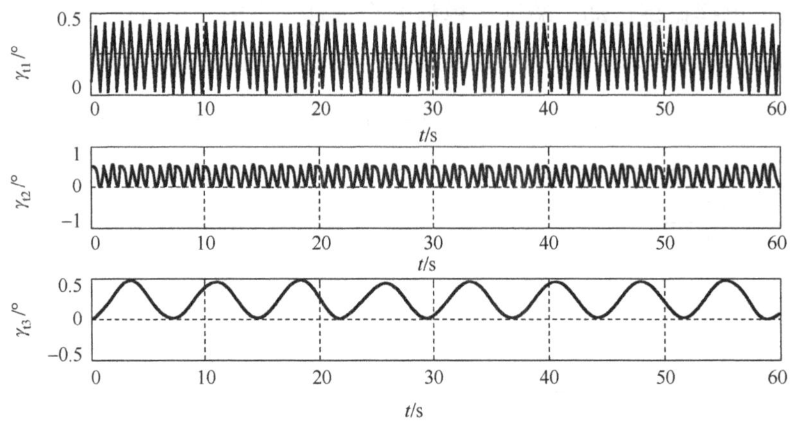

图 7.8 三段缆绳侧向缆位角的响应曲线

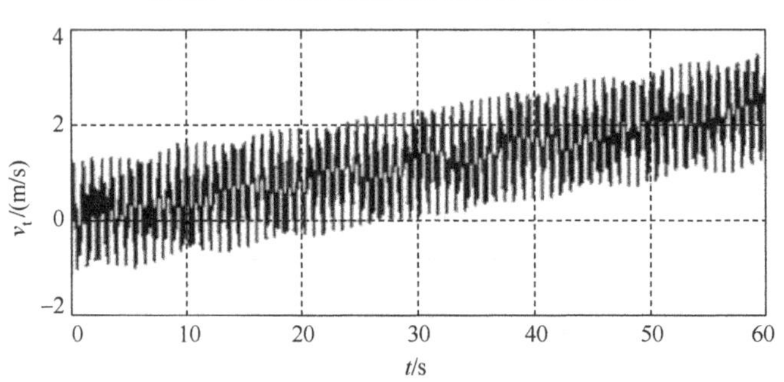

图 7.9 系留点 A 的侧向速度 v_t 的响应曲线

由图 7.9 可以看出，第一段缆绳 A 点处侧向速度 v_t 是 7.9s、0.6s 和 0.2s 三种周期信号的叠加，与第一段缆绳侧向缆位角的振荡规律相符。由于水平直飞稳态时，侧向扰流阻力很小，干扰拉力会产生侧向加速度，导致侧向速度的持续增加。

仿真结果显示，缆绳自由响应会持续摆动很长时间，若不加以抑制，很难将悬吊物快速准确定位于投放点，所以，直升机悬吊控制系统设计是必要的。

7.4 直升机悬吊系统建模

直升机悬吊系统是由直升机、缆绳及悬吊物三部分组成的集成系统。本节根据系留点处速度和拉力的约束关系，联立受拉力影响的直升机模型和缆绳–悬吊物状态方程，导出直升机–缆绳–悬吊物集成系统模型，为整体系统控制律的设计奠定基础。

7.4.1 直升机牵连运动

图 7.1 表明了直升机重心与缆绳系留点的空间几何关系，给出缆绳坐标系原点在机体系中的坐标 $\boldsymbol{s}_{\mathrm{Hpb}}=[s_{\mathrm{Hpb}x} \quad s_{\mathrm{Hpb}y} \quad s_{\mathrm{Hpb}z}]^{\mathrm{T}}$。根据刚体转动定理，直升机运动会引起系留点速度

变化，牵连速度为

$$\boldsymbol{V}^{'}=[p\quad q\quad r]^{\mathrm{T}}\times[s_{\mathrm{Hpb}x}\quad s_{\mathrm{Hpb}y}\quad s_{\mathrm{Hpb}z}]^{\mathrm{T}}=\begin{bmatrix} q\cdot s_{\mathrm{Hpb}z}-r\cdot s_{\mathrm{Hpb}y} \\ -p\cdot s_{\mathrm{Hpb}z}+r\cdot s_{\mathrm{Hpb}x} \\ p\cdot s_{\mathrm{Hpb}y}-q\cdot s_{\mathrm{Hpb}x} \end{bmatrix} \tag{7.16}$$

结合直升机的三轴速度，可得系留点在机体系中速度为

$$\boldsymbol{V}_{\mathrm{t1}}=\boldsymbol{V}^{'}+\boldsymbol{V}=\begin{bmatrix} u+q\cdot s_{\mathrm{Hpb}z}-r\cdot s_{\mathrm{Hpb}y} \\ v-p\cdot s_{\mathrm{Hpb}z}+r\cdot s_{\mathrm{Hpb}x} \\ w+p\cdot s_{\mathrm{Hpb}y}-q\cdot s_{\mathrm{Hpb}x} \end{bmatrix} \tag{7.17}$$

对式（7.17）两边求导，得到系留点加速度为

$$\begin{cases} \dot{u}_{\mathrm{t1}}=\dot{u}+s_{\mathrm{Hpb}z}\dot{q}-s_{\mathrm{Hpb}y}\dot{r} \\ \dot{v}_{\mathrm{t1}}=\dot{v}-s_{\mathrm{Hpb}z}\dot{p}+s_{\mathrm{Hpb}x}\dot{r} \\ \dot{w}_{\mathrm{t1}}=\dot{w}+s_{\mathrm{Hpb}y}\dot{p}-s_{\mathrm{Hpb}x}\dot{q} \end{cases} \tag{7.18}$$

7.4.2 直升机悬吊系统模型建立

将受缆绳拉力影响的直升机状态方程式（7.8）与缆绳状态变量表达式（FB.56）联立，此时$T_{\mathrm{pb}x}$、$T_{\mathrm{pb}y}$和$T_{\mathrm{pb}z}$属于系统内力，通过联立方程求解出拉力表达式，并代入直升机悬吊系统方程中，消除系统内部变量，可以导出直升机悬吊系统状态方程为

$$\begin{cases} \dot{\boldsymbol{x}}=\boldsymbol{A}_{\mathrm{xd}}\boldsymbol{x}+\boldsymbol{B}_{\mathrm{xd}}\boldsymbol{u} \\ \boldsymbol{y}=\boldsymbol{C}_{\mathrm{xd}}\boldsymbol{x} \end{cases} \tag{7.19}$$

式中，$\boldsymbol{x}=[u\quad v\quad w\quad \vartheta\quad \varphi\quad \psi\quad \dot{\vartheta}\quad \dot{\varphi}\quad \dot{\psi}\quad \theta_{\mathrm{t1}}\quad \theta_{\mathrm{t2}}\quad \theta_{\mathrm{t3}}\quad \gamma_{\mathrm{t1}}\quad \gamma_{\mathrm{t2}}\quad \gamma_{\mathrm{t3}}\quad \dot{\theta}_{\mathrm{t1}}\quad \dot{\theta}_{\mathrm{t2}}\quad \dot{\theta}_{\mathrm{t3}}\quad \dot{\gamma}_{\mathrm{t1}}\quad \dot{\gamma}_{\mathrm{t2}}\quad \dot{\gamma}_{\mathrm{t3}}]^{\mathrm{T}}$，$\boldsymbol{u}=[\mathrm{Bic}\quad \mathrm{Aic}\quad \delta_{\mathrm{rc}}\quad \theta_{\mathrm{c}}]^{\mathrm{T}}$，$\boldsymbol{A}_{\mathrm{xd}}\in \mathrm{R}_{21\times 21},\boldsymbol{B}_{\mathrm{xd}}\in \mathrm{R}_{21\times 4},\boldsymbol{C}_{\mathrm{xd}}\in \boldsymbol{I}$。

7.4.3 直升机悬吊系统模型分析

搭建仿真框图如图7.10所示，将直升机系统、缆绳悬吊系统与直升机悬吊系统模型并列，通过三者之间的拉力和速度约束关系连接，检验直升机悬吊系统模型的正确性；同时分析直升机悬吊系统在缆位角开环条件下的响应特性。

在缆绳长度l_{t}=40m，悬吊物质量M_{t}=250kg，飞行速度V=10m/s条件下，采用原直升机控制系统参数进行仿真。

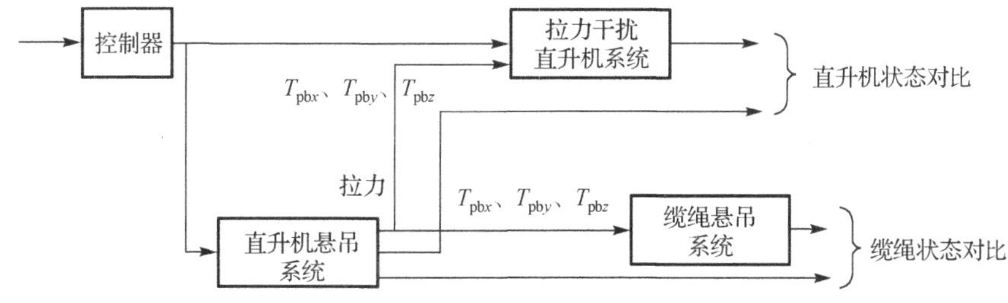

图7.10 搭建仿真框图

1. 直升机状态响应对比检验

（1）给定初始俯仰角 $\vartheta_0=5^{\circ}$，仿真时间为 50s。图 7.11（a）、（b）分别是直升机悬吊系统和受拉力作用下直升机系统的俯仰角响应曲线及俯仰角速率响应曲线；图 7.12（a）、（b）分别是前向速度响应曲线和高度响应曲线；图 7.13（a）、（b）分别是前向拉力响应曲线和法向拉力响应曲线。

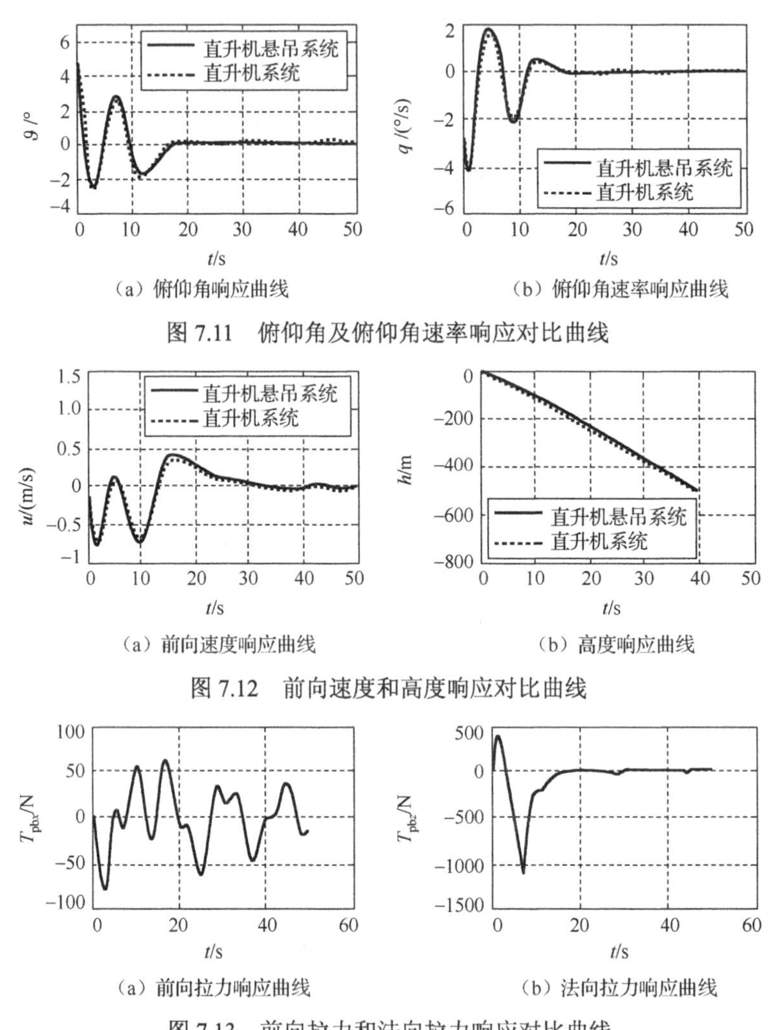

图 7.11　俯仰角及俯仰角速率响应对比曲线

图 7.12　前向速度和高度响应对比曲线

图 7.13　前向拉力和法向拉力响应对比曲线

由图 7.11～图 7.13 可以看出，两组模型的状态响应曲线重合，验证了直升机悬吊系统模型的正确性。由图 7.11 可知，俯仰角响应没有达到 3.2.2 节规定的指标要求，因此有必要调整控制参数，以改善系统性能。

（2）给定初始倾斜角 $\varphi_0=10^{\circ}$，仿真时间为 50s。图 7.14（a）、（b）分别是直升机悬吊系统和直升机系统的倾斜角响应曲线和倾斜角速率响应曲线。图 7.15（a）、（b）分别是航向角响应曲线和航向角速率响应曲线，图 7.16（a）、（b）分别是侧向速度响应曲线和侧向拉力响应曲线。

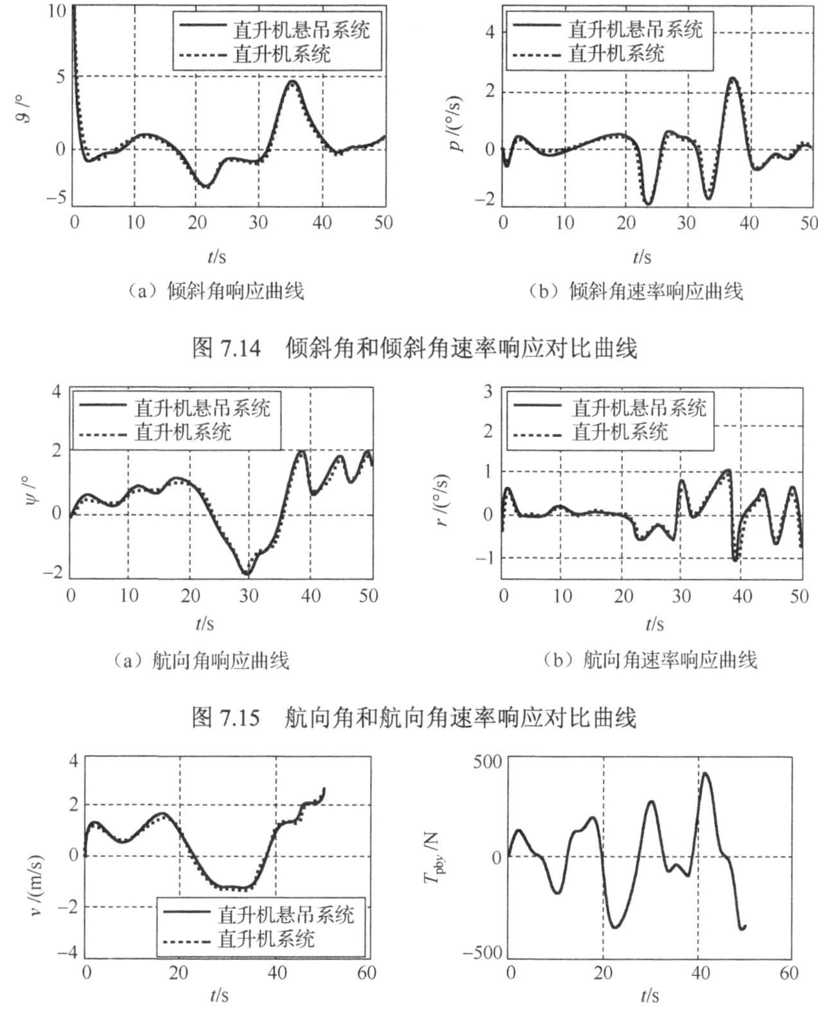

（a）倾斜角响应曲线　（b）倾斜角速率响应曲线

图 7.14　倾斜角和倾斜角速率响应对比曲线

（a）航向角响应曲线　（b）航向角速率响应曲线

图 7.15　航向角和航向角速率响应对比曲线

（a）侧向速度响应曲线　（b）侧向拉力响应曲线

图 7.16　侧向速度和侧向拉力响应对比曲线

由图 7.14～图 7.16 可以看出，两组模型的状态响应曲线重合。由图 7.14（a）可知，倾斜角响应不理想，有持续波动的趋势。

2．缆绳悬吊模型状态响应对比检验

（1）给三段缆绳同时赋予纵向缆位角初始值 $\theta_{ti0}=2°$（i=1，2，3），仿真时间设为 50s。图 7.17 给出了纵向缆位角的动态响应对比曲线，图 7.18 给出了侧向缆位角的动态响应对比曲线。

由图 7.17 和图 7.18 可见，直升机悬吊系统和缆绳系统响应曲线重合。

（2）给三段缆绳同时赋予侧向缆位角初始值 $\gamma_{ti0}=2°$（i=1，2，3），仿真时间设为 50s。纵向缆位角动态响应对比曲线、侧向缆位角动态响应对比曲线分别如图 7.19、图 7.20 所示。

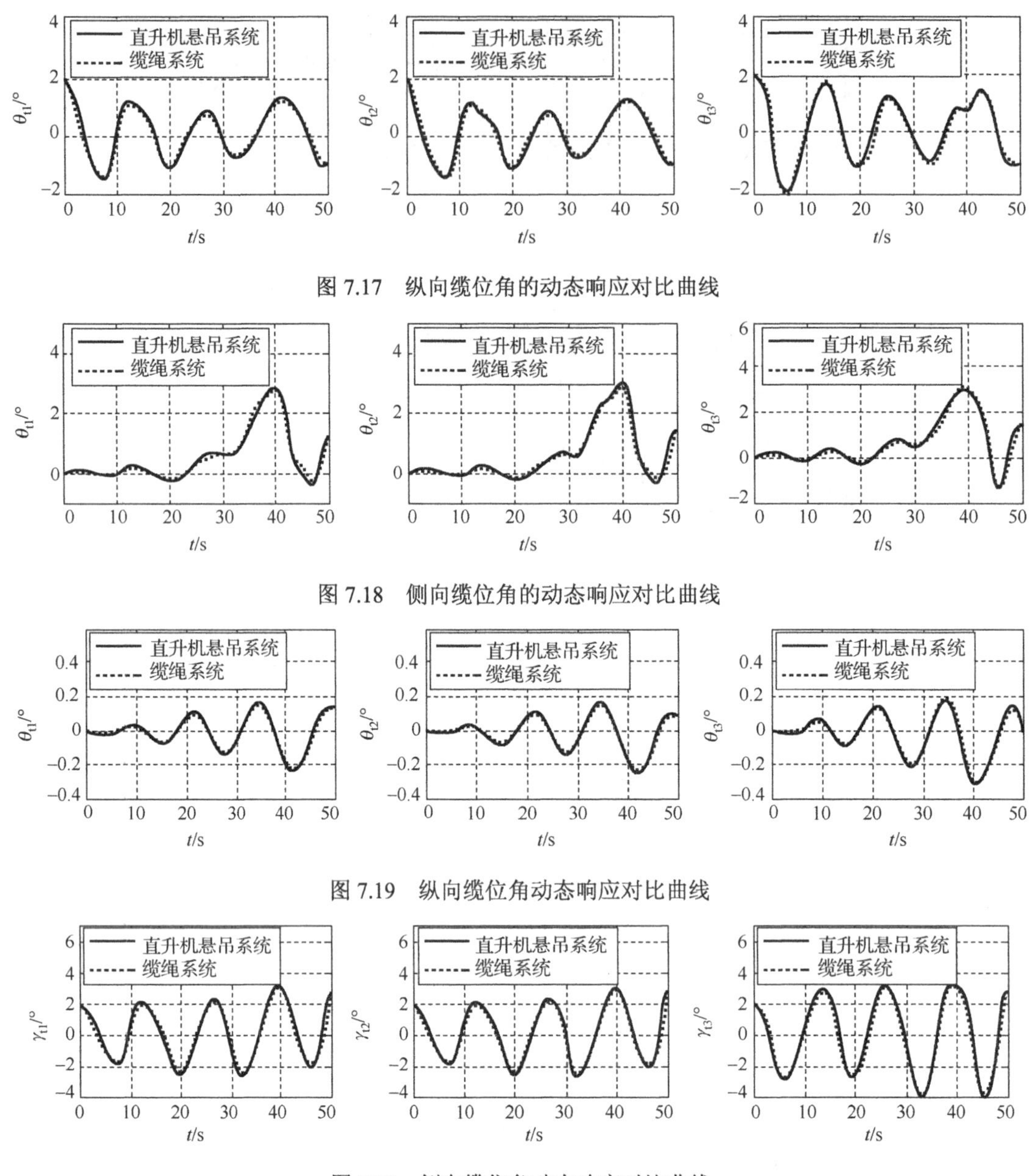

图 7.17 纵向缆位角的动态响应对比曲线

图 7.18 侧向缆位角的动态响应对比曲线

图 7.19 纵向缆位角动态响应对比曲线

图 7.20 侧向缆位角动态响应对比曲线

由图 7.19 和图 7.20 可知，直升机悬吊系统和缆绳系统的纵、侧向缆位角响应曲线重合。仿真结果验证了直升机悬吊系统集成模型的正确性，同时也反映出缆位角响应振荡比较剧烈，有必要进行反馈抑制。

7.5 悬吊直升机增稳控制律设计

由于系留点不在飞机对称面内，受缆绳拉力影响，悬吊直升机的飞行品质会变差，需要重新调整增稳控制律参数。控制系统设计指标参照 3.1.1 节的要求。

悬吊直升机增稳控制律结构与原直升机相同，控制参数设计方法与第 3 章类似。本节仅以俯仰通道控制参数的设计为例进行说明，其余各通道只列出结果，不再详细叙述。

在直升机悬吊系统状态方程式（7.19）中，选取与纵向运动相关的状态变量和输入变量，导出直升机悬吊系统的纵向状态方程。调整状态变量顺序，将 Bic 视为系统新的状态变量，得到扩维后的直升机悬吊系统纵向开环状态方程：

$$\begin{cases}\dot{\boldsymbol{x}}=\boldsymbol{A}_{\mathrm{zxd}}\boldsymbol{x}+\boldsymbol{B}_{\mathrm{zxd}}\boldsymbol{u}\\ \boldsymbol{y}=\boldsymbol{C}_{\mathrm{zxd}}\boldsymbol{x}\end{cases} \tag{7.20}$$

式中， $\boldsymbol{x}=[\vartheta\quad\dot{\vartheta}\quad u\quad w\quad\theta_{\mathrm{t1}}\quad\theta_{\mathrm{t2}}\quad\theta_{\mathrm{t3}}\quad\dot{\theta}_{\mathrm{t1}}\quad\dot{\theta}_{\mathrm{t2}}\quad\dot{\theta}_{\mathrm{t3}}\quad \mathrm{Bic}]^{\mathrm{T}}$，$\boldsymbol{u}=[\vartheta_{\mathrm{g}}]^{\mathrm{T}}$

$$\boldsymbol{A}_{\mathrm{zxd}}=\begin{bmatrix} A_{\mathrm{xd}(4,4)} & A_{\mathrm{xd}(4,7)} & A_{\mathrm{xd}(4,1)} & A_{\mathrm{xd}(4,3)} & \boldsymbol{A}_{\mathrm{xd}(4,10:12)} & \boldsymbol{A}_{\mathrm{xd}(4,16:18)} & B_{\mathrm{xd}(4,1)}\\ A_{\mathrm{xd}(7,4)} & A_{\mathrm{xd}(7,7)} & A_{\mathrm{xd}(7,1)} & A_{\mathrm{xd}(7,3)} & \boldsymbol{A}_{\mathrm{xd}(7,10:12)} & \boldsymbol{A}_{\mathrm{xd}(7,16:18)} & B_{\mathrm{xd}(7,1)}\\ A_{\mathrm{xd}(1,4)} & A_{\mathrm{xd}(1,7)} & A_{\mathrm{xd}(1,1)} & A_{\mathrm{xd}(1,3)} & \boldsymbol{A}_{\mathrm{xd}(1,10:12)} & \boldsymbol{A}_{\mathrm{xd}(1,16:18)} & B_{\mathrm{xd}(1,1)}\\ A_{\mathrm{xd}(3,4)} & A_{\mathrm{xd}(3,7)} & A_{\mathrm{xd}(3,1)} & A_{\mathrm{xd}(3,3)} & \boldsymbol{A}_{\mathrm{xd}(3,10:12)} & \boldsymbol{A}_{\mathrm{xd}(3,16:18)} & B_{\mathrm{xd}(3,1)}\\ \boldsymbol{A}_{\mathrm{xd}(10:12,4)} & \boldsymbol{A}_{\mathrm{xd}(10:12,7)} & \boldsymbol{A}_{\mathrm{xd}(10:12,1)} & \boldsymbol{A}_{\mathrm{xd}(10:12,3)} & \boldsymbol{A}_{\mathrm{xd}(10:12,10:12)} & \boldsymbol{A}_{\mathrm{xd}(10:12,16:18)} & \boldsymbol{B}_{\mathrm{xd}(10:12,1)}\\ \boldsymbol{A}_{\mathrm{xd}(16:18,4)} & \boldsymbol{A}_{\mathrm{xd}(16:18,7)} & \boldsymbol{A}_{\mathrm{xd}(16:18,1)} & \boldsymbol{A}_{\mathrm{xd}(16:18,3)} & \boldsymbol{A}_{\mathrm{xd}(16:18,16:18)} & \boldsymbol{A}_{\mathrm{xd}(16:18,16:18)} & \boldsymbol{B}_{\mathrm{xd}(16:18,1)}\\ 0 & 0 & 0 & 0 & 0 & \boldsymbol{0}_{1\times 3} & -1/T_{\mathrm{A}} \end{bmatrix}$$

$$\boldsymbol{B}_{\mathrm{zxd}}=\begin{bmatrix}0 & 0 & 0 & 0 & 0 & 0 & 0 & 0 & 0 & 0 & k_2/T_{\mathrm{A}}\end{bmatrix}^{\mathrm{T}}$$

$$\boldsymbol{C}_{\mathrm{zxd}}=\begin{bmatrix}1 & 0 & 0 & 0 & 0 & 0 & 0 & 0 & 0 & 0 & 0\\ 0 & 1 & 0 & 0 & 0 & 0 & 0 & 0 & 0 & 0 & 0\end{bmatrix}$$

式中，$A_{\mathrm{xd}(i,j)}$ 表示直升机悬吊系统矩阵 $\boldsymbol{A}_{\mathrm{xd}}$ 中第 i 行、第 j 列的元素，$\boldsymbol{A}_{\mathrm{xd}(i:j,k:l)}$ 表示 $\boldsymbol{A}_{\mathrm{xd}}$ 中第 i 行到第 j 行、第 k 列到第 l 列的子矩阵块。

俯仰控制系统结构图如图 7.21 所示，控制律采用比例加测速反馈控制方式。

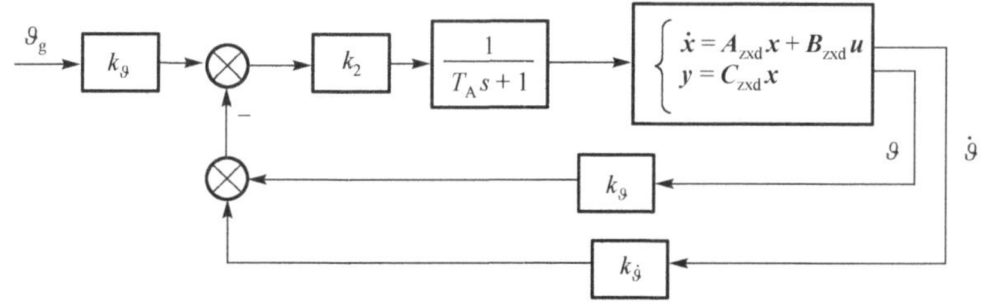

图 7.21 俯仰控制系统结构图

以直升机前飞速度 $V=5\mathrm{m/s}$、缆绳长度 $l_{\mathrm{t}}=40\mathrm{m}$ 和悬吊物质量 $M_{\mathrm{t}}=250\,\mathrm{kg}$ 为例进行设计说明。参照 3.1.1 节中对俯仰通道的设计要求，将短周期极点配置在式（7.21）所约束的扇形区域 $\varGamma$ 内，如图 7.22 所示。

$$\begin{cases}\xi_{\mathrm{d}}\geqslant 0.456\ \ (\beta_{\mathrm{d}}\leqslant 62.87^{\circ})\\ \omega_{\mathrm{nd}}\geqslant 1.535=\omega_{\min}\end{cases} \tag{7.21}$$

选择 ϑ 进行反馈。划分反馈矩阵：

$$\boldsymbol{K}_E = [\boldsymbol{K}_\text{a} \quad \boldsymbol{K}_\text{b}] \tag{7.22}$$

式中，$\boldsymbol{K}_\text{a} = [k_\vartheta \quad k_{\dot{\vartheta}}]$为待定参数向量，$\boldsymbol{K}_\text{b} \in \mathbf{R}_{1\times 9}$为零向量。

根据第 3 章中式（3.4），可求出另外 9 个极点对应的子多项式系数向量$\boldsymbol{r}^\text{T}$和反馈参数矩阵$\boldsymbol{K}_\text{a}$，得到俯仰角及俯仰角速率反馈控制参数的映射区域K_Γ，如图 7.23 所示。

将短周期极点配置于$s_{1,2} = -1.4755 \pm \text{j}1.3895$处（见图 7.22 中"△"），映射到参数空间的位置为（–3.9556，–3.6374），如图 7.23 中的"△"所示。

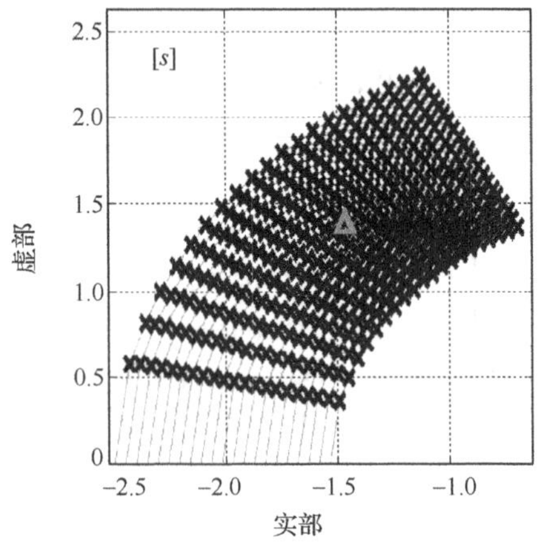

图 7.22　极点配置区域

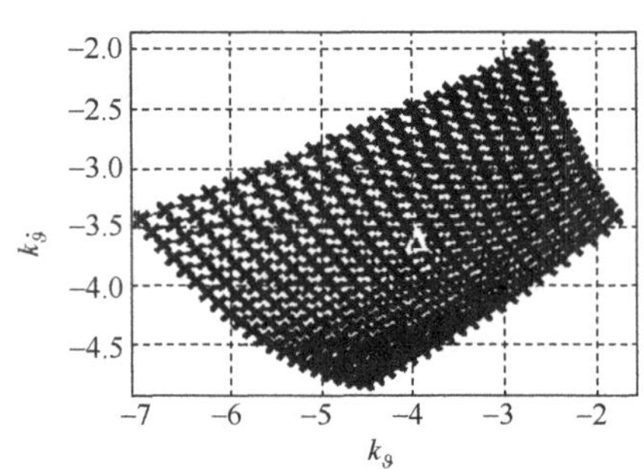

图 7.23　控制参数映射区域

给定直升机初始俯仰角$\vartheta_0 = 5°$，仿真时间设为 20s。图 7.24（a）、（b）分别给出了俯仰角响应曲线、俯仰角速率的闭环动态响应曲线。

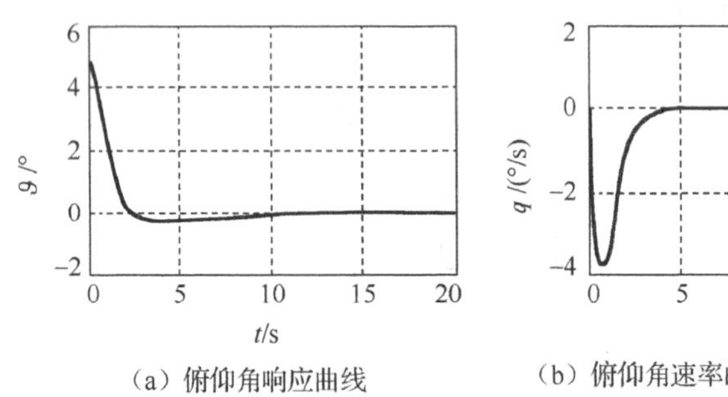

（a）俯仰角响应曲线　（b）俯仰角速率的闭环动态响应曲线

图 7.24　俯仰角和俯仰角速率的闭环动态响应曲线

由图 7.24 可以确定，俯仰角响应的超调量为 5.8%，调节时间为 4.17s，满足设计要求。各通道控制参数调整结果及相应的动态指标如表 7-4 所示。

表 7-4　各通道控制参数调整结果及相应的动态指标

控制通道	控制参数	动态性能	
		σ%	t_s/s
俯仰通道	$k_\vartheta = 3.96,\quad k_{\dot{\vartheta}} = 3.64$	5.8%	4.2
倾斜通道	$k_\varphi = 1.65,\quad k_{\dot{\varphi}} = 0.621$	12.2%	3.0

续表

控制通道	控制参数	动态性能	
		$\sigma\%$	t_s/s
航向通道	$k_{\psi}=4.32,\quad k_{\dot{\psi}}=3.50$	13.5%	2.6
高度通道	$k_h=0.45,\quad k_{ih}=0.02,\quad k_{\dot{h}}=-0.75$	3.8%	24.5
纵向速度通道	$k_x=0.102,\quad k_u=1.11$	1.5%	28.0
侧向速度通道	$k_y=0.35,\quad k_v=2.50$	14.8%	19.0
协调转弯控制	$k_{\varphi p}^{\delta}=0.324,\ k_{\varphi}^{\delta}=0.706,\ k_{v}^{\delta}=6.34,\quad k_{\dot{v}}^{\delta}=0.01,\quad k_{T_y}^{\delta}=-0.002$	$\lvert\dot{v}\rvert<0.03\ \text{m/s}^2$	

对系统增稳控制参数调整之后，飞机各通道的动态性能均得到了明显改善，然而缆位角的摆动引起飞机姿态和速度的周期性扰动，需要加以抑制。

7.6　缆位角稳定控制

由 7.5 节的讨论可知，无论对于直升机的初始扰动还是对缆绳系统的干扰都会造成缆绳长时间的摆动，依靠缆绳自身的扰流阻力来抑制缆绳的振荡效果很差。直升机悬吊飞行过程中缆绳的振荡对直升机的稳定飞行具有较大影响，也会对悬吊物的准确定位投放带来麻烦。因此需要在直升机自身控制的基础上探讨抑制缆绳振荡的方法，抑制或消除缆绳振荡。本节介绍两种抑制缆位角振荡的方法：输入整形控制和缆位角反馈控制，前者针对输入，后者针对干扰。

7.6.1　输入整形控制

1. 设计原理

输入整形控制属于前馈控制，利用输入响应叠加抵消原理，可以用来抑制小阻尼系统的周期振荡。此种方法在需要快速定位的机械系统控制中常被用到，如磁盘头、柔性机械臂和折叠式高空作业设备等场合。

将一系列不同时刻的脉冲与原有输入阶跃信号卷积可以获得具有阶梯样式的输入信号，将此信号看作是几个阶跃信号的叠加。线性系统的响应可以看作不同信号响应的叠加，当这些响应具有合适的幅值和相位差时，振荡会相互抵消，使输出信号相对平稳，这就是输入整形技术的原理。

输入信号的整形过程如图 7.25 所示，原阶跃信号与脉冲序列卷积之后形成阶梯信号。整形信号响应过程如图 7.26 所示，理想整形信号可以使振荡完全抵消，仅剩余前半个周期的振荡。

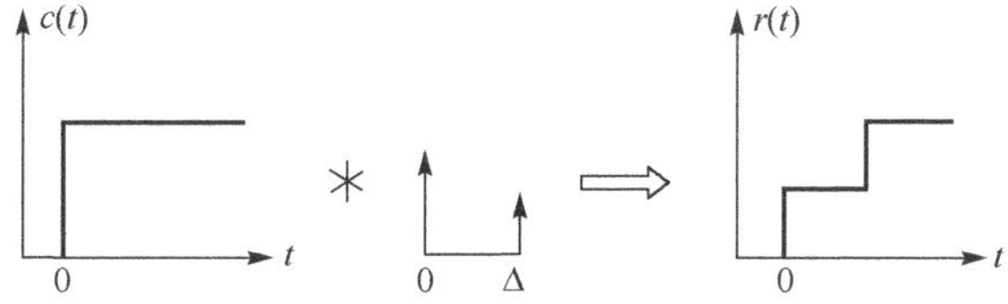

图 7.25　输入信号的整形过程

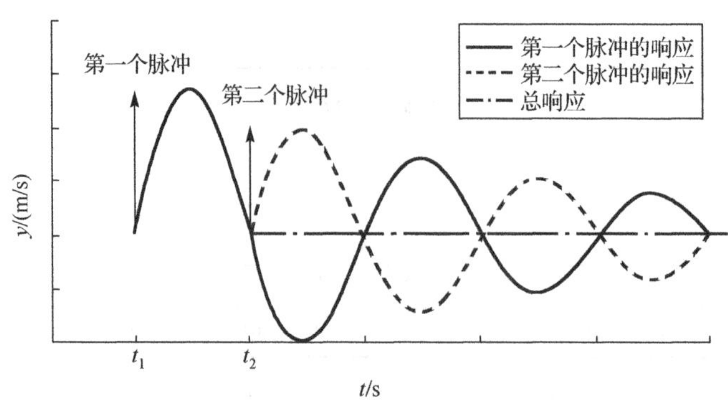

图 7.26　整形信号响应过程

根据缆绳的周期振荡规律，可以将缆绳模型近似为二阶振荡环节，传递函数设为

$$G(s)=\frac{\omega_n^2}{s^2 2+\xi\omega_n s+\omega_n^2} \tag{7.23}$$

其单位脉冲响应为

$$y_\delta(t)=\frac{\omega_n}{\sqrt{1-\xi^2}}e^{-\xi\omega_n(t-t_0)}\sin\omega_d(t-t_0) \tag{7.24}$$

式中，阻尼振荡频率 $\omega_d=\omega_n\sqrt{1-\xi^2}$ 。

根据二阶线性系统响应的信号叠加原理，对双脉冲响应进行进一步的推导，

$$\begin{aligned}y(t)&=y(t-t_1)+y(t-t_2)=A_1\sin(\omega_d t-\beta_1)+A_2\sin(\omega_d t-\beta_2)\\&=\frac{\omega_n}{\sqrt{1-\xi^2}}e^{-\xi\omega_n t}M_0\sin\omega_d(t-t_\beta)\end{aligned} \tag{7.25}$$

式中

$$\beta_i=\omega_d t_i,\quad A_i=\frac{r_i\omega_n}{\sqrt{1-\xi^2}}e^{-\xi\omega_n t},\quad t_\beta=\frac{\sum r_i e^{-\xi\omega_n t_i}\sin\omega_d t_i}{\sum r_i e^{-\xi\omega_n t_i}\cos\omega_d t_i}\qquad(i=1,2)$$

$$M_0=\sqrt{(r_1e^{\xi\omega_n t_1}\cos\omega_d t_1+r_2e^{\xi\omega_n t_2}\cos\omega_d t_2)^2+(r_1e^{\xi\omega_n t_1}\sin\omega_d t_1+r_2e^{\xi\omega_n t_2}\sin\omega_d t_2)^2}$$

同理，对多个脉冲的响应叠加，输出表达式为

$$y(t)=\frac{\omega_n}{\sqrt{1-\xi^2}}e^{-\xi\omega_n t}\sqrt{\left(\sum r_i e^{\xi\omega_n t_i}\sin\omega_d t_i\right)^2+\left(\sum r_i e^{\xi\omega_n t_i}\cos\omega_d t_i\right)^2}\cdot\sin\omega_d(t-t_\beta) \tag{7.26}$$

多个脉冲的响应式（7.26）与单脉冲响应式（7.24）幅值的比值为

$$R(\xi,\omega_n)=e^{-\xi\omega_n t_n}\sqrt{P^2(\xi,\omega_n)+Q^2(\xi,\omega_n)} \tag{7.27}$$

式中，$P(\xi,\omega_n)=\sum_{i=1}^{n}r_i e^{\xi\omega_n t_i}\cos\omega_d t_i$，$Q(\xi,\omega_n)=\sum_{i=1}^{n}r_i e^{\xi\omega_n t_i}\sin\omega_d t_i$ ，n 是脉冲个数。

为使系统各脉冲响应振荡抵消，只需要使式（7.27）中 $P(\xi,\omega_n)$ 和 $Q(\xi,\omega_n)$ 均为零即可。实际存在许多满足这一条件的脉冲序列，理想的整形脉冲序列必须使系统稳定时间尽可能短，所需要的序列中脉冲个数尽可能少。比较典型的整形器有 ZV 整形器、ZVD 整形器。

1）ZV 整形器

图 7.25 是最简单的整形过程，脉冲个数仅有两个，第二个脉冲产生的振荡与第一个相差半个周期，振荡响应方向相反，第二个脉冲若幅值和时刻合适，则可以完全抵消振荡，称为零振荡整形器（ZV Shaper）。令第一个脉冲时刻 $t_1=0$，可以减小稳定时间，约束脉冲序列幅值之和为

$$\sum r_i = 1 \tag{7.28}$$

为简化计算，令脉冲幅值 $r_i>0$，式（7.27）中脉冲个数 $n=2$，得到

$$\begin{cases} P(\xi,\omega_{\mathrm{n}}) = \sum\limits_{i=1}^{2} r_i \mathrm{e}^{\xi\omega_{\mathrm{n}}t_i}\cos\omega_{\mathrm{d}}t_i \\ Q(\xi,\omega_{\mathrm{n}}) = \sum\limits_{i=1}^{2} r_i \mathrm{e}^{\xi\omega_{\mathrm{n}}t_i}\sin\omega_{\mathrm{d}}t_i \end{cases} \tag{7.29}$$

根据时间和幅值约束，解方程式（7.29）求得两个脉冲的幅值和时刻为

$$\begin{bmatrix} t_1 & t_2 \\ r_1 & r_2 \end{bmatrix} = \begin{bmatrix} 0 & \dfrac{\pi}{\omega_{\mathrm{d}}} \\ \dfrac{1}{1+k} & \dfrac{k}{1+k} \end{bmatrix} \tag{7.30}$$

式中，$k=\mathrm{e}^{\frac{-\xi\pi}{\sqrt{1-\xi^2}}}$。

2）ZVD 整形器

当系统建模准确时，ZV 整形器可以较好抑制系统的振荡；但当系统模型出现偏差时，无法完全消除振荡，甚至会加剧振荡。在 ZV 整形器基础上加入信号微分约束方程，以响应的稳定时间为代价，增强了整形器的鲁棒性，此时称其为零导数整形器（ZVD Shaper）。微分约束方程如下：

$$\begin{cases} \dfrac{\mathrm{d}P(\xi,\omega_{\mathrm{n}})}{\mathrm{d}\omega} = 0 \\ \dfrac{\mathrm{d}Q(\xi,\omega_{\mathrm{n}})}{\mathrm{d}\omega} = 0 \end{cases} \tag{7.31}$$

根据式（7.29）和式（7.31），求得 ZVD 整形器的脉冲幅值和时刻为

$$\begin{bmatrix} t_1 & t_2 & t_3 \\ r_1 & r_2 & r_3 \end{bmatrix} = \begin{bmatrix} 0 & \dfrac{\pi}{\omega_{\mathrm{d}}} & \dfrac{2\pi}{\omega_{\mathrm{d}}} \\ \dfrac{1}{k^2+2k+1} & \dfrac{2k}{k^2+2k+1} & \dfrac{k^2}{k^2+2k+1} \end{bmatrix} \tag{7.32}$$

式中，$k=\mathrm{e}^{\frac{-\xi\pi}{\sqrt{1-\xi^2}}}$。

2．纵向输入整形控制器设计

针对直升机悬吊系统设计 ZVD 整形器，用以抑制缆绳的振荡。设计过程需要使用到近似二阶系统的无阻尼振荡频率 ω_{n} 和阻尼比 ξ，根据缆绳振荡规律，找出引起缆绳振荡的

系统特征值，进一步获取设计整形器所需要的参数。

在飞机速度$V=5\,\text{m/s}$，缆绳长度$l_t=40\,\text{m}$，悬吊物体质量$M_t=250\,\text{kg}$的条件下，求得缆绳振荡近似二阶环节的无阻尼振荡频率$\omega_n=0.475$，阻尼比$\xi=0.12167$，依式（7.32）可知，ZVD 整形器的脉冲幅值和时刻为

$$\begin{bmatrix} t_1 & t_2 & t_3 \\ r_1 & r_2 & r_3 \end{bmatrix}=\begin{bmatrix} 0 & 6.7 & 13.4 \\ 0.35415 & 0.48191 & 0.16394 \end{bmatrix} \tag{7.33}$$

给定直升机悬吊系统速度增量信号$u_g=1\text{m/s}$，经过 ZVD 整形器处理后，得到阶梯信号，速度输入整形前后对比如图 7.27 所示。

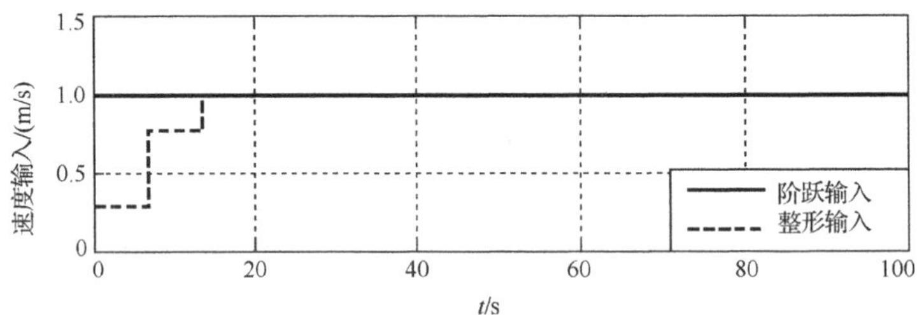

图 7.27　速度输入整形前后对比

图 7.28 给出了原有阶跃与整形后信号输入下系统的响应曲线对比。以整形后的速度阶梯信号为输入时，第一段缆绳的纵向缆位角在半个振荡周期之后快速进入稳态，说明整形后系统响应的振荡抑制效果显著。

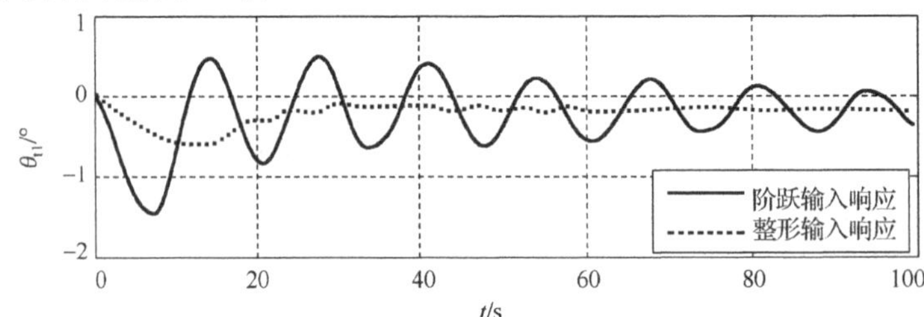

图 7.28　原有阶跃与整形后信号输入下系统的响应曲线对比

同理，可以确定直升机悬吊物内不同前飞速度$V=\{5,\ 10,\ 15,\ 20\}$、缆绳长度$l_t=\{20,\ 20,\ 20,\ 20\}$和悬吊物质量$M_t=\{50,\ 150,\ 250,\ 350,\ 350\}$下 100 个设计节点的纵向缆位角反馈参数，用其作为样本进行多元拟合，作为实际控制过程中的输入整形调参算法。拟合结果为

$$\begin{cases} r_1=0.26146+0.0191V+0.00203l_t-0.0008658M_t-0.000372V^2+ \\ \quad 0.0000022324M_t^2+0.000131Vl_t-0.000038VM_t-0.00000685l_tM_t \\ r_2=0.5115-0.007686V-0.001386l_t+0.0004486M_t+0.000112V^2+ \\ \quad 0.0000014M_t^2-0.00007075Vl_t+0.00002283VM_t+0.00000524l_tM_t \\ r_3=1-r_1-r_2 \\ T_d=5.93988266+0.043695V+0.16198l_t-0.0003859M_t-0.003095V^2- \\ \quad 0.00000008M_t^2-0.0002735Vl_t+0.0000634VM_t-0.00000345l_tM_t \end{cases} \tag{7.34}$$

3．系统横侧向输入整形器设计

直升机悬吊系统的纵向、侧向缆位角响应均具有单摆的特性。直升机水平直飞时侧向缆位角近似为无阻尼振荡过程，只需要求出摆动周期就可完成整形器的设计。ZVD 整形器脉冲序列的幅值和时刻为

$$\begin{bmatrix} t_1 & t_2 & t_3 \\ r_1 & r_2 & r_3 \end{bmatrix} = \begin{bmatrix} 0 & 0.5T & T \\ 0.25 & 0.5 & 0.25 \end{bmatrix} \tag{7.35}$$

式中，振荡周期 $T = 2\pi\sqrt{\dfrac{l_t}{g}}$。

7.6.2 缆位角反馈控制

输入整形属于主动控制，对系统输入造成的缆绳振荡有较好的抑制效果，但无法抑制扰动引起的缆位角振荡。需要引入缆位角反馈，增大缆位角摆动的阻尼，提高系统对缆绳振荡的抑制能力。

1．纵向缆位角反馈控制

纵向缆位角反馈系统以俯仰通道为内环，采用比例加测速反馈控制方式，增加阻尼，抑制缆绳振荡。纵向缆位角控制系统结构图如图 7.29 所示。

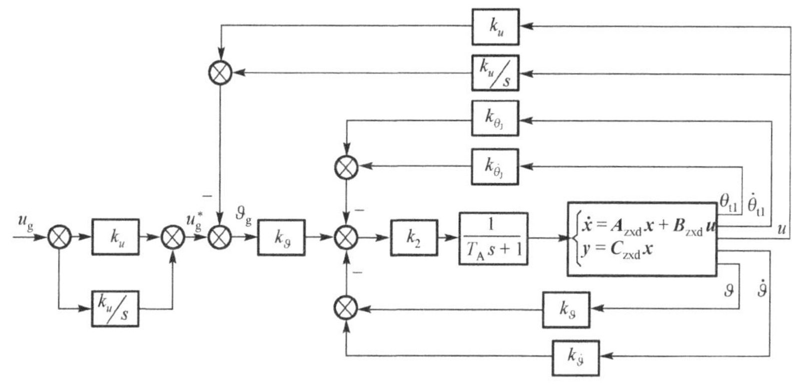

图 7.29 纵向缆位角控制系统结构图

缆位角反馈控制应尽可能有效地抑制缆绳的振荡影响，但无法人为确定指标。这里采用根轨迹法设计控制参数。

在纵向模型的基础上，加入俯仰控制和速度控制后，暂不引入缆位角反馈，以俯仰角指令为输入，第一段缆绳的纵向缆位角为输出，求出相应的开环传递函数：

$$G_\theta(s) = \frac{\theta_{t1}(s)}{\vartheta_g(s)} = \frac{M_\theta(s)}{N_\theta(s)} \tag{7.36}$$

式中

$$\begin{aligned} M_\theta(s) = {} & 1299s^{10} - 989s^9 + 6.07\times10^4 s^8 + 6.607\times10^4 s^7 + 2.353\times10^5 s^6 + \\ & 1.025\times10^6 s^5 + 4.83\times10^5 s^4 + 1.755\times10^5 s^3 + 4.059\times10^4 s^2 + 4760s + 316.3 \end{aligned}$$

$$N_\theta(s)=s^{14}+63.92s^{13}+1155s^{12}+2.201\times10^4 s^{11}+1.845\times10^5 s^{10}+6.952\times10^5 s^9+1.195\times10^6 s^8+1.571\times10^6 s^7+1.556\times10^6 s^6+1.025\times10^6 s^5+4.83\times10^5 s^4+1.755\times10^5 s^3+4.059\times10^4 s^2+4760s+316.3$$

绘制 $G_\theta(s)$ 仅用缆位角反馈进行比例控制时的根轨迹，如图 7.30 中实线所示。采用比例加测速反馈时，会在 s 平面的适当位置配置一个控制器引入的负实零点，调整该零点的位置，使系统根轨迹具有较好的性状（见图 7.30 中虚线），然后调整增益使闭环极点位于根轨迹上较为理想的位置，使系统具有良好的动态特性，由此可确定所加的零点及增益值。

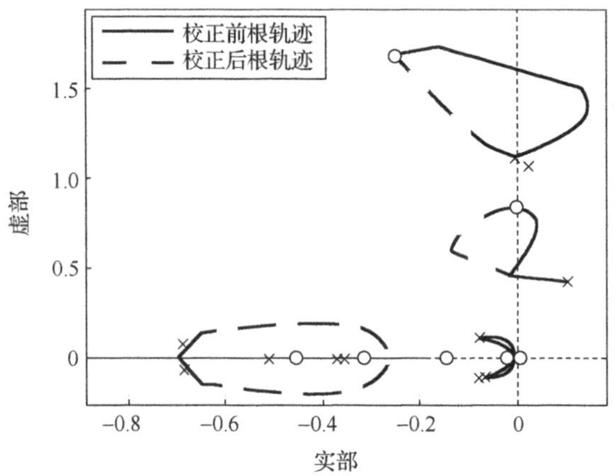

图 7.30 系统根轨迹

纵向缆位角控制器的传递函数可以表示为

$$G_c(s)=k_{\dot{\theta}_{t1}}\left(s+\frac{k_{\theta_{t1}}}{k_{\dot{\theta}_{t1}}}\right)=k_{\dot{\theta}_{t1}}(s+z_c) \tag{7.37}$$

零点位置 $z_0=-0.15$，增益 $k_{\dot{\theta}_{t1}}=0.24$，由式（7.37）可确定出 $k_{\theta_{t1}}=0.036$。

同理，可以求出直升机悬吊物内 100 个设计节点的纵向缆位角反馈参数，进行多元拟合，作为实时控制过程中的缆位角反馈调参控制律。利用逐步回归分析方法得到拟合方程如下：

$$\begin{cases}k_{\theta_{t1}}=0.01108096-0.0010228V+0.00051\,l_t-0.00015759M_t+\\ \qquad 0.000000373M_{t1}^2+0.000017366VM_t\\ k_{\dot{\theta}_{t1}}=0.07873-0.00681875V+0.0034\,l_t-0.00105M_t+\\ \qquad 0.0000024857M_{t1}^2+0.000115775VM_t\end{cases} \tag{7.38}$$

拟合方程的判定系数 R^2=0.989949，F 测验值为 1851.30699，总模型 F 的概率值为 3.18×10^{-30}，均方根误差 RMSE=0.031，表明得到的回归方程有效，拟合效果令人满意。

设直升机速度 V=5m/s，缆绳长度 $l_t=40\text{m}$，悬吊物质量 $M_t=250\text{kg}$，给定三段纵向缆位角初始值为 2°，第一段缆绳纵向缆位角 θ_{t1} 的开、闭环响应曲线如图 7.31 所示。可以看出缆位角反馈控制具有满意的振荡抑制效果。

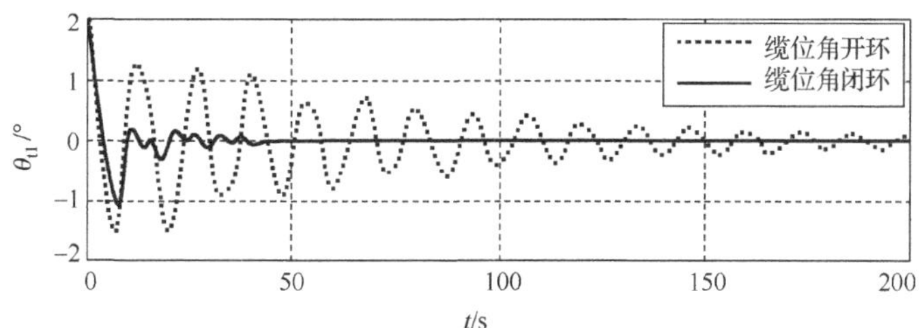

图 7.31 第一段缆绳纵向缆位角 θ_{t1} 的开、闭环响应曲线

2. 侧向缆位角反馈控制

与纵向缆位角反馈控制律设计方法类似，利用根轨迹方法设计悬吊物内不同节点的侧向缆位角反馈参数值，拟合控制参数随 V、M_t 和 l_t 的变化规律，结果显示控制参数与前飞速度 V 几乎无关。侧向缆位角反馈参数随 M_t、l_t 的分布情况如图 7.32 所示。这是因为在直升机水平直飞时，侧向速度为零，在不同前飞速度、悬吊物质量和缆绳长度相同时，缆绳的侧向振荡规律基本一致，符合实际情况。

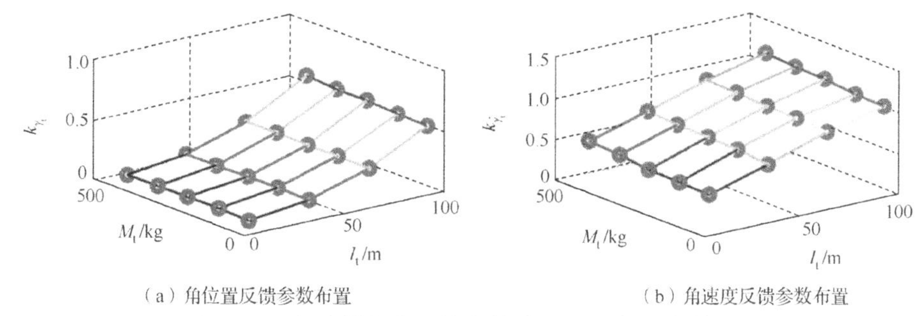

（a）角位置反馈参数布置　　（b）角速度反馈参数布置

图 7.32 侧向缆位角反馈参数随 M_t、l_t 的分布情况

可以拟合出侧向缆位角的调参控制律：

$$\begin{cases} k_{r_t} = 0.0466885 - 0.0008874 \cdot l_t + 0.0000546 \cdot l_t^2 + 0.000001 \cdot l_t M_t \\ k_{\dot{r}_t} = 0.3299117 + 0.0068193 \cdot l_t + 0.0002235 \cdot M_t \end{cases} \tag{7.39}$$

设直升机悬吊系统在前飞速度 V =10m/s，缆绳长度 l_t=40m，悬吊物质量 M_t = 250kg 条件下，给定三段缆绳的侧向缆位角初始值为 2°，图 7.33 给出了第一段缆绳侧向缆位角的响应曲线。可见，缆位角振荡抑制的效果令人满意。

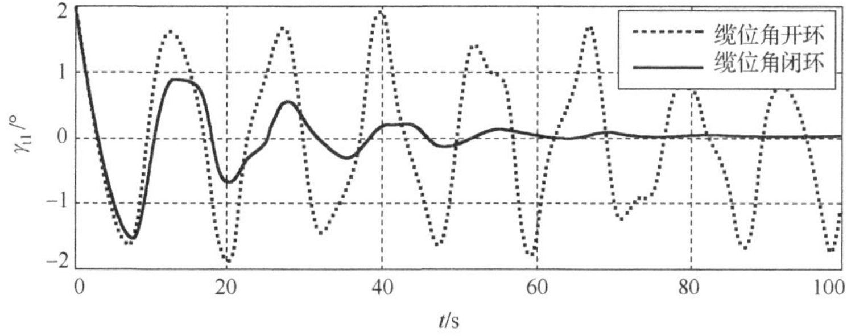

图 7.33 第一段缆绳侧向缆位角的响应曲线

7.6.3 缆位角振荡抑制综合仿真

输入整形控制通过振荡效应叠加来抑制输入信号引起的缆绳振荡，缆位角反馈控制通过增加阻尼来抑制缆绳的扰动振荡。将两种控制措施共同用于直升机悬吊系统中，通过仿真检验其效果。

分别在系统纵向、侧向速度输入口施加单位阶跃信号进行仿真计算。在不同的控制方案下第一段缆绳的纵向、侧向缆位角响应曲线如图 7.34 和图 7.35 所示。

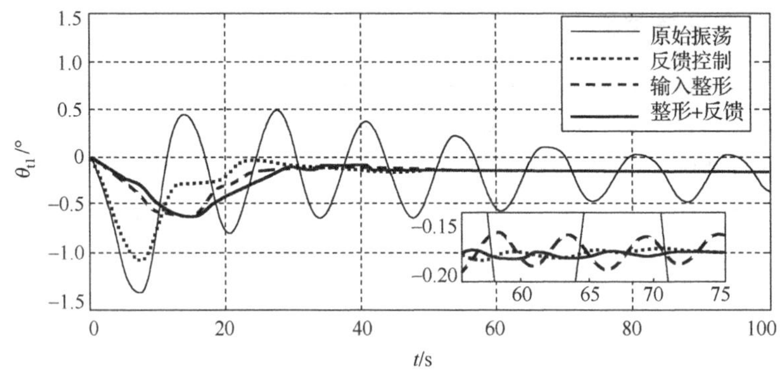

图 7.34　纵向缆位角响应曲线

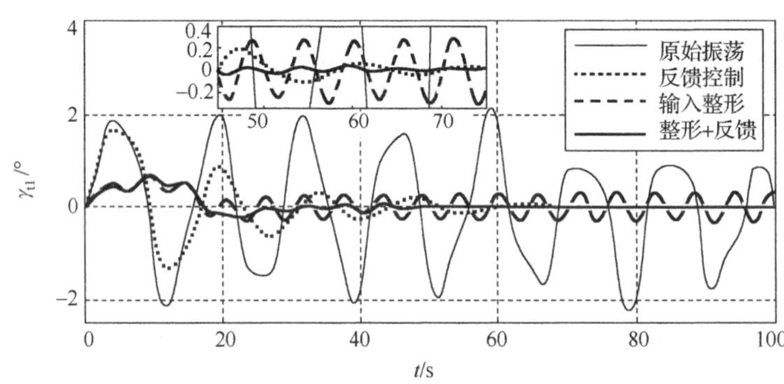

图 7.35　侧向缆位角响应曲线

由图 7.34 和图 7.35 可以看出，不加控制时，缆绳振荡幅值较大且衰减很慢；缆位角反馈控制能使缆绳运动较快衰减到稳定值，但初始振荡较大；输入整形控制可以使初始振荡减小，但后期的残余振荡衰减较慢；同时运用输入整形和缆位角反馈控制抑制缆绳的振荡，输入整形主要用于抑制初始振荡，缆位角反馈控制主要用于使后期振荡快速稳定，两者优势互补，有效达到了稳定缆绳和悬吊物的作用。

7.7　悬吊定位控制

对直升机和悬吊物的位置进行控制，需要获取其位置信息。在本节中，直升机纵、侧向位置控制精度要求误差小于 0.5m，悬吊物的纵、侧向位置控制精度要求误差小于 1m。

7.7.1 定位计算方法

1. 直升机位置计算

导航过程中需要知道飞机在地面坐标系下的位置信息。通过机体坐标系到地面坐标系的转换关系，将直升机在机体坐标系下的三轴速度进行转换，再将地面坐标系下的速度进行积分，可以确定直升机在地面坐标系下的位置。

$$\begin{bmatrix} x_G \\ y_G \\ z_G \end{bmatrix} = \int \left\{ \boldsymbol{S}_{\varphi\vartheta\psi} \begin{bmatrix} u+u_0 \\ v+v_0 \\ w+w_0 \end{bmatrix} \right\} \mathrm{d}t + \begin{bmatrix} x_{G0} \\ y_{G0} \\ z_{G0} \end{bmatrix} \tag{7.40}$$

式中，$\boldsymbol{S}_{\varphi\vartheta\psi}$ 是机体坐标系到地面坐标系的坐标转换矩阵：

$$\boldsymbol{S}_{\varphi\vartheta\psi} = \begin{bmatrix} \cos\vartheta\cos\psi & \cos\vartheta\sin\psi & -\sin\vartheta \\ \sin\vartheta\cos\psi\sin\varphi - \sin\psi\cos\varphi & \sin\vartheta\sin\psi\sin\varphi + \cos\psi\cos\varphi & \cos\vartheta\sin\varphi \\ \sin\vartheta\cos\psi\cos\varphi + \sin\psi\sin\varphi & \sin\vartheta\sin\psi\cos\varphi - \cos\psi\sin\varphi & \cos\vartheta\cos\varphi \end{bmatrix}$$

u_0、v_0、w_0 分别是飞机沿机体坐标系三轴的初始速度，x_{G0}、y_{G0}、z_{G0} 分别是飞机在地面坐标系中的初始位置。

2. 悬吊物位置计算

悬吊物位置的计算可分为稳态位置计算和瞬时位置计算。其中有两种解算方法，一种是悬吊物速度积分法，另一种是缆位角推算法。

1）悬吊物速度积分法

当水平匀速直飞时，悬吊物和直升机的飞行速度相同；当稳态转弯飞行时，直升机和悬吊物的转弯角速率一致，但速度大小和转弯半径不同。

首先根据式（7.17）得到系留点在机体坐标系中的速度表达式 $\boldsymbol{V}_{t1}$，利用机体坐标系到缆绳坐标系的转换矩阵 $\boldsymbol{S}_{bt}^{T}$，将缆绳端点 A 处的速度 u_{t1}、v_{t1}、w_{t1} 转换到缆绳坐标系中，有

$$[U_{t1} \ \ V_{t1} \ \ W_{t1}]^{T} = \boldsymbol{S}_{bt}^{T}[u_{t1} \ \ v_{t1} \ \ w_{t1}]^{T} \tag{7.41}$$

利用三段缆绳长度和缆位角，计算悬吊物在缆绳坐标系中的速度 $[U_{tM} \ \ V_{tM} \ \ W_{tM}]^{T}$。

第一段缆绳末端点 B 在缆绳坐标系中的速度：

$$\begin{bmatrix} U_{t2} \\ V_{t2} \\ W_{t2} \end{bmatrix} = \begin{bmatrix} u_{t1} \\ v_{t1} \\ w_{t1} \end{bmatrix} - \begin{bmatrix} \dot{\psi}\cdot l_{AB_3}\cdot\sin\sigma_{t1} \\ \dot{\psi}\cdot l_{AB_3}\cdot\cos\sigma_{t1} \\ \dot{\theta}\cdot l_{AB_1}\cdot\sin\theta_{t1} \end{bmatrix} \tag{7.42}$$

第二段缆绳末端点 C 在缆绳坐标系中的速度：

$$\begin{bmatrix} U_{t3} \\ V_{t3} \\ W_{t3} \end{bmatrix} = \begin{bmatrix} U_{t2} \\ V_{t2} \\ W_{t2} \end{bmatrix} - \begin{bmatrix} \dot{\psi}\cdot l_{B_3C_3}\cdot\sin\sigma_{t2} \\ \dot{\psi}\cdot l_{B_3C_3}\cdot\cos\sigma_{t2} \\ \dot{\theta}\cdot l_{B_3C_3}\cdot\sin\theta_{t2} \end{bmatrix} \tag{7.43}$$

悬吊物（D 点）在缆绳坐标系中的速度：

$$\begin{bmatrix} U_{\mathrm{tM}} \\ V_{\mathrm{tM}} \\ W_{\mathrm{tM}} \end{bmatrix} = \begin{bmatrix} U_{\mathrm{t3}} \\ V_{\mathrm{t3}} \\ W_{\mathrm{t3}} \end{bmatrix} - \begin{bmatrix} \dot{\psi} \cdot l_{C_3D_3} \cdot \sin\sigma_{\mathrm{t3}} \\ \dot{\psi} \cdot l_{C_3D_3} \cdot \cos\sigma_{\mathrm{t3}} \\ \dot{\theta} \cdot l_{C_3D_3} \cdot \sin\theta_{\mathrm{t3}} \end{bmatrix} \tag{7.44}$$

将$[U_{\mathrm{tM}}\ V_{\mathrm{tM}}\ W_{\mathrm{tM}}]^{\mathrm{T}}$先转换到机体坐标系，再转换到地面坐标系，最后将悬吊物的地面速度进行积分，可得到悬吊物在地面坐标系中的位移增量，进而可以确定悬吊物的位置。

$$[u_{\mathrm{tM}} \quad v_{\mathrm{tM}} \quad w_{\mathrm{tM}}]^{\mathrm{T}} = \boldsymbol{S}_{\mathrm{bt}}[U_{\mathrm{tM}} \quad V_{\mathrm{tM}} \quad W_{\mathrm{tM}}]^{\mathrm{T}} \tag{7.45}$$

$$\begin{bmatrix} x_{\mathrm{GM}} \\ y_{\mathrm{GM}} \\ z_{\mathrm{GM}} \end{bmatrix} = \int \left\{ \boldsymbol{S}_{\varphi\vartheta\psi} \begin{bmatrix} u_{\mathrm{tM}} \\ v_{\mathrm{tM}} \\ w_{\mathrm{tM}} \end{bmatrix} \right\} \mathrm{d}t + \begin{bmatrix} x_{\mathrm{GM0}} \\ y_{\mathrm{GM0}} \\ z_{\mathrm{GM0}} \end{bmatrix} \tag{7.46}$$

式中，$[x_{\mathrm{GM0}} \quad y_{\mathrm{GM0}} \quad z_{\mathrm{GM0}}]^{\mathrm{T}}$ 为悬吊物在地面坐标系下的初始位置坐标。

2）缆位角推算法

利用缆绳在各平面的投影长度和缆位角关系，可计算出悬吊物在缆绳坐标系各投影平面的位置：

$$\begin{bmatrix} x_{\mathrm{tM}} \\ y_{\mathrm{tM}} \\ z_{\mathrm{tM}} \end{bmatrix} = \begin{bmatrix} l_{AB_1}\sin(\theta_{\mathrm{t1}}+\Delta\theta_{\mathrm{t1}}) + l_{B_1C_1}\sin(\theta_{\mathrm{t2}}+\Delta\theta_{\mathrm{t2}}) + l_{C_1D_1}\sin(\theta_{\mathrm{t3}}+\Delta\theta_{\mathrm{t3}}) \\ l_{AB_2}\sin(\gamma_{\mathrm{t1}}+\Delta\gamma_{\mathrm{t1}}) + l_{B_2C_2}\sin(\gamma_{\mathrm{t2}}+\Delta\gamma_{\mathrm{t2}}) + l_{C_2D_2}\sin(\gamma_{\mathrm{t3}}+\Delta\gamma_{\mathrm{t3}}) \\ l_{AB_1}\cos(\theta_{\mathrm{t1}}+\Delta\theta_{\mathrm{t1}}) + l_{B_1C_1}\cos(\theta_{\mathrm{t2}}+\Delta\theta_{\mathrm{t2}}) + l_{C_1D_1}\cos(\theta_{\mathrm{t3}}+\Delta\theta_{\mathrm{t3}}) \end{bmatrix} \tag{7.47}$$

再将其转化到地面坐标系：

$$\begin{bmatrix} x_{\mathrm{GM}} \\ y_{\mathrm{GM}} \\ z_{\mathrm{GM}} \end{bmatrix} = \begin{bmatrix} x_{\mathrm{G}} \\ y_{\mathrm{G}} \\ z_{\mathrm{G}} \end{bmatrix} + \boldsymbol{S}_{\varphi\vartheta\psi} \left[\boldsymbol{S}_{\mathrm{bt}} \begin{bmatrix} x_{\mathrm{tM}} \\ y_{\mathrm{tM}} \\ z_{\mathrm{tM}} \end{bmatrix} + \begin{bmatrix} s_{\mathrm{Hbp}x} \\ s_{\mathrm{Hbp}y} \\ s_{\mathrm{Hbp}x} \end{bmatrix} \right] \tag{7.48}$$

式中，$[x_{\mathrm{G}} \quad y_{\mathrm{G}} \quad z_{\mathrm{G}}]^{\mathrm{T}}$ 为飞机质心在地面坐标系的位置。

7.7.2 直升机位置控制

要将悬吊物快速准确定位在预定位置，需要探讨有效的控制策略。本节给出的定位策略如图 7.36 所示。

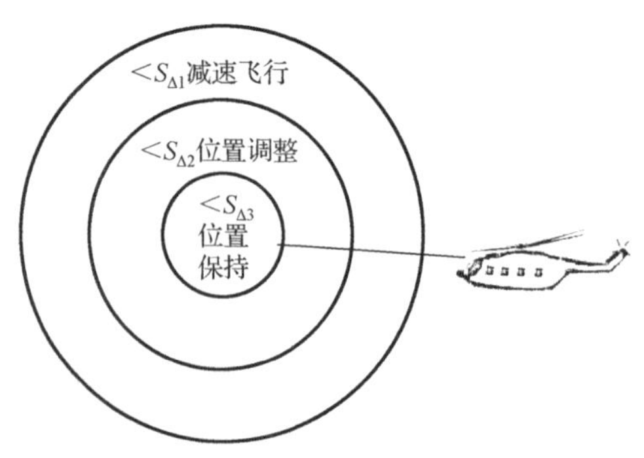

图 7.36　定位策略

1．减速过程

直升机从水平直飞开始减速到悬停过程中，初始速度V_0不同，减速所需要的距离也不相同。从何处开始下达减速指令比较有利，需要进行分析。将减速过程分为线性减速和指数减速两个阶段，线性减速阶段指令设计是以斜率 0.3 减速到$0.5V_0$，之后按时间常数为$1.67V_0$的指数规律进行减速。V_0=10m/s 时的指令形式及相应的速度响应曲线如图 7.37 所示。

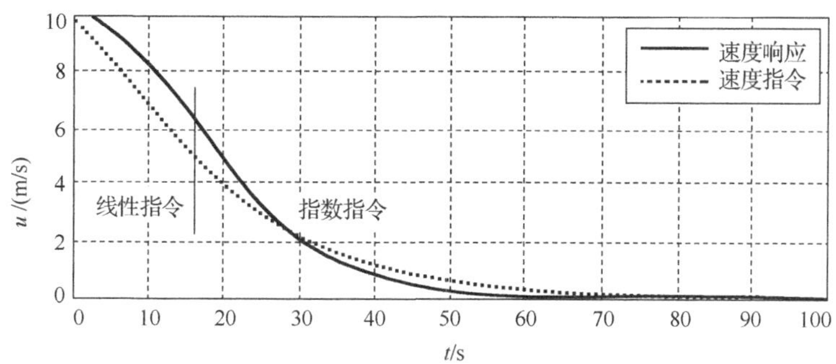

图 7.37 $V_0 = 10\text{m/s}$ 时的指令形成及相应的速度响应曲线

初始速度范围选为 0～20 m/s，每间隔 1m/s 进行减速过程中的位移计算，减速位移仿真曲线如图 7.38 所示。在仿真时间 100s 时，位移响应均进入稳态，记录各初始速度下的减速位移数据，如表 7.5 所示。

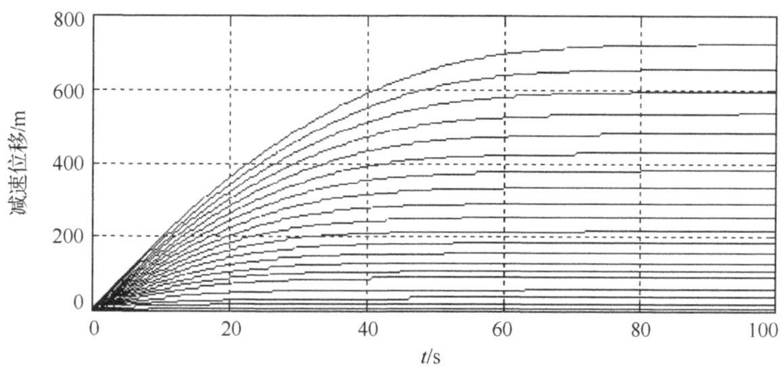

图 7.38 减速位移仿真曲线

表 7.5 初始速度与减速位移对应表

速度/（m/s）	距离/m	速度/（m/s）	距离/m	速度/（m/s）	距离/m
0	0	7	127.5667	14	373.1790
1	5.5638	8	152.7008	15	421.8608
2	16.5814	9	181.0901	16	473.9355
3	33.4939	10	212.9522	17	529.3298
4	57.0987	11	247.9557	18	588.0728
5	87.3093	12	285.9654	19	650.1319
6	105.7962	13	327.825	20	715.5305

拟合减速距离与初始速度间的函数关系，作为实时控制过程中启动减速命令的依据。有

$$S_{\text{j}} = 1.41V_0^2 + 7.102V_0 + 2.711 \tag{7.49}$$

2. 位置调整

直升机通过减速到达目标点附近之后，需要进一步调整位置。位置控制律的设计在速度控制回路的基础上进行，采用 PID 控制方式，参数设计方法与速度控制律参数设计方法

类似，此处不再赘述。得到的纵向位置控制参数为

$$k_{ix}=0.00047,\ k_{px}=1.3081,\ k_{dx}=12.995$$

同理，可确定横侧向位置控制参数为

$$k_{iy}=0.00012,\ k_{py}=0.9973,\ k_{dy}=12.96$$

在前飞速度 V=10m/s，缆绳长度 $l_t=40$m，悬吊物质量 $M_t=250$ kg 条件下进行仿真计算。分别给定悬吊物纵向、侧向 5m 位置指令，纵向位置响应曲线、侧向位置响应曲线分别如图 7.39（a）、（b）所示，图 7.40（a）、（b）分别是纵向速度响应曲线、侧向速度响应曲线。

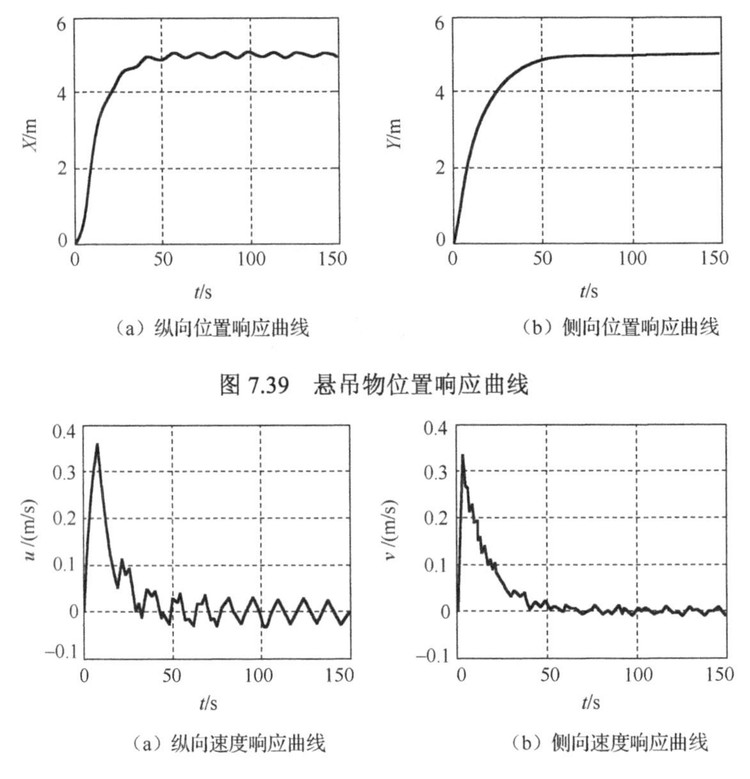

（a）纵向位置响应曲线　（b）侧向位置响应曲线

图 7.39　悬吊物位置响应曲线

（a）纵向速度响应曲线　（b）侧向速度响应曲线

图 7.40　悬吊物速度响应曲线

观察图 7.39 和图 7.40，悬吊物纵向位置稳定偏差范围在 0.08m 内，侧向位置稳定偏差范围在 0.05m 内，均达到了指标要求。在此过程中纵向速度最大值为 0.38m/s，侧向速度最大值为 0.32m/s。

7.8　综合仿真验证

本节综合 7.5 节中姿态控制和速度控制、7.6 节中输入整形和缆位角反馈控制的设计结果，根据设计的指令完成加速、直飞、转弯、减速和位置调整的整个飞行过程综合仿真，检验本章设计方法的可行性和效果。

仿真过程中各步骤的动作及切换说明如下：

① 系统加速过程。根据输入整形方法，实现直升机从零到 10m/s 的加速过程；

② 水平直飞过程。在加速完成之后，速度保持在 10m/s，实现水平直飞；

③ 转弯过程。在直行基础上给定$\dot{\psi}=1°/s$指令，调整直升机航向角，使直升机右转弯 90°；

④ 水平直飞过程。在右转弯完成之后，速度保持在 10m/s，实现水平直飞；

⑤ 转弯过程。在直行基础上给定$\dot{\psi}=-1°/s$指令，调整直升机航向角，使直升机左转弯 90°；

⑥ 水平直飞过程。调整指令使直升机向目标位置水平稳定直飞；

⑦ 减速控制过程。当直升机到达减速范围时，给出减速输入指令，直升机开始减速；

⑧ 位置调整。若减速后悬吊物的位置未能达到目标要求范围内，则进行位置控制调整，否则跳过此步骤，结束计算过程。

在缆绳长度$l_t = 40\,\text{m}$，悬吊物质量$M_t = 250\,\text{kg}$条件下，在地面坐标系下给定目标点位置坐标（3000,1500）。按照指令步骤进行仿真计算。直升机与悬吊物的三维飞行轨迹如图 7.41 所示，飞行轨迹平面投影如图 7.42 所示。图 7.43、图 7.44 分别是三轴姿态响应曲线和三轴速度响应曲线，图 7.45、图 7.46 分别给出纵向缆位角响应曲线、侧向缆位角响应曲线。

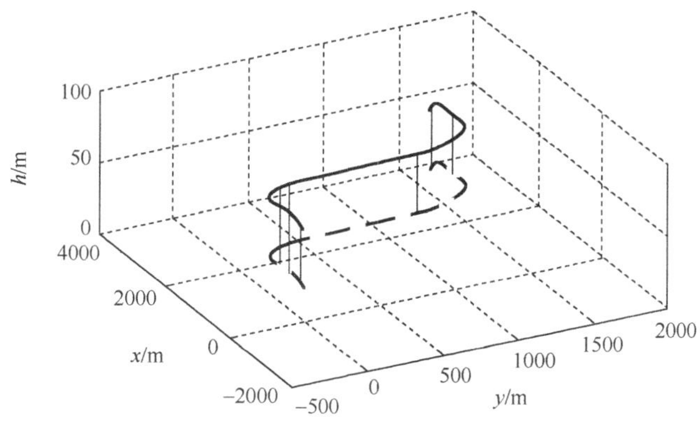

图 7.41 直升机与悬吊物的三维飞行轨迹

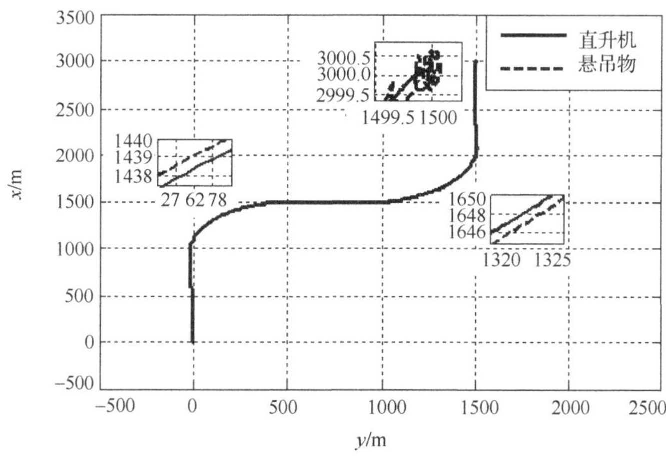

图 7.42 飞行轨迹平面投影

仿真结果显示，直升机能够根据指令要求完成平稳直飞和转弯动作。最终，直升机要通过调整姿态和速度抑制缆绳摆动，实现定位控制功能。仿真时间为 500s 时，直升机进入稳态，纵向位置误差在 0.11m 以内，横侧向位置误差在 0.025m 以内；悬吊物的纵向位置误差在 0.48m 以内，横侧向位置误差在 0.1m 以内。此时，直升机和悬吊物达到了要求的定位精度，表明本章给出的设计方法是可行且有效的。

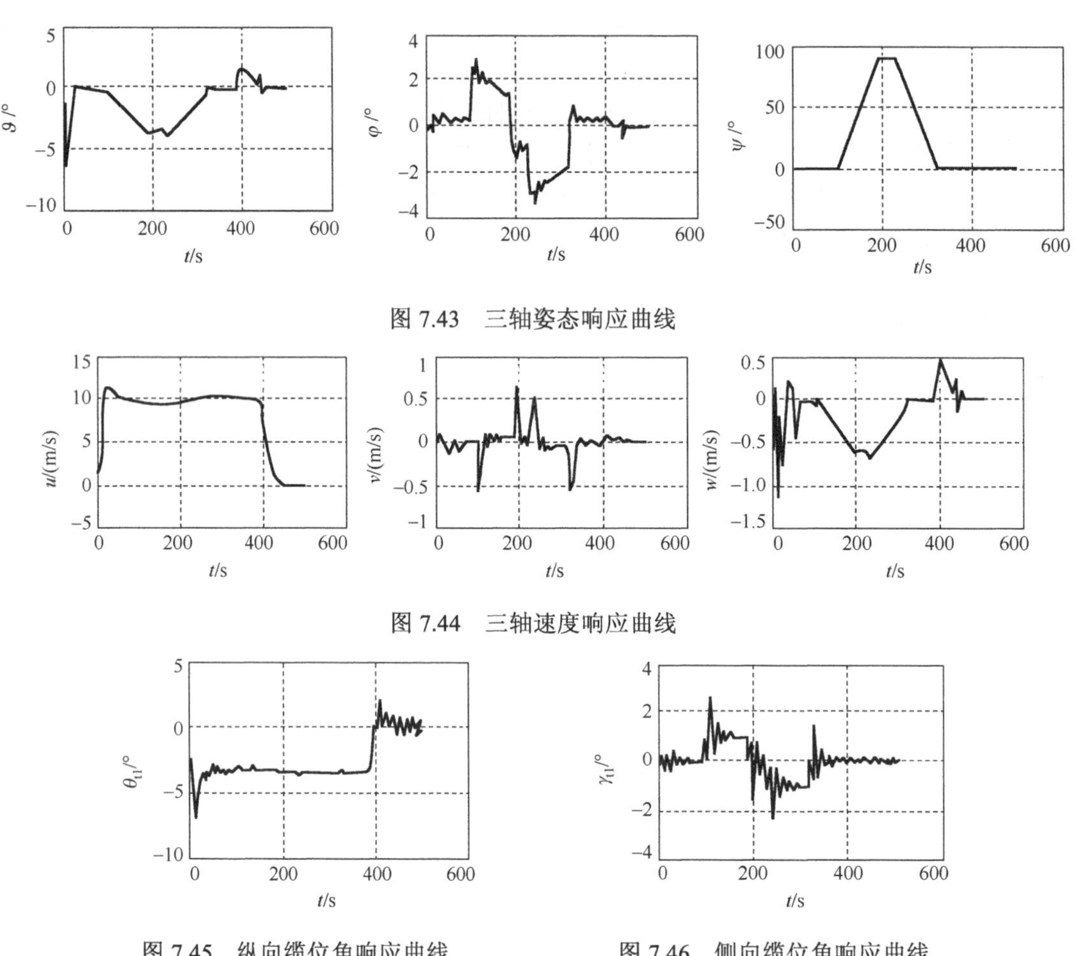

图 7.43　三轴姿态响应曲线

图 7.44　三轴速度响应曲线

图 7.45　纵向缆位角响应曲线

图 7.46　侧向缆位角响应曲线

本 章 小 结

本章主要研究直升机悬吊作业过程中缆绳摆动抑制和悬吊物定位控制问题。在建立直升机-缆绳-悬吊物系统模型，分析系统响应特性的基础上，调整增稳控制参数，设计输入整形器抑制输入引起的缆绳摆动；设计缆位角反馈控制律抑制干扰引起的缆绳振荡。两种方法优势互补，达到了满意的控制效果。分别采用悬吊物速度积分法和缆位角推算法确定悬吊物的空间位置，并通过位置反馈实现悬吊物的定位控制。仿真结果表明，所设计的控制方案是可行且有效的。

参考文献

[1] 赵秀云. 直升机外挂吊运技术研究[J]. 直升机技术，2001（04）：1-8.

[2] 乔尔特. 独具特色的K-MAX“空中卡车”[J]. 直升机技术，1997（1）：44-50.

[3] 孙竹森，黄克信，苏秀成等. 直升机在架空输电线路施工中的应用[J]. 电网技术，2009（02）：41-45.

[4] 谷青明. 直升机专用吊舱式森林灭火航弹挂载投放系统研究[D]. 哈尔滨：哈尔滨工程大学，2012.

[5] 张步春. 对森林航空消防直升机在高山峡谷林区吊桶灭火的探讨[J]. 国家林业局管理干部学院学报，2016，15（2）:55-58.

[6] 徐胜，李家云. 我国海上救援直升机现状和分析[J]. 直升机技术，2010（01）：68-71.

[7] 侯淑华. 低成本SINS/GPS组合导航系统算法研究及软件设计[D]. 西安: 西北工业大学，2002.

[8] Kamman J W，Huston R L. Multibody dynamics modeling of variable length cable systems. Multibody System Dynamics[J]，2001，5（3）：211-221.

[9] 张超，李卫琪，陈宗基等. 运输机重装备空投鲁棒控制律设计[J]. 系统仿真学报，2008（s2）：303-306.

[10] 王富贵. 小型高速无人机横侧向控制律设计与研究[D]. 南京: 南京航空航天大学，2012.

[11] 肖文. 高超声速飞行器横侧向耦合控制技术研究[D]. 南京: 南京航空航天大学，2014.

[12] 卢京潮，陈伟，詹漫漫. 直升机纵向系统鲁棒滑模控制律设计[J]. 西北工业大学学报，2012，30（2）：269-273.

[13] 王宇航. 基于ADRC的直接侧向力/气动力复合控制系统设计[D]. 哈尔滨: 哈尔滨工业大学，2009.

[14] 马西良. 基于输入整形技术抑制小摩擦系统残留振动[D]. 广西: 广西大学，2008.

[15] 刘业超，金明河，刘宏. 具有柔性关节的轻型机械臂控制系统研究[D]. 哈尔滨: 哈尔滨工程大学，2010.

[16] 赵雷. 基于柔性控制的垃圾抓斗吊自动控制系统[D]. 天津: 河北工业大学，2007.

[17] 郭立观. 港口集装箱起重机智能防摇控制系统研究与仿真[D]. 山西: 太原科技大学，2009.

[18] 孙亚飞. 高加速度轻载精密运动机构的减振控制研究[D]. 哈尔滨: 哈尔滨工业大学，2012.

[19] 陈俊恒. 输入整形减振算法的研究与实现[D]. 哈尔滨: 哈尔滨工业大学，2010.

[20] 秦望舒. 基于输入整形技术的运动控制算法的研究[D]. 哈尔滨: 哈尔滨工业大学，2010.

[21] 经迎龙. 闭环输入整形器控制策略研究[D]. 成都: 电子科技大学，2011.

[22] Ivler C，Tischler M，Powell J D. Cable Angle Feedback Control Systems to Improve Handling Qualities for Helicopters with Slung Loads[J]. AIAA Journal，2011，49（11）：2783-2791.

[23] Bisgaard M，la Cour-Harbo A，Bendtsen J D. Swing damping for helicopter slung load systems using delayed feedback[C]. AIAA-2009-5795, 2009.

[24] 杨帅. 直升机悬吊控制系统设计[D]. 西安: 西北工业大学，2017.

第8章 吊放控制律设计

直升机吊放控制用于实现海洋探测功能。直升机执行水下探测作业时，通常在海面上方15～30m高度悬停，然后通过缆绳将探测装置投放到水中预定的深度。探测过程中不但要求直升机保持姿态和速度稳定，实现缆位角的稳定控制，还要保持直升机悬停高度的稳定，确保探测装置正常工作。

吊放控制包括自动过渡悬停、缆位控制过程和缆高控制过程三项内容。

自动过渡悬停是直升机进入水下探测工作状态之前所要完成的特定的飞行动作。启动自动过渡悬停程序后，自动驾驶仪能使直升机从当前飞行状态自动过渡到预设的较低高度上稳定悬停。

缆位控制过程是在进入过渡悬停动作完成之后开始的。启动缆位控制程序后，驾驶仪通过调整，在允许的精度范围内将地速控制到零，保持缆绳垂直状态，使探测装置稳定在正常工作状态。

缆高控制过程是直升机悬停高度的稳定过程，高度信号来自无线电高度表。由于海浪的影响，无线电高度表测量信号中混有海浪干扰信号，若不加处理，会使飞机随着海浪的波动而起伏，因此必须设计海浪滤波器，对无线电高度信号进行滤波处理，以获得较为理想的高度信号，保证飞机高度的平稳控制。

某一点的探测结束后，直升机退出自动过渡悬停状态，进入下一点的探测，直至规定区域的探测任务完成。

8.1 自动过渡悬停指令设计

自动过渡悬停是直升机自动驾驶仪的一项重要功能。启动自动过渡悬停功能，自动驾驶仪能使直升机从当前飞行高度自动过渡在预定的较低高度上悬停。

自动过渡悬停是一种复杂的飞行自动控制过程，需要自动驾驶仪的俯仰、倾斜、航向和高度四个通道协同工作。自动过渡悬停是基于直升机的三轴稳定控制、多普勒悬停控制和无线电高度稳定控制功能，通过设计一定的过渡指令来实现的。

自动过渡悬停的关键在于设计合适的高度速度指令，使直升机减速并准确下降到预定高度，进入稳定悬停状态。在此过程中，纵向加速度和法向加速度应控制在要求的范围内。

为了保证飞机安全，要求过渡悬停过程中满足如下条件：

机头最大俯仰角$|\vartheta_{max}| \leqslant 8°$；

纵向加速度 $|\dot{u}_{\mathrm{d}}| \leqslant 1\mathrm{m/s^2}$；

法向加速度 $|\dot{w}| \leqslant 0.5\mathrm{m/s^2}$。

直升机进入过渡悬停时的飞行速度和高度并不确定，在满足给定指标要求的条件下，为能够比较迅速地完成过渡悬停动作，需要根据飞机初始速度和高度设计合适的过渡指令。当地速较大时，减速是主要矛盾，应以减速为主设计指令；当高度较大时，降高是主要矛盾，应以降高为主设计指令。这样设计使指令对不同的地速、高度具有适应性。

飞机速度通道和高度通道存在交联影响，直升机抬头减速时，动能转换为势能，飞行高度会增加。这会严重影响自动过渡过程的平稳性和动作质量。本节利用交联控制原理，在直升机的高度下降指令中引入法向速度信号，抑制纵向地速减速时引起的高度波动。同时增加纵向地速的抛物线减速阶段，避免瞬间产生较大的负向加速度，使飞机平滑进入到线性减速阶段。在接近悬停高度时，高度改为按指数规律拉平，速度也改为按指数规律减速到零，使飞机平稳过渡到悬停状态。

8.1.1　地速较大时自动过渡指令的设计

1．自动减速、向下过渡（进入过程）

为获得理想的下滑效果，设计高度与速度同步变化。根据高度下降所用的时间和速度减小所用的时间相等，设计向下过渡指令。

1）纵向地速指令设计

一般采用的策略是在开始时速度线性减小，当直升机的速度减小到接近零时，采用指数规律衰减，平滑过渡到悬停状态，如图 8.1 中虚线所示。与此策略不同，本节以抛物线减速阶段开始，速度指令如图 8.1 中实线所示。这样直升机就能从初始时刻的零加速度状态平滑过渡到一个较大的恒定减速状态，再实现线性减速，避免出现减速信号作用时直升机速度出现阶跃变化，使过渡过程更加平滑。

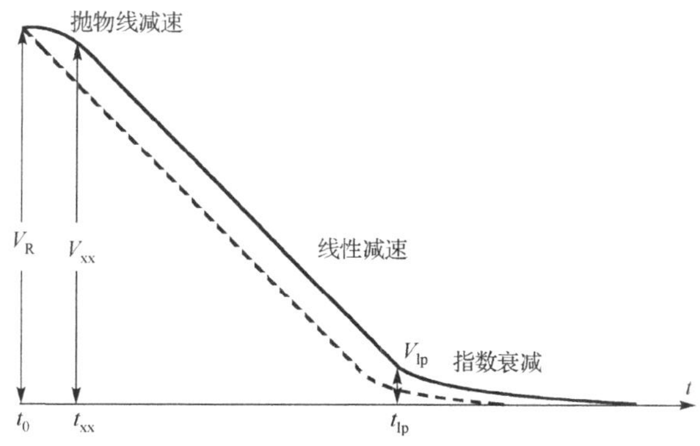

图 8.1　纵向地速变化规律

①抛物线减速阶段。如图 8.1 所示，设自动过渡的初始时刻为 t_0，初始速度为 V_{R}，则速度抛物线减小的变化规律为

$$V_{\mathrm{com}} = V_{\mathrm{R}} - \frac{1}{2}\ddot{u}^{*} \cdot t^2 \tag{8.1}$$

式中，V_{com} 为直升机速度控制指令，$\ddot{u}^{*}$ 为此阶段纵向加速度的导数值，数值上取 $\ddot{u}^{*}=\dot{u}_{\mathrm{d}}/5$，$\dot{u}_{\mathrm{d}}$ 为线性减速时的加速度值，考虑到指标要求 $|\dot{u}_{\mathrm{d}}|\leqslant 1\mathrm{m/s^2}$，为留有裕量，此处取 $\dot{u}_{\mathrm{d}}=-0.6\mathrm{m/s^2}$。

②线性减速阶段。为使速度能从抛物线减速阶段平滑过渡到线性减速阶段，速度转换时刻 t_{xx} 的加速度应相等，转换时刻 t_{xx} 应满足：

$$\ddot{u}^{*}\cdot t_{\mathrm{xx}}=\dot{u}_{\mathrm{d}}$$

求得 $t_{\mathrm{xx}}=5$。

设线性减速阶段的初始速度为 V_{xx}，则线性减速的规律为

$$V_{\mathrm{com}}=V_{\mathrm{xx}}-u_{\mathrm{d}}\cdot t \tag{8.2}$$

③指数衰减阶段。设指数衰减阶段开始时刻为 t_{lp}，则

$$t_{\mathrm{lp}}=t_{\mathrm{xx}}+\frac{V_{\mathrm{xx}}-V_{\mathrm{lp}}}{\dot{u}_{\mathrm{d}}} \tag{8.3}$$

$$V_{\mathrm{xx}}=V_{\mathrm{R}}-\frac{1}{2}\cdot\ddot{u}^{*}\cdot t_{\mathrm{xx}}^{2} \tag{8.4}$$

式中，V_{lp} 为直升机开始指数衰减时的速度，考虑到 V_{lp} 取太大过渡时间会比较长，太小则飞机可能出现速度减为负值而波动，经过权衡，取 $V_{\mathrm{lp}}=5$。联立式（8.3）和式（8.4），可求出 t_{lp}。

速度指数衰减时的变化规律为

$$V_{\mathrm{com}}=V_{\mathrm{lp}}\cdot \mathrm{e}^{-t/t_{\mathrm{auv}}} \tag{8.5}$$

式中，t_{auv} 为指数衰减的时间常数。

为了使线性阶段向指数衰减阶段平滑过渡，线性阶段结束时的加速度和指数衰减阶段开始时的加速度应相等，即

$$\dot{u}_{\mathrm{d}}=V_{\mathrm{lp}}\cdot(-1/t_{\mathrm{auv}}) \tag{8.6}$$

求得

$$t_{\mathrm{auv}}=-\frac{V_{\mathrm{lp}}}{\dot{u}_{\mathrm{d}}}$$

综上所述，过渡过程中纵向地速的导引规律为

$$V_{\mathrm{com}}=\begin{cases} V_{\mathrm{R}}-\frac{1}{2}\ddot{u}^{*}\cdot t^{2} & t\leqslant t_{\mathrm{xx}} \\ V_{\mathrm{xx}}-\dot{u}_{\mathrm{d}}\cdot t & t_{\mathrm{xx}}<t\leqslant t_{\mathrm{lp}} \\ V_{\mathrm{lp}}\cdot \mathrm{e}^{-t/t_{\mathrm{auv}}} & t>t_{\mathrm{lp}} \end{cases} \tag{8.7}$$

2）高度下降指令设计

先根据过渡开始时的状态设计出不加法向速度信号时的高度下降指令，然后在所设计的高度指令中引入法向速度反馈构成最终的高度控制指令。引入法向速度反馈后能增加高度通道的阻尼，使直升机下降更平稳。

高度下降也分了三个阶段，如图 8.2 所示，各个阶段和地速的变化过程同步。

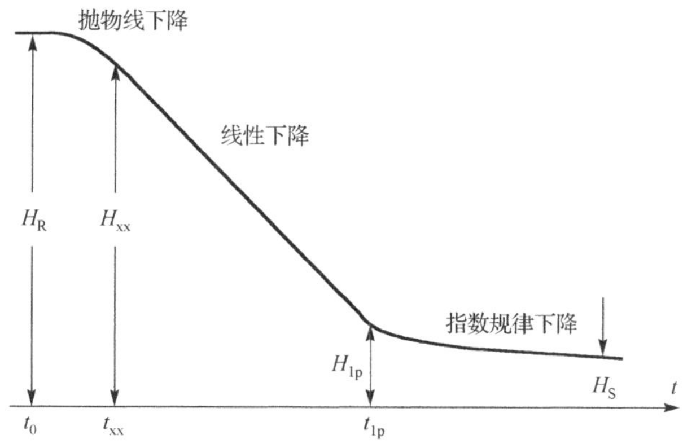

图 8.2　未加反馈时的高度下降规律

①抛物线下降。如图 8.2 所示，设直升机自动过渡的初始时刻为 t_0，初始高度为 H_R，则高度抛物线下降阶段的变化规律为

$$H_{com} = H_R - \frac{1}{2} \cdot \dot{w} \cdot t^2 \tag{8.8}$$

式中，H_{com} 为直升机高度控制指令，$\dot{w}$ 为法向加速度，此处取 $\dot{w} = \frac{dH}{t_{xx}}$，$dH$ 为线性下降时的高度速度值。dH 的计算公式为

$$\frac{1}{2} \cdot \dot{w} \cdot t_{xx}{}^2 + dH \cdot (t_{lp} - t_{xx}) = H_R - H_{lp} \tag{8.9}$$

式中，H_{lp} 为进入指数衰减时刻的高度。由于指令中还要引入法向加速度的反馈来控制，所以 H_{lp} 的选取相对比较自由，只要大于设定的悬停高度 H_S 即可，此处取 $H_{lp} = H_S + 1$。t_{xx}、t_{lp} 分别为线性降高和指数衰减阶段的开始时刻，与纵向地速减小指令中的 t_{xx}、t_{lp} 对应。

②线性下降。设高度线性下降阶段的初始高度为 H_{xx}，则高度线性下降的变化规律为

$$H_{com} = H_{xx} - dH \cdot t \tag{8.10}$$

③指数规律下降。高度指数衰减的规律为

$$H_{com} = H_S + (H_{lp} - H_S) \cdot e^{-t/t_{auh}} \tag{8.11}$$

式中，t_{auh} 为指数衰减常数，为使线性阶段平滑过渡到指数阶段需要满足：

$$dH = (H_{1p} - H_S)/t_{auh} \tag{8.12}$$

求得

$$t_{auh} = \frac{H_{lp} - H_S}{dH}$$

最后，在设计出的高度指令中引入法向加速度反馈项，得到高度控制指令为

$$H_{\text{com}} = \begin{cases} H_{\text{R}} - \dfrac{1}{2} \cdot \dot{w} \cdot t^2 - K_{\boldsymbol{dh}} \cdot \boldsymbol{dh} & t \leqslant t_{\text{xx}} \\ H_{\text{xx}} - dH \cdot t - K_{\boldsymbol{dh}} \cdot \boldsymbol{dh} & t_{\text{xx}} < t \leqslant t_{\text{lp}} \\ H_{\text{S}} + (H_{\text{lp}} - H_{\text{S}}) \cdot \mathrm{e}^{-t/t_{\text{auh}}} - K_{\boldsymbol{dh}} \cdot \boldsymbol{dh} & t > t_{\text{lp}} \end{cases} \tag{8.13}$$

式中，$K_{\boldsymbol{dh}}$ 是法向加速度的交联反馈系数，可以通过调试确定；$\boldsymbol{dh}$ 为直升机的实际法向加速度。

2．自动向上过渡（退出过程）

向下过渡结束后，用缆绳将探测装置吊放到水中，启动缆位缆高控制程序进行水下探测，待水下探测结束后，要求直升机能从当前悬停点自动向上过渡到先前的飞行高度和速度。有关缆位缆高控制律的设计在后续章节中介绍。

参照向下过渡指令的设计，给出向上过渡的指令。

1）地速指令设计

向上过渡时飞机的地速变化过程如图 8.3 所示。

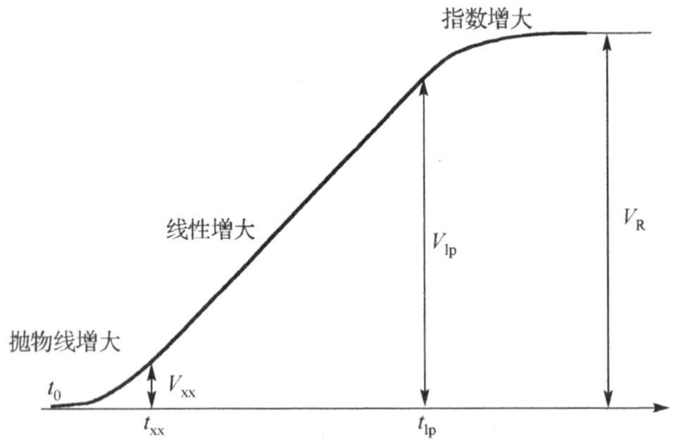

图 8.3　向上过渡时飞机的地速变化过程

相应的纵向地速指令为

$$V_{\text{com}} = \begin{cases} \dfrac{1}{2} \cdot \ddot{u}^* \cdot t^2 & t \leqslant t_{\text{xx}} \\ V_{\text{xx}} + \dot{u}_d \cdot t & t_{\text{xx}} < t \leqslant t_{\text{lp}} \\ (V_{\text{lp}} - V_{\text{R}}) \cdot \mathrm{e}^{-t/t_{\text{auv}}} & t > t_{\text{lp}} \end{cases} \tag{8.14}$$

2）高度指令设计

向上过渡时直升机的高度变化（见图 8.4）是向下过渡的逆过程。根据图 8.4 给出相应的高度指令为

$$H_{\text{com}} = \begin{cases} H_{\text{S}} + \dfrac{1}{2} \cdot \dot{w} \cdot t^2 - K_{\boldsymbol{dh}} \cdot \boldsymbol{dh} & t \leqslant t_{\text{xx}} \\ H_{\text{xx}} + dH \cdot t - K_{\boldsymbol{dh}} \cdot \boldsymbol{dh} & t_{\text{xx}} < t \geqslant t_{\text{lp}} \\ H_{\text{R}} + (H_{\text{lp}} - H_{\text{R}}) \cdot \mathrm{e}^{-t/t_{\text{auh}}} - K_{\boldsymbol{dh}} \cdot \boldsymbol{dh} & t > t_{\text{lp}} \end{cases} \tag{8.15}$$

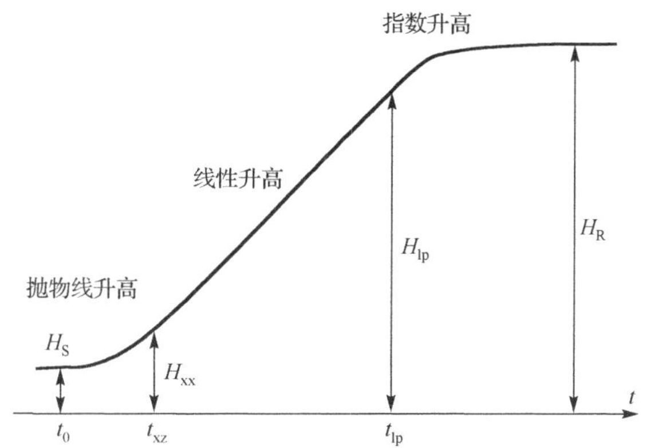

图 8.4 向上过渡时直升机的高度变化

8.1.2 高度较大时自动过渡指令的设计

为了获得理想的过渡过程，要求高度和速度同步变化。在自动过渡过程中，直升机的纵向加速度和法向加速度都有规定的指标要求，在小速度情况下，同时间内高度的下降相对速度减小来说紧迫得多，所以先设计高度的过渡指令，然后根据高度下降所用的时间来设计减速指令，这样就能保证同时满足过渡过程中纵向加速度、法向加速度的要求。

1. 自动向下过渡

1）高度下降指令

为了防止直升机法向加速度超标，在设计高度指令时引入法向加速度来进行抑制。这样可以增大高度通道的阻尼，使直升机高度变化过程比较平滑。

根据图 8.5，先设计不引入法向加速度的高度指令。

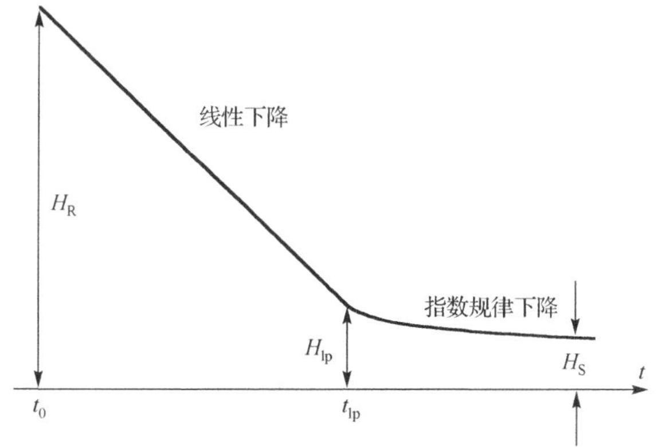

图 8.5 高度下降规律

①线性下降。设初始高度为 H_R，则高度下降指令为

$$H_{com} = H_R - dH \cdot t \tag{8.16}$$

式中，dH 为线性下降时的高度速度值。

$$dH = \frac{1}{2} \cdot \sqrt{\dot{w} \cdot \Delta H} \tag{8.17}$$

式中，$\dot{w}$ 为直升机法向加速度，指标要求为 $|\dot{w}| \leqslant 0.5\text{m/s}^2$，为了留有一定的裕量，取 $|\dot{w}| = 0.45\text{m/s}^2$。线性下降的高度为

$$\Delta H = H_{\text{R}} - H_{\text{lp}} \tag{8.18}$$

式中，H_{lp} 为进入指数衰减时刻的高度。由于在指令中还要引入法向加速度信号，所以 H_{lp} 的选取范围较大，只要略大于预定高度 H_{S} 即可，取太大会使整个过渡过程用时拉长，此处取

$$H_{\text{lp}} = H_{\text{S}} + 0.1 \tag{8.19}$$

式中，H_{lp} 为指数衰减阶段开始时刻 t_{lp} 的高度。

②指数规律下降。高度指数下降规律为

$$H_{\text{com}} = H_{\text{S}} + (H_{\text{lp}} - H_{\text{S}}) \cdot \text{e}^{-t/t_{\text{auh}}} \tag{8.20}$$

式中，t_{auh} 为指数衰减常数，为使线性阶段平滑过渡到指数衰减阶段需要满足：

$$dH = (H_{\text{lp}} - H_{\text{S}}) \cdot (-1/t_{\text{auh}}) \tag{8.21}$$

求得

$$t_{\text{auh}} = \frac{H_{\text{lp}} - H_{\text{S}}}{dH}$$

最后，在指令中引入法向加速度信号，高度指令为

$$H_{\text{com}} = \begin{cases} H_{\text{R}} - dH \cdot t - K_{\boldsymbol{dh}} \cdot \boldsymbol{dh} & t \leqslant t_{\text{lp}} \\ H_{\text{S}} + (H_{\text{lp}} - H_{\text{S}}) \cdot \text{e}^{-t/t_{\text{auh}}} - K_{\boldsymbol{dh}} \cdot \boldsymbol{dh} & t > t_{\text{lp}} \end{cases} \tag{8.22}$$

式中，$K_{\boldsymbol{dh}}$ 为直升机法向加速度的反馈系数，可以通过调试确定。

2）纵向地速变化规律

直升机减速过程分为线性减速和指数规律减速两个阶段，如图 8.6 所示。由于初始速度较小，可以直接以线性减速开始。$u_{\text{d}} > 0.5\text{m/s}$ 时速度线性减小，减小到 $u_{\text{d}} < 0.5\text{m/s}$ 时改为指数规律减速。

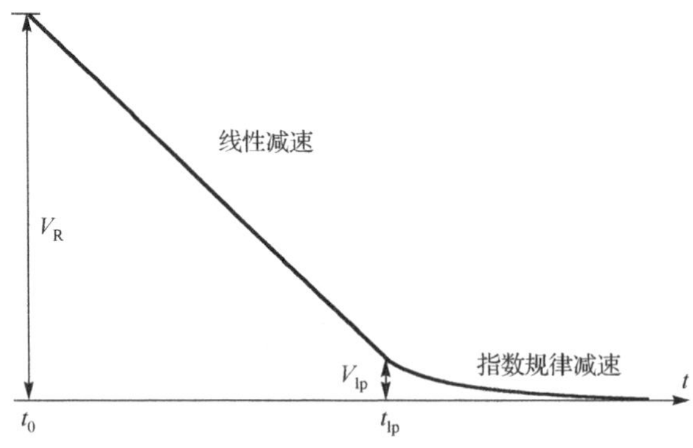

图 8.6　纵向地速变化规律

①线性减速。设线性减速阶段的初始速度为 V_R，指数衰减阶段减速开始的时间为 t_{lp}，则速度线性减小指令为

$$V_{com} = V_R - \dot{u}_d \cdot t \tag{8.23}$$

式中，$\dot{u}_d$ 为速度的变化率。$\dot{u}_d$ 的计算与速度的大小和高度下降所用的时间有关：

$$\dot{u}_d = (V_R - V_{lp}) / t \tag{8.24}$$

$$t = (H_R - H_{lp}) / dH \tag{8.25}$$

联立（8.17）、式（8.18）、式（8.24）和式（8.25）可求出：

$$\dot{u}_d = \frac{(V_R - V_{lp})\sqrt{\dot{w}}}{2\sqrt{(H_R - H_{lp})}}$$

②指数规律减速。速度指数衰减阶段开始的时刻为 t_{lp}，与高度指令中的 t_{lp} 一样，则

$$t_{lp} = \frac{\Delta H}{dH} \tag{8.26}$$

$$V_{lp} = V_R - \dot{u}_d \cdot t_{lp} \tag{8.27}$$

式中，V_{lp} 为直升机指数衰减开始时刻的速度值。

速度指数衰减时的变化规律为

$$V_{com} = V_{lp} \cdot e^{-t/t_{auv}} \tag{8.28}$$

式中，t_{auv} 为指数衰减时的时间常数。为了使线性阶段向指数衰减阶段平滑过渡，转换时刻的加速度应相等，有

$$-\dot{u}_d = V_{lp} \cdot (-1 / t_{auv}) \tag{8.29}$$

求得

$$t_{auv} = \frac{V_{lp}}{\dot{u}_d}$$

综上所述，纵向地速减小的规律为

$$V_{com} = \begin{cases} V_R - \dot{u}_d \cdot t & t \leqslant t_{lp} \\ V_{lp} \cdot e^{-t/t_{auv}} & t > t_{lp} \end{cases} \tag{8.30}$$

2. 自动向上过渡

参照向下过渡的设计过程，可以给出向上过渡指令的设计结果。

1）高度指令设计

向上过渡时直升机的高度变化是向下过渡的逆过程。根据图 8.7 可以给出高度指令：

$$H_{com} = \begin{cases} H_S + dH \cdot t - K_{\boldsymbol{dh}} \cdot \boldsymbol{dh} & t \leqslant t_{lp} \\ H_R + (H_{lp} - H_R) \cdot e^{-t/t_{auh}} & t > t_{lp} \end{cases} \tag{8.31}$$

2）速度指令设计

向上过渡时直升机的地速变化过程如图 8.8 所示，相应的纵向地速变化指令为

$$V_{\text{com}}=\begin{cases}\dot{u}_{\text{d}}\cdot t & t\leqslant t_{\text{lp}}\\(V_{\text{lp}}-V_{\text{R}})\cdot \mathrm{e}^{-t/t_{\text{suv}}} & t>t_{\text{lp}}\end{cases} \tag{8.32}$$

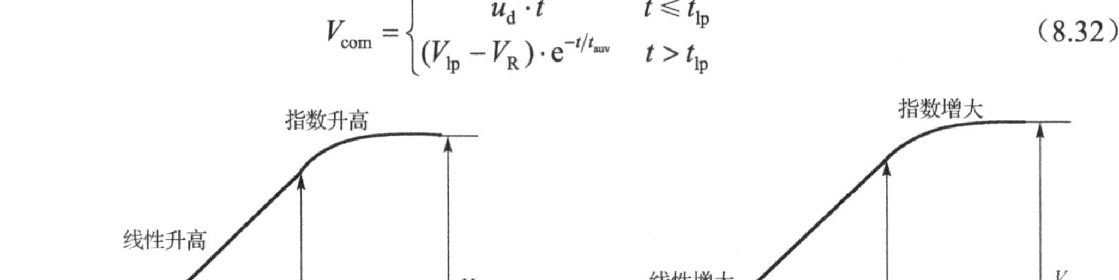

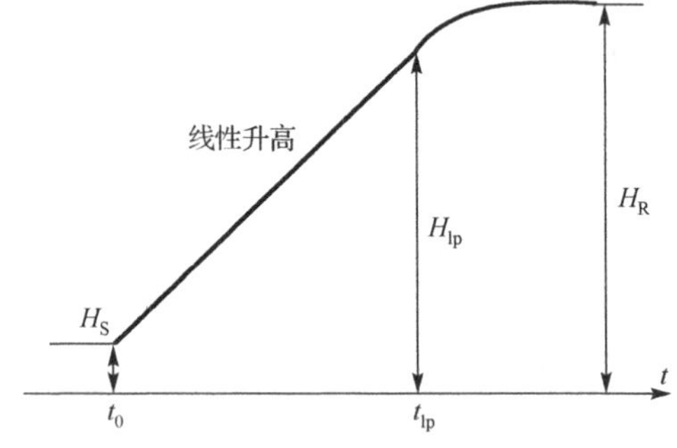

图 8.7　向上过渡时直升机的高度变化

图 8.8　向上过渡时直升机的地速变化过程

8.1.3　自动过渡悬停仿真验证

自动过渡悬停系统仿真框图如图 8.9 所示。

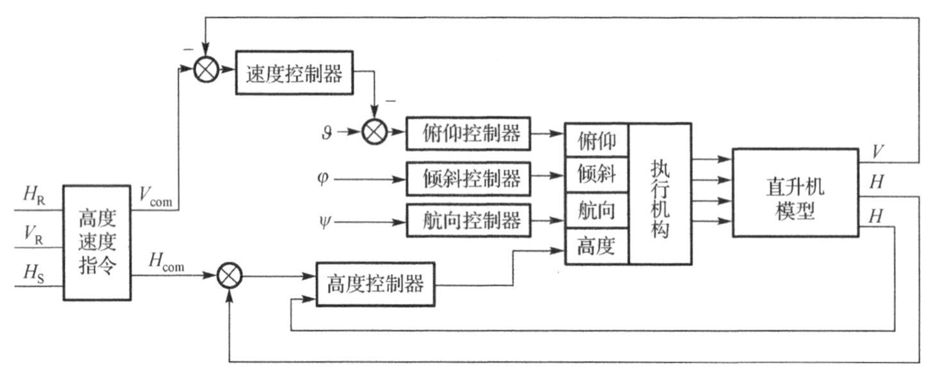

图 8.9　自动过渡悬停系统仿真框图（示意）

搭建图 8.9 中的系统仿真框图，对本节中所设计的过渡悬停指令进行仿真验证。

1．速度较大条件下自动过渡悬停的仿真验证

设直升机初始地速 V_{R}=30m/s，初始高度 H_{R}=100m，悬停高度 H_{S}=20m，仿真直升机进入、退出自动过渡悬停的完整过程。图 8.10 和图 8.11 分别给出了直升机姿态角响应曲线和直升机高度、纵向地速及纵向、法向加速度响应曲线。

由图 8.10 中俯仰角的动态响应曲线可以看出，俯仰角的最大改变量为 2.44°（<8°）；由图 8.11 可以看出，在自动过渡过程中，纵向加速度最大值 0.64m/s^2（<1m/s^2），法向加速度最大值 0.22m/s^2（<0.5m/s^2），满足自动过渡的指标要求。飞机的高度、速度对指令的跟踪效果令人满意，自动过渡过程平稳迅速，证明所设计的过渡指令是可行的。

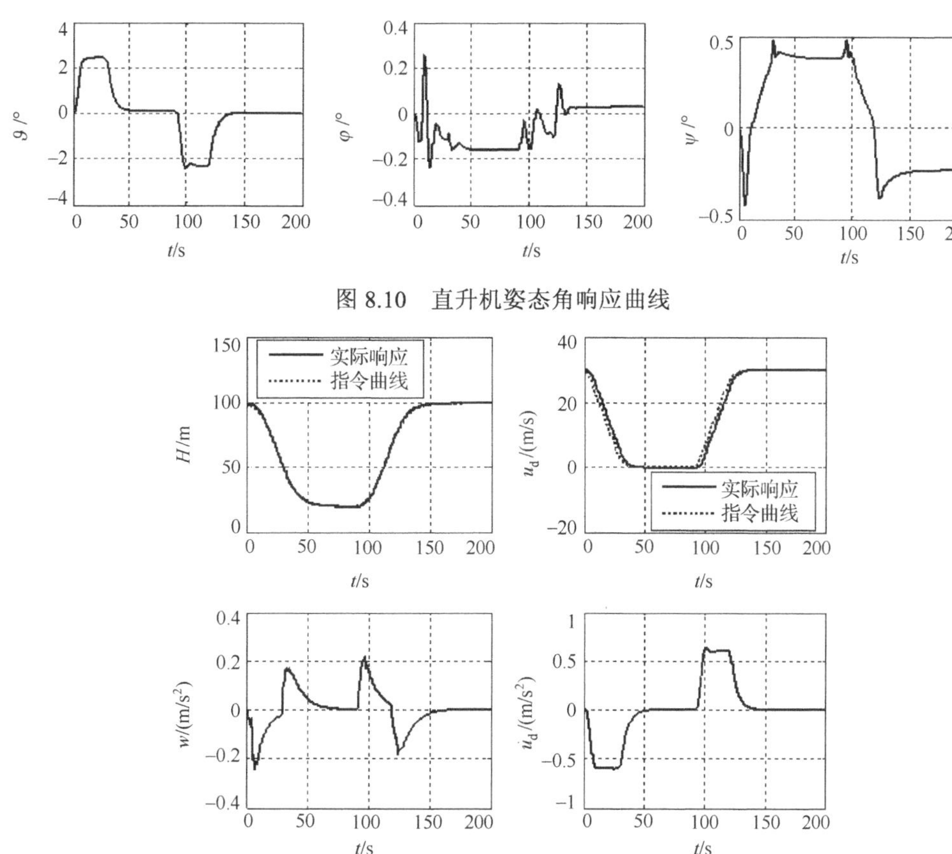

图 8.10 直升机姿态角响应曲线

图 8.11 直升机高度、纵向地速及纵向、法向加速度响应曲线

2. 高度较大条件下的仿真验证

设直升机初始地速 V_R=5m/s，初始高度 H_R=100m，悬停高度 H_S=20m，仿真直升机进入、退出自动过渡悬停的完整过程。图 8.12 和图 8.13 分别为直升机姿态角响应曲线和直升机高度、纵向地速及纵向、法向加速度响应曲线。

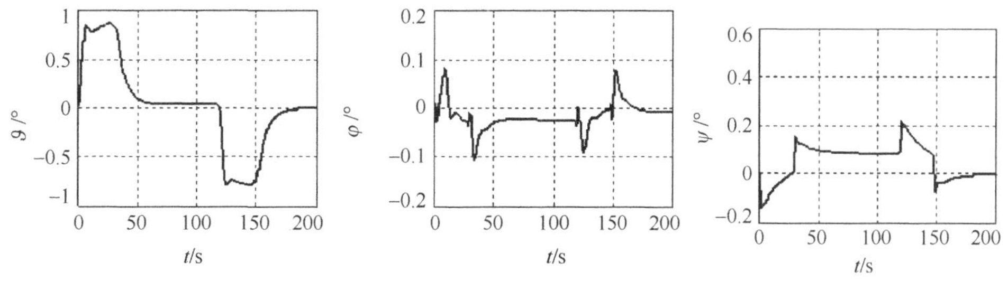

图 8.12 直升机姿态角响应曲线

由图 8.12 可以看出，在自动过渡过程中，俯仰角的最大改变量为 0.8°；由图 8.13 表明，纵向加速度最大值 0.15m/s^2（<1m/s^2），法向加速度最大值 0.3m/s^2（<0.5m/s^2），满足指标要求。过渡过程令人满意，所设计的过渡指令对于不同初始地速具有适应性，实现了设计的目的。

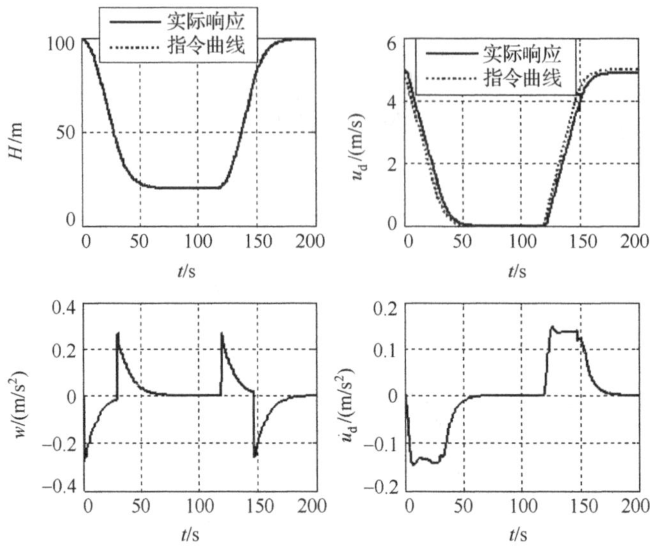

图 8.13　直升机高度、纵向地速及纵向、法向加速度响应曲线

8.2　缆位控制律设计

进入自动过渡悬停动作完成之后，直升机悬停在预定的高度，通过缆绳将探测装置吊放至水中进行探测。探测装置正常工作时要求其自身姿态角度不能超标，要求直升机将缆位角保持在给定的精度范围内。因此，需要设计缆位控制律，调整飞机的速度和位置，将缆位角控制在允许的范围内，以保证探测装置正常工作。

8.2.1　缆位控制原理

直升机缆位控制系统框图如图 8.14 所示。

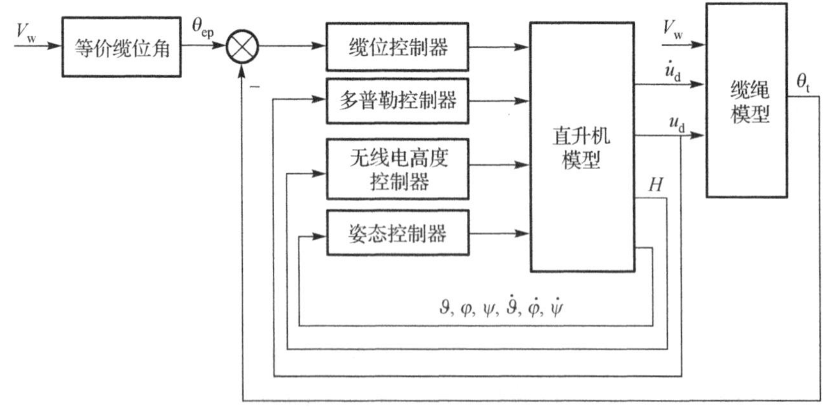

图 8.14　直升机缆位控制系统框图

在直升机缆位控制系统中，有三个内回路：姿态控制回路、无线电高度控制回路和多

普勒悬停（速度）控制回路。其中，姿态控制回路的作用是使直升机姿态稳定，无线电高度控制回路保证直升机高度稳定在给定的悬停高度上，多普勒悬停控制回路实现直升机的地速稳定。这些相关的控制律设计工作在第 3 章增稳控制律设计中已经讨论过，这里不再赘述。

缆位控制器是在增稳控制系统基础上设计的。

定义地速为零时，在铰接点处缆绳轴线与铅垂线之间夹角的稳态解为等价缆位角 θ_{eq}。等价缆位角是风速 V_w 的函数，可以通过计算求出。缆绳受到外界干扰后，实际缆位角会偏离等价缆位角，缆位控制系统通过调整飞机的速度和位置来控制缆位角，使其稳定在允许的精度范围内。缆位控制的目的就是使实际缆位角尽快稳定到等价缆位角 θ_{eq}。

8.2.2　缆绳模型建立

考虑到实际情况，将缆绳分为三段，水上（干缆）一段，水下（湿缆）两段，缆绳分段及缆位角定义示意图如图 8.15 所示。

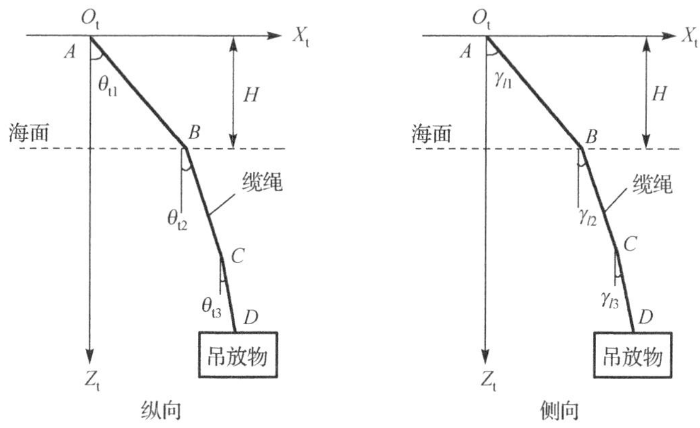

图 8.15　缆绳分段及缆位角定义示意图

缆绳吊放系统的数学模型建立可参考附录 B。由式（FB.56），以及系留点处缆绳拉力和速度之间的关系，可以导出缆绳纵向、侧向系统状态方程。

缆绳纵向系统状态方程：

$$\begin{cases}\dot{\boldsymbol{x}}_{tz} = \boldsymbol{A}_{tz}\boldsymbol{x}_{tz} + \boldsymbol{B}_{tz}\boldsymbol{u}_{tz} \\ \boldsymbol{y}_{tz} = \boldsymbol{C}_{tz}\boldsymbol{x}_{tz}\end{cases} \tag{8.33}$$

式中，$\boldsymbol{x}_{tz} = [\dot{\theta}_{t1} \quad \dot{\theta}_{t2} \quad \dot{\theta}_{t3} \quad \theta_{t1} \quad \theta_{t2} \quad \theta_{t3}]^T$，$\boldsymbol{u}_{tz} = [u_d \quad \dot{u}_d \quad V_w]^T$

缆绳侧向系统状态方程

$$\begin{cases}\dot{\boldsymbol{x}}_{tc} = \boldsymbol{A}_{tc}\boldsymbol{x}_{tc} + \boldsymbol{B}_{tc}\boldsymbol{u}_{tc} \\ \boldsymbol{y}_{tc} = \boldsymbol{C}_{tc}\boldsymbol{x}_{tc}\end{cases} \tag{8.34}$$

式中，$\boldsymbol{x}_{tc} = [\dot{\gamma}_{t1} \quad \dot{\gamma}_{t2} \quad \dot{\gamma}_{t3} \quad \gamma_{t1} \quad \gamma_{t2} \quad \gamma_{t3}]^T$，$\boldsymbol{u}_{tc} = [v_d \quad \dot{v}_d]^T$。

θ_{ti}、γ_{ti} $(i=1,2,3)$ 分别为第 i 段缆绳的纵向、侧向缆位角，u_d、v_d 分别为系留点处的纵向、侧向地速，V_w 为风速。

8.2.3 缆位控制律参数设计

1. 设计指标要求

动态指标：给定初始缆位角10°，缆绳回到平衡状态的时间小于10s,超调量不超过10%；

稳态指标：纵向缆位角及侧向缆位角稳态误差：$|\theta_{t1}-\theta_{eq}|\leqslant 0.5°, |\gamma_{t1}|\leqslant 0.5°$；

地速控制指标：纵向地速及侧向地速：$|u_d|\leqslant 1.2\text{m/s}$，$|v_d|\leqslant 1.2\text{m/s}$。

2. 等价缆位角计算

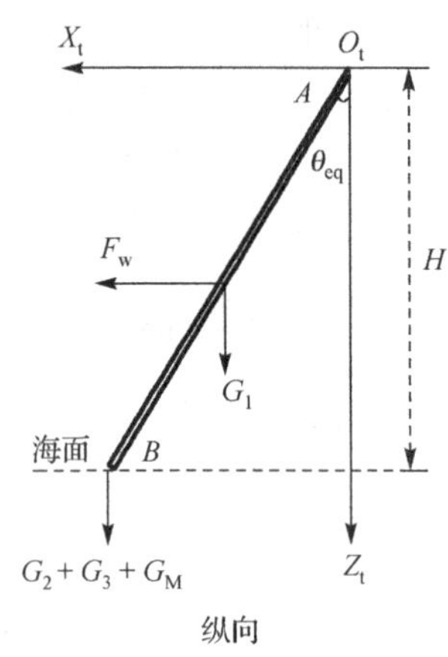

图 8.16 平衡状态下第一段缆绳（干缆）的受力分析

为简化问题，假定海水流速为零，控制飞机地速为零，则湿缆部分（第二、三段缆绳）与海水无相对运动，稳态时处于竖直状态。假设飞机机头迎风，侧向风速为零，由于纵向风影响，干缆（第一段缆绳）受扰流阻力作用，其缆位角会有一定偏离。

定义缆绳处于平衡状态时，干缆上端与竖轴之间的角度为等价缆位角。此时，缆绳全部落在$O_tX_tZ_t$平面内，$\gamma_{t1}=0$。等价缆位角即平衡状态下干缆的纵向缆位角，记作θ_{eq}。

平衡状态下第一段缆绳（干缆）的受力分析如图 8.16 所示，在静止状态下，其所受合力矩为零，有

$$\left(\frac{1}{2}G_1+\bar{G}_2+\bar{G}_3+\bar{G}_M\right)\cdot l_{AB}\cdot\sin\theta_{eq}-\int_0^{l_{AB}}k_{f1}\cdot|V_w^*|\cdot V_w\cdot l\cdot dl\cdot\cos^2(\theta_{eq})=0 \tag{8.35}$$

式中，$\bar{G}_2$、$\bar{G}_3$、$\bar{G}_M$分别表示第二、三段缆绳和吊放装置的视重。$k_{f1}=\frac{1}{2}\rho C_f d_{t1}$是与扰流阻力相关的系数，$\rho$、$C_f$、$d_{t1}$分别是空气密度、空气阻力系数、第一段缆绳的直径。实际中θ_{eq}值很小，近似取$\sin\theta_{eq}\approx\theta_{eq}$，$\cos\theta_{eq}\approx 1$，可得到等价缆位角$\theta_{eq}$的计算公式：

$$\theta_{eq}=k_{eq}\cdot|V_w^*|\cdot V_w \tag{8.36}$$

$$k_{eq}=\frac{\int_0^{l_{AB}}k_{f1}\cdot l\cdot dl}{\left(\frac{1}{2}G_1+\bar{G}_2+\bar{G}_3+\bar{G}_M\right)\cdot l_{AB}}=\frac{k_{f1}\cdot l_{AB}}{G_1+2(\bar{G}_2+\bar{G}_3+\bar{G}_M)} \tag{8.37}$$

在给定的仿真条件下算得，$k_{eq}=1.7815\times 10^{-4}$。直升机的空速$u=u_d-V_w$，在地速$u_d\approx 0$的条件下有$V_w\approx -u$，代入式（8.36），得到等价缆位角的计算公式：

$$\theta_{eq}=-k_{eq}\cdot|V_w^*|\cdot u \tag{8.38}$$

3．缆位控制律结构设计

将直升机模型与缆绳模型联立，构成直升机缆位控制系统模型，包含纵向、侧向两个回路，缆位控制系统方框图如图 8.17 所示。纵向缆位控制器输入信号为 $\Delta\theta=\theta_{t1}-\theta_{eq}$，侧向缆位控制器要将 γ_{t1} 稳定到零位，而纵向缆位控制器要调节偏差 $\Delta\theta$ 为零，这样可以使直升机的地速趋于零，使吊放物处于希望的状态，实现控制目标。

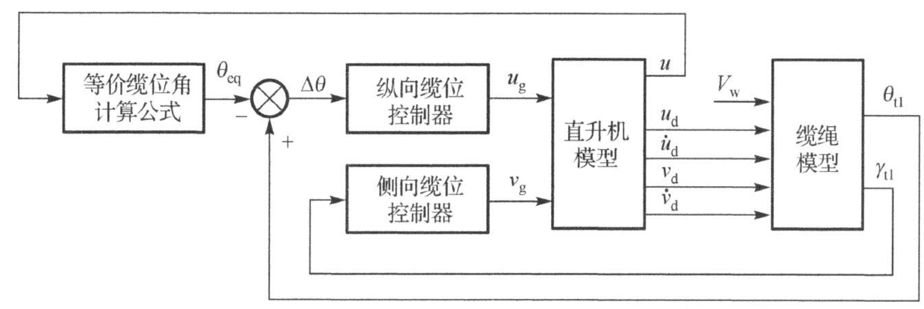

图 8.17　缆位控制系统方框图

纵向、侧向缆位控制器均采用 PD 控制，其传递函数分别为

$$\begin{cases}\dfrac{U_g(s)}{\Delta\Theta(s)}=k_{\theta_{t1}}+k_{\dot{\theta}_{t1}}s\\[2ex]\dfrac{V_g(s)}{\Gamma_{t1}(s)}=k_{\gamma_{t1}}+k_{\dot{\gamma}_{t1}}s\end{cases}\tag{8.39}$$

由于缆绳的模型参数随风速、悬停高度、缆绳长度变化，设计控制系统时应在整个工作包线（风速 V_w、悬停高度 H、缆绳长度 l_t）内选取不同的状态点分别进行设计。

4．纵向缆位控制系统参数设计

1）缆绳包线内设计节点的选取

由风速、悬停高度、缆绳长度所组成的参数包线内，在风速 V_w（0～12m/s）范围内选取{0, 2, 5, 8, 12}5 个点，悬停高度 H（15～30m）范围内选取{15, 20, 25, 30}4 个点，缆绳长度 l_t（80～350m）范围内选取{80, 170, 260, 350}4 个点。这样组合起来共选取设计节点 5×4×4=80 个。

2）控制参数的设计

采用 PD 控制方案，利用根轨迹法设计控制参数。

以选取设计节点（风速 V_w=0m/s，悬停高度 $H=15$m，缆绳长度 $l_t=80$m）为例，说明控制参数的设计方法。在此状态点下导出纵向缆位控制器输出 u_g 到第一段缆绳的纵向缆位角 θ_{t1} 输出的传递函数：

$$G_\theta(s)=\frac{\Theta_{t1}(s)}{U_g(s)}=\frac{M_\theta(s)}{N_\theta(s)}\tag{8.40}$$

式中

$$
\begin{cases}
M_\theta(s)=0.0003818s^{20}+0.001231s^{19}-1.233s^{18}-24.43s^{17}-253.9s^{16}-1785s^{15}-8277s^{14}- \\
\qquad 25710s^{13}-55780s^{12}-87540s^{11}-89090s^{9}-60290s^{8}- \\
\qquad 31670s^{7}-12800s^{6}-3905s^{5}-837s^{4}-109.6s^{3}-3.406s^{2}-0.001902s \\
N_\theta(s)=s^{23}+27.07s^{22}+382.3s^{21}+3658s^{20}+25100s^{19}+30140s^{5}+ \\
\qquad 4312s^{4}+378.6s^{3}+10.63s^{2}+0.02279s
\end{cases}
$$

在 s 平面绘制 $G_\theta(s)$ 在比例控制条件下的根轨迹（见图 8.18 中虚线），根据纵向缆位控制器传递函数式（8.39）在 s 平面负实轴适当位置设置一个（PD 控制器引入的）实零点 z_θ，调整 z_θ 的位置，使根轨迹具有较好的性状（见图 8.18 中实线），然后调整增益使闭环极点位于较理想的位置，保证系统具有满意的动态特性。记录此时的增益值 $k_{\dot{\theta}_{t1}}$ 和所设置零点 z_θ。由式（8.41）可以求出 $k_{\theta_{t1}}$ 和 $k_{\dot{\theta}_{t1}}$。

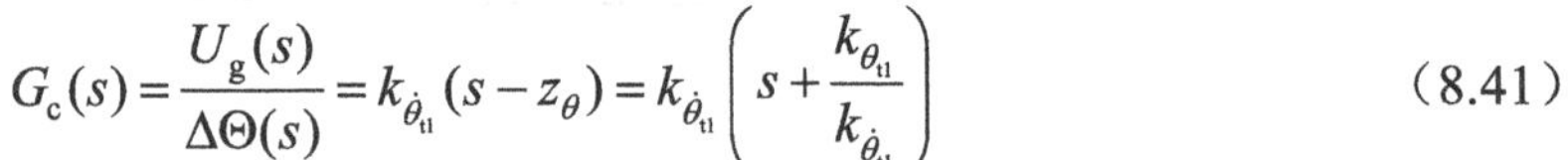

$$G_c(s)=\frac{U_g(s)}{\Delta\Theta(s)}=k_{\dot{\theta}_{t1}}(s-z_\theta)=k_{\dot{\theta}_{t1}}\left(s+\frac{k_{\theta_{t1}}}{k_{\dot{\theta}_{t1}}}\right) \tag{8.41}$$

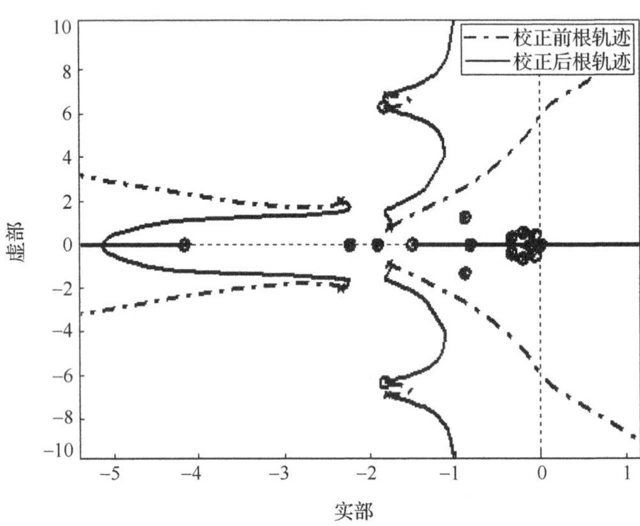

图 8.18　系统根轨迹曲线

调整的零点为 $z_\theta=-4.17$，增益 $k_{\dot{\theta}_{t1}}=0.6$，可以确定 $k_{\theta_{t1}}=2.5$。

对所选取的 80 个设计节点分别采用上述方法进行设计，计算结果显示，缆绳长度 l_t 对控制参数影响不显著。各设计节点对应的控制律参数表如表 8.1 所示。

表 8.1　各设计节点对应的控制律参数表

序　号	（V_w，H）	$k_{\theta_{t1}}$	$k_{\dot{\theta}_{t1}}$
1	（0，15）	2.5	0.6
2	（0，20）	2.8	0.7
3	（0，25）	3.1	0.8
4	（0，30）	3.4	0.9

续表

序　　号	（V_w，H）	$k_{\theta_{t1}}$	$k_{\dot{\theta}_{t1}}$
5	（2，15）	2.8	0.7
6	（2，20）	3.1	0.8
7	（2，25）	3.4	0.9
8	（2，30）	3.7	1
9	（5，15）	3.25	0.85
10	（5，20）	3.55	0.95
11	（5，25）	3.85	1.1
12	（5，30）	4.15	1.15
13	（8，15）	3.7	1
14	（8，20）	4	1.1
15	（8，25）	4.3	1.2
16	（8，30）	4.6	1.2
17	（12，15）	5	0.9
18	（12，20）	5	0.8
19	（12，25）	5.11	0.7
20	（12，30）	5.1	0.5

把控制律参数 $k_{\theta_{t1}}$ 、$k_{\dot{\theta}_{t1}}$ 随风速 V_w 和悬停高度 H 变化的规律通过图表示出来，如图 8.19 和图 8.20 所示。

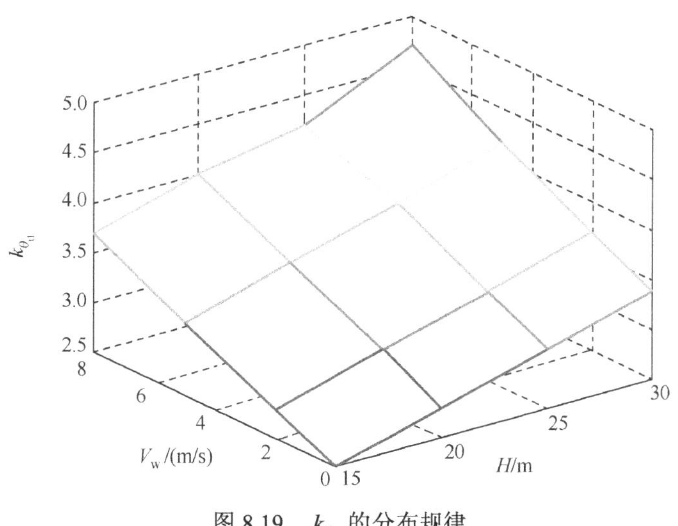

图 8.19　$k_{\theta_{t1}}$ 的分布规律

可以看出，风速和悬停高度对控制律参数的影响可分别用二元线性函数近似。采用多元函数拟合方法，可以确定纵向缆位角反馈调参控制律为

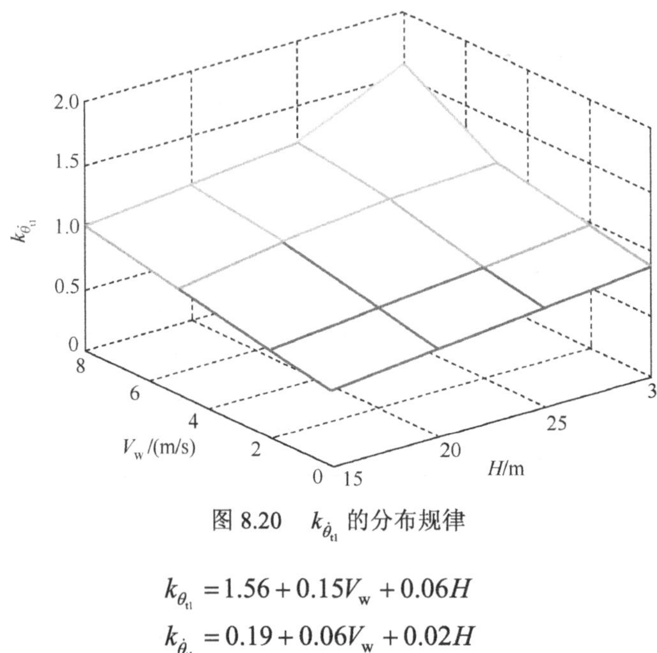

图 8.20 $k_{\dot{\theta}_{t1}}$ 的分布规律

$$k_{\theta_{t1}} = 1.56 + 0.15V_w + 0.06H$$
$$k_{\dot{\theta}_{t1}} = 0.19 + 0.06V_w + 0.02H$$

5．侧向缆位控制系统参数设计

设直升机迎风悬停，侧向缆绳模型不受风速影响。采取和纵向控制系统相同的方法进行设计。

考虑悬停高度和缆绳长度两个因素的影响。取悬停高度 15、20、25、30（单位：m）4 个点，缆绳长度 80、160、240、320（单位：m）4 个点。共选取了 4×4=16 个设计节点。计算结果显示，缆绳长度 l_t 对控制参数影响不显著。各节点下的侧向缆位控制律参数表如表 8.2 所示。

表 8.2　各节点下的侧向缆位控制律参数表

序　号	H/m	$k_{\gamma_{t1}}$	$k_{\dot{\gamma}_{t1}}$
1	15	0.8	0.3
2	20	1.0	0.5
3	25	1.2	0.7
4	30	1.4	1

从表 8.2 可以看出，参数 $k_{\gamma_{t1}}$ 的样本点随悬停高度变化近似是线性的，而参数 $k_{\dot{\gamma}_{t1}}$ 的样本点随悬停高度变化用二次函数来拟合比较合适。可以确定侧向缆位调参规律为

$$k_{\gamma_{t1}} = 0.2 + 0.04 \cdot H$$
$$k_{\dot{\gamma}_{t1}} = 0.965 - 0.089 \cdot H + 0.003 \cdot H^2$$

$k_{\gamma_{t1}}$、$k_{\dot{\gamma}_{t1}}$ 的拟合曲线分别如图 8.21、图 8.22 中的实线所示。

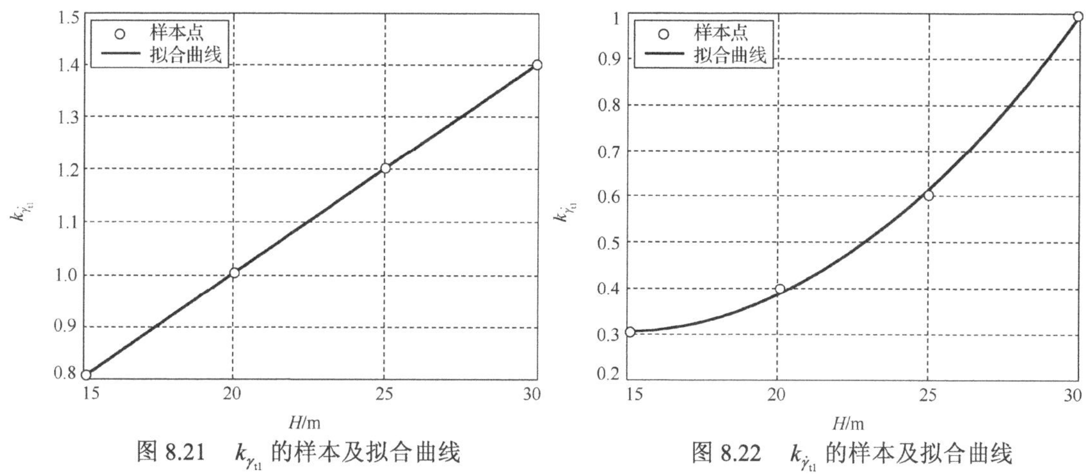

图 8.21 $k_{\gamma_{t1}}$ 的样本及拟合曲线　　图 8.22 $k_{\dot{\gamma}_{t1}}$ 的样本及拟合曲线

8.2.4 缆位控制律的仿真验证

1. 纵向缆位控制律的仿真验证

为了检验所设计控制律作用下的控制效果和调参计算公式的有效性，选取 4 个节点，用公式求出相应的控制律参数，并进行仿真，不同节点下的控制参数和控制指标如表 8.3 所示。

表 8.3 不同节点下的控制参数和控制指标

设计节点		控制参数		控制性能				仿真曲线
风速 V_w /（m/s）	悬停高度 H /m	$k_{\theta_{t1}}$	$k_{\dot{\theta}_{t1}}$	超调量 σ%	调节时间 t_s /s	稳态误差 /deg	地速最大值/（m/s）	
4	18	3.24	0.79	2	4.8	0.18	0.32	图 8.23，图 8.24
4	26	3.72	0.95	3.8	4.4	0.12	0.59	图 8.25，图 8.26
10	18	4.14	1.15	3.4	4.5	0.22	0.30	图 8.27，图 8.28
10	26	4.62	1.31	8.2	5.6	0.15	0.63	图 8.29，图 8.30

仿真时设定初始纵向缆位角 $\theta_{t1}(0)=10°$，初始侧向缆位角 $\gamma_{t1}(0)=0°$，初始直升机地速 $u_d(0)=0$。纵向缆位角响应及纵向地速变化曲线如图 8.23～图 8.30 所示。

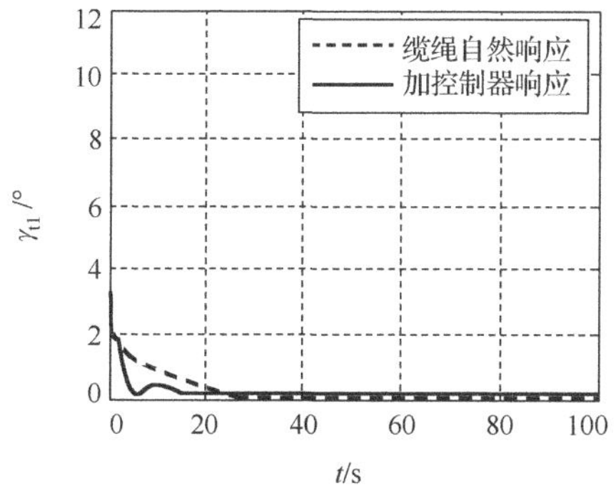

图 8.23 纵向缆位角响应（V_w=4m/s，H=18m）

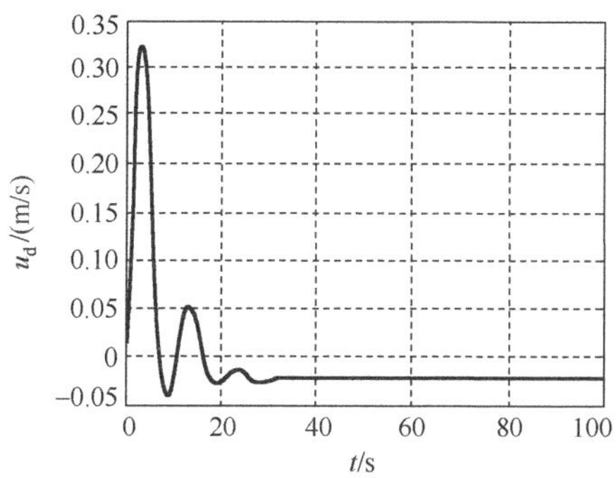

图 8.24 纵向地速变化曲线（V_w=4m/s，H=18m）

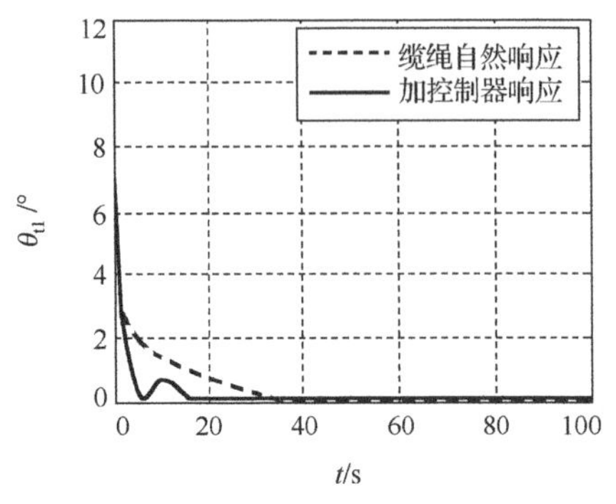

图 8.25　纵向缆位角响应（V_w=4m/s，H=26m）

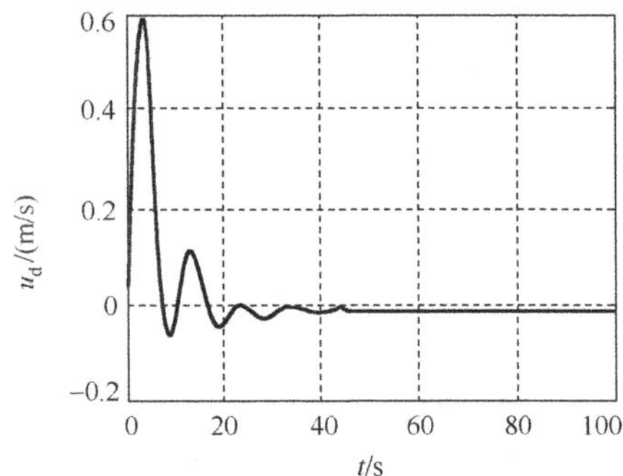

图 8.26　纵向地速变化曲线（V_w=4m/s，H=26m）

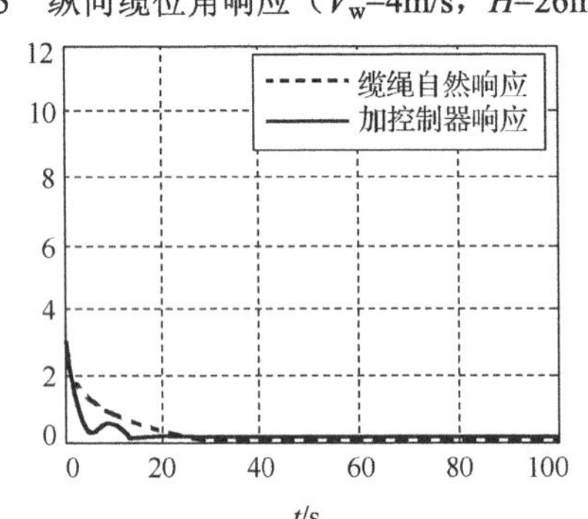

图 8.27　纵向缆位角响应（V_w=10m/s，H=18m）

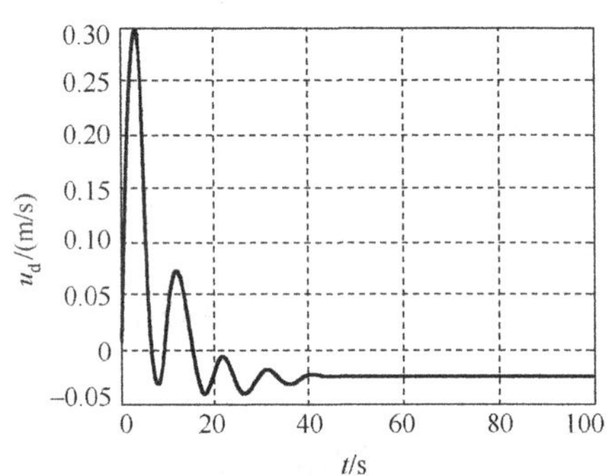

图 8.28　纵向地速变化曲线（V_w=10m/s，H=18m）

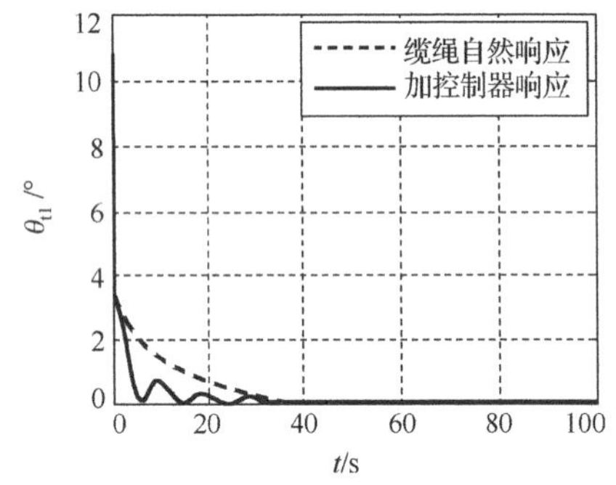

图 8.29　纵向缆位角响应（V_w=10m/s，H=26m）

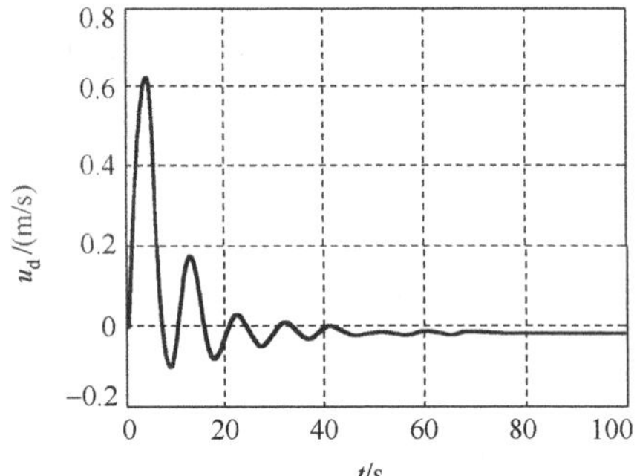

图 8.30　纵向地速变化曲线（V_w=10m/s，H=26m）

由表 8.3 及仿真曲线可以看出，所有选定条件下的缆绳纵向缆位角动态响应性能均达到了指标要求，从而验证了所设计的纵向缆位控制系统。

2．侧向缆位控制律的仿真验证

选取两个状态点，用所设计的调参控制律进行仿真。不同仿真条件下的系统动态响应性能（侧向缆位）如表 8.4 所示。

表 8.4　不同仿真条件下的系统动态响应性能（侧向缆位）

设计节点		控制参数		控制性能				仿真曲线
悬停高度 H /m	风速 V_w /（m/s）	$k_{\gamma_{t1}}$	$k_{\dot{\gamma}_{t1}}$	超调量 σ%	调节时间 t_s /s	稳态误差 /°	地速最大值/（m/s）	
16	/	0.84	0.31	0	5.1	0.025	0.131	图 8.31，图 8.32
22	/	1.08	0.46	2.3	4.6	0.03	0.22	图 8.33，图 8.34

仿真时设定初始缆位角 $\theta_{t1}(0)=0°$，$\gamma_{t1}=5°$，初始直升机地速为零。缆绳侧向缆位角响应及侧向地速变化曲线如图 8.31～图 8.34 所示。

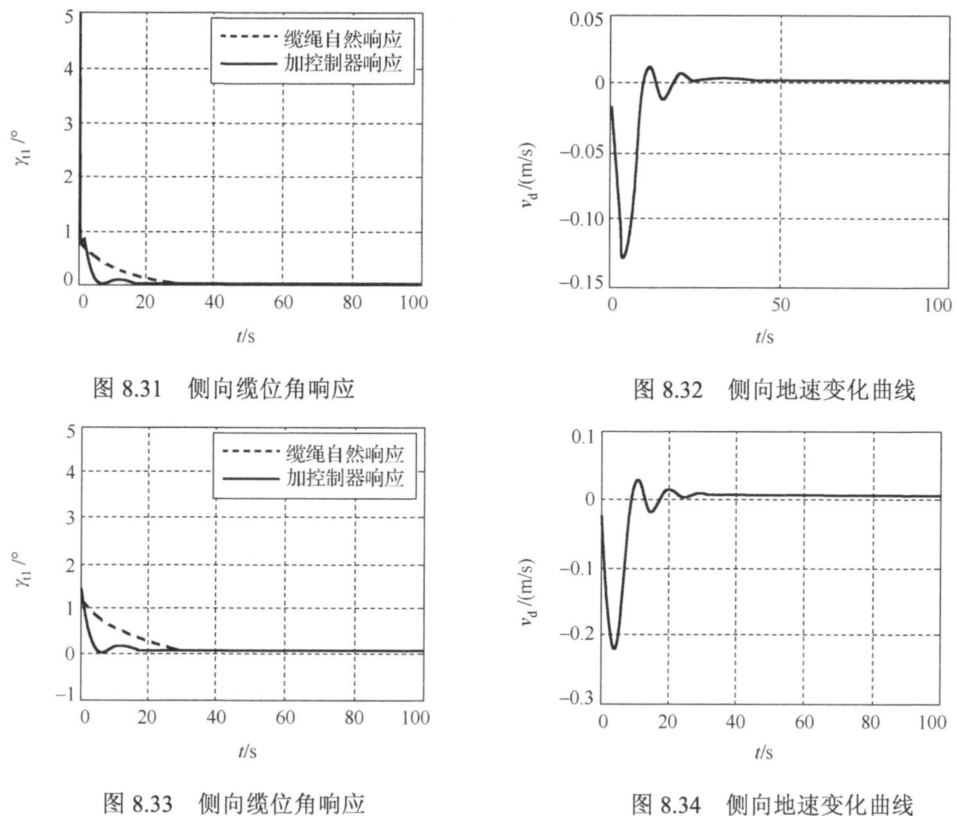

图 8.31　侧向缆位角响应

图 8.32　侧向地速变化曲线

图 8.33　侧向缆位角响应

图 8.34　侧向地速变化曲线

由表 8.4 及响应曲线可以看出，系统性能均达到了指标要求，表明本节的缆位控制系统设计方法是可行的。

8.3 缆 高 控 制

进入自动过渡悬停后，直升机在海面上保持定高悬停状态，用缆绳将探测仪器放到水下预定深度执行探测任务。这时需要直升机保持高度稳定以保证水下探测器正常工作。高度稳定的质量直接影响任务执行的效果。

缆高控制本质上就是飞行高度控制，但与通常意义上的飞行高度控制不同的是，在海面上，无线电高度表测量到的信号是飞机与海面之间的相对高度。海面是起伏不定的，当用测量来的高度信号直接反馈控制时，会导致直升机高度随海浪的起伏而波动。海浪噪声是一种有色噪声，其频谱随海风、环境等因素而变化，给飞行高度的稳定与控制带来了相当的难度。为了削弱海浪噪声的影响，必须在高度通道中加入海浪滤波器，对无线电高度信号进行滤波处理。

8.3.1 卡尔曼滤波器设计

有关海浪模型及海浪滤波的内容，可参见附录C，在此不进行讨论。

给定悬停高度保持误差$\delta \leqslant \pm 1.2\text{m}$。设海面上10m处风速$U_{10}=5\text{m/s}$，可以求出海浪成型滤波器传递函数为

$$\Phi(s)=\frac{0.4966s^2+0.0331}{s^4+1.5363s^3+2.2831s^2+1.1623s+0.7201}$$

设无线电高度表测量噪声n_1的方差$\text{Var}_1=0.5$，加速度计测量噪声n_2的方差$\text{Var}_2=0.01$，$x_5(0)=\hat{h}_0-h_0=0,\ x_6(0)=\hat{w}_0-w_0=0$。按照附录C中的方法，可以确定系统方程和量测方程：

$$\begin{bmatrix}\dot{x}_1\\ \dot{x}_2\\ \dot{x}_3\\ \dot{x}_4\\ \dot{x}_5\\ \dot{x}_6\end{bmatrix}=\begin{bmatrix}0 & 1 & 0 & 0 & 0 & 0\\ 0 & 0 & 1 & 0 & 0 & 0\\ 0 & 0 & 0 & 1 & 0 & 0\\ -0.7201 & -1.1623 & -2.2831 & -1.5363 & 0 & 0\\ 0 & 0 & 0 & 0 & 0 & 1\\ 0 & 0 & 0 & 0 & 0 & 0\end{bmatrix}\begin{bmatrix}x_1\\ x_2\\ x_3\\ x_4\\ x_5\\ x_6\end{bmatrix}+\begin{bmatrix}0 & 0\\ 0 & 0\\ 0 & 0\\ 1 & 0\\ 0 & 0\\ 0 & 1\end{bmatrix}\begin{bmatrix}n_{\text{d}}\\ n_2\end{bmatrix} \tag{8.42}$$

$$z=[0.0331\quad 0.0\quad 0.4966\quad 0\quad -1\quad 0][x_1\quad x_2\quad x_3\quad x_4\quad x_5\quad x_6]^{\text{T}}+n_1$$

设零均值白噪声n_1，n_2，n_{d}的方差分别为Var_1，Var_2，Var_{d}，则连续型卡尔曼滤波基本方程中各参数矩阵为

$$\boldsymbol{F}(t)=\begin{bmatrix}0 & 1 & 0 & 0 & 0 & 0\\ 0 & 0 & 1 & 0 & 0 & 0\\ 0 & 0 & 0 & 1 & 0 & 0\\ -0.7201 & -1.1623 & -2.2831 & -1.5363 & 0 & 0\\ 0 & 0 & 0 & 0 & 0 & 1\\ 0 & 0 & 0 & 0 & 0 & 0\end{bmatrix} \tag{8.43}$$

$$\boldsymbol{H}(t)=[0.0331\quad 0.0\quad 0.4966\quad 0\quad -1\quad 0]$$

$$\boldsymbol{G}(t)\boldsymbol{q}(t)\boldsymbol{G}^{\text{T}}(t)=\begin{bmatrix}0 & 0\\ 0 & 0\\ 0 & 0\\ 1 & 0\\ 0 & 0\\ 0 & 1\end{bmatrix}\begin{bmatrix}\text{Var}_{\text{d}} & 0\\ 0 & \text{Var}_2\end{bmatrix}\begin{bmatrix}0 & 0\\ 0 & 0\\ 0 & 0\\ 1 & 0\\ 0 & 0\\ 0 & 1\end{bmatrix}^{\text{T}}=\begin{bmatrix}0 & 0 & 0 & 0 & 0 & 0\\ 0 & 0 & 0 & 0 & 0 & 0\\ 0 & 0 & 0 & 0 & 0 & 0\\ 0 & 0 & 0 & \text{Var}_{\text{d}} & 0 & 0\\ 0 & 0 & 0 & 0 & 0 & 0\\ 0 & 0 & 0 & 0 & 0 & \text{Var}_2\end{bmatrix} \tag{8.44}$$

$$r(t)=\text{Var}_1$$

可以解出：

$$\boldsymbol{K}(t)=[-1.1670\quad -0.7875\quad 4.2412\quad 5.7850\quad -0.5652\quad -0.1410]^{\text{T}}$$

$$
\boldsymbol{F}(t)-\boldsymbol{K}(t)\boldsymbol{H}(t)=\begin{bmatrix} 0.0947 & 1.0000 & 0.4551 & 0.0000 & -1.1670 & 0 \\ 0.0639 & 0.0000 & 1.3071 & 0.0000 & -0.7875 & 0 \\ -0.3441 & -0.0000 & -1.6541 & 1.0000 & 4.2412 & 0 \\ -11.9173 & -9.5136 & -11.4863 & -3.1373 & 5.7850 & 0 \\ 0.0459 & 0.0000 & 0.2204 & 0.0000 & -0.5652 & 1.0000 \\ 0.0114 & 0.0000 & 0.0550 & 0.0000 & -0.1410 & 0 \end{bmatrix}
$$

海浪噪声、高度表噪声的滤波计算结果如图 8.35 所示。高度误差 δ 的均值 $E_\delta = 0.000206$，方差 $\mathrm{Var}_\delta = 0.0044$。可见，滤波效果令人满意。

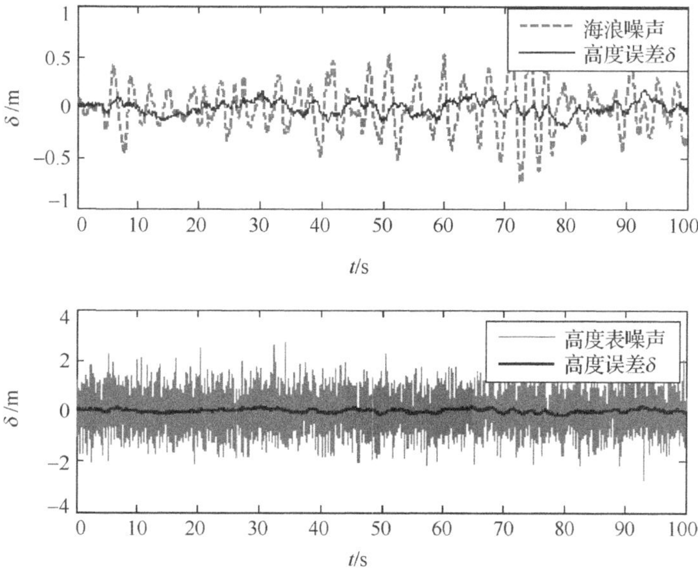

图 8.35 海浪噪声、高度表噪声的滤波计算结果

8.3.2 调参滤波器设计

影响海浪的因素有很多，但最主要的因素为风速。下面探讨不同风速下滤波器参数的变化规律，并设计出适应风速变化的滤波器。

风速范围的选取：[注意，附录 C 中 U_{10} 表示海面上 10m 处的风速，文中风速用符号 V_w 表示，在此认为 $V_\mathrm{w} = U_{10}$]。由于风速 $U_{10} < 4\mathrm{m/s}$ 时，海浪 PM 谱的幅值只有 10^{-4} 数量级，此时的海浪噪声影响可以忽略。而风速 $U_{10} > 20\mathrm{m/s}$ 时，海面出现了浪峰倒卷，浪高达到了 7m，这种情况也不适合舰船出海。所以选取风速范围 $4\mathrm{m/s} \leqslant U_{10} \leqslant 20\mathrm{m/s}$。在此范围内均匀选取 17 个状态点 $\{4,5,6,7,\cdots,20\}$（m/s），按常值风速的方法进行设计。根据式（FC.38），卡尔曼滤波器状态方程为

$$
\begin{cases} \dot{\hat{\boldsymbol{x}}}(t) = [\boldsymbol{F}(t)-\boldsymbol{K}(t)\boldsymbol{H}(t)]\hat{\boldsymbol{x}}(t) + \boldsymbol{K}(t)\boldsymbol{z}(t) \\ \boldsymbol{y} = \boldsymbol{C}_\mathrm{e}(t)\hat{\boldsymbol{x}}(t) \end{cases} \tag{8.45}
$$

式中

$$\boldsymbol{K}(t)=[K_1\quad K_2\quad K_3\quad K_4\quad K_5\quad -0.141]^{\mathrm{T}}$$

$$\boldsymbol{F}(t)=\begin{bmatrix} 0 & 1.0 & 0 & 0 & 0 & 0 \\ 0 & 0 & 1.0 & 0 & 0 & 0 \\ 0 & 0 & 0 & 1.0 & 0 & 0 \\ F_{4,1} & F_{4,2} & F_{4,3} & F_{4,4} & 0 & 0 \\ 0 & 0 & 0 & 0 & 0 & 1.0 \\ 0 & 0 & 0 & 0 & 0 & 0 \end{bmatrix}$$

$$\boldsymbol{H}(t)=[H_1\quad H_2\quad H_3\quad 0\quad -1.0\quad 0]$$

分别求出每个状态点下的滤波器参数，进行拟合，拟合公式分别为

$$H_1=0.1765\cdot U_{10}^{-0.483}$$

$$H_2=0.135\cdot \mathrm{e}^{-[(U_{10}-21.12)/4.044]^2}+0.06\cdot \mathrm{e}^{-[(U_{10}-16.01)/2.74]^2}$$

$$H_3=0.022\cdot U_{10}+0.28$$

$$K_1=-0.056\cdot U_{10}^{2.28}+1.03$$

$$K_2=-0.0015\cdot U_{10}^3+0.078\cdot U_{10}^2-1.256\cdot U_{10}+3.73$$

$$K_3=7.86\cdot \mathrm{e}^{-0.0064U_{10}}-12.37\cdot \mathrm{e}^{-0.26U_{10}}$$

$$K_4=-0.04748\cdot U_{10}^2+1.927\cdot U_{10}-2.663$$

$$K_5=-0.348\cdot \mathrm{e}^{(0.097U_{10})}$$

$$F_{4,1}=-2287\cdot \mathrm{e}^{-1.188U_{10}}-40.82\cdot \mathrm{e}^{-0.4035U_{10}}$$

$$F_{4,2}=-443.5\cdot \mathrm{e}^{-0.8732U_{10}}-13.13\cdot \mathrm{e}^{-0.2438U_{10}}$$

$$F_{4,3}=-116.3\cdot \mathrm{e}^{-0.629U_{10}}-8.565\cdot \mathrm{e}^{-0.1415U_{10}}$$

$$F_{4,4}=-10.45\cdot \mathrm{e}^{-0.431U_{10}}-2.613\cdot \mathrm{e}^{-0.061U_{10}}$$

拟合曲线分别如图 8.36～图 8.47 所示。

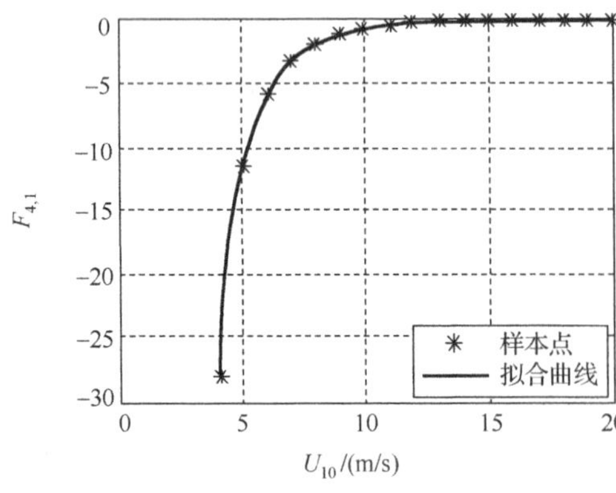

图 8.36　$F_{4,1}$ 拟合曲线

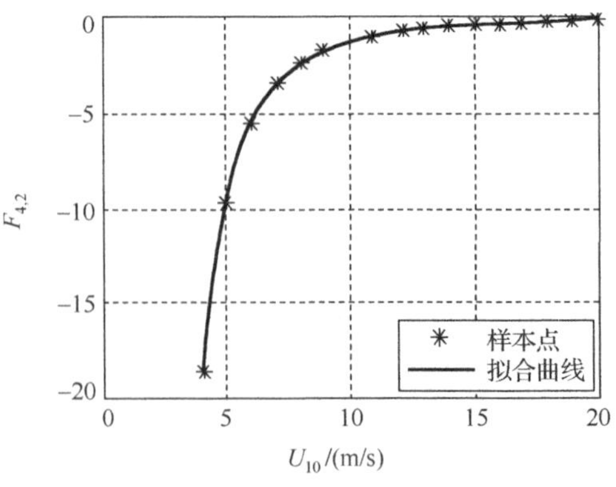

图 8.37　$F_{4,2}$ 拟合曲线

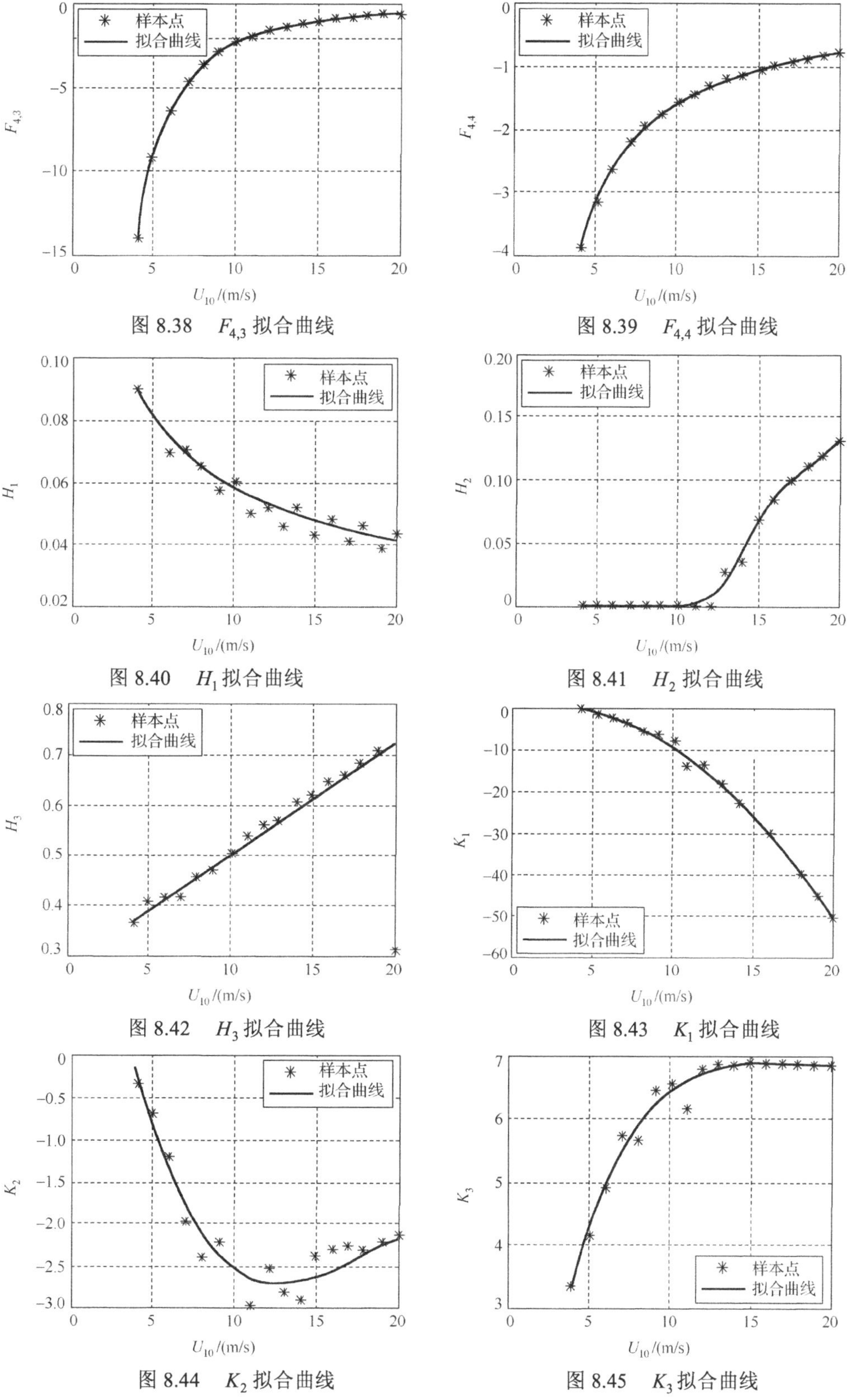

图 8.38　$F_{4,3}$ 拟合曲线

图 8.39　$F_{4,4}$ 拟合曲线

图 8.40　H_1 拟合曲线

图 8.41　H_2 拟合曲线

图 8.42　H_3 拟合曲线

图 8.43　K_1 拟合曲线

图 8.44　K_2 拟合曲线

图 8.45　K_3 拟合曲线

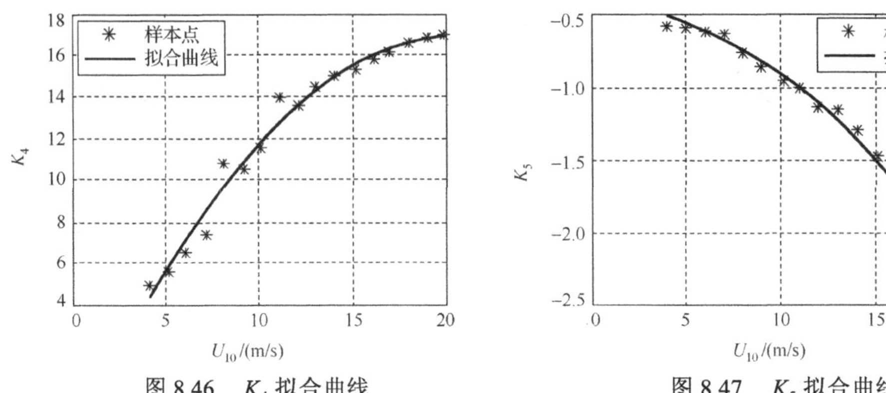

图 8.46　K_4 拟合曲线　　　　图 8.47　K_5 拟合曲线

综合以上结果，确定卡尔曼滤波器状态方程的调参规律。

8.3.3 调参滤波器检验

为了验证调参卡尔曼滤波器方案的可行性和效果，选取几个不同风速值进行仿真。

①风速 $U_{10}=6\text{ m/s}$，无线电高度表的测量噪声 n_1 的方差 $\text{Var}_1=0.5$，加速度计的测量噪声 n_2 的方差 $\text{Var}_2=0.01$，$x_5(0)=\hat{h}_0-h_0=0$，$x_6(0)=\hat{w}_0-w_0=0$。

由拟合公式计算卡尔曼滤波参数得

$$\boldsymbol{K}(t)=[-2.2995\quad -1.3220\quad 4.9645\quad 7.1897\quad -0.6228\quad -0.1410]^{\mathrm{T}},$$

$$\boldsymbol{F}(t)-\boldsymbol{K}(t)\boldsymbol{H}(t)=\begin{bmatrix} 0.1708 & 1.0000 & 0.9474 & 0.0000 & -2.2995 & 0 \\ 0.0982 & 0.0000 & 1.5447 & 0.0000 & -1.3220 & 0 \\ -0.3688 & -0.0000 & -2.0454 & 1.0000 & 4.9645 & 0 \\ -5.9951 & -5.3933 & -9.2969 & -2.5992 & 7.1897 & 0 \\ 0.0463 & 0.0000 & 0.2566 & 0.0000 & -0.6228 & 1.0000 \\ 0.0105 & 0.0000 & 0.0581 & 0.0000 & -0.1410 & 0 \end{bmatrix}$$

$U_{10}=6\text{m/s}$ 时的卡尔曼滤波结果如图 8.48 所示。

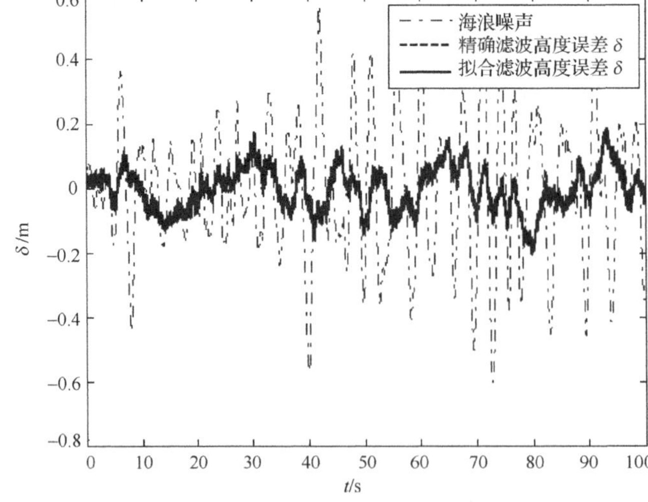

图 8.48　$U_{10}=6\text{m/s}$ 时的卡尔曼滤波结果

②风速 $U_{10}=12\ \text{m/s}$，无线电高度表的测量噪声 n_1 的方差 $\text{Var}_1=0.5$，加速度计的测量噪声 n_2 的方差 $\text{Var}_2=0.01$， $x_5(0)=\hat{h}_0-h_0=0$， $x_6(0)=\hat{w}_0-w_0=0$。 $U_{10}=12\text{m/s}$ 时的卡尔曼滤波结果如图 8.49 所示。

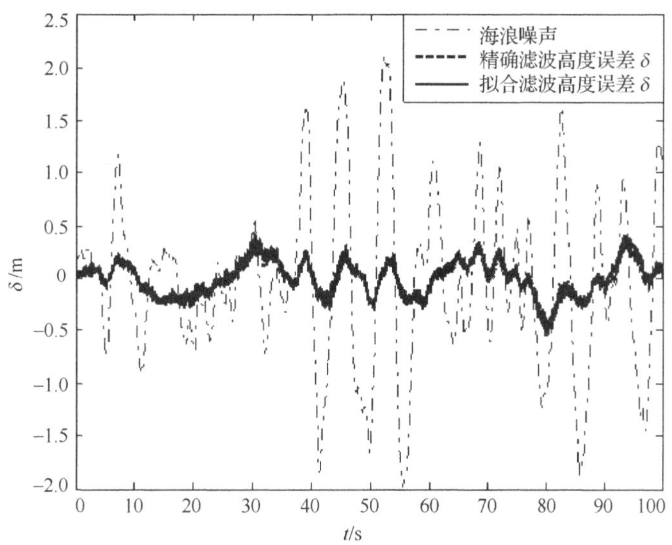

图 8.49　$U_{10}=12\text{m/s}$ 时的卡尔曼滤波结果

③风速 $U_{10}=18\text{m/s}$，无线电高度表的测量噪声 n_1 的方差 $\text{Var}_1=0.5$，加速度计的测量噪声 n_2 的方差 $\text{Var}_2=0.01$， $x_5(0)=\hat{h}_0-h_0=0$， $x_6(0)=\hat{w}_0-w_0=0$。 $U_{10}=18\text{m/s}$ 时的卡尔曼滤波结果如图 8.50 所示。

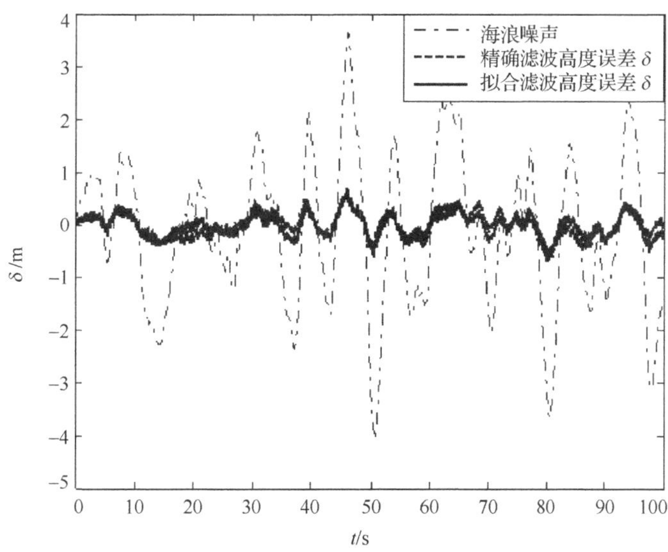

图 8.50　$U_{10}=18\text{m/s}$ 时的卡尔曼滤波结果

从上面仿真结果可以看到，特定风速下设计的卡尔曼滤波器与调参卡尔曼滤波器的滤波效果差别很小。表 8.5 中列出了不同风速下的统计特性。

表 8.5 不同风速下的统计特性

		实验一	实验二	实验三
风速		$U_{10}=6\text{m/s}$	$U_{10}=12\text{m/s}$	$U_{10}=18\text{m/s}$
幅值变化对比	噪声变化幅度	1.1821	4.0966	7.7503
	精确滤波后高度变化幅度	0.3241	1.0376	1.0442
	拟合滤波后高度变化幅度	0.3415	1.1806	1.1994
误差 δ 的均值对比	噪声误差 δ 的均值	−0.0015	−0.0506	−0.1486
	精确滤波后高度误差 δ 的均值	0.0246	0.0919	0.1862
	拟合滤波后高度误差 δ 的均值	0.0261	0.0926	0.2194
误差 δ 的方差对比	噪声误差 δ 的方差	0.0456	0.6607	2.0737
	精确滤波后高度误差 δ 的方差	0.0082	0.0806	0.2008
	拟合滤波后高度误差 δ 的方差	0.0093	0.0969	0.2883

从表 8.5 中可以看出，调参滤波器的滤波结果较精确滤波结果相差不多，都满足性能指标要求，表明所设计的调参滤波器对风速变化具有较好的适应性。

8.3.4 缆高控制律的仿真验证

在海浪滤波的基础上进行直升机高度稳定控制，与 3.2.4 节的设计方法相同，在此不再赘述。利用 3.2.4 节的设计结果，对缆高控制系统进行数字仿真和实时仿真验证。

设无线电高度表的测量噪声 n_1 的方差 $\text{Var}_1=0.5$，加速度计的测量噪声 n_2 的方差 $\text{Var}_2=0.01$，$x_5(0)=\hat{h}_0-h_0=0$，$x_6(0)=\hat{w}_0-w_0=0$，分别选取两组不同风速，取海浪滤波后的高度信号进行仿真计算，看直升机的高度稳定过程。

①当风速 $U_{10}=6\text{m/s}$ 时，高度误差响应曲线如图 8.51 所示。

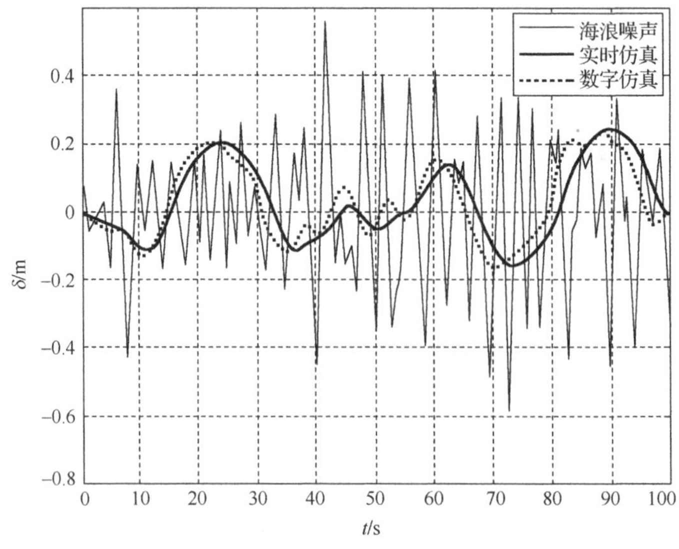

图 8.51 高度误差响应曲线

②当风速 $U_{10}=10\text{m/s}$ 时，高度误差响应曲线如图 8.52 所示。

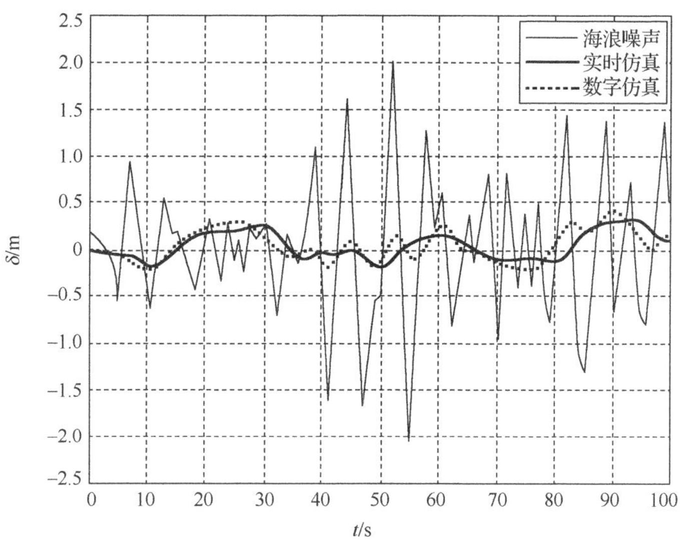

图 8.52　高度误差响应曲线

用高度稳定过程中的误差最大值描述缆高控制的效果，不同风速下海浪滤波后的高度稳定效果如表 8.6 所示。

表 8.6　不同风速下海浪滤波后的高度稳定效果

	风速 U_{10} =6m/s	风速 U_{10} =10m/s
滤波后高度误差最大值/m	0.24	0.32

显然，高度稳定的效果令人满意。

本 章 小 结

本章针对直升机吊放任务所涉及的控制问题展开讨论。根据设计要求设计了自动过渡指令，通过仿真进行了验证。在建立缆绳系统动态方程的基础上，对直升机-缆绳控制系统进行了缆位控制律设计。基于海浪模型，针对不同风速下的海浪噪声设计了卡尔曼高度调参滤波器。通过仿真验证了缆高控制方案的有效性。

参 考 文 献

[1]　彭正华，陈怡枢. 直升机反潜面临的新课题[J]，直升机技术，2003, 1（133）: 43-45.

[2]　戴宁. 直升机海上搜潜控制的设计与仿真[J]，直升机技术，2003（2）：23-26.

[3]　杨一栋，黄屹，李林华. 直升机自动过渡悬停飞行控制系统设计[J]，南京航空航天大学学报，2004，36（2）：200-204.

[4]　赵鹏轩. 直升机过渡悬停及缆位缆高控制律设计与仿真[D]，西安: 西北工业大学，2011.

[5]　李中健，安锦文. 反潜直升机缆位缆高控制系统实时仿真研究[J]，飞行力学，2000，18（3）：72-75.

[6] 陈钢. 反潜直升机缆位、缆高控制系统[D]，西安：西北工业大学，1997.

[7] 李广文，唐永哲，王冬. 直升机略海飞行海浪滤波器研究[J]，空军工程大学学报，2004，5（5）：18-20.

[8] 杨怀平，孙家广. 基于海浪谱的波浪模拟[J]. 系统仿真学报，2002，14（9）：1175-1178.

[9] 高红岗. 直升机悬吊过程控制与仿真[D]. 西安：西北工业大学，2013.

[10] M.R. Belmont，J.M.K. Horwood，R.W.F. Thurley，J. Baker. Filters for linear sea-wave prediction[J]，Elsevier Ocean Engineering，2006，33: 2332-2351.

[11] 邱宏安.随机海浪模型的建立及仿真分析[J]，系统仿真学报，2000，12（3）：226-228.

[12] Kammen J W，Huston R L，Modeling of submerged cable dynamics[J]. Computers and Structures，1984，20（1-3）：623-629.

[13] Huston R L，Kammen J W. Validation of finite segment cable models[J]. Computers and Structures，1982，15（6）：653-660.

[14] Jingdong Chen，Jacob Benesty，Yiteng (Arden) Huang，Simon Doclo. New insights into the noise reduction Wiener filter[C]，IEEE Transactions on Audio，Speech and Language Processing，2006，14（4）：1218-1233.

[15] Jacob Benesty，M. Mohan Sondhi，Yiteng (Arden) Huang. Wiener and Adaptive Filters[R]，Springer Handbook of Speech Processing，2007, 103-120.

[16] 秦永元，俞济祥. 直升机海面悬停时精确高度的维纳滤波提取法[J]，航空学报，1994，15（11）：1341-1347.

[17] D. Cevtkovic，I. Kostic. Mathematical Models of Helicopter Flight Dynamics[C]，40th AIAA Aerospace Sciences Meeting＆Exhibit 14-17, January 2002.

[18] Dario Fusato. Design sensitivity analysis and optimization for helicopter handling qualities improvement[D]. Mary land: University of Maryland. 2002.

[19] 袁燎原. 直升机控制律的半物理仿真研究[D]. 西安：西北工业大学，2012.

第9章 拖曳控制律设计

海上拖曳系统的有关研究是现代海洋应用与开发中的一项重要课题，拖曳系统作为一种海洋探测工具，在海洋资源勘探、水下目标搜索、水雷排爆等军事应用领域具有广泛用途。

用于拖曳作业的直升机，可以从陆上基地或大型水面舰船上起飞，快速部署到较远的海域[6, 7]。直升机的飞行高度和飞行速度可根据被拖曳体的种类和任务要求进行调整，用于拖曳作业时，比舰船速度快且安全性好，相对更有优势。这也是许多国家积极研发拖曳直升机的主要原因。

直升机拖曳系统在工作时，需要用缆绳拖着被拖曳体在海面上运动，缆绳拉力会限制直升机的飞行状态，影响直升机的速度、姿态和性能。分析直升机拖曳系统的工作特点，设计相应条件下的控制规律，对保证直升机的性能和安全、完成探测、搜索任务及保证拖曳设备的安全，十分必要。因此，研究拖曳系统的运动特点，展开直升机拖曳控制系统的研究，具有重要的实际意义。

本章探讨直升机拖曳系统模型建立、平衡点的计算及相关的拖曳控制律设计问题，给出在海风、洋流和海浪环境下，拖曳直升机的稳定控制和被拖曳体运动轨迹控制的参考方案。

9.1 拖曳系统模型及其特性分析

9.1.1 缆绳系统模型

缆绳系统模型建立过程见附录B。引用式（FB.56），缆绳系统状态方程为

$$\begin{cases}\dot{\boldsymbol{x}}=\boldsymbol{A}_{\mathrm{tl}}\boldsymbol{x}+\boldsymbol{B}_{\mathrm{tl}}\boldsymbol{u}\\ \boldsymbol{y}=\boldsymbol{C}_{\mathrm{tl}}\boldsymbol{x}\end{cases}\tag{9.1}$$

$$\boldsymbol{x}=[\theta_{\mathrm{t1}}\quad \theta_{\mathrm{t2}}\quad \theta_{\mathrm{t3}}\quad \gamma_{\mathrm{t1}}\quad \gamma_{\mathrm{t2}}\quad \gamma_{\mathrm{t2}}\quad \dot{\theta}_{\mathrm{t1}}\quad \dot{\theta}_{\mathrm{t2}}\quad \dot{\theta}_{\mathrm{t3}}\quad \dot{\gamma}_{\mathrm{t1}}\quad \dot{\gamma}_{\mathrm{t2}}\quad \dot{\gamma}_{\mathrm{t3}}\quad u_{\mathrm{t1}}\quad v_{\mathrm{t1}}\quad w_{\mathrm{t1}}]^{\mathrm{T}}$$

$$\boldsymbol{u}=[T_{\mathrm{pbx}}\quad T_{\mathrm{pby}}\quad T_{\mathrm{pbz}}]^{\mathrm{T}}$$

式中，θ_{ti}、γ_{ti} $(i=1,2,3)$ 分别为第 i 段缆绳的纵向和侧向缆位角，$\dot{\theta}_{ti}$、$\dot{\gamma}_{ti}$ 分别为第 i 段缆绳的纵向和侧向缆位角速度；u_{t1}、v_{t1}、w_{t1} 为系留点沿缆绳坐标系三轴的速度分量；T_{pbx}、T_{pby}、T_{pbz} 为系留点处缆绳拉力沿缆绳坐标系三轴的分量；$\boldsymbol{A}_{\mathrm{tl}}\in\mathbf{R}_{15\times15}$，$\boldsymbol{B}_{\mathrm{tl}}\in\mathbf{R}_{15\times4}$，$\boldsymbol{C}_{\mathrm{tl}}\in\boldsymbol{I}_{15\times15}$。

9.1.2 缆绳系统的稳态响应

直升机拖曳速度、高度、缆绳长度等的变化范围构成拖曳作业包线。给定直升机的速度和高度、缆绳长度、洋流速度大小和方向、风速大小和方向，可以导出相应条件（设计节点）下拖曳系统的状态方程。由不同设计节点处系统的状态方程进行插值，可以描述包线内系统的动态特性。

缆绳的张力和形状取决于拖曳速度、系留点高度、缆绳和被拖曳体的几何参数及重量等多种因素。缆绳的张力对直升机动态特性有直接影响。以下讨论拖曳速度、系留点高度和缆绳长度对拖曳系统稳态运动的影响。

表 9.1 给出了用于仿真计算的缆绳相关参数。

表 9.1 用于仿真计算的缆绳相关参数

参数变量	参数值
空气密度ρ_1	1.29 kg/m^3
海水密度ρ_2	1025 kg/m^3
缆绳直径 d_t	0.0079 m
缆绳单位长度的密度（线密度）m_l	0.072 kg/m^3
缆绳长度 l_t	150 m
第一段缆绳长度 l_{AB}	37.5 m
第二段缆绳长度 l_{BC}	62.5 m
第三段缆绳长度 l_{CD}	50 m
系留点高度 H	50 m

表 9.2 给出了拖曳设备的相关参数。

表 9.2 拖曳设备的相关参数

参数变量	参数值
拖曳设备空气阻力系数 C_{fM1}	1
拖曳设备海水阻力系数 C_{fM2}	1
拖曳设备黏滞阻力系数 μ_{M2}	0.1
拖曳设备长度 l_{M}	1m
拖曳设备宽度 m_{M}	2m
拖曳设备高度 n_{M}	1m
拖曳设备质量 M_{t}	1500kg

1. 拖曳速度对拖曳系统稳态运动的影响

本节所描述的缆绳系统速度一般不会超过 12.86m/s，分别选取地速（拖曳速度）V_{d} 为 2m/s、4m/s、6m/s、8m/s、10m/s，代入附录 B 中式（FB.52）～式（FB.54），可以得到缆绳系统的稳态解，以图形方式表示，如图 9.1、图 9.2 和图 9.3 所示。

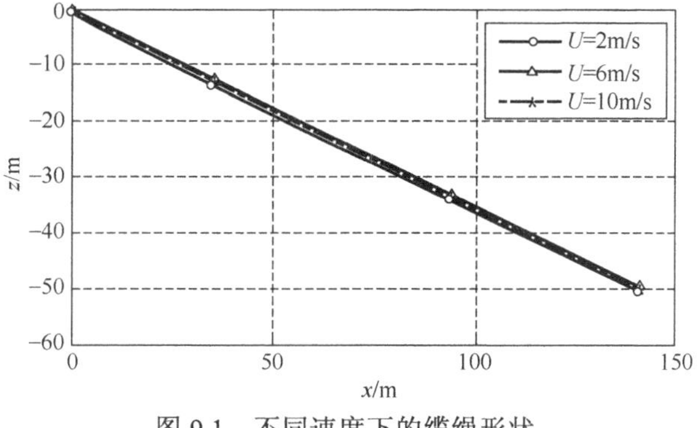

图 9.1　不同速度下的缆绳形状

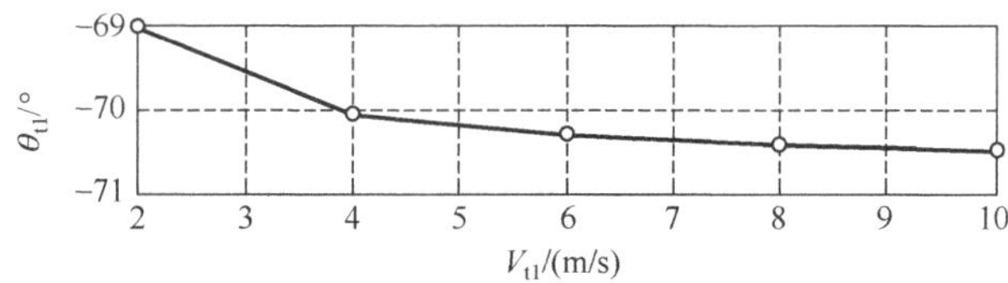

图 9.2　不同速度下第一段缆绳的纵向缆位角

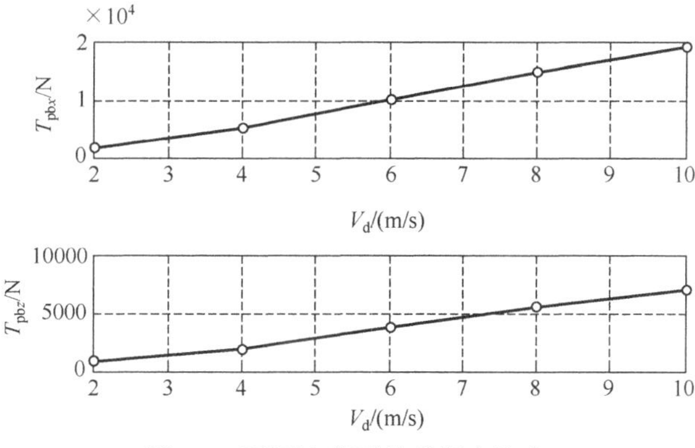

图 9.3　不同速度下的系留点拉力

由图 9.1 和图 9.2 可知，拖曳速度越低，缆绳的形状越弯曲，随着拖曳速度增加，缆绳趋于绷直，第一段缆绳纵向缆位角的绝对值增大；由图 9.3 可知，随着拖曳速度增加，缆绳张力迅速增加。

2. 缆绳长度对缆绳系统稳态解的影响

在拖曳作业中，直升机飞行高度和缆绳长度可以根据任务要求进行调节。飞行高度和缆绳长度对各段缆绳的缆位角及缆绳张力影响显著。

分别选择缆绳的长度 l_t=100m、150m、200m、250m、300m，地速 $V_d = 10$m/s，计算缆绳系统稳态解，如图 9.4、图 9.5 和图 9.6 所示。

由图 9.4 和图 9.5 可知，缆绳长度变化会显著改变缆绳形状，缆绳越长，第一段缆绳的纵向缆位角绝对值越大；由图 9.6 可知，缆绳长度增加会增大缆绳的张力，因为增加缆绳长度相当于增加了缆绳的重量；另外，由于纵向缆位角绝对值的增大，缆绳拉力在缆绳坐标系 O_tX_t 轴上的分量 T_{pbx} 增大，在缆绳坐标系 O_tZ_t 轴上的分量 T_{pbz} 减小。

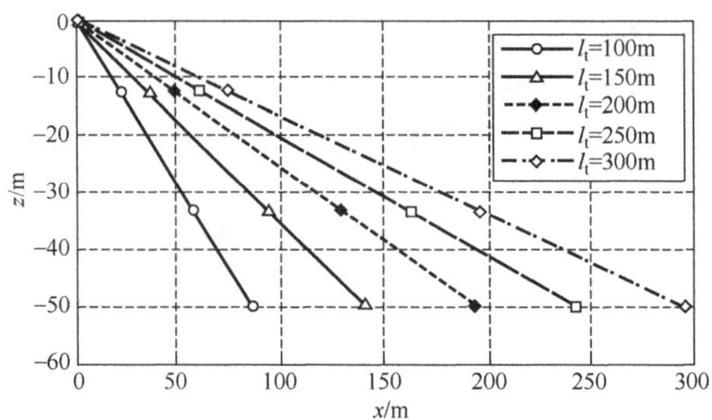

图 9.4　不同缆绳长度下的缆绳形状

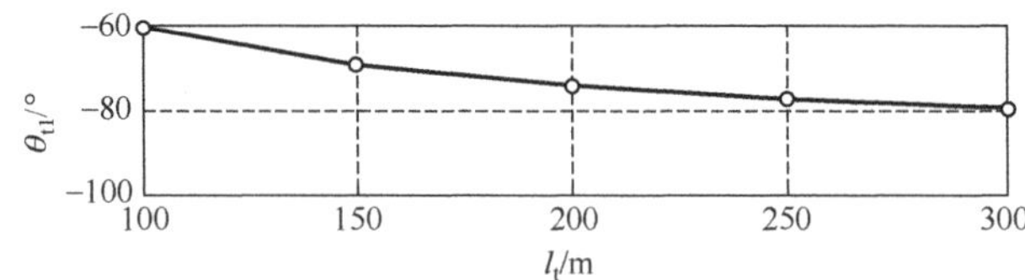

图 9.5　不同缆绳长度下第一段缆绳纵向缆位角

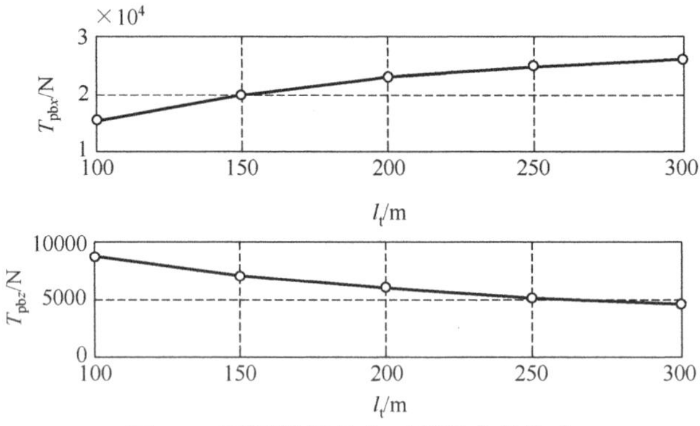

图 9.6　不同缆绳长度下系留点的拉力

3．系留点高度对缆绳系统稳态解的影响

选择系留点高度分别为 H=50m、60m、70m、80m、90m，缆绳长度 l_t=150m，拖曳速度 $V_d=10$m/s，通过计算，可以得出缆绳系统稳态解结果，如图 9.7、图 9.8 和图 9.9 所示。

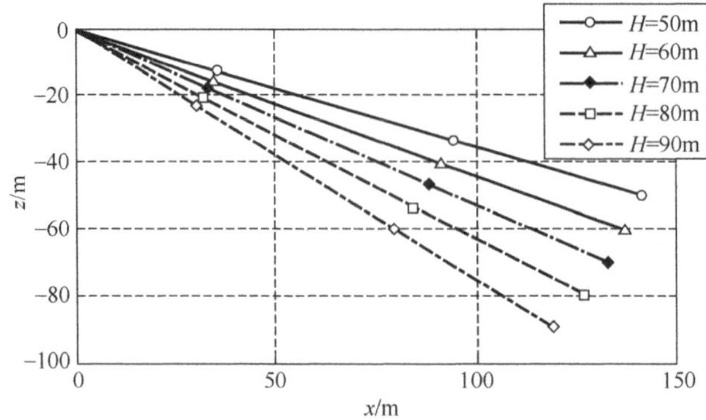

图 9.7　不同系留点高度下的缆绳形状

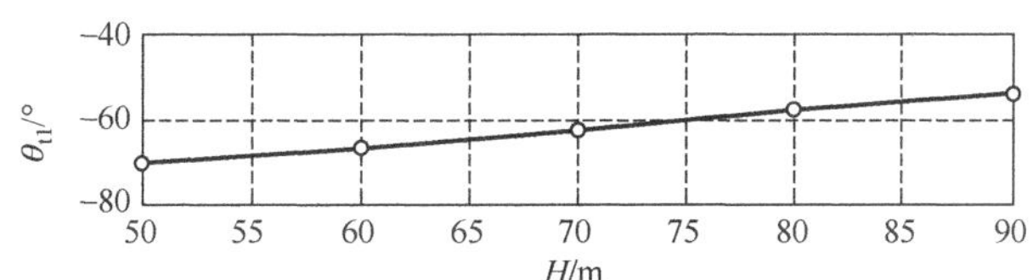

图 9.8　不同系留点高度下第一段缆绳的纵向缆位角

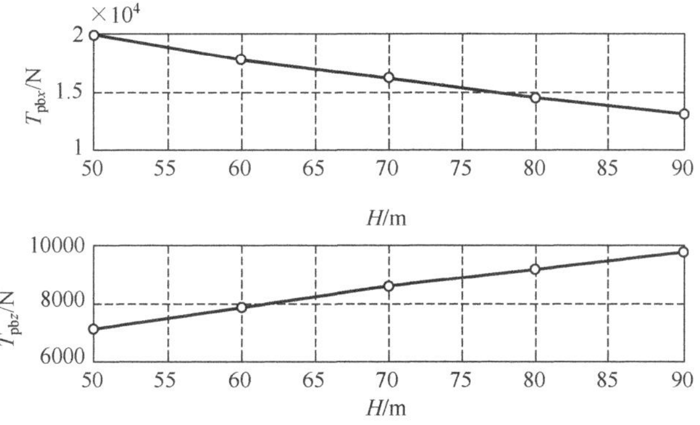

图 9.9　不同系留点高度下系留点的拉力

由图 9.7、图 9.8 和图 9.9 可知，系留点高度的变化也会显著改变缆绳形状。随着系留点高度增加，纵向缆位角绝对值减小；拉力在 O_tX_t 轴上的分量 T_{pbx} 减小，在 O_tZ_t 轴上的分量 T_{pbz} 增加。

拖曳系统稳态响应信息对于在作业过程中实时监测拖曳系统状态，判断其是否在正常范围内提供了依据。

9.1.3　洋流对缆绳系统的影响及控制策略

直升机在拖曳作业时，被拖曳体受到洋流的影响，会偏离预定的拖曳轨迹，通过缆绳又将拉力作用到直升机上，增加了系统有效覆盖搜索区域的难度。因此需要根据洋流速度的大小和方向修正直升机的航向角，使被拖曳体保持在预定航线上。

直升机拖曳系统在前飞方向的阻力主要体现在水对被拖曳体的扰流阻力和黏滞阻力上，相对速度越大，阻力越大。假设直升机保持地速 $V_d = 10\text{m/s}$，当洋流速度为零时，直升机拖曳系统可以正常作业。但如果洋流以 $V_s = 5\text{m/s}$ 的速度逆着直升机前飞方向流动，直升机与海水的相对速度为 $V_{M\_s} = 15\text{m/s}$，此时缆绳的拉力会超出直升机的负载能力。相反，如果洋流以 $V_s = 5\text{m/s}$ 的速度顺着直升机前进方向流动，此时直升机与海水的相对速度为 5m/s，系统工作效率降低。因此，为保证直升机拖曳系统安全、高效地完成任务，地速大小需要随洋流不同而改变。以拖曳速度（被拖曳体相对于海水的速度）$V_{M\_s} = 10\text{ m/s}$ 作为基准进行讨论，直升机地速与洋流速度的关系图如图 9.10 所示。

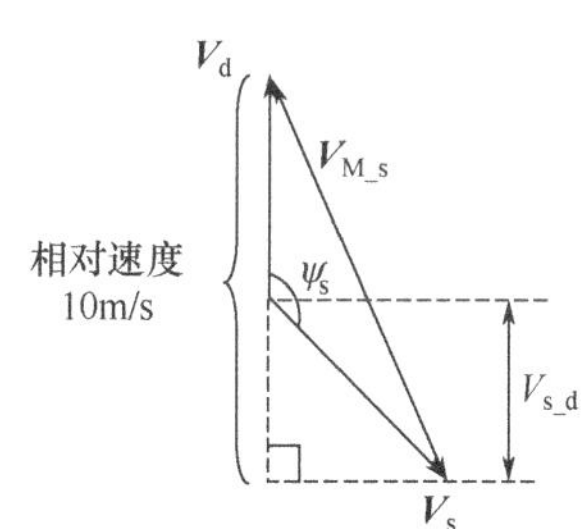

图 9.10　直升机地速与洋流速度的关系图

图 9.10 中，$\boldsymbol{V}_d$ 为地速矢量，$\boldsymbol{V}_s$ 为洋流速度

矢量，$\boldsymbol{V}_{\mathrm{M_s}}$为被拖曳体与海水的相对速度矢量，$V_{\mathrm{s_d}}$为洋流速度在地速方向的分量值。若直升机和海水在地速方向相对速度为10m/s，则可以求出地速的大小为

$$\begin{cases} V_{\mathrm{s\_d}}=V_{\mathrm{s}}\cdot\cos(\psi_{\mathrm{d}}-\psi_{\mathrm{s}}) \\ V_{\mathrm{d}}=10-V_{\mathrm{s\_d}} \end{cases} \tag{9.2}$$

式中，V_{d}、ψ_{d}分别为地速的大小和方向；V_{s}、ψ_{s}分别为洋流速度的大小和方向。

当有侧向洋流时，被拖曳体会受到侧向扰流阻力影响而随洋流偏移，同时缆绳对直升机产生侧向拉力。洋流速度越大，偏移越大，侧向拉力越大，这对直升机稳定飞行不利。因此，需要对直升机航向进行修正，使缆绳拉力沿着飞机纵轴方向，避免侧向拉力对直升机的影响。直升机的航向修正角ψ^*如图9.11所示。

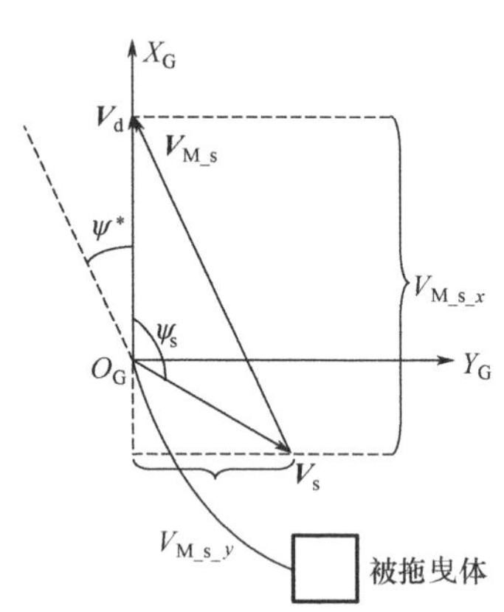

图9.11 直升机的航向修正角ψ^*

根据图9.11，利用速度矢量三角形关系，可以确定被拖曳体与海水的相对速度为

$$\boldsymbol{V}_{\mathrm{M\_s}}=\boldsymbol{V}_{\mathrm{d}}-\boldsymbol{V}_{\mathrm{s}} \tag{9.3}$$

定义航向修正角：

$$\psi^*=\arctan\frac{V_{\mathrm{M\_s\_y}}}{V_{\mathrm{M\_s\_x}}} \tag{9.4}$$

式中，$V_{\mathrm{M\_s\_x}}$、$V_{\mathrm{M_s_y}}$分别为被拖曳体与海水的相对速度在$O_{\mathrm{G}}X_{\mathrm{G}}$、$O_{\mathrm{G}}Y_{\mathrm{G}}$轴上的分量值。

给定应飞航向$\psi_{\mathrm{g}}=0°$，在地速（系留点速度）$V_{\mathrm{d}}=10\mathrm{m/s}$、高度$H$=50m的条件下进行计算，分析洋流对缆绳及被拖曳体的影响。设计两种方案，研究洋流对缆绳拉力和缆位角的影响。

方案一：直升机航向对准应飞方向，地速V_{d}保持10m/s不变。

方案二：直升机航向按式（9.4）调整，保持拖曳速度$V_{\mathrm{M_s}}=10\mathrm{m/s}$，地速$V_{\mathrm{d}}$随洋流进行调整，尽量减少侧向拉力。

下面设定两种初始条件，分别计算两种方案下的稳态解，研究侧向洋流对缆绳拉力和缆位角的影响。

①在洋流速度V_{s}为0m/s、2m/s、4m/s、6m/s、8m/s，洋流方向$\psi_{\mathrm{s}}=90°$时，计算稳态解的结果，如图9.12～图9.14所示。

由图9.12和图9.13可以看出，采用方案一，当侧向洋流逐渐增大时，侧向拉力$T_{\mathrm{pb}y}$和第一段缆绳的侧向缆位角γ_{t1}增大较快，当V_{s}=8m/s时，侧向拉力$T_{\mathrm{pb}y}$甚至达到−19579N，第一段缆绳的侧向缆位角γ_{t1}达到−65.811°，此时侧向拉力太大，对直升机安全不利。

采用方案二，通过改变地速大小和直升机的航向角，可以有效减小侧向拉力和侧向缆位角。

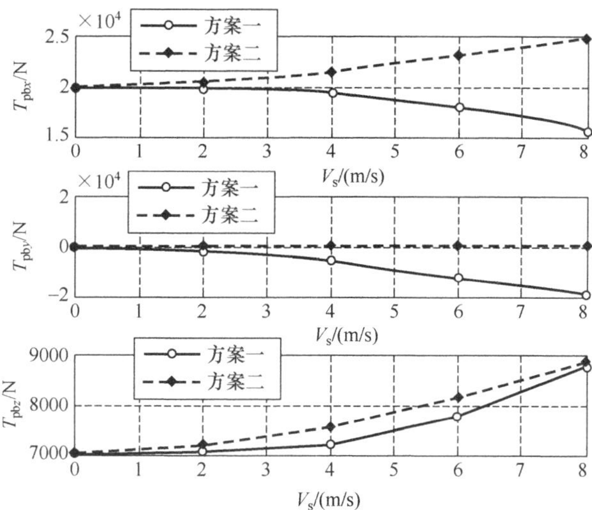

图 9.12　侧向洋流对三轴缆绳拉力的影响

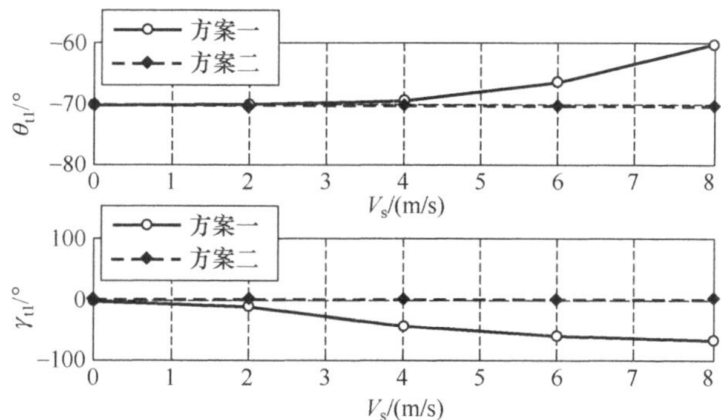

图 9.13　侧向洋流对纵向、侧向缆位角的影响

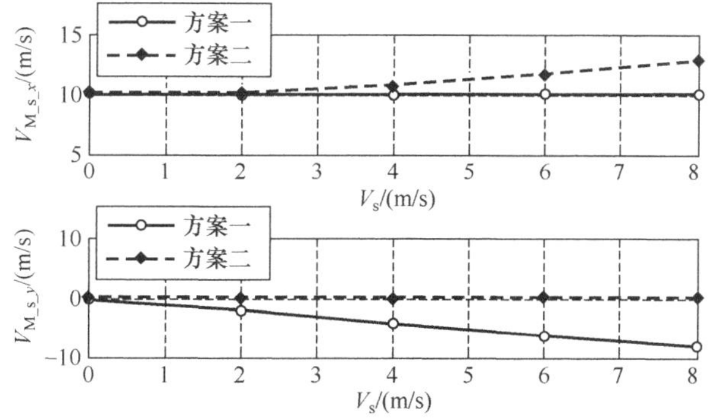

图 9.14　缆绳坐标系下被拖曳体与海水的相对速度

②在洋流速度V_s为 0m/s、2m/s、4m/s、6m/s、8m/s，洋流方向ψ_s=180°（逆流）时，计算缆绳拉力和缆位角的稳态解，如图 9.15～图 9.17 所示。

由图 9.15～图 9.17 可以看出，采用方案一，当逆向洋流逐渐增大时，前向拉力T_{pbx}逐渐增大，当V_s=8m/s 时，拖曳速度$V_{_M_s}$达到 18m/s，前向拉力T_{pbx}甚至达到 31 282N，超出了直升机的拖曳能力。

采用方案二，使拖曳速度保持在 V_{M_s}=10m/s，可以保证直升机拖曳系统正常工作。

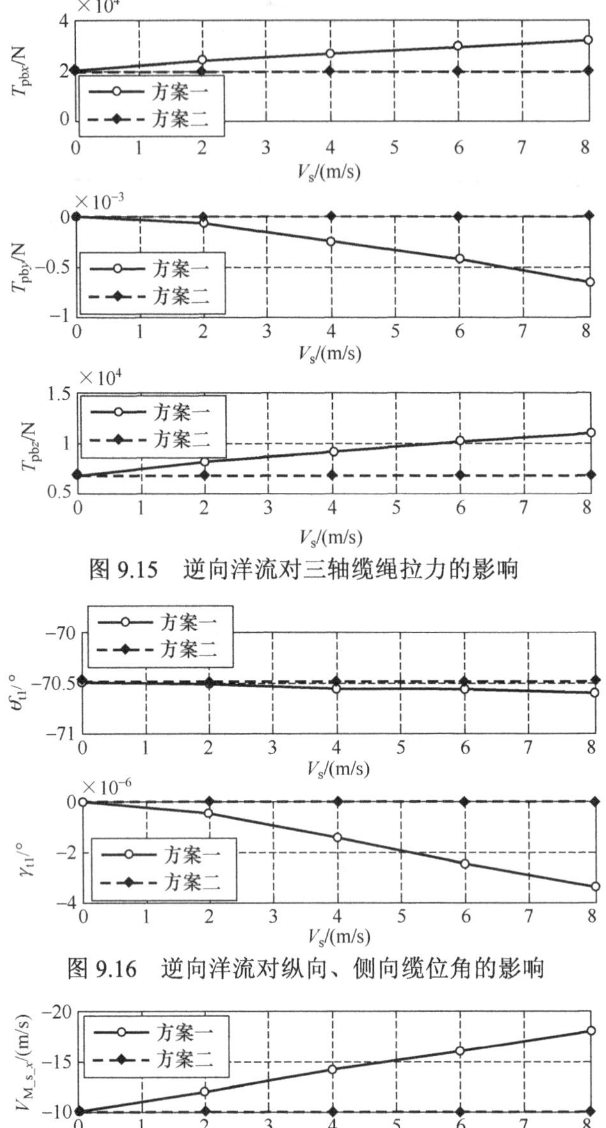

图 9.15　逆向洋流对三轴缆绳拉力的影响

图 9.16　逆向洋流对纵向、侧向缆位角的影响

图 9.17　缆绳系下海水与被拖体的相对速度

综合以上两种典型初始条件下的稳态解分析结果，采用方案二作为洋流环境下系统的工作模式是合适的。根据洋流大小方向调整直升机航向和拖曳速度，可以保证直升机拖曳系统正常作业。

9.1.4 海风对缆绳系统的影响及控制策略

空速$\boldsymbol{V}$、风速$\boldsymbol{V}_{\mathrm{w}}$和地速$\boldsymbol{V}_{\mathrm{d}}$满足矢量关系：

$$\boldsymbol{V}=\boldsymbol{V}_{\mathrm{d}}-\boldsymbol{V}_{\mathrm{w}} \tag{9.5}$$

假定直升机航向沿着 0°（北极）方向飞行，有侧风时，直升机重心会偏离原来的航线，而沿着ψ_{d}方向飞行，空速、风速和地速的矢量关系如图 9.18 所示。

为修正侧风对直升机预定航线的影响，提出两种解决方案：侧航法和侧滑法。

1．侧航法：根据式（9.5），由地速、风速的大小和方向，求出空速$\boldsymbol{V}$的大小和方向，使直升机的航向迎着侧风方向偏转偏向角$\dot{\psi}$，保证地速沿 0° 方向，侧航法示意图如图 9.19 所示。

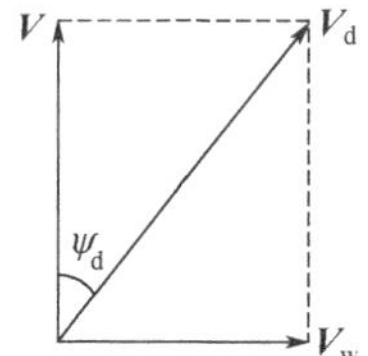

图 9.18 空速、风速和地速的矢量关系

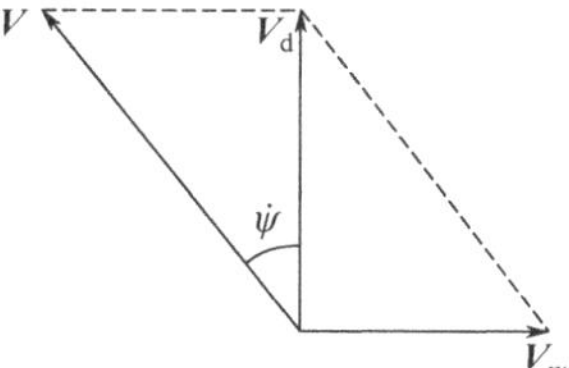

图 9.19 侧航法示意图

2．侧滑法：使旋翼迎风偏转产生倾斜，形成侧向力，与风产生的侧向力抵消。此时，直升机带侧滑飞行，同时操纵尾桨桨距以平衡侧滑产生的偏航力矩，保证地速方向与应飞方向一致。

比较以上两种方案，侧航法不会产生侧滑，但缺点是地速和直升机纵轴不一致，导致缆绳侧向拉力较大；而侧滑法靠操纵旋翼和尾桨保证地速方向与直升机航向一致，不会产生大的侧向力。下面通过仿真检验这两种方案的效果。

设系留点速度$V_{\mathrm{d}}=10\mathrm{m/s}$、高度 H=50m，应飞航向$\psi_{\mathrm{g}}=0°$，取风速V_{w}分别为=0m/s、2m/s、4m/s、6m/s、8m/s，风速方向$\psi_{\mathrm{w}}=90°$，研究侧向风对缆绳拉力和缆位角的影响，如图 9.20 和图 9.21 所示。

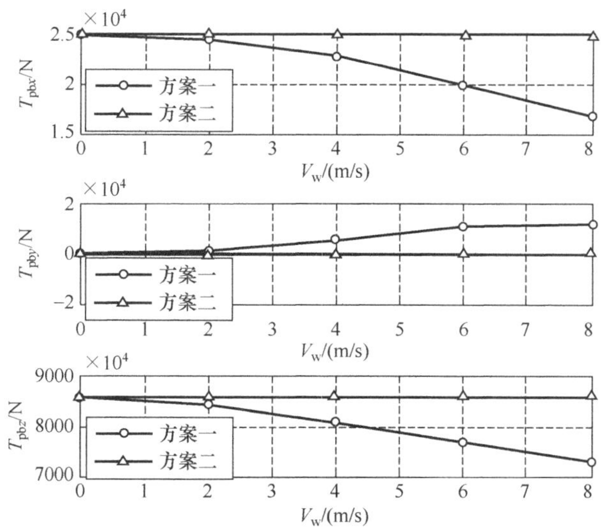

图 9.20 侧向风对缆绳三轴拉力的影响

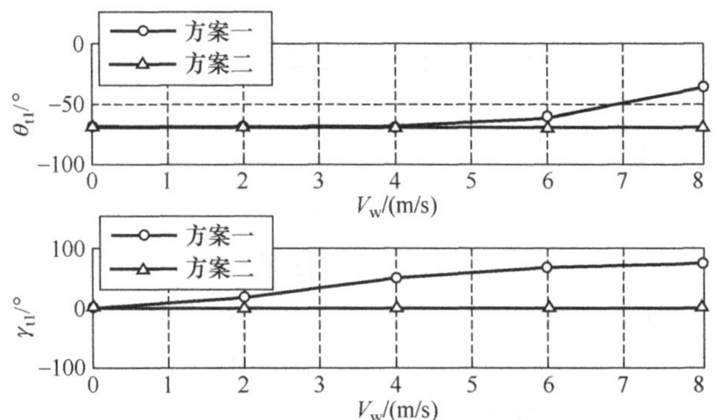

图 9.21　侧向风对纵向、侧向缆位角的影响

由图 9.20 和图 9.21 可以看出，当有侧向风时，侧航法中通过空速、地速和风速的矢量三角关系，计算出空速方向，虽然直升机轨迹仍然在应飞航线上，但侧向拉力增大。当风速达到 8m/s 时，侧向拉力达到 12 111N，对直升机安全飞行不利。而侧滑法有效地避免了侧向拉力。

考虑到当洋流和风同时作用时，洋流引起被拖曳体的偏移进而引起的侧向拉力变化是影响系统正常工作的主要矛盾，故选择由洋流确定航向修正角，使缆绳拉力与飞机纵轴方向一致；同时使直升机倾斜来抵消侧风影响。这样将洋流、风速两个因素分开处理，便于系统的分析和控制律设计。

9.2　直升机拖曳系统建模

9.2.1　直升机模型

在考虑缆绳拉力影响的直升机 6 自由度动力学方程的基础上，进行小扰动线性化处理，可建立直升机的状态方程[见第 7 章 7.1 节式（7.8）]：

$$\dot{\boldsymbol{x}} = \boldsymbol{A}\boldsymbol{x} + \boldsymbol{B}_1\boldsymbol{u}_1 + \boldsymbol{B}_2\boldsymbol{u}_2 = \boldsymbol{A}\boldsymbol{x} + [\boldsymbol{B}_1 \quad \boldsymbol{B}_2]\begin{bmatrix}\boldsymbol{u}_1 \\ \boldsymbol{u}_2\end{bmatrix} \tag{9.6}$$

式中，$\boldsymbol{x}=[u \quad v \quad w \quad \vartheta \quad \varphi \quad \psi \quad \dot{\vartheta} \quad \dot{\varphi} \quad \dot{\psi}]^{\mathrm{T}}$，$\boldsymbol{u}_1=[\mathrm{Bic} \quad \mathrm{Aic} \quad \delta_{\mathrm{rc}} \quad \theta_{\mathrm{c}}]^{\mathrm{T}}$，$\boldsymbol{u}_2=[T_{\mathrm{Pb}x} \quad T_{\mathrm{Pb}y} \quad T_{\mathrm{Pb}z}]^{\mathrm{T}}$。

9.2.2　直升机拖曳系统模型

通过系留点处速度和拉力的约束关系，联立直升机状态方程式（9.6）和缆绳-被拖曳体状态方程式（9.1），推导直升机-缆绳-被拖曳体系统整体模型，探讨拖曳速度、缆绳长度和系留点高度对拖曳系统稳态运动的影响，分析洋流和定常风对拖曳系统稳态运动的影响，可以为拖曳控制律设计创造条件。

假设缆绳系留点位于直升机 *XOZ* 平面内，即 $s_{\mathrm{Hpb}y}=0$，则缆绳系留点 O_{t} 在机体坐标系中的坐标位置为 $(s_{\mathrm{Hpb}x},\ 0,\ s_{\mathrm{Hpb}z})$，飞机重心和系留点的相对位置如图 9.22 所示。如果直升机抬头，俯仰角 ϑ 为正，则缆绳系留点和飞机重心的相对运动如图 9.23 所示。

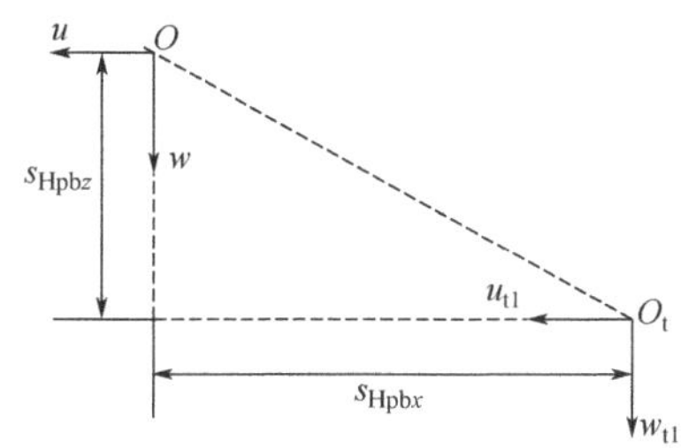

图 9.22　飞机重心和系留点的相对位置

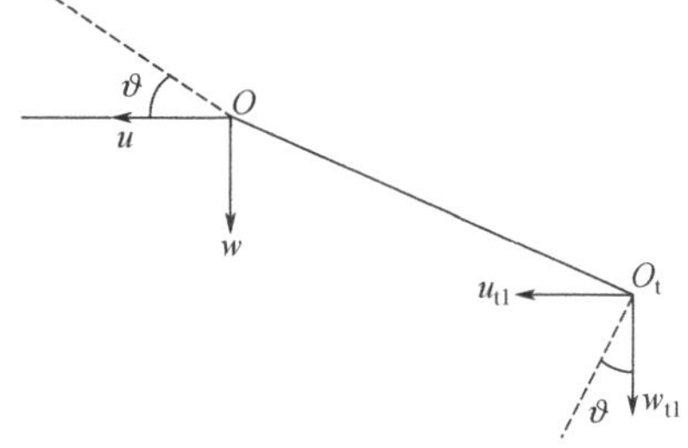

图 9.23　缆绳系留点和飞机重心的相对运动

根据定点转动中有关速度的计算公式，直升机拖曳系统系留点在机体坐标系下的速度为

$$\begin{bmatrix} u_{\text{tl}} \\ v_{\text{tl}} \\ w_{\text{tl}} \end{bmatrix} = \begin{bmatrix} p \\ q \\ r \end{bmatrix} \times \begin{bmatrix} s_{\text{Hpbx}} \\ 0 \\ s_{\text{Hpbz}} \end{bmatrix} + \begin{bmatrix} u \\ v \\ w \end{bmatrix} = \begin{bmatrix} u + q \cdot s_{\text{Hpbz}} \\ v - p \cdot s_{\text{Hpbz}} + r \cdot s_{\text{Hpbx}} \\ w - q \cdot s_{\text{Hpbx}} \end{bmatrix} \tag{9.7}$$

联立拖曳直升机状态方程式（9.6）、缆绳状态方程式（9.1）及速度约束关系式（9.7），T_{pbx}、T_{pby} 和 T_{pbz} 是直升机-缆绳-被拖曳体系统的内部力[由附录 B 中式（FB.51）表示]，可以通过联立直升机-被拖曳体系统方程而消去，这样可以导出 21 维状态、4 维输入的直升机拖曳系统状态空间表达式：

$$\begin{cases} \dot{\boldsymbol{x}} = \boldsymbol{A}_{\text{ty}}\boldsymbol{x} + \boldsymbol{B}_{\text{ty}}\boldsymbol{u} \\ \boldsymbol{y} = \boldsymbol{C}_{\text{ty}}\boldsymbol{x} \end{cases} \tag{9.8}$$

式中，状态和输入向量分别为

$\boldsymbol{x} = [u \quad v \quad w \quad \vartheta \quad \varphi \quad \psi \quad \dot{\vartheta} \quad \dot{\varphi} \quad \dot{\psi} \quad \theta_{\text{t1}} \quad \theta_{\text{t2}} \quad \theta_{\text{t3}} \quad \gamma_{\text{t1}} \quad \gamma_{\text{t2}} \quad \gamma_{\text{t3}} \quad \dot{\theta}_{\text{t1}} \quad \dot{\theta}_{\text{t2}} \quad \dot{\theta}_{\text{t3}} \quad \dot{\gamma}_{\text{t1}} \quad \dot{\gamma}_{\text{t2}} \quad \dot{\gamma}_{\text{t3}}]^{\text{T}}$，

$\boldsymbol{u} = [\text{Aic} \quad \text{Bic} \quad \delta_{\text{rc}} \quad \theta_{\text{c}}]^{\text{T}}$，$\boldsymbol{A}_{\text{ty}} \in \mathbf{R}_{21\times21}, \boldsymbol{B}_{\text{ty}} \in \mathbf{R}_{21\times4}$，$\boldsymbol{C}_{\text{ty}} = \boldsymbol{I}_{21\times21}$。

9.3　直升机拖曳系统控制律设计

9.3.1　增稳控制律参数调整

拖曳作业过程中，缆绳拉力会影响直升机的特性。

在拖曳速度 $V_{\text{M\_s}} = 10\text{m/s}$，系留点高度 H=50m 的状态下，给定洋流速度 V_{s} =8m/s，方向 ψ_{s}=90°，初始俯仰角 5°，仿真 50s 水平直飞过程，直升机三轴姿态和系留点处缆绳的三轴拉力分别如图 9.24、图 9.25 所示。

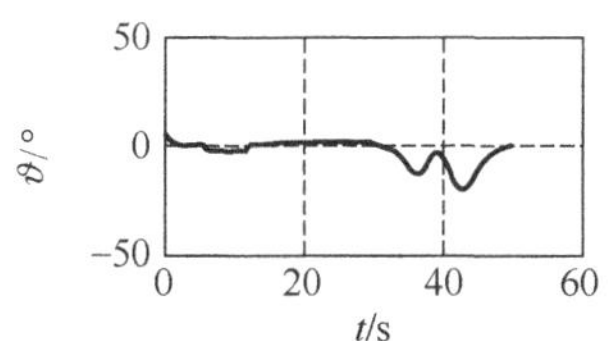

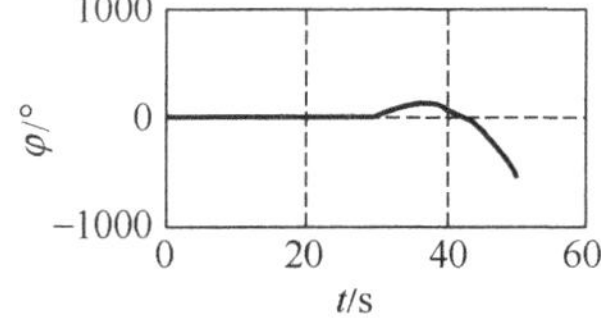

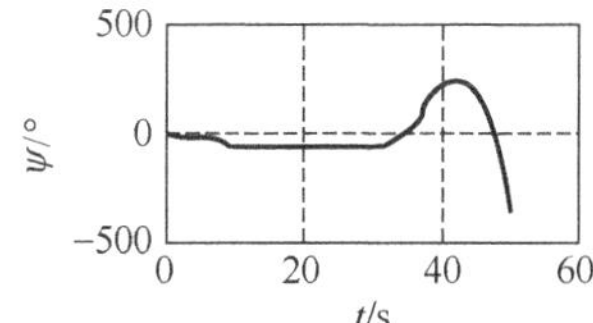

图 9.24　直升机三轴姿态

仿真计算结果显示，在有侧向洋流的环境下，拖曳直升机受侧向缆绳拉力影响，会导致系统不稳定。因此，需要对直升机的增稳控制参数进行调整，以改善系统性能，使其可以顺利执行拖曳任务。

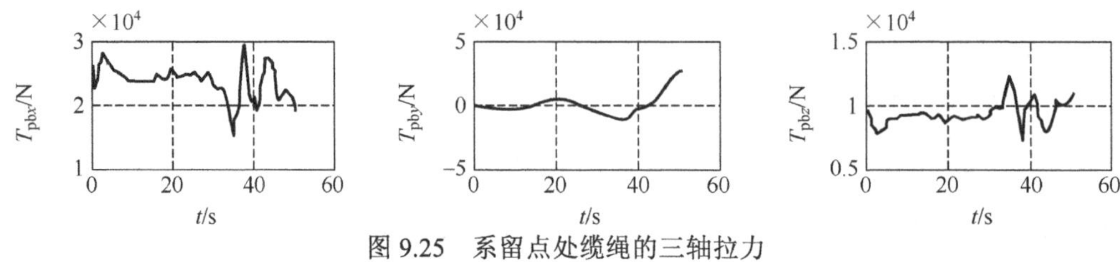

图 9.25 系留点处缆绳的三轴拉力

9.3.2 缆位角反馈控制参数设计

在增稳控制律参数调整的基础上，设计缆位角反馈控制律，用以抑制缆绳振荡对直升机的影响，提高直升机拖曳系统的性能。

1. 纵向缆位角控制律

纵向缆位角采用比例加测速反馈控制方式，将信号 θ_{t1}、$\dot{\theta}_{t1}$ 反馈到俯仰通道输入口。为便于描述，参考图 3.10（b），画出纵向缆位角控制系统结构图，如图 9.26 所示。

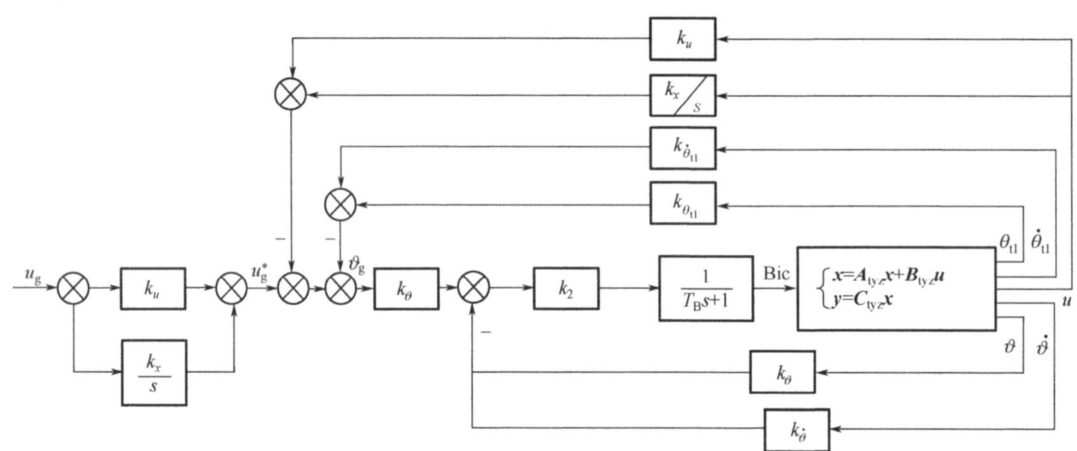

图 9.26 纵向缆位角控制系统结构图

2. 侧向缆位角控制律

侧向缆位角控制律同样采用比例加测速反馈控制方式，将信号反馈到倾斜角指令输入口。参考图 3.22，侧向缆位角控制系统结构示意图如图 9.27 所示。

控制参数设计方法已经在第 3 章中详细介绍过，此处不再赘述，拖曳直升机控制参数表如表 9.3 所示。

采用寻优算法确定缆位角反馈参数，缆位角控制参数表如表 9.4 所示。

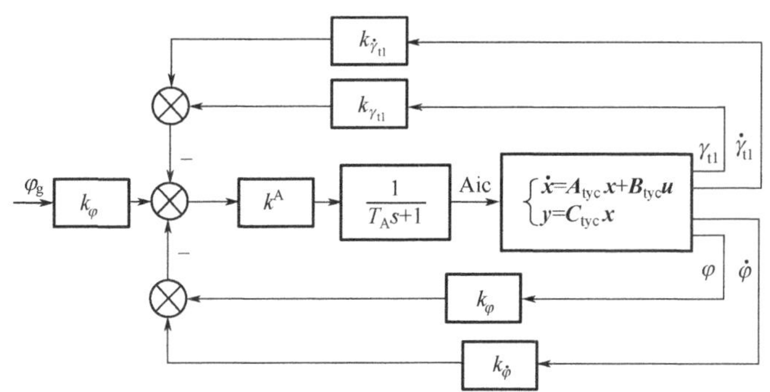

图 9.27　侧向缆位角控制系统结构示意图

表 9.3　拖曳直升机控制参数表

控制参数	k_ϑ	$k_{\dot{\vartheta}}$	k_x	k_u	k_{ih}	k_h
参数值	2.500	4.500	0.258	2.011	0.100	1.200
控制参数	$k_{\dot{h}}$	k_φ	$k_{\dot{\varphi}}$	k_ψ	$k_{\dot{\psi}}$	
参数值	1.000	5.600	1.650	4.700	4.750	

表 9.4　缆位角控制参数表

控制参数	$k_{\theta_{t1}}$	$k_{\dot{\theta}_{t1}}$	$k_{\gamma_{t1}}$	$k_{\dot{\gamma}_{t1}}$
参数值	33.5229	1.6810	0.7405	−0.6345

9.3.3　直升机拖曳系统控制律检验

仍以拖曳速度 10m/s，系留点高度 50m，洋流速度 V_s=8m/s，方向 ψ_s=90°，初始俯仰角 5°的条件进行计算，验证控制律及参数的正确性。图 9.28～图 9.33 分别给出直升机三轴姿态角、直升机三轴角速度、直升机三轴速度、缆绳的三轴拉力、三段缆绳的纵向缆位角，以及三段缆绳的侧向缆位角。

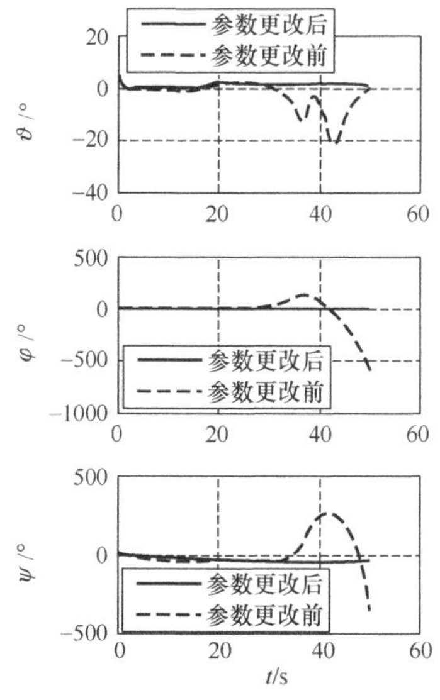

图 9.28　直升机三轴姿态角

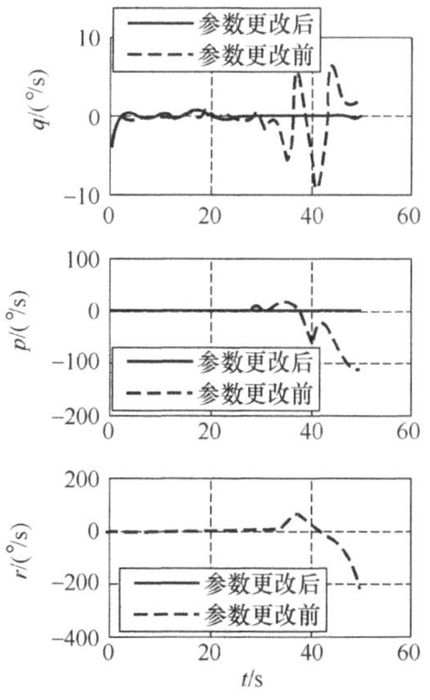

图 9.29　直升机三轴角速度

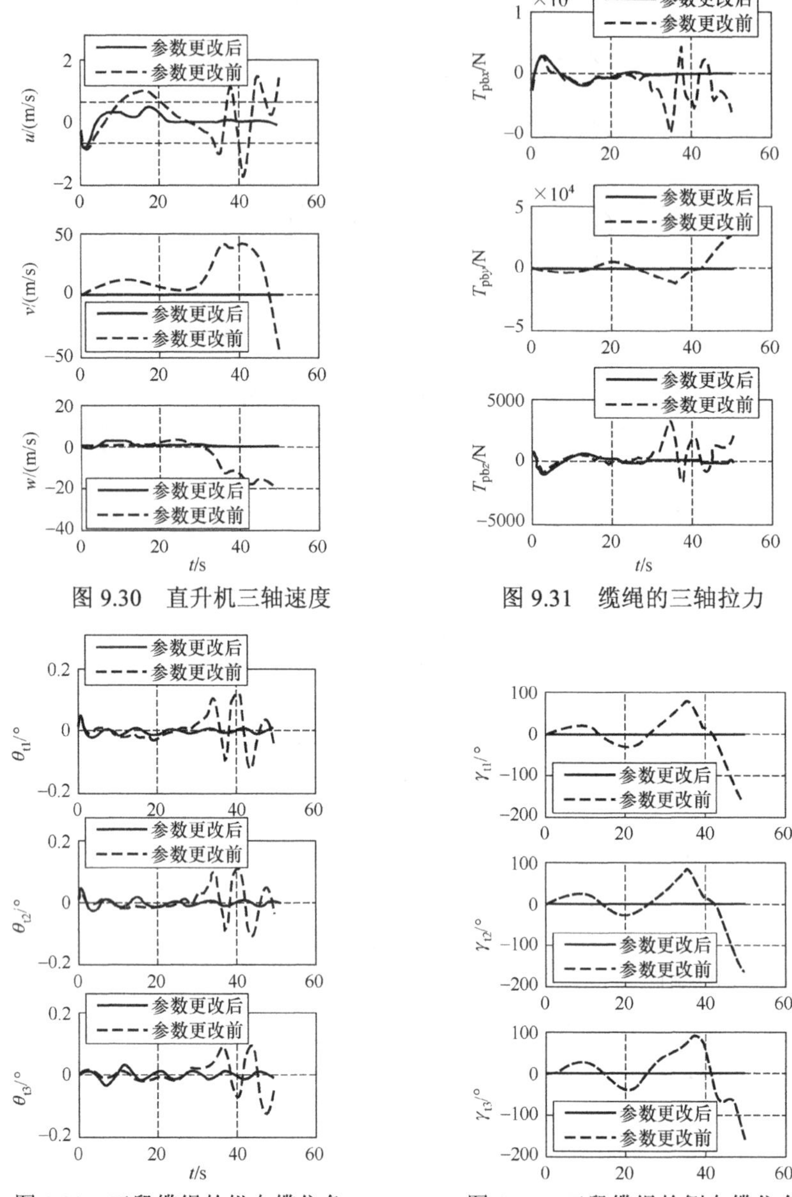

图 9.30　直升机三轴速度

图 9.31　缆绳的三轴拉力

图 9.32　三段缆绳的纵向缆位角

图 9.33　三段缆绳的侧向缆位角

控制参数调整前，系统存在两对正实部共轭复根，由图 9.28～图 9.33 可以看出，系统响应振荡发散；经过参数调整且缆位角反馈之后，系统稳定，在侧向洋流环境下，直升机拖曳系统状态响应过程是收敛的。这为系统顺利进行拖曳作业奠定了基础。

9.4　拖曳路径规划及实现

直升机拖曳系统在预定海域执行搜索、探测作业时，为了提高工作效率，需要规划能够覆盖相应海域的有效路径。

洋流和定常风都会使被拖曳体偏离预定航迹，影响直升机拖曳系统的工作效率。所以需要根据不同的洋流和定常风，调整直升机的航向和姿态，控制被拖曳体的轨迹，使其保持在预定航线上。

轨迹控制的前提是直升机及被拖曳体的定位，相应的定位算法可参见第 7 章中 7.7 节式（7.40）、式（7.46）和式（7.48）。

9.4.1　被拖曳体航迹控制

被拖曳体航迹控制过程示意图如图 9.34 所示，通过不断调整直升机的航向，对被拖曳体的航迹进行修正，使其保持在预定航线上航行。

将被拖曳体位置数据实时传送到飞控计算机上，并与被拖曳体的预定航线信息进行比较，计算得到相对预定航线的偏航距 Δd 和修正航迹偏差角 $\Delta\psi$，依据偏航距 Δd 和修正航迹偏差角 $\Delta\psi$，调整直升机的航向角，使被拖曳体能够跟踪预定航线。航迹控制律可表示为

$$\psi_{\mathrm{g}} = k_1 \cdot \Delta d + k_2 \cdot \Delta\psi + k_3 \cdot \int \Delta d \mathrm{d}t \tag{9.9}$$

被拖曳体相对预定航线的偏航距 Δd 如图 9.35 所示。

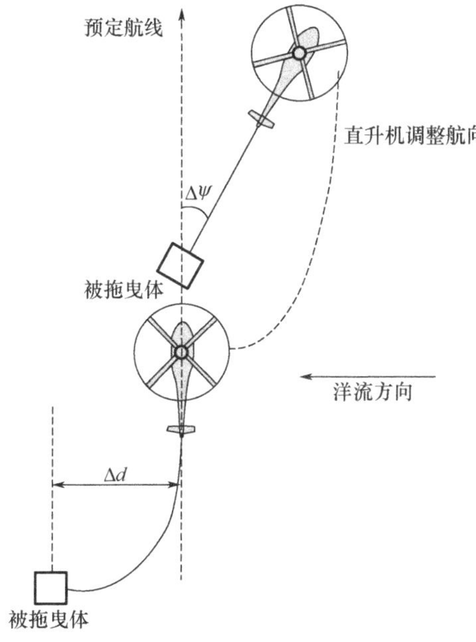

图 9.34　被拖曳体航迹控制过程示意图

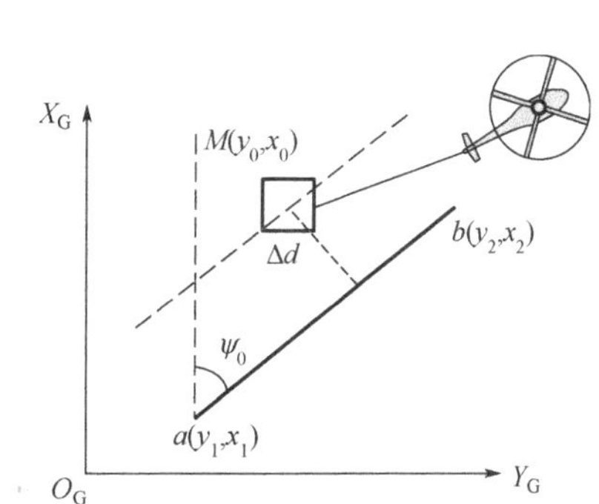

图 9.35　被拖曳体相对预定航线的偏航矩 Δd

航线是相邻航点之间的连线，已知起始点和目标点便可确定相邻航点之间的航线，根据两点的顺序可以给出航线的方向。设已知飞行平面（地面坐标系）内起始点 $a(y_1,x_1)$ 和目标点 $b(y_2,x_2)$，两航点所在的直线方程：

$$(y_2 - y_1)x - (x_2 - x_1)y + y_1x_2 - y_2x_1 = 0 \tag{9.10}$$

假设被拖曳体当前位置坐标为 $M(y_0,x_0)$，此时被拖曳体偏离预定航线的偏航距为 Δd，按照点到直线的距离公式可得

$$|\Delta d|=\frac{|(y_2-y_1)x_0-(x_2-x_1)y_0+y_1x_2-y_2x_1|}{\sqrt{(y_2-y_1)^2+(x_2-x_1)^2}} \tag{9.11}$$

定义被拖曳体偏离在预定航线左侧为正。

直升机的修正航迹偏差角$\Delta\psi$如图9.36所示，航线ab与正北方向的夹角（航线航迹角）ψ_0为

$$\psi_0=\delta+\arctan(\Delta y/\Delta x)\quad\begin{cases}\Delta y\geqslant 0,\Delta x\geqslant 0 & \delta=0^\circ\\ \Delta x<0 & \delta=180^\circ\\ \Delta y<0,\Delta x\geqslant 0 & \delta=360^\circ\end{cases} \tag{9.12}$$

式中，$\Delta y=y_2-y_1$，$\Delta x=x_2-x_1$。

图 9.36 中，O代表直升机的当前位置，ψ_0为航线ab的航向角，χ为直升机航迹角，$\boldsymbol{V}$、$\boldsymbol{V}^*$分别为修正航向前、后的直升机空速，ψ^*为航向修正角。可以得出直升机在洋流影响下的修正航迹偏差角

$$\Delta\psi=\psi_0-\chi+\psi^* \tag{9.13}$$

将式（9.11）中的Δd和式（9.13）中的$\Delta\psi$代入式（9.9）中，可以实现被拖曳体航迹控制律的运算。

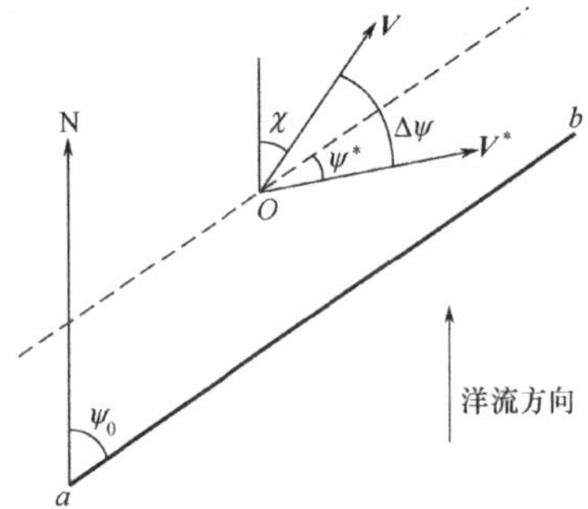

图 9.36 直升机的修正航迹偏差角 Δψ

9.4.2 在洋流和定常风环境下的直航轨迹实现

根据直升机拖曳系统状态方程式（9.8），在拖曳速度$V_{M_s}=10\text{m/s}$、系留点高度H=50m的条件下进行仿真，针对直升机在作业海域直航时的情况进行分析。

1. 在洋流环境下的直航

1）不加航迹控制的直航

在洋流速度 8m/s，方向 270°，地速方向 0°时，由式（9.13）计算得到直升机修正航迹偏差角为$\Delta\psi=38.66°$，仿真计算得到洋流环境下直升机及被拖曳体航迹图如图 9.37 所示，直升机三轴姿态、缆绳拉力在三轴的分量、缆绳纵向缆位角和侧向缆位角、直升机三轴速度及直升机的高度分别如图 9.38～图 9.42 所示。

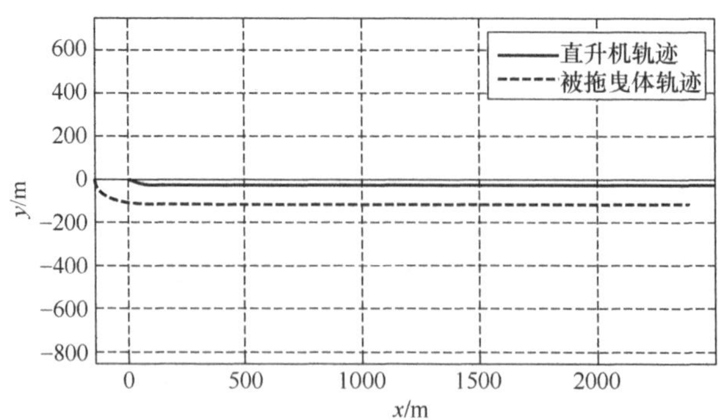

图 9.37 洋流环境下直升机及被拖曳体航迹图

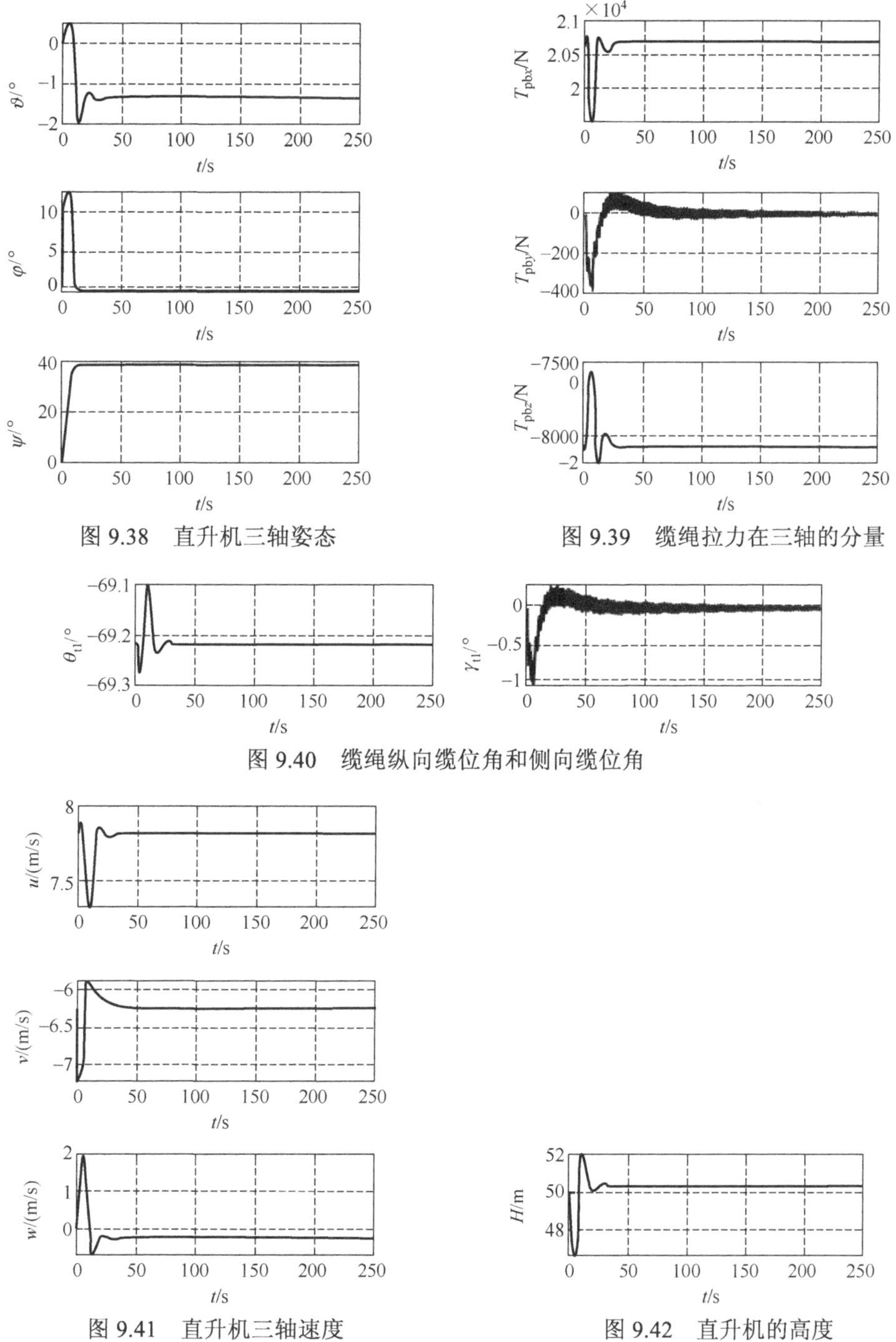

图 9.38　直升机三轴姿态

图 9.39　缆绳拉力在三轴的分量

图 9.40　缆绳纵向缆位角和侧向缆位角

图 9.41　直升机三轴速度

图 9.42　直升机的高度

由图 9.37～图 9.40 可知，在洋流速度为 8m/s，方向为 270°的条件下，一开始被拖曳体受洋流影响向左偏离航线，直升机开始右倾，机头右转，试图修正被拖曳体的偏离。当航向转到 38.66°时，直升机倾斜角回零，由侧向洋流引起的侧向缆位角和侧向拉力减少，使直升机和被拖曳体可以沿预定方向航行，但此时被拖曳体距预定航线存在稳态误差。

由图 9.41 和图 9.42 可以看出，在直升机右倾调整机头方向时，会产生侧滑，高度产生

±3.3m 范围内的波动。调整过程结束后，三轴速度逐渐回到平衡位置，高度稳定在 50m 附近，过渡过程比较平稳。由于侧向洋流的原因，需要调整直升机航向来减小侧向拉力，此时空速方向与机头方向出现偏离，稳态时前向速度 u= 7.81m/s，侧向速度 v= – 6.25 m/s。

由图 9.39 可知，调整过程中缆绳侧向拉力变化幅值在±400N 范围内，过渡过程结束后，侧向拉力稳定在 0N 附近，取得了预定的控制效果。图 9.40 表明，在机头调整过程中，纵向缆位角的变化幅度在±0.12°范围内，侧向缆位角的变化幅度在±1.2°范围内。

2）加航迹控制的直航

在洋流速度为 8m/s，洋流方向为 270°，地速方向为 0°时，采用式（9.9）表示的航迹控制律进行仿真，航迹控制下的直升机及被拖曳体航迹图如图 9.43 所示，直升机三轴姿态、缆绳所受的三轴缆绳拉力、缆绳纵向、侧向缆位角、直升机三轴速度及直升机的高度分别如图 9.44～图 9.48 所示。

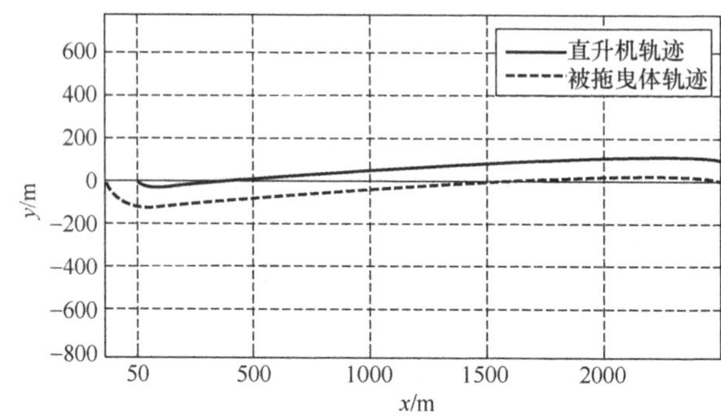

图 9.43　航迹控制下的直升机及被拖曳体航迹图

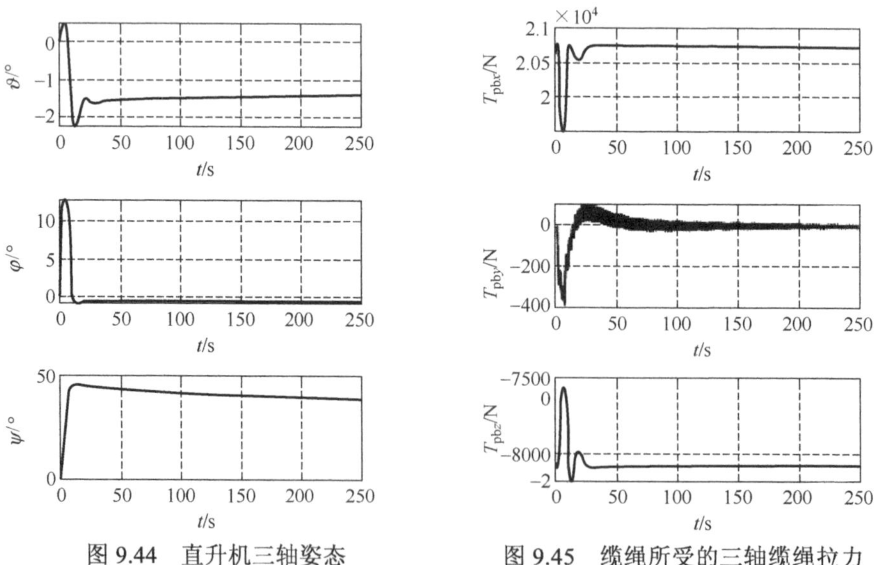

图 9.44　直升机三轴姿态　　　图 9.45　缆绳所受的三轴缆绳拉力

对比图 9.37 和图 9.43 可知，不加航迹控制时，被拖曳体虽然可以沿预定方向航行，但距预定航线存在稳态误差，而加上航迹控制后，直升机可以使被拖曳体逐渐稳定到预定航线上。

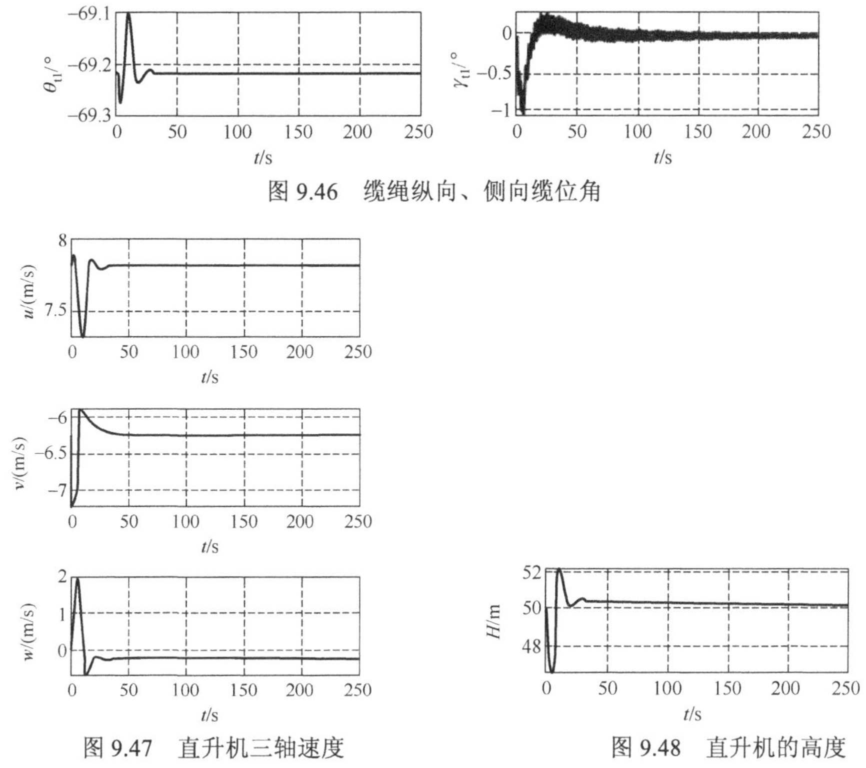

图 9.46　缆绳纵向、侧向缆位角

图 9.47　直升机三轴速度

图 9.48　直升机的高度

由图 9.44 和图 9.47 可知，一开始被拖曳体受洋流影响偏离预定航迹时，直升机右倾 13°，航向向右修正，力图减少由侧向洋流引起的侧向缆位角和侧向拉力，但在达到航迹修正角 $\Delta\psi = 38.66°$ 时，被拖曳体仍偏离预定航线。在航迹控制律作用下，航向角继续增加到 47.3°，之后逐渐回调，被拖曳体逐渐向预定航线修正，150s 后基本稳定在预定航线上。计算得到直升机此时的前向稳态速度为 7.82 m/s，侧向稳态速度为−6.28 m/s。

综合图 9.45～图 9.48 可知，经过近 60s 的调整过程后，缆绳拉力、缆位角、直升机的三轴速度和高度都回到了相应的平衡状态。

2．在洋流和定常风综合环境下的直航

设定直升机的拖曳路径，从地面坐标原点（0，0）向 0° 方向直行 500m，到坐标点（500，0）之后，转向 90° 方向再直行 3500m 到坐标点（500，3500）。给定初始航向角 0°，洋流速度 8m/s，方向 120°，风速 8m/s、方向 30°，计算得到直升机及被拖曳体的航迹图如图 9.49 所示，直升机三轴姿态、缆绳所受的三轴缆绳拉力、缆绳纵向、侧向缆位角、直升机三轴速度及直升机高度分别如图 9.50～图 9.54 所示。

由图 9.49、图 9.50 可以看出，开始时，受洋流和海风综合影响，飞机和被拖曳体向右偏离航线，此时飞机左倾 12.8°，航向左偏 39.43°，试图将被拖曳体拉回预定航线，但在有限距离内效果并未显现出来。当飞机飞到（545.10，8.840）位置时，被拖曳体位于（440.68，104.31），距坐标点（500，0）120m，此时直升机开始右倾转弯，当机头转到 46.97° 时，倾斜角回零，直升机向 90° 方向飞行，并调整被拖曳体的位置使其逐渐稳定到给定航线上。由图 9.53 可知，此时直升机的速度达到稳态，纵向速度为 9.433m/s，侧向速度为 11.23m/s。

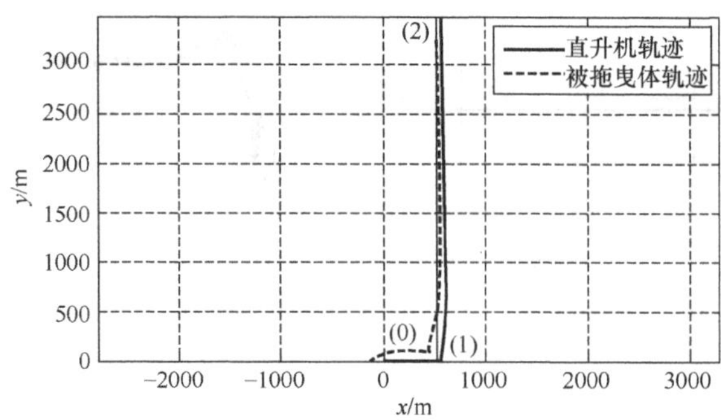

图 9.49　直升机及被拖曳体航迹图

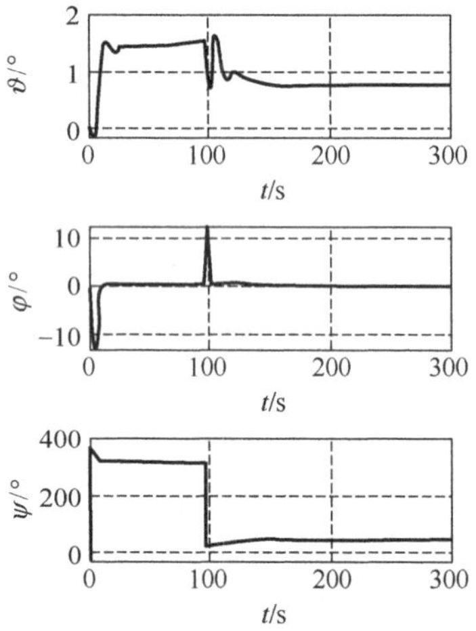

图 9.50　直升机三轴姿态

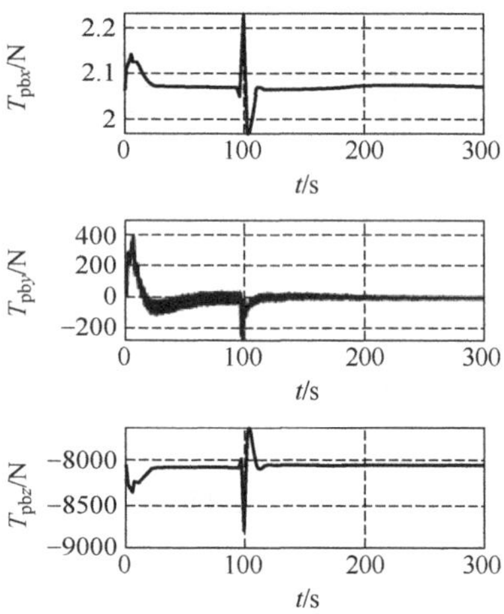

图 9.51　缆绳所受的三轴缆绳拉力

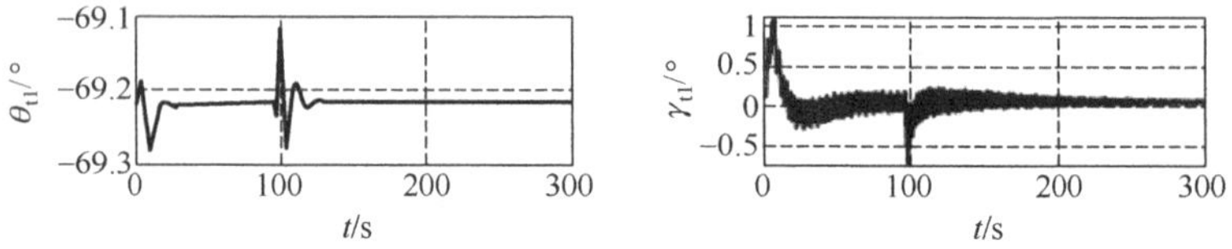

图 9.52　缆绳纵向、侧向缆位角

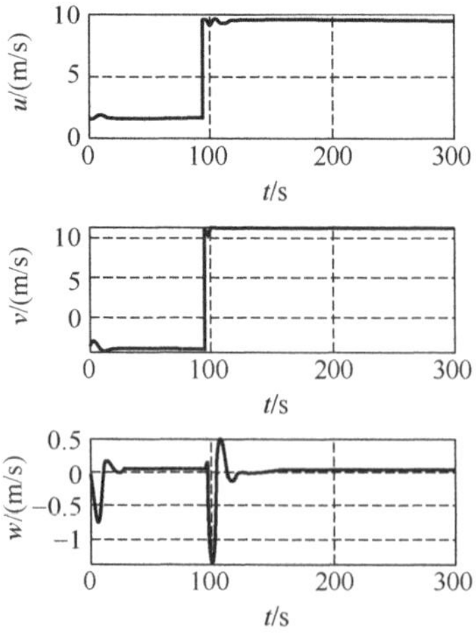

图 9.53　直升机三轴速度

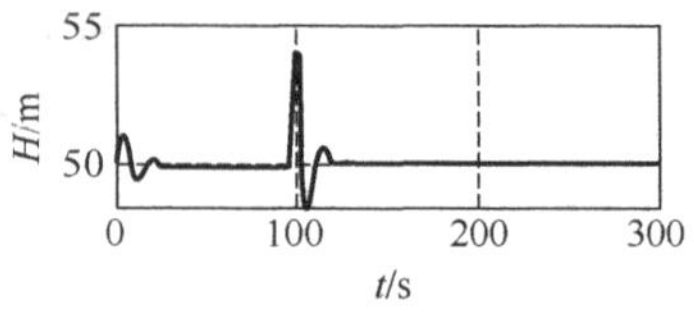

图 9.54　直升机高度

由图 9.51、图 9.52 和图 9.54 可以看出，在直升机调整和转弯过程中，缆绳侧向拉力变化范围不超过±400N，纵向、法向拉力波动分别在±1600N 和±900N 以内。纵、侧向缆位角摆动分别没有超过±0.12° 和±1.2°。直升机高度保持在 50m，上下变化在 3.6m 之内。

仿真结果表明，本节提出的用侧航法修正洋流影响，用侧滑法修正海风影响的方案和被拖曳体航迹控制律有效，可以控制被拖曳体使其稳定在预定航线航行。

9.4.3　在洋流和定常风环境下的搜扫航迹规划及实现

当直升机执行拖曳任务对作业海域进行探测时，需要折返航行，并对作业区域进行搜索覆盖。飞行路线示意图如图 9.55 所示，设 L_1 和 L_2 分别为装载探测设备的被拖曳体折返前后的直航路线，L_d 为两航线之间的距离，$2L_f$ 为单次航线的有效搜扫宽度。如果 $2L_f \geqslant L_d$，表明两次的运行路线满足覆盖要求，可以直接从 L_1 转向 L_2；如果 $2L_f < L_d$ 则会出现漏扫；而 $2L_f = L_d$ 是希望的高效工作状态。

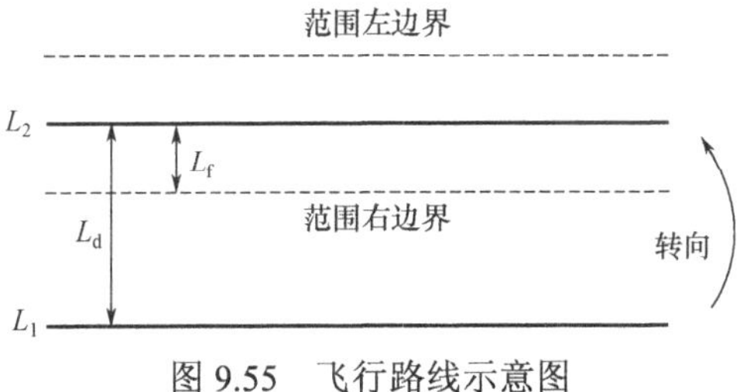

图 9.55　飞行路线示意图

可以设置航路点，用以规划有效的搜扫路径，使被拖曳体折返前后直航路线之间的距离为 $L_d = 2L_f$，S 形路径示意图如图 9.56 所示。若直升机拖曳系统受其最小转弯半径 $r_s > L_f$ 的限制，则可以设计回旋形路径，取较大的间隔距离进行折返。例如，取 L_d=4L_f 折返，以 L_d=3L_f 调头，回旋形路径示意图如图 9.57 所示，这样可以有效覆盖作业区域。

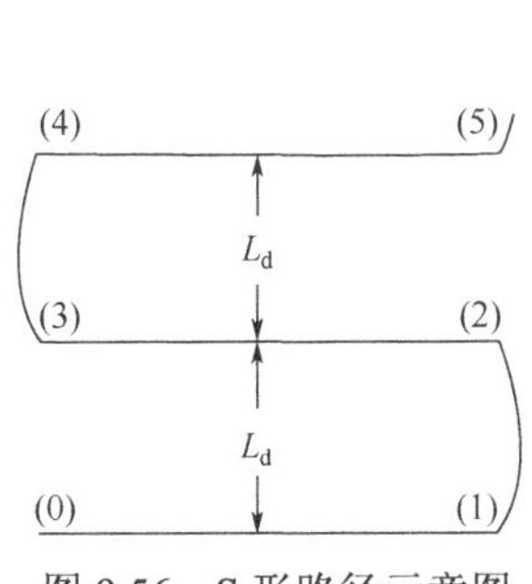

图 9.56　S 形路径示意图

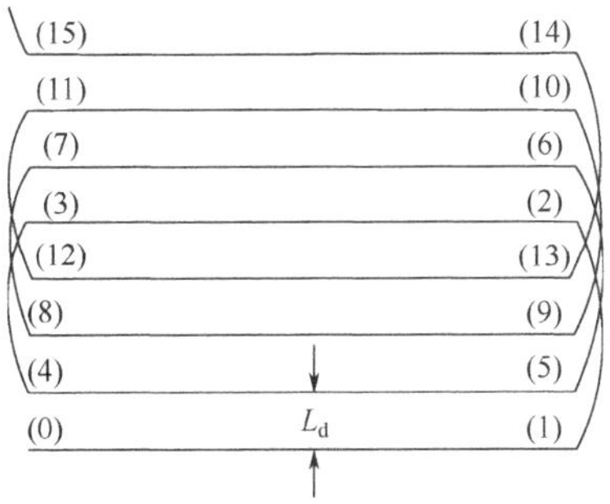

图 9.57　回旋形路径示意图

1. S 形路径仿真

设洋流速度为 6m/s，洋流速度方向为 250°，风速为 8m/s，风速方向为 30°，拖曳速度为 10m/s，飞行高度为 50m。预设航程点(x，y)为(0,0)，(2000,0)，(2000,500)，(0,500)，(0,1000)，(2000,1000)，依次对应图 9.58 中的航程点（0）～（5）。直升机及被拖曳体轨迹、直升机三轴姿态、缆绳的三轴拉力、纵向、侧向缆位角、纵向、侧向速度及直升机高度分别如图 9.58～图 9.63 所示。

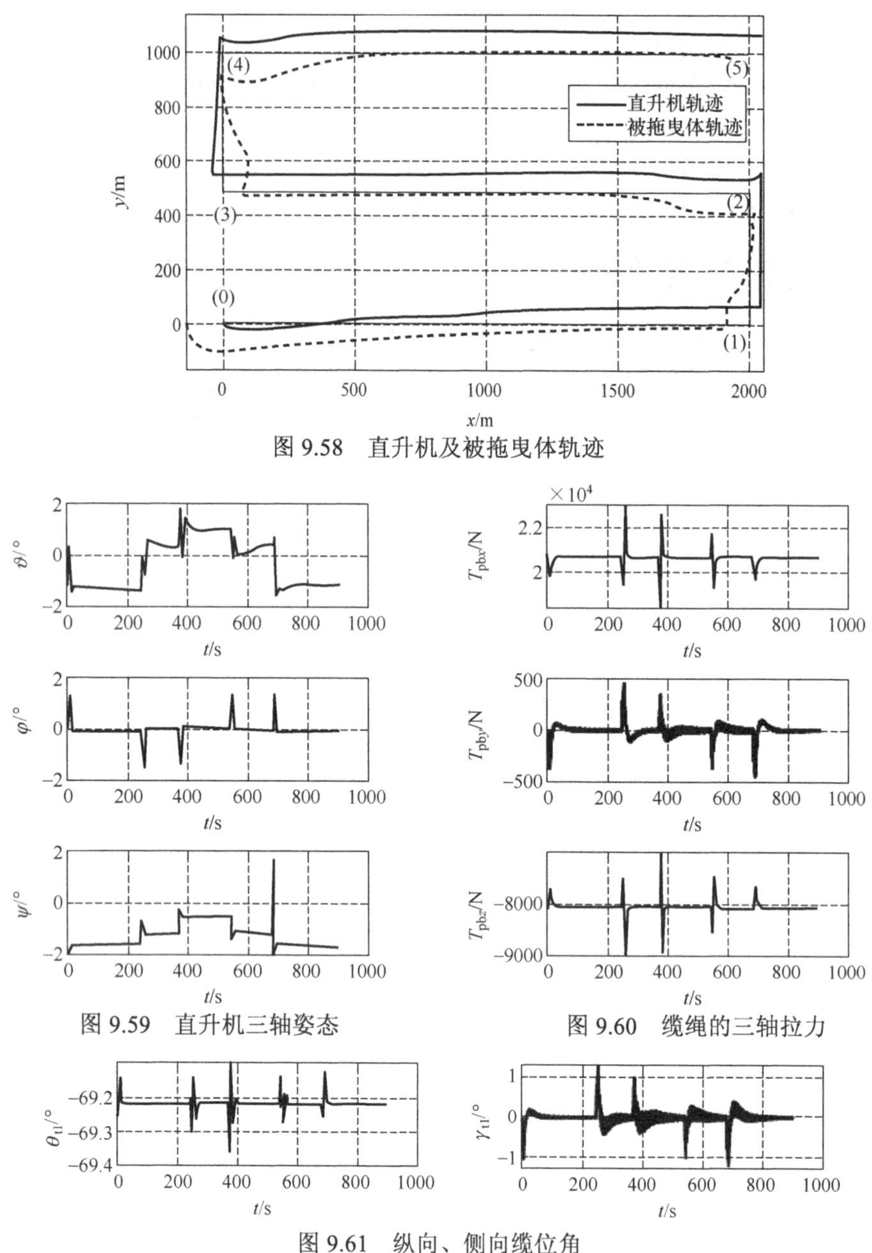

图 9.58　直升机及被拖曳体轨迹

图 9.59　直升机三轴姿态

图 9.60　缆绳的三轴拉力

图 9.61　纵向、侧向缆位角

由图 9.58 可以看出，即使在直行段有洋流和风的环境下，通过航迹控制，被拖曳体仍然能被调整到预定航线航行。转弯过渡时，被拖曳体的轨迹受洋流等因素影响，不能完全被控制在预定航迹上，但偏离不大，并不妨碍搜扫任务的执行。

由图 9.58～图 9.61 可以看出，第一条直行航线从起始航程点(0,0)到终止航程点(2000,0)，航线方向为 0°。在洋流（速度 6m/s，方向 250°）影响下，直升机和被拖曳体一开始向左偏离预定航线，为尽量减小侧向拉力，直升机航向由初始的 0° 转向 38.5°，保持 10m/s 的拖曳速度，控制被拖曳体逐渐向预定航线修正，150s 后达到稳态。综合考虑风（风速 8m/s，方向 30°）的影响，计算得到直升机的前向速度稳态值为−1.0774 m/s，侧向速度稳态值为

−3.985m/s。当被拖曳体距离第一条航线终点(2000,0)为 100m 时，右转弯进入第二条航线。

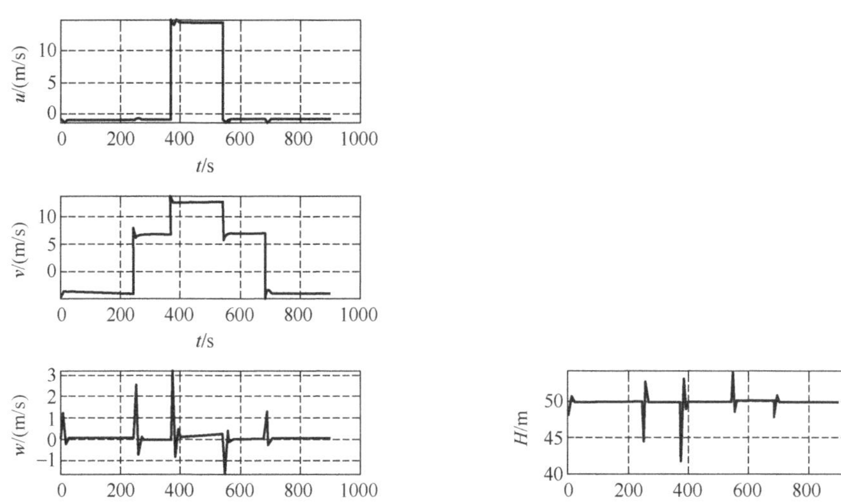

图 9.62　纵向、侧向速度　　　　图 9.63　直升机高度

第二条航线为过渡航线，起始、终止航程点分别为(2000,0)、(2000,500)，航线为 90°方向。在航迹控制律作用之下，直升机克服洋流和海风的干扰影响，将被拖曳体向设定的航线修正，被拖曳体距航程点(2000,500)为 100m 时，飞机开始右转，进入第三条航线。

第三条航线为折返后的直行航线，起始、终止航程点分别为(2000,500)、(0,500)，航线方向为 180°。受洋流影响，被拖曳体一开始偏向预定航线的右侧，直升机航向调整为141.34°，并通过航迹控制作用使被拖曳体向预定航迹修正，经过 50m 后稳定在预定航线。受风的影响，计算得到此航段直升机的前向稳态速度为 14.57m/s，侧向稳态速度为 12.803 m/s。被拖曳体距离当前航线终点(0,500)为 100m 时，飞机左转弯进入第四条（过渡）航线。之后各段航线可以类似讨论。

由图 9.60 可以看出，在整个航行过程中，缆绳侧向拉力波动不超过±500 N，纵向、法向拉力变化范围分别在±2500 N 和±1000 N 范围内。由图 9.61 可知，纵向、侧向缆位角波动分别不超过±0.16°和±1.3°。图 9.63 表明，直升机高度保持在 50m，变化在±8 m 之内。有关变量变化都在可接受范围内，可以保证拖曳系统正常作业。

2. 回旋形路径仿真

设洋流速度为 3m/s，方向为 45°，风速为 4m/s，方向为 90°，拖曳速度为 10m/s，飞行高度为 50m。预设航程点为(0,0)，(2000,0)，(2000,800)，(0,800)，(0,200)，(2000,200)，(2000,1000)，(0,1000)，(0,400)，(2000,400)，(2000,1200)，(0,1200)，(0,600)，(2000,600)，(2000,1400)，(0,1400)，(0,2200)，(2000,2200)，(2000,1600)，(0,1600)，(0,2400)，(2000,2400)，(2000,1800)，(0,1800)，(0,2600)，(2000,2600)，(2000,2000)，(0,2000)，(0,2800)，(2000,2800)，分别依次对应图 9.64 中的航程点（0）～（29）。直升机及被拖曳体轨迹、直升机三轴姿态、缆绳的三轴拉力、纵向、侧向缆位角、纵向、侧向速度及直升机高度分别如图 9.64～图 9.69 所示。

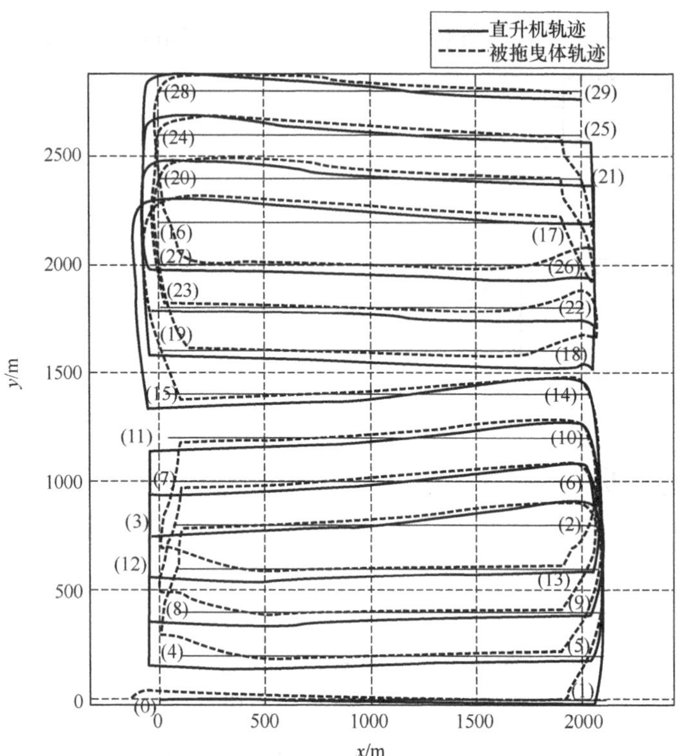

图 9.64 直升机及被拖曳体轨迹

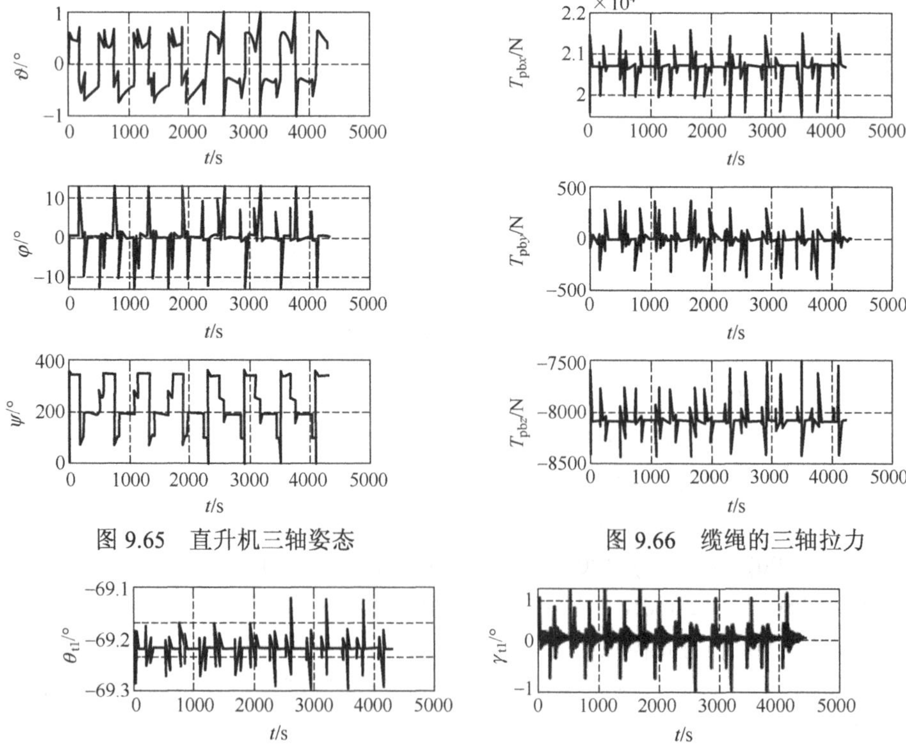

图 9.65 直升机三轴姿态

图 9.66 缆绳的三轴拉力

图 9.67 纵向、侧向缆位角

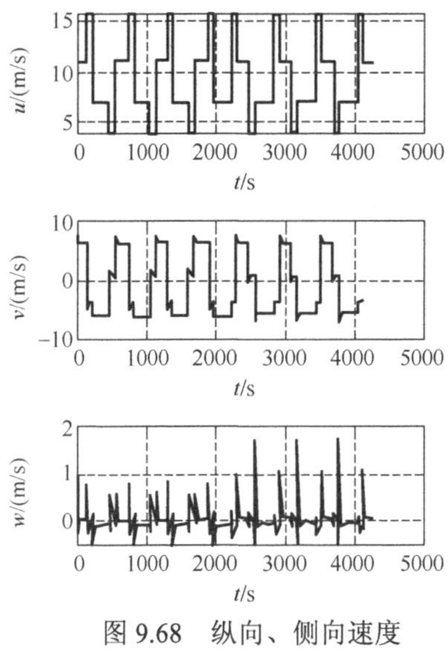

图 9.68 纵向、侧向速度

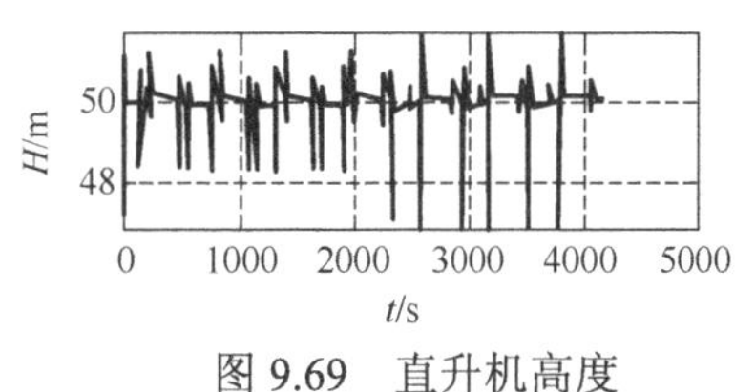

图 9.69 直升机高度

由图 9.64 可以看出，在直升机拖曳作业过程中，被拖曳体基本实现了按预定航线航行的目的。由于洋流方向为 45°，使被拖曳体一开始向右偏离 0° 航线，但在直升机航迹控制作用下会向预定航线修正。在航程点（1）～（2）对应的过渡航线终点，飞机向右转向时，受顺向洋流影响，直升机会冲出航程点（2）较长距离，使得右转后在向下一段折返的 180° 航线中将被拖曳体修正回预定航线的过程比较长（约 1000m 航程）。在转过 0 °航线的起始航程点（4）过程中，受逆向洋流作用，被拖曳体偏离会小一些，能够较快地（约 350m 距离）被修正到预定航线上。总的来说，预定搜扫区域基本能够被有效覆盖，控制效果是满意的。

由图 9.66 可以看出，在整个作业过程中，缆绳的侧向拉力始终保持在 0N 附近，波动不超过 400N，纵向拉力在稳态值附近的波动范围不超过±1600N，法向拉力变化不超过± 550N。由图 9.67 可知，作业过程中缆绳的纵、侧向缆位角变化范围分别不超过±0.1° 和±1° 。图 9.69 表明，作业过程中直升机高度保持在 50m，变化不超过 3.5m。总的来说，整个拖曳过程比较平稳，达到了所希望的控制效果。

9.5 海浪运动及缆绳拉力的扰动抑制

海浪对直升机拖曳系统的影响主要表现在两方面，一方面是无线电高度传感器测量信号中的海浪噪声，会造成飞机的高度波动。此问题已在第 8 章 8.3 节缆高控制中讨论过，这里不再赘述。另一方面是海浪的波动会引起被拖曳体的升沉运动，导致缆绳拉力波动，干扰直升机拖曳系统正常作业。本节探讨后一个方面的扰动影响及相应的控制方案。

9.5.1 海浪影响下被拖曳体的升沉运动

在理想条件下，直升机拖曳系统在海上执行拖曳作业时，受到的缆绳拉力是稳定的，但在实际作业中，被拖曳体会随海浪波动而起伏，引起缆绳拉力振荡，从而对直升机的稳定飞行造成影响，所以需要研究海浪运动规律，分析缆绳拉力的变化规律，设计方案有效抑制缆绳拉力的干扰。

1．海浪的周期和频率

研究缆绳拉力的扰动，就必须要研究海浪的运动规律。通常把海浪视为具有各态历经性的平稳随机过程。由附录 C 中式（FC.7）可知，海浪功率谱为

$$S_{PM}(\omega)=\frac{\alpha_0 g^2}{\omega^5}\exp\left[-\beta_0\left(\frac{g}{U\omega}\right)^4\right]$$

采用窄谱假定，则谱的零阶矩为

$$m_0=\frac{\alpha_0 U^4}{4g^2\beta_0} \tag{9.14}$$

谱的二阶矩为

$$m_2=(\sqrt{\pi}/4)\cdot(\alpha_0/\sqrt{\beta_0}) \tag{9.15}$$

频域上的有效波高：

$$H_s=4\sqrt{m_0} \tag{9.16}$$

谱峰频率：

$$\omega_m=1.253/\sqrt{H_s} \tag{9.17}$$

平均周期：

$$T=5.13\beta_0^{-1/4}\cdot(g/U)^{-1} \tag{9.18}$$

得到海浪的升沉运动近似计算公式为

$$u_s=\frac{H_s}{2}\cdot\sin\left(\frac{1}{T}\cdot t\right) \tag{9.19}$$

当海面上 10m 处的风速 $U_{10}=10\text{m/s}$ 时，$U=U_{10}\left(1+\frac{\sqrt{c_{10}}}{k}\ln\frac{Z}{10}\right)=13\text{m/s}$，可以得到

$$\begin{cases}H_s=4\sqrt{m_0}=3.61\,\text{m}\\T=5.13\beta_0^{-1/4}\cdot(g/U)^{-1}=7.34\,\text{s}\end{cases}$$

此时海浪近似模型为

$$u_s=\frac{3.61}{2}\sin\left(\frac{2\pi}{7.34}\cdot t\right) \tag{9.20}$$

2．被拖曳体的升沉运动

1）被拖曳体在无缆绳拉力时的升沉运动

首先分析在平静海面上对被拖曳体的受力情况。假设被拖曳体是一个 $l_M\times m_M\times n_M$ 的长方体。当被拖曳体漂浮在平静水面上时，被拖曳体在没有缆绳拉力时的受力情况如图 9.70 所示。有

$$M_t\cdot g=F_f \tag{9.21}$$

式中，M_t 为被拖曳体质量，F_f 为被拖曳体的浮力。

$$F_f = \rho_2 \cdot g \cdot (l_M \cdot m_M \cdot n_F) \tag{9.22}$$

式中，ρ_2 为水的密度，l_M、m_M 和 n_F 分别为被拖曳体的长、宽和浸水深度。

由式（9.21）和式（9.22）可以得出

$$n_F = M_t \cdot g / (\rho_2 \cdot g \cdot l_M \cdot m_M) \tag{9.23}$$

设 $M_t = 1500\text{kg}$，$\rho_2 = 1025\text{kg/m}^3$，$l_M = 1\text{m}$，$m_M = 2\text{m}$，$g = 9.8\text{m/s}^2$，可以得出平静水面上被拖曳体的浸水深度，即浸水深度的平衡位置 n_{F0}=0.7317m。

当有海浪时，海浪的高度变化引起被拖曳体吃水线上下变化，进而引起被拖曳体的浮力变化。被拖曳体受海浪影响下的浸水高度变化示意图如图 9.71 所示。

图 9.70　被拖曳体在没有缆绳拉力时的受力情况　　图 9.71　被拖曳体受海浪影响下的浸水高度变化示意图

定义被拖曳体高度向上为正，当有海浪时，对被拖曳体进行受力分析：

$$M_t \cdot \ddot{h}_M = F_f - a \cdot \dot{h}_M - M_t \cdot g = \rho_2 \cdot g \cdot l_M \cdot m_M \cdot (n_{F0} + u_s - h_M) - a \cdot \dot{h}_M - M_t \cdot g \tag{9.24}$$

式中，u_s 为海浪的升沉运动，h_M 为被拖曳体升沉运动的增量值，a 为阻尼系数。稳态时有

$$M_t \cdot g = \rho_2 \cdot g \cdot l_M \cdot m_M \cdot n_{F0}$$

将上式代入式（9.24）中，得到增量方程

$$M_t \cdot \ddot{h}_M + a \cdot \dot{h}_M = \rho_2 \cdot g \cdot l_M \cdot m_M \cdot (u_s - h_M) \tag{9.25}$$

为便于定量讨论，取阻尼比为 0.5，对应 $a = 5400$。可以得到被拖曳体升沉运动的传递函数为

$$G_{h_M}(s) = \frac{13.3933}{s^2 + 3.6s + 13.3933} \tag{9.26}$$

2）被拖曳体在有缆绳拉力时的升沉运动

在平静水面上，对被拖曳体进行受力分析，如图 9.72 所示。

设拖曳速度为 10m/s，系留点高度为 50m，第三段缆绳纵向缆位角稳态值 $\theta_{t30} = -70.6631°$，可以求出被拖曳体浸水平衡位置 n_{F1}=0.3962m。

当有缆绳时，海浪的变化不仅会引起被拖曳体的高度变化，也会引起被拖曳体上下前后运动，进而会影响缆绳的纵向拉力和法向拉力变化。为简化问题，认为在海浪影响下引起的被拖曳体的高度变化主要影响第三段缆绳的纵向缆位角，以第三段缆绳的起点为支点，第三段缆绳绕其进行定点转动。被拖曳体的高度变化与缆位角变化之间的关系如图 9.73 所示。

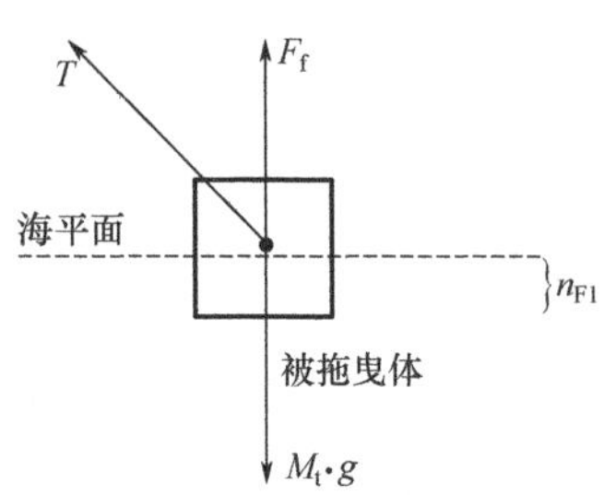

图 9.72 被拖曳体在有缆绳拉力时的受力分析

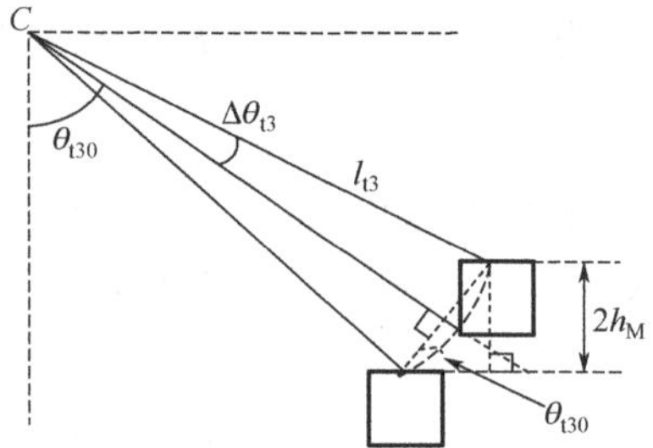

图 9.73 被拖曳体的高度变化与缆位角变化之间的关系

由图 9.73 的几何关系可以得到

$$\sin\theta_{t30} = 2h_M / (2l_{t3} \cdot \sin\Delta\theta_{t3}) \tag{9.27}$$

式中，θ_{t30} 为直升机固定速度和高度下的第三段缆绳的纵向缆位角稳态值，l_{t3} 为第三段缆绳的长度，h_M 为被拖曳体的高度变化（以平静海面时的状态为平衡位置）。可以得到被拖曳体高度增量与缆绳纵向缆位角之间的关系：

$$h_M = l_{t3} \cdot \sin\theta_{t30} \cdot \sin\Delta\theta_{t3} \tag{9.28}$$

被拖曳体高度增量与沿 O_tX_t 轴距离增量 x_M 之间的关系：

$$h_M = \tan\theta_{t30} \cdot x_M \tag{9.29}$$

对被拖曳体进行受力分析：

$$\begin{cases} M_t\ddot{h}_M = \tan\theta_{t30} \cdot x_M + a\dot{h}_M = F_f + T_z - M_t \cdot g \\ M_t\ddot{x}_M + b\dot{x}_M = T_x - F_x \end{cases} \tag{9.30}$$

式中，被拖曳体所受的阻力 F_x 由黏滞阻力 F_{nx}、水上部分受到的空气阻力 F_{Mz1}、水下部分受到的水阻力 F_{Mz2} 组成：

$$F_x = F_{nx} + F_{Mz1} + F_{Mz2}$$

$$\begin{cases} F_{nx} = \mu_1 \cdot (V_{M\_x} + \dot{x}_M) \\ F_{Mz1} = k_{Mz1} \cdot (n_M - n_F) \cdot \left|V_M^*\right| \cdot (V_{M\_x} + \dot{x}_M) \\ F_{Mz2} = k_{Mz2} \cdot n_F \cdot \left|V_M^*\right| \cdot (V_{M\_x} + \dot{x}_M) \end{cases}$$

$$\begin{cases} n_F = n_{F1} + u - h_M \\ k_{Mz1} = 0.5 \cdot \rho_1 \cdot C_{fM1} \cdot l_M \\ k_{Mz2} = 0.5 \cdot \rho_2 \cdot C_{fM2} \cdot l_M \end{cases}$$

式中，μ_1 为黏滞阻力系数，C_{fM1} 为被拖曳体在空气中的阻力系数，C_{fM2} 为被拖曳体在水中的阻力系数。

在平静海面上受力如下：

$$\begin{cases} 0 = F_{f0} + T_{z0} - M_t \cdot g \\ 0 = T_{x0} - F_{x0} \end{cases} \tag{9.31}$$

将静态关系式（9.31）代入式（9.30），得到增量方程：

$$\begin{cases} M_{\mathrm{t}}\ddot{h}_{\mathrm{M}} - a\dot{h}_{\mathrm{M}} = \rho_2 \cdot \mathrm{g} \cdot l_{\mathrm{M}} \cdot m_{\mathrm{M}} \cdot (u_{\mathrm{s}} - h_{\mathrm{M}}) + \Delta T \cdot \cos(\theta_{\mathrm{t30}} + \Delta\theta_{\mathrm{t3}}) \\ M_{\mathrm{t}}\ddot{x}_{\mathrm{M}} + b\dot{x}_{\mathrm{M}} = \Delta T \cdot \sin(\theta_{\mathrm{t30}} + \Delta\theta_{\mathrm{t3}}) - \mu_1 \cdot (V_{\mathrm{M\_x}} + \dot{x}_{\mathrm{M}}) - \\ \qquad (-k_{\mathrm{Mz1}} + k_{\mathrm{Mz2}}) \cdot (u_{\mathrm{s}} - h_{\mathrm{M}}) \cdot \left|V_{\mathrm{M}}^{*}\right| \cdot (V_{\mathrm{M\_x}} + \dot{x}_{\mathrm{M}}) \end{cases} \tag{9.32}$$

将式（9.28）、式（9.29）代入式（9.32），得

$$\begin{cases} M_{\mathrm{t}}\ddot{h}_{\mathrm{M}} - a\dot{h}_{\mathrm{M}} = \rho_2 \cdot \mathrm{g} \cdot l_{\mathrm{M}} \cdot m_{\mathrm{M}} \cdot (u_{\mathrm{s}} - h_{\mathrm{M}}) + \Delta T \cdot \cos(\theta_{\mathrm{t30}} + \Delta\theta_{\mathrm{t3}}) \\ M_{\mathrm{t}}\ddot{x}_{\mathrm{M}} + b\dot{x}_{\mathrm{M}} = \Delta T \cdot \sin(\theta_{\mathrm{t30}} + \Delta\theta_{\mathrm{t3}}) - \mu_1 \cdot (V_{\mathrm{M\_x}} + \dot{x}_{\mathrm{M}}) - \\ \qquad (-k_{\mathrm{Mz1}} + k_{\mathrm{Mz2}}) \cdot (u_{\mathrm{s}} - h_{\mathrm{M}}) \cdot \left|V_{\mathrm{M}}^{*}\right| \cdot (V_{\mathrm{M\_x}} + \dot{x}_{\mathrm{M}}) \\ h_{\mathrm{M}} = l_{\mathrm{t3}} \cdot \sin\theta_{\mathrm{t30}} \cdot \sin\Delta\theta_{\mathrm{t3}} \\ h_{\mathrm{M}} = \tan\theta_{\mathrm{t30}} \cdot x_{\mathrm{M}} \end{cases} \tag{9.33}$$

将式（9.33）进行小扰动线性化处理，可以导出高度变化 h_{M} 和海浪高度变化 u_{s} 之间的线性微分方程：

$$\begin{aligned} &(M_{\mathrm{t}}\sin\theta_{\mathrm{t30}} - \frac{M_{\mathrm{t}}}{\tan\theta_{\mathrm{t30}}}\cos\theta_{\mathrm{t30}})\ddot{h}_{\mathrm{M}} + \\ &(a\sin\theta_{\mathrm{t30}} - \frac{b}{\tan\theta_{\mathrm{t30}}}\cos\theta_{\mathrm{t30}} - \frac{\mu_1}{\tan\theta_{\mathrm{t30}}}\cos\theta_{\mathrm{t30}})\dot{h}_{\mathrm{M}} + \\ &(\rho_2 \cdot \mathrm{g} \cdot l_{\mathrm{M}} \cdot m_{\mathrm{M}} \cdot \sin\theta_{\mathrm{t30}} + (-k_{\mathrm{Mz1}} + k_{\mathrm{Mz2}}) \cdot \left|V_{\mathrm{M}}^{*}\right| \cdot V_{\mathrm{M\_x}}\cos\theta_{\mathrm{t30}} + \mu_1 \cdot V_{\mathrm{M\_x}}\frac{1}{l_{\mathrm{t3}}})h_{\mathrm{M}} + \\ &(-\rho_2 \cdot \mathrm{g} \cdot l_{\mathrm{M}} \cdot m_{\mathrm{M}} \cdot \sin\theta_{\mathrm{t30}} - (-k_{\mathrm{Mz1}} + k_{\mathrm{Mz2}}) \cdot \left|V_{\mathrm{M}}^{*}\right| \cdot V_{\mathrm{M\_x}}\cos\theta_{\mathrm{t30}})u_{\mathrm{s}} - \\ &\mu_1 \cdot V_{\mathrm{M\_x}}\cos\theta_{\mathrm{t30}} = 0 \end{aligned} \tag{9.34}$$

将 $M_{\mathrm{t}} = 1500\mathrm{kg}$，$\rho_2 = 1025\mathrm{kg/m^3}$，$l_{\mathrm{M}} = 1\mathrm{m}$，$m_{\mathrm{M}} = 2\mathrm{m}$，$g = 9.8\mathrm{m/s^2}$，$a = 5400$，$b = 5400$，$\theta_{\mathrm{t30}} = -70.6631°$，$\mu_1 = 0.1$ 代入式（9.34），得到被拖曳体高度变化与海浪高度变化的微分方程为

$$1240.9\ddot{h}_{\mathrm{M}} + 4541.9\dot{h}_{\mathrm{M}} + 2002.9h_{\mathrm{M}} = 2003u_{\mathrm{s}} \tag{9.35}$$

由式（9.35）得到被拖曳体升沉运动的传递函数为

$$G_{h_{\mathrm{M}}}(s) = \frac{H_{\mathrm{M}}(s)}{U_{\mathrm{s}}(s)} = \frac{1.6142}{s^2 + 3.6602s + 1.6142} \tag{9.36}$$

由式（9.36）可知，被拖曳体升沉模型是过阻尼系统，阻尼比为 1.4405。

同理，可以得到被拖曳体的前向运动微分方程为

$$3535.1\ddot{x}_{\mathrm{M}} + 12939\dot{x}_{\mathrm{M}} + 5705.9x_{\mathrm{M}} = -2003u_{\mathrm{s}} \tag{9.37}$$

对应的传递函数为

$$G_{x_{\mathrm{M}}}(s) = \frac{X_{\mathrm{M}}(s)}{U_{\mathrm{s}}(s)} = \frac{-0.5666}{s^2 + 3.6602s + 1.6141} \tag{9.38}$$

3. 仿真分析

1）被拖曳体（没有缆绳影响时）在海浪影响下的升沉运动

当风速 $V_w = 10\,\text{m/s}$ 时，被拖曳体的浸水深度变化如图 9.74 所示，根据式（9.20）和式（9.26）计算可得到海浪和被拖曳体的升沉运动，如图 9.75 所示。

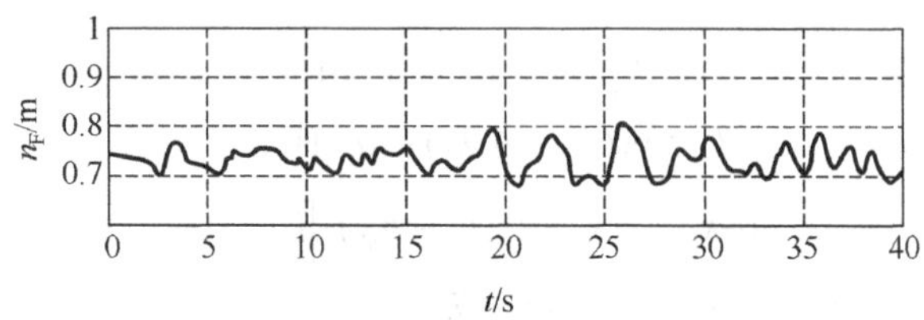

图 9.74 被拖曳体的浸水深度变化

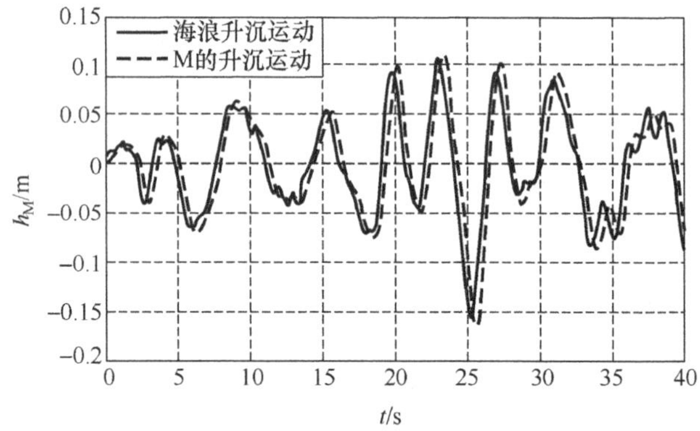

图 9.75 海浪和被拖曳体的升沉运动

由图 9.74 和图 9.75 可知，被拖曳体的升沉运动滞后于海浪的升沉运动。浸水高度 n_2 的稳态值是 0.7317m，被拖曳体随海浪的起伏而上下运动，且有滞后。

2）有缆绳拉力时被拖曳体在海浪影响下的升沉运动

当风速为 10m/s 时，根据式（9.20）和式（9.36）得到在有缆绳拉力时，海浪和被拖曳体的升沉运动如图 9.76 所示，被拖曳体的浸水深度变化及缆绳三轴拉力变化分别如图 9.77 和图 9.78 所示，直升机三轴速度变化、直升机三轴姿态变化、缆绳纵向缆位角及缆绳侧向缆位角分别如图 9.79～图 9.82 所示。

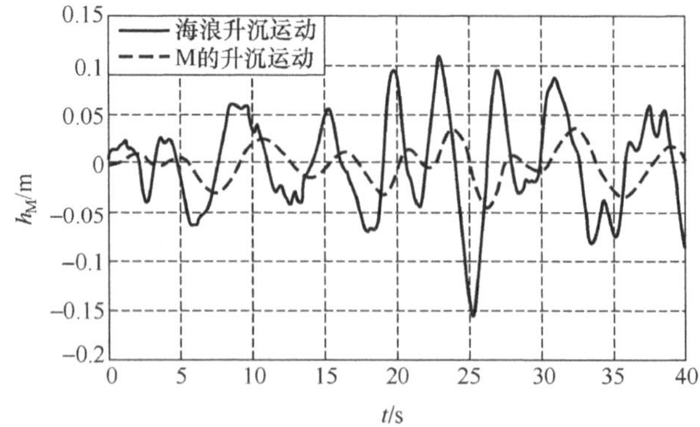

图 9.76 在有缆绳拉力时，海浪和被拖曳体的升沉运动

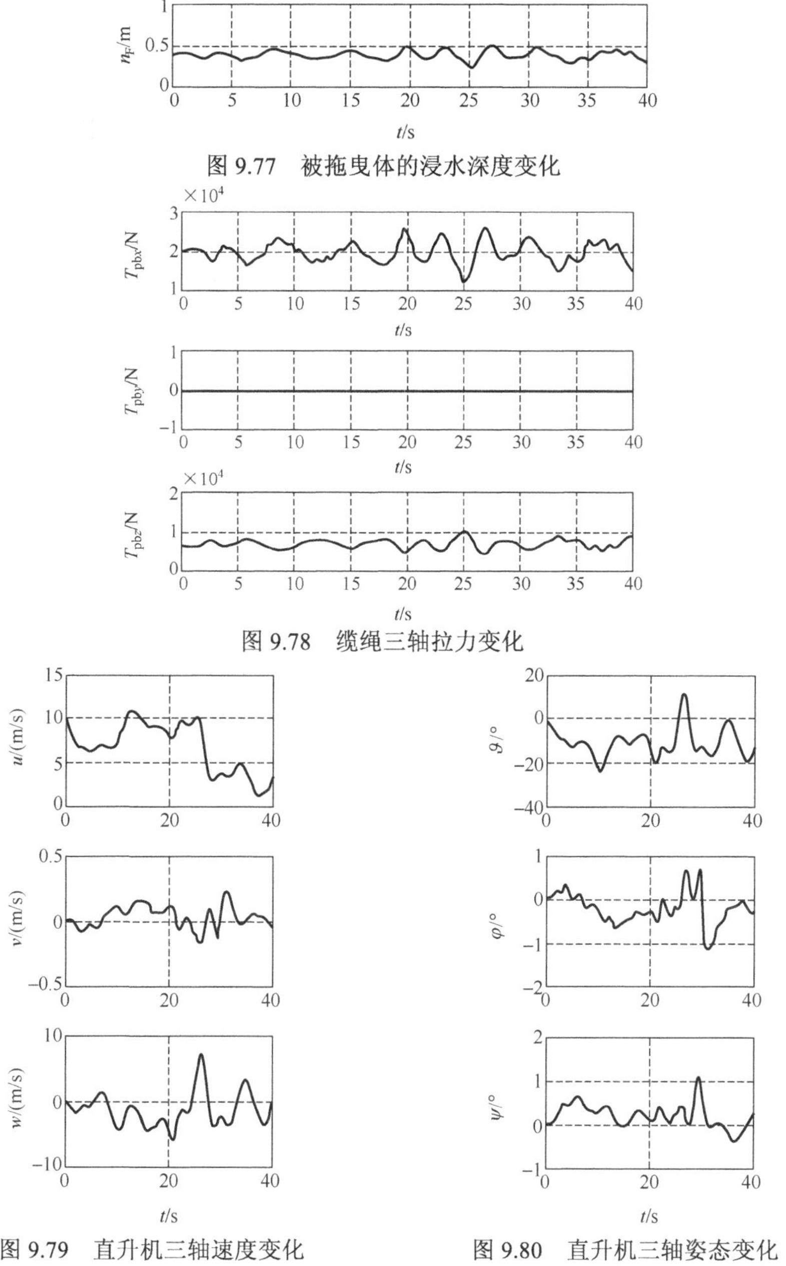

图 9.77 被拖曳体的浸水深度变化

图 9.78 缆绳三轴拉力变化

图 9.79 直升机三轴速度变化

图 9.80 直升机三轴姿态变化

由图 9.76 和图 9.77 可知，被拖曳体随海浪起伏而上下运动，且有滞后，浸水深度 n_F 的稳态值是 0.3962m，且随海浪和被拖曳体的升沉运动在稳态值附近上下波动。图 9.76 与图 9.75 对比可知，在同样的风速下，海浪运动规律相同，在有缆绳拉力时的被拖曳体的升沉幅度要比没有缆绳拉力时的升沉幅度小很多且有滞后。这是由于在有缆绳时，被拖曳体通过缆绳与直升机相连，升沉运动阻尼增大。

由图 9.78～图 9.82 可知，海浪引起的缆绳纵向拉力和法向拉力的变化幅度较大，引起直升机的速度和姿态角的影响不可忽略，因此有必要设计抑制扰动的控制方案。

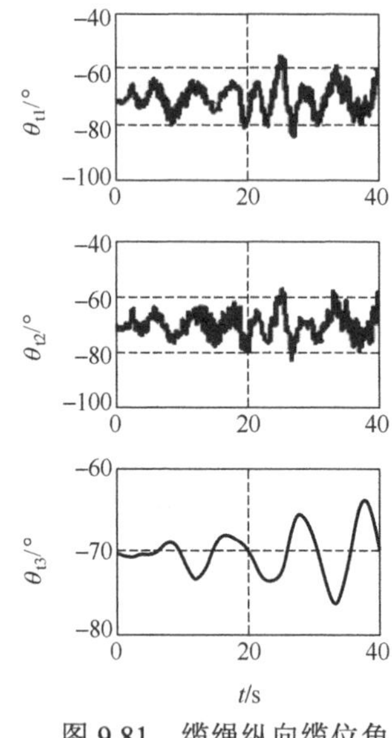

图 9.81 缆绳纵向缆位角

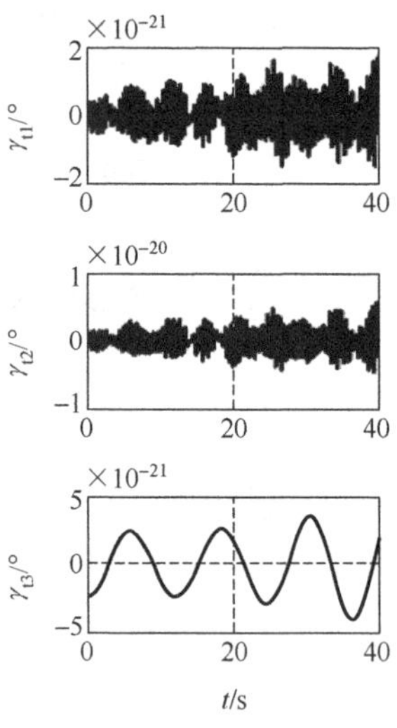

图 9.82 缆绳侧向缆位角

9.5.2 缆绳拉力扰动抑制

拖曳作业过程中，可在缆绳系留点处安装缆绳拉力传感器，利用拉力信号进行前馈补偿，这是抑制缆绳拉力扰动的有效措施。

本小节针对拉力 T_{pbx}、T_{pbz} 对俯仰角、纵向速度 u 和高度 H 的扰动，分别设计前馈校正环节，用以抑制扰动影响，提高拖曳直升机的抗干扰能力。

1. 前向拉力 T_{pbx} 对俯仰角的前馈控制环节设计

前向拉力 T_{pbx} 对俯仰角的前馈控制系统框图如图 9.83 所示。

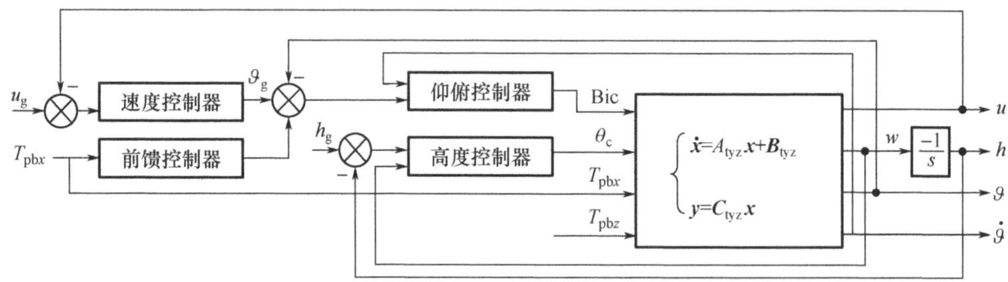

图 9.83 前向拉力 T_{pbx} 对俯仰角的前馈控制系统框图

由拖曳直升机状态方程导出前向拉力 T_{pbx} 到俯仰角的传递函数 $G_{\vartheta x}(s)$：

$$G_{\vartheta x}(s)=\frac{3.5386\times10^{-5}(s+9.458)(s+1.445)(s+0.1395)}{(s+0.1287)(s+0.1051)(s^2+0.2348s+0.0938)}\cdot\frac{(s+0.101)(s^2+0.1832s+0.09277)}{(s^2+0.01976s+3.081)(s^2+11.23s+154.3)} \tag{9.39}$$

俯仰指令输入口到俯仰角的传递函数 $G_{\vartheta xc}(s)$：

$$G_{\vartheta xc}(s)=\frac{23.8539s(s+0.1062)(s+0.003553)}{(s+0.1287)(s+0.1051)(s^2+0.2348s+0.0938)}\cdot \frac{(s^2+0.2378s+0.09425)}{(s^2+0.01976s+3.081)(s^2+11.23s+154.3)} \tag{9.40}$$

前馈补偿环节的传递函数应取为

$$G_{\vartheta xk1}(s)=\frac{-G_{\vartheta x}(s)}{G_{\vartheta xc}(s)}=\frac{-1.4834\times10^{-6}(s+9.458)(s+1.445)(s+0.1395)}{s(s+0.003553)} \tag{9.41}$$

为便于实现，对 $G_{\vartheta xk1}(s)$ 进行适当处理，取

$$G_{\vartheta xk}(s)=\frac{-1.4834\times10^{-4}(s+9.458)(s+1.445)(s+0.1395)}{s(s+0.003553)(s+100)} \tag{9.42}$$

在风速 $V_w=10\text{m/s}$ 的条件下进行仿真验证，海浪的升沉运动如图 9.84 所示。

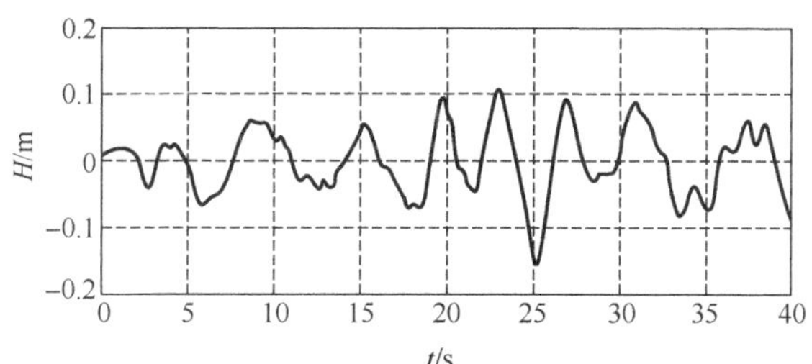

图 9.84　海浪的升沉运动

在海浪影响下的纵向拉力变化如图 9.85 所示。

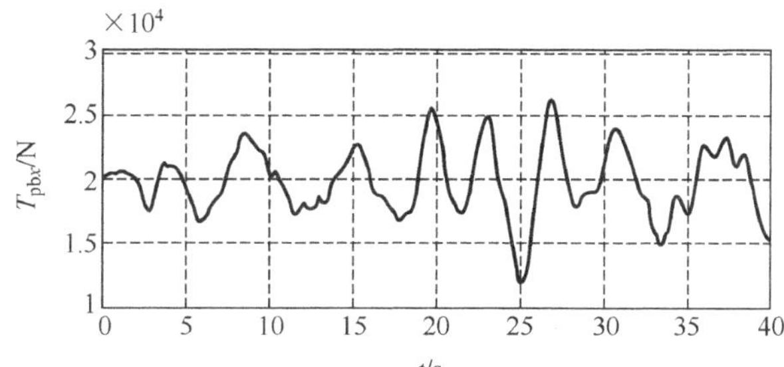

图 9.85　在海浪影响下的纵向拉力变化

俯仰角的扰动抑制效果如图 9.86 所示。

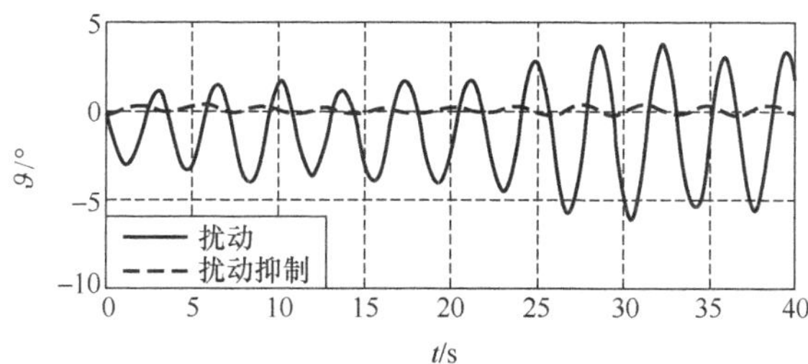

图 9.86　俯仰角的扰动抑制效果

图 9.86 中实线是未加前馈补偿环节时的俯仰角 ϑ 响应，响应的最大幅值为 ±6.2°。虚线是添加前馈补偿环节以后的俯仰角 ϑ 响应，响应的幅值被抑制在 ±0.2° 以内。前馈补偿使得纵向拉力对俯仰角的扰动幅值缩小到原来幅值的 3.3%，效果显著。

2．法向拉力 T_{pbz} 对俯仰角的前馈控制环节设计

法向拉力 T_{pbz} 对俯仰角的前馈控制框图如图 9.87 所示。

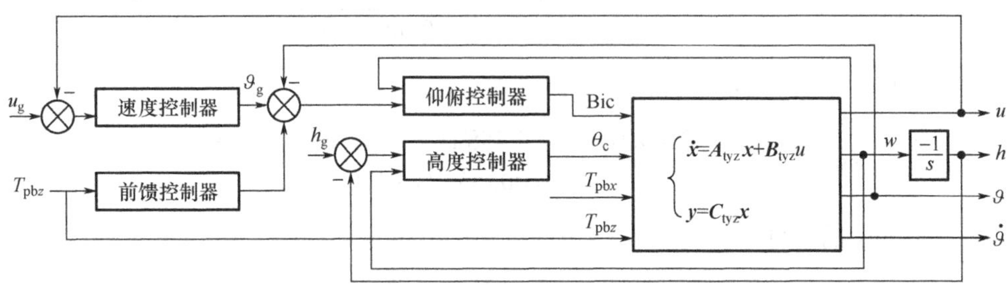

图 9.87　法向拉力 T_{pbz} 对俯仰角的前馈控制框图

与纵向拉力 T_{pbx} 对俯仰角的前馈控制环节的设计思路相同，先求法向拉力 T_{pbz} 到俯仰角的传递函数 $G_{\vartheta_z}(s)$：

$$G_{\vartheta_z}(s)=\frac{1.4154\times10^{-4}\ (s+0.1295)\ (s+0.1044)}{(s+0.1287)(s+0.1051)(s^2+0.2348s+0.0938)}\cdot\frac{(s^2+0.2312s+0.09512)(s^2+10.88s+117.7)}{(s^2+0.01976s+3.081)(s^2+11.23s+154.3)} \tag{9.43}$$

再导出俯仰角指令输入口到俯仰角的传递函数 $G_{\vartheta zc}(s)$：

$$G_{\vartheta zc}(s)=\frac{23.8539s(s+0.1062)(s+0.003553)}{(s+0.1287)(s+0.1051)(s^2+0.2348s+0.0938)}\cdot\frac{(s^2+0.2378s+0.09425)}{(s^2+0.01976s+3.081)(s^2+11.23s+154.3)} \tag{9.44}$$

前馈补偿环节的传递函数应取为

$$G_{\vartheta zk1}(s)=\frac{-G_{\vartheta_z}(s)}{G_{\vartheta zc}(s)}=\frac{-5.9337\times10^{-6}(s+0.1295)(s^2+10.88s+117.7)}{s(s+0.003553)} \tag{9.45}$$

对 $G_{\vartheta zk1}(s)$ 进行适当的处理，确定前馈补偿环节的传递函数为

$$G_{\vartheta zk}(s)=\frac{-5.9337\times10^{-4}(s+0.1295)(s^2+10.88s+117.7)}{s(s+0.003553)(s+100)} \tag{9.46}$$

同样在风速 $V_w=10\text{m/s}$ 的条件下进行仿真验证。在给定与图 9.84 相同的海浪影响下，此时法向拉力变化如图 9.88 所示，俯仰角的扰动抑制效果如图 9.89 所示。

图 9.89 中实线是未加前馈补偿环节时的俯仰角 θ 响应，响应的幅值最大可达到 ±53°。虚线是添加前馈补偿环节以后的俯仰角 θ 响应，响应的幅值为 ±1°。从图 9.89 中可以看出，施加前馈补偿控制的效果是明显的。

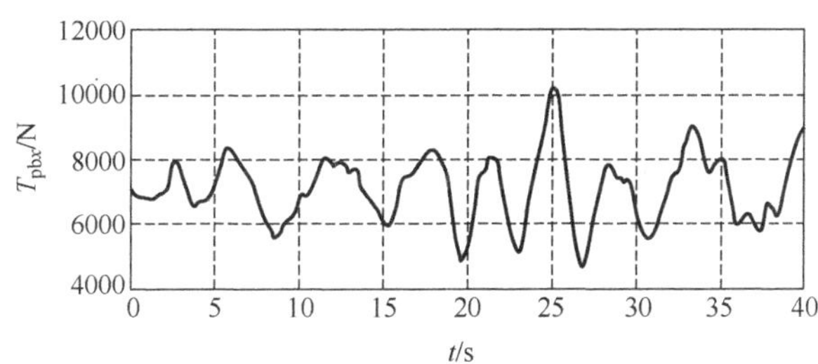

图 9.88 在海浪影响下的法向拉力变化

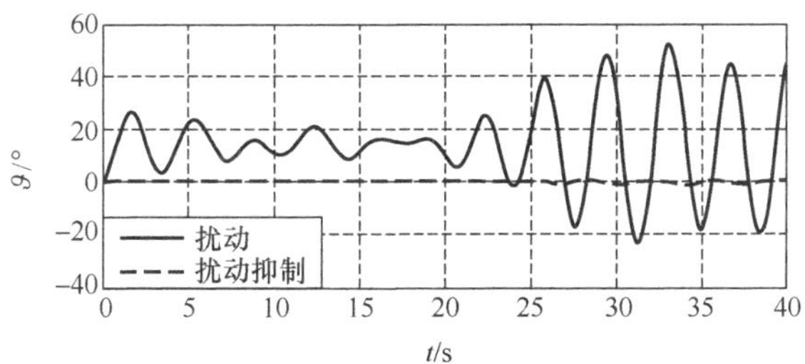

图 9.89 俯仰角的扰动抑制效果

3. 前向拉力 T_{pbx} 对纵向速度的前馈控制环节设计

前向拉力 T_{pbx} 对纵向速度的前馈控制框图如图 9.90 所示。

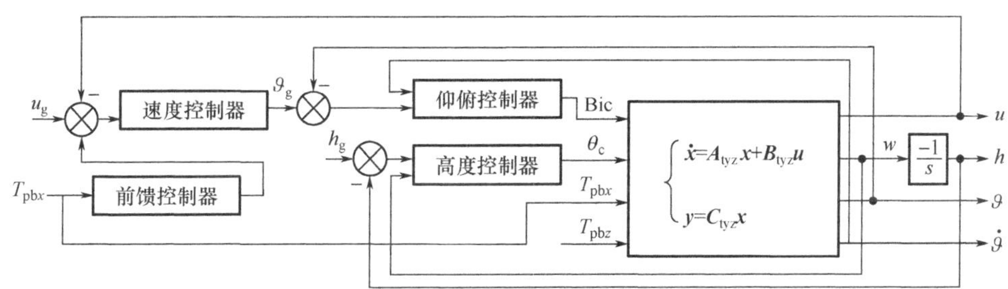

图 9.90 前向拉力 T_{pbx} 对纵向速度的前馈控制框图

前向拉力 T_{pbx} 到速度 u 的传递函数 $G_{ux}(s)$：

$$G_{ux}(s)=\frac{-7.6923\times10^{-5}\ s\ (s+11.39)\ (s+0.1042)}{(s+0.1287)(s+0.1051)(s^2+0.2348s+0.0938)}\cdot\frac{(s^2+0.2264s+0.09381)(s^2-0.2871s+4.122)}{(s^2+0.01976s+3.081)(s^2+11.23s+154.3)} \tag{9.47}$$

纵向速度指令入口到 u 的传递函数 $G_{uxc}(s)$：

$$G_{uxc}(s)=\frac{118.8934\ (s+0.1282)\ (s+0.1052)}{(s+0.1287)(s+0.1051)(s^2+0.2348s+0.0938)}\cdot\frac{(s^2+0.2347s+0.09376)(s^2+0.145s+4.012)}{(s^2+0.01976s+3.081)(s^2+11.23s+154.3)} \tag{9.48}$$

前馈补偿环节的传递函数应取为

$$G_{uxk1}(s)=\frac{-G_{ux}(s)}{G_{uxc}(s)}=\frac{6.4699\times10^{-7}s(s+11.39)(s^2-0.2871s+4.122)}{(s+0.1282)(s^2+0.145s+4.012)} \tag{9.49}$$

对 $G_{uxk1}(s)$ 进行适当的处理，确定前馈补偿环节的传递函数为

$$G_{uxk}(s)=\frac{6.4699\times10^{-5}s(s+11.39)(s^2-0.2871s+4.122)}{(s+0.1282)(s^2+0.145s+4.012)(s+100)} \tag{9.50}$$

在相同条件下进行仿真验证。在图 9.84 中的海浪影响下，纵向速度的扰动抑制效果如图 9.91 所示。

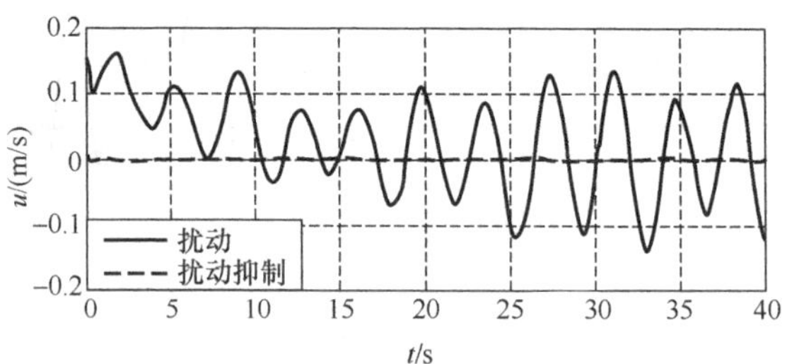

图 9.91 纵向速度的扰动抑制效果

图 9.91 中实线是未加前馈补偿环节时的前向速度响应，响应的幅值为 ±0.163 m/s。虚线是添加前馈补偿环节以后的前向速度响应，响应的幅值为 ±0.014 m/s。从图 9.91 中可以看出，施加前馈补偿控制后，纵向速度的扰动幅值缩小到原有幅值的 8.6%，抑制扰动的效果令人满意。

4. 法向拉力 T_{pbz} 对高度的前馈控制环节设计

法向拉力 T_{pbz} 对高度的前馈控制框图如图 9.92 所示。

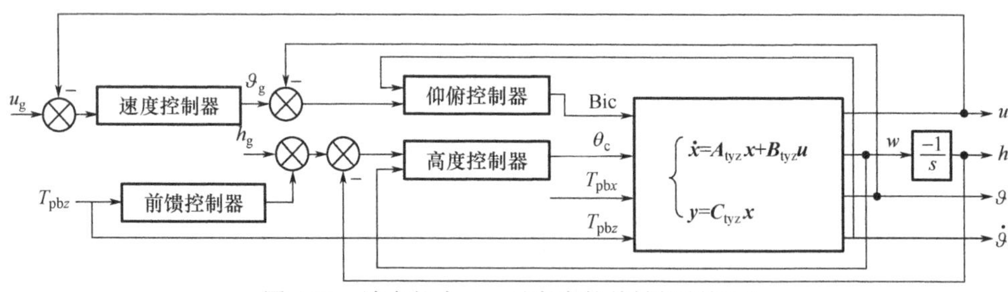

图 9.92 法向拉力 T_{pbz} 对高度的前馈控制框图

法向拉力 T_{pbz} 到垂直速度 w 的传递函数 $G_{hz}(s)$

$$G_{hz}(s)=\frac{7.6923\times10^{-5}\ s^2(s+30.57)(s+0.5953)}{(s+0.1287)(s+0.1051)(s^2+0.2348s+0.0938)}\cdot\frac{(s+0.1275)(s^2+18.37s+133.6)}{(s^2+0.01976s+3.081)(s^2+11.23s+154.3)} \tag{9.51}$$

垂直速度指令入口到法向速度 w 的传递函数 $G_{hzc}(s)$：

$$G_{hzc}(s)=\frac{-0.1189\,s\,(s+0.1286)\,(s+0.08333)}{(s+0.1287)(s+0.1051)(s^2+0.2348s+0.0938)}\cdot\frac{(s^2+0.0546s+3.04)(s^2+11.29s+155.7)}{(s^2+0.01976s+3.081)(s^2+11.23s+154.3)} \tag{9.52}$$

前馈补偿环节的传递函数应取为

$$G_{hzk}(s)=\frac{-G_{hz}(s)}{G_{hzc}(s)}=\frac{6.4698\times10^{-4}s(s+30.57)(s+0.5953)(s^2+18.37s+133.6)}{(s+0.08333)(s^2+0.0546s+3.04)(s^2+11.29s+155.7)} \tag{9.53}$$

在相同条件下进行仿真验证。在图 9.84 中的海浪的影响下，高度扰动抑制效果和垂直速度扰动抑制效果分别如图 9.93 和图 9.94 所示。

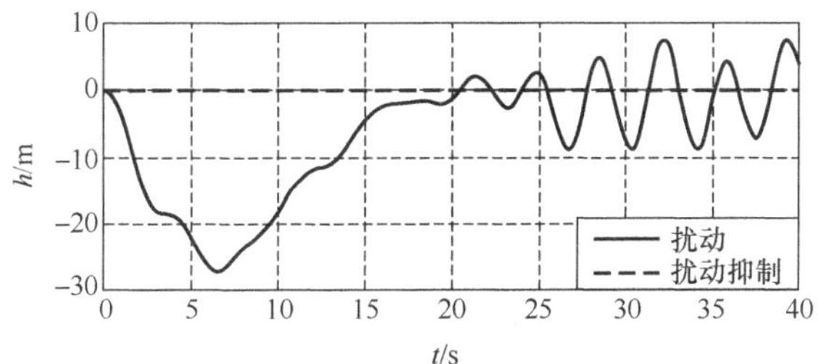

图 9.93　高度扰动抑制效果

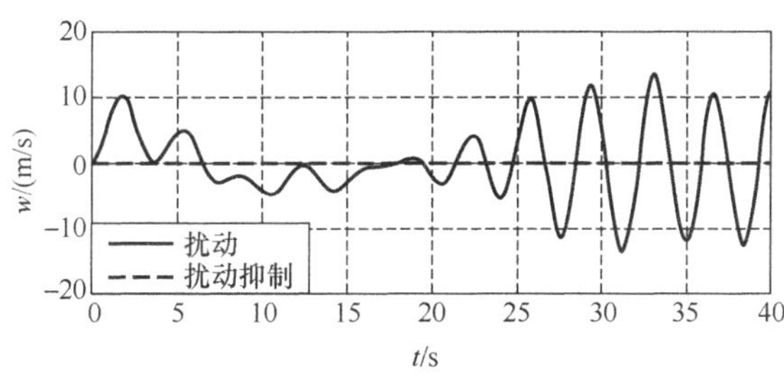

图 9.94　垂直速度扰动抑制效果

图 9.93 中实线是未加前馈补偿环节时的高度阶跃响应，响应的最大幅值为 27.54m；虚线是添加前馈补偿环节以后的高度响应。图 9.94 中未加前馈补偿环节时垂直速度响应（实线）的幅值是 13.89m/s；虚线是添加前馈补偿环节后的垂直速度阶跃响应。从图 9.94 中可以看出，施加前馈补偿控制后，高度、垂直速度的扰动抑制效果令人满意。

本 章 小 结

本章针对直升机拖曳作业过程中的控制问题展开研究。在建立直升机-缆绳-被拖曳体系统集成模型的基础上，设计了缆位角反馈控制律，抑制缆绳振荡对系统的影响。分析洋流、定常风对直升机和被拖曳体航迹影响的规律，采取用侧航法修正海流引起的被拖曳体航迹偏差、用侧滑法抵御海风影响的控制策略，使直升机拖曳系统能准确、高效地进行区域搜扫作业。讨论被拖曳体随海浪起伏运动对控制系统的影响，提出了有效抑制其干扰影响的前馈控制方案。

参 考 文 献

[1] 苑志江，金良安，田恒斗，等. 海洋拖曳系统的水动力理论与控制技术研究综述[J]. 科学技术与工程，2013：408-415，420.

[2] M. A. Vaz，M. H. Patel. Transient behaviour of towed marine cables in two dimensions[J]. Applied Ocean Research，1995, 17（3）: 143-153.

[3] Srivastava S K，Ganapathy C. Experimental Investigations on Loop Manoeuvre of Underwater Towed Cable-Array System[J]. Ocean Engineering，1998，25（1）：85-102.

[4] AIAA. Nonlinear dynamics of helicopter with slung load analysis by continuation methods[J]. AIAA-2001-0110, 2001.

[5] Daffer G，Gebhardt J. Simulation of the landing and take-off of a VTOL aircraft on a ship in a random sea[C]. Advanced Marine Vehicles Conference. 1974：1740-1746.

[6] 施鹤群. 未来反水雷战先锋——直升机扫雷[J]. 国防科技，2001，11：58-59.

[7] 崔翰明，许建华，曾庆吉，孙虎. 世界舰载直升机的现状与发展[J]. 直升机技术，2009，02：68-71.

[8] 林富生，陈瑶，刘江平. 全维海战的空中利器——海军直升机[J]. 国防科技，2005（10）：36-39.

[9] Hilbert K B. A mathematical model of the UH-60 helicopter[J]. NASA-TM-85890, 1984.

[10] 崔翰明，许建华，曾庆吉，孙虎. 世界舰载直升机的现状与发展[J]. 直升机技术，2009，02：68-71.

[11] 杨毅. 美国海军航空反水雷的发展趋势[J]. 航海，2003：41-42.

[12] Roberge V，Tarbouchi M，Labonté G. Comparison of parallel genetic algorithm and particle swarm optimization for real-time UAV path planning[J]. Industrial Informatics，IEEE Transactions on，2013，9（1）：132-141.

[13] 徐其成. 走航式拖曳采样系统运动姿态控制的仿真研究[D]. 山东：山东科技大学，2009.

[14] Paul Williams，Daniel Sgarioto. Optimal Control of An Aircraft-Towed Flexible Cable System.Journal of Guidance，Control，and Dynamics[J]. 2006.29（2）：401-410.

[15] 张登成. 拖曳式重复使用运载器飞行动力学[J]. 西安：西北工业大学，2006.

[16] 张树美，孙海伦. 控制系统的无静差最优扰动抑制[J]. 青岛大学学报（工程技术版），2008：29-34.

[17] 邱岳恒，卢京潮. 基于半物理仿真的直升机风场扰动研究[J]. 计算机测量与控制，2010，18（10）：2397-2399.

[18] 李雨. 直升机拖曳系统控制律设计[D]. 西安：西北工业大学，2016.

[19] 赵宇龙.直升机拖曳系统运动仿真与解缆控制[D]. 西安：西北工业大学，2016.

[20] Huston R L，Kammen J W. Validation of Finite Segment Cable Models[J]. Computers and Structures，1982，15（6）：653-660.

[21] Kammen J W，Hus ton R L .Modeling of Submerged Cable Dynamics[J]. Computers and Structures ，1985，20（103）：623-629.

[22] Kamman J W，Huston R L. Modeling of Variable Length Towed and Tethered Cable Systems[J]. Journal of Guidance Control & Dynamics，1999，22（4）：602-608.

[23] 张登成，胡孟权.拖曳系统飞行仿真[J]. 空军工程大学学报·自然科学版，2004，5（2）：1-5.

[24] Stephen R N，Dominick A. Longitudinal equilibrium solutions for a towed aircraft and tow cable[J]. AIAA，2003，4255.

[25] 任东彦，孙明太. 直升机猎扫雷作战航路过渡建模与仿真[J]. 计算机应用，2013, 33（7）: 2087-2090.

[26] 任东彦，孙明太，刘阳. 直升机扫雷航路动态优化建模与仿真[J]. 火力与指挥控制，2014（8）：78-81.

[27] 宋佳平，马爱民，张琦. 拖曳式猎扫雷装备循迹控制方法研究[J]. 指挥控制与仿真，2009（5）：110-112.

[28] Mehiel E，Balas M J. Optimization of direct adaptive disturbance rejection systems[C]. Proceedings of AIAA Guidance，Navigation，and Control Conference. 2003.

[29] Christina M. Ivler，Mark B. Tischler. Cable Angle Feedback Control Systems to Improve Handling Qualities for Helicopter with Slung Loads[J]. AIAA-2011-6686，2011.

[30] Ivler C M，Powell J D，Tischler M B，et al. Design and flight test of a cable angle/rate feedback flight control system for the RASCAL JUH-60 helicopter[C]. Proceedings of the American Helicopter Society 68th Annual Forum，Fort-Worth，TX，USA. 2012：1-3.

[31] LU Yan long，TONG Zhong xiang，YU Jin lu，et al. Modeling and simulation calculation for movement characteristics of a towed decoy[J]. Flight Dynamics，2010，28（5）：24-26.

[32] Roberge V，Tarbouchi M，Labonté G. Comparison of parallel genetic algorithm and particle swarm optimization for real-time UAV path planning[J]. Industrial Informatics，IEEE Transactions on，2013，9（1）：132-141.

[33] Williams P. Dynamic multibody modeling for tethered space elevators[J]. Acta Astronautica，2009，65：399-422.

[34] 张登成，唐硕，苏新兵. 缆绳对拖曳系统中飞行器动稳定性的影响[J]. 弹道学报，2008：41-44.

[35] 李晓平，王树新，王延辉. 拖曳系统拖曳动态过程仿真分析[J]. 海洋技术，2005：69-74.

[36] 金良安，苑志江，迟卫，田恒斗，卢祎斌. 海洋拖曳系统对船舶操纵性能的影响[J]. 交通运输工程学报，2013：47-54.

[37] 陈钢，段富海，何长安. 直升机缆绳吊放声纳系统有限元建模与仿真[J]. 计算机仿真，2003，02：13-16.

[38] 周芃. 基于 CFD 的高速舰船阻力与尾部件流场的数值模拟[D]. 北京：中国舰船研究院，2013.

[39] 张成舜. 浮式海洋结构物迁航阻力性能预报[D]. 大连：大连理工大学，2006.

[40] 詹栋梁. 三体船布局对阻力影响的初步研究[D]. 哈尔滨：哈尔滨工程大学，2008.

[41] 张广磊，张维竞，刘涛. 广义 α 算法在拖曳阵列动态仿真中的应用[J]. 哈尔滨工程大学学报，2012，05：574-579.

[42] 戴宁. 直升机海上搜潜控制的设计与仿真[J]. 直升机技术，2003（2）：23-26.

[43] 张琳贤. 直升机拖曳系统控制律设计与仿真[D]. 西安：西北工业大学，2015.

[44] 张永丽. 拖曳作业环境下的直升机控制问题研究[D]. 西安：西北工业大学，2017.

[45] 王江. 拖曳直升机控制增稳半物理仿真系统设计[D]. 西安：西北工业大学，2017.

第10章 模糊滑模控制

滑模变结构控制（滑模控制）是一种特殊的非线性控制方法，它利用控制作用的不连续特性，使系统在两种控制策略之间来回切换，从而产生一种与原系统无直接关系的新运动——滑动模态。这种运动有两个主要的优点：首先，可以通过选择适当的滑模面来实现系统的动力学特征，以满足闭环系统的性能指标；其次，当系统处在滑动模态时，闭环系统响应对满足匹配条件的不确定性（包括模型不确定性、参数摄动和外部干扰）具有完全的不变性[1]。因此，滑模控制理论是一种设计不确定系统鲁棒控制器的有效工具。

10.1 滑模控制系统设计

10.1.1 滑模控制原理

滑模控制系统设计分为两步：第一步，设计适当的切换函数（滑模面），使系统进入滑动模态后具有希望的动态品质；第二步，设计变结构趋近控制律使得系统状态在有限时间内到达滑模面，并保持在其上运动。

考虑如下不确定系统：

$$\dot{\boldsymbol{x}} = (\boldsymbol{A}+\Delta\boldsymbol{A})\boldsymbol{x} + (\boldsymbol{B}+\Delta\boldsymbol{B})\boldsymbol{u} + \boldsymbol{d}(\boldsymbol{x},t) \tag{10.1}$$

式中，$\boldsymbol{x}\in\mathbf{R}_n$ 为状态向量，$\boldsymbol{u}\in\mathbf{R}_m$ 为控制输入向量，$\boldsymbol{d}\in\mathbf{R}_n$ 为外界扰动和未建模动态，$\boldsymbol{A},\boldsymbol{B}$ 为适当维数的矩阵且 $\operatorname{rank}\boldsymbol{B}=m<n$； $\Delta\boldsymbol{A},\Delta\boldsymbol{B}$ 为摄动。

假设 1：摄动 $\Delta\boldsymbol{A},\Delta\boldsymbol{B}$ 是不确定参数 z 的连续矩阵函数：

$$\Delta\boldsymbol{A}=\Delta\boldsymbol{A}(z),\quad \Delta\boldsymbol{B}=\Delta\boldsymbol{B}(z) \tag{10.2}$$

假设 2：存在 $\boldsymbol{D}(z)\in\mathbf{R}_{m\times p}$， $\boldsymbol{E}(z)\in\mathbf{R}_{m\times m}$ 和 $\boldsymbol{v}(\boldsymbol{x})\in\mathbf{R}_m$ 使得下面的匹配条件满足：

$$\Delta\boldsymbol{A}=\boldsymbol{B}\boldsymbol{D}(z) \quad 且 \quad \max_{1\leqslant j\leqslant m}\left|\boldsymbol{D}_{ji}(z)\right|\leqslant\delta_i \quad i=1,2,\cdots,n \quad \forall z\in\boldsymbol{Z} \tag{10.3}$$

$$\Delta\boldsymbol{B}=\boldsymbol{B}\boldsymbol{E}(z) \quad 且 \quad \boldsymbol{E}(z)=\operatorname{diag}(E_{jj})$$

$$\max_{1\leqslant j\leqslant m}\left|\boldsymbol{E}_{ji}(z)\right|\leqslant\varepsilon<1,\quad \forall z\in\boldsymbol{Z} \tag{10.4}$$

$$\boldsymbol{d}(\boldsymbol{x},t)=\boldsymbol{B}\boldsymbol{v}(\boldsymbol{x},t) \quad 且 \quad \left|v_j(\boldsymbol{x},t)\right|\leqslant v_j,\quad \forall\boldsymbol{x},\ \forall t \quad j=1,2,\cdots,m \tag{10.5}$$

设计如下滑模控制器：

$$\boldsymbol{u}=\boldsymbol{u}_{\mathrm{e}}+\boldsymbol{u}_{\mathrm{v}}=-\boldsymbol{K}_{E}\boldsymbol{x}+\boldsymbol{u}_{\mathrm{v}} \tag{10.6}$$

式中，$\boldsymbol{u}_{\mathrm{e}}$ 为等效控制；$\boldsymbol{u}_{\mathrm{v}}$ 为趋近控制；$\boldsymbol{K}_{E}$ 为反馈控制增益。选择维数为 m 的切换函数 $\boldsymbol{s}(\boldsymbol{x})$，即

$$\boldsymbol{s}(\boldsymbol{x})=\boldsymbol{C}_{\mathrm{s}}\boldsymbol{x} \tag{10.7}$$

式中，$\boldsymbol{C}_{\mathrm{s}}=[\boldsymbol{C}_1\ \boldsymbol{C}_2\cdots\boldsymbol{C}_m]^{\mathrm{T}}{}_{m\times n}$ 为切换系数矩阵（常数矩阵）。对于给定的系统，$\boldsymbol{s}(\boldsymbol{x})=0$ 是状态轨迹保持在滑模面上的必要条件。采用线性反馈配置极点，以保证系统具有希望的动态性能。

$$\boldsymbol{u}_{\mathrm{e}}=-\boldsymbol{K}_{E}\boldsymbol{x} \tag{10.8}$$

采用极点配置方法获得反馈控制增益 $\boldsymbol{K}_{E}$：

$$\boldsymbol{K}_{E}=[\boldsymbol{C}_{\mathrm{s}}\boldsymbol{B}]^{-1}\boldsymbol{C}_{\mathrm{s}}\boldsymbol{A} \tag{10.9}$$

式中，$\boldsymbol{C}_{\mathrm{s}}\boldsymbol{B}$ 可逆。切换系数矩阵 $\boldsymbol{C}_{\mathrm{s}}$ 可以通过下面方程求得

$$\boldsymbol{C}_{\mathrm{s}}[\boldsymbol{A}-\boldsymbol{B}\boldsymbol{K}_{E}]=0 \tag{10.10}$$

式（10.10）给出了确定滑模系数矩阵 $\boldsymbol{C}$ 的一般方法：$\boldsymbol{C}$ 必须在所希望特征值空间的正交补空间中。

选取 Lyapunov 函数 $V(\boldsymbol{x})=\frac{1}{2}\boldsymbol{s}^{\mathrm{T}}\boldsymbol{s}$，满足滑模到达条件：

$$\dot{V}(\boldsymbol{x})=\boldsymbol{s}^{\mathrm{T}}\dot{\boldsymbol{s}}=\boldsymbol{s}^{\mathrm{T}}\boldsymbol{C}_{\mathrm{s}}\dot{\boldsymbol{x}}<0 \tag{10.11}$$

依据具体情况适当确定趋近控制律 $\boldsymbol{u}_{\mathrm{v}}$，可以保证系统在有限时间内到达滑模面[2]。

10.1.2　滑模控制系统的抖振抑制

由于实际系统都存在惯性，系统状态在穿越切换面时总会发生某种滞后，导致在切换面附近产生抖振。

在滑模的趋近控制过程中，趋近控制 $\boldsymbol{u}_{\mathrm{v}}$ 的作用是克服其他因素（不论是模型不符、参数摄动还是不确定干扰）引起的“误差”，将系统状态引导到滑模面上。$\boldsymbol{u}_{\mathrm{v}}$ 的作用越强，将系统状态驱使到滑模面的力度越大，系统抑制参数摄动和不确定干扰的能力就越强，但同时将状态推过滑模面，产生“抖振”的效应也越显著。对摄动、外界干扰的不变性和抖振现象是常规滑模控制系统相辅相成、互为依存的两个方面。

抑制滑模控制系统抖振可以从以下几个途径着手解决：其一，选择合适的趋近率（如采用指数趋近率），避免系统状态刚性地接近滑模面。其二，设置适当厚度的边界层，在滑模面附近建立一个“缓冲带”，使系统状态比较“柔和”地进入滑模面。其三，设计积分滑模面，提高滑模面与系统特性的“吻合度”。

1. 趋近率方法

保证到达条件，使系统状态在有限时间内达到并保持在滑模面上，是滑模控制设计要

解决的重点问题之一。高为炳院士提出了趋近率的概念[2]，常用的两种趋近率如下。

（1）等速趋近率：

$$\dot{s} = -\varepsilon \operatorname{sgn} s, \quad \varepsilon > 0 \tag{10.12}$$

（2）指数趋近率：

$$\dot{s} = -\varepsilon \operatorname{sgn} s - ks, \quad \varepsilon > 0,\ k > 0 \tag{10.13}$$

两种趋近律采用了符号函数，本质上是继电控制。

2．边界层方法

将趋近控制律的设计目标放宽到驱使系统状态到接近滑模面的某个邻域（边界层）内，系统状态在该滑模面附近中就有了一个缓冲的空间，使得抖振有可能消除。当然，这样又产生了另外的问题，即系统在边界层内（不一定保证严格位于滑模面上）是否一定能收敛到原点。研究表明，将边界层宽度控制在一定范围内，就可以保证系统收敛到预定的小邻域内。

Slotine 等人首先提出了用饱和函数

$$\boldsymbol{u}_{\mathrm{v}}(\boldsymbol{x}) = \begin{cases} k & a > \Delta \\ k \cdot a/\Delta & |a| \leqslant \Delta \\ -k & a < -\Delta \end{cases} \tag{10.14}$$

来代替符号函数的方法，使得系统轨迹保持在滑模面的一个小邻域内，该邻域的宽度 Δ 被定义为边界层宽度，宽度越大，去抖振效果越好，相应对滑模控制鲁棒性的弱化效应也越强[3]。随后 Burton 和 Zinober 给出了另一种设置边界层的平滑方法 [4,5]：

$$\boldsymbol{u}_{\mathrm{v}}(\boldsymbol{x}) = \frac{\boldsymbol{C}_{\mathrm{s}}\boldsymbol{x}}{\|\boldsymbol{C}_{\mathrm{s}}\boldsymbol{x}\| + \delta} \tag{10.15}$$

其抑制抖振的效果更好一些。

若系统的运动轨迹被限制在理想滑动模态的某一 Δ 邻域内，相应的系统模态称为“准滑动模态”（Pseud-sliding mode）。理想滑模控制将系统的状态轨迹吸引到滑模面上，而准滑模控制将系统的状态轨迹吸引到滑模面的某一邻域内。前者的存在条件是 $\boldsymbol{s}\dot{\boldsymbol{s}} < 0,\ \boldsymbol{s} \neq 0$；后者的存在条件则是 $\boldsymbol{s}\dot{\boldsymbol{s}} < 0,\ \boldsymbol{s} > \Delta$。通常称这个 Δ 邻域为滑动模态的边界层。在边界层外，两者的运动规律完全相同，只是在边界层内，后者不满足 $\boldsymbol{s}\dot{\boldsymbol{s}} < 0$ 的存在条件。因此，准滑模控制可以在边界层上进行控制结构的转换，可以有效地削弱甚至有可能避免抖振现象。

考虑一般的仿射非线性系统：

$$\dot{\boldsymbol{x}} = \boldsymbol{f}(\boldsymbol{x},t) + \boldsymbol{B}(\boldsymbol{x},t)\boldsymbol{u} \tag{10.16}$$

式中，$\boldsymbol{x} \in \mathbf{R}_n, \boldsymbol{u} \in \mathbf{R}_m, \boldsymbol{f}(\boldsymbol{x},t)$ 为 n 维列向量函数；$\boldsymbol{B}(\boldsymbol{x},t)$ 为 $n \times m$ 矩阵；理想滑模面为

$$\boldsymbol{s} = \boldsymbol{C}_{\mathrm{s}}\boldsymbol{x} \in \mathbf{R}_m \tag{10.17}$$

等效控制为

$$\boldsymbol{u}_{\mathrm{e}}=-(\boldsymbol{C}_{\mathrm{s}}\boldsymbol{B})^{-1}\boldsymbol{C}_{\mathrm{s}}\boldsymbol{f} \tag{10.18}$$

滑动模态运动方程为

$$\dot{\boldsymbol{x}}=\boldsymbol{f}(\boldsymbol{x},t)+\boldsymbol{B}(\boldsymbol{x},t)\boldsymbol{u}_{\mathrm{e}} \tag{10.19}$$

设 $\boldsymbol{x}^*(t)$ 为滑模方程的解。并且 $\tilde{\boldsymbol{u}}$ 是保证仿射非线性系统准滑动模态存在的控制，$\boldsymbol{x}(t)$ 满足准滑动模态运动方程

$$\dot{\boldsymbol{x}}=\boldsymbol{f}(\boldsymbol{x},t)+\boldsymbol{B}(\boldsymbol{x},t)\tilde{\boldsymbol{u}} \tag{10.20}$$

的解。对此准滑动模态，有如下定理[6]。

定理 10.1

（1）在区间[0，T]上，式（10.20）的某个解 $\boldsymbol{x}(t)$ 使得相轨迹处在 $\boldsymbol{s}(\boldsymbol{x})=0$ 的 Δ 邻域，即不等式

$$\|\boldsymbol{s}(\boldsymbol{x})\|\leqslant\Delta \tag{10.21}$$

满足；

（2）对于由等效控制法得到的方程式（10.19）与由准滑动模态控制 $\tilde{\boldsymbol{u}}$ 得到的方程式（10.20）的右边均存在李普西兹常数 L，因而有不等式：

$$\|(\boldsymbol{f}(\boldsymbol{x},t)+\boldsymbol{B}(\boldsymbol{x},t)\tilde{\boldsymbol{u}})-(\boldsymbol{f}(\boldsymbol{x}^*,t)+\boldsymbol{B}(\boldsymbol{x}^*,t)\boldsymbol{u}_{\mathrm{e}})\|\leqslant L\|\boldsymbol{x}-\boldsymbol{x}^*\| \tag{10.22}$$

（3）函数 $\boldsymbol{B}(\boldsymbol{x},t)(\boldsymbol{C}^{\mathrm{T}}\boldsymbol{B}(\boldsymbol{x},t))^{-1}$ 对所有偏导数存在，且在任意有限区域内有界；

（4）对于非理想滑动方程式（10.20）的右端函数 $\boldsymbol{f}(\boldsymbol{x},t)+\boldsymbol{B}(\boldsymbol{x},t)\tilde{\boldsymbol{u}}$ 存在着正数 M 和 N，使得

$$\|\boldsymbol{f}(\boldsymbol{x},t)+\boldsymbol{B}(\boldsymbol{x},t)\tilde{\boldsymbol{u}}\|\leqslant M+N\|\boldsymbol{x}\| \tag{10.23}$$

那么，对于具有初始条件

$$\|\boldsymbol{x}(0)-\boldsymbol{x}^*(0)\|\leqslant\rho\Delta \tag{10.24}$$

的式（10.20）和式（10.22）的一对解，存在着正数 H，使得

$$\|\boldsymbol{x}(t)-\boldsymbol{x}^*(t)\|\leqslant H\Delta \tag{10.25}$$

此定理表明，具有准滑动模态的系统性能与具有理想滑动模态的系统性能接近。当 $\Delta\to0$ 时，$\boldsymbol{x}(t)\to\boldsymbol{x}^*(t)$。

考虑线性系统：

$$\dot{\boldsymbol{x}}=\boldsymbol{A}\boldsymbol{x}+\boldsymbol{B}\boldsymbol{u}+\boldsymbol{D}\boldsymbol{d} \tag{10.26}$$

设其扰动满足 $-\boldsymbol{d}_{\min}\leqslant\boldsymbol{d}\leqslant\boldsymbol{d}_{\max}$，滑模面为

$$\boldsymbol{s}(\boldsymbol{x})=C_1x_1+C_2x_2+\cdots+C_{n-1}x_{n-1}+x_n=\boldsymbol{C}_{\mathrm{s}}\boldsymbol{x} \tag{10.27}$$

设 $\boldsymbol{C}_{\mathrm{s}}\boldsymbol{B}\neq0$，不失一般性，可设 $\boldsymbol{C}_{\mathrm{s}}\boldsymbol{B}>0$。采用控制

$$\boldsymbol{u}=\boldsymbol{u}_{\mathrm{e}}-\boldsymbol{u}_{\mathrm{v}}=-\boldsymbol{K}_{\boldsymbol{E}}\boldsymbol{x}-\boldsymbol{u}_{\mathrm{v}} \tag{10.28}$$

将式（10.28）代入式（10.26）有

$$\dot{\boldsymbol{x}}=(\boldsymbol{A}-\boldsymbol{B}\boldsymbol{K}_E)\boldsymbol{x}+(\boldsymbol{D}\boldsymbol{d}-\boldsymbol{B}\boldsymbol{u}_{\mathrm{v}}) \tag{10.29}$$

$$\begin{aligned}\boldsymbol{s}\dot{\boldsymbol{s}}&=\boldsymbol{s}\boldsymbol{C}_{\mathrm{s}}\dot{\boldsymbol{x}}=\boldsymbol{s}\boldsymbol{C}_{\mathrm{s}}[(\boldsymbol{A}-\boldsymbol{B}\boldsymbol{K}_E)\boldsymbol{x}+(\boldsymbol{D}\boldsymbol{d}-\boldsymbol{B}\boldsymbol{u}_{\mathrm{v}})]\\&=\boldsymbol{s}\boldsymbol{C}_{\mathrm{s}}\boldsymbol{B}\{[(\boldsymbol{C}_{\mathrm{s}}\boldsymbol{B})^{-1}\boldsymbol{C}_{\mathrm{s}}\boldsymbol{A}-\boldsymbol{K}_E]\boldsymbol{x}+[(\boldsymbol{C}_{\mathrm{s}}\boldsymbol{B})^{-1}\boldsymbol{C}_{\mathrm{s}}\boldsymbol{D}\boldsymbol{d}-\boldsymbol{u}_{\mathrm{v}}]\}\\&=\boldsymbol{s}\boldsymbol{C}_{\mathrm{s}}\boldsymbol{B}[(\boldsymbol{\alpha}_{\mathrm{s}}-\boldsymbol{K}_E)\boldsymbol{x}+(\boldsymbol{\beta}_{\mathrm{s}}-\boldsymbol{u}_{\mathrm{v}})]\end{aligned} \tag{10.30}$$

式中

$$\boldsymbol{\alpha}_{\mathrm{s}}=(\boldsymbol{C}_{\mathrm{s}}\boldsymbol{B})^{-1}\boldsymbol{C}_{\mathrm{s}}\boldsymbol{A} \tag{10.31}$$

$$\boldsymbol{\beta}_{\mathrm{s}}=(\boldsymbol{C}_{\mathrm{s}}\boldsymbol{B})^{-1}\boldsymbol{C}_{\mathrm{s}}\boldsymbol{D}\boldsymbol{d} \tag{10.32}$$

为满足准滑模存在的条件，可取

$$\boldsymbol{K}_E=\boldsymbol{\alpha}_{\mathrm{s}}+\delta\boldsymbol{C}_{\mathrm{s}}\boldsymbol{B}\boldsymbol{C}_{\mathrm{s}} \tag{10.33}$$

$$\boldsymbol{u}_{\mathrm{v}}=(\sup\boldsymbol{\beta}_{\mathrm{s}}+\delta_{\mathrm{d}})\boldsymbol{C}_{\mathrm{s}}\boldsymbol{B}\boldsymbol{s}/\eta \tag{10.34}$$

式中，η、$\delta>0$, $\delta_{\mathrm{d}}>0$ 为设计参数。

$$\sup\boldsymbol{\beta}_{\mathrm{s}}=(\boldsymbol{C}_{\mathrm{s}}\boldsymbol{B})^{-1}\boldsymbol{C}_{\mathrm{s}}\boldsymbol{D}\boldsymbol{d}_{\max} \tag{10.35}$$

将式（10.33）和式（10.34）代入式（10.30）可得

$$\boldsymbol{s}\dot{\boldsymbol{s}}=-\boldsymbol{\delta}(\boldsymbol{s}\boldsymbol{C}_{\mathrm{s}}\boldsymbol{B})^2-\boldsymbol{s}\boldsymbol{C}_{\mathrm{s}}\boldsymbol{B}\left[(\sup\boldsymbol{\beta}_{\mathrm{s}}+\boldsymbol{\delta}_{\mathrm{d}})\boldsymbol{C}_{\mathrm{s}}\boldsymbol{B}\boldsymbol{s}\frac{1}{\eta}-\boldsymbol{\beta}_{\mathrm{s}}\right]<0 \tag{10.36}$$

当 $|\boldsymbol{s}\boldsymbol{C}_{\mathrm{s}}\boldsymbol{B}|>\eta$ 时，由式（10.36）可知，只要

$$|\boldsymbol{s}|>(\boldsymbol{C}_{\mathrm{s}}\boldsymbol{B})^{-1}\eta=\Delta \tag{10.37}$$

就有 $\boldsymbol{s}\dot{\boldsymbol{s}}<0$。由此可见，当存在干扰时，只要 $|\boldsymbol{s}|>\Delta$，状态轨迹将自动进入滑动模态区，实现准滑模运动。而且如果对扰动的界 $\boldsymbol{d}_{\max}$ 估计过低，边界层准滑动模态仍能保持，只是边界层变宽。例如，若实际扰动的界 $\boldsymbol{d}$ 比估计的界 $\boldsymbol{d}_{\max}$ 要大，相应 $\boldsymbol{\beta}_{\mathrm{s}}$ 的界也要增大 $\Delta\sup\boldsymbol{\beta}_{\mathrm{s}}$，则边界层也要增大，以使

$$|\boldsymbol{s}\boldsymbol{C}_{\mathrm{s}}^{\mathrm{T}}\boldsymbol{B}|\geqslant\eta\left(1+\frac{\Delta\sup\boldsymbol{\beta}_{\mathrm{s}}}{\sup\boldsymbol{\beta}_{\mathrm{s}}}\right) \tag{10.38}$$

从式（10.32）还可以看出，当 $\boldsymbol{d}=0$ 时，$\boldsymbol{\beta}_{\mathrm{s}}=0$，此时边界层宽度 $\Delta=0$，表明准滑模控制对无扰动的确定系统能够实现理想滑模控制。

3．积分滑模方法

如果系统滑动模态运动方程的阶次与系统原方程阶次一致，就称这个滑模是积分滑模（Integral Sliding Mode）[7]。常规滑模面是状态空间中的一个降维子空间，在趋近过程中，趋近控制必须始终起作用以驱使系统状态向滑模面趋近。若采用与系统同阶的积分滑模面，就能更好地顺应系统实际特性，有利于抑制抖振[8-11]。

积分滑模方法的实质是设计趋近控制律的导数，如

$$\dot{\boldsymbol{u}}_{\mathrm{v}}(t)=-k\,\mathrm{sgn}(\boldsymbol{s}(\boldsymbol{x})) \tag{10.39}$$

这样，控制量的导数在控制过程中进行切换，控制量自身作为开关函数的积分就会连续变化，所以系统在原理上可以消除抖振。

10.1.3 仿真算例

直升机纵向系统动态方程为

$$\begin{cases}\dot{\boldsymbol{x}}=\boldsymbol{A}\boldsymbol{x}+\boldsymbol{B}\boldsymbol{u}\\ \boldsymbol{y}=\boldsymbol{C}\boldsymbol{x}\end{cases}$$

式中，系统状态 $\boldsymbol{x}=[u\ \ w\ \ \vartheta\ \ \dot{\vartheta}\ \ \mathrm{Bic}]^{\mathrm{T}}$ 中的分量分别是纵向速度、法向速度、俯仰角、俯仰角速度和纵向周期变距，各系统矩阵分别为

$$\boldsymbol{A}=\begin{bmatrix}-0.0435 & 0.0146 & -9.7989 & 2.5276 & 0.1425\\ 0.0099 & -0.6082 & 0.3025 & 52.4427 & 0.4689\\ 0 & 0 & 0 & 1 & 0\\ 0.0086 & -0.0119 & 0.0002 & -0.4922 & -0.0615\\ 0 & 0 & 0 & 0 & -10.9890\end{bmatrix}\quad \boldsymbol{B}=\begin{bmatrix}0\\0\\0\\0\\0.8951\end{bmatrix}\quad \boldsymbol{C}=\boldsymbol{I}_{5\times5}$$

系统状态完全可测，为使系统满足动态品质要求，将系统闭环极点配置在

$$\boldsymbol{s}\in\{-9,-0.7\pm \mathrm{j}0.9,-0.1,-0.4\}$$

设计滑模控制器。

经检验，系统可控。设系统可经满秩线性变换矩阵 $\boldsymbol{T}$ 化为可控标准型，计算得

$$\boldsymbol{T}=\begin{bmatrix}0.8366 & -0.8029 & 38.8598 & 0.4519 & 0\\ -0.1274 & 0.5244 & -28.0387 & 3.7031 & 0\\ 0.0424 & -0.3648 & 1.4078 & -2.6833 & 0\\ -0.0284 & 0.2544 & -0.5264 & -16.2955 & 0\\ -0.1356 & 0.0385 & 0.3523 & 20.7636 & 1.1172\end{bmatrix}$$

所以，系统希望的滑模面就是系统特征方程约束下的 $n-1$ 维子空间：

$$\boldsymbol{s}^{*}=\boldsymbol{C}^{*}[\hat{x}_1\ \hat{x}_1^{(1)}\ \hat{x}_1^{(2)}\ \hat{x}_1^{(3)}\ \hat{x}_1^{(4)}\ \hat{x}_1^{(5)}]^{\mathrm{T}}$$

$$\boldsymbol{C}_{\mathrm{s}}^{*}=\begin{bmatrix}0.468 & 6.406 & 19.066 & 19.14 & 10.9 & 1\end{bmatrix}$$

按 10.1.2 节中的方法进行设计，滑模面在由 $[u\ \ w\ \ \vartheta\ \ \dot{\vartheta}]^{\mathrm{T}}$ 构成的子空间中，对应的滑模面方程系数由相应的极点来确定：

$$\boldsymbol{s}\in[-0.7\pm \mathrm{j}0.9,-0.1,-0.4]$$

$$\boldsymbol{C}_{\mathrm{s}}=\begin{bmatrix}0.052 & 0.706 & 2.04 & 1.9 & 1\end{bmatrix}$$

$$\begin{aligned}\boldsymbol{u}&=(\boldsymbol{C}_{\mathrm{s}}\boldsymbol{T}\boldsymbol{B})^{-1}[-\boldsymbol{C}_{\mathrm{s}}\boldsymbol{T}\boldsymbol{A}\boldsymbol{x}+\mathrm{slaw}]\\ &=-(\boldsymbol{C}_{\mathrm{s}}\boldsymbol{T}\boldsymbol{B})^{-1}\boldsymbol{C}_{\mathrm{s}}\boldsymbol{T}\boldsymbol{A}\boldsymbol{x}+(\boldsymbol{C}_{\mathrm{s}}\boldsymbol{T}\boldsymbol{B})^{-1}\mathrm{slaw}\\ &=\boldsymbol{u}_{\mathrm{e}}+\boldsymbol{u}_{\mathrm{v}}\end{aligned}$$

等效控制：

$$\begin{aligned}\boldsymbol{u}_{\mathrm{e}}&=-(\boldsymbol{C}_{\mathrm{s}}\boldsymbol{T}\boldsymbol{B})^{-1}\boldsymbol{C}_{\mathrm{s}}\boldsymbol{T}\boldsymbol{A}\boldsymbol{x}=-\boldsymbol{K}_E\boldsymbol{x}\\ &=[-0.5184\quad 1.0449\quad -139.4794\quad -120.9903\quad -1.3775]\boldsymbol{x}\end{aligned}$$

趋近控制：

$$\boldsymbol{u}_{\mathrm{v}}=(\boldsymbol{C}_{\mathrm{s}}\boldsymbol{TB})^{-1}\mathrm{slaw}$$

滑模控制系统结构图如图 10.1 所示。

图 10.2 是在给定俯仰角初始值 $\vartheta(0)=5°$，在输入端加入幅值为 1，频率为 0.5Hz 方波干扰信号 $\boldsymbol{u}_{\mathrm{n}}$ 作用下，系统的动态响应。由图 10.2 可以看出，不加趋近控制时，系统状态受扰动信号影响明显，表明滑模控制系统对外界干扰有很强的鲁棒性。为检验参数不确定性对系统的影响，让系统矩阵 $\boldsymbol{A},\boldsymbol{B}$ 加百分之十的正弦摄动：

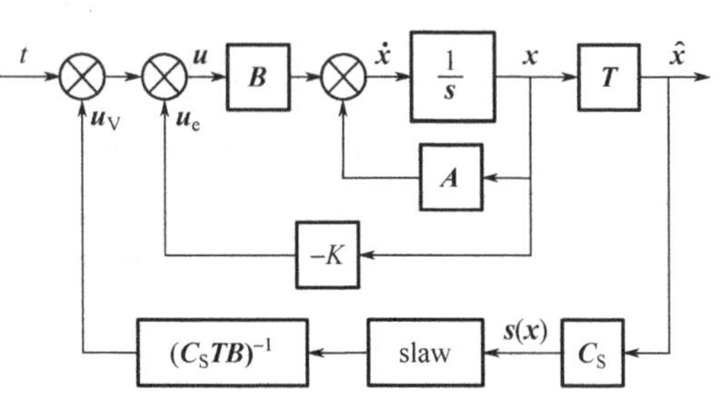

$$\begin{cases}\Delta\boldsymbol{A}=0.1\sin 5t\cdot[\boldsymbol{A}+0.001\boldsymbol{I}]\\ \Delta\boldsymbol{B}=-0.1\sin 3t\cdot[\boldsymbol{B}+0.001\boldsymbol{I}]\end{cases}$$

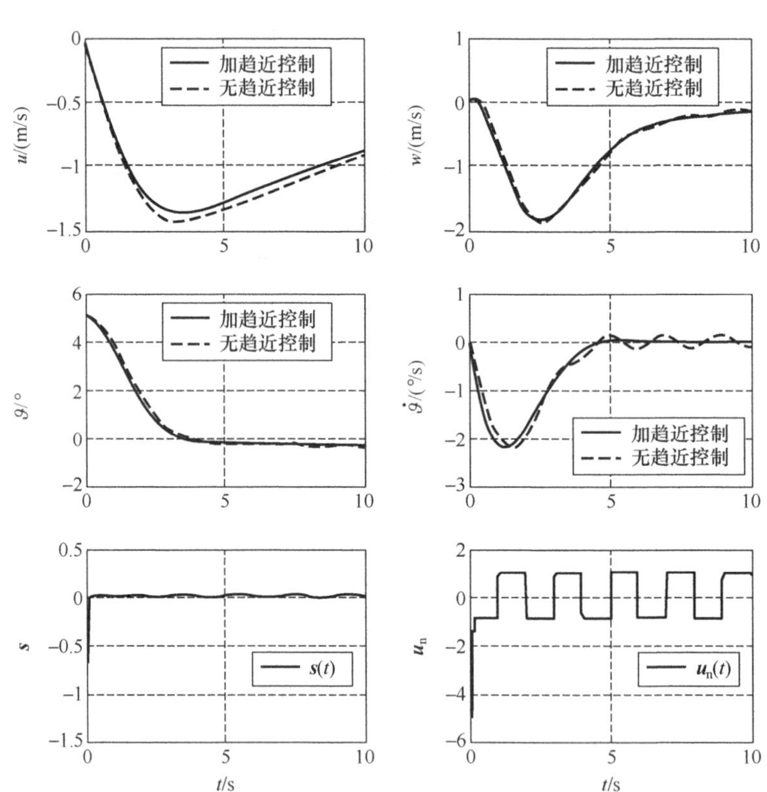

图 10.2　幅值为 1、频率为 0.5Hz 干扰信号作用下系统的动态响应

看飞机在俯仰角初始值 $\vartheta(0)=5°$ 条件下的自由响应，与不加趋近控制 $\boldsymbol{u}_{\mathrm{v}}$ 时的响应相比，参数摄动时系统的动态曲线如图 10.3 所示。由图 10.3 可以看出，两者是有区别的。由于系统矩阵 $\boldsymbol{A}$ 的摄动涉及全状态空间，已经超出了由 $\boldsymbol{B}$ 的列向量所张成的匹配子空间的范围。这说明滑模控制系统对不满足匹配条件的不确定性不具备鲁棒性。

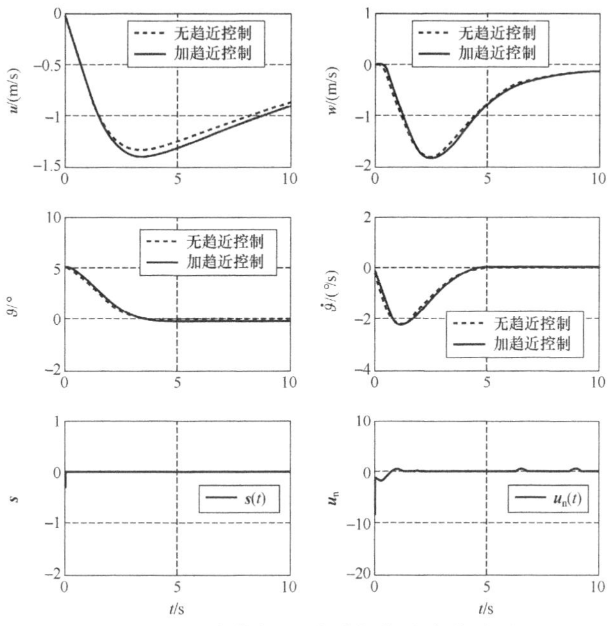

图 10.3 参数摄动时系统的动态曲线

下面讨论各种抑制抖振的方法，并进行仿真验证。计算条件：给定俯仰角初始值 $\vartheta(0)=5°$，计算系统的自由响应，看不同方案下滑模速度 $\dot{\boldsymbol{s}}(\boldsymbol{x})$、滑模 $\boldsymbol{s}(\boldsymbol{x})$ 及趋近控制 $\boldsymbol{u}_{\mathrm{v}}(\boldsymbol{s}(\boldsymbol{x}))$ 随时间的响应曲线。由此比较不同方法抑制抖振的效果。

1．趋近率方法

（1）等速趋近率：
$$\mathrm{slaw}=-\varepsilon\cdot\mathrm{sgn}(\boldsymbol{s}(\boldsymbol{x}))$$

令
$$\boldsymbol{u}_{\mathrm{v}1}\left(\boldsymbol{s}(\boldsymbol{x})\right)=\varepsilon_1\cdot\mathrm{sgn}\left(\boldsymbol{s}(\boldsymbol{x})\right)$$

等速趋近率 $\varepsilon_1=10$ 时，$\dot{\boldsymbol{s}}(\boldsymbol{x})$、$\boldsymbol{s}(\boldsymbol{x})$ 和 $\boldsymbol{u}_{\mathrm{v}}(\boldsymbol{s}(\boldsymbol{x}))$ 的动态曲线如图 10.4 所示。可以看出，在趋近控制 $\boldsymbol{u}_{\mathrm{v}}$ 作用 0.3s 时，系统完成了趋近过程，但在滑模面附近产生了抖振，$\boldsymbol{u}_{\mathrm{v}}$ 在 ±10 的范围内高频切换。虽然由于系统惯性的原因，状态响应看不出明显的抖振现象，但 $\boldsymbol{u}_{\mathrm{v}}$ 的高频波动意味着控制器功耗加大并且存在内部振荡，对控制系统不利。

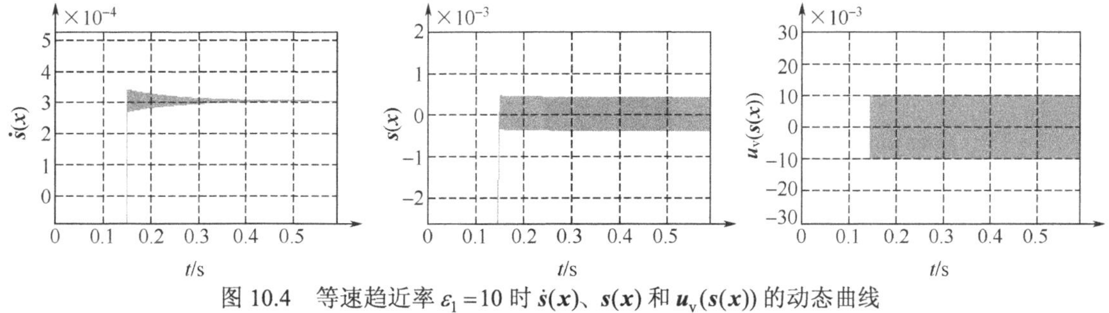

图 10.4 等速趋近率 $\varepsilon_1=10$ 时 $\dot{\boldsymbol{s}}(\boldsymbol{x})$、$\boldsymbol{s}(\boldsymbol{x})$ 和 $\boldsymbol{u}_{\mathrm{v}}(\boldsymbol{s}(\boldsymbol{x}))$ 的动态曲线

（2）指数趋近率：
$$\mathrm{slaw}=-k\cdot\boldsymbol{s}(\boldsymbol{x})-\varepsilon\cdot\mathrm{sgn}(\boldsymbol{s}(\boldsymbol{x}))$$

令
$$\boldsymbol{u}_{\mathrm{v}2}(\boldsymbol{s}(\boldsymbol{x}))=10[\varsigma\cdot\boldsymbol{s}(\boldsymbol{x})+\mathrm{sgn}(\boldsymbol{s}(\boldsymbol{x}))]$$

指数趋近率 $\varsigma=2$ 时，$\dot{s}(\boldsymbol{x})$、$s(\boldsymbol{x})$ 和 $\boldsymbol{u}_{\mathrm{v}}(s(\boldsymbol{x}))$ 的动态曲线如图 10.5 所示。可以看出，系统完成趋近过程用时 0.08s，相对等速趋近律要快一些。但进入滑模面后仍然会产生抖振。

从对趋近率方法的仿真分析可以看出，只要在趋近控制 $\boldsymbol{u}_{\mathrm{v}}$ 中存在开关控制项 $\mathrm{sgn}(s(\boldsymbol{x}))$，抖振的因素就难以消除。

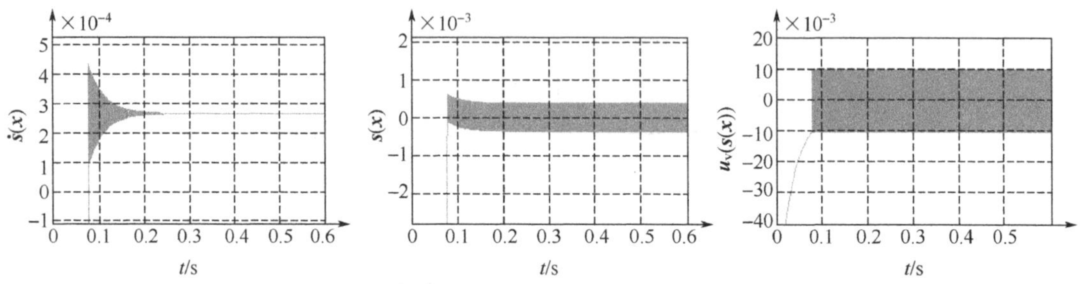

图 10.5　指数趋近率 $\varsigma=2$ 时 $\dot{s}(\boldsymbol{x})$、$s(\boldsymbol{x})$ 和 $\boldsymbol{u}_{\mathrm{v}}(s(\boldsymbol{x}))$ 的动态曲线

2. 边界层方法

（1）采用饱和函数：

$$\boldsymbol{u}_{\mathrm{v}}(\boldsymbol{x})=\begin{cases}k & a>\Delta \\ k\cdot a/\Delta & a\leqslant\Delta \\ -k & a<-\Delta\end{cases}$$

取 $k=10$，$\Delta=0.05$ 时，$\dot{s}(\boldsymbol{x})$、$s(\boldsymbol{x})$ 和 $\boldsymbol{u}_{\mathrm{v}}(s(\boldsymbol{x}))$ 的动态曲线如图 10.6 所示。可以看出，由于采用饱和特性代替继电开关特性后，趋近控制的作用在线性区域中被“柔化”，所以抖振被有效消除。饱和区宽度 Δ 减小，线性段斜率越陡，系统进入滑动模态所用的时间越短；但这时饱和特性就越接近继电特性，抖振的趋势也会随之增强。

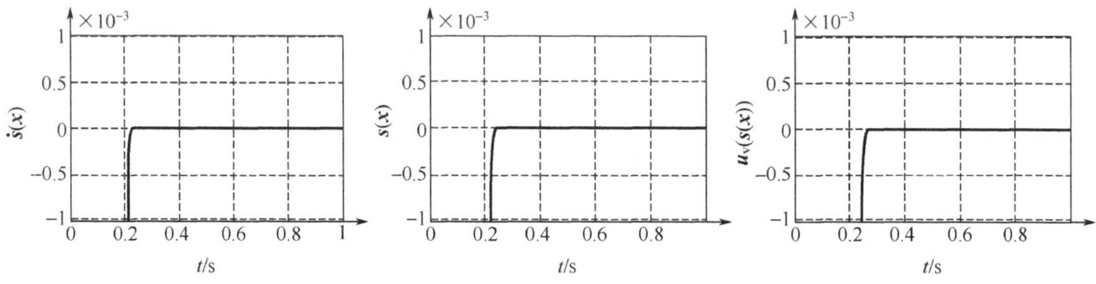

图 10.6　取 $k=10$，$\Delta=0.05$ 时 $\dot{s}(\boldsymbol{x})$、$s(\boldsymbol{x})$ 和 $\boldsymbol{u}_{\mathrm{v}}(s(\boldsymbol{x}))$ 的动态曲线

（2）采用平滑算法：

$$\boldsymbol{u}_{\mathrm{v}}(\boldsymbol{x})=\frac{s(\boldsymbol{x})}{\|s(\boldsymbol{x})\|+\delta}$$

取 $\delta=0.05$ 时 $\dot{s}(\boldsymbol{x})$、$s(\boldsymbol{x})$ 和 $\boldsymbol{u}_{\mathrm{v}}(s(\boldsymbol{x}))$ 的动态曲线如图 10.7 所示。与饱和特性相类似，趋近控制在滑模面附近有一个连续的缓冲区，因此也能有效消除抖振。与饱和特性相比，采用平滑算法到达滑动模态所需要的时间更短。δ 取值越小，到达时间越短，同样道理，这时系统抖振的可能性也会随之增大。

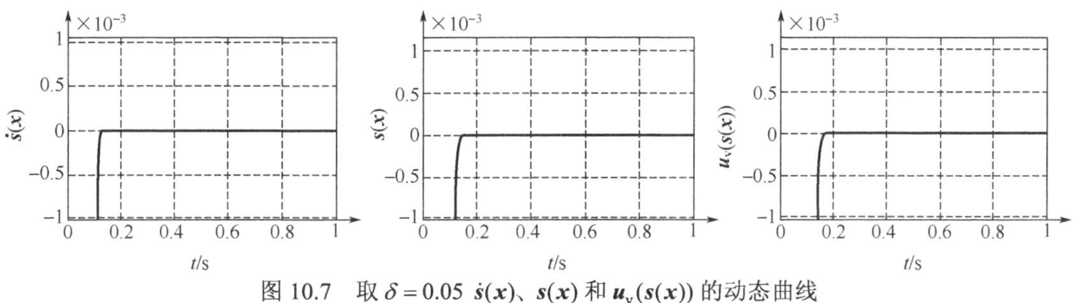

图 10.7 取 $\delta = 0.05$ $\dot{s}(\boldsymbol{x})$、$s(\boldsymbol{x})$ 和 $\boldsymbol{u}_{\mathrm{v}}(s(\boldsymbol{x}))$ 的动态曲线

3. 积分滑模方法与平滑算法综合

以上设计的滑模面是状态空间中的一个 $n-m=4$ 维子空间。采用积分将该超平面扩展为 5 阶，与系统阶数相同，可以构造与系统特征方程同阶的滑模面。这样的滑模面与系统阶数相吻合，系统更容易被驱动到滑模面，再配合平滑算法，可以有效抑制抖振。

利用积分得到的状态 $\int \hat{x}_1 \mathrm{d}t = \hat{x}_1^{(-1)}$ 构造积分滑模面：

$$\boldsymbol{s}^* = \boldsymbol{C}_{\mathrm{s}}^* \, [\, \hat{x}_1^{(-1)} \;\; \hat{x}_1 \;\; \hat{x}_1^{(1)} \;\; \hat{x}_1^{(2)} \;\; \hat{x}_1^{(3)} \;\; \hat{x}_1^{(4)} \,]^{\mathrm{T}}$$

$$\boldsymbol{C}_{\mathrm{s}}^* = [0.468 \quad 6.406 \quad 19.066 \quad 19.14 \quad 10.9 \quad 1]$$

显然有

$$\dot{\boldsymbol{s}}^* = \boldsymbol{C}^* [\, \hat{x}_1 \;\; \hat{x}_1^{(1)} \;\; \hat{x}_1^{(2)} \;\; \hat{x}_1^{(3)} \;\; \hat{x}_1^{(4)} \;\; \hat{x}_1^{(5)} \,]^{\mathrm{T}}$$

即所构造的积分滑模面的系数就是特征方程的系数。这样构造的趋近控制满足关系式

$$\dot{\boldsymbol{u}}_{\mathrm{v}} = -k \operatorname{sgn}(\dot{\boldsymbol{s}}^*(\boldsymbol{x}))$$

意味着要用 $\boldsymbol{u}_{\mathrm{v}}$ 的导数完成趋近控制，所以系统保持在滑模面上所需要的实际控制是连续的，这有利于消除抖振。图 10.8 给出了采用积分滑模时 $\dot{s}(\boldsymbol{x})$、$s(\boldsymbol{x})$ 和 $\boldsymbol{u}_{\mathrm{v}}(s(\boldsymbol{x}))$ 的动态曲线。与趋近率和平滑算法相应的曲线对比，积分滑模方法到达滑模面用时（0.04s）短得多，之后系统在滑模面内平稳运行，状态响应平滑，表明该方法能够有效抑制抖振。

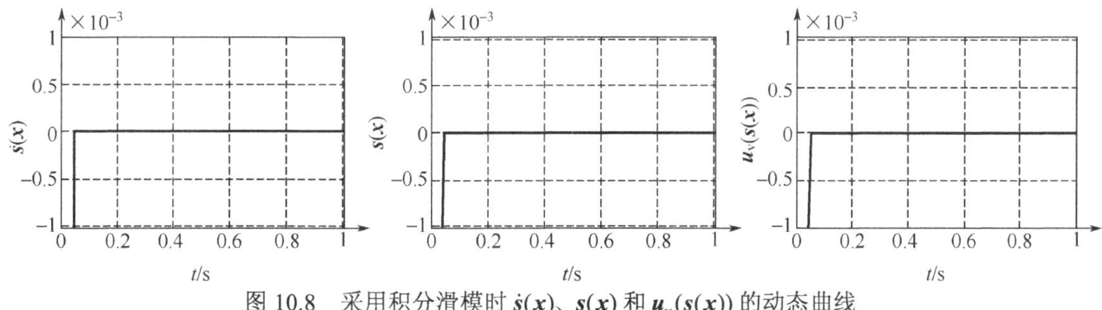

图 10.8 采用积分滑模时 $\dot{s}(\boldsymbol{x})$、$s(\boldsymbol{x})$ 和 $\boldsymbol{u}_{\mathrm{v}}(s(\boldsymbol{x}))$ 的动态曲线

10.2 基于滑模观测器的控制系统设计

传统的滑模控制系统大都是基于全状态反馈来实现的，滑模面也是定义在系统状态空间中的，所有的控制律都是系统状态的函数。即使相应等速趋近率的趋近控制 $\boldsymbol{u}_{\mathrm{v}}$，

也需要知道滑模面的符号，这都要求系统的状态完全可测量。然而，这在实际系统中往往难以满足。近年来，许多学者对此进行了深入的研究，提出了解决此问题的两种途径：一种是通过输入/输出信息构造状态观测器，得到系统的状态估计值，由此形成全状态反馈滑模控制；另一种是直接利用系统的输出信息来设计滑模面，这要求系统必须满足特定的条件。

当系统状态不能全部观测时，可以采用观测器间接获得系统的状态信息，然后用所估计的状态实现系统的滑模控制器。由分离原理可知，利用观测器的状态反馈系统，观测器系统和原系统的特性互不影响，可以单独设计，因此现有的状态反馈的滑模控制器设计方法可以直接应用。但是当系统具有模型误差和外部干扰时，观测器所得的状态会与实际系统的状态存在误差。若此误差仅与外部干扰有关，那么分离原理将仍然适用；若此误差还与系统状态有关，那么分离原理一般不再适用。滑模控制器本身的优点是对不确定性的绝对鲁棒性。因此，对基于输出状态信息的滑模控制器来说，设计一个观测器使存在模型误差或外部干扰的情况下，所得的状态信息与原系统状态间的误差能够趋于零，即误差系统是渐近稳定的，不受系统模型误差和干扰的影响，这是仅利用部分可观状态构造基于全部状态信息的滑模控制系统的关键。一个很自然的想法就是利用滑模控制原理来设计观测器，称之为滑模观测器（Sliding Mode Observer，SMO）。

同滑模控制器一样，滑模观测器通过引入一个非线性的输入量，使得误差系统的轨迹在有限时间内进入预先设定的滑模面上，从而使得误差系统对干扰具有绝对的鲁棒性。按设计的方法分，存在两种 SMO，一种是等效控制方法，由 Utkin 首先提出。当具有模型误差和外部干扰时，等效控制方法会将这些不确定项代入子系统，从而使得误差系统成为一个有界输入和有界输出的稳定系统。另一种是 Lyapunov 方程，由 Walcott 和 Zak 提出。这种滑模观测器设计问题被归结为一个具有矩阵等式限制的 Lyapunov 方程，而方程的求解比较困难。Corless 等人对有关问题从不同的角度进行了研究，得出了有意义的结论。

项基对 Walcott 和 Zak 提出的具有矩阵等式限制的 Lyapunov 方程，提出了线性矩阵不等式（LMI）解法，基于规范型和结构 Lyapunov 矩阵，将观测器的综合问题转化为一个 LMI 的求解问题[12]，并在此基础上研究了 Walcott-Zak SMO 中的线性反馈部分和非线性输入部分的作用和关系，同时给出了优化设计步骤。本节结合具体问题，在借鉴这些研究工作的基础上，设计基于观测器的滑模控制系统。

10.2.1 问题描述

考虑如下线性不确定系统：

$$\begin{cases}\dot{\boldsymbol{x}}(t)=(\boldsymbol{A}+\Delta\boldsymbol{A}(t))\boldsymbol{x}(t)+\boldsymbol{B}\boldsymbol{u}(t)+\boldsymbol{D}\boldsymbol{v}(\boldsymbol{u},\boldsymbol{y},t)\\ \boldsymbol{y}(t)=\boldsymbol{C}\boldsymbol{x}(t)\end{cases} \tag{10.40}$$

式中，$\boldsymbol{x}\in\mathbf{R}_n$ 为状态向量，$\boldsymbol{u}\in\mathbf{R}_m$ 为控制输入向量，$\boldsymbol{y}\in\mathbf{R}_p$ 为输出向量，$\boldsymbol{v}\in\mathbf{R}_q$ 代表了外部的干扰输入，$\Delta\boldsymbol{A}(t)$ 为系统矩阵不确定项，$\boldsymbol{A}$、$\boldsymbol{B}$、$\boldsymbol{C}$ 和 $\boldsymbol{D}$ 为具有适当维数的常矩阵。不失一般性，假设在已知控制 $\boldsymbol{u}(t)$ 作用下，线性不确定系统相对于干扰 $\boldsymbol{v}$ 是有界输入和有界

状态的。另外，假设如下条件成立：

假设 1：矩阵对 $(\boldsymbol{A},\boldsymbol{B})$ 可控，$(\boldsymbol{A},\boldsymbol{C})$ 可观。

假设 2：矩阵 $\boldsymbol{C}$ 和 $\boldsymbol{D}$ 满秩，且 $\mathrm{rank}(\boldsymbol{CD})=q$ 。

假设 3：系统矩阵不确定项 $\Delta\boldsymbol{A}(t)$ 是未知但有界的，满足 $\|\Delta\boldsymbol{A}(t)\|\leqslant\alpha$ ，其中 α 为已知的非负常数。

假设 4：存在未知但有界的函数 $\boldsymbol{F}_1(t)$ 和 $\boldsymbol{F}_2(\boldsymbol{y},t)$ ，满足 $\|\boldsymbol{F}_1(t)\|\leqslant k_1$ 和 $\|\boldsymbol{F}_2(\boldsymbol{y},t)\|\leqslant\rho(\boldsymbol{y},t)$ ，以至于外部干扰可以表示为

$$\boldsymbol{v}(\boldsymbol{u},\boldsymbol{y},t)=\boldsymbol{F}_1(t)\boldsymbol{u}(t)+\boldsymbol{F}_2(t)\boldsymbol{y}(t) \tag{10.41}$$

式中，k_1 是已知非负常数，$\rho(\boldsymbol{y},t)$ 为已知的非负标量函数。滑模观测器一般可以表示成如下形式：

$$\begin{cases}\dot{\hat{\boldsymbol{x}}}(t)=\boldsymbol{A}\hat{\boldsymbol{x}}(t)+\boldsymbol{B}\boldsymbol{u}(t)+\boldsymbol{L}(\boldsymbol{y}(t)-\hat{\boldsymbol{y}}(t))+\boldsymbol{L}_{\mathrm{v}}\boldsymbol{u}_{\mathrm{v}}(t)\\ \hat{\boldsymbol{y}}(t)=\boldsymbol{C}\hat{\boldsymbol{x}}(t)\end{cases} \tag{10.42}$$

式中，$\boldsymbol{L}\in\mathbf{R}_{n\times p}$ 和 $\boldsymbol{L}_{\mathrm{v}}\in\mathbf{R}_{n\times p}$ 为待定的增益矩阵，$\boldsymbol{u}_{\mathrm{v}}(t)\in\mathbf{R}_p$ 是非线性控制输入量。定义观测误差向量：

$$\boldsymbol{e}(t)=\boldsymbol{x}(t)-\hat{\boldsymbol{x}}(t) \tag{10.43}$$

这样，滑模观测器问题可归纳为选择合适的增益矩阵 $\boldsymbol{L}$、$\boldsymbol{L}_{\mathrm{v}}$ 和非线性控制输入量 $\boldsymbol{u}_{\mathrm{v}}(t)$ ，使得观测误差 $\boldsymbol{e}(t)$ 趋向于零。

10.2.2 滑模观测器设计

引理 10.1　对于线性不确定系统，若 $q\leqslant p$ ，$\mathrm{rank}(\boldsymbol{CD})=q$ ，那么一定存在坐标变换矩阵

$$\boldsymbol{T}=\begin{bmatrix}\boldsymbol{I}_{n-p} & -\boldsymbol{C}^{\perp\mathrm{T}}\boldsymbol{D}(\bar{\boldsymbol{D}}_2^{\mathrm{T}}\bar{\boldsymbol{D}}_2)^{-1}\bar{\boldsymbol{D}}_2^{\mathrm{T}}\\ \boldsymbol{0} & \boldsymbol{T}_0\end{bmatrix}\begin{bmatrix}\boldsymbol{C}^{\perp\mathrm{T}}\\ \boldsymbol{C}\end{bmatrix} \tag{10.44}$$

使在新坐标系下，输出矩阵和外部干扰矩阵有如下结构：

$$\boldsymbol{C}=[\boldsymbol{0}\ \ \boldsymbol{C}_2],\quad \boldsymbol{D}=\begin{bmatrix}\boldsymbol{0}\\ \boldsymbol{D}_2\end{bmatrix} \tag{10.45}$$

式中，$\boldsymbol{C}_2\in\mathbf{R}_{p\times p}$ 和 $\boldsymbol{D}_2\in\mathbf{R}_{q\times q}$ 均为非奇异矩阵。

不失一般性，假设线性不确定系统具有式（10.45）的规范型结构。从式（10.40）、式（10.42）和式（10.43）可得出如下误差系统：

$$\dot{\boldsymbol{e}}(t)=(\boldsymbol{A}-\boldsymbol{LC})\boldsymbol{e}(t)-\boldsymbol{L}_{\mathrm{v}}\boldsymbol{v}(t)+\Delta\boldsymbol{A}\boldsymbol{x}(t)+\boldsymbol{D}\boldsymbol{v}(\boldsymbol{u},\boldsymbol{y},t)$$

注意到 $\boldsymbol{D}^{\perp}\boldsymbol{D}^{\perp\mathrm{T}}+\boldsymbol{D}(\boldsymbol{D}^{\mathrm{T}}\boldsymbol{D})^{-1}\boldsymbol{D}^{\mathrm{T}}=\boldsymbol{I}$ ，上式可写为

$$\begin{aligned}\dot{\boldsymbol{e}}(t)=(\boldsymbol{A}-\boldsymbol{LC})\boldsymbol{e}(t)-\boldsymbol{L}_{\mathrm{v}}\boldsymbol{v}(t)+\boldsymbol{D}^{\perp}\boldsymbol{D}^{\perp\mathrm{T}}\Delta\boldsymbol{A}\boldsymbol{x}(t)+\\ \boldsymbol{D}((\boldsymbol{D}^{\mathrm{T}}\boldsymbol{D})^{-1}\boldsymbol{D}^{\mathrm{T}}\Delta\boldsymbol{A}\boldsymbol{x}(t)+\boldsymbol{v}(\boldsymbol{u},\boldsymbol{y},t))\end{aligned} \tag{10.46}$$

这里 $D^{\perp}$ 表示矩阵 D 的列满秩正交补，即 $DD^{\perp}=0$ 或 $D^{T}D^{\perp}=0$，且 $D^{\perp T}D^{\perp}=I$ 或 $D^{\perp}\neq 0$（当 D 为满秩方阵时，$D^{\perp}=0$）。

定理 10.1 若存在对称正定矩阵 $P_1\in \mathbf{R}_{(n-p)\times(n-p)}$ 和 $P_2\in \mathbf{R}_{p\times p}$，矩阵 $K\in \mathbf{R}_{(p-q)\times(n-p)}$ 和 $Y\in \mathbf{R}_{n\times p}$，以及正实数 ε_1、ε_2 和 γ 使得如下线性矩阵不等式组成立：

$$P=\begin{bmatrix} P_1 & K^{T}[I_{p-q} \quad 0_{(p-q)\times q}] \\ \begin{bmatrix} I_{p-q} \\ 0_{q\times(p-q)} \end{bmatrix}K & P_2 \end{bmatrix}>0 \tag{10.47}$$

$$PA-YC+A^{T}P-C^{T}Y^{T}+(\varepsilon_1^{-1}+\varepsilon_2^{-1})PD^{\perp}D^{\perp T}P+(\varepsilon_1+\gamma^{-1})\alpha^{2}I<0 \tag{10.48}$$

那么误差系统是渐近稳定的，相应的观测器系统具有参数矩阵 $L=P^{-1}Y$、$L_{v}=P^{-1}C^{T}$ 和如下的非线性输入：

$$u_{v}=\frac{1}{2}\gamma G^{T}(D^{T}D)^{-1}Ge_{y}+\eta\frac{e_{y}}{\|e_{y}\|}+\varepsilon_2\alpha^{2}\frac{\|\hat{x}\|}{\|e_{y}\|^{2}}e_{y} \tag{10.49}$$

式中

$$\begin{aligned} &e_{y}(t)=y(t)-\hat{y}(t) \\ &\eta=\alpha\left\|G^{T}(D^{T}D)^{-1}D^{T}\right\|\|\hat{x}\|+\|G\|(k_1\|u\|+\rho(y,t)) \\ &G=[0_{q\times(p-q)} \quad D_2^{T}]P_2C_2^{-1} \end{aligned}$$

同滑模控制器设计问题相类似，在式（10.49）中引入一个小的正实数 δ 来改进控制律，以便抑制抖振现象。这样有

$$u_{v}=\frac{1}{2}\gamma G^{T}(D^{T}D)^{-1}Ge_{y}+\eta\frac{e_{y}}{\|e_{y}\|+\delta}+\varepsilon_2\alpha^{2}\frac{\|\hat{x}\|}{\|e_{y}\|^{2}+\delta^{2}}e_{y} \tag{10.50}$$

容易验证估计误差将被限制在零点附近一个 $o(\delta)$ 的小领域内，即 $e_{y}\leqslant k\delta$，其中 k 为有限的正实数。

定理 10.1 将观测器设计问题等价为一个由式（10.47）、式（10.48）描述的特殊结构的对称正定矩阵不等式求解问题。可通过 LMI-Tools 工具进行求解。由于所用的线性矩阵不等式常常存在许多可行解，而其中的一些较大数值的解会导致过高的控制输入，因此有必要讨论如何获得一个较优的可行解。

推论 10.1 以下针对变量 $(X,P_1,P_2,K,\xi_o,\gamma,\varepsilon_1,\varepsilon_2)$ 的优化问题给出了定理 10.1 的优化解。

$$\min \operatorname{tr}X+\operatorname{tr}P_2+\varepsilon_2+\xi_o+\gamma \tag{10.51}$$

$$\text{s.t.: } P=\begin{bmatrix} P_1 & K^{T}[I \quad 0] \\ [I \ 0]^{T}K & P_2 \end{bmatrix}>0 \tag{10.52}$$

$$\begin{bmatrix} -P & I \\ I & -X \end{bmatrix}<0 \tag{10.53}$$

$$\begin{bmatrix} -\boldsymbol{P} & \boldsymbol{I} \\ \boldsymbol{I} & -\boldsymbol{X} \end{bmatrix} < \boldsymbol{0} \tag{10.54}$$

$$\begin{bmatrix} \boldsymbol{\Pi} & \boldsymbol{P}\boldsymbol{D}^{\perp} & \boldsymbol{P}\boldsymbol{D}^{\perp} & \alpha_o \boldsymbol{I} \\ \boldsymbol{D}^{\perp\mathrm{T}}\boldsymbol{P} & -\varepsilon_1 \boldsymbol{I} & \boldsymbol{0} & \boldsymbol{0} \\ \boldsymbol{D}^{\perp\mathrm{T}}\boldsymbol{P} & \boldsymbol{0} & -\varepsilon_2 & \boldsymbol{0} \\ \alpha_o \boldsymbol{I} & \boldsymbol{0} & \boldsymbol{0} & -\gamma \boldsymbol{I} \end{bmatrix} < \boldsymbol{0} \tag{10.55}$$

式中，$\boldsymbol{\Pi} = \boldsymbol{PA} - \boldsymbol{YC} + \boldsymbol{A}^{\mathrm{T}}\boldsymbol{P} - \boldsymbol{C}^{\mathrm{T}}\boldsymbol{Y}^{\mathrm{T}} + \boldsymbol{Q} + \varepsilon_1 \alpha_o^2 \boldsymbol{I}$。

式（10.53）等价于 $\boldsymbol{X} > \boldsymbol{P}^{-1}$，因此 $\min \mathrm{tr}\, \boldsymbol{X}$ 相当于 $\min \mathrm{tr}\, \boldsymbol{P}^{-1}$。正实数 γ 被引入优化解中，目的是避免式（10.49）中存在过高控制量的 LMI。式（10.54）用来限制矩阵 $\boldsymbol{L} = \boldsymbol{P}^{-1}\boldsymbol{Y}$ 范数。

以上讨论，可以归纳滑模观测器的设计步骤如下：

（1）根据系统不确定因素选择滑模观测器的参数 k_1, α_o, δ；

（2）求 $\boldsymbol{D}$ 的正交补，并按引理 10.1 求变换矩阵 $\boldsymbol{T}$；

（3）按推论 10.1 的方法解线性矩阵不等式（10.47）、式（10.48），求出观测器方程中的修正矩阵 $\boldsymbol{L} = \boldsymbol{P}^{-1}\boldsymbol{Y}$, $\boldsymbol{L}_{\mathrm{v}} = \boldsymbol{P}^{-1}\boldsymbol{C}^{\mathrm{T}}$；

（4）按式（10.50）确定非线性控制项 $\boldsymbol{u}_{\mathrm{v}}$。

10.2.3 仿真算例

选取设计节点 13（高度 H=1000m，空速 V=52.5m/s）下的俯仰通道动态方程为

$$\begin{aligned} \dot{\boldsymbol{x}}(t) &= (\boldsymbol{A} + \Delta\boldsymbol{A}(t))\boldsymbol{x}(t) + \boldsymbol{Bu}(t) + \boldsymbol{D}\upsilon(t) \\ \boldsymbol{y}(t) &= \boldsymbol{Cx}(t) \end{aligned}$$

式中

$$\boldsymbol{x} = [u \quad w \quad \vartheta \quad \dot{\vartheta} \quad \mathrm{Bic}]^{\mathrm{T}}$$

$$\boldsymbol{A} = \begin{bmatrix} -0.0435 & 0.0146 & -9.7989 & 2.5276 & 0.1425 \\ 0.0099 & -0.6082 & 0.3025 & 52.4427 & 0.4689 \\ 0 & 0 & 0 & 1 & 0 \\ 0.0086 & -0.0119 & 0.0002 & -0.4922 & -0.0615 \\ 0.4640 & -0.9352 & 124.8418 & 108.2930 & -9.7561 \end{bmatrix}$$

$$\boldsymbol{B} = \begin{bmatrix} 0 \\ 0 \\ 0 \\ 0 \\ 0.8951 \end{bmatrix}, \quad \boldsymbol{D} = \begin{bmatrix} 1 \\ 0 \\ 1 \\ 1 \\ 0 \end{bmatrix}, \quad \boldsymbol{C} = \begin{bmatrix} 1 & 0 & 0 & 0 & 0 \\ 0 & 0 & 1 & 0 & 0 \\ 0 & 0 & 0 & 1 & 0 \end{bmatrix}$$

不确定参数：
$$\Delta \boldsymbol{A} = 0.1\sin 5t\left\{\begin{bmatrix} A(1,1) & 0 & \cdots & 0 \\ 0 & A(2,2) & \cdots & 0 \\ \vdots & \vdots & & \vdots \\ 0 & 0 & \cdots & A(5,5) \end{bmatrix} + 0.01\boldsymbol{I}\right\}$$

不确定扰动：
$$\upsilon = 10\sin 2\pi t$$

初始条件：
$$\boldsymbol{x}(0) = [0 \quad 0 \quad 5/57.3 \quad 5/57.3 \quad 0]^{\mathrm{T}}$$

设计滑模观测器步骤如下。

①选择滑模观测器参数：

$$\begin{cases} k_1 = [10/57.3] \times 1.1 = 0.192 \\ \alpha_o = 1.1 \times |\Delta A(5,5)| \approx 1.1 \\ \delta = 0.2 \end{cases}$$

②求 $\boldsymbol{D}$ 的正交补，并按引理 10.1 求变换矩阵 $\boldsymbol{T}$：

$$\boldsymbol{D}^{\perp} = \begin{bmatrix} 0 & -0.5774 & 0 & 0 \\ 1 & 0 & 0 & 0 \\ 0 & 0.7887 & -0.2113 & 0 \\ 0 & -0.2113 & 0.7887 & 0 \\ 0 & 0 & 0 & 1 \end{bmatrix}$$

$$\boldsymbol{T} = \begin{bmatrix} 2.8366 & -0.8029 & 38.8598 & 0.4519 & 0 \\ -0.1274 & 0.5244 & -28.0387 & 3.7031 & 0 \\ 0.0424 & -0.3648 & 1.4078 & -2.6833 & 0 \\ -0.0284 & 0.2544 & -0.5264 & -16.2955 & 0 \\ -0.1356 & 0.0385 & 0.3523 & 20.7636 & 1.1172 \end{bmatrix}$$

③按推论 10.1 的方法解线性矩阵不等式（10.47）、式（10.48），得出

$$\boldsymbol{G} = \begin{bmatrix} 1.1834 & 0.7783 & 0.4172 \end{bmatrix}$$

$$\eta = 0.9377\|\hat{\boldsymbol{x}}\| + 0.2835\|\boldsymbol{u}\| + 1.4766|\boldsymbol{y}_2(t)|$$

$$\boldsymbol{L} = \begin{bmatrix} 30.0013 & -21.5419 & 72.2307 \\ -10.9871 & 146.7979 & 80.0947 \\ -7.0055 & 24.9055 & -32.8762 \\ -22.7279 & 8.0531 & 10.3660 \\ 13.6361 & -22.5407 & -5.7066 \end{bmatrix} \quad \boldsymbol{L}_{\mathrm{v}} = \begin{bmatrix} 0.4870 & -0.4786 & -0.4884 \\ -0.5285 & 0.2076 & 1.1118 \\ -0.3200 & 0.6696 & -0.3415 \\ -0.1691 & -0.1880 & 0.8305 \\ -0.6275 & -0.7339 & -1.0026 \end{bmatrix}$$

④按式（10.50）确定非线性控制项：

$$\boldsymbol{u}_{\mathrm{v}}=\begin{bmatrix}1.7368 & 1.1424 & 0.6123\\ 1.1424 & 0.7514 & 0.4027\\ 0.6123 & 0.4027 & 0.2158\end{bmatrix}\boldsymbol{e}_y+\eta\frac{\boldsymbol{e}_y}{\left\|\boldsymbol{e}_y\right\|+\delta}+9.68\frac{\left\|\hat{\boldsymbol{x}}\right\|}{\left\|\boldsymbol{e}_y\right\|^2+\delta^2}\boldsymbol{e}_y$$

带滑模观测器的控制系统结构图如图 10.9 所示。在给定初始状态及扰动条件下计算系统的动态响应，滑模观测器动态输出与系统相应状态的比较如图 10.10 所示。可见，观测器输出法向速度 w 在 4s 内可以跟踪上实际系统状态；其他状态（包括纵向速度、俯仰角和俯仰角速度）跟踪误差很小，观测效果满意。$\dot{\boldsymbol{s}}(\boldsymbol{x})$、$\boldsymbol{s}(\boldsymbol{x})$ 和 $\boldsymbol{u}_{\mathrm{v}}(\boldsymbol{s}(\boldsymbol{x}))$ 的动态曲线如图 10.11 所示，可见，观测过程能很快到达滑动模态，所用的时间在 0.15s 以内。

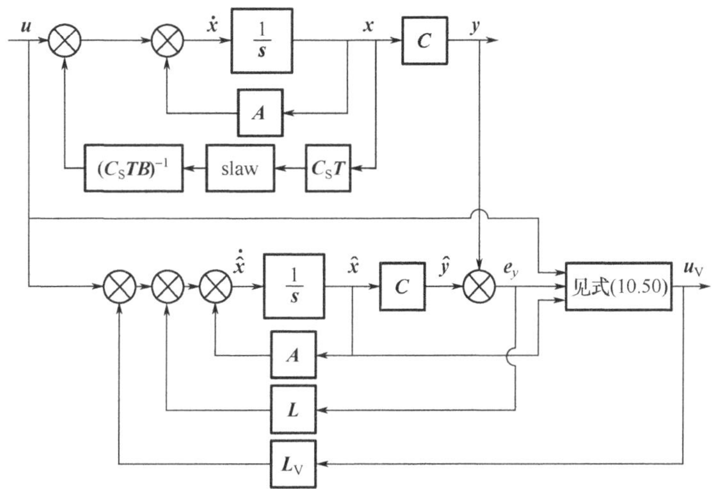

图 10.9　带滑模观测器的控制系统结构图

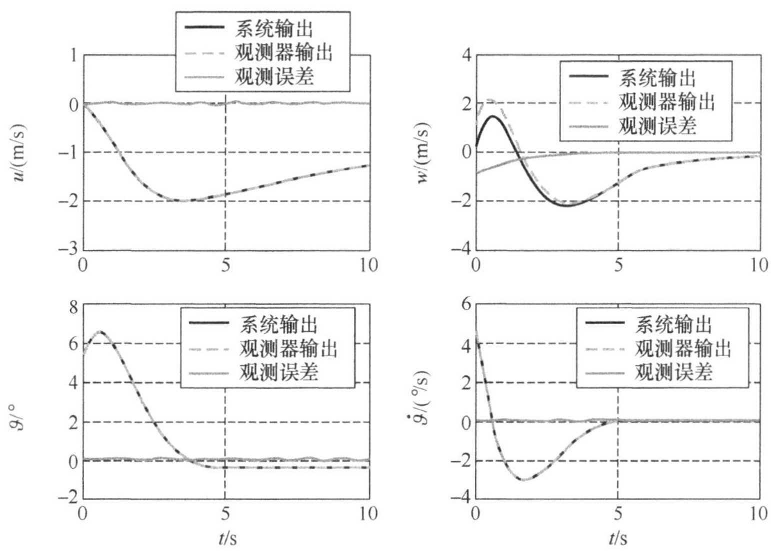

图 10.10　滑模观测器动态输出与系统相应状态的比较

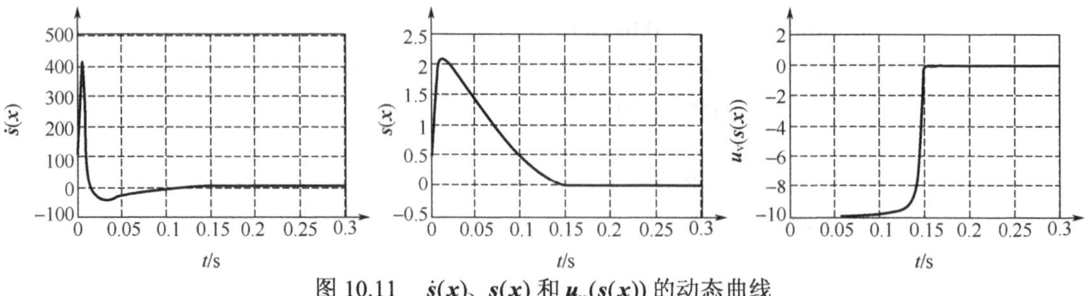

图 10.11　$\dot{s}(\boldsymbol{x})$、$s(\boldsymbol{x})$ 和 $\boldsymbol{u}_{\mathrm{v}}(s(\boldsymbol{x}))$ 的动态曲线

图 10.12 是在干扰条件下，在输入端给系统加干扰信号 $r(t)=\dfrac{10}{57.3}\sin\pi t$，分别用原状态反馈时系统的状态（实线）、状态观测输出（点线）及观测状态反馈时（虚线）的动态响应比较。

计算结果反映出，观测器对于有实际观测的状态跟踪效果比较理想，对其他状态则由于缺少修正信息只能渐近跟踪；另外，纵向运动中的法向速度 w 不直接受纵向周期变距 Bic 的影响，所以在没有总距 θ_{c} 输入的作用下，w 的调整跟踪过程相对较慢，这是合乎常理的。

当利用滑模观测器得到全部状态估计后，就可以按照 10.1 节全部状态已知的条件设计滑模控制器。图 10.13 给出干扰条件下用观测器状态和原状态的动态响应比较。可以看出，用状态估计信息时的系统响应与用真实状态时的响应曲线几乎重合。可见，基于滑模观测器的控制系统动态响应效果是满意的。

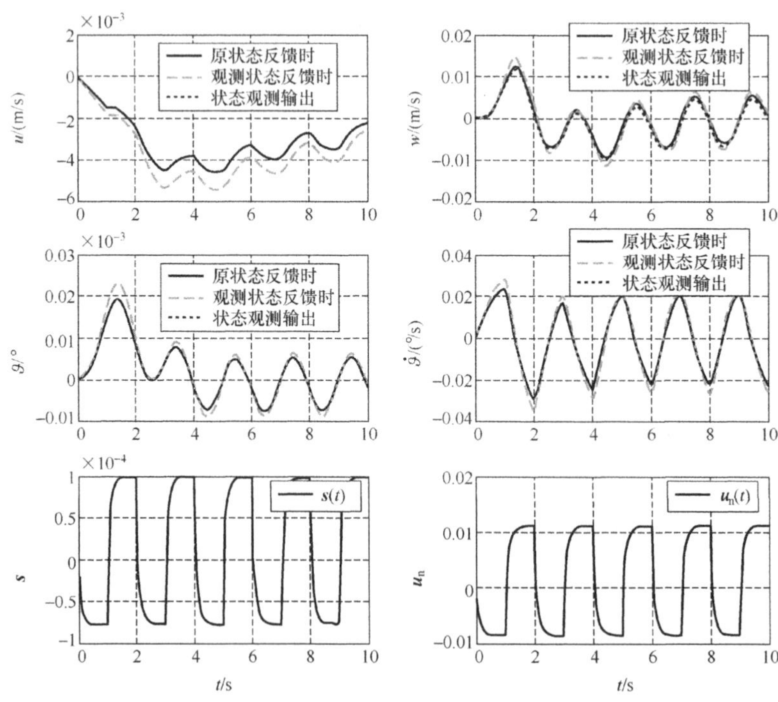

图 10.12　干扰条件下原状态反馈时、状态观测输出和观测状态反馈时的动态响应比较

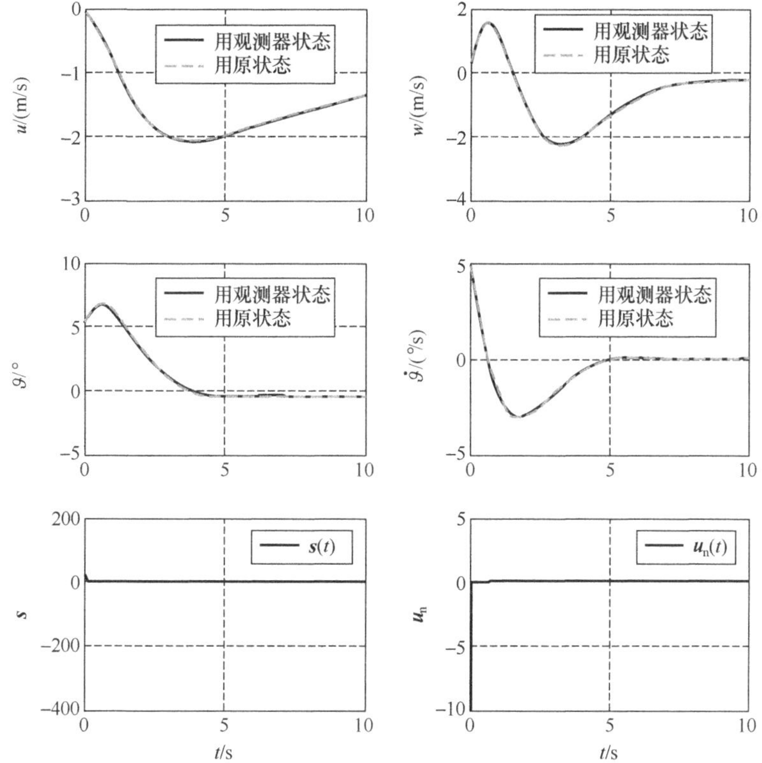

图 10.13　干扰条件下用观测器状态和用原状态的动态响应比较

关于在滑模观测器条件下系统的稳定性分析问题这里不进行讨论。

10.3　输出反馈滑模控制器设计

在实际控制系统中，往往只有部分状态（一般为系统输出量）是可测的。所以，研究仅基于已知部分状态（或输出）信息的滑模控制器的设计方法，具有重要的实际意义。

设计一个输出反馈滑模控制器主要面临以下两个问题：

一是存在问题，即如何设计位于输出向量空间的滑模面，使得在此滑模面上的滑模运动是渐近稳定的。通常输出向量空间比状态向量空间的维数低，所以问题未必一定有解。

二是综合问题，由于滑模面的导数总是与不可测量的状态向量相关，因此设计一个仅依赖输出向量的控制律使得系统状态在有限时间内到达并保持在滑模面上，并不是一个易解的问题。

本节在滑模面设计中，采用参数鲁棒设计方法，只利用可得到的部分状态信息，将满足系统动态品质的设计要求等效为配置系统极点到满足特定条件的极点分布区域之内；将该区域映射为系统反馈参数空间当中的相应集合，同时考虑系统其他方面的约束，在对应的参数子集中进行综合，形成滑模面，同时为确定相应的等价控制律创造条件。在此基础上研究基于部分信息的趋近控制律设计问题。

10.3.1 设计输出反馈滑模控制系统的条件

考虑式（10.40）描述的系统：

$$\begin{cases}\dot{\boldsymbol{x}}(t)=(\boldsymbol{A}+\Delta\boldsymbol{A}(t))\boldsymbol{x}(t)+\boldsymbol{B}\boldsymbol{u}(t)+\boldsymbol{D}\boldsymbol{v}(\boldsymbol{u},\boldsymbol{y},t)\\ \boldsymbol{y}(t)=\boldsymbol{C}\boldsymbol{x}(t)\end{cases}$$

式中，$\boldsymbol{v}\in\mathbf{R}_q$ 为不确定激励（包含满足匹配条件的各种有界不确定因素）。假设 $(\boldsymbol{A},\boldsymbol{B})$ 可控，$(\boldsymbol{A},\boldsymbol{C})$ 可观。选择切换函数 $\boldsymbol{s}\in\mathbf{R}_m$，则

$$\boldsymbol{s}=\boldsymbol{G}\boldsymbol{y} \tag{10.56}$$

根据等效控制的意义，在滑模面上应满足：

$$\boldsymbol{s}=\boldsymbol{0}\qquad \dot{\boldsymbol{s}}=\boldsymbol{0} \tag{10.57}$$

由此可以确定等效控制：

$$\boldsymbol{u}_{\mathrm{e}}=-(\boldsymbol{GCB})^{-1}\boldsymbol{GC}(\boldsymbol{A}\boldsymbol{x}+\boldsymbol{D}\boldsymbol{v}) \tag{10.58}$$

将式（10.58）代入式（10.40）可得系统滑模运动方程：

$$\dot{\boldsymbol{x}}=[\boldsymbol{I}-\boldsymbol{B}(\boldsymbol{GCB})^{-1}\boldsymbol{GC}]\boldsymbol{A}\boldsymbol{x}+[\boldsymbol{I}-\boldsymbol{B}(\boldsymbol{GCB})^{-1}\boldsymbol{GC}]\boldsymbol{D}\boldsymbol{v} \tag{10.59}$$

从式（10.58）、式（10.59）可以看出，要使滑动模态和等效控制存在，必须要求 $(\boldsymbol{GCB})^{-1}$ 存在，即 $\boldsymbol{GCB}$ 必须满秩：

$$\mathrm{rank}(\boldsymbol{GCB})=m \tag{10.60}$$

从而要求

$$m\leqslant p\leqslant n \tag{10.61}$$

$$\mathrm{rank}(\boldsymbol{CB})=m \tag{10.62}$$

式（10.61）要求用于测量状态的传感器数目不少于控制输入的维数，式（10.62）则要求传感器和控制输入尽可能同位配置。

对滑模面的设计，若利用传统状态反馈方法，则可以任意设计，而对于输出反馈问题，滑模面定义在输出空间（$\boldsymbol{GC}$ 的零空间）中，因而不能自由选择，必须有 $\boldsymbol{s}=\boldsymbol{N}(\boldsymbol{GC})$，它是由$(n-m)$个 n 维矢量张成的子空间，其中$(n-p)$个矢量由 $\boldsymbol{C}$ 的零空间决定，只剩下$(p-m)$个矢量可以自由设计，因此滑模面的设计自由度为（$p-m$）。

当 $p=m$ 时，滑模面和滑动模态完全确定，设计自由度为零，而与 $\boldsymbol{G}$ 无关。

当 $p=n$，即 $\boldsymbol{C}$ 满秩时，全状态可测，滑模面和滑动模态与全状态反馈的情况相同，有（$n-m$）个矢量可以任意设计，即 $\boldsymbol{N}(\boldsymbol{GC})=\boldsymbol{N}(\boldsymbol{G})$。滑动模态方程可写为

$$\dot{\boldsymbol{x}}=[\boldsymbol{I}-\boldsymbol{B}(\boldsymbol{GCB})^{-1}\boldsymbol{GC}]\boldsymbol{A}\boldsymbol{x}+[\boldsymbol{I}-\boldsymbol{B}(\boldsymbol{GCB})^{-1}\boldsymbol{GC}]\boldsymbol{D}\boldsymbol{v} \tag{10.63}$$

式（10.63）即全状态反馈控制下的滑模运动方程。

10.3.2 输出反馈条件下的滑模面及等效控制律设计

设系统可控，系统状态方程可表示为

$$\begin{cases}\dot{\boldsymbol{x}}=\boldsymbol{A}\boldsymbol{x}+\boldsymbol{B}\boldsymbol{u}\\ \boldsymbol{y}=\boldsymbol{C}\boldsymbol{x}\end{cases} \tag{10.64}$$

式中，$\boldsymbol{x}\in\mathbf{R}_n,\boldsymbol{u}\in\mathbf{R}_1$，$\boldsymbol{A}$、$\boldsymbol{B}$ 为相应维数的矩阵。引入状态反馈后，闭环系统状态方程为

$$\dot{\boldsymbol{x}}=(\boldsymbol{A}-\boldsymbol{B}\boldsymbol{K}_E)\boldsymbol{x}+\boldsymbol{B}\boldsymbol{v} \tag{10.65}$$

将可测量的状态视为输出，设计的反馈控制律（等效控制 $\boldsymbol{u}_{\mathrm{e}}$）可写成

$$\boldsymbol{u}_{\mathrm{e}}=-\boldsymbol{K}_E\boldsymbol{x}=-\boldsymbol{K}_{\mathrm{a}}\boldsymbol{y} \tag{10.66}$$

此时，等效控制 $\boldsymbol{u}_{\mathrm{e}}$ 就是输出反馈控制，用于保证系统的动态品质满足设计要求。运用第 3 章中定理 3.4，可以确定部分极点配置的输出反馈系数矩阵，进而得出相应条件下的闭环特征方程系数，由此确定滑模面方程。

10.3.3 输出反馈条件下的趋近控制律设计

考虑式（10.64）描述的系统，在第 3 章用参数鲁棒设计方法确定的控制律是基于实际测量状态设计且满足系统性能要求的，所以由此确定等效控制 $\boldsymbol{u}_{\mathrm{e}}$。当设计趋近控制律时，必须考虑滑模可到达条件 $\boldsymbol{s}^{\mathrm{T}}\dot{\boldsymbol{s}}<\boldsymbol{0}$，同时还要避免系统抖振。根据滑模到达条件有

$$\dot{\boldsymbol{s}}=\boldsymbol{G}\dot{\boldsymbol{y}}=\boldsymbol{G}\boldsymbol{C}\dot{\boldsymbol{x}}=\boldsymbol{G}\boldsymbol{C}[\boldsymbol{A}\boldsymbol{x}+\boldsymbol{B}\boldsymbol{u}]=\mathrm{slaw} \tag{10.67}$$

可以解出

$$\boldsymbol{u}=-(\boldsymbol{G}\boldsymbol{C}\boldsymbol{B})^{-1}\boldsymbol{G}\boldsymbol{C}\boldsymbol{A}\boldsymbol{x}+(\boldsymbol{G}\boldsymbol{C}\boldsymbol{B})^{-1}\mathrm{slaw}=\boldsymbol{u}_{\mathrm{e}}+\boldsymbol{u}_{\mathrm{v}} \tag{10.68}$$

$$\boldsymbol{u}_{\mathrm{e}}=-(\boldsymbol{G}\boldsymbol{C}\boldsymbol{B})^{-1}\boldsymbol{G}\boldsymbol{C}\boldsymbol{A}\boldsymbol{x} \tag{10.69}$$

$$\boldsymbol{u}_{\mathrm{v}}=(\boldsymbol{G}\boldsymbol{C}\boldsymbol{B})^{-1}\mathrm{slaw} \tag{10.70}$$

当 $(\boldsymbol{G}\boldsymbol{C}\boldsymbol{B})$ 满秩时，联立式（10.66）、式（10.69）有

$$(\boldsymbol{G}\boldsymbol{C}\boldsymbol{B})^{-1}\boldsymbol{G}\boldsymbol{C}\boldsymbol{A}=\boldsymbol{K}_{\mathrm{a}}\boldsymbol{C} \tag{10.71}$$

由此可以确定输出反馈滑模系数矩阵：

$$\boldsymbol{G}^{\perp}=\boldsymbol{C}[\boldsymbol{A}-\boldsymbol{B}\boldsymbol{K}_{\mathrm{a}}\boldsymbol{C}] \tag{10.72}$$

即 $\boldsymbol{C}[\boldsymbol{A}-\boldsymbol{B}\boldsymbol{K}_{\mathrm{a}}\boldsymbol{C}]$ 是 $\boldsymbol{G}$ 的满秩正交补。

取等速趋近率时，趋近控制为

$$\boldsymbol{u}_{\mathrm{v}}=(\boldsymbol{G}\boldsymbol{C}\boldsymbol{B})^{-1}\mathrm{sgn}(\boldsymbol{G}\boldsymbol{y}) \tag{10.73}$$

为消除抖振现象，用下式代替式（10.73）中的符号函数 $\mathrm{sgn}(\boldsymbol{G}\boldsymbol{y})$：

$$f(\boldsymbol{G}\boldsymbol{y})=\frac{\boldsymbol{G}\boldsymbol{y}}{\|\boldsymbol{G}\boldsymbol{y}\|+\delta} \tag{10.74}$$

注意，当式（10.60）不满足时，由式（10.70）不能确定相应的 $\boldsymbol{u}_{\mathrm{v}}$。这时可以利用滑模观测器信息，按全状态可测条件设计趋近控制 $\boldsymbol{u}_{\mathrm{v}}$。

10.3.4 模型跟踪滑模控制律设计

利用理想模型间接描述对系统的设计要求，设计控制器使实际系统与理想模型的输出误差到达极小，这正是模型参考自适应控制的思路。借鉴这种思路，由跟踪误差构造滑模面，利用趋近控制律的趋近功能，可以有效地达到模型跟踪的目的。

考虑式（10.64）描述的系统：

$$\dot{\boldsymbol{x}} = \boldsymbol{Ax} + \boldsymbol{Bu}$$

设被跟踪模型可表示为

$$\dot{\boldsymbol{x}}_{\mathrm{m}} = \boldsymbol{A}_{\mathrm{m}}\boldsymbol{x}_{\mathrm{m}} + \boldsymbol{B}_{\mathrm{m}}\boldsymbol{r}, \quad \boldsymbol{A}_{\mathrm{m}} = \boldsymbol{A} - \boldsymbol{BK}_E, \quad \boldsymbol{B}_{\mathrm{m}} = \boldsymbol{B} \tag{10.75}$$

设系统满足匹配条件：

$$\mathrm{rank}(\boldsymbol{B})=\mathrm{rank}([\boldsymbol{B}\ \boldsymbol{B}_{\mathrm{m}}])=\mathrm{rank}(\boldsymbol{A}_{\mathrm{m}}-\boldsymbol{A})=\mathrm{rank}(-\boldsymbol{BK}_E) \tag{10.76}$$

记 $\boldsymbol{e} = \boldsymbol{x} - \boldsymbol{x}_{\mathrm{m}} = [e_1\ e_2 \cdots e_n]^{\mathrm{T}}$，有

$$\begin{aligned}\dot{\boldsymbol{e}} &= \dot{\boldsymbol{x}} - \dot{\boldsymbol{x}}_{\mathrm{m}} = \boldsymbol{Ax} + \boldsymbol{Bu} - \boldsymbol{A}_{\mathrm{m}}\boldsymbol{x}_{\mathrm{m}} - \boldsymbol{B}_{\mathrm{m}}\boldsymbol{r} \\ &= \boldsymbol{Ae} + \boldsymbol{Bu} + \boldsymbol{Ax}_{\mathrm{m}} - \boldsymbol{A}_{\mathrm{m}}\boldsymbol{x}_{\mathrm{m}} - \boldsymbol{B}_{\mathrm{m}}\boldsymbol{r} \\ &= \boldsymbol{Ae} + \boldsymbol{B}(\boldsymbol{u}-\boldsymbol{r}) + (\boldsymbol{A}-\boldsymbol{A}_{\mathrm{m}})\boldsymbol{x}_{\mathrm{m}} \\ &= \boldsymbol{Ae} + \boldsymbol{B}(\boldsymbol{u}-\boldsymbol{r}+\boldsymbol{K}_E\boldsymbol{x}_{\mathrm{m}})\end{aligned} \tag{10.77}$$

记 $\boldsymbol{U} = \boldsymbol{u} - \boldsymbol{r} + \boldsymbol{K}_E\boldsymbol{x}_{\mathrm{m}}$，则式（10.77）可写为

$$\dot{\boldsymbol{e}} = \boldsymbol{Ae} + \boldsymbol{BU} \tag{10.78}$$

设变换矩阵 $\boldsymbol{T}$ 使式（10.64）表述的系统变换为可控标准型，且记 $\hat{\boldsymbol{A}} = \boldsymbol{TAT}^{-1}$，$\hat{\boldsymbol{B}} = \boldsymbol{TB} = [0\,0 \cdots 0\,1]^{\mathrm{T}}$，则

$$\hat{\boldsymbol{e}} = \boldsymbol{Te} = [\hat{e}_1\ \dot{\hat{e}}_1\ \ \ddot{\hat{e}}_1 \cdots \hat{e}_1^{(n-1)}] \tag{10.79}$$

取积分滑模面为

$$\boldsymbol{s} = \boldsymbol{C}_{\mathrm{s}}\hat{\boldsymbol{e}} + C\int_0^t \hat{e}_1 dt \tag{10.80}$$

则有

$$\begin{aligned}\dot{\boldsymbol{s}} &= \boldsymbol{C}_{\mathrm{s}}\dot{\hat{\boldsymbol{e}}} + C_0\hat{e}_1 \\ &= C_0\hat{e}_1 + C_1\hat{e}_1' + C_2\hat{e}_1'' + \cdots + C_{n-1}\hat{e}_1^{(n-1)} + \hat{e}_1^{(n)} \\ &= \boldsymbol{C}_{\mathrm{s}}[\hat{\boldsymbol{A}}\hat{\boldsymbol{e}} + \hat{\boldsymbol{B}}\boldsymbol{U}] + C_0\hat{e}_1\end{aligned} \tag{10.81}$$

取等速趋近率 $\dot{\boldsymbol{s}} = \mathrm{slaw} = \mathrm{sgn}(\boldsymbol{s})$，则有

$$\dot{\boldsymbol{s}} = \mathrm{slaw} = \boldsymbol{C}_{\mathrm{s}}[\hat{\boldsymbol{A}}\hat{\boldsymbol{e}} + \hat{\boldsymbol{B}}\boldsymbol{U}] + C_0\hat{e}_1 \tag{10.82}$$

由于滑模面的设计保证有

$$\boldsymbol{U} = (\boldsymbol{C}_{\mathrm{s}}\hat{\boldsymbol{B}})^{-1}[-C_0\hat{e}_1 + \mathrm{slaw} - \boldsymbol{C}_{\mathrm{s}}\hat{\boldsymbol{A}}\hat{\boldsymbol{e}}] = (\boldsymbol{C}\hat{\boldsymbol{B}})^{-1}[-C_0\hat{e}_1 - \boldsymbol{C}\hat{\boldsymbol{A}}\hat{\boldsymbol{e}}] = -\boldsymbol{K}_E\boldsymbol{e} \tag{10.83}$$

所以

$$\boldsymbol{U} = -\boldsymbol{K}_E\boldsymbol{e} + (\boldsymbol{C}_{\mathrm{s}}\hat{\boldsymbol{B}})^{-1}\mathrm{slaw} = -\boldsymbol{K}_E\boldsymbol{x} + \boldsymbol{K}_E\boldsymbol{x}_{\mathrm{m}} + (\boldsymbol{C}_{\mathrm{s}}\hat{\boldsymbol{B}})^{-1}\mathrm{slaw} \tag{10.84}$$

注意到 $\boldsymbol{U} = \boldsymbol{u} - \boldsymbol{r} + \boldsymbol{K}_E\boldsymbol{x}_{\mathrm{m}}$，从而有

$$\boldsymbol{u} = \boldsymbol{r} - \boldsymbol{K}_E\boldsymbol{x} + (\boldsymbol{C}_{\mathrm{s}}\hat{\boldsymbol{B}})^{-1}\mathrm{slaw} = \boldsymbol{r} - \boldsymbol{K}_E\boldsymbol{x} + (\boldsymbol{C}_{\mathrm{s}}\boldsymbol{TB})^{-1}\mathrm{sgn}(\boldsymbol{s}) \tag{10.85}$$

式（10.84）构成滑模跟踪控制律。

仍考虑 10.2.3 节仿真算例中描述的系统。为利用式（10.69）设计等效控制 $\boldsymbol{u}_{\mathrm{e}}$，调整状态变量位置，使可测状态位于前端。变换后系统状态向量为 $x = [\vartheta\quad \dot{\vartheta}\quad u\quad w\quad \mathrm{Bic}]^{\mathrm{T}}$。

$$
\boldsymbol{A}=\begin{bmatrix} 0 & 1 & 0 & 0 & 0 \\ 0.0002 & -0.4922 & 0.0086 & -0.0119 & -0.0615 \\ -9.7989 & 2.5276 & -0.0435 & 0.0146 & 0.1425 \\ 0.3025 & 52.4427 & 0.0099 & -0.6082 & 0.4689 \\ 0 & 0 & 0 & 0 & -10.9890 \end{bmatrix}
$$

$$
\boldsymbol{B}=\begin{bmatrix} 0 \\ 0 \\ 0 \\ 0 \\ 0.8951 \end{bmatrix},\quad \boldsymbol{D}=\begin{bmatrix} 1 \\ 1 \\ 1 \\ 0 \\ 0 \end{bmatrix},\quad \boldsymbol{C}_0=\begin{bmatrix} 1 & 0 & 0 & 0 & 0 \\ 0 & 1 & 0 & 0 & 0 \\ 0 & 0 & 1 & 0 & 0 \end{bmatrix}
$$

系统中只有前三个状态可测量，不具备极点完全配置的条件。利用部分极点配置定理 3.4，将状态反馈矩阵划分为 $\boldsymbol{K}_E=[\boldsymbol{K}_\mathrm{a}\ \boldsymbol{K}_\mathrm{b}]$，其中 $\boldsymbol{K}_\mathrm{a}=[k_1\quad k_2\quad k_3]$ 为待定反馈增益。因为后两个状态不可测，故取 $\boldsymbol{K}_\mathrm{b}=[k_4\quad k_5]=[0\quad 0]$。利用 $\boldsymbol{K}_\mathrm{a}$ 将可以配置的三个极点置于 $s_{1,2}=-0.72\pm \mathrm{j}0.96,\quad s_3=-10.4431$，对应的子特征方程为

$$
\begin{aligned}
Q(\lambda)&=(s-s_1)(s-s_2)(s-s_3)=q_0+q_1 s+q_2 s^2+s^3 \\
&=15.0381+16.4781s+11.8831s^2+s^3
\end{aligned}
$$

由定理 3.4 可以确定

$$
\boldsymbol{E}_\mathrm{a}=\begin{bmatrix} 38.8598 & 0.4519 & 2.8366 \\ -28.0387 & 3.7031 & -0.1274 \\ 1.4078 & -2.6833 & 0.0424 \\ -0.5264 & -16.2955 & -0.0284 \\ 0.3523 & 20.7636 & -0.1356 \\ 1.3446 & -8.1901 & 0.1839 \end{bmatrix},\quad \boldsymbol{E}_\mathrm{b}=\begin{bmatrix} -0.8029 & 0 \\ 0.5244 & 0 \\ -0.3648 & 0 \\ 0.2544 & 0 \\ 0.0385 & 1.1172 \\ -0.2722 & -13.5555 \end{bmatrix}
$$

$$
\boldsymbol{r}^\mathrm{T}=[0.1732\quad 2.6254\quad 10.6929]
$$

计算出

$$
\boldsymbol{K}_\mathrm{a}=[\,80.6887\quad 110.3216\quad 1]
$$

检验自由极点位置：$s_{4,5}=-0.1249\pm \mathrm{j}0.0314$，在允许的范围内。可确定出等效控制为

$$
\boldsymbol{u}_\mathrm{e}=-\boldsymbol{K}_\mathrm{a}[x_1\ \ x_2\ \ x_3]^\mathrm{T}
$$

由于 $\boldsymbol{CB}$ 奇异，所以不能由式（10.73）确定趋近控制 $\boldsymbol{u}_\mathrm{v}$。可以按 10.2 节中的方法建立滑模观测器。按式（10.81）取积分滑模面，滑模面系数用已确定出的闭环极点对应的特征多项式系数构成，使滑模面与系统特性吻合，以便消除抖振。滑模方程为

$$
\begin{aligned}
\boldsymbol{s}&=\boldsymbol{C}_\mathrm{s}\hat{\boldsymbol{e}}+C_0\int_0^t \hat{e}_1\mathrm{d}t \\
&=\hat{e}_1^{(4)}+12.1329\hat{e}_1^{(3)}+19.4630\ddot{\hat{e}}_1+19.3514\dot{\hat{e}}_1+4.0298\hat{e}_1+0.2494\int_0^t \hat{e}_1\mathrm{d}t
\end{aligned}
$$

综合以上讨论，可以构成图 10.14 中的带滑模观测器的滑模跟踪控制系统结构图。

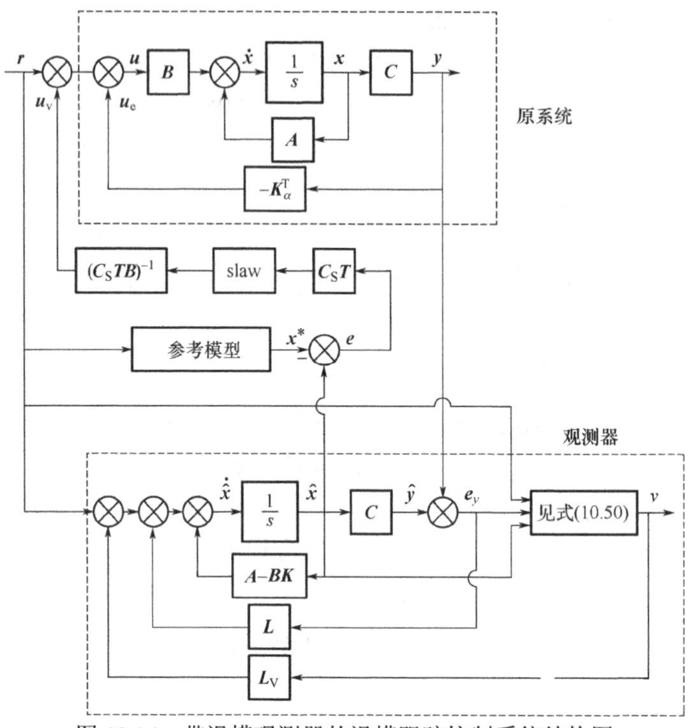

图 10.14　带滑模观测器的滑模跟踪控制系统结构图

在初始条件为 $x(0)=[5/57.3 \quad 5/57.3 \quad 0 \quad 0 \quad 0]^{\mathrm{T}}$，幅值为 20/57.3 rad/s，频率为 0.5Hz 的方波信号干扰作用下系统输出与模型输出的比较。由图 10.15 可以看出，系统状态对模型的跟踪效果很好，基本不受扰动信号影响。图 10.16 为相应的 $\dot{\boldsymbol{s}}(\boldsymbol{x})$、$\boldsymbol{s}(\boldsymbol{x})$ 和 $\boldsymbol{u}_{\mathrm{v}}(\boldsymbol{s}(\boldsymbol{x}))$ 的响应曲线，趋近过程在 0.06s 内结束。在滑动模态运动过程中没有出现抖振现象，表明所提出的系统设计方案是可行且有效的。

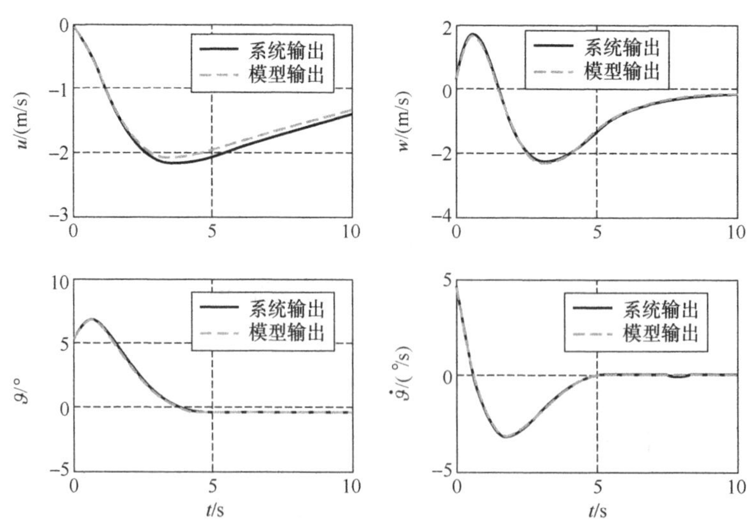

图 10.15　干扰作用下系统输出与模型输出的比较

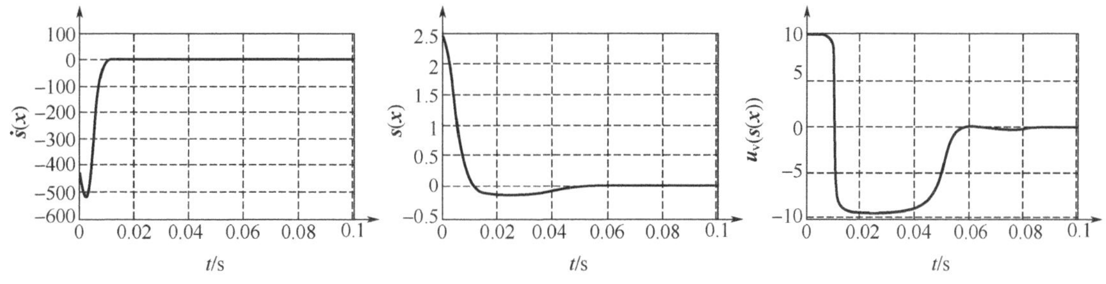

图 10.16　相应的 $\dot{s}(x)$、$s(x)$ 和 $u_v(s(x))$ 的响应曲线

10.4　直升机纵向系统模糊滑模控制律设计

将第 2 章 2.6 节建立的系统 T-S 模糊模型与滑模控制系统的设计思想结合在一起，可以集成各方法的优势，给出解决一类不确定非线性系统控制的有效方案。具体技术路线是以滑模控制理论作为飞控系统设计的主体框架，利用参数鲁棒设计法既能够与实际系统性能指标建立直接联系，又能应用线性系统理论中极点配置等方法的优势，设计等效控制，形成全局控制律的训练样本；采用平行分布补偿算法，利用 T-S 模糊模型和 RBF 神经网络的集成优势，拟合各设计结点选定的控制参数，实现全包线等效控制律；在此基础上给出相应的积分滑动模态参数，结合平滑算法，确定合理的趋近控制律，使系统状态在有限时间内进入滑模面；保证飞机在全包线范围内的动态品质和鲁棒性，同时避免系统抖振，达到系统设计要求。

下面设计直升机纵向模糊滑模控制系统的全包性控制律。

T-S 模糊模型适合建立局部线性而全局非线性的模型。直升机的小扰动线性化模型正好符合这一要求。

直升机 T-S 模糊模型[见式（2.19）]为

$$\begin{cases} \dot{\boldsymbol{x}} = \sum_{l=1}^{18} \mu_l [\boldsymbol{A}_l \boldsymbol{x} + \boldsymbol{B}_l \boldsymbol{u}] = \left(\sum_{l=1}^{18} \mu_l \boldsymbol{A}_l \right) \boldsymbol{x} + \left(\sum_{l=1}^{18} \mu_l \boldsymbol{B}_l \right) \boldsymbol{u} \\ \boldsymbol{y} = \boldsymbol{C}\boldsymbol{x} \end{cases} \tag{10.86}$$

取第 2 章表 2-2 中除前 3 个悬停节点之外的 18 个前飞设计节点。系统动态指标与第 3 章 3.1.1 节中的要求相同。

10.4.1　系统描述

根据直升机控制系统结构图（见图 2.12）进行简化，得到俯仰通道结构图如图 10.17 所示。

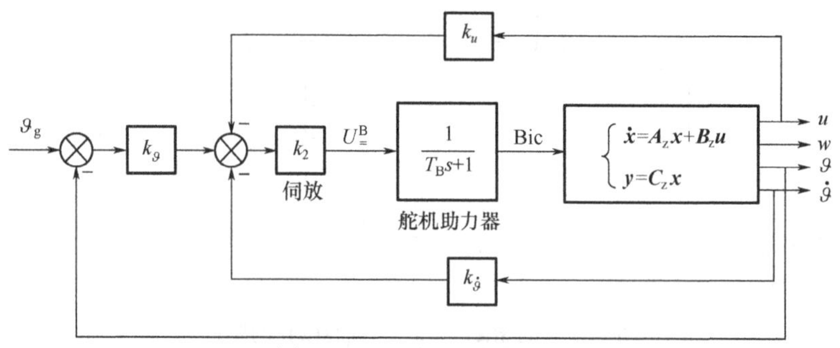

图 10.17 俯仰通道结构图

由图 10.17 可得关于舵机助力器的微分方程：

$$\dot{\text{Bic}} = -\frac{1}{T_B}\text{Bic} - \frac{k_2 k_\vartheta}{T_B}\vartheta - \frac{k_2 k_{\dot{\vartheta}}}{T_B}\dot{\vartheta} - \frac{k_2 k_u}{T_B}u - \frac{k_2 k_\vartheta}{T_B}\vartheta_g \tag{10.87}$$

飞机纵向运动中的可测量状态是 ϑ、$\dot{\vartheta}$ 和 u，将飞机纵向运动方程中的状态变量按可测信号和不可测信号重新排列，并视 Bic 为新的状态，把舵机助力器方程与直升机方程合并到一起，暂不考虑总矩输入 θ_c 的影响，可得到纵向系统闭环状态方程：

$$\begin{cases}\dot{\boldsymbol{x}} = \boldsymbol{A}_z\boldsymbol{x} + \boldsymbol{B}_z\boldsymbol{u} \\ \boldsymbol{y} = \boldsymbol{C}_z\boldsymbol{x}\end{cases} \tag{10.88}$$

式中，$\boldsymbol{x} = [\vartheta \quad \dot{\vartheta} \quad u \quad w \quad \text{Bic}]^T$，$\boldsymbol{u} = [\vartheta_g]$，

$$\boldsymbol{A}_z = \begin{bmatrix} A_{4,4} & A_{4,7} & A_{4,1} & A_{4,3} & B_{4,1} \\ A_{7,4} & A_{7,7} & A_{7,1} & A_{7,3} & B_{7,1} \\ A_{1,4} & A_{1,7} & A_{1,1} & A_{1,3} & B_{1,1} \\ A_{3,4} & A_{3,7} & A_{3,1} & A_{3,3} & B_{3,1} \\ -k_2 k_\vartheta / T_B & -k_2 k_{\dot{\vartheta}} / T_B & -k_2 k_u / T_B & 0 & -1/T_B \end{bmatrix}$$

$$\boldsymbol{B}_z = [0 \quad 0 \quad 0 \quad 0 \quad -k_2 k_\vartheta / T_B]^T$$

$$\boldsymbol{C}_z = \begin{bmatrix} 1 & 0 & 0 & 0 & 0 \\ 0 & 1 & 0 & 0 & 0 \\ 0 & 0 & 1 & 0 & 0 \end{bmatrix}$$

依照 3.1.1 节中对俯仰通道的动态指标要求：超调量 $\sigma\% \leqslant 20\%$，调节时间 $t_s \leqslant 5$ 。可以确定满足要求的飞机短周期极点的分布范围：

$$\begin{cases}\xi_d \geqslant 0.456 \quad (\beta_d \leqslant 62.87^\circ) \\ \omega_{nd} \geqslant 1.535\end{cases} \tag{10.89}$$

10.4.2 等效控制律设计

运用 3.2.2 节的参数鲁棒设计方法来确定等效控制律参数。为确定起见，以设计节点 12（H=1000m，V=41m/s）为例具体说明。在俯仰通道状态向量中，俯仰角 ϑ、俯仰角速度 $\dot{\vartheta}$ 和前向速度 u 三个状态可测量，法向速度 w 与纵向周期变距 Bic 没有相应的传感器进行

检测，不具备极点完全配置的条件。因此将状态反馈矩阵划分为

$$\boldsymbol{K}_E = [\boldsymbol{K}_\text{a} \quad \boldsymbol{K}_\text{b}] \tag{10.90}$$

式中，$\boldsymbol{K}_\text{a} = [k_\vartheta \quad k_{\dot{\vartheta}} \quad k_u]$ 为待定参数，取 $\boldsymbol{K}_\text{a} = [k_w \quad k_\text{Bic}] = [0 \quad 0]$。

根据品质规范将与速度调节相对应的长周期极点固定在 s 平面负实轴满足要求的位置上，让短周期极点置于区域 $\varGamma$ 中的某一位置，则此三个极点可以确定三阶多项式 Q 的系数，由式（3.4）可以求出另外两个极点对应的子多项式系数向量 $\boldsymbol{r}^\text{T}$ 和反馈参数向量 $\boldsymbol{K}_\text{a}$。

根据品质规范要求，将短周期极点配置在 $s_{1,2} = -0.9216 \pm \text{j}1.3466$，速度极点配置在 $s_3 = -0.0772$，并将各设计结点对应控制参数的分布规律显示出来。图 10.18 给出各设计结点控制参数 $(k_\vartheta, k_{\dot{\vartheta}})$ 在参数空间中的分布情况。

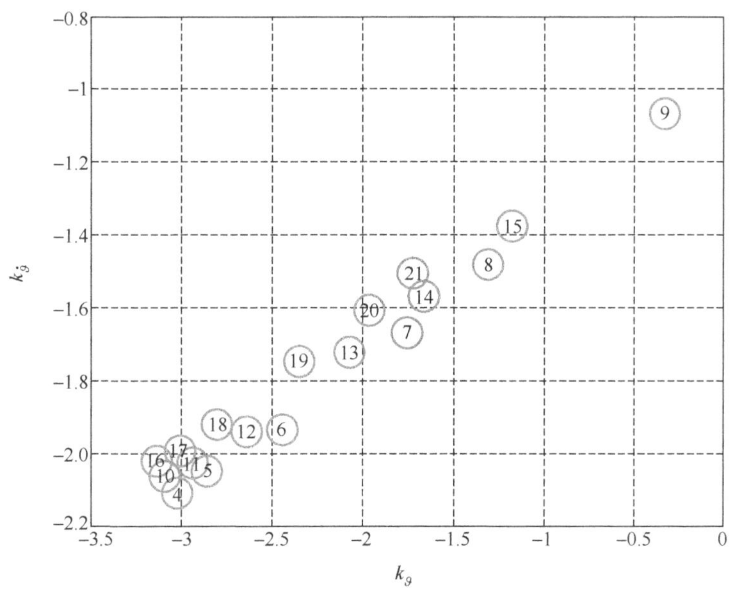

图 10.18　各设计结点控制参数 $(k_\vartheta, k_{\dot{\vartheta}})$ 在参数空间中的分布情况

将各设计结点映射的控制参数作为样本，训练 T-S 型径向基网络调参控制器，利用其通用逼近性能，学习由参数鲁棒设计方法得出的控制规律，使之在包线内给定的高度、速度下，输出相应的控制参数值。这样，就可以使飞机在整个包线范围内均具有与所配置极点对应的动态性能。

根据平行分布补偿算法，与式（10.86）对应，T-S 型 RBF 网络的控制规则可以描述为

$$\text{规则} \, l\text{：如果} \, \tilde{H} \, \text{是} \, \text{H}_i \, \text{并且} \, \tilde{V} \, \text{是} \, \text{V}_j\text{，则} \, \boldsymbol{K}_\text{a} = \boldsymbol{K}_{l\text{a}} \tag{10.91}$$

设计结点的俯仰控制参数值及俯仰等效控制参数的拟合结果分别如图 10.19 和图 10.20 所示。

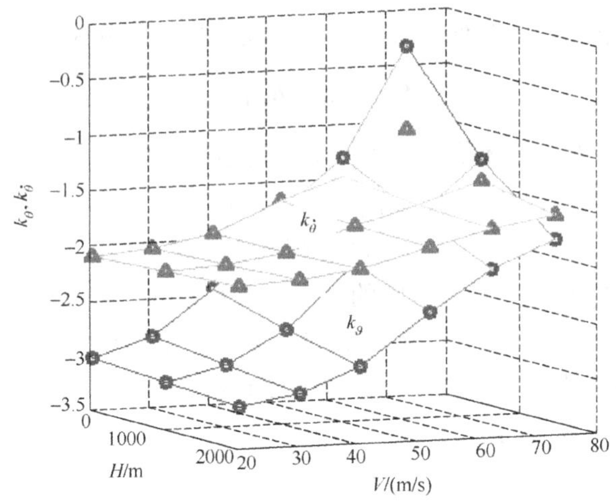

图 10.19 设计结点的俯仰控制参数值

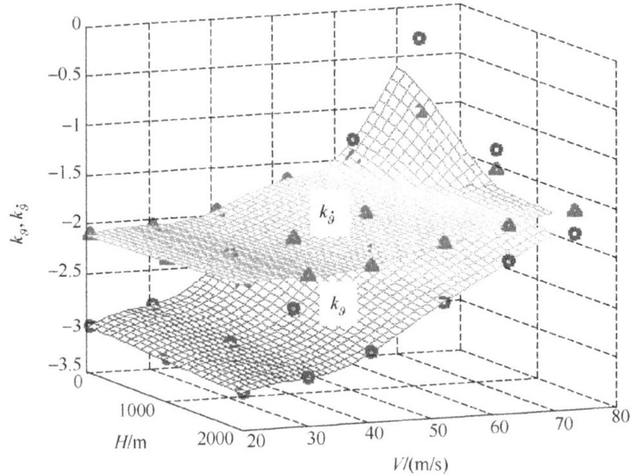

图 10.20 俯仰等效控制参数的拟合结果

控制器的输出可以表示为

$$\boldsymbol{u}_{\mathrm{e}} = -\left(\sum_{l=1}^{18}\mu_l K_{\mathrm{a}}\right)\left[\vartheta \quad \dot{\vartheta} \quad u\right]^{\mathrm{T}} = -\left(\sum_{l=1}^{18}\mu_l k_\vartheta\right)\vartheta - \left(\sum_{l=1}^{18}\mu_l k_{\dot\vartheta}\right)\dot{\vartheta} - \left(\sum_{l=1}^{18}\mu_l k_u\right)u \qquad (10.92)$$

到此完成了飞机纵向控制系统全包线范围内的等效调参控制律设计。

10.4.3 滑模面及趋近控制律设计

由于作为状态之一的纵向周期变距 Bic 不可测，$\boldsymbol{C}_{\mathrm{z}}\boldsymbol{B}_{\mathrm{z}}$ 奇异，不能由式（10.92）按输出反馈滑模控制器设计方法确定相应的趋近控制律 $\boldsymbol{u}_{\mathrm{v}}$。可以按 10.2 节的方法构造滑模观测器，用状态估计信息设计趋近控制律。按式（10.81）取积分滑模面，滑模面系数用所配置的闭环极点和相应确定的自由极点所对应的特征多项式系数向量 $\boldsymbol{C}_{\mathrm{s}}$ 来确定，使滑模面与系统特性相吻合，以利消除抖振。滑模方程为

$$
\begin{aligned}
\boldsymbol{s}(\boldsymbol{x}) &= [\boldsymbol{C}_{\mathrm{s}}\boldsymbol{T} \quad 1]\boldsymbol{x}^{*} = [\bar{\boldsymbol{C}}_{\mathrm{s}} \quad 1]\hat{x}^{*} \\
&= \bar{C}_1\int_0^t \hat{x}_1 \mathrm{d}t + \bar{C}_2\hat{x}_1 + \bar{C}_3\hat{x}_2 + \bar{C}_4\hat{x}_3 + \bar{C}_5\hat{x}_4 + \hat{x}_5
\end{aligned}
\tag{10.93}
$$

式中，$\boldsymbol{T}$ 为转换原状态方程为可控标准型的线性变换矩阵，$\hat{x}^* = \left[\int \hat{x}_1 \mathrm{d}x \ \ \hat{x}_1 \ \ \hat{x}_2 \cdots \hat{x}_5\right]^{\mathrm{T}}$ 为状态向量的相变量形式。

由此可以设计基于全状态的趋近控制律。对应等速趋近率时，趋近控制律为

$$
\boldsymbol{u}_{\mathrm{v}} = -k \cdot \mathrm{sgn}(\boldsymbol{s}(\boldsymbol{x})) \tag{10.94}
$$

还可以用式（10.95）表示的平滑算法代替式（10.94）中的符号函数 $\mathrm{sgn}(\boldsymbol{s}(\boldsymbol{x}))$，以便更有效地消除抖振。

$$
f(\boldsymbol{s}(\boldsymbol{x})) = \frac{\boldsymbol{s}(\boldsymbol{x})}{\|\boldsymbol{s}(\boldsymbol{x})\| + \delta} \tag{10.95}
$$

将 $\bar{\boldsymbol{C}} = [\bar{C}_1\bar{C}_2\cdots\bar{C}_5]$ 随高度速度的变化规律用 T-S 型 RBF 网络拟合出来，由此可以实现全包线趋近控制律:

$$
\boldsymbol{u}_{\mathrm{v}} = -k(\boldsymbol{C}_{\mathrm{s}}\boldsymbol{B})^{-1}\mathrm{sgn}\left[\left(\sum_{l=1}^{18}\mu_l \boldsymbol{C}_{\mathrm{s}}\boldsymbol{T}\right)\boldsymbol{x}\right] \tag{10.96}
$$

式（10.92）与式（10.96）联立，实现了基于平行分布补偿原理的全包线纵向滑模控制律。俯仰通道滑模纵向控制系统结构图如图 10.21 所示。

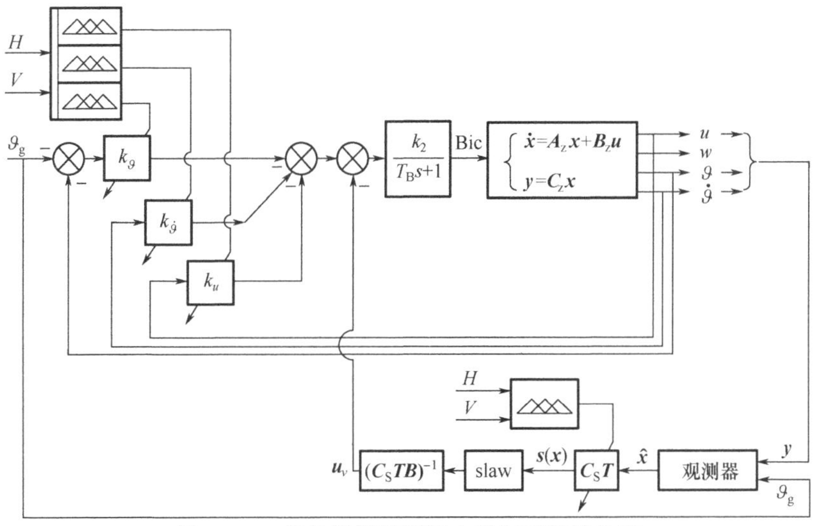

图 10.21　俯仰通道滑模纵向控制系统结构图

10.4.4　系统检验

仍取节点 12（H=1000m，V=41m/s）进行仿真计算，给定初始俯仰角 $\vartheta(0)=5^{\circ}$，初始

俯仰角速度 $\dot{\vartheta}(0)=5^\circ/\text{s}$，在输入端附加干扰信号 $r(t)=\dfrac{10}{57.3}\sin(\pi t)$，看飞机的自由响应，俯仰通道加干扰前后系统响应比较如图 10.22 所示；相应的 $\dot{\boldsymbol{s}}(\boldsymbol{x})$、$\boldsymbol{s}(\boldsymbol{x})$ 和 $\boldsymbol{u}_{\text{v}}(\boldsymbol{s}(\boldsymbol{x}))$ 的动态曲线如图 10.23 所示。可见，系统在 0.15s 内便进入了滑动模态，在滑动模态下系统对干扰信号有很强的鲁棒性，响应与无干扰信号时的动态曲线几乎重叠。从俯仰角响应过程可见，系统在 5s 以内回到稳态，响应过程无超调，满足动态品质要求。

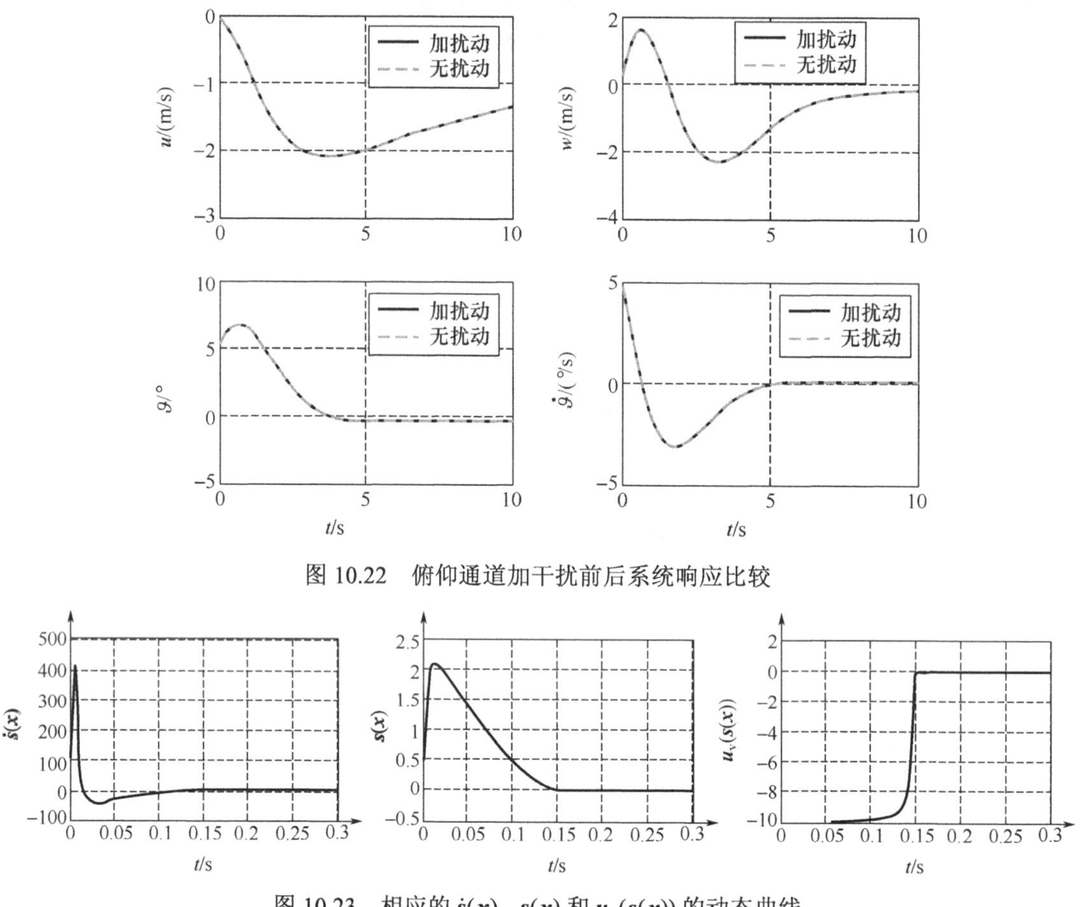

图 10.22 俯仰通道加干扰前后系统响应比较

图 10.23 相应的 $\dot{\boldsymbol{s}}(\boldsymbol{x})$、$\boldsymbol{s}(\boldsymbol{x})$ 和 $\boldsymbol{u}_{\text{v}}(\boldsymbol{s}(\boldsymbol{x}))$ 的动态曲线

10.5 直升机横侧向系统模糊滑模控制律设计

10.5.1 系统描述

横侧向系统结构图如图 10.24 所示。

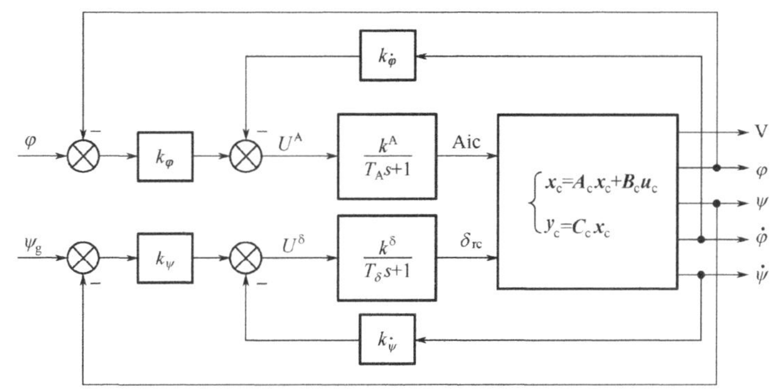

图 10.24　横侧向系统结构图

横侧向系统闭环状态方程为

$$\begin{cases}\dot{\boldsymbol{x}}=\boldsymbol{A}_{cb}\boldsymbol{x}+\boldsymbol{B}_{cb}\boldsymbol{u}\\ \boldsymbol{y}=\boldsymbol{C}_{cb}\boldsymbol{x}\end{cases} \tag{10.97}$$

式中，状态向量 $\boldsymbol{x}=[\varphi \quad \dot{\varphi} \quad \psi \quad \dot{\psi} \quad v \quad \text{Aic} \quad \delta_{rc}]^T$。将可测量的 4 个状态作为输出 $\boldsymbol{y}=[\varphi \quad \dot{\varphi} \quad \psi \quad \dot{\psi}]^T$，输入为 $\boldsymbol{u}=[\varphi_g \quad \psi_g]^T$。

根据 3.1 节横侧向系统动态指标要求：

倾斜通道超调量 $\sigma\% \leqslant 10\%$，调节时间 $t_s \leqslant 5s$；

航向通道超调量 $\sigma\% \leqslant 25\%$，调节时间 $t_s \leqslant 5s$。

分别可以确定满足要求的直升机极点的分布范围：

倾斜通道 $\begin{cases}\xi_q \geqslant 0.591 \quad (\beta_q \leqslant 53.8^\circ)\\ \omega_{nq} \geqslant 1.184\end{cases}$

航向通道 $\begin{cases}\xi_h \geqslant 0.404 \quad (\beta_h \leqslant 66.17^\circ)\\ \omega_{nh} \geqslant 1.734\end{cases}$

10.5.2　等效控制律设计

类似纵向通道的处理方法，分别对倾斜通道、航向通道进行参数鲁棒设计。

在 s 平面确定倾斜通道与动态指标相对应的扇形区域如图 10.25 所示。给定航向通道标称控制参数 $k_\psi^0, k_{\dot{\psi}}^0$，可以对倾斜通道控制参数进行鲁棒设计，在节点 12（H=1000m，V=41m/s）条件下，倾斜通道控制参数映射区域图如图 10.26 所示（其中“×”型区域是可用参数集合）。将倾斜通道极点配置在 $s_{1,2}=-1.2694\pm j1.1737$（见图 10.25 中“△”），相应的反馈参数向量 $k_\varphi=0.8800$，$k_{\dot{\varphi}}=0.1252$（见图 10.26 中“△”）。

对所有设计结点分别进行处理，依据各结点可用参数集合的分布情况，确定合适的极点配置位置，可以得到各结点控制参数在参数空间中的分布图如图 10.27 所示。

图 10.28 显示了各设计结点的倾斜控制参数值，将其当作样本，训练 T-S 型 RBF 网络作为调参控制器，网络对参数的拟合结果如图 10.29 所示，它被用作倾斜通道全包线等效调参控制律：

$$\boldsymbol{u}_{eq}=-\left(\sum_{l=1}^{18}\mu_l \boldsymbol{K}_{eq}\right)[\varphi \quad \dot{\varphi}]^T=-\left(\sum_{l=1}^{18}\mu_l k_\varphi\right)\varphi-\left(\sum_{l=1}^{18}\mu_l k_{\dot{\varphi}}\right)\dot{\varphi} \tag{10.98}$$

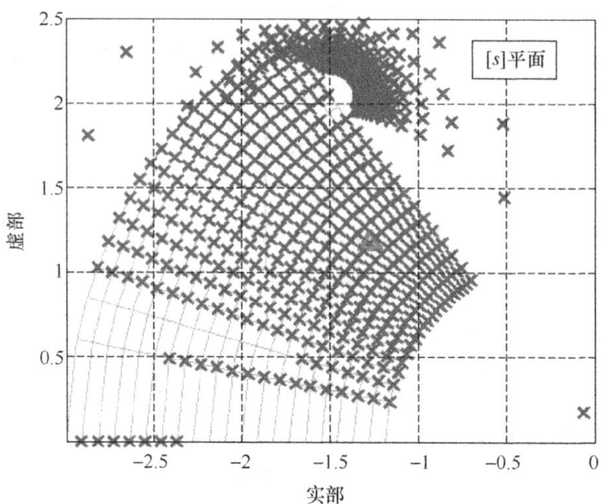

图 10.25　在 s 平面确定倾斜通道与动态指标相对应的扇形区域

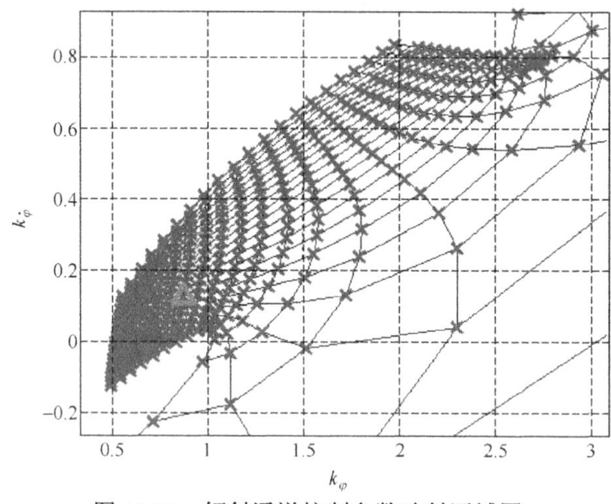

图 10.26　倾斜通道控制参数映射区域图

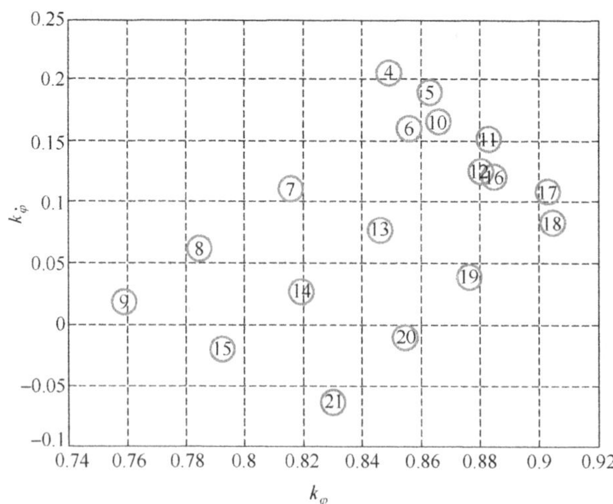

图 10.27　各节点控制参数在参数空间中的分布图

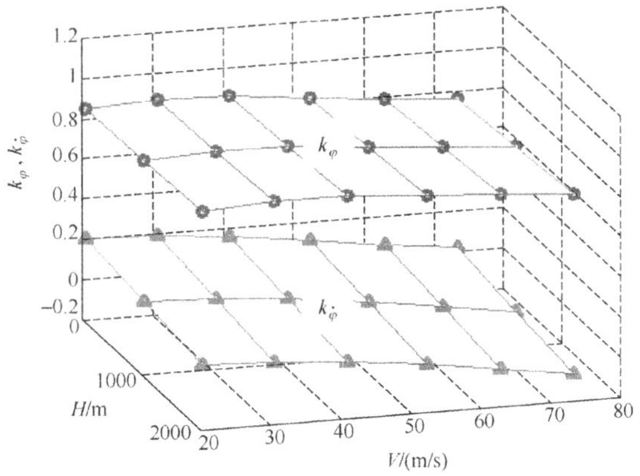

图 10.28　设计结点的倾斜控制参数值

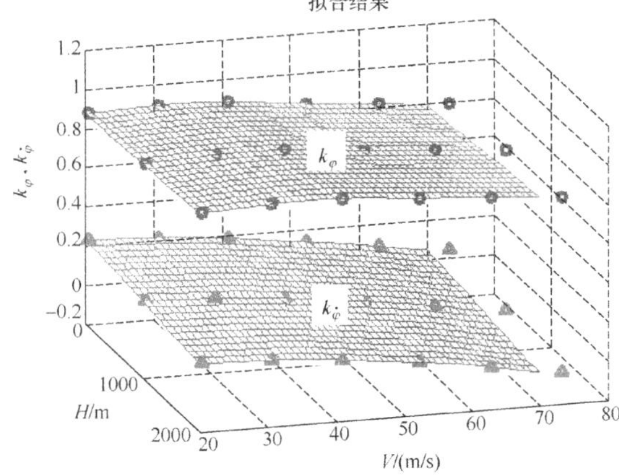

图 10.29　网络对参数的拟合结果

与倾斜通道处理方法相同，给定倾斜通道控制参数k_φ、$k_{\dot{\varphi}}$，可以在 s 平面确定航向通道与动态指标相对应的扇形区域，如图 10.30 所示。航向通道控制参数映射区域图如图 10.31 所示。将航向通道闭环极点配置在$s_{1,2}=-1.3084\pm \mathrm{j}1.9725$（见图 10.30 中“△”）中，节点 12 下相应的航向通道反馈参数$k_\psi=3.1665$，$k_{\dot{\psi}}=1.6412$（见图 10.31 中“△”）。

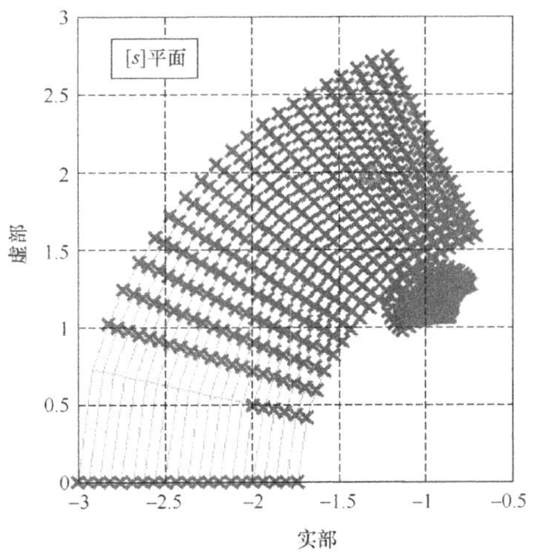

图 10.30　航向通道极点配置区域图

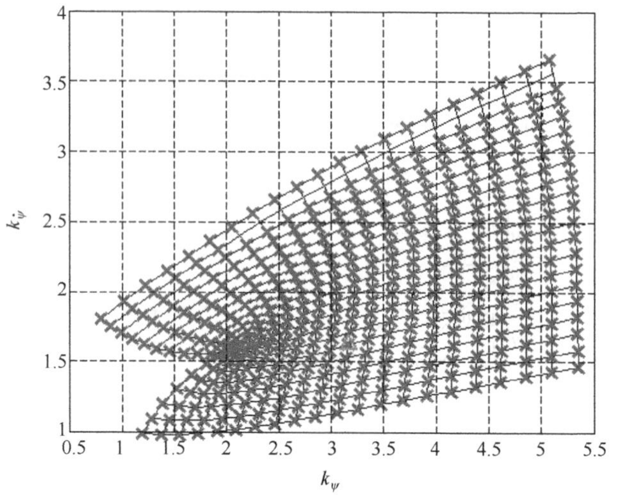

图 10.31　航向通道控制参数映射区域图

各个节点下航向通道反馈参数在参数空间的分布情况如图 10.32 所示。

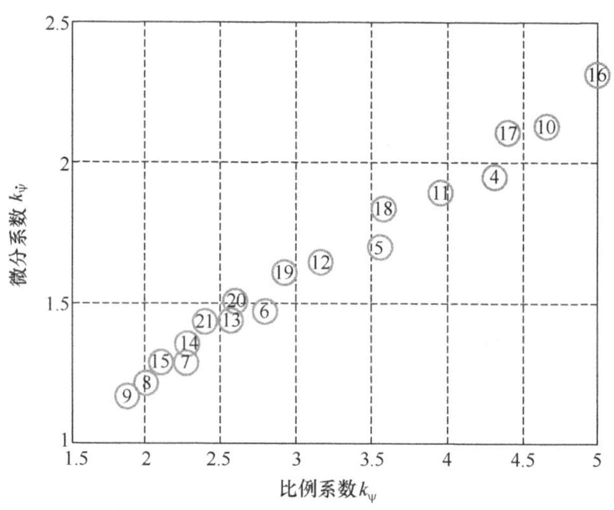

图 10.32　各个节点下航向通道反馈参数在参数空间的分布情况

图 10.33 反映了航向控制参数样本在包线中的分布情况，图 10.34 则是航向控制参数的网络拟合曲面图，用作航向通道全包线等效调参控制律。

$$\boldsymbol{u}_{\text{eh}} = -\left(\sum_{l=1}^{18}\mu_l \boldsymbol{K}_{ah}\right)[\psi \quad \dot{\psi}]^{\text{T}} = -\left(\sum_{l=1}^{18}\mu_l k_\psi\right)\psi - \left(\sum_{l=1}^{18}\mu_l k_{\dot\psi}\right)\dot{\psi} \tag{10.99}$$

式（10.98）与式（10.99）联立，构成横侧向系统全包线等效控制律：

$$\boldsymbol{u}_{\text{e}} = \boldsymbol{u}_{\text{eq}} + \boldsymbol{u}_{\text{eh}} \tag{10.100}$$

10.5.3　滑模面及趋近控制律设计

由于横向周期变距 Aic 和尾桨桨距 δ_{rc} 不可观测，输出反馈滑模控制器设计条件不成立。因此需要构造滑模观测器，用状态估计信息确定相应的趋近控制律 $\boldsymbol{u}_{\mathrm{v}}$ 。按式（10.81）取积分滑模面，滑模面系数用所配置的横、侧向闭环极点和相应确定的自由极点对应的特征多项式系数来确定，使滑模面与系统特性相吻合，以便有效抑制抖振。

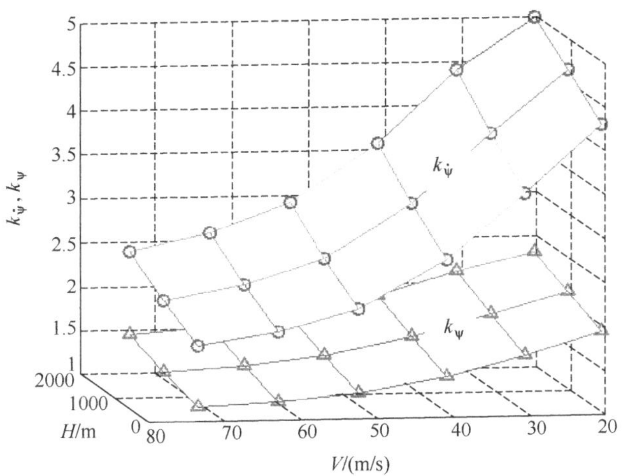

图 10.33 航空控制参数样本在包线中的分布情况

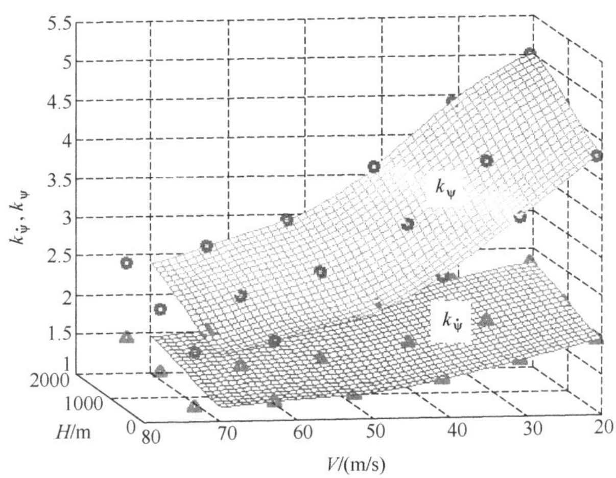

图 10.34 航向控制参数的网络拟合曲面图

在等效控制律设计完成，闭环系统矩阵 $(\boldsymbol{A}-\boldsymbol{B}\boldsymbol{K}_E)$ 确定的基础上，按式（10.81）可以确定相应的滑模系数矩阵 $\boldsymbol{C}_{\mathrm{s}}$ ，从而可得滑模方程：

$$\boldsymbol{s}(\boldsymbol{x})=\begin{bmatrix} C_{11} & C_{12} & C_{13} & \cdots & C_{19} \\ C_{21} & C_{22} & C_{23} & \cdots & C_{29} \end{bmatrix}\boldsymbol{x}^*=\boldsymbol{C}_{\mathrm{s}}\boldsymbol{x}^* \tag{10.101}$$

式中，$\boldsymbol{x}^*=\begin{bmatrix}\int\varphi\mathrm{d}t & \int\psi\mathrm{d}t & \varphi & \psi & \dot\varphi & \dot\psi & v & \mathrm{Aic} & \delta_{\mathrm{rc}}\end{bmatrix}^{\mathrm{T}}$。由此可以设计基于全状态积分滑模面、配以平滑算法 $\boldsymbol{f}(\boldsymbol{s}(\boldsymbol{x}))$ 的趋近控制律：

$$\boldsymbol{u}_{\mathrm{v}}=-(\boldsymbol{C}_{\mathrm{s}}\boldsymbol{B})^{-1}\boldsymbol{f}(\boldsymbol{s}(\boldsymbol{x}))=-(\boldsymbol{C}_{\mathrm{s}}\boldsymbol{B})^{-1}\frac{\boldsymbol{s}(\boldsymbol{x})}{\|\boldsymbol{s}(\boldsymbol{x})\|+\delta} \tag{10.102}$$

将各设计结点的滑模系数矩阵 $\boldsymbol{C}_{\mathrm{s}}$ 作为样本，用 T-S 型 RBF 网络拟合其随高度、速度的变化规律，由此可以实现全包线趋近控制律：

$$\boldsymbol{u}_{\mathrm{v}} = -(\boldsymbol{C}_{\mathrm{s}}\boldsymbol{B})^{-1}\boldsymbol{f}\left[\left(\sum_{l=1}^{18}\mu_l\boldsymbol{C}_{\mathrm{s}}\right)\boldsymbol{x}^*\right] \tag{10.103}$$

将式（10.100）与式（10.103）联立，构成基于平行分布补偿原理的全包线横侧向滑模控制律。横侧向控制系统结构图如图 10.35 所示。

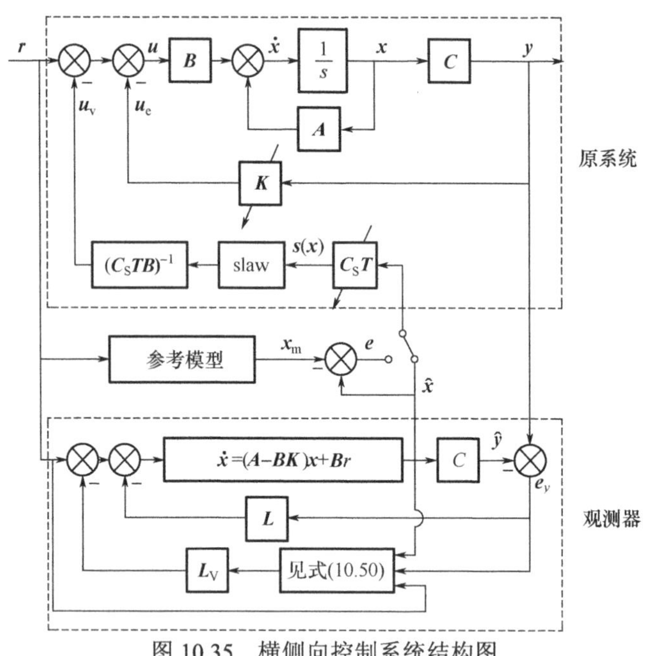

图 10.35 横侧向控制系统结构图

10.5.4 仿真验证

在高度 H=1200m，速度 V=35m/s 条件下，设置倾斜角初始值 10°，同时在倾斜通道加频率为 0.5Hz、幅值为 20/57.3 的方波干扰信号，航向通道加频率为 1/3Hz、幅值为 5/57.3 的正弦干扰信号时，系统的动态响应曲线如图 10.36 所示。

由图 10.36 可以看出，系统由 10° 倾斜角初始条件下回到平衡状态的动态过程快速平稳，全部过程在 2s 内结束，证明所设计的等效控制律是正确的。此外，在趋近控制作用下系统的扰动响应曲线与无扰动时的响应曲线基本吻合，表明滑模控制系统有很强的抗干扰能力。

在高度 H=1200m，速度 V=50m/ s 条件下，设置航向角初始值 4°，同时在倾斜通道加频率为 0.5Hz、幅值为 10/57.3 的正弦干扰信号，在航向通道加频率为 1/3Hz、幅值为 10/57.3 的方波干扰信号时，系统的动态响应曲线如图 10.37 所示。

由图 10.37 可以看出，系统从 4° 偏向角初始条件下回到平衡状态的动态过程在 5s 内基本结束，超调量满足系统动态要求，证明所设计的等效控制律的正确性。此外，系统在趋近控制作用下的扰动响应曲线与无扰动时的响应曲线基本吻合，表明滑模控制系统对外界干扰具有很强的鲁棒性。

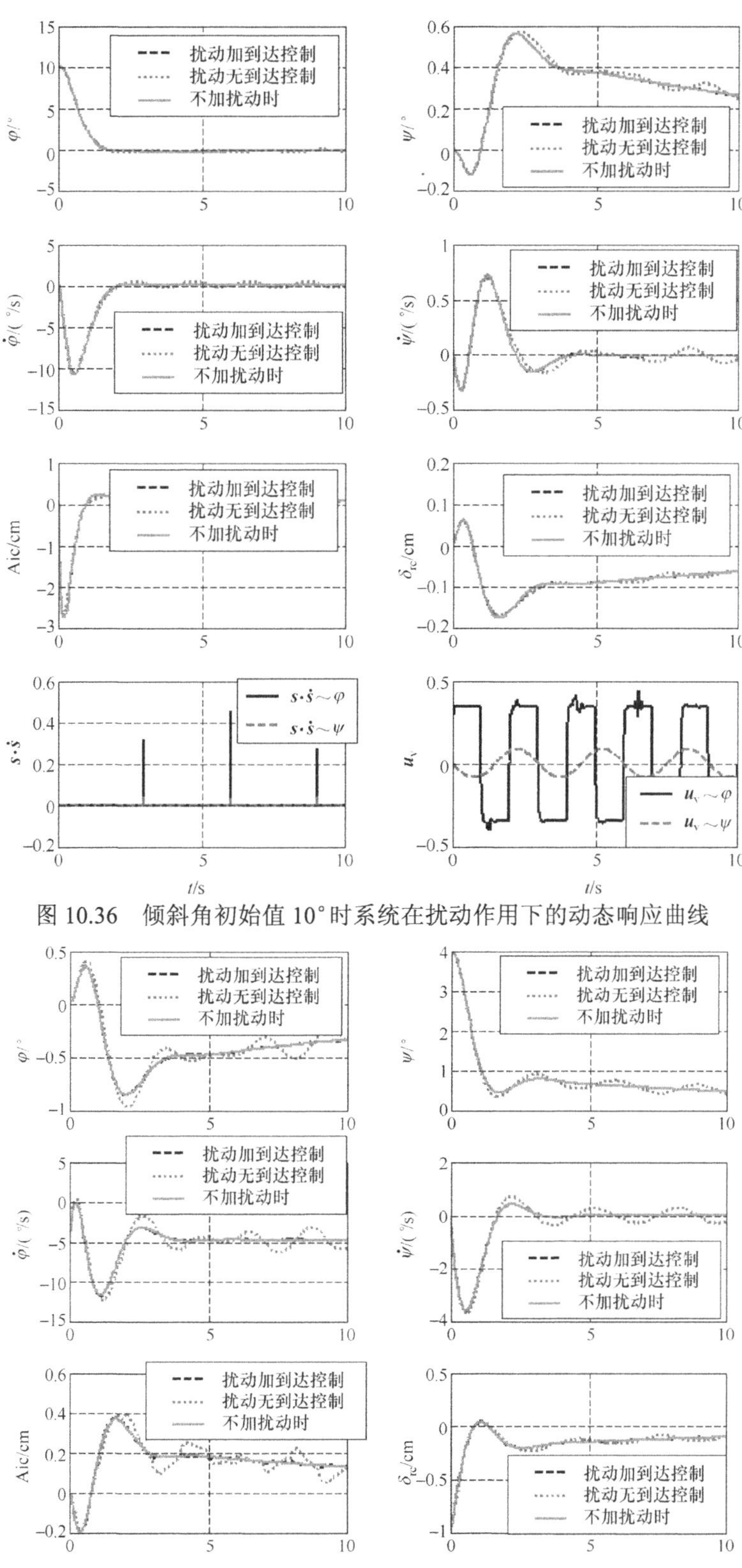

图 10.36　倾斜角初始值 10° 时系统在扰动作用下的动态响应曲线

图 10.37　航向角初始值 4° 时系统在扰动作用下的动态响应曲线

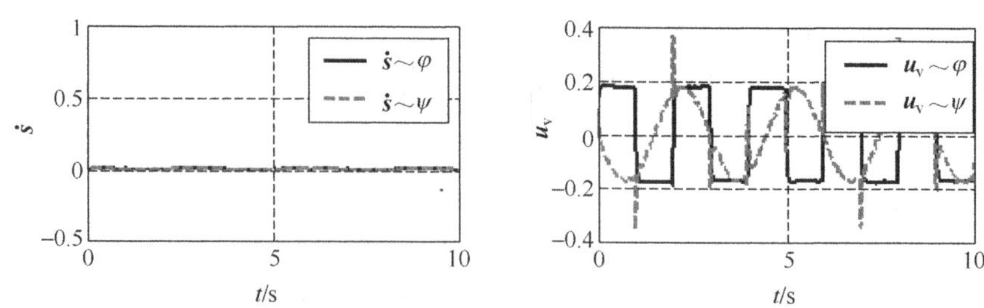

图 10.37 航向角初始值 4°时系统在扰动作用下的动态响应曲线（续）

图 10.38 给出图 10.36 和图 10.37 对应的 $s\cdot\dot{s}$ 、 s 和 $u_v(t)$ 的动态响应曲线。由于采用积分滑模面，可以用 $s\cdot\dot{s}=0$ 作为判断进入滑动模态的标准。由 $s\cdot\dot{s}$ 随时间的响应曲线可以看出，系统能在很短时间里进入滑动模态，除在个别点有毛刺外，基本处在滑模面的边界层内运动。由 $s(t)$ 曲线可以看出，整个响应过程中 $s(t)$ 值很小，表明系统处在准滑模运动状态，可以保证系统的动态品质要求，并具有对满足匹配条件不确定性的鲁棒性。

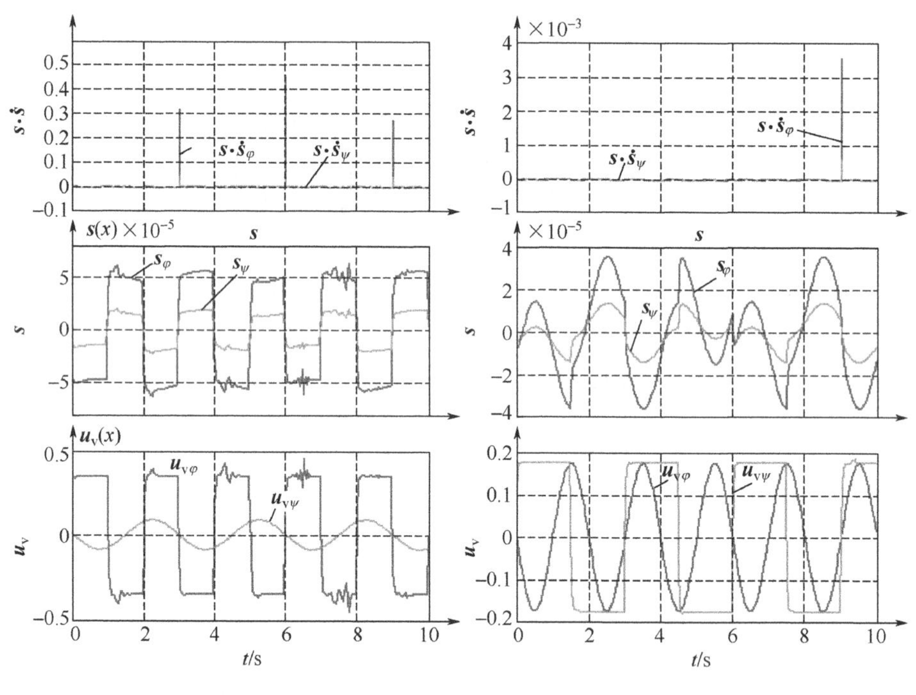

(a) 对应图10.36的 $s\cdot\dot{s}$、s、$u_v(t)$响应　　(b) 对应图10.37的 $s\cdot\dot{s}$、s、$u_v(t)$响应

图 10.38 $s\cdot\dot{s}$ 、 s 和 $u_v(t)$ 的动态响应曲线

在倾斜、航向通道同时加幅值为 10° 的随机信号时，图 10.39、图 10.40 分别给出系统在不加和加趋近控制时系统在随机信号作用下的动态响应曲线。可以看出，有趋近控制作用时，系统状态受噪声影响的幅值比不加趋近控制时小一个数量级。由此可以看出趋近控制在抑制不确定扰动因素中的作用。

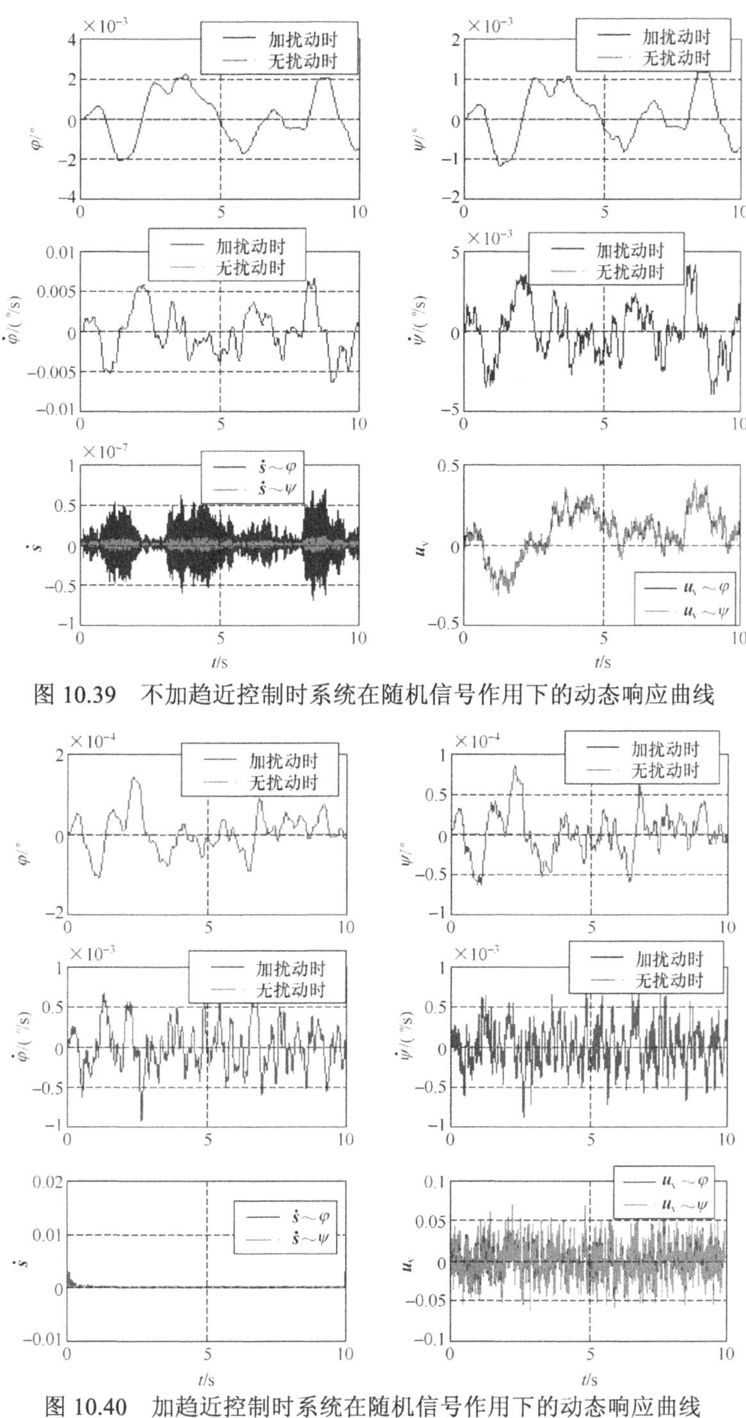

图 10.39　不加趋近控制时系统在随机信号作用下的动态响应曲线

图 10.40　加趋近控制时系统在随机信号作用下的动态响应曲线

本 章 小 结

基于第 2 章建立的直升机 T-S 模糊模型，针对飞行控制系统品质要求和状态不完全可测的实际情况，采用参数空间映射方法确定控制参数的可用集合，为全包线等效调参控制律设计奠定基础，也为构造滑模面和设计趋近控制律创造条件。对滑模控制系统的抖振机理进行了分析，提出了建立积分滑模面、配合平滑算法的抖振抑制措施。给出了一种滑模观测器的设计方法，导出了滑模跟踪控制律，实现了基于观测器的模型跟踪滑模控制系统方案。给出了直升机纵、侧向模糊滑模控制系统设计的思路和方法。

本章有机结合不同理论和方法，形成了飞机全包线控制律设计的可行方案。用 T-S 模糊模型综合各节点的局部信息描述飞机的全包线特性；由参数鲁棒设计方法确定可用参数集合，为设计全包线等效控制律提供信息和知识；这些知识一方面为训练 T-S 型模糊控制器实现全包线等效控制律提供样本，另一方面也是建立积分滑模面的依据；相应确定的趋近控制律可使系统具备对匹配型不确定性的不变性，而等效控制律在保证系统动态性能的同时，也能有效缓解非匹配型不确定性对系统的影响。在此过程中，将不同控制方法有机融合，实现了优势集成的控制效果。

参 考 文 献

[1] 胡跃明．变结构控制理论与应用[M]．北京：科学出版社，2003.

[2] 高为炳．变结构控制的理论及设计方法[M]．北京：科学出版社，1998，1-50.

[3] J J E Slotine，S S Sastry．Tracking Control of Nonlinear System Using Sliding Surfaces with Application to Robot Manipulators[J]．Control，2001，38：465-492.

[4] S Y Li，Y G Xi．Adaptive Fuzzy Sliding Mode Control for A Class of Uncertain Dynamic Systems[J]．Proc. of 3rd World Congress on Intelligent Control and Automation，2000，849-1853.

[5] T P Zhang，Y Q Yang，H Y Zhang. Direct Adaptive Sliding Mode Control with Nonlinearly Parameterized Fuzzy Approximators[C]．Proc. of 4th World Congress on Intelligent Control and Automation，2002，1915-1519.

[6] 高为炳．变结构控制的理论基础[M]．北京：中国科技出版社，1990.

[7] G Bartolini，E Punta，T Zolezzi. Simplex Methods for Nonlinear Uncertain Sliding-Mode Control[J]. IEEE Trans. Automat Contr.，2004，49（6）：922-933.

[8] A Levant. Sliding order and sliding accuracy in sliding mode control[J]. Control，1993，58（6）：1247-1263.

[9] A Levant. Higher-Order Sliding Modes， Differentiation and Output-Feedback Control[J]. Control，1999，76（9/10）：924-94.

[10] G Bartolini．A Ferrara，E Usai．Chattering Avoidance by Second-Order Sliding Mode Control[J]．IEEE Trans. Automat Contr.，1998，43（2）：241-246.

[11] 项基，苏宏业，褚健．一类不确定系统的滑模观测器设计[J]．控制理论与应用，2006，23（6）：996-1000.

[12] 张家明. 直升机变结构控制律设计及仿真[D]，西安: 西北工业大学，2009.3.

[13] 卢京潮，陈伟，詹漫漫. 直升机纵向系统鲁棒滑模控制律设计[J]. 西北工业大学学报，2012，02：269-273.

附录A 直升机飞行品质规范（ADS-33E）简介

直升机飞行品质规范是设计、评价直升机飞行控制系统的依据，只有深入理解规范中相关规定、指标的背景和含义才能正确指导直升机控制系统的设计。本附录简要介绍美国2000年颁布的军用直升机飞行品质规范ADS-33E-PRF的基本内容和评价体系，重点介绍与本书飞行控制系统设计密切关联的响应类型及相关的品质指标。

FA.1　飞行品质的意义

直升机的飞行品质反映了驾驶员操纵飞机完成规定任务时的难易程度，即直升机按照驾驶员的需要完成任务的适宜程度。随着直升机应用领域的不断扩展，对直升机的要求也更高更严，飞行品质已成为现代直升机的主要设计指标之一。关于飞行品质的优劣，国内外通用的方法是把飞行品质分为三个等级：

等级1 适合于顺利地完成使用任务。

等级2 适合于完成任务，但驾驶员负荷较重；任务效果降低（有其中之一或二者兼有）。

等级3 能满足安全操纵直升机，但驾驶员负荷过重；任务效果不好（有其中之一或二者兼有）。

FA.2　飞行品质评价的三维领域

直升机的飞行品质包含了直升机所期望的响应、直升机要执行的任务、驾驶员和直升机所处的环境条件，以及直升机的自身特性等几个方面。美国陆军的航空设计标准ADS-33E将上面关于飞行品质评价的指标进行了具体化和量化，把直升机为完成规定飞行任务所需要的任务科目基元（Mission Task Element，MTE）、驾驶员的环境感知度（Usable Cue Environment，UCE）和直升机的响应类型（Response Types，RT）三者综合在一起，给出了合理的品质指标评价方法，从而可以全面、系统地评价飞机的品质等级。

FA.2.1　任务科目基元（MTE）

制定飞行品质规范的出发点，是要保证直升机的飞行品质能够适合执行规定的任务。在提出研制新的直升机时，首先要根据直升机的预定使命，列出其需要执行的任务，进而细化、分解为若干个任务科目基元（MTE）。ADS-33E列出了23种MTE，并对各种MTE

给出了具体说明。

每一种任务科目基元都是一个独立的飞行单元。不同用途的直升机除了要执行一些共性的 MTE（如加减速、悬停等），还需要完成一些专用的 MET。例如，ADS-33E 针对运输型直升机，在良好目视环境条件下，规定能够执行的 MET 还有“出航和中断”、“垂直机动”等。

FA.2.2 驾驶员的环境感知度（UCE）

驾驶员能否顺利且精确地完成预定任务，不仅取决于直升机自身的操纵特性，也与驾驶员所能得知的外部环境信息密切相关。

先前的品质规范只把飞行环境区分为仪表飞行（Instrument Meteorological Conditions，IMC）与目视飞行（Visual Meteorological Conditions，VMC）两类，而对于目视飞行中驾驶员对环境的感知程度，或他们能获得的信息量的多少未进行区分。实际上，环境信息对执行任务影响很大，若有良好的外部目视条件，充分而醒目的仪表指示，驾驶员就能够顺利地控制直升机完成预定任务，对直升机本身的要求也可以宽松些。反之，如果目视条件差，则驾驶员完成任务的难度会增大、负荷会加重，此时为胜任飞行任务，必须对直升机的飞行品质提出更高的要求。

因此，ADS-33E 把驾驶员的环境感知度，即 UCE 划分为三个级别，分别规定不同的飞行品质指标要求。UCE1 可在白天良好能见度条件下仅靠目视达到，代表驾驶员具有良好的目视感知信息，能够有把握地修正直升机的姿态、水平及垂直速度。在这种条件下飞行，对于直升机操纵响应的要求可以较为宽松；UCE2 是介于 UCE1 和 UCE3 之间的状态；UCE3 相当于夜间晴空满月且无起伏地貌（如水面或沙漠）的目视条件，直升机的操纵响应必须很好才能达到高的品质等级。

FA.2.3 直升机的响应类型（RT）

直升机对操纵指令的响应，是由其本身特性及其控制系统决定的。直升机的初期响应十分重要，直接关系到驾驶员完成飞行任务的质量和驾驶员的负荷，是决定直升机飞行品质的一个重要方面。

直升机的响应包括角速率、平移速度、升降率和姿态角 4 个方面的基本形式。它们又与稳定性（保持功能）相结合，构成直升机的多种响应类型。

下面介绍相关的几种常用响应类型，以及在飞行品质等级评定中的应用。

1）速率响应类型

恒定的杆力及杆位移输入，应在相应的轴（俯仰、滚转和航向）产生基本上成正比的角速度，且从某一稳定状态改变到另一稳定状态，所要求的操纵力的初始值和最终值不可反号。

一般直升机若无设计缺陷，仅靠“裸机”的基本操纵即可达到速率响应类型的要求。该响应类型在使用上往往与稳定性要求相结合，如具有姿态保持、方向保持等功能的响应类型。

2）垂向速率响应类型

总距杆对于配平位置的偏离，使直升机产生稳定的垂直速度，且操纵系统中应有配平机构，使驾驶员能够在任意的垂向速率下将杆力消除。

3）速率指令方向保持响应类型

速率指令方向保持响应类型为具有方向保持功能的速率指令响应类型。其含义是，对驾驶杆施加阶跃输入后，直升机产生正比于输入量的角速度；输入撤销时，直升机保持住接近于撤销时所达到的方向。具有这种操纵特性的直升机，有高度的灵活性（以角速度和角加速度为代表），并且具有长时间松杆飞行能力。但是，对于驾驶员的每次操纵输入，其方向的参照点是不同的。

4）姿态指令姿态保持响应类型

对驾驶杆施加阶跃输入后，产生正比于操纵输入量的姿态角；当输入撤销时，直升机回到操纵之前的配平状态。对于在低能见度下进行低速飞行，尤其悬停特别有利，因为驾驶员可以相信在每次松开操纵后，直升机总是回到同一配平状态。

5）垂向速率指令高度保持响应类型

对总距杆施加输入并撤销后，直升机应产生高度改变，并应保持在撤销操纵时所达到的高度附近，并且没有不良滞后及过冲。在悬停及低速段，当总距杆在浮松的情况下，直升机相对于某一平面（陆地飞行时）或起伏的海面（海上飞行时）能自动保持高度。

6）位置保持响应类型

直升机能自动保持相对于地面固定点或舰船上的悬停参照点的相对位置，偏差不超过相应的 MTE 性能的规定值。在风速不大于 3.5 节中的稳定风时进行 360°回转，直升机应保持其位置在一个直径为 3.5m 的圆内。对于迅猛机动，360°回转应在 10s 内完成。回转中姿态角不得超过±18°（驾驶杆松浮）。此外，直升机上应有对驾驶员的清楚指示，表明其位置保持功能处于接通状态。

7）线速度指令响应类型

对驾驶杆施加俯仰或滚转的恒定力或位移输入，将使直升机在相应方向上产生成正比的稳定的移动速度（地速）。纵、侧向平移速度的等效增长时间应在 2.5～5s。平移速度及俯仰和滚转姿态都不得有明显的过冲量。

直升机在执行飞行任务中，往往需要多种响应类型的功能。针对不同的 MTE 和 UCE 等级需要，ADS-33 列出了共 6 种响应类型组合，具体可以参阅 ADS-33E 的表述。

所研制的直升机需要具备哪些响应类型或其组合，应根据直升机所要执行的任务、使用环境条件和所要求的飞行品质等级来确定。一般来说，悬停和低速飞行段（$V \leq 83$km/h）受地形地物的影响，且执行的 MTE 种类多，对直升机飞行品质要求高，因此必须具备较高级的响应类型组合。前飞段（$V > 83$km/h）则要求较低，一般只要求具备速率响应类型或姿态指令姿态保持响应类型。

FA.3 飞行品质的指标要求

FA.3.1 对姿态响应的要求

直升机的俯仰、滚转姿态是直升机最重要的飞行状态参数，飞行品质规范 ADS-33E 分别规定了小幅、中幅和大幅姿态变化的响应指标要求。对于俯仰姿态变化，5°以下为小幅，

30°以上为大幅；滚转姿态的划分界限则为 10°和 60°。飞行速度 $V \leqslant 83\text{km/h}$ 时为低速和悬停状态，$V > 83\text{km/h}$ 时为前飞状态。

1．小幅/高频姿态变化——带宽与延迟时间的规定

小幅/高频的姿态变化多用于精确的轨迹调整操纵。飞行品质规范 ADS-33E 规定了频域要求，即带宽及相位滞后指标，保证在进行快速操纵时直升机具有良好的跟随性和灵敏度。

在包含驾驶员的闭环系统中，直升机对较慢的（低频）操纵一般会有较好的跟随性，操纵响应幅值大致与操纵量成正比，相位滞后也较小。在驾驶员进行快速或高频操纵输入时，直升机的跟随性变差，滞后加大且响应幅度减小，甚至会出现驾驶员诱发振荡现象。这表明直升机存在一个工作频率的适应范围，称为带宽。直升机的带宽越大，能够对愈加快速的操纵做出符合要求的响应，带宽过小的直升机不适合需要高频操纵的机动飞行。因此，ADS-33E 对小幅/中高频的响应，规定了频域要求，即带宽和相位滞后指标，带宽的定义如图 FA.1 所示。

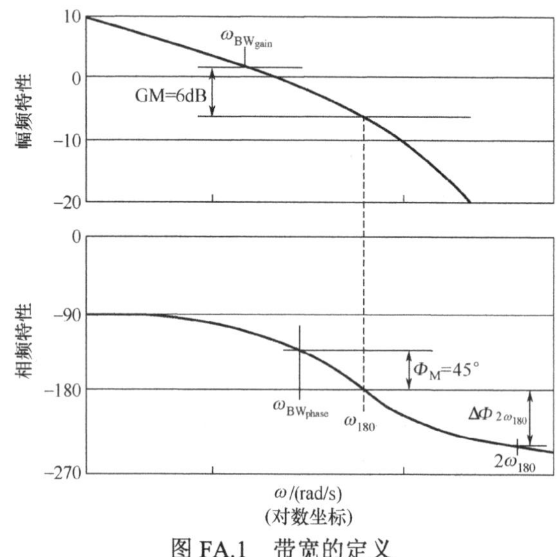

图 FA.1　带宽的定义

图 FA.1 中出现了两种带宽，即相位带宽和增益带宽。姿态响应对操纵输入的相位滞后 180°，认为是可能发生诱发振荡的不稳定边界。在相频曲线上留出 45°的安全余量，滞后 135°的频率定义为相位带宽；在幅频曲线上留出 6dB 的余量，此点所对应的频率为增益带宽，取两者中的较小者为直升机的带宽。对于姿态指令姿态保持响应类型，$\omega_{BW} = (\omega_{BW})_{phase}$，如果 $(\omega_{BW})_{gain} < (\omega_{BW})_{phase}$ 或者 $(\omega_{BW})_{gain}$ 是不确定的，则直升机执行超高精度任务或进行大机动飞行时，可能出现驾驶员诱发振荡。

另外，图 FA.1 中相位曲线的斜率，表示了直升机这一复杂系统的行为滞后特征，飞行品质规范基于这点定义了另一个重要的品质参数——延迟时间，用以表示系统的相位滞后。τ_p 越小说明相位曲线随频率增加，相位下降越慢，直升机的驾驶品质越好。

$$\tau_p = \frac{\Delta\Phi_{2\omega_{180}}}{57.3(2\omega_{180})}$$

带宽越大越好，延迟时间越小越好。当带宽足够大时，对延迟时间的要求可适当放宽一些，即 τ_p 可以大一些；反之，当延迟时间足够小，带宽也允许适当变小。为了体现这种关系，ADS-33E 在带宽—相位滞后二维平面内，定义三个区域，分别对应飞行品质的三个等级；而且，按照不同的任务科目基元、驾驶员的环境感知度、直升机的响应类型，对应不同通道的响应规定了不同的标准。由于本节的研究对象是运输型直升机，不考虑迅猛机动飞行，所以选择除空战外的 MTE 且 UCE=1，带宽与延迟时间要求如图 FA.2 所示。

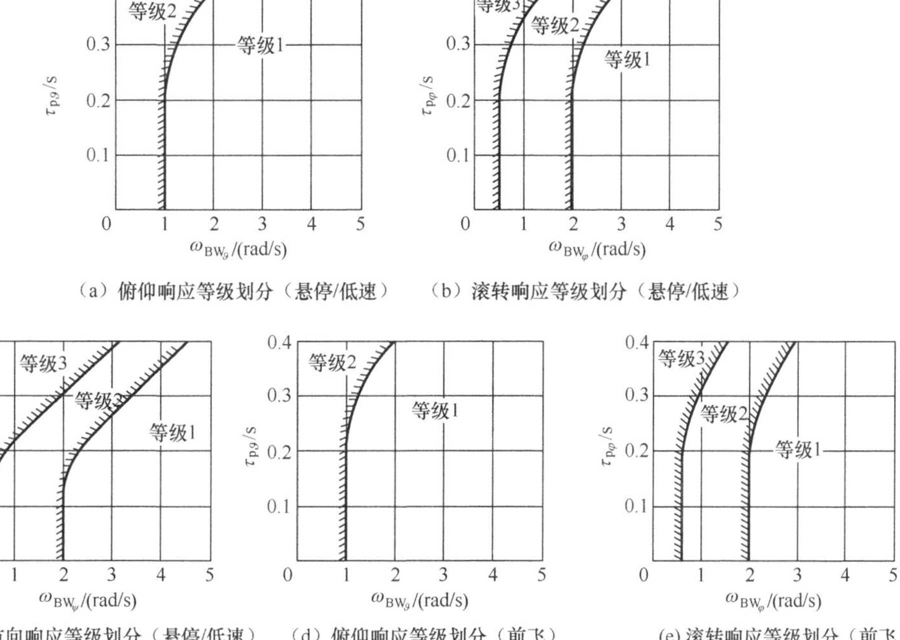

图 FA.2 带宽与延迟时间要求（除空战外的 MTE，UCE=1）

2. 小幅/中频姿态变化——阻尼比的规定

直升机对于小幅/中频姿态变化，必须具有良好的动稳定性，飞行品质规范对系统的阻尼比、自然频率也做出了具体的规定。对于俯仰、滚转通道阻尼比、自然频率的限制如图 FA.3 所示；对于航向通道，除了品质等级为 1 级时，阻尼比从 0.35 放宽到 0.19（自然频率大于 0.5rad/s），其他要求同图 FA.3。

3. 中幅/中低频姿态变化——快捷性的规定

中幅/中低频姿态变化针对地形规避和追踪飞行时的操纵，此时应具有迅速改变姿态的能力，因此要求直升机有良好的快捷性，即角速度峰值对姿态改变量之比要足够大，快捷性指标参数的定义如图 FA.4 所示，其中，$\Delta\vartheta_{pk}$、$\Delta\varphi_{pk}$、$\Delta\psi_{pk}$ 分别表示俯仰角、滚转角和航向角变化量的最大值，q_{pk}、p_{pk}、r_{pk} 分别表示俯仰角速度、滚转角速度和航向角速度变化量的最大值，$\Delta\vartheta_{min}$、$\Delta\varphi_{min}$、$\Delta\psi_{min}$ 分别表示俯仰角、滚转角和航向角变化量的最小值。飞行品质规范对这一比值与最小姿态角的关系做出了规定，如图 FA.5 所示。

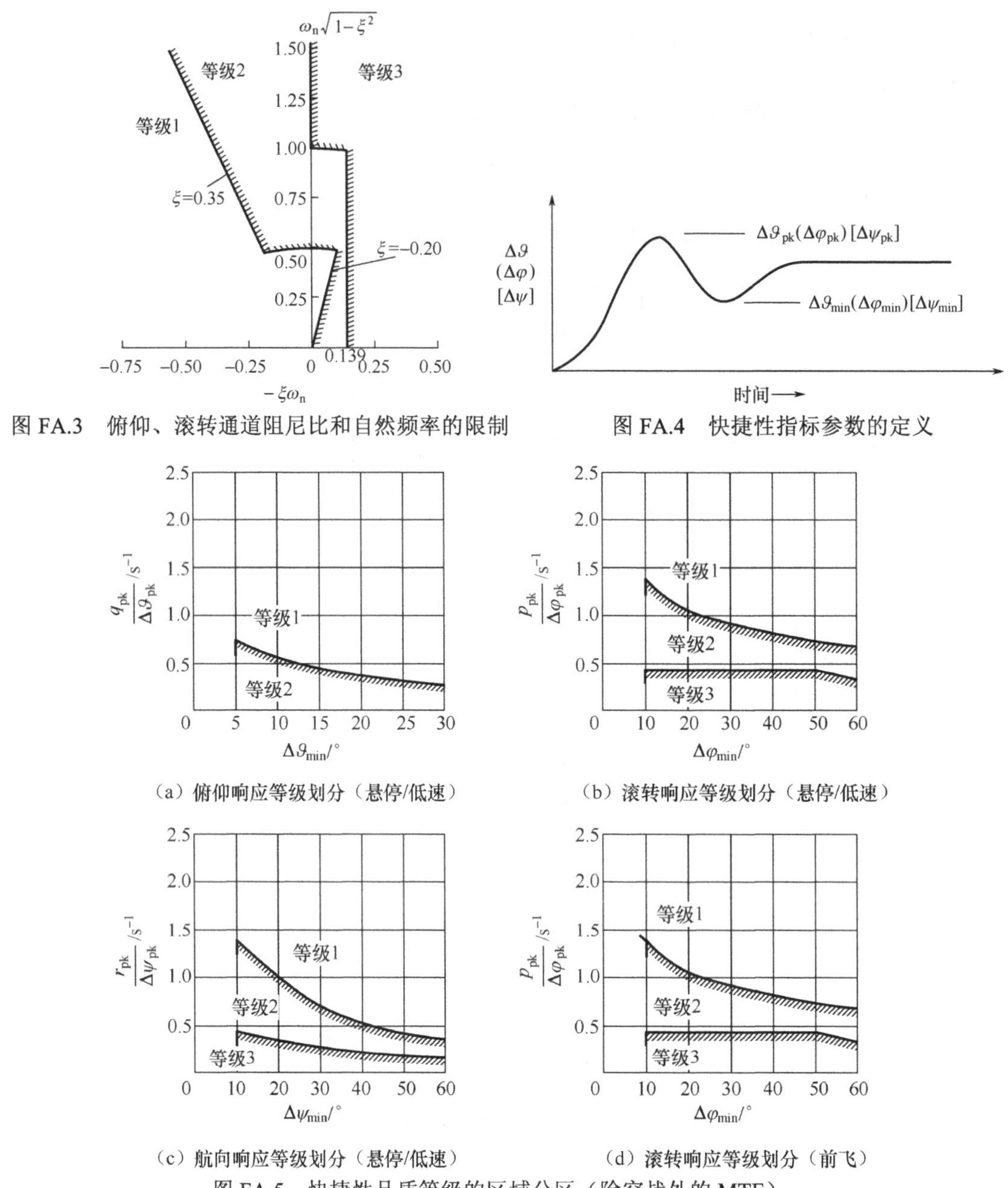

图 FA.3 俯仰、滚转通道阻尼比和自然频率的限制

图 FA.4 快捷性指标参数的定义

（a）俯仰响应等级划分（悬停/低速）

（b）滚转响应等级划分（悬停/低速）

（c）航向响应等级划分（悬停/低速）

（d）滚转响应等级划分（前飞）

图 FA.5 快捷性品质等级的区域分区（除空战外的 MTE）

4．大幅姿态变化——操纵功效的规定

大幅姿态变化用于大机动飞行时的操纵。直升机应能达到足够大的姿态变化（对于姿态指令/姿态保持响应型）或足够大的角速度（对于速率响应型）。飞行品质规范规定了它们的最低限，如表 FA.1 和表 FA.2 所示。

根据上述姿态响应品质指标的规定可以看出，针对不同的控制通道、不同的飞行状态，飞行品质规范要求达到的品质指标也不相同，姿态响应要求的品质指标如表 FA.3 所示。

表 FA.1 操纵功效要求——悬停和低速

直升机的机动类型	速率指令响应类型						姿态指令响应类型			
	能达到的角速度/（°/s）						能达到的姿态角/°			
	等级 1			等级 2			等级 1		等级 2	
	俯仰	滚转	航向	俯仰	滚转	航向	俯仰	滚转	俯仰	滚转
有限机动	±6	±21	±9.5	±3	±15	±5	±15	±15	±7	±10
中等机动	±13	±50	±22	±6	±21	±9.5	+20 −30	±60	±13	±30
迅猛机动	±30	±50	±60	±13	±50	±22	±30	±60	+20 −30	±30

表 FA.2 大幅姿态变化要求——前飞

直升机的机动类型	速率指令响应类型		姿态指令响应类型	
	能达到的角速度/（°/s）		能达到的姿态角/°	
	等级 1	等级 2	等级 1	等级 2
有限机动	±15	±12	±25	±15
中等机动	±30	±15	±25	±15
迅猛机动	±50	±21	±90	±30

表 FA.3 姿态响应要求的品质指标

飞行状态	俯 仰	滚 转	航 向
悬停与低速	带宽与延迟时间、阻尼比、快捷性、操纵功效	带宽与延迟时间、阻尼比、快捷性、操纵功效	带宽与延迟时间、阻尼比、快捷性、操纵功效
前飞	带宽与延迟时间、阻尼比	带宽与延迟时间、阻尼比、快捷性、操纵功效	阻尼比

FA.3.2 对总距操纵响应的要求

飞行员操纵总距杆来控制直升机的升降，即对直升机高度通道的机动，飞行品质规范只规定了总距操纵响应的时域要求，而未做频域规定。

驾驶员对总距杆施加阶跃操纵后，法向速度在 5s 内应具有大致一阶环节的响应形状，即总距突变后，法向速度初期响应应近似于直线变化，否则驾驶员难以精确控制升降。

为了使直升机能够有足够大的法向速度，要求直升机在垂直方向应有足够大的操纵功效。品质规范规定，直升机在风速 35 节以下的任何风向中无地效定点悬停时，操纵总距杆快速偏离配平位置，自开始操纵动作起 1.5s 内，产生的法向速度至少达到 0.81m/s（等级 1），0.28m/s（等级 2），0.20m/s（等级 3）。

FA.3.3 对轴间耦合的要求

轴间耦合是指在某一轴上的操纵输入，引起了其他轴上的响应。例如，为了使直升机产生俯仰运动而前推驾驶杆，如果同时引起了滚转、航向或高度的响应，即产生了轴间耦合。轴间耦合使直升机的运动变得复杂，不利于执行任务的精确性，并且增加了驾驶员的工作负荷，是影响直升机飞行品质的主要因素之一。如前所述，由于直升机的旋翼既要提供升力，又要控制飞机的姿态，加之旋翼的旋转和挥舞运动的特点，直升机的响应必然存在轴间耦合。为了使直升机具有良好的飞行品质，必须在设计飞行控制系统时采取有效措施，抑制轴间耦合。

1．总距操纵引起的航向响应

在航向操纵松浮情况下，对于突然的总距操纵输入，航向角速度响应不得超过图 FA.6 中规定的界限。

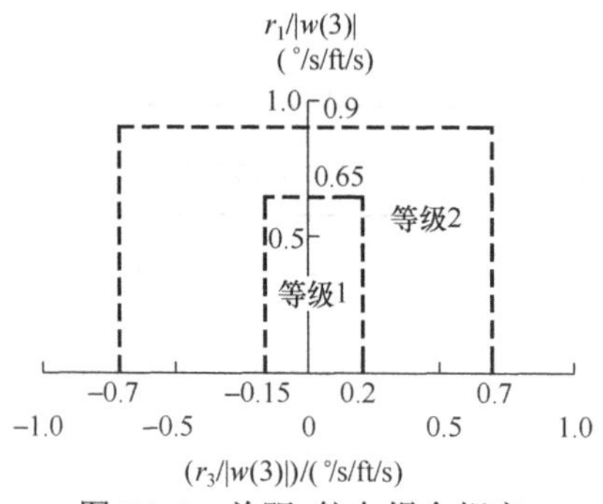

图 FA.6　总距-航向耦合规定

图 FA.6 中，r_1 等于 3s 之内航向角速度的第一个峰值，如果 3s 之内没有峰值，则 $r_1 = r(1)$，$r_3 = \begin{cases} r(3) - r_1 & r_1 > 0 \\ r_1 - r(3) & r_1 < 0 \end{cases}$，在一个阶跃的总距操纵输入（$t$=0）之后，$r(1)$ 和 $r(3)$ 分别是第 1s 末和第 3s 末的航向角速度，$w(3)$ 是第 3s 末的法向速度（1ft=0.3048m）。

2．俯仰-滚转和滚转-俯仰耦合

对驾驶杆施加滚转（俯仰）阶跃输入之后 4s 内，轴外响应的峰值与期望得到的响应之比，即 $\theta_{pk} / \varphi (\varphi_{pk} / \theta)$不超过 ±0.25 为等级 1，不超过 ±0.60 为等级 2。

直升机是由驾驶员操纵执行飞行任务的，其飞行品质等级要根据完成任务的性能和操纵负荷大小做出客观的评定。

附录B 拖缆系统建模

本附录建立拖缆与被拖曳体组成的拖缆系统模型。

为便于分析，对拖缆进行分段处理，每一段拖缆近似看作刚性杆。从理论上讲，分段越多，越接近实际系统，但这同时会增加解算过程的计算量。鉴于实际情况综合考虑，这里将拖缆近似为三段铰链连接的刚性杆系，由此得到的解合理且计算量适中，可以用于控制系统的设计和工程仿真。

FB.1 拖缆坐标系

拖缆坐标系 $O_tX_tY_tZ_t$ 是描述缆绳运动的参考坐标系。其坐标原点 O_t 为拖缆系留点，即直升机与缆绳的连接点。$X_tO_tY_t$ 平面与水平面平行，纵轴 O_tX_t 与机体 OX 轴在水平面上的投影平行，方向指向机头方向；竖轴 O_tZ_t 沿铅垂线，向下为正；横轴 O_tY_t 与 $X_tO_tZ_t$ 平面垂直，向右为正。

FB.2 拖缆分段及其投影表示

拖缆纵向分段示意图和拖缆侧向分段示意图分别如图 FB.1 和图 FB.2 所示，将拖缆分为 AB、BC、CD 三段。每段在 $X_tO_tZ_t$ 平面的投影 AB_1、B_1C_1、C_1D_1，与 O_tZ_t 轴的夹角定义为三段拖缆各自的纵向缆位角 θ_{t1}、θ_{t2}、θ_{t3}；在 $Y_tO_tZ_t$ 平面的投影 AB_2、B_2C_2、C_2D_2，与 O_tZ_t 轴的夹角定义为三段拖缆各自的侧向缆位角 γ_{t1}、γ_{t2}、γ_{t3}。在 $X_tO_tY_t$ 平面的投影 AB_3、B_3C_3、C_3D_3，与 O_tX_t 轴负方向的夹角定义为三段拖缆各自的航向缆位角 σ_{t1}、σ_{t2}、σ_{t3}。在实际应用时，缆位角 θ_{t1}、θ_{t2}、θ_{t3} 与 γ_{t1}、γ_{t2}、γ_{t3} 均应在±90° 范围内变化。M_t 是被拖曳体的质量。

以第一段拖缆 AB 段为例，图 FB.3 为拖缆在拖缆坐标系上的投影表示。已知 AB 段的长度为 l_{AB}，在 $X_tO_tZ_t$ 平面的投影长度为 l_{AB_1}，在 $Y_tO_tZ_t$ 平面的投影长度为 l_{AB_2}，在 $X_tO_tY_t$ 平面的投影长度为 l_{AB_3}。AB 段的纵向缆位角、侧向缆位角、航向缆位角分别为 θ_{t1}、γ_{t1}、σ_{t1}。其中，规定航向缆位角 σ_{t1} 从上往下俯视，顺时针旋转为正。

由图 FB.3 可以确定约束关系 $\tan\theta_{t1}\cdot\tan\sigma_{t1}=-\tan\gamma_{t1}$（图 FB.3 中 θ_{t1} 实际为负值），所以 θ_{t1}、γ_{t1}、σ_{t1} 三个角中只有两个是独立的，考虑到实际缆位角传感器测量到的是纵向缆位角 θ_{t1} 和侧向缆位角 γ_{t1}，因此取之进行实际计算。为方便计算，第二、三段拖缆也分别用 θ_{t2}、γ_{t2} 和 θ_{t3}、γ_{t3} 进行讨论。

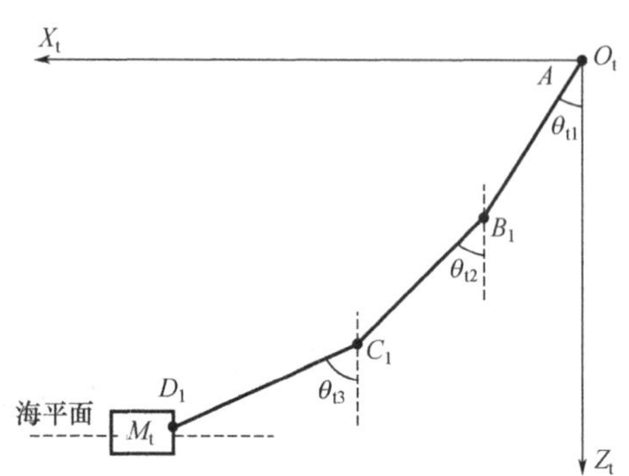

图 FB.1 拖缆纵向分段示意图

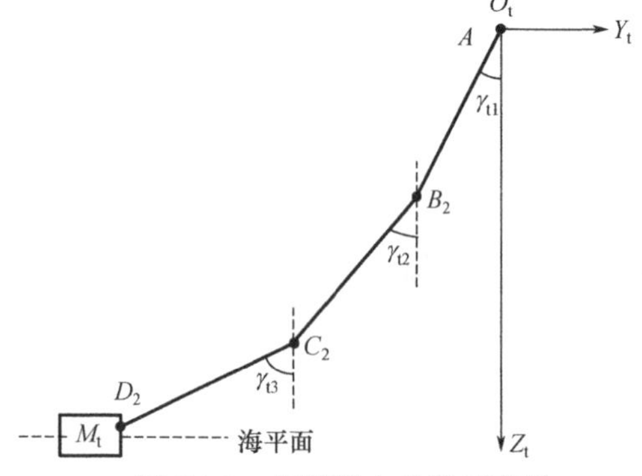

图 FB.2 拖缆侧向分段示意图

选择纵向缆位角 θ_{t1} 和侧向缆位角 γ_{t1}，计算第一段拖缆的投影长度，由图 FB.3 可确定如下关系式：

$$\begin{cases} {l_{AB_1}}^2\sin^2\theta_{t1}+{l_{AB_2}}^2={l_{AB}}^2 \\ l_{AB_1}\cos\theta_{t1}=l_{AB_2}\cos\gamma_{t1} \end{cases} \tag{FB.1}$$

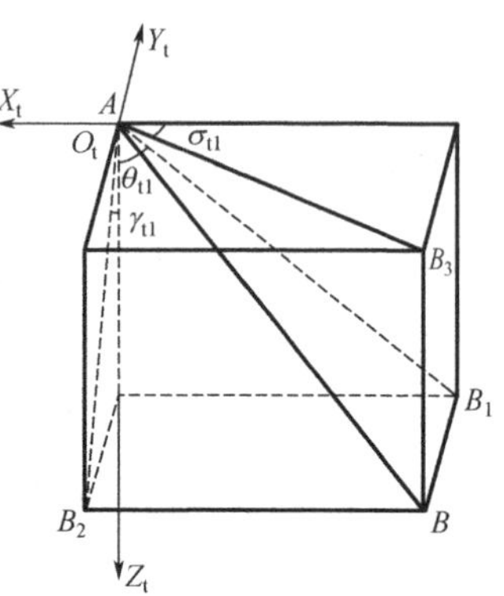

图 FB.3 拖缆在拖缆坐标系上的投影表示

可解出 l_{AB_1}、l_{AB_2}：

$$\begin{cases} l_{AB_1}=\dfrac{\cos\gamma_{t1}l_{AB}}{\sqrt{\cos^2\gamma_{t1}\sin^2\theta_{t1}+\cos^2\theta_{t1}}}=\varepsilon_1\cos\gamma_{t1}l_{AB} \\ l_{AB_2}=\dfrac{\cos\theta_{t1}l_{AB}}{\sqrt{\cos^2\gamma_{t1}\sin^2\theta_{t1}+\cos^2\theta_{t1}}}=\varepsilon_1\cos\theta_{t1}l_{AB} \end{cases} \tag{FB.2}$$

式中，$\varepsilon_1=1\Big/\sqrt{\cos^2\gamma_{t1}\sin^2\theta_{t1}+\cos^2\theta_{t1}}$。

同理有

$$\begin{cases} l_{B_1C_1}=\dfrac{\cos\gamma_{t2}l_{BC}}{\sqrt{\cos^2\gamma_{t2}\sin^2\theta_{t2}+\cos^2\theta_{t2}}}=\varepsilon_2\cos\gamma_{t2}l_{BC} \\ l_{B_2C_2}=\dfrac{\cos\theta_{t2}l_{BC}}{\sqrt{\cos^2\gamma_{t2}\sin^2\theta_{t2}+\cos^2\theta_{t2}}}=\varepsilon_2\cos\theta_{t2}l_{BC} \end{cases} \tag{FB.3}$$

$$\begin{cases} l_{C_1D_1}=\dfrac{\cos\gamma_{t3}l_{CD}}{\sqrt{\cos^2\gamma_{t3}\sin^2\theta_{t3}+\cos^2\theta_{t3}}}=\varepsilon_3\cos\gamma_{t3}l_{CD} \\ l_{C_2D_2}=\dfrac{\cos\theta_{t3}l_{CD}}{\sqrt{\cos^2\gamma_{t3}\sin^2\theta_{t3}+\cos^2\theta_{t3}}}=\varepsilon_3\cos\theta_{t3}l_{CD} \end{cases} \tag{FB.4}$$

式中，$\varepsilon_2=1\Big/\sqrt{\cos^2\gamma_{t2}\sin^2\theta_{t2}+\cos^2\theta_{t2}}$、$\varepsilon_3=1\Big/\sqrt{\cos^2\gamma_{t3}\sin^2\theta_{t3}+\cos^2\theta_{t3}}$。

此外，由图 FB.1 和图 FB.2 可以得到三段缆绳各个端点速度与缆位角之间的关系为

$$\begin{cases} U_{t2}=U_{t1}+l_{AB_1}\dot{\theta}_{t1}\cos\theta_{t1} \\ V_{t2}=V_{t1}-l_{AB_2}\dot{\gamma}_{t1}\cos\gamma_{t1} \\ W_{t2}=W_{t1}-l_{AB_1}\dot{\theta}_{t1}\sin\theta_{t1} \end{cases} \tag{FB.5}$$

式中，U_{t1}、V_{t1}、W_{t1} 分别为拖缆 AB 段上部端点 A 的速度分别在 O_tX_t 轴、O_tY_t 轴、O_tZ_t 轴的投影；U_{t2}、V_{t2}、W_{t2} 分别为拖缆 BC 段上部端点 B 的速度分别在 O_tX_t 轴、O_tY_t 轴、O_tZ_t 轴的投影。

$$\begin{cases} U_{t3} = U_{t2} + l_{B_1C_1}\dot{\theta}_{t2}\cos\theta_{t2} \\ V_{t3} = V_{t2} - l_{B_2C_2}\dot{\gamma}_{t2}\cos\gamma_{t2} \\ W_{t3} = W_{t2} - l_{B_1C_1}\dot{\theta}_{t2}\sin\theta_{t2} \end{cases} \tag{FB.6}$$

式中，U_{t3}、V_{t3}、W_{t3} 分别为拖缆 CD 段上部端点 C 的速度分别在 O_tX_t 轴、O_tY_t 轴、O_tZ_t 轴的投影。

$$\begin{cases} U_{tM} = U_{t3} + l_{C_1D_1}\dot{\theta}_{t3}\cos\theta_{t3} \\ V_{tM} = V_{t3} - l_{C_2D_2}\dot{\gamma}_{t3}\cos\gamma_{t3} \\ W_{tM} = W_{t3} - l_{C_1D_1}\dot{\theta}_{t3}\sin\theta_{t3} \end{cases} \tag{FB.7}$$

式中，U_{tM}、V_{tM}、W_{tM} 分别为被拖曳体速度分别在 O_tX_t 轴、O_tY_t 轴、O_tZ_t 轴的投影。

FB.3 作用在各段拖缆及被拖曳体上的力及力矩

FB.3.1 作用在各段拖缆及被拖曳体上的力

1. 扰流阻力

物体在流体（如大气，海水等）中运动，在来流方向上受到的作用力，称为扰流阻力。扰流阻力分为压差阻力和摩擦阻力。对于钝形体（横向宽度急剧变化的非流线型物体，如圆柱体），扰流阻力主要来源于压差阻力。假设拖缆质量分布均匀，每段拖缆都近似看作一段细长的圆柱体，考虑到拖缆表面比较光滑，运动速度不大，则可忽略其摩擦阻力，只考虑压差阻力，计算公式为

$$\vec{F} = \frac{1}{2}\cdot\rho\cdot C_f\cdot A_s\cdot\left|\overrightarrow{U_f}\right|\cdot\overrightarrow{U_f} \tag{FB.8}$$

式中，ρ 为流体密度，C_f 为阻力系数，$\overrightarrow{U_f}$ 为相对流速，A_s 为物体垂直于 $\overrightarrow{U_f}$ 方向上的投影面积。

为简化问题，假定被拖曳体的外形是一个长方体，如图 FB.4 所示，l_M、m_M、n_M 分别为被拖曳体的长、宽、高。

被拖曳体浸水深度如图 FB.5 所示，设 n_F 为被拖曳体的浸水深度，设拖缆末端点连接在被拖曳体高度的中点处，即图 FB.5 中 k 值为 0.5，H 为系留点距水平面的高度，h_0 表示拖缆在 O_tZ_t 轴的投影：

$$h_0 = l_{AB_1}\cos\theta_{t1} + l_{B_1C_1}\cos\theta_{t2} + l_{C_1D_1}\cos\theta_{t3}$$

浸水深度 n_F 计算公式如下

$$n_F = k\cdot n_M - (H - h_0) \tag{FB.9}$$

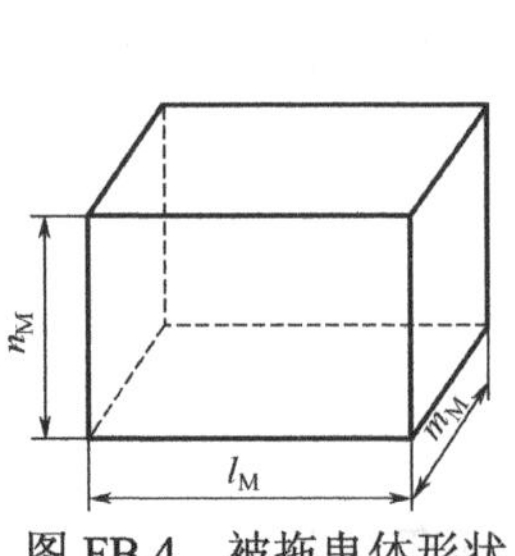

图 FB.4 被拖曳体形状

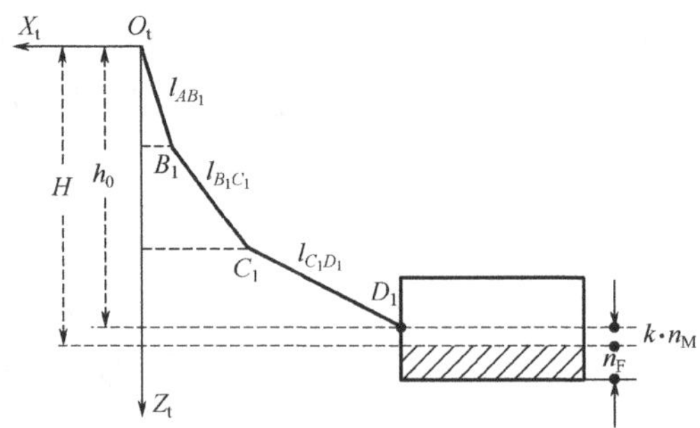

图 FB.5 被拖曳体浸水深度

由图 FB.4、图 FB.5 可以得到：

被拖曳体在空气中的纵向投影面积 $S_{MZ1} = l_M \cdot (n_M - n_F)$；

被拖曳体在海水中的纵向投影面积 $S_{MZ2} = l_M \cdot n_F$；

被拖曳体在空气中的侧向投影面积 $S_{MC1} = m_M \cdot (n_M - n_F)$；

被拖曳体在海水中的侧向投影面积 $S_{MC2} = m_M \cdot n_F$。

设定拖缆的直径为 d_t，为了简化拖缆扰流阻力的表达式，定义扰流阻力的等效系数如表 FB.1 所示。

表 FB.1 定义扰流阻力的等效系数

系 数 值	意 义
$k_{f1} = \frac{1}{2}\rho_1 C_{f1} d_t$	拖缆在空气中的等效阻力系数
$k_{fMZ1} = \frac{1}{2}\rho_1 C_{fM1} S_{MZ1}$	被拖曳体在空气中的纵向等效阻力系数
$k_{fMC1} = \frac{1}{2}\rho_1 C_{fM1} S_{MC1}$	被拖曳体在空气中的侧向等效阻力系数
$k_{fMZ2} = \frac{1}{2}\rho_2 C_{fM2} S_{MZ2}$	被拖曳体在海水中的纵向等效阻力系数
$k_{fMC2} = \frac{1}{2}\rho_2 C_{fM2} S_{MC2}$	被拖曳体在海水中的侧向等效阻力系数

其中，ρ_1、ρ_2 分别为空气和海水的密度，C_{f1}、C_{fM1} 分别为拖缆和被拖曳体在空气中的阻力系数，C_{fM2} 为被拖曳体在海水中的阻力系数。

缆绳及被拖曳体纵向扰流阻力：

$$
\begin{cases}
F_{x1} = \int_0^{l_{AB_1}} k_{f1} \left|U_{t1}^*\right| (U_{t1} + l\dot{\theta}_{t1}\cos\theta_{t1}) \mathrm{d}l \cdot \cos\theta_{t1} = k_{f1}\left|U_{t1}^*\right| \cos\theta_{t1} l_{AB_1} (U_{t1} + 0.5 l_{AB_1} \dot{\theta}_{t1}\cos\theta_{t1}) \\
F_{x2} = \int_0^{l_{B_1C_1}} k_{f1} \left|U_{t2}^*\right| (U_{t2} + l\dot{\theta}_{t2}\cos\theta_{t2}) \cos\theta_{t2} \mathrm{d}l = k_{f1}\left|U_{t2}^*\right| \cos\theta_{t2} l_{B_1C_1} (U_{t2} + 0.5 l_{B_1C_1} \dot{\theta}_{t2}\cos\theta_{t2}) \\
F_{x3} = \int_0^{l_{C_1D_1}} k_{f1} \left|U_{t3}^*\right| (U_{t3} + l\dot{\theta}_{t3}\cos\theta_{t3}) \mathrm{d}l \cdot \cos\theta_{t3} = k_{f1}\left|U_{t3}^*\right| \cos\theta_{t3} l_{C_1D_1} (U_{t3} + 0.5 l_{C_1D_1} \dot{\theta}_{t3}\cos\theta_{t3}) \\
F_{xm1} = k_{fMZ1} \left|U_{tM}^*\right| U_{tM} \\
F_{xm2} = k_{fMZ2} \left|U_{tM}^*\right| (U_{tM} + U_{w\_x} + U_{s\_x})
\end{cases}
\tag{FB.10}
$$

式中，F_{x1}、F_{x2}、F_{x3}分别为三段缆绳所受到的扰流阻力在O_tX_t轴上的分量；

F_{xm1}为被拖曳体水上部分所受到的空气扰流阻力在O_tX_t轴上的分量；

F_{xm2}为被拖曳体水下部分所受到的海水的扰流阻力在O_tX_t轴上的分量；

U_{w_x}、U_{s_x}分别为风速和洋流在O_tX_t轴上的分量。

缆绳及被拖曳体侧向扰流阻力：

$$\begin{cases} F_{y1} = \int_0^{l_{AB_2}} k_{f1}\left|V_{t1}^*\right|(V_{t1} - l\dot{\gamma}_{t1}\cos\gamma_{t1})\mathrm{d}l \cdot \cos\gamma_{t1} \\ \quad = k_{f1}\left|V_{t1}^*\right|\cos\gamma_{t1} l_{AB_2}(V_{t1} - 0.5 l_{AB_2}\dot{\gamma}_{t1}\cos\gamma_{t1}) \\ F_{y2} = \int_0^{l_{B_2C_2}} k_{f1}\left|V_{t2}^*\right|(V_{t2} - l\dot{\gamma}_{t2}\cos\gamma_{t2})\mathrm{d}l \cdot \cos\gamma_{t2} \\ \quad = k_{f1}\left|V_{t2}^*\right|\cos\gamma_{t2} l_{B_2C_2}(V_{t2} - 0.5 l_{B_2C_2}\dot{\gamma}_{t2}\cos\gamma_{t2}) \\ F_{y3} = \int_0^{l_{C_2D_2}} k_{f1}\left|V_{t3}^*\right|(V_{t3} - l\dot{\gamma}_{t3}\cos\gamma_{t3})\mathrm{d}l \cdot \cos\gamma_{t3} \\ \quad = k_{f1}\left|V_{t3}^*\right|\cos\gamma_{t3} l_{C_2D_2}(V_{t3} - 0.5 l_{C_2D_2}\dot{\gamma}_{t3}\cos\gamma_{t3}) \\ F_{ym1} = k_{fMZ1}\left|V_{tM}^*\right|V_{tM} \\ F_{ym2} = k_{fMZ2}\left|V_{tM}^*\right|(V_{tM} + U_{w\_y} + U_{s\_y}) \end{cases} \tag{FB.11}$$

式中，F_{y1}、F_{y2}、F_{y3}分别为三段缆绳所受到的扰流阻力在O_tY_t轴上的分量；

F_{ym1}为被拖曳体水上部分所受到的空气扰流阻力在O_tY_t轴上的分量；

F_{ym2}为被拖曳体水下部分所受到的海水的扰流阻力在O_tY_t轴上的分量；

U_{w_y}、U_{s_y}分别为风速和洋流在O_tY_t方向的分量。

2．重力

$$\begin{cases} G_1 = l_{AB} \cdot m_l \cdot g \\ G_2 = l_{BC} \cdot m_l \cdot g \\ G_3 = l_{CD} \cdot m_l \cdot g \\ G_M = M_t \cdot g \end{cases} \tag{FB.12}$$

式中，G_1、G_2、G_3、G_M分别为三段缆绳，以及被拖曳体的重量；l_{AB}、l_{BC}、l_{CD}分别为第一段、第二段、第三段缆绳的长度；m_l为缆绳的线密度；g为重力加速度。

3．浮力

被拖曳体所受的浮力就是其排开水的重量，计算公式为

$$\begin{aligned} F_f &= \rho_2 \cdot l_M \cdot m_M \cdot n_F \cdot g \\ &= \rho_2 l_M m_M (l_{AB_1}\cos\theta_{t1} + l_{B_1C_1}\cos\theta_{t2} + l_{C_1D_1}\cos\theta_{t3} + 0.5 n_M - H) g \end{aligned} \tag{FB.13}$$

4．黏滞阻力

海水对被拖曳体的黏滞摩擦阻力与摩擦系数μ_{M2}、运动速度成正比关系。被拖曳体侧向速度V_{tM}不为零时，摩擦阻力在X轴、Y轴方向上的分解分别为

$$\begin{cases} F_{Mx} = \mu \dfrac{(U_{tM} + V_{w\_x} + V_{s\_x})^2}{\sqrt{(U_{tM} + V_{w\_x} + V_{s\_x})^2 + (V_{tM} + V_{w\_y} + V_{s\_y})^2}} \\ F_{My} = \mu \dfrac{(V_{tM} + V_{w\_y} + V_{s\_y})^2}{\sqrt{(U_{tM} + V_{w\_x} + V_{s\_x})^2 + (V_{tM} + V_{w\_y} + V_{s\_y})^2}} \end{cases} \tag{FB.14}$$

FB.3.2 作用在各段拖缆上的力矩

对于第 i（i=1，2，3）段拖缆，取通过其上端点且平行于坐标轴 O_tX_t、O_tY_t 的两条直线 l_2、l_1 为转动轴，如图 FB.6 所示，根据动量矩定理，可列出其绕定轴（l_2 或 l_1）转动的微分方程。

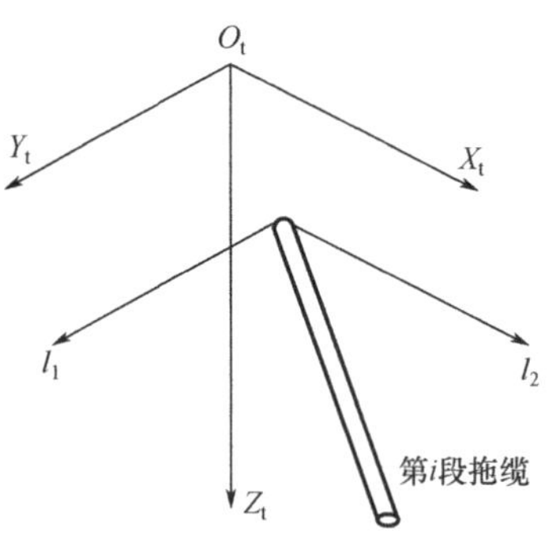

图 FB.6 拖缆转动运动分析

第 i 段拖缆的微分方程为

$$\begin{cases} I_{ix}\ddot{\theta}_{1i} = M_{a_{ix}}^{ix} + M_{a_{iz}}^{ix} + M_{F_{ix}}^{ix} + M_{T_{ix}}^{ix} + M_{T_{iz}}^{ix} + M_{G_i}^{ix} \\ I_{iy}\ddot{\gamma}_{1i} = M_{a_{iy}}^{iy} + M_{a_{iz}}^{iy} + M_{F_{iy}}^{iy} + M_{T_{iy}}^{iy} + M_{T_{iz}}^{iy} + M_{G_i}^{iy} \end{cases} \tag{FB.15}$$

式中变量定义如下：

I_{ix}、I_{iy} 分别为第 i 段拖缆绕直线 l_1、l_2 的转动惯量，当拖缆的运动幅度较小时，I_{ix}、I_{iy} 近似视为常量。

$M_{a_{ix}}^{ix}$、$M_{a_{iy}}^{iy}$ 分别为第 i 段拖缆上部端点的加速度在 O_tX_t 轴、O_tY_t 轴方向的投影 a_{ix}、a_{iy} 引起的绕直线 l_1、l_2 的惯性力矩。

$M_{a_{iz}}^{ix}$、$M_{a_{iz}}^{iy}$ 分别为第 i 段拖缆上部端点在 O_tZ_t 轴方向的加速度 a_{iz} 引起的绕直线 l_1、l_2 的惯性力矩。

$M_{F_{ix}}^{ix}$、$M_{F_{iy}}^{iy}$ 分别为第 i 段拖缆所受到的扰流阻力在 O_tX_t 轴、O_tY_t 轴方向的投影 F_{ix}、F_{iy} 绕直线 l_1、l_2 的力矩。

$M_{T_{ix}}^{ix}$和$M_{T_{iz}}^{ix}$、$M_{T_{iy}}^{iy}$和$M_{T_{iz}}^{iy}$ 分别为第 i 段拖缆末端点所受拉力在三轴方向的投影 T_{ix}、T_{iy}、T_{iz} 产生的绕直线 l_1、l_2 的力矩。

$M_{G_i}^{ix}$、$M_{G_i}^{iy}$ 分别为第 i 段拖缆的视重引起的绕直线 l_1、l_2 的力矩。

FB.4 拖缆动力学方程建立

在拖缆坐标系 $X_tO_tZ_t$ 平面、$Y_tO_tZ_t$ 平面内分析各段拖缆及被拖曳体的受力情况，列写力及力矩平衡方程式。

FB.4.1 第一段拖缆受力分析及力、力矩平衡方程

1. 力平衡方程

第一段拖缆受力分析图如图 FB.7 所示。

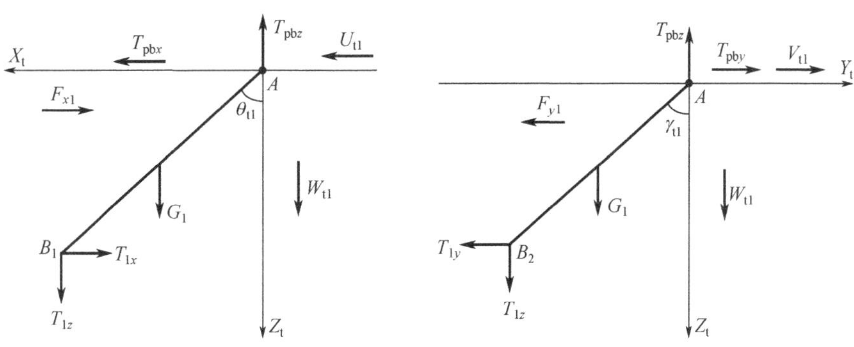

(a) 在$X_tO_tZ_t$平面的受力分析图　(b) 在$Y_tO_tZ_t$平面的受力分析图

图 FB.7　第一段拖缆受力分析图

O_tX_t轴、O_tZ_t轴和O_tY_t轴方向上的力平衡方程如下：

$$\begin{cases} m_l l_{AB}\left(\dot{U}_{t1}+\dfrac{1}{2}l_{AB_1}\ddot{\theta}_{t1}\cos\theta_{t1}\right)=T_{pbx}-T_{1x}-F_{z1} \\ m_l l_{AB}\left(\dot{W}_{t1}+\dfrac{1}{2}1_{AB_1}\ddot{\theta}_{t1}\sin\theta_{t1}\right)=-T_{pbz}+G_1+T_{1z} \\ m_l l_{AB}\left(\dot{V}_{t1}-\dfrac{1}{2}l_{AB_2}\ddot{\gamma}_{t1}\cos\gamma_{t1}\right)=T_{pby}-T_{1y}-F_{c1} \end{cases} \tag{FB.16}$$

式中，U_{t1}、W_{t1}、V_{t1}分别为第一段拖缆AB段端点A的速度在O_tX_t轴、O_tZ_t轴、O_tY_t轴上的投影；T_{pbx}、T_{pbz}、T_{pby}分别为系留点处直升机对拖缆的拉力在O_tX_t轴、O_tZ_t轴、O_tY_t轴的投影；T_{1x}、T_{1z}、T_{1y}分别为拖缆AB段的B点所受到第二段拖缆的纵向、法向和侧向的拉力；F_{x1}、F_{y1}分别为拖缆AB段在空气中所受的纵向、侧向扰流阻力；m_l为拖缆的线密度；G_1为拖缆AB段的重量。

2. 力矩平衡方程

由式（FB.15）列写力矩平衡方程，可得第一段拖缆分别绕O_tY_t轴、O_tX_t轴的力矩平衡方程：

$$\begin{cases} \dfrac{1}{3}m_l l_{AB} l_{AB_1}{}^2\ddot{\theta}_{t1}=M_{a_{1x}}^{1x}+M_{a_{1z}}^{1x}+M_{F_{1x}}^{1x}+M_{T_{1x}}^{1x}+M_{T_{1z}}^{1x}+M_{G_1}^{1x} \\ \dfrac{1}{3}m_l l_{AB} l_{AB_2}^2\ddot{\gamma}_{t1}=M_{a_{1y}}^{1y}+M_{a_{1z}}^{1y}+M_{F_{1y}}^{1y}+M_{T_{1y}}^{1y}+M_{T_{1z}}^{1y}+M_{G_1}^{1y} \end{cases} \tag{FB.17}$$

式中，$M_{a_{1x}}^{1x}$、$M_{a_{1y}}^{1y}$分别为拖缆AB上部端点A的前向加速度a_{1x}、侧向加速度a_{1y}引起的绕O_tY_t轴、O_tX_t轴的惯性力矩：

$$M_{a_{1x}}^{1x}=-\frac{1}{2}m_l l_{AB} l_{AB_1}\dot{U}_{t1}\cos\theta_{t1} \tag{FB.18}$$

$$M_{a_{1y}}^{1y}=\frac{1}{2}m_l l_{AB} l_{AB_2}\dot{V}_{t1}\cos\gamma_{t1} \tag{FB.19}$$

$M_{a_{1z}}^{1x}$、$M_{a_{1z}}^{1y}$为拖缆AB上部端点A的法向加速度a_{1z}产生的分别绕O_tY_t轴、O_tX_t轴的惯性力矩：

$$M_{a_{1z}}^{1x}=\frac{1}{2}m_l l_{AB} l_{AB_1}\dot{W}_{t1}\sin\theta_{t1} \tag{FB.20}$$

$$M_{a_{1z}}^{1y}=\frac{1}{2}m_l l_{AB} l_{AB_2}\dot{W}_{t1}\sin\gamma_{t1} \tag{FB.21}$$

$M_{F_{1x}}^{1x}$、$M_{F_{1y}}^{1y}$ 分别为拖缆 AB 所受的纵向扰流阻力 F_{1x}、侧向扰流阻力 F_{1y} 绕 O_tY_t 轴、O_tX_t 轴的力矩，其相对流速 $U_{t1}+l\dot{\theta}_{t1}\cos\theta_{t1}$ 是拖缆上某一个微元在 A 点速度 U_{t1} 基础上的增量：

$$\begin{aligned}M_{F_{1x}}^{1x}&=-\int_0^{l_{AB_1}}k_{f1}\left|U_{t1}^*\right|(U_{t1}+l\dot{\theta}_{t1}\cos\theta_{t1})l\cos\theta_{t1}\cdot\mathrm{d}l\cos\theta_{t1}\\&=-k_{f1}\left|U_{t1}^*\right|\cos^2\theta_{t1}l^2{}_{AB_1}\left(\frac{U_{t1}}{2}+\frac{l_{AB_1}}{3}\dot{\theta}_{t1}\cos\theta_{t1}\right)\end{aligned} \tag{FB.22}$$

$$M_{F_{1y}}^{1y}=k_{f1}\left|V_{t1}^*\right|\cos^2\gamma_{t1}l_{AB_2}^2(0.5V_{t1}-\frac{1}{3}l_{AB_2}\dot{\gamma}_{t1}\cos\gamma_{t1}) \tag{FB.23}$$

$M_{T_{1x}}^{1x}$、$M_{T_{1z}}^{1x}$ 和 $M_{T_{1y}}^{1y}$、$M_{T_{1z}}^{1y}$ 分别为拖缆 AB 下部端点 B 所受到的第二段拖缆的纵向拉力 T_{1x}、法向拉力 T_{1z} 产生的绕 O_tY_t 轴和 O_tX_t 轴的力矩：

$$\begin{cases}M_{T_{1x}}^{1x}=-T_{1x}l_{AB_1}\cos\theta_{t1}\\M_{T_{1z}}^{1x}=-T_{1z}l_{AB_1}\sin\theta_{t1}\\M_{T_{1y}}^{1y}=T_{1y}l_{AB_2}\cos\gamma_{t1}\\M_{T_{1z}}^{1y}=-T_{1z}l_{AB_2}\sin\gamma_{t1}\end{cases} \tag{FB.24}$$

$M_{G_1}^{1x}$、$M_{G_1}^{1y}$ 分别为拖缆 AB 的视重产生的绕 O_tY_t 轴、O_tX_t 轴的力矩：

$$\begin{cases}M_{G_1}^{1x}=-\frac{1}{2}G_1 l_{AB_1}\sin\theta_{t1}\\M_{G_1}^{1y}=-\frac{1}{2}G_1 l_{AB_2}\sin\gamma_{t1}\end{cases} \tag{FB.25}$$

FB.4.2 第二段拖缆受力分析及力、力矩平衡方程

1. 力平衡方程

第二段拖缆的受力分析图如图 FB.8 所示。

可以给出 O_tX_t、O_tZ_t、O_tY_t 轴上力的平衡方程：

$$\begin{cases}m_l l_{BC}(\dot{U}_{t2}+0.5\cdot l_{B_1C_1}\ddot{\theta}_{t2}\cos\theta_{t2})=T_{1x}-T_{2x}-F_{2x}\\m_l l_{BC}(\dot{W}_{t2}+0.5\cdot l_{B_1C_1}\ddot{\theta}_{t2}\sin\theta_{t2})=-T_{1z}+G_2+T_{2z}\\m_l l_{BC}(\dot{V}_{t2}-0.5\cdot l_{B_2C_2}\ddot{\gamma}_{t2}\cos\gamma_{t2})=T_{1y}-T_{2y}-F_{2y}\end{cases} \tag{FB.26}$$

式中，T_{2x}、T_{2z}、T_{2y} 分别为拖缆 BC 段下端点 C 所受第三段拖缆的纵向、法向、侧向拉力；F_{2x}、F_{2y} 分别为第二段拖缆 BC 在空气中所受的纵向、侧向扰流阻力；G_2 为第二段拖缆 BC 的重量。

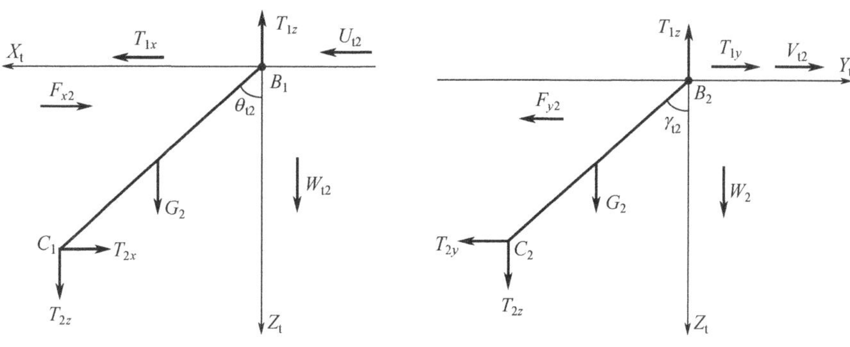

(a) 在$X_tO_tZ_t$平面的受力分析图　　(b) 在$Y_tO_tZ_t$平面的受力分析图

图 FB.8　第二段拖缆的受力分析图

2. 力矩平衡方程

由图 FB.8 可以设定转轴l_{1B}、l_{2B}分别为通过 B 点且平行于坐标轴O_tY_t、O_tX_t的两条直线，由式（FB.15）可得第二段拖缆绕l_{1B}的力矩平衡方程如下：

$$\begin{cases}\dfrac{1}{3}m_l l_{BC} l_{B_1C_1}^2 \ddot{\theta}_{t2} = M_{a_{2x}}^{2x} + M_{a_{2z}}^{2x} + M_{F_{2x}}^{2x} + M_{T_{2x}}^{2x} + M_{T_{2z}}^{2x} + M_{G_2}^{2x} \\ \dfrac{1}{3}m_l l_{BC} l_{B_2C_2}^2 \ddot{\gamma}_{t2} = M_{a_{2y}}^{2y} + M_{a_{2z}}^{2y} + M_{F_{2y}}^{2y} + + M_{T_{2y}}^{2y} + M_{T_{2z}}^{2y} + M_{G_2}^{2y}\end{cases} \tag{FB.27}$$

式中，$M_{a_{2x}}^{2x}$、$M_{a_{2y}}^{2y}$为拖缆 BC 上部端点 B 的加速度a_{2x}、a_{2y}造成的绕l_{1B}、l_{2B}轴的惯性力矩：

$$M_{a_{2x}}^{2x} = -\frac{1}{2}m_l l_{BC} l_{B_1C_1}\dot{U}_{t2}\cos\theta_{t2} \tag{FB.28}$$

$$M_{a_{2y}}^{2y} = \frac{1}{2}m_l l_{BC} l_{B_2C_2}\dot{V}_{t2}\cos\gamma_{t2} \tag{FB.29}$$

$M_{a_{2z}}^{2x}$、$M_{a_{2z}}^{2y}$为拖缆 BC 段上部端点 B 的上升加速度a_{2z}引起的绕l_{1B}轴的力矩：

$$M_{a_{2z}}^{2x} = \frac{1}{2}m_l l_{BC} l_{B_1C_1}\dot{W}_{t2}\sin\theta_{t2} \tag{FB.30}$$

$$M_{a_{2z}}^{2y} = \frac{1}{2}m_l l_{BC} l_{B_2C_2}\dot{W}_{t2}\sin\gamma_{t2} \tag{FB.31}$$

$M_{F_{2x}}^{2x}$、$M_{F_{2y}}^{2y}$为拖缆 BC 段所受的扰流阻力绕l_{1B}、l_{2B}轴的力矩：

$$M_{F_{2x}}^{2x} = -k_{f1}\left|U_{t2}^*\right|\cos^2\theta_{t2} l_{B_1C_1}^2\left(\frac{U_{t2}}{2} + \frac{l_{B_1C_1}}{3}\dot{\theta}_{t2}\cos\theta_{t2}\right) \tag{FB.32}$$

$$M_{F_{2y}}^{2y} = k_{f1}\left|V_{t2}^*\right|\cos^2\gamma_{t2} l_{B_2C_2}^2(0.5V_{t2} - \frac{1}{3}l_{B_2C_2}\dot{\gamma}_{t2}\cos\gamma_{t2}) \tag{FB.33}$$

$M_{T_{2x}}^{2x}$、$M_{T_{2z}}^{2x}$、$M_{T_{2y}}^{2y}$、$M_{T_{2z}}^{2y}$分别为拖缆 BC 段下部端点 C 受到第三段拖缆的纵向、法向拉力引起的绕l_{1B}轴的力矩：

$$\begin{cases} M_{T_{2x}}^{2x} = -T_{2x} l_{B_1C_1} \cos\theta_{t2} \\ M_{T_{2z}}^{2x} = -T_{2z} l_{B_1C_1} \sin\theta_{t2} \\ M_{T_{2y}}^{2y} = T_{2y} l_{B_2C_2} \cos\gamma_{t2} \\ M_{T_{2z}}^{2y} = -T_{2z} l_{B_2C_2} \sin\gamma_{t2} \end{cases} \tag{FB.34}$$

$M_{G_2}^{2x}$、$M_{G_2}^{2y}$ 为拖缆 BC 段的视重产生的绕 l_{1B}、l_{2B} 轴的力矩：

$$\begin{cases} M_{G_2}^{2x} = -\dfrac{1}{2} G_2 l_{B_1C_1} \sin\theta_{t2} \\ M_{G_2}^{2y} = -\dfrac{1}{2} G_2 l_{B_2C_2} \sin\gamma_{t2} \end{cases} \tag{FB.35}$$

FB.4.3 第三段拖缆、被拖曳体的受力分析及力、力矩平衡方程

1. 力平衡方程

第三段拖缆及被拖曳体的受力分析图如图 FB.9 所示。

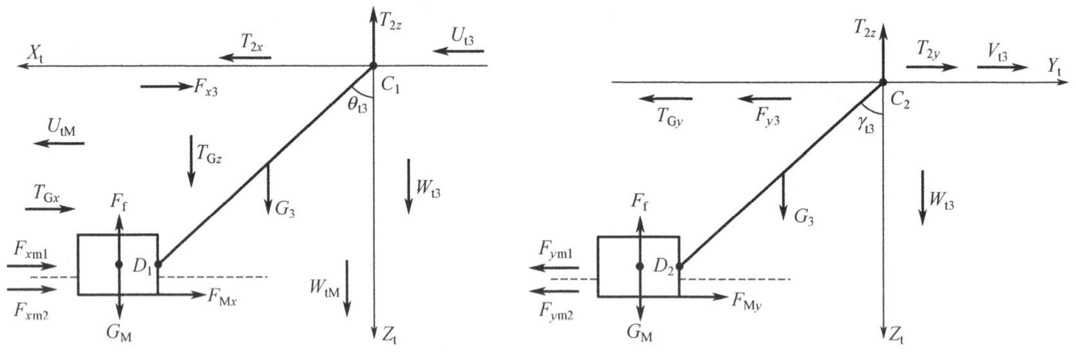

(a) 在$X_tO_tZ_t$平面的受力分析图　(b) 在$Y_tO_tZ_t$平面的受力分析图

图 FB.9　第三段拖缆及被拖曳体的受力分析图

第三段拖缆在 O_tX_t、O_tZ_t、O_tY_t 轴方向上的力平衡方程式如下：

$$\begin{cases} m_l l_{CD}\left(\dot{U}_{t3} + 0.5 \cdot l_{C_1D_1} \ddot{\theta}_{t3} \cos\theta_{t3}\right) = T_{2x} - T_{Gx} - F_{x3} \\ m_l l_{CD}\left(\dot{W}_{t3} + 0.5 \cdot l_{C_1D_1} \ddot{\theta}_{t3} \sin\theta_{t3}\right) = -T_{2z} + G_3 + T_{Gz} \\ m_l l_{CD}(\dot{V}_{t3} - 0.5 \cdot l_{C_2D_2} \ddot{\gamma}_{t3} \cos\gamma_{t3}) = T_{2y} - T_{Gy} - F_{y3} \end{cases} \tag{FB.36}$$

由图 FB.9 可得被拖曳体在 O_tX_t 轴和 O_tZ_t 轴的力平衡方程分别为

$$\begin{cases} M\dot{U}_{tM} = T_{Gx} - F_{xm1} - F_{xm2} - F_{Mx} \\ M\dot{W}_{tM} = -T_{Gz} - F_f + G_M \\ M\dot{V}_{tM} = T_{Gy} - F_{ym1} - F_{ym2} - F_{My} \end{cases} \tag{FB.37}$$

式中，T_{2x}、T_{2z} 分别为第二段拖缆 BC 段对第三段拖缆 CD 的拉力在 O_tX_t 轴、O_tZ_t 轴的投影；F_{x3}、F_{y3} 分别为第三段拖缆 CD 段所受的纵向、侧向扰流阻力；

F_{xm1}、F_{xm2} 分别为被拖曳体在空气中和海水中受到的纵向扰流阻力；F_{ym1}、F_{ym2} 分别为被拖曳体在空气中和海水中受到的侧向扰流阻力；F_{f} 为被拖曳体受到的浮力；$F_{\mathrm{M}x}$、$F_{\mathrm{M}y}$ 分别为被拖曳体受到的 $O_{\mathrm{t}}X_{\mathrm{t}}$ 轴、$O_{\mathrm{t}}Y_{\mathrm{t}}$ 轴方向的黏滞阻力；$T_{\mathrm{G}x}$、$T_{\mathrm{G}y}$、$T_{\mathrm{G}z}$ 为被拖曳体受第三段拖缆拉力分别在 $O_{\mathrm{t}}X_{\mathrm{t}}$ 轴、$O_{\mathrm{t}}Y_{\mathrm{t}}$ 轴和 $O_{\mathrm{t}}Z_{\mathrm{t}}$ 轴上的投影；G_3 为第三段拖缆 CD 的重量，G_{M} 为被拖曳体的重量。

2. 力矩平衡方程

设转轴 l_{1C}、l_{2C} 分别为通过 C 点且平行于坐标轴 $O_{\mathrm{t}}Y_{\mathrm{t}}$、$O_{\mathrm{t}}X_{\mathrm{t}}$ 的两条直线，由式（FB.5）可得第三段拖缆及被拖曳体绕 l_{1C}、l_{2C} 的力矩平衡方程如下：

$$\begin{cases}\left(\left(\dfrac{1}{3}m_l l_{CD} l_{C_1D_1}^2 + M\cdot l_{C_1D_1}^2\right)\ddot{\theta}_{\mathrm{t}3} = M_{a_{3x}}^{3x} + M_{a_{3z}}^{3x} + M_{F_{3x}}^{3x} + M_{G_3}^{3x} + M_{F_{\mathrm{M}}}^{3x} + M_{F_{\mathrm{f}}}^{3x}\right. \\ \left(\left(\dfrac{1}{3}m_l l_{CD} l_{C_2D_2}^2 + M\cdot l_{C_2D_2}^2\right)\ddot{\gamma}_{\mathrm{t}3} = M_{a_{3y}}^{3y} + M_{a_{3z}}^{3y} + M_{F_{3y}}^{3y} + M_{G_3}^{3y} + M_{F_{\mathrm{M}}}^{3y} + M_{F_{\mathrm{f}}}^{3y}\right.\end{cases} \tag{FB.38}$$

式中，$M_{a_{3x}}^{3x}$、$M_{a_{3y}}^{3y}$ 为拖缆 CD 段上部端点 C 的前向加速度 a_{3x}、a_{3y} 和被拖曳体的前向加速度 $a_{\mathrm{M}x}$、$a_{\mathrm{M}y}$ 引起的分别绕 $l_{1\mathrm{C}}$、$l_{2\mathrm{C}}$ 轴的惯性力矩：

$$M_{a_{3x}}^{3x} = -\frac{1}{2}m_l l_{CD} l_{C_1D_1}\dot{U}_{\mathrm{t}3}\cos\theta_{\mathrm{t}3} + M l_{C_1D_1}\dot{U}_{\mathrm{tM}}\cos\theta_{\mathrm{t}3} \tag{FB.39}$$

$$M_{a_{3y}}^{3y} = \frac{1}{2}m_l l_{CD} l_{C_2D_2}\dot{V}_{\mathrm{t}3}\cos\gamma_{\mathrm{t}2} + \int_0^{l_{C_2D_2}} M\dot{V}_{\mathrm{tM}}\cos\gamma_{\mathrm{t}2}\mathrm{d}l \tag{FB.40}$$

$M_{a_{3z}}^{3x}$、$M_{a_{3z}}^{3y}$ 为拖缆 CD 段上部端点 C 的法向加速度 a_{3z} 和被拖曳体的法向加速度 $a_{\mathrm{M}z}$ 引起的分别绕 l_{1C}、l_{2C} 轴的惯性力矩：

$$M_{a_{3z}}^{3x} = \frac{1}{2}m_l l_{CD} l_{C_1D_1}\dot{W}_{\mathrm{t}3}\sin\theta_{\mathrm{t}3} + M l_{C_1D_1}\dot{W}_{\mathrm{tM}}\sin\theta_{\mathrm{t}3} \tag{FB.41}$$

$$M_{a_{3z}}^{3y} = \frac{1}{2}m_l l_{CD} l_{C_2D_2}\dot{W}_{\mathrm{t}3}\sin\gamma_{\mathrm{t}3} + M l_{C_2D_2}\dot{W}_{\mathrm{tM}}\sin\gamma_{\mathrm{t}3} \tag{FB.42}$$

$M_{F_{3x}}^{3x}$、$M_{F_{3y}}^{3y}$ 为第三段拖缆 CD 及被拖曳体所受扰流阻力绕 l_{1C}、l_{2C} 轴的力矩：

$$\begin{aligned}M_{F_{3x}}^{3x} = &-k_{\mathrm{f}1}\left|U_{\mathrm{t}3}^*\right|\cos^2\theta_{\mathrm{t}3} l_{C_1D_1}^2\left(\frac{U_{\mathrm{t}3}}{2} + \frac{l_{C_1D_1}}{3}\dot{\theta}_{\mathrm{t}3}\cos\theta_{\mathrm{t}3}\right) - \\ &(k_{\mathrm{fMZ}1} + k_{\mathrm{fMZ}2})\left|U_{\mathrm{tM}}^*\right|U_{\mathrm{tM}} l_{C_1D_1}\cos\theta_{\mathrm{t}3}\end{aligned} \tag{FB.43}$$

$$\begin{aligned}M_{F_{3y}}^{3y} = &\int_0^{l_{C_2D_2}} k_{\mathrm{f}1}\left|V_{\mathrm{t}3}^*\right|(V_{\mathrm{t}3} - l\dot{\gamma}_{\mathrm{t}3}\cos\gamma_{\mathrm{t}3})l\cos\gamma_{\mathrm{t}3}dl\cos\gamma_{\mathrm{t}3} + \\ &(k_{\mathrm{fMC}1} + k_{\mathrm{fMC}2})\left|V_{\mathrm{tM}}^*\right|V_{\mathrm{tM}}\cos\gamma_{\mathrm{t}3} l_{C_2D_2}\end{aligned} \tag{FB.44}$$

$M_{G_3}^{3x}$、$M_{G_3}^{3y}$ 为拖缆 CD 段及下方被拖曳体的视重产生的分别绕 l_{1C}、l_{2C} 轴的力矩：

$$M_{G_3}^{3x} = -(0.5G_3 + G_{\mathrm{M}})l_{C_1D_1}\sin\theta_{\mathrm{t}3} \tag{FB.45}$$

$$M_{G_3}^{3y} = -(0.5G_3 + G_{\mathrm{M}})l_{C_2D_2}\sin\gamma_{\mathrm{t}3} \tag{FB.46}$$

$M_{F_{\mathrm{M}}}^{3x}$、$M_{F_{\mathrm{M}}}^{3y}$ 为被拖曳体所受海水的黏滞摩擦力造成的绕 l_{1C}、l_{2C} 轴的力矩：

$$M_{F_{Mx}} = -F_{Mx} l_{C_1D_1} \cos\theta_{t3} \tag{FB.47}$$

$$M_{F_{My}} = F_{My} l_{C_2D_2} \cos\gamma_{t3} \tag{FB.48}$$

$M_{F_f}^{3x}$、$M_{F_f}^{3y}$ 为被拖曳体所受海水的浮力引起的绕 l_{1C}、l_{2C} 轴的力矩：

$$M_{F_f}^{3x} = F_f l_{C_1D_1} \sin\theta_{t3} \tag{FB.49}$$

$$M_{F_f}^{3y} = F_f l_{C_2D_2} \sin\gamma_{t3} \tag{FB.50}$$

综上所述，由式（FB.16）、式（FB.26）、式（FB.36），可得拖缆沿三轴的力平衡方程：

$$\begin{cases} T_{pbx} = m_l l_{AB}(\dot{U}_{t1} + 0.5 l_{AB_1}\ddot{\theta}_{t1}\cos\theta_{t1}) + m_1 l_{BC}(\dot{U}_{t2} + 0.5\cdot l_{B_1C_1}\ddot{\theta}_{t2}\cos\theta_{t2}) + \\ \qquad m_l l_{CD}(\dot{U}_{t3} + 0.5\cdot l_{C_1D_1}\ddot{\theta}_{t3}\cos\theta_{t3}) + M\dot{U}_{tM} + F_{z1} + F_{z2} + F_{z3} + F_{zm1} + F_{zm2} + F_{Mx} \\ T_{pby} = m_l l_{AB}(\dot{V}_{t1} - 0.5\cdot l_{AB_2}\ddot{\gamma}_{t1}\cos\gamma_{t1}) + m_1 l_{BC}(\dot{V}_{t2} - 0.5\cdot l_{B_2C_2}\ddot{\gamma}_{t2}\cos\gamma_{t2}) + \\ \qquad m_l l_{CD}(\dot{V}_{t3} - 0.5\cdot l_{C_2D_2}\ddot{\gamma}_{t3}\cos\gamma_{t3}) + M\dot{V}_{tM} + F_{c1} + F_{c2} + F_{c3} + F_{cm1} + F_{cm2} + F_{My} \\ T_{pbz} = -m_l l_{AB}(\dot{W}_{t1} + 0.5 l_{AB_1}\ddot{\theta}_{t1}\sin\theta_{t1}) - m_1 l_{BC}(\dot{W}_{t2} + 0.5\cdot l_{B_1C_1}\ddot{\theta}_{t2}\sin\theta_{t2}) - \\ \qquad m_l l_{CD}(\dot{W}_{t3} + 0.5\cdot l_{C_1D_1}\ddot{\theta}_{t3}\sin\theta_{t3}) - M\dot{W}_{tM} + G_1 + G_2 + G_3 + G_M - F_f \end{cases} \tag{FB.51}$$

式（FB.17）、式（FB.27）、式（FB.38）构成绕 O_tX_t、O_tY_t 轴的力矩平衡方程，式（FB.51）为三轴力平衡方程。所包含的 9 个子方程联立，构成拖缆系统的动力学方程组。

FB.5 拖曳系统小扰动线性化模型

FB.5.1 平衡点计算

直升机水平稳定直线飞行时，直升机、三段拖缆及被拖曳体的速度都相等，即 $U_{t1} = U_{t2} = U_{t3} = U_{tM} = U$，$V_{t1} = V_{t2} = V_{t3} = V_{tM} = V$。拖缆线加速度、角速度及角加速度均为零，即 $\dot{U}_{t1} = \dot{U}_{t2} = \dot{U}_{t3} = \dot{U}_{tM} = 0$，$\dot{V}_{t1} = \dot{V}_{t2} = \dot{V}_{t3} = \dot{V}_{tM} = 0$，$\dot{W}_{t1} = \dot{W}_{t2} = \dot{W}_{t3} = \dot{W}_{tM} = 0$，$\dot{\theta}_{t1} = \dot{\theta}_{t2} = \dot{\theta}_{t3} = 0$，$\ddot{\theta}_{t1} = \ddot{\theta}_{t2} = \ddot{\theta}_{t3} = 0$，$\dot{\gamma}_{t1} = \dot{\gamma}_{t2} = \dot{\gamma}_{t3} = 0$，$\ddot{\gamma}_{t1} = \ddot{\gamma}_{t2} = \ddot{\gamma}_{t3} = 0$。

将以上平衡条件代入 FB.4 节导出的缆绳系统动力学方程，可得到直升机稳定前飞（包括悬停）时的缆绳静态平衡方程式。

缆绳系统三轴静态力平衡方程分别为

$$\begin{cases} T_{pbx} = F'_{x1} + F'_{x2} + F'_{x3} + F_{xm1} + F_{xm2} + F_{Mx} \\ T_{pby} = F'_{y1} + F'_{y2} + F'_{y3} + F_{ym1} + F_{ym2} + F_{My} \\ T_{pbz} = G_M - F_f + G_3 + G_2 + G_1 \end{cases} \tag{FB.52}$$

$$\begin{cases} T_{1x} = T_{2x} + F'_{x2} \\ T_{1y} = T_{2y} + F'_{y2} \\ T_{1z} = G_2 + T_{2z} \end{cases} \quad \begin{cases} T_{2x} = T_{Gx} + F'_{x3} \\ T_{2y} = T_{Gy} + F'_{y3} \\ T_{2z} = G_3 + T_{Gz} \end{cases} \quad \begin{cases} T_{Gx} = F_{xm1} + F_{xm2} + F_{Mx} \\ T_{Gy} = F_{ym1} + F_{ym2} + F_{My} \\ T_{Gz} = -F_f + G_M \end{cases}$$

式中

$$\begin{cases} F'_{x1}=k_{\mathrm{f1}}\left|U_{\mathrm{t1}}{}^{*}\right|U_{\mathrm{t1}}\cos\theta_{\mathrm{t1}}l_{AB_1} \\ F'_{x2}=k_{\mathrm{f1}}\left|U_{\mathrm{t2}}{}^{*}\right|U_{\mathrm{t2}}\cos\theta_{\mathrm{t2}}l_{B_1C_1} \\ F'_{x3}=k_{\mathrm{f1}}\left|U_{\mathrm{t3}}{}^{*}\right|U_{\mathrm{t3}}\cos\theta_{\mathrm{t3}}l_{C_1D_1} \\ F'_{y1}=k_{\mathrm{f1}}\left|V_{\mathrm{t1}}{}^{*}\right|V_{\mathrm{t1}}\cos\gamma_{\mathrm{t1}}l_{AB_2} \\ F'_{y2}=k_{\mathrm{f1}}\left|V_{\mathrm{t2}}{}^{*}\right|V_{\mathrm{t2}}\cos\gamma_{\mathrm{t2}}l_{\mathrm{B}_2C_2} \\ F'_{y3}=k_{\mathrm{f1}}\left|V_{\mathrm{t3}}{}^{*}\right|V_{\mathrm{t3}}\cos\gamma_{\mathrm{t3}}l_{C_2D_2} \end{cases}$$

三段拖缆绕 $O_\mathrm{t}Y_\mathrm{t}$ 轴及绕 $O_\mathrm{t}X_\mathrm{t}$ 轴的静态力矩平衡方程分别为

$$\begin{cases} 0=-\dfrac{1}{2}k_{\mathrm{f1}}\left|U_{\mathrm{t1}}{}^{*}\right|U_{\mathrm{t1}}\cos^2\theta_{\mathrm{t1}}l^2{}_{AB_1}-T_{1x}l_{AB_1}\cos\theta_{\mathrm{t1}}-T_{1z}l_{AB_1}\sin\theta_{\mathrm{t1}}-\dfrac{1}{2}G_1l_{AB_1}\sin\theta_{\mathrm{t1}} \\ 0=\left(-\dfrac{1}{2}k_{\mathrm{f1}}\left|U_{\mathrm{t2}}{}^{*}\right|\cos^2\theta_{\mathrm{t2}}l_{B_1C_1}U_{\mathrm{t2}}-T_{2x}\cos\theta_{\mathrm{t2}}-T_{2z}\sin\theta_{\mathrm{t2}}-\dfrac{1}{2}G_2\sin\theta_{\mathrm{t2}}\right)l_{B_1C_1} \\ 0=-\dfrac{1}{2}k_{\mathrm{f1}}\left|U_{\mathrm{t3}}{}^{*}\right|U_{\mathrm{t3}}\cos^2\theta_{\mathrm{t3}}l^2_{C_1D_1}-(k_{\mathrm{fMZ1}}+k_{\mathrm{fMZ2}})\left|U_{\mathrm{tM}}{}^{*}\right|U_{\mathrm{tM}}l_{C_1D_1}\cos\theta_{\mathrm{t3}}- \\ \quad\left(\dfrac{1}{2}G_3+G_{\mathrm{M}}\right)l_{C_1D_1}\sin\theta_{\mathrm{t3}}-F_{\mathrm{M}x}l_{C_1D_1}\cos\theta_{\mathrm{t3}}+F_{\mathrm{f}}l_{C_1D_1}\sin\theta_{\mathrm{t3}} \end{cases} \tag{FB.53}$$

$$\begin{cases} 0=\dfrac{1}{2}k_{\mathrm{f1}}\left|V_{\mathrm{t1}}^{*}\right|V_{\mathrm{t1}}\cos^2\gamma_{\mathrm{t1}}l^2_{AB_2}+T_{1y}l_{AB_2}\cos\gamma_{\mathrm{t1}}-T_{1z}l_{AB_2}\sin\gamma_{\mathrm{t1}}-\dfrac{1}{2}G_1l_{AB_2}\sin\gamma_{\mathrm{t1}} \\ 0=\dfrac{1}{2}k_{\mathrm{f1}}\left|V_{\mathrm{t2}}{}^{*}\right|V_{\mathrm{t2}}\cos^2\gamma_{\mathrm{t2}}l^2_{B_2C_2}+T_{2y}l_{B_2C_2}\cos\gamma_{\mathrm{t2}}-T_{2z}l_{B_2C_2}\sin\gamma_{\mathrm{t2}}-\dfrac{1}{2}G_2l_{B_2C_2}\sin\gamma_{\mathrm{t2}} \\ 0=[0.5k_{\mathrm{f1}}\left|V_{\mathrm{t3}}^{*}\right|V_{\mathrm{t3}}\cos^2\gamma_{\mathrm{t3}}l_{C_2D_2}+F_{\mathrm{f}}\sin\gamma_{\mathrm{t3}}-(0.5G_3+G_{\mathrm{M}})\sin\gamma_{\mathrm{t3}}+ \\ \quad(k_{\mathrm{fMC1}}+k_{\mathrm{fMC2}})\left|V_{\mathrm{tM}}^{*}\right|V_{\mathrm{tM}}\cos\gamma_{\mathrm{t3}}+F_{\mathrm{M}y}\cos\gamma_{\mathrm{t3}}]l_{C_2D_2} \end{cases} \tag{FB.54}$$

给定直升机系留点（A 点）的高度和速度，给定拖曳环境，包括风的大小和方向、洋流的大小和方向，代入静态方程式（FB.52）、式（FB.53）、式（FB.54），可以解出三段拖缆的缆位角稳态值 θ_{t1e}，θ_{t2e}，θ_{t3e}，γ_{t1e}，γ_{t2e}，γ_{t3e} 和各段拖缆所受拉力的稳态值。

FB.5.2 拖缆线性模型建立

由拖曳系统动力学方程式（FB.17）、式（FB.27）、式（FB.38）经过泰勒级数展开，在平衡点处进行线性化，可得到拖缆系统状态方程的符号表达形式：

$$\boldsymbol{P}_{\mathrm{tl}}\dot{\boldsymbol{x}}=\boldsymbol{Q}_{\mathrm{tl}}\boldsymbol{x}+\boldsymbol{W}_{\mathrm{tl}}\boldsymbol{u} \tag{FB.55}$$

将相应的平衡点状态值 θ_{t1e}，θ_{t2e}，θ_{t3e}，γ_{t1e}，γ_{t2e}，γ_{t3e} 代入式（FB.55）中，可分别得拖缆及被拖曳体相应状态下状态方程的数值形式：

$$\begin{cases} \dot{\boldsymbol{x}}=\boldsymbol{A}_{\mathrm{tl}}\boldsymbol{x}+\boldsymbol{B}_{\mathrm{tl}}\boldsymbol{u} \\ \boldsymbol{y}=\boldsymbol{C}_{\mathrm{tl}}\boldsymbol{x} \end{cases} \tag{FB.56}$$

$$\boldsymbol{x}=[\theta_{t1} \quad \theta_{t2} \quad \theta_{t3} \quad \gamma_{t1} \quad \gamma_{t2} \quad \gamma_{t2} \quad \dot{\theta}_{t1} \quad \dot{\theta}_{t2} \quad \dot{\theta}_{t3} \quad \dot{\gamma}_{t1} \quad \dot{\gamma}_{t2} \quad \dot{\gamma}_{t3} \quad u_{t1} \quad v_{t1} \quad w_{t1}]^{\mathrm{T}}$$

$$\boldsymbol{u}=[T_{pbx} \quad T_{pby} \quad T_{pbz}]^{\mathrm{T}}$$

式中，$\boldsymbol{A}_{tl}=\boldsymbol{P}_{tl}^{-1}\cdot\boldsymbol{Q}_{tl}$，$\boldsymbol{B}_{tl}=\boldsymbol{P}_{tl}^{-1}\cdot\boldsymbol{W}_{tl}$，$\boldsymbol{C}_{tl}=\boldsymbol{I}_{15\times15}$。

当三段缆绳和被拖曳体均位于空气中时，对应缆绳系统的悬吊模型。当第一段缆绳位于空气中，且第二、三段缆绳和被拖曳体位于海水中时，对应缆绳系统的吊放模型。悬吊模型和吊放模型是拖曳模型的特例，导出的模型形式相同。

附录C 海浪建模及海浪滤波

直升机在海上执行任务时，常需要保持在较低的高度上飞行或悬停。在海浪环境下，海面起伏不定，用无线电高度表测量的高度信号中会带有海浪噪声，若不进行滤波处理，会导致直升机高度随海浪的起伏而上下波动。为了抑制海浪噪声的影响，需要设计海浪滤波器，对无线电高度信号进行滤波处理，稳定直升机的飞行高度。此外，当海浪起伏时，被拖曳体会随海浪波动，加剧缆绳的摆动和缆绳拉力的振荡，对直升机的稳定飞行造成严重影响，需要依据海浪模型设计控制方案抑制拖缆拉力对飞机的干扰。

FC.1 海浪模型建立

将海浪视为平稳随机过程，具有各态历经特性，采用统计的方法，借助于海浪谱来描述海浪特性。海浪的有理谱建模是研究海浪特性的有效方法，其建模过程简单，能对海浪进行很好的近似。常用的海浪谱有牛曼谱和 PM 谱。

FC.1.1 关于有理谱的若干性质

定义：如果 $S_x(\omega)$ 可表示为

$$S_x(\omega)=\frac{P(\omega)}{Q(\omega)} \tag{FC.1}$$

式中，$P(\omega)$ 与 $Q(\omega)$ 均为 ω 的实系数多项式，即

$$P(\omega)=b_0\omega^m+b_1\omega^{m-1}+\cdots+b_{m-1}\omega+b_m \tag{FC.2}$$

$$Q(\omega)=\omega^n+a_1\omega^{n-1}+\cdots+a_{n-1}\omega+a_n \tag{FC.3}$$

并且 $n>m$，则称 $S_x(\omega)$ 是平稳过程 $x(t)$ 的有理功率谱密度函数，简称有理谱。

关于平稳过程 $x(t)$ 的有理谱 $S_x(\omega)$ 有如下定理。

定理 1：设 $S_x(\omega)$ 是实平稳随机过程 $x(t)$ 的有理谱，则 $S_x(\omega)$ 在 ω 的实轴上无极点且 $n\geqslant m+2$ 。

定理 2：设 $S_x(\omega)$ 为实平稳随机过程 $x(t)$ 的有理谱，则 $S_x(\omega)$ 必可表示为

$$S_x(\omega)=b_0\frac{\prod\limits_i(\omega-\lambda_i)(\omega+\lambda_i)(\omega-\bar{\lambda}_i)(\omega+\bar{\lambda}_i)\prod\limits_i(\omega-\alpha_i)(\omega+\alpha_i)}{\prod\limits_i(\omega-\eta_i)(\omega+\eta_i)(\omega-\bar{\eta}_i)(\omega+\bar{\eta}_i)\prod\limits_i(\omega-\beta_i)(\omega+\beta_i)} \tag{FC.4}$$

式中，λ_i 为 $S_x(\omega)$ 的复数零点，$\bar{\lambda}_i$ 为 λ_i 的共轭复数，α_i 为 $S_x(\omega)$ 的纯虚数零点。η_i 为 $S_x(\omega)$ 的复数极点，$\bar{\eta}_i$ 为 η_i 的共轭复数，β_i 为 $S_x(\omega)$ 的纯虚数极点。

定理 3：设 $S_x(\omega)$ 为实平稳随机过程 $x(t)$ 的有理谱，则 $S_x(\omega)$ 可以表示为

$$S_x(\omega)=\varPsi(\mathrm{j}\omega)\varPsi(-\mathrm{j}\omega)=\left|\varPsi(\mathrm{j}\omega)\right|^2 \tag{FC.5}$$

并且

$$\overline{\varPsi}(\mathrm{j}\omega)=\varPsi(-\mathrm{j}\omega) \tag{FC.6}$$

式中，$\varPsi(\mathrm{j}\omega)$ 的零点均在 ω 的上半平面或实轴上，极点均在 ω 上半平面内，$\overline{\varPsi}(\mathrm{j}\omega)$ 为 $\varPsi(\mathrm{j}\omega)$ 的共轭。

定理 4：设 $S_x(\omega)$ 是实平稳随机过程 $x(t)$ 的有理谱，则它可以表示成零均值白噪声 $\xi(t)$ 作用于稳定的成型滤波器后输出的功率谱。其中白噪声 $\xi(t)$ 的功率谱密度为 $S_\xi(\omega)=1$，成型滤波器的传递函数为式（FC.5）中的 $\varPsi(\mathrm{j}\omega)$。

FC.1.2 海浪有理谱建模

PM 谱为第十一届国际水池会议推荐的海浪功率谱，函数描述如下：

$$S_{\mathrm{PM}}(\omega)=\frac{\alpha_0 g^2}{\omega^5}\exp\left[-\beta_0\left(\frac{g}{U\omega}\right)^4\right] \tag{FC.7}$$

式中，$g=9.81\mathrm{m/s^2}$，$\alpha_0=8.1\times10^{-3}$，$\beta_0=0.74$，$U=U_{10}\left(1+\frac{\sqrt{c_{10}}}{k}\ln\frac{Z}{10}\right)$，$U_{10}$ 为海面上 10m 处的风速，Z 为距海面的实际高度，$k=0.14$，$c_{10}=(0.8+0.114U_{10})\times10^{-3}$。

海浪功率谱式（FC.7）不是有理谱，因此不能由式（FC.7）直接分解出成型滤波器，需要将海浪功率谱先近似为有理谱形式。

根据定理 2，可取海浪的有理逼近谱 $\hat{S}_{\mathrm{PM}}(\omega)$ 为

$$\hat{S}_{\mathrm{PM}}(\omega)=\frac{a_0+a_1\omega^2+\cdots+a_m\omega^{2m}}{b_0+b_1\omega^2+\cdots+\omega^{2n}}=\frac{P_{\mathrm{PM}}(\omega)}{Q_{\mathrm{PM}}(\omega)} \tag{FC.8}$$

且 $n>m$。令

$$Q_{\mathrm{PM}}(\omega)S_{\mathrm{PM}}(\omega)=P_{\mathrm{PM}}(\omega)+e \tag{FC.9}$$

式中，e 为误差，$S_{\mathrm{PM}}(\omega)$ 为式（FC.7）所表示的海浪的 PM 谱。

将式（FC.8）代入式（FC.9）得

$$\begin{aligned}S_{\mathrm{PM}}(\omega)\omega^{2n}=&-S_{\mathrm{PM}}(\omega)\omega^{2(n-1)}b_{n-1}-\cdots-S_{\mathrm{PM}}(\omega)\omega^2 b_1-S_{\mathrm{PM}}(\omega)b_0+\\&\omega^{2m}a_m+\cdots+\omega^2 a_1+a_0+e\end{aligned} \tag{FC.10}$$

待估计参数为

$$\boldsymbol{\theta}=[b_{n-1}\quad\cdots\quad b_1\quad b_0\quad a_m\quad\cdots\quad a_1\quad a_0]^{\mathrm{T}},$$

令

$$Z=S_{\mathrm{PM}}(\omega)\omega^{2n}$$

$$\boldsymbol{h}=[-S_{\rm PM}(\omega)\omega^{2(n-1)} \quad \cdots \quad -S_{\rm PM}(\omega)\omega^2 \quad -S_{\rm PM}(\omega) \quad \omega^{2m} \quad \cdots \quad \omega^2 \quad 1]$$

则式（FC.10）可以写成

$$Z=\boldsymbol{h\theta}+e \tag{FC.11}$$

将 $S_{\rm PM}(\omega)$ 按 95%能量区间 $[0,\ \ \omega_{95\%}]$ 取等间距的 N 个频率 $\omega_k, k=1,2,\cdots,N$，且满足 $N>n+m+1$，则对应的每个频率值满足式（FC.11），即 $Z(k)=\boldsymbol{h}(k)\boldsymbol{\theta}+e(k)$，写成矩阵形式为

$$\boldsymbol{Z}_N=\boldsymbol{H}_N\boldsymbol{\theta}+\boldsymbol{E}_N \tag{FC.12}$$

式中

$$\boldsymbol{Z}_N=[S_{\rm PM}(\omega_1){\omega_1}^{2n} \quad S_{\rm PM}(\omega_2){\omega_2}^{2n} \quad \cdots \quad S_{\rm PM}(\omega_N){\omega_N}^{2n}]^{\rm T}$$

$$\boldsymbol{E}_N=[e_1 \quad e_2 \quad \cdots \quad e_N]^{\rm T}$$

$$\boldsymbol{H}_N=\begin{bmatrix} -S_{\rm PM}(\omega_1){\omega_1}^{2(n-1)} & \cdots & -S_{\rm PM}(\omega_1){\omega_1}^2 & -S_{\rm PM}(\omega_1) & {\omega_1}^{2m} & \cdots & {\omega_1}^2 & 1 \\ -S_{\rm PM}(\omega_2){\omega_2}^{2(n-1)} & \cdots & -S_{\rm PM}(\omega_2){\omega_2}^2 & -S_{\rm PM}(\omega_2) & {\omega_2}^{2m} & \cdots & {\omega_2}^2 & 1 \\ \vdots & & \vdots & \vdots & \vdots & & \vdots & \vdots \\ -S_{\rm PM}(\omega_N){\omega_N}^{2(n-1)} & \cdots & -S_{\rm PM}(\omega_N){\omega_N}^2 & -S_{\rm PM}(\omega_N) & {\omega_N}^{2m} & \cdots & {\omega_N}^2 & 1 \end{bmatrix}$$

取准则函数：

$$J(\boldsymbol{\theta})=\sum_{k=1}^{N}\left[e(k)\right]^2=\sum_{k=1}^{N}\left[Z(k)-\boldsymbol{h}(k)\boldsymbol{\theta}\right]^2=(\boldsymbol{Z}_N-\boldsymbol{H}_N\boldsymbol{\theta})^{\rm T}(\boldsymbol{Z}_N-\boldsymbol{H}_N\boldsymbol{\theta}) \tag{FC.13}$$

极小化 $J(\boldsymbol{\theta})$，求得参数 θ 的最小二乘估计为

$$\hat{\boldsymbol{\theta}}=({\boldsymbol{H}_N}^{\rm T}\boldsymbol{H}_N)^{-1}{\boldsymbol{H}_N}^{\rm T}\boldsymbol{Z}_N \tag{FC.14}$$

式（FC.7）中，当风速 U_{10} 发生变化时，对应的海浪的 PM 谱不同，以 U=13m/s 为例具体说明，代入数值可得海浪的 PM 谱为

$$S_{\rm PM}(\omega)=\frac{0.7795}{\omega^5}\exp\left[-\frac{0.2400}{\omega^4}\right] \tag{FC.15}$$

由式（FC.8）可得 PM 谱的近似有理谱，设 $n=4$，$m=2$，利用式（FC.14）得参数 θ 的最小二乘估计，PM 谱的最小二乘估计结果如表 FC.1 所示。

表 FC.1　PM 谱的最小二乘估计结果

参　数	b_3	b_2	b_1	b_0	a_2	a_1	a_0
估计结果	−1.3470	1.1643	−0.4524	0.0733	0.3195	−0.0513	0.0021

则 PM 谱的近似有理谱函数为

$$\hat{S}_{\rm PM}(\omega)=\frac{0.3195\omega^4-0.0513\omega^2+0.0021}{\omega^8-1.3470\omega^6+1.1643\omega^4-0.4524\omega^2+0.0733} \tag{FC.16}$$

将式（FC.15）表示的海浪 PM 谱及式（FC.16）表示的海浪近似有理谱函数进行对比，拟合结果如图 FC.1 所示。

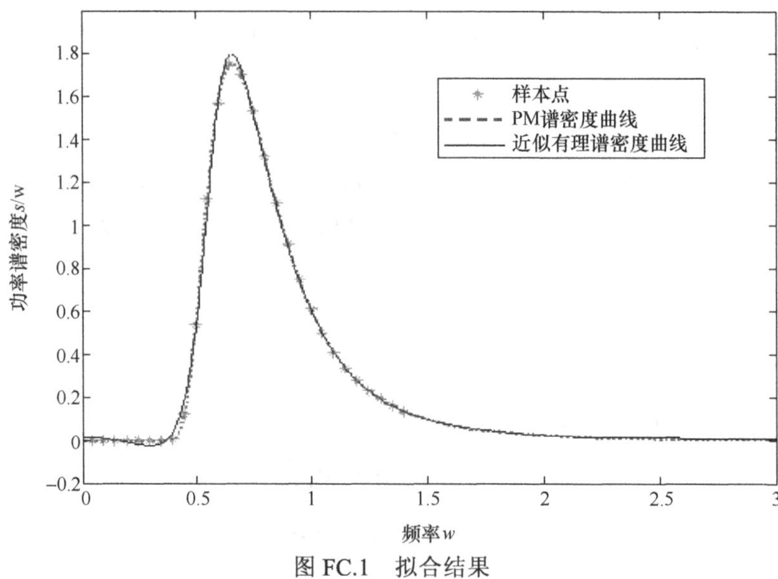

图 FC.1　拟合结果

由图 FC.1 中曲线对比可知，海浪 PM 谱密度曲线和近似有理谱密度曲线基本重合，表明用海浪近似有理谱密度函数能比较准确地描述海浪 PM 谱的特性。

FC.1.3　成型滤波器设计

式（FC.16）表示的海浪噪声并非白噪声，不能直接用卡尔曼滤波方法，因此，首先需要对有色噪声进行白化，本书采用相关函数法——成型滤波器法。

首先，计算 $\hat{S}_{\rm PM}(\omega)$ 的零极点，$\hat{S}_{\rm PM}(\omega)$ 的分子分母表达式分别为

$$P_{\rm PM}(\omega)=0.3195\omega^4-0.0513\omega^2+0.0021 \tag{FC.17}$$

$$Q_{\rm PM}(\omega)=\omega^8-1.3470\omega^6+1.1643\omega^4-0.4524\omega^2+0.0733 \tag{FC.18}$$

则 $\hat{S}_{\rm PM}(\omega)$ 的零点为

$$\begin{aligned}\omega_{z1}&=-0.2845+\mathrm{j}\,0.0256\\ \omega_{z2}&=-0.2845-\mathrm{j}\,0.0256\\ \omega_{z3}&=0.2845+\mathrm{j}\,0.0256\\ \omega_{z4}&=0.2845-\mathrm{j}\,0.0256\end{aligned} \tag{FC.19}$$

极点为

$$\begin{aligned}&\omega_{p1}=-0.7537+\mathrm{j}\,0.4476 \quad &&\omega_{p2}=-0.7537-\mathrm{j}\,0.4476\\ &\omega_{p3}=0.7537+\mathrm{j}\,0.4476 &&\omega_{p4}=0.7537-\mathrm{j}\,0.4476\\ &\omega_{p5}=-0.5736+\mathrm{j}\,0.1525 &&\omega_{p6}=-0.5736-\mathrm{j}\,0.1525\\ &\omega_{p7}=0.5736+\mathrm{j}\,0.1525 &&\omega_{p8}=0.5736-\mathrm{j}\,0.1525\end{aligned} \tag{FC.20}$$

其次，根据定理 2，定理 3 选择 $\hat{S}_{\rm PM}(\omega)$ 在 ω 上半平面的零极点。即 ω_{z1}，ω_{z3} 与 ω_{p1}，ω_{p3}，ω_{p5}，ω_{p7}，则

$$\Phi(\mathrm{j}\omega)=\frac{0.5653(\mathrm{j}\omega)^2+0.0289(\mathrm{j}\omega)+0.0461}{(\mathrm{j}\omega)^4+1.2002(\mathrm{j}\omega)^3+1.3937(\mathrm{j}\omega)^2+0.5497(\mathrm{j}\omega)+0.2707} \tag{FC.21}$$

令式中 $s=\mathrm{j}\omega$，则得成型滤波器的传递函数为

$$\Phi(s)=\frac{0.5653s^2+0.0289s+0.0461}{s^4+1.2002s^3+1.3937s^2+0.5497s+0.2707} \tag{FC.22}$$

则 $\Phi(s)$ 的零点为

$$\begin{aligned} s_{z1}&=-0.0256+\mathrm{j}\,0.2845 \\ s_{z2}&=-0.0256-\mathrm{j}\,0.2845 \end{aligned} \tag{FC.23}$$

$\Phi(s)$ 的极点为

$$\begin{aligned} s_{p1}&=-0.4476+\mathrm{j}\,0.7537 \\ s_{p2}&=-0.4476-\mathrm{j}\,0.7537 \\ s_{p3}&=-0.1525+\mathrm{j}\,0.5736 \\ s_{p2}&=-0.1525-\mathrm{j}\,0.5736 \end{aligned} \tag{FC.24}$$

可见，成型滤波器的零、极点均在左半 s 平面，因此是稳定的。

由定理 4，将白噪声 n_{d} 作用于式（F3.22）所表示的成型滤波器 $\Phi(s)$ 上，则输出 n_s 即海浪模型：

$$n_s=\Phi(s)\cdot n_{\mathrm{d}} \tag{FC.25}$$

将式（FC.25）写成状态方程形式：

$$\begin{bmatrix}\dot{x}_1\\ \dot{x}_2\\ \dot{x}_3\\ \dot{x}_4\end{bmatrix}=\begin{bmatrix}0&1&0&0\\0&0&1&0\\0&0&0&1\\-0.2707&-0.5497&-1.3937&-1.2002\end{bmatrix}\begin{bmatrix}x_1\\x_2\\x_3\\x_4\end{bmatrix}+\begin{bmatrix}0\\0\\0\\1\end{bmatrix}n_{\mathrm{d}} \tag{FC.26}$$

$$n_s=\begin{bmatrix}0.0461 & 0.0289 & 0.5653 & 0\end{bmatrix}\begin{bmatrix}x_1 & x_2 & x_3 & x_4\end{bmatrix}^{\mathrm{T}}$$

FC.2 卡尔曼滤波器设计

FC.2.1 连续型卡尔曼滤波方程

设连续系统的系统方程和量测方程分别为

$$\begin{cases}\dot{\boldsymbol{x}}(t)=\boldsymbol{F}(t)\boldsymbol{x}(t)+\boldsymbol{G}(t)\boldsymbol{w}(t)\\ \boldsymbol{z}(t)=\boldsymbol{H}(t)\boldsymbol{x}(t)+\boldsymbol{v}(t)\end{cases} \tag{FC.27}$$

式中，系统噪声 $\boldsymbol{w}(t)$ 与量测噪声 $\boldsymbol{v}(t)$ 为零均值白噪声，且互不相关，满足下式：

$$\begin{cases}\boldsymbol{E}\left[\boldsymbol{w}(t)\right]=0, \quad \boldsymbol{E}\left[\boldsymbol{w}(t)\boldsymbol{w}^{\mathrm{T}}(\tau)\right]=\boldsymbol{q}(t)\delta(t-\tau)\\ \boldsymbol{E}\left[\boldsymbol{v}(t)\right]=0, \quad \boldsymbol{E}\left[\boldsymbol{v}(t)\boldsymbol{v}^{\mathrm{T}}(\tau)\right]=\boldsymbol{r}(t)\delta(t-\tau)\\ \qquad\qquad\qquad\ \boldsymbol{E}\left[\boldsymbol{w}(t)\boldsymbol{v}^{\mathrm{T}}(\tau)\right]=\boldsymbol{0}\end{cases} \tag{FC.28}$$

$\boldsymbol{q}(t)$ 为非负正定矩阵，$\boldsymbol{r}(t)$ 为正定矩阵。则连续型卡尔曼滤波基本方程为

$$\begin{aligned}\dot{\hat{\boldsymbol{x}}}(t)&=\boldsymbol{F}(t)\hat{\boldsymbol{x}}(t)+\boldsymbol{K}(t)[\boldsymbol{z}(t)-\boldsymbol{H}(t)\hat{\boldsymbol{x}}(t)]\\&=[\boldsymbol{F}(t)-\boldsymbol{K}(t)\boldsymbol{H}(t)]\hat{\boldsymbol{x}}(t)+\boldsymbol{K}(t)\boldsymbol{z}(t)\end{aligned}\tag{FC.29}$$

$$\boldsymbol{K}(t)=\boldsymbol{P}(t)\boldsymbol{H}^{\mathrm{T}}(t)\boldsymbol{r}^{-1}(t)\tag{FC.30}$$

$$\dot{\boldsymbol{P}}(t)=\boldsymbol{P}(t)\boldsymbol{F}^{\mathrm{T}}(t)+\boldsymbol{F}(t)\boldsymbol{P}(t)-\boldsymbol{P}(t)\boldsymbol{H}^{\mathrm{T}}(t)\boldsymbol{r}^{-1}(t)\boldsymbol{H}(t)\boldsymbol{P}(t)+\boldsymbol{G}(t)\boldsymbol{q}(t)\boldsymbol{G}^{\mathrm{T}}(t)\tag{FC.31}$$

式（FC.31）是关于 $\boldsymbol{P}(t)$ 的非线性矩阵微分方程，称为黎卡蒂方程，求解黎卡蒂方程时选取初值：

$$\begin{aligned}\hat{\boldsymbol{x}}(t_0)&=\boldsymbol{E}[\boldsymbol{x}(t_0)]\\\boldsymbol{P}(t_0)&=\mathrm{Var}[\boldsymbol{x}(t_0)]\end{aligned}\tag{FC.32}$$

FC.2.2 海浪滤波器结构

当直升机在低空飞行时，直升机当前高度可以由无线电高度表直接测量，也可以由法向加速度信号经两次积分得到。由于海浪噪声等干扰信号的影响，无线电高度表测得的高度信号与真实高度存在一定的误差；由于积分初值误差的影响，加速度计测得的信号经两次积分得到的高度会随时间漂移。针对以上两种测量方式的特点，采用将两个测量信号结合起来的滤波方法。海浪滤波器结构图如图 FC.2 所示。

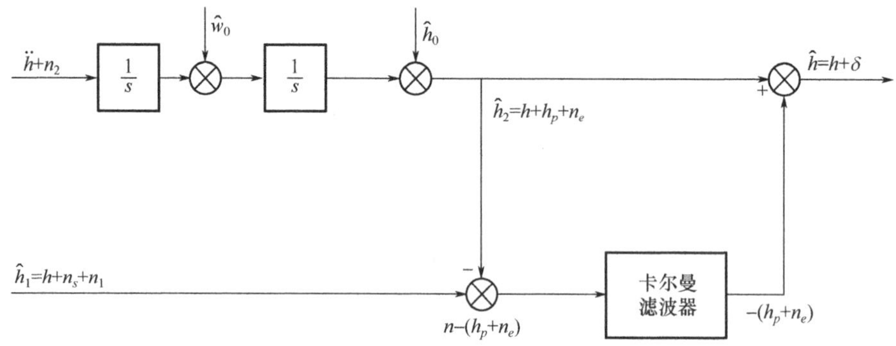

图 FC.2 海浪滤波器结构图

图 FC.2 中，h 为实际高度，$\ddot{h}$ 为实际法向加速度，采用的两个反馈信号分别为无线电高度表输出和法向加速度计输出。无线电高度表输出为 $\hat{h}_1=h+n_s+n_1$，其中，海浪噪声 n_s 为有色噪声，高度表测量噪声 n_1 为零均值白噪声；法向加速度计输出为 $\ddot{h}+n_2$，其中，加速度计测量噪声 n_2 为零均值白噪声。法向加速度经两次积分得到高度信号 $\hat{h}_2=h+h_p+n_e$，其中，h_p 为由积分初值误差随时间的漂移量，n_e 为随机误差。对积分高度与高度表测量的高度的差值 $\hat{h}_1-\hat{h}_2=n-(h_p+n_e)$ 进行滤波处理，将 $n=n_s+n_1$ 当作干扰信号滤除，$-(h_p+n_e)$ 当作保留信号，得到 $-(h_p+n_e)$ 的估计。将 $-(h_p+n_e)$ 与积分高度信号 $\hat{h}_2$ 叠加后，(h_p+n_e) 被抵消，最后的滤波输出值为 $\hat{h}=h+\delta$，δ 由滤波不彻底和 $\hat{h}_2$ 的积分初值误差引起。

FC.2.3 海浪卡尔曼滤波

卡尔曼滤波需要用到系统方程、量测方程、白噪声激励的统计特性及量测误差的统计特性这些信息，下面分别进行介绍。

图 FC.2 所示系统的量测量为

$$Z = n-(h_p+n_e) = n_s+n_1-\int_0^\tau\left[\int_0^\tau n_2(t)\mathrm{d}t\right]\mathrm{d}t-(\hat{w}_0-w_0)t-(\hat{h}_0-h_0) \tag{FC.33}$$

式中，$\hat{w}_0$，$\hat{h}_0$ 分别为对直升机法向速度 w_0 和直升机高度 h_0 的初值估计。

根据式（FC.26），若将式（FC.33）写成状态方程，必须再引入两个状态量：

$$x_5=\int_0^\tau\left[\int_0^\tau n_2(t)\mathrm{d}t\right]\mathrm{d}t+(\hat{w}_0-w_0)t+(\hat{h}_0+h_0),\quad x_6=\int_0^\tau n_2(t)\mathrm{d}t+(\hat{w}_0-w_0)$$

且有 $x_5(0)=\hat{h}_0-h_0$，$x_6(0)=\hat{w}_0-w_0$，则

$$\begin{bmatrix}\dot{x}_5\\ \dot{x}_6\end{bmatrix}=\begin{bmatrix}0&1\\0&0\end{bmatrix}\begin{bmatrix}x_5\\x_6\end{bmatrix}+\begin{bmatrix}0\\1\end{bmatrix}n_2-(h_p+n_e)=[-1\quad 0][x_5\quad x_6]^{\mathrm{T}} \tag{F3.34}$$

将式（FC.26）与式（FC.34）综合起来，即得系统方程和量测方程，分别为

$$\begin{bmatrix}\dot{x}_1\\ \dot{x}_2\\ \dot{x}_3\\ \dot{x}_4\\ \dot{x}_5\\ \dot{x}_6\end{bmatrix}=\begin{bmatrix}0&1&0&0&0&0\\0&0&1&0&0&0\\0&0&0&1&0&0\\-0.2707&-0.5497&-1.3937&-1.2002&0&0\\0&0&0&0&0&1\\0&0&0&0&0&0\end{bmatrix}\begin{bmatrix}x_1\\x_2\\x_3\\x_4\\x_5\\x_6\end{bmatrix}+\begin{bmatrix}0&0\\0&0\\0&0\\1&0\\0&0\\0&1\end{bmatrix}\begin{bmatrix}n_{\mathrm{d}}\\n_2\end{bmatrix} \tag{FC.35}$$

$$z=[0.0461\quad 0.0289\quad 0.5653\quad 0\quad -1\quad 0][x_1\quad x_2\quad x_3\quad x_4\quad x_5\quad x_6]^{\mathrm{T}}+n_1$$

设零均值白噪声 n_1，n_2，n_{d} 的方差分别为 Var_1，Var_2，$\mathrm{Var}_{\mathrm{d}}$，则连续型卡尔曼滤波基本方程（FC.29）～（FC.31）中各参数矩阵为

$$\boldsymbol{F}(t)=\begin{bmatrix}0&1&0&0&0&0\\0&0&1&0&0&0\\0&0&0&1&0&0\\-0.2707&-0.5497&-1.3937&-1.2002&0&0\\0&0&0&0&0&1\\0&0&0&0&0&0\end{bmatrix} \tag{FC.36}$$

$$\boldsymbol{H}(t)=[0.0461\quad 0.0289\quad 0.5653\quad 0\quad -1\quad 0]$$

$$\boldsymbol{G}(t)\boldsymbol{q}(t)\boldsymbol{G}^{\mathrm{T}}(t)=\begin{bmatrix}0&0\\0&0\\0&0\\1&0\\0&0\\0&1\end{bmatrix}\begin{bmatrix}\mathrm{Var}_{\mathrm{d}}&0\\0&\mathrm{Var}_2\end{bmatrix}\begin{bmatrix}0&0\\0&0\\0&0\\1&0\\0&0\\0&1\end{bmatrix}^{\mathrm{T}}=\begin{bmatrix}0&0&0&0&0&0\\0&0&0&0&0&0\\0&0&0&0&0&0\\0&0&0&\mathrm{Var}_{\mathrm{d}}&0&0\\0&0&0&0&0&0\\0&0&0&0&0&\mathrm{Var}_2\end{bmatrix} \tag{FC.37}$$

$$r(t)=\mathrm{Var}_1$$

在 Matlab 中解出黎卡蒂方程，得到 $P(t)$ 的值，进一步得到 $\boldsymbol{K}(t)$ 的值，写出关于 $\hat{\boldsymbol{x}}(t)$ 的微分方程，最终求解出保留项 $-(n_e+h_p)$ 的估计量：

$$\dot{\hat{\boldsymbol{x}}}(t)=[\boldsymbol{F}(t)-\boldsymbol{K}(t)\boldsymbol{H}(t)]\hat{\boldsymbol{x}}(t)+\boldsymbol{K}(t)\boldsymbol{z}(t)-(n_e+h_p)=\boldsymbol{C}_e(t)\hat{\boldsymbol{x}}(t) \tag{FC.38}$$

式中，$\boldsymbol{C}_e=[0\quad 0\quad 0\quad 0\quad -1\quad 0]$。

FC.2.4 海浪滤波仿真

对所设计的卡尔曼滤波器进行仿真，检验其滤波效果。

假设在距离海面 10m 高处的风速 $U_{10}=9\text{m/s}$，高度表的测量噪声 n_1 的方差 $\text{Var}_1=0.5$，加速度计的测量噪声 n_2 的方差 $\text{Var}_2=0.01$，法向加速度积分初值误差 $x_5(0)=\hat{h}_0-h_0=0$，$x_6(0)=\hat{w}_0-w_0=0$，由连续型卡尔曼滤波方程计算得

$$\boldsymbol{K}(t)=\begin{bmatrix}-5.7626 & -1.0287 & 6.9780 & 5.8494 & -0.6539 & -0.1414\end{bmatrix}^{\mathrm{T}}$$

$$\boldsymbol{F}(t)-\boldsymbol{K}(t)\boldsymbol{H}(t)=\begin{bmatrix} 0.2444 & 1.2356 & 1.1513 & 0.0000 & -5.7626 & 0 \\ 0.0436 & 0.0421 & 1.2055 & 0.0000 & -1.0287 & 0 \\ -0.2959 & -0.2853 & -1.3941 & 1.0000 & 6.9780 & 0 \\ -1.9065 & -1.4875 & -4.1853 & -1.0342 & 5.8494 & 0 \\ 0.0277 & 0.0267 & 0.1306 & 0.0000 & -0.6539 & 1.0000 \\ 0.0060 & 0.0058 & 0.0283 & 0.0000 & -0.1414 & 0 \end{bmatrix}$$

卡尔曼滤波结果如图 FC.3 所示：

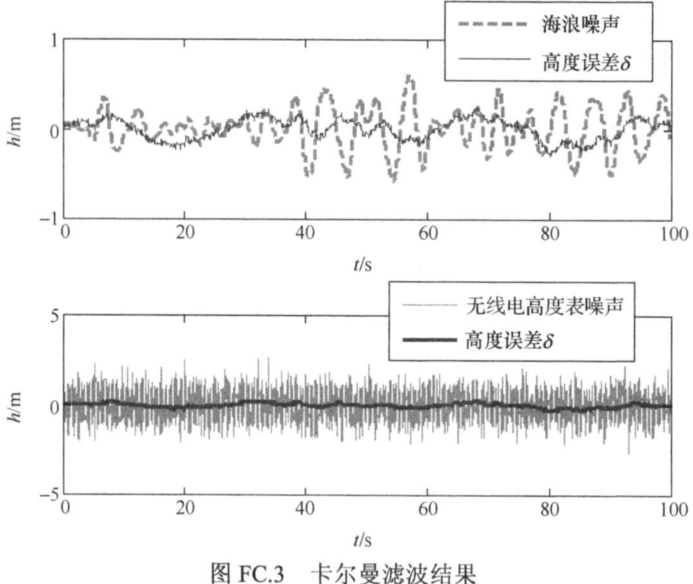

图 FC.3　卡尔曼滤波结果

由图 FC.3 可知，通过卡尔曼滤波器后的高度误差比海浪噪声、无线电高度表噪声的频率和幅值都有明显减小。

反侵权盗版声明